高混凝土坝非线性动力并行计算及安全评价

马怀发　吴建平　著

科学出版社

北　京

内 容 简 介

本书共 14 章，系统地介绍了作者关于高混凝土坝非线性地震响应分析方法和高性能并行计算的研究成果，及其在高混凝土坝抗震安全评价中的应用。主要内容包括：半无限大地基人工边界模拟及地震动输入方法；全级配混凝土材料动态力学性能及其细观力学分析方法、损伤变形特性及其参数的确定；多体接触问题的求解方法；有限元分析并行计算架构与算法设计；线性方程组克雷洛夫(Krylov)子空间迭代法的并行计算；大规模稀疏线性方程组的高效并行预条件技术及其在混凝土细观力学分析中的应用；高混凝土坝系统非线性地震响应的并行计算；大规模有限元数值计算的前后处理平台；混凝土拱坝和重力坝的抗震安全评价指标及方法等。

本书可作为水利水电工程、岩土工程、高性能并行计算等领域的科研人员、高校教师和研究生的参考书，也可供从事高混凝土坝抗震安全评价的工程技术人员参考。

图书在版编目(CIP)数据

高混凝土坝非线性动力并行计算及安全评价/马怀发，吴建平著. —北京：科学出版社，2021.2

ISBN 978-7-03-068038-9

Ⅰ. ①高… Ⅱ. ①马… ②吴… Ⅲ. ①混凝土坝-非线性力学-动力学-并行算法-安全评价-研究 Ⅳ. ①TV642

中国版本图书馆 CIP 数据核字 (2021) 第 030715 号

责任编辑：李 欣 郭学雯／责任校对：彭珍珍
责任印制：吴兆东／封面设计：无极书装

科学出版社 出版
北京东黄城根北街 16 号
邮政编码：100717
http://www.sciencep.com

北京建宏印刷有限公司 印刷
科学出版社发行 各地新华书店经销
*
2021 年 2 月第 一 版 开本：B5(720 × 1000)
2021 年 2 月第一次印刷 印张：26 1/2
字数：536 000

定价：188.00 元

(如有印装质量问题，我社负责调换)

前　言

高混凝土坝抗震安全评价包括地震动输入、地震响应分析及抗震能力三个要素，其中高混凝土坝地震响应分析是其抗震安全评价的核心。高混凝土坝，特别是高拱坝地震响应分析需要将坝体–地基–库水作为以坝体为核心的相互作用的系统 (即高混凝土坝系统) 进行分析，在强震作用下还需要考虑各种非线性问题。

本书的主要内容为作者近十多年来致力于解决强震作用下高混凝土坝抗震安全评价关键技术问题所取得的研究成果，涉及高混凝土坝非线性地震响应分析的主要方面：地震动输入、近场人工边界、全级配混凝土材料动态力学性能及其细观力学分析、混凝土动态损伤机理及其破坏形态、损伤非线性本构模型及其非线性参数等。为解决坝体及地基的接触问题，研究了多体接触算法，进而提出了高混凝土坝接触非线性动力响应分析方法。为进行高混凝土坝大规模数值模拟，研究了高性能并行计算方法、程序实现及大规模有限元数值计算前后处理技术。为了确定抗震能力，研究了混凝土拱坝和重力坝的抗震安全评价指标及方法等。全书共 14 章。

第 1 章为坝地震响应非线性分析研究概述，从 6 个方面总结了高混凝土坝地震响应非线性分析研究进展，包括：坝体伸缩横缝接触非线性研究、坝基远域能量逸散效应的模拟、坝体–库水动力的相互作用、混凝土坝体及坝基抗震稳定性分析研究、坝体及地基非线性分析、高坝结构地震动响应分析并行计算研究。

第 2 章为半无限大地基的人工黏弹性边界 (viscous-spring boundary, VSB) 方法，介绍了坝体结构及其近场地基系统的动力平衡关系和自由场的传播机制，给出了在人工边界上由自由场产生的等效荷载一般表达形式、人工黏弹性边界统一的动力学积分弱解形式、半无限饱和地基在人工黏弹性边界上的流动条件以及饱和介质黏弹性边界条件的动力固结问题的虚位移方程。

第 3 章为半无限大饱和地基动力固结问题的对称分裂算子法 (SSOM)，介绍了对称分裂算子格式的优点及其基本思想、求解 u-p 动态固结方程的分裂算子格式，以及 SSOM 与 VSB 模型相结合求解半无限大饱和地基结构系统地震响应的实现步骤。并通过两个典型的动力固结数值算例，验证了 SSOM 的正确性、数值稳定性和计算效率，讨论了黏弹性边界吸收能量的效应。

第 4 章为比例边界有限元方法 (SBFEM) 在近场坝基地震输入中的应用，基于黏弹性边界方法中自由场等效力输入思想，借助比例边界元方法实现近场坝基波动输入，并总结了比例边界有限元方法在时域上求解结构–地基相互作用问题中的应用，包括对无限域地基动力特性的模拟和外源动力输入模型两方面的研究成果。

第 5 章为全级配混凝土材料动态性能及其细观力学分析，介绍了全级配混凝土材料非线性动态力学性能的研究成果，内容包括：混凝土材料损伤的双折线模型、弹性模量及抗拉强度应变率强化公式、随机骨料模型生成方法及其细观有限元剖分方法、混凝土损伤非线性静/动力学方程、混凝土动态损伤机理和应变率效应的强化机制。

第 6 章为混凝土弹塑性损伤变形特性及其参数的确定，介绍了弹塑性损伤模型及其非线性损伤变量的物理意义，简单应力状态与复杂应力状态损伤参数的转换关系。基于该理论模型，根据混凝土轴向拉压循环加卸载损伤破坏试验观测成果，总结出了混凝土峰后应力随非线性应变，损伤变量随非线性应变的变化规律，并进行了数值模拟验证，从而提出了根据轴向拉/压应力应变全曲线预测损伤非线性参数的方法。

第 7 章为弹塑性静动力问题的全隐式迭代算法，介绍了将屈服函数和塑性流动方程作为基本方程，与平衡方程联立求解弹塑性问题的全隐式迭代法。在此基础上，根据应变等效假定所定义的损伤变量和有效应力与名义应力的转换关系，将弹塑性问题的隐式迭代法推广应用于求解混凝土类材料的弹塑性损伤问题。

第 8 章为多体接触问题的求解方法，介绍了接触问题——面面接触算法的研究成果，内容包括三方面：一是将主从面算法与位码算法相结合，定义了共享实常数组用以标识“接触面对”的主面单元和从面单元，将三维空间潜在接触面按一维数组分类排序，实现接触面的全局搜索；二是点面算法与内外算法相结合完成接触局部搜索定位；三是将每一个接触块体作为子区域，每个子区域可以独立地进行有限元剖分，隐式求解位移增量和接触力。

第 9 章为有限元分析并行计算架构与算法设计。在介绍并行计算基本概念的基础上，重点论述了有限元分析并行计算架构与整体设计，以及所涉稀疏数据结构与主要过程的并行算法设计，包括稀疏数据结构及其常用操作的实现、刚度矩阵的高性能并行装配算法、节点分量局地化实现及单元贡献的并行装配等。

第 10 章为线性方程组 Krylov 子空间迭代法的并行计算，介绍了 Krylov 子空间的基本概念、基于正交化的误差投影型方法、基于正交化的残量投影型方法、基于双正交化的误差投影型方法、基于双正交化的准残量极小化方法，以及 Krylov 子空间迭代法的并行计算等。

第 11 章为大规模稀疏线性方程组的高效并行预条件技术，介绍了预条件技术的基本概念与国内外发展、一般稀疏矩阵的多行不完全 LDU 分解、对称稀疏矩阵的不完全 Cholesky 分解、因子组合型并行预条件、重叠区域分解型并行预条件的影响因子分析、基于非重叠子区域浓缩的粗网格校正算法、自顶向下的聚集型代数多重网格预条件等，以及在此基础上研发的通用并行预条件子空间迭代 (general parallel preconditioned subspace iterations, GPPS) 软件。

第 12 章为高混凝土坝系统非线性地震响应的并行计算，介绍了高混凝土坝非线性地震响应的并行计算方法及其并行计算程序 (PCDSRA)。首先介绍了 PCDSRA 技术特点和信息传递机制，混凝土坝动力响应分析的步骤、程序实现功能及其相应的程序模块结构。然后通过典型工程实例介绍了地震响应接触非线性分析计算程序的功能和并行程序的计算效率。最后基于弹性损伤模型，将地震响应接触非线性分析计算程序扩展到解决混凝土坝 (岩体) 弹性损伤非线性分析问题的并行计算。

第 13 章为大规模有限元数值计算前后处理技术。针对 PCDSRA 程序的输入和输出数据格式，基于面向对象的设计模式，开发了可处理大规模数据模型的前后处理程序。前处理采用了质数哈希数据结构对海量数据进行索引，实现了接触面的自动适配、渗流压力场的计算、温度场的自动插值处理；后处理采用了预排序文件缓存技术和 OpenGL 专业图形库，避免了过高的内存消耗，能够快速完成模型云图的三维渲染。通过远程提交模块，实现了作业远程提交和远端服务器并行计算操作。

第 14 章为混凝土坝抗震安全评价指标及方法，介绍了基于我国的现行抗震规范进行混凝土坝抗震安全评价的基本规定和要求，研究了 USACE 水工建筑物基于性能目标的设计思想、安全评价标准，以及评价指标的定量化方法，并与我国现行规范对混凝土重力坝和拱坝的抗震安全评价指标和评价方法进行对比分析。基于我国现行规范，并通过典型算例，介绍了混凝土重力坝和拱坝抗震安全评价的一般步骤、指标和评价准则。总结分析了目前高拱坝失效模式、破坏等级量化指标、失稳判据以及极限抗震能力评价方法的研究进展。

本书成果的研究和出版得到了国家自然科学基金、水利部公益性行业科研专项经费项目及中国水利水电科学研究院基本科研业务费项目的资助。这些资助项目包括“高混凝土坝非线性地震响应大规模高效并行计算方法研究”(51679265)“高拱坝系统材料非线性动力分析理论和方法研究”(51079164)“混凝土细观数值模拟中的高效并行预条件技术研究”(60803039)“混凝土细观力学模拟的代数多重网格预条件及其并行算法研究”(61379022) 等国家自然科学基金项目；水利部公益性行业科研专项经费项目“混凝土坝抗震安全评价并行计算软件开发”(201201053)；以及中国水利水电科学研究院“十三五”重点专项“混凝土坝复合非线性抗震分析方法及其高性能计算研究”(EB0145B412016)。作者在此对资助方表示衷心的感谢！在上述项目中，多个国家自然科学基金项目和水利部公益性行业科研专项经费项目是中国水利水电科学研究院马怀发教授与国防科技大学吴建平研究员合作研究完成的，这些合作主要是混凝土力学性能细观力学并行计算与高混凝土坝非线性动力分析的并行计算。特别是水利部公益性行业科研专项经费项目“混凝土坝抗震安全评价并行计算软件开发”(201201053)，在该项目中，作者合作研制开发了稀疏线性方程组通用并行预条件子空间迭代软件 GPPS。目前，GPPS 不仅应用于混凝土力学性能细观力学分析与高混凝土坝非线性动力分析的并行计算，而且已应用于我国核物理与数值天气预报等多个领域。

本书的第 9 章、第 10 章和第 11 章由吴建平研究员撰写；第 4 章由三峡大学理学院王敏讲师撰写；其余章节由马怀发教授撰写。全书由马怀发教授统一筹划和统稿。

本书研究内容得到了中国科学院数学与系统科学研究院梁国平教授的指导，同时得到中国铁道科学研究院刘金朝教授、中国科学院大学张怀教授、元计算 (天津) 科技发展有限公司周永发高级工程师、北京云庐科技有限公司刘韶鹏博士等的帮助；中国水力发电工程学会王立涛博士、国核电力规划设计研究院何建涛博士，对本书的研究分担了一些冗繁的建模和计算工作, 在此对他们表示衷心的感谢! 同时，也特别感谢陈厚群院士的一贯支持和帮助。

中国水利水电科学研究院岩土研究所刘小生教授、新南威尔士大学土木与环境工程学院宋崇民教授、中国水利水电科学研究院抗震中心钟红博士对本书提出了宝贵的修改意见。作者在此对他们表示感谢！作者还特别感谢本书中引用的参考文献的作者, 正是他们的试验和研究成果为本书提供了研究基础和论证依据。

本书的一些观点、方法以及结论，可能需要进一步验证和深化，对所存在的不妥之处，竭诚希望读者和同行专家共同探讨并请批评指正。

作　者

2020 年 8 月

目　　录

第 1 章　坝地震响应非线性分析研究概述

1.1　引　　言

我国是一个多地震的国家，地震频繁而强烈，地震高烈度区分布广泛。已建、在建和拟建的 300m 级高混凝土大坝中，很多都处于地震高烈度区，如已建的水布垭水电站 (最大坝高 233m)、二滩水电站 (最大坝高 240m)、溪洛渡水电站 (最大坝高 285.5m)、小湾水电站 (最大坝高 294.5m)、锦屏 I 级水电站 (最大坝高 305m) 等，在建的白鹤滩水电站 (最大坝高 289m)、乌东德水电站 (最大坝高 270m) 等，以及拟建的龙盘水电站 (最大坝高 276m)、怒江马吉水电站 (最大坝高 300m)、松塔水电站 (最大坝高 313m) 等。这些高坝库容大，装机容量高，设计地震烈度多在 Ⅷ~Ⅸ 度 (设计地震加速度一般为 $0.2g$~$0.32g$，大岗山拱坝甚至超过 $0.55g$)。300m 级高坝在强震作用下的实际抗震性态，与已有的低烈度区的中、小型水坝相比，有许多本质性的差异，而国内外尚没有如此大规模高坝经历强震的实例。一旦发生溃坝现象可能会产生严重的次生灾害，因此，认知和控制这种高混凝土坝灾变过程意义重大。

在遭遇强震作用时，坝体或地基可能产生强非线性、不连续变形乃至失稳破坏过程。物理模型试验按相似原理, 其动力模型需要满足几何相似、物理相似、边界条件相似。这些相似条件很难都得到满足，试验成果不可能反映大坝体系强震作用下的实际非线性形态。实际上，用缩尺的大坝结构模型进行极限荷载试验观测, 其结果不适于标定大坝或地基强震失稳破坏指标，也不能正确解释坝体或地基强震失稳破坏机理和过程。因此，数值模拟成为高混凝土坝地震响应非线性分析必不可少的有效研究手段。

为了实现强震环境中高混凝土坝系统灾变全过程的数值模拟，当前迫切需要解决两类关键科学问题：一是大坝混凝土材料的动态损伤机理；二是强震作用下高坝系统灾变演化过程和失稳破坏机制。要解决这两类问题，需要建立更能贴近复杂荷载作用下的大坝混凝土和坝基岩石的动态损伤演化规律的本构模型，提出坝体系统的整体失稳破坏的控制参数指标，从而建立在强地震作用下坝体系统整体失效分析理论和方法。为了避免在最大可能的极端地震作用下发生“溃坝”灾变，必须合理确定坝址可能发生的最大地震，即所谓的“最大可信地震”，进行高坝大库在极限地震作用下的灾变演化过程和失稳破坏机制的研究，以确定各类坝型“溃坝”极限状态的定量准则。这三个问题相互联系，是当前在大坝抗震安全评估中的主要障碍和亟待解决的前沿课题。

国内外学者在高坝–库水–地基体系地震响应非线性分析方面做了大量的工作。这些工作主要体现在六个方面：① 坝体伸缩横缝接触非线性研究；② 坝基远域能量逸散效应的模拟；③ 坝体–库水动力的相互作用；④ 混凝土坝体及坝基抗震稳定性分析研究；⑤ 坝体及地基非线性分析；⑥ 高坝结构地震动响应分析并行计算研究。

1.2 坝体伸缩横缝接触非线性研究

为了减少温度作用影响，混凝土拱坝在施工过程中按大致 20m 宽度分段浇筑，待坝体混凝土冷却至稳定温度时，再对大致沿径向分布的坝段间的横缝进行灌浆。高拱坝在静载作用下，或者低拱坝在较弱的地震作用下，坝体横缝一般被其承受的上游库水压紧，基本形成整体结构。但对于超高拱坝，在强地震的往复作用下，作为整体结构，其上部拱向拉应力可达 5~6MPa[1]，目前很难整体浇筑如此高抗拉强度的大体积混凝土，由此，按照这一计算结果是无法在西部强震区修建 300m 级的超高拱坝的。而实际上，坝体中经灌浆的横缝，只能传递压应力而几乎无抗拉强度，因而在往复的地震作用过程中，横缝必然反复张合，拱向拉应力将被释放而导致应力重分布，作为整体结构计算所得的高拉应力实际并不存在。

在地震过程中，横缝的存在对拱坝地震响应有着重要的影响，强震时坝体横缝张开度关系到止水结构的安全。典型的案例是美国高 115m 的帕柯依玛 (Pacoima) 拱坝，在 1971 年和 1994 年两次遭受强震，第一次震后坝体与左岸重力墩间垂直接缝张开最大达 10mm，延伸约 14m，采用后张预应力锚索加固后，在第二次地震中，在相同部位原加固部分的锚索被拔出，坝肩岩体重新开裂并侧移达 50mm，但坝体仍未受重大损坏。高拱坝在强震作用下已不再是整体结构，横缝的开合引起拱坝坝体应力重分布，使得坝体上部拱向应力明显下降, 而中下部梁向拉应力稍有增大。除此之外，近场岩基软弱结构面可能成为潜在的接触滑移面，在极端情况下也会出现滑动变形问题。因此，在高混凝土坝地震响应分析中要考虑这种地基结构面接触非线性问题。

拱坝横缝的非线性问题最早在 1980 年由 Clough[2] 注意到并开始研究，随后 Fenves 等[3] 提出一种三维缝接触单元，并在拱坝地震分析程序 ADAP 基础上通过动子结构方法模拟在地震动作用下横缝的开合过程。以后国内外有大量学者进行接触模型和数值计算方法的研究，比如，Zhang 等[4] 进行了拱坝横缝的非线性分析；Lua 等[5] 在 Fenves 的缝接触单元基础上，提出了考虑横缝键槽作用的横缝力学行为；龙渝川等[6] 采用 Bathe 等[7] 提出的接触边界模型来模拟拱坝横缝；

胡志强[8] 应用非光滑方程组解法提高了横缝影响的计算精度，并研究了横缝键槽形式对拱坝地震响应的影响；盛志刚等[9] 采用脆性材料制作拱坝模型研究了拱坝横缝的非线性动力响应。

同时，动力模型试验也被用于模拟坝体伸缩横缝的张合变形研究。Niwa 和 Clough[10] 对设缝的 7 个水平拱圈进行动力模型试验；Taskov 和 Jurukovski[11] 对一有缝坝段进行振动台模型试验并进行了相应的有限元分析；陈厚群等[12] 对设有三条横缝的拱坝模型进行了动力试验研究。实际上，用缩尺的大坝结构模型进行极限荷载试验观测, 其结果很难准确地标定大坝或地基强震失稳破坏指标，也不能正确解释坝体或地基强震失稳破坏机理和过程。

为了解决复杂工程接触问题，将经典的接触理论与近代数值算法相结合，发展起来了许多接触问题数值方法[13-19]。这些计算方法是基于传统顺序机提出来的。随着高性能计算机的发展，接触问题的求解又有向高效并行化的驱动力[20,21]。为解决高混凝土坝地震响应分析与安全评价大规模数值计算的瓶颈问题，现已开发了高混凝土坝接触非线性地震并行计算分析系统 (parallel computation for concrete dam seismic response analysis, PCDSRA)[22,23]。

在进行有限元求解接触问题时，一般将相互接触物体的接触界面的搜寻判别转化为接触体离散单元或节点的接触判别。在 PCDSRA 中采用的动接触力模型为主从点–点接触模型。该模型在有限元前处理时就规定好节点对的编号，最大的优点在于不需要接触面的搜索，但不适用于大滑移接触问题，要借助面面接触模型。由于事先不知道接触的位置，面面接触模型在计算过程中经常插入接触界面的搜寻判定，基于面面接触模型多体接触问题的求解方法将在第 8 章详细介绍，但要进行拉格朗日乘子法接触问题求解，还需要研究专门的包含接触面的区域分解并行算法，才能实现大规模复杂接触问题的高效并行计算。

1.3 坝基远域能量逸散效应的模拟

坝基远域的辐射阻尼效应是坝体结构和地基动态相互作用的重要影响因素。有关研究表明，坝体与地基的相互作用对坝体地震反应有显著影响。远扬无限地基的非均质特性对高拱坝的动力响应影响很小，但是，近场地基弹性模量变化的影响却比较大[24]。无限峡谷的辐射阻尼明显消散了振动能量，工程中常用的无质量地基模型一般情况下由于不能考虑无限地基辐射阻尼的影响，会高估坝体变形和应力的地震响应[1,25]。因此，在建立坝体系统的动力分析数学模型时应考虑振动能量向远域地基逸散，研究自由场入射地震动输入机制。作为坝体地基的山体，相对于坝体本身可视作无限域。它可以划分为邻近坝体的近域地基和其外围的远域地基。近域地基计入坝基两岸的地形和各类地质构造条件。坝体结构地震响应包括由地壳输入的自由场入射地震波及由河谷地基和坝体存在产生的外行散射波。外行波在向山体传播的过程中，由于几何扩散和地基内部阻尼耗能而使能量逐渐逸散。但在坝体系统的分析模型中只能包括有限范围的近域地基。因此，必须采用人工边界吸收截断边界上的外传波。对无限地基的数值模拟方法主要有黏性边界[26]、无限元方法[27-29]、边界元方法[30,31]、阻尼影响抽取法[32-34]、黏弹性边界[35]、人工透射边界[36]，以及最近发展起来的比例边界有限单元[37] 等。

尽管已有许多模拟坝基远域辐射阻尼和地震动输入方法，但目前在大坝抗震分析中多采用人工黏弹性边界和人工透射边界模拟远场地基的辐射阻尼。近年来，这两种方法已应用于高拱坝–地基系统地震波动反应分析[22,23]。从理论上说，人工透射边界分析可以达到较高阶精度，而人工黏弹性边界理论上具有一阶精度，但是人工黏弹性边界方法具有处理方式比较简单、概念清晰、稳定性好的优点。

作者通过对溪洛渡和小湾拱坝工程的地震动分析发现，小湾工程的计算模型有限元网格比较均匀，单元最小尺寸在 2.0m 左右，相对较大，两种方法计算结果基本一致；由于考虑到局部结构的影响，溪洛渡工程计算模型 (图 1.1) 的有限元网格变化较大，最小尺寸小于 0.5m，图中给出了坝体在地震动过程中的最大拉应力包络图，可以看出，采用透射边界计算得到的应力较大 (最大值为 21.85MPa)，特别是在网格较密、尺寸较小的孔口周围，而且高应力值的分布区域很广，而黏弹性边界方法计算得到的最大拉应力较小 (最大值为 15.69MPa)，并且高拉应力区较小。对于以上采用人工透射边界和黏弹性边界两种方法在计算结果中的差异有待进一步的研究。但作者研究发现，人工透射边界方法对网格要求较为严格，对于变化梯度较大的小尺度网格可能存在数值稳定性问题[38]。

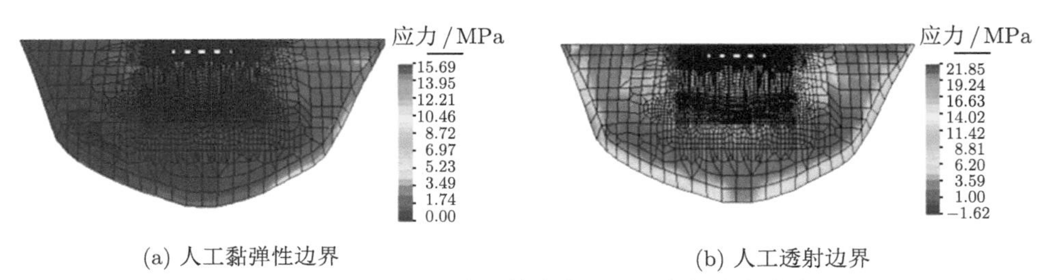

(a) 人工黏弹性边界　　(b) 人工透射边界

图 1.1　溪洛渡拱坝地震荷载作用下最大拉应力分布

1.4　坝体–库水动力的相互作用

高混凝土坝系统是由坝体、地基、库水组成的相互作用的综合体系。其地震响应分析除了需要考虑坝体与地基相互作用的影响，还需要研究坝体与库水、库底淤砂的相互作用等问题。

库水对坝体影响的研究，起始于 20 世纪 30 年代，Westergaard[39] 给出了附加动水压力问题的理论解答。此后，许多学者对刚性坝面动水压力问题进行了研究[40-42]。20 世纪 70 年代以后，开始考虑坝体与库水的动力相互作用[43-45]。Nath[46] 指出，对于圆柱形拱坝或者可以近似为这种形状的拱坝，库水可压缩性影响很小，忽略库水的可压缩性不会产生很大误差。库水附加质量增加而坝体系统刚度未变，因此，降低了坝系统的自振频率[47]，周期变长。附加质量模型与可压缩库水模型进行比较的研究结果表明[48]，附加质量模型计算得到的动水压力、动位移、加速度、最大拉应力和最大压应力，都大于考虑库水的可压缩性的计算结果。

库水的可压缩性对坝面动水压力的影响与地震动的激励频率有关[49]，在地震动的激励频率小于水库的基本频率时，库水的可压缩性对坝面影响较大，坝面上的动水压力随着地震动激励频率的增加而迅速增加；当激励频率大于水库的基本频率时，坝面的动水压力则出现急剧下降的趋势并趋于平缓。地震动激励方向也对坝面动水压力存在较大的影响[49,50]。竖向地震动所产生的坝面的动水压力响应高于同等顺河向激励产生的影响，相对竖向和顺河向，横河向的地震动所产生的动水压力有较大幅度的下降[49]。库水动压力还与坝面、库区地形几何形状以及地基岩石坚硬程度有关[49,50]，对处于顺直峡谷、且岸坡陡峭，地基岩石较坚硬，泥沙淤积量不大的水库，库水可压缩性对坝体影响较大[51]。但是，随着库底淤泥的沉积加厚，库水可压缩性的影响变小[50]。

混凝土坝在建成运行一段时间以后, 坝前库底会有大量的淤砂沉积，淤砂层的形成会改变库水特性。库底淤砂沉积物的吸收作用对坝面动水压力具有较大的抑制作用。随着库底吸收系数的增大，坝面的动水压力逐渐降低[52]。在大坝受到竖向地震动的情况下，不考虑库底的吸收作用，在数值计算中往往得到比相同幅值顺河向地震动更大的坝面动水压力响应[49]。水库淤砂沉积物的吸收减缓了大坝因其与蓄水的相互作用而引起的响应增加，增加了有效阻尼比，并降低了竖向地震动的响应[53]。

水库沉积物降低了沿高度的加速度峰值分布，减少了地震反应时的动水压力的影响，使存在沉积物的上游面大坝坝踵部位的应力集中现象得到了缓解，随着淤砂层厚度的增加,坝面最大位移和最小位移峰值均呈减小的趋势,且这种趋势在坝顶比坝底更明显[54]。考虑水库边界吸收的影响后，库水压力波向无限地基散发，库水可压缩性对坝体的影响可能大幅度降低，特别是对多泥沙河流更为显著[49]。同时也发现，水库底部吸收主要影响大坝的基本共振响应，但对较高激励频率下的响应几乎没有影响[53]。

通过对坝体–库水动力作用的研究成果分析可以看出，在高混凝土地震响应分析中，需要考虑库水可压缩性并同时计及淤砂层的吸能作用，建立坝体–淤砂–可压缩库水–地基系统进行地震动力响应分析和评价。同时，也注意到，库水可压缩性显著影响坝体的竖向地震动响应，因此，忽略水的可压缩性，可能低估竖向地震动的响应[53]，而水库沉积物的吸能效应恰好削弱了这种竖向地面运动。目前，将地震作用下库水的动水压力作为附加质量考虑，忽略其可压缩性，主要考虑结构–地基相互作用，能够简化体系，以避免求解复杂流固耦合的问题，需要人们在保证工程安全的情况下做出平衡的选择。关于淤砂液固耦合问题的求解，本书第 3 章给出了求解 u-p 形式的毕奥 (Biot) 方程的对称分裂算子法。

1.5　混凝土坝体及坝基抗震稳定性分析研究

对于高拱坝，主要进行坝肩抗震稳定性分析。由于拱坝的结构及其受力机制，拱的作用将其承受的荷载传递到两岸坝肩岩体上，两岸坝座内潜在的不稳定岩体成为直接影响拱坝稳定和安全的关键。高拱坝的安全性在很大程度上取决于坝肩岩体的稳定性，因此，拱坝坝肩的抗震稳定性备受关注。在高拱坝地震稳定性分析中，将拱坝坝肩潜在滑动块体的抗震稳定校核与坝体抗震强度校核作为分开的两个部分，分别采用刚体极限平衡法和试载法进行。

刚体极限平衡法是一种无论是国内规范还是欧美规范都比较推崇的边坡稳定分析的基本方法。该方法在分析拱坝坝肩抗震稳定性时，将地基与坝体作为隔离体分开计算，只考虑了拱坝对地基的推力，研究坝基滑动面上的抗滑力矩与下滑力矩的关系，不能研究滑动体内部各点的受力状态和变形情况，也无法反映地震作用的往复运动特性、坝和地基动态变形耦合、地基岩体的动态响应、潜在滑动岩块滑动面的局部开裂和滑移等对拱坝稳定性的影响[55]。但由于该方法在工程中的长期应用，已积累了一些经验和建立了安全判断准则，形成了相应的基于工程经验的安全系数概念，并被纳入现行混凝土坝的设计和抗震规范中。

目前有限元方法已经成为应用最广泛的数值计算方法之一，以及岩基边坡包括拱坝坝肩稳定性分析的主要计算工具。有限元方法经历了从线性到非线性、从弹性到弹塑性、从平面到三维空间、从静力到动力、从均匀介质到多相介质、从各向同性到各向异性的发展，有限元方法已经日臻完善, 在边坡稳定性分析中广泛采用，且开发了许多商业软件和专业程序，出现了许多适合于岩土材料的大型通用有限元软件, 其前后处理的功能越来越强大，为利用有限元进行坝体、坝基及边坡稳定性分析创造了条件。

将有限元分析与刚体极限平衡相结合，可获得边坡变形的大小和分布，塑性区的扩展状态，滑移面的形成、发展直至整体破坏的演变过程；作用于岩体的拱推力和地震力是与时间有关的时程，因此，可将岩体中可能滑动块的抗滑稳定安全系数作为随时间的时程。在进行拱坝坝体与地基系统时程分析时，通过有限元计算得到各时刻滑块界面上的应力分布，并将其积分得到作用在块体上的滑动力与抗滑力，按刚体极限平衡法给出坝肩稳定安全系数时程，在一定程度上引进了坝体–地基耦合的概念[56]。

在坝体–地基–库水体系[22] 中，可以考虑坝体分缝、复杂地形地质条件对地基抗震稳定的作用，将近域地基中两岸坝肩按地质构造确定的各潜在滑动岩块的各个滑动面，以及作为抗震薄弱部位的坝基面，都作为具有摩尔–库仑 (Mohr-Coulomb) 特性的接触面处理，滑动岩块滑动面的抗滑强度指标根据岩体类别确定，而坝基面的初始抗拉和抗剪强度则按坝体混凝土等级取值。按照现行抗震规范[57] 在采用时程分析法时，规定对拱座潜在滑动岩块的抗震稳定性进行综合分析评判, 要求：① 在设计地震动三个分量作用下，采用时程分析法计算拱端静、动综合的合力时程，并与不计动力放大效应的岩体惯性力时程一并作用于潜在滑动岩块；②在每一时间步长内，按刚体极限平衡法计算拱座岩体稳定的结构系数，给出整个地震过程中结构系数随时间变化的时程，以该时程中结构系数的最小值评价拱座抗震稳定性；③当结构系数时程中的最小值不满足承载能力极限状态设计要求时，宜根据稳定指标超限的持续时间和程度，综合评判拱座潜在滑动岩块的抗滑稳定性及其对大坝整体安全性的影响。

在对拱坝整体稳定安全性进行最大可信地震分析时，可采用坝体或基岩典型部位的变形随地震作用加大而变化的曲线上出现拐点作为大坝地基系统整体安全度的评价指标，以此时的地震加速度值与设计地震加速度的比值作为大坝不发生库水失控下泄的灾变的安全裕度。但对于极端地震作用下高拱坝与地基整体稳定性的非线性分析评价，目前还缺乏其非线性失稳明确统一的判别标准。现行抗震规范[57] 规定，对于特别重要的、地质条件复杂的高边坡工程，应进行基于动态分析的专门研究，通过对边坡位移、残余位移或滑动面张开度等地震响应的综合分析评判其抗震稳定安全性[58]。

1.6 坝体及地基非线性分析

混凝土高坝系统的极限抗震能力分析涉及坝体–地基的材料非线性、接触非线性以及远场辐射阻尼模拟等复合非线性问题。根据现行抗震规范要求，无论是高拱坝还是高重力坝，在进行最大可信地震抗震安全性评价时，都应建立反映大坝–地基–库水系统的有限元模型，综合考虑远域地基辐射阻尼效应、坝体混凝土和近域地基岩体的材料非线性等因素的影响；对于高拱坝，应考虑坝体横缝以及构成坝基内控制性滑裂面的接触非线性问题。

目前，仅考虑坝体横缝及其接触非线性的计算方法比较成熟，并已经应用于高拱坝抗震安全评价[22,23,59]。在高混凝土坝抗震设计中，认为坝体和岩体在失稳破坏之前一般处于小变形状态，将坝体材料和地基岩体作为线弹性材料，目前仍采用线弹性理论，并根据拉应力控制标准分析坝体的开裂范围，但目前在高坝系统地震响应分析中已考虑了接触非线性问题。坝肩作为单独的结构进行稳定分析是由于拱坝结构线性分析的局限性而做出的选择。

但强震作用下高混凝土坝不但伴随伸缩缝开合、地基软弱夹层的滑移，而且坝体甚至地基还会产生损伤破坏，因此，需要同时求解坝体、地基材料非线性和接触非线性问题。其解的稳定性和收敛性是第一个需要解决的关键问题；另一个关键问题是需要进行高混凝土坝大规模非线性地震响应的高效并行求解。兼顾数值模型的稳定性、收敛性、计算精度及计算效率，已成为求解接触和材料两种非线性耦合的动力学问题需要克服的关键技术难题。

在对混凝土坝体裂缝演化扩展过程的早期研究中，基于断裂力学的离散裂缝模型应用较为广泛[60-62]。但是由于在地震动力分析时，网格需要重新划分，增加了巨大的计算量。Bazant 和 Oh[63] 提出了弥散裂缝模型，在重力坝二维非线性分析中得到应用[64]。由于计算规模和计算方法的限制，难以实现同时考虑高混凝土坝体系统的接触和材料非线性地震响应分析，一些研究者试图采用局部材料非线性进行坝体地震响应分析，仅考虑拱坝腹部材料的非线性，而其余大部分坝体，特别是建基面、坝肩处均为线弹性体[65]，研究坝体损伤破坏的形式及其发展过程；或假设混凝土宏观均质，局部考虑坝体关键部位的细观不均匀性的影响，探讨高拱坝体的裂缝扩展和破坏形态[66]。

目前现有的坝体及地基材料非线性模型基本能满足其非线性地震响应分析计算需要。混凝土材料的性能在很大程度上取决于其内部微裂缝。在荷载作用下，混凝土内部的微裂缝会扩展和汇合，最后形成宏观裂缝，导致强度、刚度等性能的损伤劣化甚至材料的破坏。将弹塑性理论与连续损伤力学相结合，用塑性变形描述混凝土因微裂缝界面摩擦滑动所产生的残余变形，同时在混凝土弹塑性本构关系中引入损伤变量，以表征微观缺陷对材料宏观力学性质的影响，形成了众多弹塑性损伤模型[67-77]，其中最常用的是 Lee 和 Fenves 弹塑性损伤模型，其模型参数可以通过混凝土材料试验获得，常被用于混凝土结构包括混凝土坝的损伤失效分析[78-80]。关于 Lee 和 Fenves 弹塑性损伤模型及通过混凝土材料试验确定其参数的方法，在本书第 6 章有详细介绍。

摩尔–库仑强度准则[81] 能够反映材料的抗拉、抗压强度不对称性，以及材料对静水压力的敏感性，而且模型简单实用，材料参数少且物理含义明确，因此在岩土力学和塑性理论中得到广泛应用，并且积累了丰富的试验资料与应用经验。但是，该准则不能反映中间主应力对屈服和破坏的影响，不能反映单纯的静水压力可以引起岩土屈服的特性，而且屈服面有棱角，容易造成数值计算的不收敛。为了更好地描述材料的强度特性，在摩尔–库仑准则的基础上，Drucker 和 Prager 提出了 Drucker-Prager 模型，该模型在平面上是圆形，从而保证了塑性流动方向的唯一性，使得数值计算比较容易收敛，材料参数易于由试验测定，也可由摩尔–库仑参数换算得到，同时还可以考虑中间主应力的影响，描述材料的剪胀性。缺点是没有考虑单纯的静水压力可以引起材料屈服，未能考虑材料在平面上拉压不同的特性。在 ABAQUS 商业软件中，对经典的 Drucker-Prager 模型做了改进[80-82]，根据屈服面在子午面上的形状分为线性模型、双曲线模型和指数模型。用户可以根据分析类型、材料种类、可以获取的用于标定模型参数的试验数据，以及材料所承受的围压应力水平等影响因素选择合适的模型。

在一般情况下非线性问题与加载历史有关，即当前的结构非线性状态与加载过程密切相关，是整个加载历史的累积效应。有限元方法采用一系列分段线性近似解来求解基于迭代过程的非线性问题[83,84]。求解材料非线性问题一般需要增量法，求解动力学方程可以选择隐式算法和显式算法。与显式算法相比，隐式算法增量步可以很大，具有稳定性的优势。但隐式算法在每一增量步都需要对其进行平衡迭代，且每次迭代需要求解大量的线性方程组。为了求解大规模线性方程，作者已开发出了用于求解一般稀疏线性方程组的一个通用并行预条件子空间迭代软件[85]。但对于解决当前的高混凝土坝大规模的接触非线性动力响应问题，显式积分法还是一个很好的选择。大多数显式积分法是条件稳定的，往往不具有高频阻尼，因此，需要研究各种显式格式的稳定条件和增强其稳定性的途径，进而提出适合于区域分解的并行求解显式积分算法。本书第 12 章介绍的高混凝土坝接触非线性地震响应并行计算分析系统 (PCDSRA) 就采用了显式积分算法，并与拉格朗日乘子法联合求解接触力。本书第 7 章介绍的全隐式迭代法可用于求解混凝土坝及其坝基岩体的弹塑性损伤问题。由于其隐式迭代格式以全量的形式给出，在进行高混凝土坝非线性地震响应分析时，便于以全量的形式输入地震动荷载。

1.7 高坝结构地震动响应分析并行计算研究

我国是第一个以发展中国家的身份研制超级计算机的国家，且发展迅速，已经跃升至国际先进国家行列。我国在 1983 年就研制出第一台超级计算机“银河一号”，使我国成为继美国、日本之后第三个能独立设计和研制超级计算机的国家。2010 年 11 月世界超级计算机的 500 强排名中，我国研制的“天河一号”首次排名世界第一；2013 年 6 月，我国研制的“天河二号”再次排名世界第一，并蝉联至 2015 年 11 月；自 2016 年 6 月起，我国研制的“神威 · 太湖之光”再次位居榜首，并蝉联至 2017 年 11 月。在 2019 年 11 月发布的 500 强榜单中，中国占据了 227 个名额，其中“神威 · 太湖之光”超级计算机位居第三位，“天河二号”超级计算机位居第四位[86,87]。

制约我国高性能计算应用水平的因素在于并行计算应用软件匮乏。并行计算应用软件主要依赖国外进口，这种状况非常不利于我国科技竞争力的提升和国家安全利益。ANSYS、ABAQUS、FLUENT、MATLAB 等通用软件具有一定的并行计算功能，但这些软件均属于国外产品，购置费用随能并行计算的节点数增加而增加，对能有效使用的并行计算节点数形成限制，计算效率较低。特别是美国等西方国家对我国在高技术领域出口限制上的不断加码，很多应用软件及其服务已经很难获得，或在不久的未来可能受到极大限制。我国在应用软件的开发上，包括高坝结构地震响应分析在内的许多领域还几乎处于空白状态，跟不上高端超级计算机的发展步伐。我们迫切需要进行高性能计算的领域，需要求解的问题往往十分复杂，大部分是多物理场问题，耦合求解的情况非常多，目前市场上的软件无法满足这一需求，因而只能由应用领域的工程师自己编制程序完成计算。

要实现强震作用下高坝系统失稳破坏过程的数值模拟，需要解决坝体–库水动力相互作用、坝基远域能量逸散效应、坝体伸缩缝和地基夹层的接触非线性，以及坝体和地基非线性等问题。对于 300m 级高混凝土坝特大型结构体系，由于结构本身的几何尺度太大，再加上两倍于坝体的地基尺寸，所以整体模型范围很大，甚至可达上千米。另外，高混凝土坝地震响应分析模型中，一些局部关键部位具有特殊要求，需要划分较小尺寸的网格，从而造成整体模型中网格跨尺度分布，大到上十米，小至几厘米，使得构建的结构数值模型所需数据量异常庞大。每一时间步长内需要求解未知量高达几十万、上百万甚至千万级别的方程组，即使对高混凝土坝地震响应全过程的单独一个工况进行数值模拟，也需要求解数十万甚至上百万个大规模方程组。大规模和超大规模并行计算机的发展，为高混凝土坝地震响应大规模并行计算带来了新的契机，但是仅依靠计算机硬件的升级，远不能满足工程应用的需要。为实现高混凝土坝地震响应分析与安全评价过程中的“数学模型更加精细化、服役环境更加真实化、计算过程更加高效化”的发展目标，高性能并行计算技术成为解决强震作用下高混凝土坝结构非线性地震响应分析评价的有效方法与重要途径[88]。

由于强震作用下高混凝土坝结构非线性地震响应分析不仅涉及数值建模，而且面临计算时间很长、数据规模很大、软件结构复杂等诸多问题，因此，在并行算法设计实现、并行输入/输出 (I/O) 设计实现、海量数据并行可视化、针对新型并行计算机体系结构的优化设计等方面，既极具挑战性，又具有很强的现实紧迫性，是当前结构工程辅助设计与数值模拟领域的前沿科学技术问题。强震环境中高混凝土坝系统灾变过程集复杂性和大规模性于一体，迫切需要进行大规模计算机数值模拟，来分析和预测灾变过程。为确保特大型水利水电工程的建设与运行安全，需要提出高效精准的数值计算理论，并解决大规模高效并行计算方法问题。另外，大规模工程并行计算结果数据量巨大，如何对数万兆的有限元计算数据进行后处理、分析与可视化，也是当前研究的重要内容。

1.8 本章小结

本章从 6 个方面归纳总结了国内外关于混凝土高坝地震响应分析研究的工作。总体上讲，目前的高坝抗震设计仍采用线弹性理论，抗震稳定校核采用刚体极限平衡法，而坝体抗震强度校核仍沿用比较粗糙的拱梁试载法，对于大坝体系材料非线性的抗震分析研究仍处在学术上的探讨阶段。

为了实现强震环境中高拱坝系统灾变全过程的数值模拟，当前迫切需要解决两类关键科学问题：一是大坝混凝土的动态损伤机理；二是强震作用下高拱坝系统灾变演化过程和失稳破坏机制。在这两类问题研究的基础上，需要建立更能贴近复杂荷载作用下的大坝混凝土、岩石的动态损伤演化规律的本构模型，提出高混凝土坝系统的整体失稳破坏的控制参数指标，从而建立在强地震作用下高坝系统整体失效分析理论和方法。为了避免在极端地震作用下发生“溃坝”灾变，需要进行高坝大库在极限地震作用下的灾变演化过程和失稳破坏机制的研究，以确定各类坝型“溃坝”极限状态的定量准则。

强震作用下高混凝土坝系统灾变全过程模拟，需要考虑远域地基的辐射阻尼、近场地基地形、地质条件、坝体混凝土损伤开裂非线性、坝体横缝接触非线性以及库水作用等关键影响因素。随着并行计算硬件水平的不断提高，并行机群系统解决大规模计算问题的技术潜能不断突破，为高坝大库系统地震响应数值分析提供了硬件环境，而并行计算软件的研发已成为当前迫切的研究课题。

参 考 文 献

[1] Liu X J, Xu Y J, Wang G L, et al. Seismic response of arch dams considering infinite radiation damping and joint opening effects[J]. Earthquake Engineering and Engineering Vibration, 2002, 1(1): 65-73.

[2] Clough R W. Non-linear mechanisms in the seismic response of arch dams[C]. Proc. Int. Res. Conf. Earthquake Eng. Skopje, Yugoslavia, 1980: 669-684.

[3] Fenves G L, Mojtahedi S, Reimer R B. ADAP88: a computer program for nonlinear earthquake analysis of concrete arch dams[R]. Report No. EERC 89-12, Earthquake Engineering Research Center, University of California, Berkeley, CA. , 1989.

[4] Zhang C H, Pekau O A, Jin F. Application of distinct element method in dynamic analysis of high rock slopes and blocky structures [J]. Soil Dynamics and Earthquake Engineering，1997, 160: 385-394.

[5] Lua D T, Boruziaan B, Razaqpur A G. Modeling of contraction joint and shear sliding effects on earthquake response of arch dams [J]. Earthquake Engineering and Structural Dynamics, 1998, 27: 1013-1029.

[6] 龙渝川，周元德，张楚汉. 基于两类横缝接触模型的拱坝非线性动力响应研究 [J]. 水利学报，2005, 36(9): 1094-1099.

[7] Bathe K J, Chaudhary A. A solution method for planar and axisymmetric contact problems[J]. International Journal for Numerical Methods in Engineering, 1985, 21(1): 65-88.

[8] 胡志强. 考虑坝–基动力相互作用的有横缝拱坝地震响应分析 [D]. 大连：大连理工大学, 2003.

[9] 盛志刚，张楚汉，王光纶，等. 拱坝横缝非线性动力响应的模型试验和计算分析 [J]. 水力发电学报, 2003，80(1): 34-43.

[10] Niwa A, Clough R W. Non-linear seismic response of arch dams [J]. Earthquake Engineering and Structural Dynamic, 1982, 10: 267-281.

[11] Taskov L, Jurukovski D. Shaking table tests of an arch dam fragment[C]. Proc. of China-U.S. Workshop on Earthquake Behavior of Arch Dams, Beijing, 1987.

[12] 陈厚群，李德玉，胡晓，等. 有横缝拱坝的非线性动力模型试验和计算分析研究 [J]. 地震工程和工程振动，1995，15(4)：10-26.

[13] Zhang C H, Xu Y J, Wang G L, et al. Non-linear seismic response of arch dams with contraction joint opening and joint reinforcements[J]. Earthquake Engineering and Structural Dynamics, 2000, 29: 1547-1566.

[14] 李同春, 任灏, 赵兰浩. 考虑横缝非线性作用的拱坝拱梁分载动力分析方法 [J]. 水力发电学报, 2009, 28(5): 57-61.

[15] Zhang M Y, Gao W, Lei Z. A contact algorithm for 3D discrete and finite element contact problems based on penalty function method [J]. Comput. Mech., 2011, 48: 541-550.

[16] Baillet L, Sassi T. Finite element method with lagrange multipliers for contact problems with friction[J]. C. R. Math., 2002, 334: 917-922.

[17] Liu J Z, Lu S K, Xu H H, et al. Three-dimensional viscoelastic LDDA method and its application in geoscience [J]. Acta Seismologica Sinica, 2002, 15(3): 341-348.

[18] 张伯艳，陈厚群. LDDA 动接触力的迭代算法 [J]. 工程力学，2007, (6): 1-6.

[19] Xing W, Song C, Tin-Loi F. A scaled boundary finite element based node-to-node scheme for 2D frictional contact problems[J]. Comput. Methods Appl. Mech. Engrg., 2018, 333: 114-146.

[20] 肖永浩，莫则尧. 接触问题的 MPI + OpenMP 混合并行计算 [J]. 振动与冲击, 2012, 31(15): 36-40.

[21] 王福军. 冲击接触问题有限元法并行计算及其工程应用 [D]. 北京: 清华大学, 2000.

[22] Chen H Q, Ma H F, Tu J, et al. Parallel computation of seismic analysis of high arch dam [J]. Earthquake Engineering and Engineering Vibration, 2008, 7(1): 1-11.

[23] 王立涛. 复杂水工结构地震动响应并行计算研究 [D]. 北京：中国水利水电科学研究院，2010.

[24] 杜建国，林皋，胡志强. 非均质无限地基上高拱坝的动力响应分析 [J]. 岩石力学与工程学报, 2006, 25(Supp.2): 4105-4111.

[25] Chopra A K. Earthquake analysis of arch dams: factors to be considered [C]. 14th WCEE, 2008: 10.

[26] Lyamer J, Kuhlemeyer R L. Finite dynamic model for infinite media [J]. Journal Engineering Methods, 1969, 95(EM4): 859-877.

[27] Zienkievicz O C, Bettess P. Infinite element in study of fluid-structure interaction problems [C]. Second Int. Symp. Computing Methods in Applied Science Engineering, IRIA, Versailles, France, 1975.

[28] Zhang B Y. The calculation of the free field response of a canyon [J]. Japan Society of Civil Engineers, 1993, 10(3): 129-137.

[29] Zhang C H, Jin F, Pekau O A. Time domain procedure of FE-BE-IBE coupling for seismic interaction of arch dams and canyon[J]. Earthquake Engineering and Structural Dynamic, 1995, 24: 1651-1666.

[30] Chopra A K, Tan H. Modeling dam-foundation interaction in analysis of arch dams[C]. Proc. 10th World Conf. Earthquake Eng., Madrid, Spain, 1992: 4623-4626.

[31] Dominguez J, Maeso O. Model for the seismic analysis of arch dams including interaction effects [C]. Proc. 10th WCEI, Madrid, Spain, 1992: 4601-4606.

[32] 陈建云，李健波，林皋，等. 结构–地基动力相互作用时域数值分析的显–隐式分区异步长递归算法 [J]. 岩石力学与工程学报，2007, 26(12): 2481-2487.

[33] Li J B, Yang J, Lin G. A stepwise damping-solvent extraction method for large-scale dynamic soil-structure interaction analysis in time domain[J]. International Journal for Numerical and Analytical Methods in Geomechanics, 2008, 32: 415-436.

[34] 钟红, 林皋, 李建波. 空间结构–地基动力相互作用数值分析时域算法研究 [J]. 大连理工大学学报, 2007, 47(1): 78-84.

[35] 刘晶波，吕彦东. 结构–地基动力相互作用问题分析的一种直接方法 [J]. 土木工程学报，1998, 31(3): 55-64.

[36] 廖振鹏. 工程波动理论导论 [M]. 2 版. 北京：科学出版社，2002.

[37] 阎俊义，金峰，张楚汉. 基于线性系统理论的 FE-SBFE 时域耦合方法 [J]. 清华大学学报 (自然科学版)，2003，43(11): 1554-1557.

[38] 马怀发, 陈厚群, 徐树峰. 混凝土高坝系统的地震响应分析研究进展概述 [J]. 中国水利水电科学研究院学报,2012,10(1): 1-8.

[39] Westergaard H M. Water pressures on dams during earthquakes [J]. Trans. Amer. Soc. Civ. Eng., 1933, 98: 418-433.

[40] Brahtz H A, Heilbron C H. Discussion of water pressures on dams during earthquakes[J]. Trans. ASCE, 1933, 98: 452-460.

[41] Kotsubo S. Dynamic water pressure on dams due to irregular earthquakes[J]. Transactions of the Japan Society of Civil Engineers, 1959, 18(4): 119-129.

[42] Chopra A K. Hydrodynamic pressures on dams during earthquake[J]. J. Engng. Mech. Div, ASCE, 1967,93(EM6): 205-223.

[43] Chakrabarti P, Chopra A K. Earthquake analysis of gravity dams including hydrodynamic interaction[J]. Earthquake Engineering and Structural Dynamics, 1973, 2(2):

143-160.

[44] Porter G S, Chopra A K. Dynamic effects of simple arch dams including hydrodynamic interaction[J]. Earthquake Engineering and Structural Dynamics, 1981, 11(6): 573-597.

[45] Saini S S, Bettess P, Zienkiewicz O C. Coupled hydrodynamic response of concrete gravity dams using finite and infinite elements[J]. Earthquake Engineering and Structural Dynamics, 1978, 6(4): 363-374.

[46] Nath B. Natural frequencies of arch dam reservoir systems-by a mapping finite element method[J]. Earthquake Engng. Struct. Dynam., 1982, 10(5): 719-734.

[47] 邱奕翔, 魏楚函, 武志刚, 等. 库水模拟对拱坝动力特性的影响分析 [J]. 水力发电学报, 2020, 39(6): 109-120.

[48] 杨柳，何蕴龙. 考虑库水可压缩性的拱坝动力响应分析 [J]. 长江科学院院报, 2013, 30(2): 71-75.

[49] 王毅. 混凝土坝水库水动力相互作用计算模型研究 [D]. 大连: 大连理工大学, 2013.

[50] Chen B F, Yuan Y S. Hydrodynamic pressures on arch dam during earthquakes[J]. Journal of Hydraulic Engineering, 2011, 137(1): 34-44.

[51] 刘浩吾. 混凝土坝动水压力与库水可压缩性效应 [J]. 水利水电科技进展, 2002, 22(2): 10-13.

[52] 牛志伟, 李同春, 赵兰浩. 库底淤沙对混凝土重力坝地震响应的影响 [J]. 水力发电学报, 2009, 28(5): 187-190.

[53] Chopra A K. Earthquake Engineering for Concrete Dams Analysis, Design, and Valuation[M]. New York: JohnWiley & Sons Ltd, 2020.

[54] 王怀亮. 考虑库底淤积层作用的碾压混凝土重力坝地震响应分析 [J]. 水利与建筑工程学报, 2015, 13(4): 60-65.

[55] 陈爱玖, 章青, 刘仲秋. 高拱坝抗震理论分析进展 [J]. 水利水运工程学报,2006,4: 67-73.

[56] 张伯艳，涂劲，陈厚群. 基于动接触力法的拱坝坝肩抗震稳定有限元分析 [J]. 水利学报, 2004, 35(10): 7-12.

[57] 国家能源局. 水电工程水工建筑物抗震设计规范：NB 35047—2015 [S]. 北京：中国电力出版社，2015 .

[58] 张伯艳, 王璨, 李德玉, 等. 地震作用下水利水电工程边坡稳定分析研究进展 [J]. 中国水利水电科学研究院学报, 2018, 16(3): 168-178.

[59] 陈厚群，吴胜兴，党发宁，等. 高拱坝抗震安全 [M]. 北京：中国电力出版社，2012.

[60] Ayari M L, Saouma V E. A fracture mechanics based seismic analysis of concrete gravity dams using discrete cracks[J]. Engng. Fracture Mech., 1990, 35: 587-598.

[61] Pekau O A, Zhang C H, Feng L M. Seismic fracture analysis of concrete gravity dams[J]. Earthquake Eng. Struct. Dyn., 1991, 20: 335-354.

[62] El-Aidi B, Hall J F. Nonlinear earthquake response of concrete gravity dams, part I: modeling[J]. Earthquake Eng. Struct. Dyn., 1989, 18: 837-851.

[63] Bazant Z P, Oh B H. Crack band theory for fracture of concrete[J]. Mat. and Struct., 1983, 16(93): 155-177.

[64] Bhattacharjee S S, Leger P. Seismic cracking and energy dissipation in concrete gravity dams[J]. Earthquake Eng. Struct. Dyn., 1993, 22: 991-1007.

[65] 潘坚文, 王进廷, 张楚汉. 超强地震作用下拱坝的损伤开裂分析 [J]. 水利学报, 2007, 38(2): 148-149.

[66] 钟红，林皋，李建波，等. 高拱坝地震损伤破坏的数值模拟 [J]. 水利学报，2008，39(7): 848-853.

[67] Lee J, Fenves G L. Plastic-damage model for cyclic loading of concrete structures[J]. Journal of Engineering Mechanics, 1998, 124(8): 892-900.

[68] Lemaitre J. A continuous damage mechanics model for ductile fracture[J]. Journal of Engineering Materials and Technology, 1985, 107: 83-89.

[69] Simo J C and Ju J W. Strain- and stress- based continuum damage models -I formulation[J]. J. Solids structures, 1987, 23(7): 821-840.

[70] Lubliner J, Oliver J, Oller S, et al. A plastic-damage model for concrete[J]. International Journal of Solids and Structures, 1989, 25(3): 299-326.

[71] Yazdani S, Schreyer H L. Combined plasticity and damage mechanics model for plain concrete[J]. J. Eng. Mechanics, ASCE, 1990, 116: 1435-1450.

[72] Faria A, Oliver J, Cervera M. A strain-based plastic viscous-damage model for massive concrete structures[J]. Int. J. Solids Struct., 1998, 35: 1533-1558.

[73] Wu J Y, Li J, Faria R. An energy release rate-based plastic-damage model for concrete[J]. Int J. Solids Struct., 2006, 43: 583-612.

[74] Einav I, Houlsby G T, Nguyen G D. Coupled damage and plasticity models derived from energy and dissipation potentials[J]. Int J. Solids Struct., 2007, 44: 2487-2508.

[75] Al-Rub R K A, Kim S M. Computational applications of a coupled plasticity-damage constitutive model for simulating plain concrete fracture[J]. Engineering Fracture Mechanics, 2010, 77: 1577-1603.

[76] Daneshyar A, Ghaemian M. Coupling microplane-based damage and continuum plasticity models for analysis of damage-induced anisotropy in plain concrete[J]. International Journal of Plasticity, 2017, 95: 216-250.

[77] Ayhan B, Jehel P, Brancherie D, et al. Coupled damage-plasticity model for cyclic loading: theoretical formulation and numerical implementation[J]. Eng. Struct., 2013, 50: 30-42.

[78] 何建涛. 地震作用下大坝-地基体系的损伤破坏研究 [D]. 北京：中国水利水利水电科学研究院，2010.

[79] 郝明辉. 坝–地基–库水体系非线性地震反应分析 [D]. 北京：中国水利水利水电科学研究院，2012.

[80] ABAQUS Theory Manual6.12[M]. ABAQUS, Inc, 2012.

[81] 费康，张建伟. ABAQUS 在岩土工程中的应用 [M]. 北京: 中国水利水电出版社，2010.

[82] 郝明辉，陈厚群，张艳红. 基于材料非线性的坝体–地基体系损伤本构模型研究 [J]. 水力发电学报，2011，30(6): 30-33，116.

[83] Zienkiewicz O C, Taylor R L. The finite element method for solid and structural mechanics[M]. 6th ed. Singapore: Elsevier (Singapore) Pte Ltd, 2009: 46-95.

[84] Matthies H, Strang G. The solution of nonlinear finite element equations[J] . International Journal for Numerical Methods in Engineering, 1979, 14: 1613-1626.

[85] Wu J P , Ma H F , Zhao J , et al. Preliminary application of software package GPPS to spare linear systems from meso scale simulation of concrete specimen[J]. Applied Mechanics & Materials, 2014, 580-583:2907-2911.

[86] China extends lead in number of TOP500 supercomputers, US Holds on to performance advantage[EB/OL]. [2019.11.18]www.top500.org.

[87] 全球超级计算机排行榜 [EB/OL]. [2020.06] http://www.chinastor.com/hpc-top500/.

[88] 沈怀至. 基于性能的混凝土坝–地基系统地震破损分析与风险评价 [D]. 北京：清华大学, 2007.

第 2 章　半无限大地基的人工黏弹性边界方法

2.1　地震波传播机制及场址设计地震动

如图 2.1 所示，从震源出发的地震波，在地壳中复杂介质的传播过程中，经多次折射、反射，很难确定其入射到近场地基的方向。

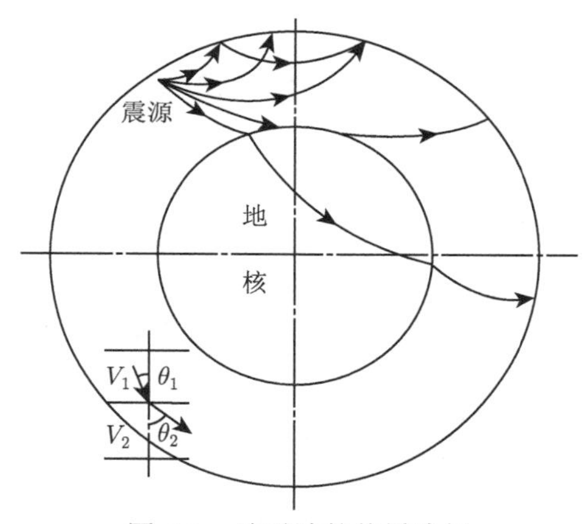

图 2.1　地震波的传播途径

在地震波的整个传播过程中，其幅值、频率组成及传播和振动的方向都在不断改变，且其各个频率分量的传播速度也并不相同。地震波包含的纵波、横波，以及两种面波——勒夫波和瑞利波的成分，也在传播中不断改变。目前尚难做到在地表记录到的地震动加速度波形中区分其组成的各个波型，仅知道纵波波速最大，首先到达，其次是横波，最后是面波。但场址地表某点的地震动加速度总是可以分解成相互正交的三个分量，即沿地表的两个水平向分量和垂直于地表面的竖向分量。实际上，在整个地震波的传播过程中，这三个正交分量在不断改变，因而其合成的振动和传播方向也在不断改变，在空间中并非始终保持一定的波形沿某一个固定方向传播。但从总体上看，由于地壳介质的密度由地表往下随地层深度增大而增大，所以地震波在不同介质中传播的折射和反射，由地壳深部往地表传播，其入射方向将逐渐接近垂直水平地表方向[1]。

将近地表半无限空间作为均质岩体，由地壳深处沿垂直于水平地表方向传播到地表的加速度最大水平分量值表征坝场址地震作用强度的地震动峰值加速度，并将其称为工程场址自由场的设计地震动。根据强震记录统计平均结果，从统计意义上可以认为，地震动的两个水平分量的峰值加速度及其加速度反应谱都大体上相同，但一般不可能出现在同一时刻。强震记录显示，在相距仅几十米处的地表地震动就有显著差异，地震波由深部向地表传播时，也并非完全垂直于地表。

但在工程场区地震危险性分析中，由强震加速度记录样本群，可以统计得出基岩地表地震动峰值加速度与震级和震中距的衰减关系。强震记录只能提供其台站设置的地表场地类别，一般无法确定其下部更深层基础的地质条件和周围的地形条件，并且在一定范围内，可以作为统计样本的实测强震加速度记录也不多，即使由设置在基岩上的台站取得的记录，各记录台站地表以下地基的地质条件也不尽相同。因此，只能假定这些记录代表的是均质岩体沿水平向无限延伸的平坦地表的地震动。

基于以上所述的地震波传播机制，我国的现行抗震规范规定，各类水工建筑物的抗震设防水准，应以平坦地表的设计烈度和水平向设计地震动峰值加速度代表值表征。在进行高混凝土坝地震响应分析和抗震安全评价时，通常沿坝基底部垂直输入设计地震波。

2.2　无限地基的人工黏弹性边界及地震波输入

高坝地震响应系统是包括坝体、地基、库水及其相互作用的综合体系。其地震响应分析主要研究地震作用下坝体的变形及应力分布、坝体与地基相互作用，以及坝体与库水相互作用等问题。在坝体结构–地基系统中，作为坝体地基的山体，相对于坝体本身可视作无限域，可将其划分为邻近坝体的近域地基和其外围的远域地基。近域地基及坝体结构构成了地震响应分析的研究对象，而切割近域地基和远域地基的边界即形成了人工边界。在对结构系统地震响应数值模拟时，地震波在近域人工边界垂直入射，在近域地基及坝体结构系统中传播，并经地基及坝体物理和几何边界反射和折射，返回来产生相对于人工边界的外行波。这些外行波实际上继续向远域地基传播，其能量最终耗散在远域地基中。但在坝体系统的分析模型中只能包括有限范围的近域地基，要靠人工边界吸收截断边界上的外行波。为了达到这些目的，模拟波动在无限地基中的真实传播过程，国内外学者提出了许多方法，其中人工黏性边界[2]、人工黏弹性边界[3] 和人工透射边界[4] 为当前比较常用而且比较成熟的人工边界模拟方法。近年来，比例边界有限元方法 (SBFEM)[5-7] 已被用于解决无限域中的时间依赖性问题。关于 SBFEM 在半无限大地基与结构的相互作用及其在近场坝基地震输入中的应用的最新进展将在本书第 4 章介绍。

在大坝抗震分析中多采用人工透射边界和黏弹性边界两种方法。从理论上说，用人工透射边界分析模拟近场波动可以达到较高阶的精度。但由于人工透射边界方法存在高频振荡和漂移失稳的问题，而且在有限元分析中，需要在近场计算的地基外附加一定厚度的人工透射边界区进行插值计算，这给有限元分析带来很大不便。由于人工黏性边界存在零频漂移问题，人们在黏性边界理论的基础上发展了黏弹性边界方法[8-14]。黏弹性边界方法通过沿人工边界设置一系列由线性弹簧和阻尼器组成的简单力学模型来吸收射向人工边界的波动能量，从而达到消除反射的效果。由于人工黏弹性边界物理意义清晰，处理方法简单，对瞬态波吸收效果好，所以被广泛应用于岩土工程和水工结构工程的地震动响应分析中 [11-13]。这些研究针对不同的问题，给出了不同的人工黏弹性边界条件表达形式。下面将介绍作者在分析黏弹性边界方法的理论基础上建立的人工黏弹性边界统一的虚位移原理[14]。

2.3 人工黏弹性边界的吸能原理

图 2.2 为人工黏弹性边界模型。由无限地基截取与结构相连的有限尺寸的立方体，构成结构–近场地基系统，地基截断面即为人工边界。人工边界由一个底边界和四个侧边界组成。人工边界由阻尼器 (阻尼为 C_b) 和弹簧 (刚度为 K_b) 与近场地基边界连接，即称为人工黏弹性边界。刘晶波等[3] 基于弹性波动理论推导出了三维人工黏弹性边界的法向与切向边界方程的基本形式，给出了明确的物理含义，即法向弹性刚度和阻尼形式分别为 $k_n=\dfrac{4G}{R}$，$c_n=\rho c_\mathrm{p}$，切向弹性刚度和阻尼形式分别为 $k_\tau=\dfrac{2G}{R}$，$c_\tau=\rho c_\mathrm{s}$，G 为剪切弹性模量，ρ 为介质密度，R 为膨胀波球面半径，c_p，c_s 分别为纵波和横波波速：

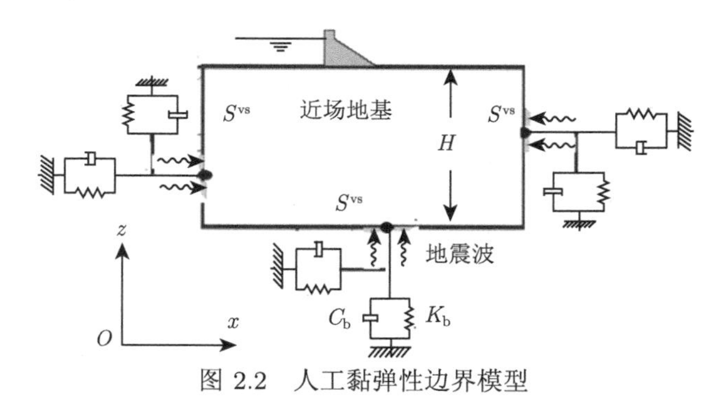

图 2.2 人工黏弹性边界模型

纵波波速：

$$c_\mathrm{p}=\sqrt{\frac{\lambda+2\mu}{\rho}}=\sqrt{\frac{(1-\nu)\,E}{(1+\nu)\,(1-2\nu)\,\rho}}$$

则有

$$c_{\mathrm{p}}^2=\frac{\lambda+2\mu}{\rho}\quad \text{或}\quad \rho c_{\mathrm{p}}=\frac{\lambda+2\mu}{c_{\mathrm{p}}}$$

横波波速：

$$c_{\mathrm{s}}=\sqrt{\frac{\mu}{\rho}}=\sqrt{\frac{G}{\rho}}=\sqrt{\frac{E}{2\left(1+\nu\right)\rho}}$$

则有

$$c_{\mathrm{s}}^2=\frac{\mu}{\rho}\quad \text{或}\quad \rho c_{\mathrm{s}}=\frac{\mu}{c_{\mathrm{s}}}$$

式中，λ 和 μ 为拉梅常数；E 和 ν 分别为介质的弹性模量和泊松比；G 为剪切弹性模量；ρ 为介质密度。

若地表面作为半无限大地基表面，地表面边界条件作为第一类边界，并视为无面力自由面，而距表面深度为 H 的人工边界面输入地震波。分别沿底部人工边界的法向 (底部边界) 输入 P 波和切向输入 SV 波。入射波动形式为 $u=u_0\left(t\right)$; $v=v_0\left(t\right);w=w_0\left(t\right)$; $t\geqslant 0$。如果没有地上结构，入射波在均质弹性半无限大体中形成自由位移场。其三个分量相互独立，并分别满足一维平面波动方程：

$$\frac{\partial^2 u}{\partial z^2}=\frac{1}{c_{\mathrm{s}}^2}\frac{\partial^2 u}{\partial t^2},\quad \frac{\partial^2 v}{\partial z^2}=\frac{1}{c_{\mathrm{s}}^2}\frac{\partial^2 v}{\partial t^2},\quad \frac{\partial^2 w}{\partial z^2}=\frac{1}{c_{\mathrm{p}}^2}\frac{\partial^2 w}{\partial t^2} \tag{2.1}$$

若坐标原点位于底部人工边界，则自由场的三个位移分量 u, v 和 w 有如下形式的解：

$$\begin{cases} u^{\mathrm{f}}=u_0\left(t-\dfrac{z}{c_{\mathrm{s}}}\right)+u_0\left(t-\dfrac{2H-z}{c_{\mathrm{s}}}\right)\\ \dot{u}^{\mathrm{f}}=\dot{u}_0\left(t-\dfrac{z}{c_{\mathrm{s}}}\right)+\dot{u}_0\left(t-\dfrac{2H-z}{c_{\mathrm{s}}}\right)\end{cases} \tag{2.2}$$

$$\begin{cases} v^{\mathrm{f}}=v_0\left(t-\dfrac{z}{c_{\mathrm{s}}}\right)+v_0\left(t-\dfrac{2H-z}{c_{\mathrm{s}}}\right)\\ \dot{v}^{\mathrm{f}}=\dot{v}_0\left(t-\dfrac{z}{c_{\mathrm{s}}}\right)+\dot{v}_0\left(t-\dfrac{2H-z}{c_{\mathrm{s}}}\right)\end{cases} \tag{2.3}$$

$$\begin{cases} w^{\mathrm{f}}=w_0\left(t-\dfrac{z}{c_{\mathrm{p}}}\right)+w_0\left(t-\dfrac{2H-z}{c_{\mathrm{p}}}\right)\\ \dot{w}^{\mathrm{f}}=\dot{w}_0\left(t-\dfrac{z}{c_{\mathrm{p}}}\right)+\dot{w}_0\left(t-\dfrac{2H-z}{c_{\mathrm{p}}}\right)\end{cases} \tag{2.4}$$

非零应变表达式为

$$
\begin{cases}
\varepsilon_{xz} = \dfrac{\partial u}{\partial z} \\
\varepsilon_{yz} = \dfrac{\partial v}{\partial z} \\
\varepsilon_{zz} = \dfrac{\partial w}{\partial z}
\end{cases}
\tag{2.5}
$$

图 2.3(a) 为图 2.2 中在不存在结构 (坝体) 的情况下由人工黏弹性边界截取的均质地基动力平衡系统，自由位移场 $\{u^{\mathrm{f}}\}$ 由人工边界点输入波动 (地震波) 产生，波动形式由式 (2.2)~ 式 (2.4) 确定。

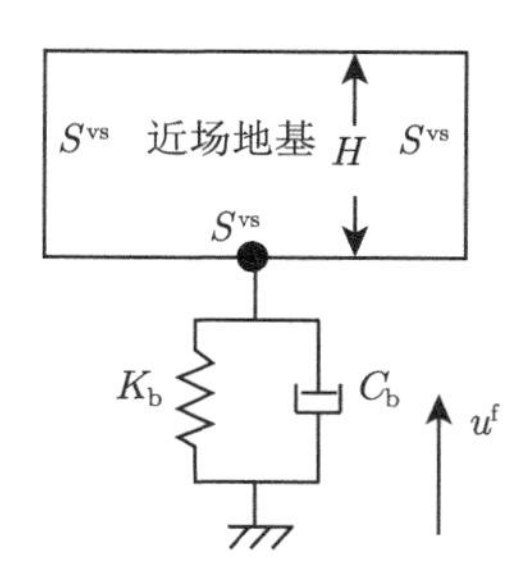

(a) 自由场动力平衡系统

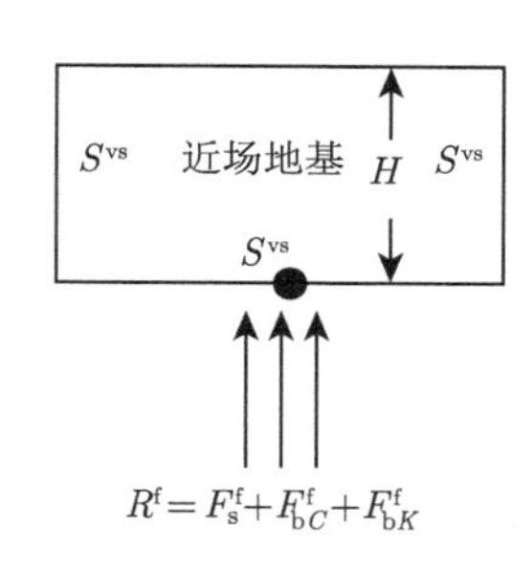

(b) 入射波场产生的等效荷载

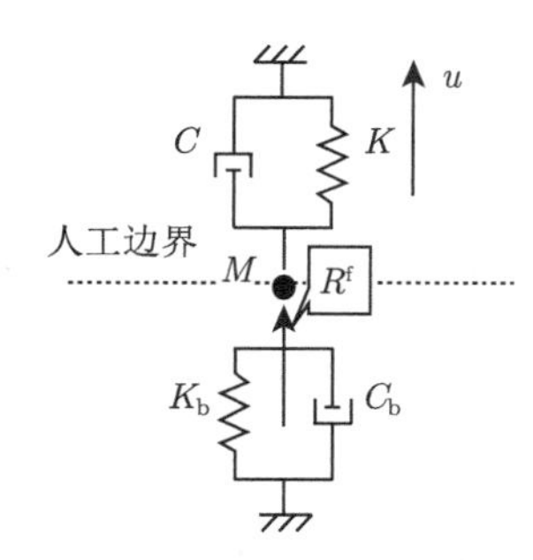

(c) 结构-地基动力平衡系统

图 2.3 人工黏弹性边界作用力分解

图 2.3(b) 为该系统移去了人工黏性阻尼和弹簧的隔离体，对应黏弹性边界点施加由入射波产生的等效荷载。其中，$\{F_{\mathrm{s}}^{\mathrm{f}}\} = \iint\limits_{S^{\mathrm{vs}}} \{\sigma^{\mathrm{f}}\}\mathrm{d}S$ 是由人工边界上的自由场应力产生的；$\{F_{\mathrm{b}C}^{\mathrm{f}}\} = \iint\limits_{S^{\mathrm{vs}}} [c_{\mathrm{b}}]\{\dot{u}^{\mathrm{f}}\}\mathrm{d}S$ 是自由场的人工阻尼力；$\{F_{\mathrm{b}K}^{\mathrm{f}}\} = \iint\limits_{S^{\mathrm{vs}}} [k_{\mathrm{b}}]\{u^{\mathrm{f}}\}\mathrm{d}S$ 是自由场的人工弹性力，即

$$
\begin{aligned}
\{R^{\mathrm{f}}\} &= \iint\limits_{S^{\mathrm{vs}}} \left(\{\sigma^{\mathrm{f}}\} + [c_{\mathrm{b}}]\{\dot{u}^{\mathrm{f}}\} + [k_{\mathrm{b}}]\{u^{\mathrm{f}}\}\right)\mathrm{d}S \\
&= [K]\{u^{\mathrm{f}}\} + [C_{\mathrm{b}}]\{\dot{u}^{\mathrm{f}}\} + [K_{\mathrm{b}}]\{u^{\mathrm{f}}\}
\end{aligned}
\tag{2.6}
$$

其中，S^{vs} 表示黏弹性边界；$[c_{\mathrm{b}}]$ 和 $[k_{\mathrm{b}}]$ 分别为阻尼矩阵 $[C_{\mathrm{b}}]$ 和弹簧刚度矩阵 $[K_{\mathrm{b}}]$ 沿人工边界上的分布集度矩阵。这里及下文中，物理量下角标 “b” 表示人工边界。

考虑到结构 (坝体) 和实际地基材料的不均匀特性、物理和几何边界的不规则性产生的散射作用，在如图 2.3(c) 所示的结构–地基动力平衡系统中，入射波产

生的波动场由 $\{u\}$ 表示，阻尼 $[C]$ 和刚度 $[K]$ 反映结构和地基的动力特性，人工边界上输入地震波在坝体和近场地基系统中的波场分解为具有前面定义的自由波场和由结构或近场地基的非均匀性等其他因素产生的散射波，即将波动位移场分为自由场 $\{u^{\mathrm{f}}\}$ 和散射场 $\{u^{\mathrm{s}}\}$，$\{u\}=\{u^{\mathrm{f}}\}+\{u^{\mathrm{s}}\}$，并认为在人工边界上自由波动和散射波动互不影响，其结构–地基动力平衡方程表示为

$$[M]\{\ddot{u}\}+[C+C_{\mathrm{b}}]\{\dot{u}\}+[K+K_{\mathrm{b}}]\{u\}=\{R^{\mathrm{f}}\} \tag{2.7}$$

自由场的物理量是已知的，可由式 (2.1)~ 式 (2.5) 求得。将方程 (2.6) 代入方程 (2.7) 得

$$\begin{aligned}[M]\{\ddot{u}\}+[C]\{\dot{u}\}+[K]\{u\}=&-[C_{\mathrm{b}}]\{\dot{u}\}-[K_{\mathrm{b}}]\{u\}+\iint\limits_{S^{\mathrm{vs}}}\{\sigma^{\mathrm{f}}\}\,\mathrm{d}S\\&+[C_{\mathrm{b}}]\{\dot{u}^{\mathrm{f}}\}+[K_{\mathrm{b}}]\{u^{\mathrm{f}}\}\end{aligned}$$

在人工边界上 $\{u\}=\{u^{\mathrm{f}}\}+\{u^{\mathrm{s}}\}$，代入上式得

$$\begin{aligned}&[M]\{\ddot{u}^{\mathrm{s}}\}+[C]\{\dot{u}^{\mathrm{s}}\}+[K]\{u^{\mathrm{s}}\}+[M]\{\ddot{u}^{\mathrm{f}}\}+[C]\{\dot{u}^{\mathrm{f}}\}+[K]\{u^{\mathrm{f}}\}\\=&-[C_{\mathrm{b}}]\{\dot{u}^{\mathrm{s}}\}-[K_{\mathrm{b}}]\{u^{\mathrm{s}}\}+\{F_{\mathrm{s}}^{\mathrm{f}}\}\end{aligned}$$

显然均质半无限大体自由场应满足

$$[M]\{\ddot{u}^{\mathrm{f}}\}+[C]\{\dot{u}^{\mathrm{f}}\}+\{K]\{u^{\mathrm{f}}\}=\{F_{\mathrm{s}}^{\mathrm{f}}\} \tag{2.8}$$

而散射波场 $\{u^{\mathrm{s}}\}$ 满足

$$[M]\{\ddot{u}^{\mathrm{s}}\}+[C]\{\dot{u}^{\mathrm{s}}\}+[K]\{u^{\mathrm{s}}\}=-[C_{\mathrm{b}}]\{\dot{u}^{\mathrm{s}}\}-[K_{\mathrm{b}}]\{u^{\mathrm{s}}\} \tag{2.9}$$

方程 (2.9) 说明，尽管存在人工边界，但自由场在人工边界上的波动仍维持原来的平衡状态，而散射场能量由黏弹性边界的人工弹簧和阻尼器吸收。

2.4　人工黏弹性边界的虚位移原理

2.4.1　黏弹性边界的面荷载

由式 (2.7) 可以看出，在数值计算中，需要首先确定半空间自由波场，计算在所有人工边界有限元节点上需要施加的荷载，即在人工边界上输入由地震波产生的荷载为

$$\{R^{\mathrm{f}}\}=\iint\limits_{S^{\mathrm{vs}}}\left(\{\sigma^{\mathrm{f}}\}+[c_{\mathrm{b}}]\{\dot{u}^{\mathrm{f}}\}+[k_{\mathrm{b}}]\{u^{\mathrm{f}}\}\right)\mathrm{d}S \tag{2.10}$$

由一维平面波动 (2.1) 在无结构时均匀半无限大体中的自由场产生的应力表达式可简化为

$$\begin{Bmatrix} \sigma_{xx} \\ \sigma_{yy} \\ \sigma_{zz} \\ \sigma_{yz} \\ \sigma_{xz} \\ \sigma_{xy} \end{Bmatrix} = \begin{Bmatrix} \lambda\varepsilon_{zz} \\ \lambda\varepsilon_{zz} \\ (\lambda+2\mu)\,\varepsilon_{zz} \\ \mu\varepsilon_{yz} \\ \mu\varepsilon_{xz} \\ 0 \end{Bmatrix} = \begin{Bmatrix} \lambda\dfrac{\partial w}{\partial z} \\ \lambda\dfrac{\partial w}{\partial z} \\ (\lambda+2\mu)\,\dfrac{\partial w}{\partial z} \\ \mu\dfrac{\partial v}{\partial z} \\ \mu\dfrac{\partial u}{\partial z} \\ 0 \end{Bmatrix} \tag{2.11}$$

由自由场应力产生的面力表示为

$$\{\bar{X}_i^{\mathrm{f}}\} = \begin{Bmatrix} l\sigma_{xx} + n\sigma_{zx} \\ m\sigma_{yy} + n\sigma_{zy} \\ l\sigma_{xz} + m\sigma_{yz} + n\sigma_{zz} \end{Bmatrix} \tag{2.12}$$

其中，l，m，n 分别是所在边界面的外法线方向余弦，$i=1,2,3$。

由式 (2.2)~ 式 (2.5) 及本构方程 (2.11)，可求得在人工边界上的面荷载的面力：

$$\{\bar{F}_{\mathrm{b}}^{\mathrm{f}}\} = \{\bar{X}_i^{\mathrm{f}}\} + [c_{\mathrm{b}}]\{\dot{u}^{\mathrm{f}}\} + [k_{\mathrm{b}}]\{u^{\mathrm{f}}\} \tag{2.13}$$

2.4.2 黏弹性边界动力学弱解积分方程

由上面的讨论可看出，尽管人工黏弹性边界是一种特殊的边界，但其边界条件仍然是属于应力边界条件，只是这里的边界需要首先得到自由位移场，并按式 (2.13) 转换成面力荷载。为了进行有限元数值分析, 下面将建立含有黏弹性边界的波动方程的积分形式。以底边 $z=0$，沿 x 轴方向输入剪切波 u_0^{f} 为例。

黏弹性边界的阻尼矩阵和刚度矩阵分别采用以下形式：

$$[k_{\mathrm{b}}^{-z}] = \begin{bmatrix} \dfrac{G}{2r_{\mathrm{b}}} & 0 & 0 \\ 0 & \dfrac{G}{2r_{\mathrm{b}}} & 0 \\ 0 & 0 & \dfrac{E}{2r_{\mathrm{b}}} \end{bmatrix}, \quad [c_{\mathrm{b}}^{-z}] = \begin{bmatrix} \rho c_{\mathrm{s}} & 0 & 0 \\ 0 & \rho c_{\mathrm{s}} & 0 \\ 0 & 0 & \rho c_{\mathrm{p}} \end{bmatrix}$$

其中，k_{b}^{-z}、c_{b}^{-z} 中的上角标 “$-z$” 表示垂直 z 轴、其外法线指向 z 轴负方向的人工黏弹性边界；k_{b}^{-z}、c_{b}^{-z} 分别表示在该边界上的弹性刚度集度和阻尼集度。下面在其他方向的人工边界也有类似表示含义。

由于黏弹性边界条件是基于球面波理论建立的，在确定波源位置的条件下才能确定边界的参数，而实际上波动经过地层界面、不规则地形以及结构本身的多次反射折射，无法确定波源的位置。这些波源相对于边界足够远，也很难确定，因此，这里散射源到人工边界的距离 r_{b} 可近似地取表面中心到人工边界的距离。

为了表达简洁，采用张量的形式，引入黏弹性边界后，动力学方程 $\sigma_{ji,j}+f_i=\rho\ddot{u}_i+\eta\dot{u}_i$ 的积分弱解形式为

$$\iiint_V\left(D_{ijkl}\varepsilon_{kl}\delta\varepsilon_{ij}+\rho\ddot{u}_i\delta u_i+\eta\dot{u}_i\delta u_i\right)\mathrm{d}V+\iint_{S^{\mathrm{vs}}}\left(\frac{G}{2r_{\mathrm{b}}}u\delta u+c_{\mathrm{s}}\dot{u}\delta u\right)\mathrm{d}S$$
$$=\iiint_V f_i\delta u_i\mathrm{d}V+\iint_{S^{\mathrm{vs}}}\bar{F}_{\mathrm{b}x}^{-z}\delta u\mathrm{d}S \tag{2.14}$$

其中，下标 $i,j,k,l=1,2,3$；σ_{ij}，ε_{ij} 分别为应力张量和应变张量；D_{ijkl} 为弹性系数；ρ 和 η 分别为密度和阻尼系数；f_i，$\dot{u}_i$ 和 $\ddot{u}_i$ 分别为体力分量、速度分量和加速度分量。

如果在底边 $z=0;\ l=0;\ m=0;\ n=-1$，同时输入平面波 u_0^{f}，v_0^{f} 和 w_0^{f}，在黏弹性边界上，动力学方程 (2.14) 可写为一般积分弱解形式，即称为人工黏弹性边界的虚位移原理[14]：

$$\iiint_V\left(D_{ijkl}\varepsilon_{kl}\delta\varepsilon_{ij}+\rho\ddot{u}_i\delta u_i+\eta\dot{u}_i\delta u_i\right)\mathrm{d}V+\iint_{S^{\mathrm{vs}}}\left(k_{\mathrm{b}ij}^m u_j\delta u_i+c_{\mathrm{b}ij}^m\dot{u}_j\delta u_i\right)\mathrm{d}S^m$$
$$=\iiint_V f_i\delta u_i\mathrm{d}V+\iint_{S^{\mathrm{vs}}}\bar{F}_{\mathrm{b}i}^m\delta u_i\mathrm{d}S^m+\iint_{S^\sigma}\bar{P}_i\delta u_i\mathrm{d}S \tag{2.15}$$

$$\bar{F}_{\mathrm{b}i}^m=k_{\mathrm{b}ij}^m u_j^f+c_{\mathrm{b}ij}^m\dot{u}_j^f+\bar{X}_i^m \tag{2.16}$$

其中，$\bar{X}_i^m=\sigma_{ji}^{\mathrm{f}}l_j$，为自由位移 u_j^{f} 所产生的面力；$\bar{P}_i$ 为一般边界面荷载；S^σ 表示一般应力边界。这里 l_j 为边界面的方向余弦矢量，上角标 $m=\pm x,\pm y,-z$；下角标 $i,j,k,l=1,2,3$。其中，

$$\left[k_{\mathrm{b}}^{\pm x}\right]=\begin{bmatrix}\dfrac{E}{2r_{\mathrm{b}}}&0&0\\0&\dfrac{G}{2r_{\mathrm{b}}}&0\\0&0&\dfrac{G}{2r_{\mathrm{b}}}\end{bmatrix},\quad\left[c_{\mathrm{b}}^{\pm x}\right]=\begin{bmatrix}\rho c_{\mathrm{p}}&0&0\\0&\rho c_{\mathrm{s}}&0\\0&0&\rho c_{\mathrm{s}}\end{bmatrix}$$

$$\left[k_{\mathrm{b}}^{\pm y}\right]=\begin{bmatrix}\dfrac{G}{2r_{\mathrm{b}}}&0&0\\0&\dfrac{E}{2r_{\mathrm{b}}}&0\\0&0&\dfrac{G}{2r_{\mathrm{b}}}\end{bmatrix},\quad\left[c_{\mathrm{b}}^{\pm y}\right]=\begin{bmatrix}\rho c_{\mathrm{s}}&0&0\\0&\rho c_{\mathrm{p}}&0\\0&0&\rho c_{\mathrm{s}}\end{bmatrix}$$

而非零应力表达式为

$$\sigma_{xx} = -\frac{\lambda}{c_{\mathrm{p}}}\left[\dot{w}_0\left(t-\frac{z}{c_{\mathrm{p}}}\right)-\dot{w}_0\left(t-\frac{2H-z}{c_{\mathrm{p}}}\right)\right]$$

$$\sigma_{yy} = -\frac{\lambda}{c_{\mathrm{p}}}\left[\dot{w}_0\left(t-\frac{z}{c_{\mathrm{p}}}\right)-\dot{w}_0\left(t-\frac{2H-z}{c_{\mathrm{p}}}\right)\right]$$

$$\sigma_{zz} = -\rho c_{\mathrm{p}}\left[\dot{w}_0\left(t-\frac{z}{c_{\mathrm{p}}}\right)-\dot{w}_0\left(t-\frac{2H-z}{c_{\mathrm{p}}}\right)\right]$$

$$\sigma_{yz} = -\rho c_{\mathrm{s}}\left[\dot{v}_0\left(t-\frac{z}{c_{\mathrm{s}}}\right)-\dot{v}_0\left(t-\frac{2H-z}{c_{\mathrm{s}}}\right)\right]$$

$$\sigma_{xz} = -\frac{\mu}{c_{\mathrm{s}}}\left[\dot{u}_0\left(t-\frac{z}{c_{\mathrm{s}}}\right)-\dot{u}_0\left(t-\frac{2H-z}{c_{\mathrm{s}}}\right)\right]$$

如果没有人工黏弹性边界，方程 (2.15) 简化为

$$\iiint_V [D_{ijkl}\varepsilon_{kl}\delta\varepsilon_{ij}+\rho\ddot{u}_i\delta u_i+\eta\dot{u}_i\delta u_i]\,\mathrm{d}V = \iiint_V f_i\delta u_i\mathrm{d}V + \iint_{S^\sigma}\bar{P}_i\delta u_i\mathrm{d}S \tag{2.17}$$

方程 (2.17) 即一般动力学方程的积分弱解形式。有了包括黏弹性边界条件的动力学方程的积分弱解的统一形式 (2.15)、自由场在人工边界上的面荷载形式，以及上述阻尼矩阵、刚度矩阵和应力表达式，就可很方便地建立有限元离散方程。

2.4.3 方程的验证

利用积分方程 (2.14) 基于有限元程序自动生成系统 (finite element program generator，FEPG)[15] 很容易写出方程文件脚本文件，包括积分方程描述文件 (VDE/PDE)、纽马克 (NEWMARK) 算法文件 (NFE)、GCN 文件 (描述位移场和应力场耦合关系并组织计算流程)、GIO(或 MDI) 文件 (连接并组织 GCN 和 VDE/PDE)，由系统库提供。通过运行 MDI 命令生成计算源代码程序。与普通边界不同的是，在动力平衡方程左边增加了人工黏弹性力，右边增加了自由场产生的等效荷载，在人工边界上增加面单元 (二维问题加线单元)，单元弹性矩阵由 $\iint_{S^{\mathrm{vs}}}[k_{\mathrm{b}ij}^m u_j\delta u_i + c_{\mathrm{b}ij}^m\dot{u}_j\delta u_i]\mathrm{d}S^m$ 确定，由 $\int_{S^{\mathrm{vs}}}\bar{F}_{\mathrm{b}i}^m\delta u_i\mathrm{d}S^m$ 给出节点荷载。下面将利用生成的程序验证积分方程 (2.15)。

以 10m×10m×50m 长方体柱为例，其材料弹性模量为 24MPa，泊松比为 0.2，质量密度为 1000kg/m^3，材料的阻尼系数取为零，材料的剪切波速为 100m/s，在柱底端作用剪切波单位速度脉冲为：$\dot{u}_t = \frac{1}{2}[1-\cos(8\pi t)]$，$0 \leqslant t \leqslant 0.25$，该速度波转换为黏弹性边界的面力输入，将长方体柱剖分为边长为 1m 的正六面体单元，

其底端和四周侧面定义为黏弹性边界，并剖分为 1m 见方的四边形单元，顶端自由，有限元网格模型及波动传播过程如图 2.4 所示。

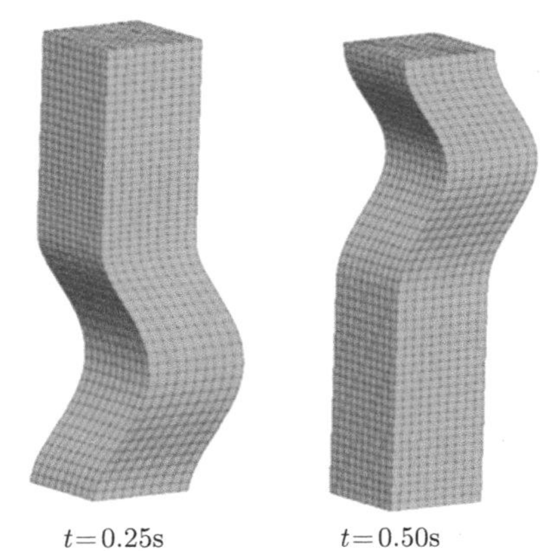

图 2.4　有限元网格模型及波动传播过程

柱的底端、中部和顶端的速度时程曲线如图 2.5 所示，速度波从底部黏弹性边界射入，向上传播，0.25s 后速度波到达柱体中部，0.5s 后到达柱体顶端，顶端是自由表面，在顶部，波速放大了 1 倍。波在自由表面反射后，向下传播，传递到黏弹性边界后由于黏弹性边界的吸能效果，波动传播到底边界不再向上反射。

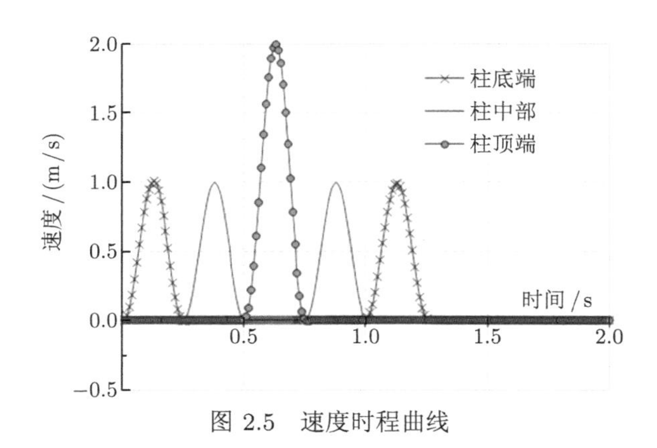

图 2.5　速度时程曲线

此例验证了以上具有人工黏弹性边界的动力学问题的积分弱解形式的可靠性和正确性。

2.5 三维饱和地基人工黏弹性边界

2.5.1 动力固结方程

饱和土体是一种典型的由孔隙水 (孔隙流体) 和土体 (固体) 骨架组成的两相多孔介质。孔隙压力消散与土体骨架变形之间的关系可以用毕奥固结理论准确描述[16]。用 u 表示固体骨架位移，U 表示流体位移，w 表示相对流体位移，p 表示流体中的孔隙压力。根据毕奥的固结理论，不同的固结问题归结为方程[17-19]的 u-U,u-w 或 u-p 形式。动态固结方程的 u-p 形式适用于解决大多数在中低频 (<50Hz) 的工程问题[17]。因此，在数值求解固结方程时，通常将其作为标准方法。土体骨架位移 u 和孔隙水压力 p 是土体液化问题的基本物理变量，可以通过求解固结方程的 u-p 形式直接获得。

基于毕奥理论，Zienkiewicz 和 Shiomi[17] 给出了动力固结基本控制方程，若规定土体中应力以受压为正，受拉为负，则动力固结控制方程为

$$-\sigma_{ji,j}+\rho b_i=\rho\ddot{u}_i+\rho_{\mathrm{f}}\ddot{w}_i \tag{2.18}$$

$$-p_{,i}+\rho_{\mathrm{f}}b_i=\rho_{\mathrm{f}}\left(\ddot{u}_i+\frac{1}{n}\ddot{w}_i\right)+k_{\mathrm{f}}^{-1}\dot{w}_i \tag{2.19}$$

$$\sigma_{ij}=\sigma'_{ij}+\alpha\delta_{ij}p=2\mu\varepsilon_{ij}+\lambda\varepsilon_{kk}\delta_{ij}+\alpha\delta_{ij}p \tag{2.20}$$

$$\theta=w_{i,i}=-\alpha\varepsilon_{ii}\delta_{ij}+p/Q \tag{2.21}$$

其中，$i,j,k=1,2,3,$ 并使用爱因斯坦的求和约定；σ_{ij} 为饱和土的总应力；σ'_{ij} 为有效应力；p 为孔隙水压力；n 为孔隙率；$\ddot{u}_i$ 为土骨架位移加速度分量；$\ddot{w}_i$ 为水相对于土骨架的位移加速度分量；把 $\dot{w}_i=\mathrm{d}w_i/\mathrm{d}t$ 定义为相对于总截面面积的平均渗流速度；ε_{ij} 为土骨架的应变，$\varepsilon_{ij}=(u_{i,j}+u_{j,i})/2$；$\dot{\varepsilon}_{ii}$ 为固体骨架的体积应变率；$\rho=(1-n)\rho_{\mathrm{s}}+n\rho_{\mathrm{f}}$ 为饱和介质的密度，ρ_{s}，ρ_{f} 分别为土和水的密度；k_{f} 为动力渗透系数，与土力学中渗透系数 k 的关系为 $k_{\mathrm{f}}=k/\gamma_w$，$\gamma_w$ 为水的容重；λ,μ 为固体骨架的拉梅常数；α、Q 分别为与固体和流体的压缩性相关的系数，$\alpha=1-K_{\mathrm{b}}/K_{\mathrm{s}}$, $Q=1/\left[n/K_{\mathrm{f}}+(\alpha-n)/K_{\mathrm{s}}\right]$，这里，$K_{\mathrm{s}},K_{\mathrm{f}}$ 和 $K_{\mathrm{b}}=\lambda+2\mu/3$ 分别为土颗粒、流体和土骨架的体积模量；θ 为混合体体积应变；b_i 为重力加速度。

对于包括地震工程在内的大部分中低振动频率的工程问题，中等速度运动情况下可忽略流体加速度，同时忽略土骨架相对于流体的加速度，简化后的动态固结方程[17] 为

$$\sigma'_{ji,j}+\alpha\delta_{ij}p_{,i}+\rho\ddot{u}_i=\rho b_i \tag{2.22}$$

$$k_{\mathrm{f}}p_{,ii}+\alpha\dot{\varepsilon}_{ii}-\frac{1}{Q}\dot{p}=0 \tag{2.23}$$

其中，$i,j=1,2,3$, 并使用爱因斯坦的求和约定，假定饱和介质中的压应力为正，而拉应力为负。

在饱和多孔介质动力固结的有效应力分析中，存在 4 种边界。

(1) 位移边界 Γ_u：$u=u_0, v=v_0$；

(2) 应力边界 Γ_σ：$-(\sigma_{ij}-p\delta_{ij})n_j=T_i, -\sigma'_{ij}n_j=T_i$；

(3) 孔隙压力边界 Γ_p：$p=p_0$；

(4) 流量边界 Γ_q：$q_n=-k_{\mathrm{f}}p_{,i}n_i$。

方程式 (2.22) 和式 (2.23) 分别与虚位移 δu_i 和压力 δp 取内积，在上述边界条件下得出以下弱解形式：

$$\begin{cases}\overbrace{\int_\Omega \rho\ddot{u}_i\delta u_i\mathrm{d}\Omega}^{\ddot{u}\text{-term}}+\overbrace{\int_\Omega \sigma'_{ij}\delta\varepsilon_{ij}\mathrm{d}\Omega-\int_{\Gamma_u}T_i\delta u_i\mathrm{d}\Gamma}^{u\text{-term}}+\overbrace{\int_\Omega \alpha p\delta\varepsilon_{ii}\mathrm{d}\Omega+\int_{\Gamma_p}\alpha p n_i\delta u_i\mathrm{d}\Gamma}^{p\text{-term}}=0\\ \underbrace{}_{}\overbrace{\int_\Omega \frac{1}{Q}\dot{p}\delta p\mathrm{d}\Omega}^{\dot{p}\text{-term}}+\overbrace{\int_\Omega k_f p_{,i}\delta p_{,i}\mathrm{d}\Omega+\int_{\Gamma_q}q_n\delta p\mathrm{d}\Gamma}^{p\text{-term}}-\overbrace{\int_\Omega \alpha\dot{\varepsilon}_{ii}\delta p\mathrm{d}\Omega}^{\dot{u}\text{-term}}=0\end{cases} \tag{2.24}$$

2.5.2　饱和地基的黏弹性边界

强震作用下，土坝、土体边坡及其地基会产生液化失稳问题，因此，对其进行抗震安全评价理应将土体看作由土骨架和孔隙水两相材料组成。动力分析不仅要给出土骨架的位移时程还要计算出孔隙水压力的变化时程。与单向固体结构的人工黏弹性边界不同，对于饱和土体的人工边界，除了要处理位移边界条件外，还要考虑孔隙水压力在人工边界的传播。Modaressi 和 Benzenati[20] 基于简化的毕奥方程，针对实际土木工程的中低频率振动并且渗透系数比较小的情况，忽略第二类压缩波，将旁轴近似应用于两相介质，提出了饱和介质动力方程 u-p 形式的黏性边界。针对其他形式的方程，Akiyoshi 等[2] 进一步给出了 u-w 和 u-U 形式的饱和介质时域黏性边界。王子辉等[21] 基于 u-U 形式分别给出了具有辐射阻尼性质的外行柱面波和球面波在圆柱面和球面人工边界上引起的法向、切向应力的表达式，同时模拟了二维半空间无限域介质的能量吸收作用。刘光磊和宋二祥[22] 基于柱面波给出了二维饱和地基 u-p 形式黏弹性边界条件。作者基于毕奥方程的 u-p 形式和三维饱和地基黏弹性边界条件，根据球面波给出黏弹性边界的法向和切向的弹簧系数、阻尼系数以及流量边界条件，并建立了具有黏弹性边界的三维饱和地基动力学的弱解形式[23]。

类似于单向固体结构的人工黏弹性边界，将结构和近场作为动力平衡系统，如图 2.3(c) 所示，由入射波产生的波动场由 $\{u\}$ 表示，阻尼 $[C]$ 和刚度 $[K]$ 反映结构和地基的动力特性。假定该系统中一散射波源以球面波动的形式向人工边界传播，基于球面波理论建立黏弹性边界条件。设球坐标系为 (r,ϕ,θ)，波动问题可视为球对称问题，因此所有力学变量只和 r 有关，分析问题时可只考虑径向 r 和垂直于径向的两个切线方向 ϕ 和 θ。由于问题的对称性，位移：$u_r \neq 0$，$u_\theta = u_\phi = 0$；应变：$\varepsilon_{ij} = [\varepsilon_r, \varepsilon_\theta, \varepsilon_\phi]^{\mathrm{T}}$；应力：$\sigma_{ij} = [\sigma_r, \sigma_\theta, \sigma_\phi]^{\mathrm{T}}$，式中，$u_r$ 为径向位移，ε_r 为径向正应变，ε_θ 和 ε_ϕ 为切向正应变，σ_r 为球面的径向正应力，σ_θ 和 σ_ϕ 为切向正应力。几何方程：$\varepsilon_r = -\dfrac{\partial u_r}{\partial r}, \varepsilon_\theta = \varepsilon_\phi = -\dfrac{u_r}{r}$。

忽略流体加速度和土骨架加速度后，在球坐标下将式 (2.19) 两边同时对 r 求导得

$$k_{\mathrm{f}} \frac{\partial^2 p}{\partial r^2} = \frac{\partial \dot{w}_r}{\partial r} \tag{2.25}$$

再将式 (2.21) 两边同时对 t 求导，并代入式 (2.25) 可得球坐标系下的孔压和位移的关系式：

$$k_{\mathrm{f}} \frac{\partial^2 p}{\partial r^2} = \alpha \left(\frac{\partial^2 u_r}{\partial r \partial t} + \frac{2}{r} \frac{\partial u_r}{\partial t} \right) + \frac{1}{Q} \frac{\partial p}{\partial t} \tag{2.26}$$

当渗透系数比较小时，可假设渗透系数 $k=0$，因此 $k_{\mathrm{f}}=0$。研究表明，当渗透系数比较小时，此假设所引起的误差可以忽略 [17]，则式 (2.26) 可表示为

$$p = -\alpha Q \left(\frac{\partial u_r}{\partial r} + \frac{2u_r}{r} \right) \tag{2.27}$$

由此可导出用位移表示的波动方程：

$$\frac{\partial^2 u_r}{\partial t^2} = \frac{\lambda + 2\mu + \alpha^2 Q}{\rho} \frac{\partial}{\partial r} \left(\frac{\partial u_r}{\partial r} + \frac{2u_r}{r} \right) \tag{2.28}$$

令

$$V_{\mathrm{p}} = \sqrt{(\lambda + 2\mu + \alpha^2 Q)/\rho} \tag{2.29}$$

V_{p} 定义为膨胀波 (P 波) 在饱和介质中的传播速度。

引入位移势函数

$$u_r = \partial \phi / \partial r \tag{2.30}$$

式 (2.28) 可表示为

$$\frac{\partial^2 \phi}{\partial t^2} = V_{\mathrm{p}}^2 \left(\frac{\partial^2 \phi}{\partial r^2} + \frac{2}{r} \frac{\partial \phi}{\partial r} \right) \tag{2.31}$$

则方程 (2.31) 的解为

$$\phi(r,t) = \frac{1}{r} f(r - V_{\mathrm{p}} t) \tag{2.32}$$

球面波阵面上的法向应力和位移满足

$$\sigma_r + \frac{r}{V_\mathrm{p}}\dot{\sigma}_r = \frac{4\mu}{r}\left(u_r + \frac{r}{V_\mathrm{p}}\dot{u}_r + \frac{\rho r^2}{4\mu}\ddot{u}_r\right) \tag{2.33}$$

在人工黏弹性边界的物理模型中[3]，人工黏弹性边界节点上的应力与位移满足微分方程：

$$\sigma_r + \frac{M}{C}\dot{\sigma}_r = K\left(u_r + \frac{M}{C}\dot{u}_r + \frac{M}{K}\ddot{u}_r\right) \tag{2.34}$$

对比式 (2.33) 和式 (2.34) 可得人工黏弹性边界法向的应力边界条件：

$$K = \frac{4\mu}{r}, \quad C = \rho V_\mathrm{p}, \quad M = \rho r \tag{2.35}$$

孔隙水压力只对法向应力有影响，剪切方向有效应力与总应力相等，则剪切应力与位移满足微分方程：

$$\tau(r,t) = \frac{2\mu}{r}u(r,t) + \rho V_\mathrm{s}\dot{u}(r,t) \tag{2.36}$$

式中，V_s 为饱和介质中的剪切波波速：

$$V_\mathrm{s} = \sqrt{\mu/\rho} \tag{2.37}$$

由式 (2.36) 可得人工黏弹性边界切向的应力边界条件：

$$K = \frac{2\mu}{r}, \quad C = \rho V_\mathrm{s} \tag{2.38}$$

由以上人工黏弹性边界条件的表达式可以发现，三维饱和地基黏弹性边界和三维单相固体介质黏弹性边界的弹性和阻尼系数的表达式相同，不同的是，波速考虑了孔隙水的影响。

2.5.3 法向黏弹性边界的流量条件

如图 2.2 所示，从无限域中提取了一个长方体, 人工边界具有四个侧面和一个底面。黏弹性边界用于模拟截断部分的阻尼效应。位移波和孔隙水压力波在两相饱和介质的人工边界上传递。固体骨架位移的黏弹性边界的正切和切线条件类似于单相固体介质[14]。因此，我们将详细讨论法线方向上的水压或流量边界条件[23]。

假设饱和土体孔隙水的渗流过程符合达西定律，饱和土体介质中的边界流量可表示为

$$q_r = -k_\mathrm{f}\frac{\partial p}{\partial r} \tag{2.39}$$

将孔隙水压力公式 (2.27) 代入式 (2.39)，则流量函数变为

$$q_r = \alpha k_{\mathrm{f}} Q \frac{\partial}{\partial r}\left(\frac{\partial^2 \phi}{\partial r^2} + \frac{2}{r}\frac{\partial \phi}{\partial r}\right) \tag{2.40}$$

由式 (2.40) 和式 (2.31)，可得到边界法向流量表达式：

$$q_r = \frac{\alpha k_{\mathrm{f}} Q}{V_{\mathrm{p}}^2}\frac{\partial^2}{\partial t^2}\frac{\partial \phi}{\partial r} = \frac{\alpha k_{\mathrm{f}} Q}{V_{\mathrm{p}}^2}\ddot{u}_r \tag{2.41}$$

因此，将人工边界的压力边界条件转换为流动边界条件，并且边界法向流动由固体骨架的变形加速度表示。从式 (2.41) 可以看出，尽管三维波动理论和控制方程形式与二维的有所不同，但在黏弹性边界上的流量边界条件具有与二维相同的表达形式[22]。

2.5.4 具有黏弹性边界的动态固结方程的虚位移原理

散射源在场附近的位置不确定，因此在黏弹性边界上的每个点都在某个散射点源的波前。因此，可以用式 (2.41) 近似表达法向流边界和骨架位移加速度的关系，即 $q_n = \dfrac{\alpha k_{\mathrm{f}} Q}{V_{\mathrm{p}}^2}\ddot{u}_n$。

在引入上述黏弹性边界条件之后，饱和半无限地基的三维动态固结控制方程可以用虚功的表达形式，就有如下的动态固结方程的虚拟位移原理[23]：

$$\begin{aligned}
&\int_{\Omega}\left(\sigma'_{ij}\delta\varepsilon_{ij} + \alpha p\delta\varepsilon_{ii}\right)\mathrm{d}\Omega + \int_{\Omega}\rho\ddot{u}_i\delta u_i\mathrm{d}\Omega \\
&-\int_{\Omega}k_f p_{,i}\delta p_{,i}\mathrm{d}\Omega + \int_{\Omega}\alpha\dot{\varepsilon}_{ii}\delta p\mathrm{d}\Omega - \int_{\Omega}\frac{1}{Q}\dot{p}\delta p\mathrm{d}\Omega \\
&+\int_{\Gamma_{\mathrm{vs}}}\left(k_{\mathrm{b}ij}^{m}u_j + c_{\mathrm{b}ij}^{m}\delta\dot{u}_j\right)\delta u_i\mathrm{d}\Gamma_{\mathrm{vs}}^{m} \\
=&\int_{\Omega}\rho b_i\delta u_i\mathrm{d}\Omega + \int_{\Gamma_\sigma}T'_i\delta u_i\mathrm{d}\Gamma - \int_{\Gamma_p}\alpha p n_i\delta u_i\mathrm{d}\Gamma + \int_{\Gamma_q\cup\Gamma_{\mathrm{vs}}}q_n\delta p\mathrm{d}\Gamma
\end{aligned} \tag{2.42}$$

式中, 上角标 $m = \pm x, \pm y, -z$；下角标 $i, j = 1, 2, 3$。

$$[k_{\mathrm{b}}^{\pm x}] = \begin{bmatrix} \dfrac{E}{2r_{\mathrm{b}}} & 0 & 0 \\ 0 & \dfrac{G}{2r_{\mathrm{b}}} & 0 \\ 0 & 0 & \dfrac{G}{2r_{\mathrm{b}}} \end{bmatrix}, \quad [c_{\mathrm{b}}^{\pm x}] = \begin{bmatrix} \rho V_{\mathrm{p}} & 0 & 0 \\ 0 & \rho V_{\mathrm{s}} & 0 \\ 0 & 0 & \rho V_{\mathrm{s}} \end{bmatrix}$$

$$[k_{\mathrm{b}}^{\pm y}]=\begin{bmatrix}\dfrac{G}{2r_{\mathrm{b}}} & 0 & 0\\ 0 & \dfrac{E}{2r_{\mathrm{b}}} & 0\\ 0 & 0 & \dfrac{G}{2r_{\mathrm{b}}}\end{bmatrix},\quad [c_{\mathrm{b}}^{\pm y}]=\begin{bmatrix}\rho V_{\mathrm{s}} & 0 & 0\\ 0 & \rho V_{\mathrm{p}} & 0\\ 0 & 0 & \rho V_{\mathrm{s}}\end{bmatrix}$$

$\varGamma_{\mathrm{vs}}$ 代表黏弹性边界；$[c_{\mathrm{b}}]$ 和 $[k_{\mathrm{b}}]$ 分别是阻尼矩阵 $[C_{\mathrm{b}}]$ 和弹簧刚度矩阵 $[K_{\mathrm{b}}]$ 沿人工边界的分布子矩阵；下角标 “b” 表示人工边界。E 是介质的弹性模量；G 是剪切弹性模量；r_{b} 是从散射源到人工边界的距离。

2.6 本 章 小 结

目前关于人工黏弹性边界条件的研究，无论是基于平面问题还是三维问题，研究成果都很多，主要集中在黏弹性边界的弹簧刚度和阻尼系数的选取，方程求解都是基于动力学微分形式，这使得对问题的表述比较烦琐。本章介绍的半无限大地基的人工黏弹性边界方法，将结构及其近场地基作为动力平衡系统，将在人工边界上的波动分解为自由波和散射波，并将输入地震波动转化为作用于人工边界上的等效荷载以实现波动输入。在此基础上，根据结构及其近场地基系统的动力平衡关系和自由场的传播机制，给出了自由场的位移表达式、速度表达式，以及在人工边界上由自由场产生的等效荷载一般表达形式，由此建立了人工黏弹性边界统一的动力学积分弱解形式，即所谓的人工黏弹性边界的虚位移原理。基于 FEPG 平台，采用本章的人工黏弹性边界的虚位移原理，可以像处理一般应力和位移边界条件一样进行有限元离散和数值分析。在进行有限元前处理过程中，也可以像加位移或应力边界条件一样施加黏弹性边界条件，简便快捷。

半无限大饱和地基黏弹性边界的阻尼和弹簧刚度具有与单相固体介质黏弹性边界一样的表达形式，不同的是波速要考虑孔隙水的影响，增加了流动边界条件。在实际的低频工程中，假设饱和土体孔隙水的渗流过程符合达西定律，其人工边界的常压边界条件可以转换为流动边界条件。从公式的形式可以看出，尽管三维波动理论和控制方程形式与二维的有所不同，但在黏弹性边界上的流量边界条件具有与二维相同的表达形式，边界法向流动可以由固体骨架的变形加速度表示。这一虚位移原理可以方便地模拟饱和半无限大地基动力问题的人工边界，为水库诱发地震的动力计算、强震作用下的土石坝及高边坡的动力稳定分析提供有效的人工边界模拟方法。

参 考 文 献

[1] 陈厚群，吴胜兴，党发宁，等. 高拱坝抗震安全 [M]. 北京：中国电力出版社，2012.

[2] Akiyoshi T, Fuchida K, Fang H L. Absorbing boundary conditions for dynamic analysis of fluid-saturated porous media[J]. Soil Dynamics and Earthquake Engineering, 1994, 13: 387-397.

[3] 刘晶波，王振宇，杜修力，等. 波动问题中的三维时域人工黏弹性边界 [J]. 工程力学, 2005, 22(6): 46-51.

[4] 廖振鹏. 工程波动理论导论 [M]. 2 版. 北京：科学出版社，2002:136-187.

[5] Deeks A J, Randolph M F. Axisymmetric time-domain transmitting boundary[J]. Journal of Engineering Mechanics, 1994, 120(1): 25-42.

[6] Wolf J P, Song C. Finite-element Modeling of Unbounded Media[M]. New York: Wiley, 1996.

[7] Bazyar M H, Song C. Analysis of transient wave scattering and its applications to site response analysis using the scaled boundary finite-element method[J]. Soil Dynamics and Earthquake Engineering, 2017, 98: 191-205.

[8] 谷音, 刘晶波, 杜义欣. 三维一致人工黏弹性边界及等效黏弹性边界单元 [J]. 工程力学, 2007, 24(12): 31-37.

[9] 赵建锋，杜修力，韩强，等. 外源波动问题数值模拟的一种实现方式 [J]. 工程力学, 2007, 24(4): 52-58.

[10] 邱流潮, 金峰. 无限介质中波动分析的显式时域辐射边界 [J]. 清华大学学报 (自然科学版)，2003, 43(11): 1530-1533.

[11] 刘晶波, 吕彦东. 结构–地基动力相互作用问题分析的一种直接方法 [J]. 土木工程学报, 1998, 31(3): 55-64.

[12] 刘晶波, 谷音, 杜义欣. 一致人工黏弹性边界及黏弹性边界单元 [J]. 岩土工程学报, 2006, 28(9): 1070-1075.

[13] 刘云贺, 张伯艳, 陈厚群. 拱坝地震输入模型中黏弹性边界和黏性边界的比较 [J]. 水利学报, 2006, 37(6): 758-763.

[14] 马怀发, 王立涛, 陈厚群. 粘弹性人工边界的虚位移原理 [J]. 工程力学, 2013, 30(1): 168-174.

[15] 梁国平. 有限元语言 [M]. 北京：科学出版社,2008.

[16] Biot M A. Theory of propagation of elastic waves in a fluid-saturated porous solid[J]. Journal of the Acoustical Society of America, 1956, 28: 168-191.

[17] Zienkiewicz O C, Shiomi T. Dynamic behaviour of saturated porous media; the generalized Biot formulation and its numerical solution[J]. International Journal for Numerical and Analytical Methods in Geomechanics, 1984, 8: 71-96.

[18] López-Querol S, Fernández-Merodo J A, Mira P, et al. Numerical modeling of dynamic consolidation on granular soils[J]. International Journal for Numerical and Analytical Methods in Geomechanics, 2008, 32: 1431-1457.

[19] Navas P, Yu R C, López-Querol S, et al. Dynamic consolidation problems in saturated soils solved through u-w formulation in a LME mesh free framework[J]. Computers and Geotechnics, 2016, 79: 55-72.

[20] Modaressi H, Benzenati I. An absorbing boundary element for dynamic analysis of

two-phase media[C]. Earthquake Engineering, Tenth Word Conference, Madrid, Spain. Rotterdam: Balkema, 1992: 1157-1161.

[21] 王子辉, 赵成刚, 董亮. 流体饱和多孔介质黏弹性动力人工边界 [J]. 力学学报, 2006, 38(5): 605-611.

[22] 刘光磊, 宋二祥. 饱和无限地基数值模拟的黏弹性传输边界 [J]. 岩土工程学报, 2006, 28(12): 2128-2133.

[23] Ma H F, Song Y F, Bu C G, et al. Symmetrized splitting operator method for dynamic consolidation problem of saturated porous semi-infinite foundation[J]. Soil Dynamics and Earthquake Engineering, 2019, 126: 105803.

第 3 章　半无限大饱和地基动力固结问题的对称分裂算子法

3.1　对称分裂算子格式的优点及其基本思想

通常，饱和两相介质中固相和液相的耦合动力学响应作为整体系统计算求解，并且所有场状态变量在时域里按直接时间积分程序同时推进[1]。尽管 u-p 方程的空间半离散系统在对角线上的矩阵块是对称的，但整体矩阵并不对称。联立隐式求解过程计算成本过高，因此人们提出了交错求解程序，在求解过程中，通过顺序求解子系统器[2] 来提高耦合系统的求解效率。此外，Park[3] 将矩阵增广的概念应用到了流固耦合问题中，并提出了交错的隐式–隐式格式，Zienkiewicz 等将其进一步改进为无条件稳定格式[4,5]。对于隐式联立求解程序，由于最终的系数矩阵组装，在求解方程时将需要处理较大的局部带宽。尽管交错的隐式过程可以顺序地使单个物理解耦，但是它也需要组装和求解每个子系统的方程，并且难以实现令人满意的数值稳定性，因而也抵消了其每时间步的计算效率。

此外，由于 u-p 形式的毕奥固结方程的 (u,u) 子系统的系数将比 (p,p) 子系统大得多，因此，无论是联立隐式还是交错程序求解，在几乎不可压缩的孔隙流体和小渗透率的极端条件下，其方程的离散系数矩阵往往会出现病态。为了解决这个问题，方程的有限元离散格式需要满足 Babuška-Brezzi(BB) 条件[6-9]，要求位移场插值函数的阶数要高于压力场插值函数的阶数 (u 的高阶，p 的低阶)[10,11]，或采用其他更为复杂的离散和迭代方案[12-14]。这些方法不仅会使编码复杂化，而且还会不得不采用不经济的小时间步长求解。

采用分裂算子方法，可以避免耦合方法的缺点和 BB 条件的限制。这种方法是一种高性能且完全显式的算法，其基本原理是将原始系统拆分为一组较简单的子系统，按特定顺序交替求解这些子系统，然后按照一定的控制精度逼近整个系统的解。由于分裂算子将方程式分解为可在不同时间步长求解的子系统，所以此类方法也称为时间分裂拆分方法[15]。

分裂方法的思想最早是由 Trotter 在 20 世纪 50 年代提出的。他提出了一种近似于一阶的 Lie-Trotter 分裂方法，用于解决常微分问题。这种方法首先被应用于偏微分系统[16]。Strang 分裂[17] 是 Strang 在 1963 年提出的另一种著名且重要的分裂方法。该方法也称为对称分裂算子法 (symmetrized splitting operator method, SSOM)，它可以通过 Lie-Trotter 方法及其伴随步长减半的对称组合来达到二阶精度。也有其他高阶分裂方法或二阶精度分裂方法，例如 Yasuo[18] 提出的方法。但是，它们大多数并未得到广泛使用，或者可能仅适用于某些固定方案。在过去的几十年中，分裂方法已成功地用于解决复杂的偏微分方程和实际问题。Zeng 等 [19,20] 在解决大气运动方程中应用了分裂方法，由于可将大气运动分解为快阶段和慢阶段，因而获得了良好的时间效应。在分裂算法中，Strang 分裂是最常用的方法之一。有关它的应用有很多研究成果，例如对流扩散问题[21]，Navier-Stokes (NS) 方程[22]，湍流和界面问题[23]，Benjamin-Bona-Mahony 型方程[24]，以及 Vlasov-Maxwell(VM) 系统[25,26]。对于某些具体模型和工况，经典的分裂方案无法直接使用，或者可能会丢失一些良好的属性，例如 Strang 分裂方法的对称特性。因此，也进行了许多研究致力于构建改进的方法[27,28]。在本章将详细介绍求解 u-p 形式的动态固结方程的对称分裂算子法[29]。

3.2 动态固结方程的有限元离散格式

将方程 (2.24) 进行有限元离散。对于三维固结问题，弹性矩阵表示为 $D^{6\times6}$。微分算子 $L^{6\times3}\left(\dfrac{\partial}{\partial x_1},\dfrac{\partial}{\partial x_2},\dfrac{\partial}{\partial x_3}\right)$ 和相关系数矩阵表示为

$$L=\begin{bmatrix}\dfrac{\partial}{\partial x_1} & 0 & 0\\ 0 & \dfrac{\partial}{\partial x_2} & 0\\ 0 & 0 & \dfrac{\partial}{\partial x_3}\\ \dfrac{\partial}{\partial x_2} & \dfrac{\partial}{\partial x_1} & 0\\ 0 & \dfrac{\partial}{\partial x_3} & \dfrac{\partial}{\partial x_2}\\ \dfrac{\partial}{\partial x_3} & 0 & \dfrac{\partial}{\partial x_1}\end{bmatrix},\quad L^{\mathrm{T}}=\begin{bmatrix}\dfrac{\partial}{\partial x_1} & 0 & 0 & \dfrac{\partial}{\partial x_2} & 0 & \dfrac{\partial}{\partial x_3}\\ 0 & \dfrac{\partial}{\partial x_2} & 0 & \dfrac{\partial}{\partial x_1} & \dfrac{\partial}{\partial x_3} & 0\\ 0 & 0 & \dfrac{\partial}{\partial x_3} & 0 & \dfrac{\partial}{\partial x_2} & \dfrac{\partial}{\partial x_1}\end{bmatrix}$$

$$m^{\mathrm{T}}=\begin{bmatrix}1 & 1 & 1 & 0 & 0 & 0\end{bmatrix}$$

有效应力矢量和应变表示为

$$\sigma'^{\mathrm{T}}=\begin{bmatrix}\sigma'_{xx} & \sigma'_{yy} & \sigma'_{zz} & \tau'_{xy} & \tau'_{xz} & \tau'_{yz}\end{bmatrix}$$

$$\varepsilon^{\mathrm{T}}=\begin{bmatrix}\varepsilon_{xx} & \varepsilon_{yy} & \varepsilon_{zz} & \varepsilon_{xy} & \varepsilon_{xz} & \varepsilon_{yz}\end{bmatrix}$$

其中，

$$\varepsilon = Lu = \begin{bmatrix} \dfrac{\partial}{\partial x_1} & 0 & 0 \\ 0 & \dfrac{\partial}{\partial x_2} & 0 \\ 0 & 0 & \dfrac{\partial}{\partial x_3} \\ \dfrac{\partial}{\partial x_2} & \dfrac{\partial}{\partial x_1} & 0 \\ 0 & \dfrac{\partial}{\partial x_3} & \dfrac{\partial}{\partial x_2} \\ \dfrac{\partial}{\partial x_3} & 0 & \dfrac{\partial}{\partial x_1} \end{bmatrix} \begin{bmatrix} u \\ v \\ w \end{bmatrix} = \begin{bmatrix} \dfrac{\partial u}{\partial x_1} \\ \dfrac{\partial v}{\partial x_2} \\ \dfrac{\partial w}{\partial x_3} \\ \dfrac{\partial u}{\partial x_2} + \dfrac{\partial v}{\partial x_1} \\ \dfrac{\partial v}{\partial x_3} + \dfrac{\partial w}{\partial x_2} \\ \dfrac{\partial u}{\partial x_3} + \dfrac{\partial w}{\partial x_1} \end{bmatrix}$$

固体骨架的体积应变表示为

$$\theta = m^{\mathrm{T}}\varepsilon = m^{\mathrm{T}}Lu = \begin{bmatrix} 1 & 1 & 1 & 0 & 0 & 0 \end{bmatrix} \begin{bmatrix} \dfrac{\partial u}{\partial x_1} \\ \dfrac{\partial v}{\partial x_2} \\ \dfrac{\partial w}{\partial x_3} \\ \dfrac{\partial u}{\partial x_2} + \dfrac{\partial v}{\partial x_1} \\ \dfrac{\partial v}{\partial x_3} + \dfrac{\partial w}{\partial x_2} \\ \dfrac{\partial u}{\partial x_3} + \dfrac{\partial w}{\partial x_1} \end{bmatrix} = \frac{\partial u}{\partial x_1} + \frac{\partial v}{\partial x_2} + \frac{\partial w}{\partial x_3}$$

$$L^{\mathrm{T}}\sigma' = \begin{bmatrix} \dfrac{\partial}{\partial x} & 0 & 0 & \dfrac{\partial}{\partial y} & 0 & \dfrac{\partial}{\partial z} \\ 0 & \dfrac{\partial}{\partial y} & 0 & \dfrac{\partial}{\partial x} & \dfrac{\partial}{\partial z} & 0 \\ 0 & 0 & \dfrac{\partial}{\partial z} & 0 & \dfrac{\partial}{\partial y} & \dfrac{\partial}{\partial x} \end{bmatrix} \begin{bmatrix} \sigma'_{xx} \\ \sigma'_{yy} \\ \sigma'_{zz} \\ \tau'_{xy} \\ \tau'_{yz} \\ \tau'_{xz} \end{bmatrix} = \begin{bmatrix} \dfrac{\partial \sigma'_{xx}}{\partial x} + \dfrac{\partial \tau'_{xy}}{\partial y} + \dfrac{\partial \tau'_{xz}}{\partial z} \\ \dfrac{\partial \tau'_{xy}}{\partial x} + \dfrac{\partial \sigma'_{yy}}{\partial y} + \dfrac{\partial \tau'_{yz}}{\partial z} \\ \dfrac{\partial \tau'_{xz}}{\partial x} + \dfrac{\partial \tau'_{yz}}{\partial y} + \dfrac{\partial \sigma'_{zz}}{\partial z} \end{bmatrix}$$

方程 (2.22) 和方程 (2.23) 改写成矢量形式：

$$\begin{cases} L^{\mathrm{T}}\left(\sigma' + \alpha m p\right) + \rho \ddot{u} = \rho b \\ \nabla^{\mathrm{T}} k_f \nabla p + \alpha m^{\mathrm{T}} L \dot{u} - \dfrac{1}{Q}\dot{p} = 0 \end{cases} \tag{3.1}$$

其中，∇ 为矢量算子，$\sigma' = D\varepsilon = DLu$，$u$ 和 p 分别由插值函数 N_u (节点位移) 和 N_p(节点压力) 表示，则有 $u = u(t) = N_u\bar{u}$, $p = p(t) = N_p\bar{p}$ ，方程 (3.1) 离散为

$$\begin{cases} A\ddot{\overline{u}} + B\overline{u} + C\overline{p} = F_u \\ D\dot{\overline{p}} + E\overline{p} - F\dot{\overline{u}} = F_q \end{cases} \tag{3.2}$$

其中，

$$A = \int_\Omega N_u^{\mathrm{T}}\rho N_u \mathrm{d}\Omega, \quad B = \int_\Omega B^{\mathrm{T}} DB\mathrm{d}\Omega$$

$$C = \int_\Omega \alpha B^{\mathrm{T}} m N_p \mathrm{d}\Omega, \quad D = \int_\Omega N_p^{\mathrm{T}} \frac{1}{Q} N_u \mathrm{d}\Omega$$

$$E = -\int_\Omega (\nabla N_p)^{\mathrm{T}} k_{\mathrm{f}} \nabla N_p \mathrm{d}\Omega, \quad F = \int_\Omega \alpha (mN_p)^{\mathrm{T}} B\mathrm{d}\Omega$$

$$F_u = \int_\Omega N_u^{\mathrm{T}} \rho b \mathrm{d}\Omega + \int_{\Gamma_\sigma} N_u^{\mathrm{T}} T \mathrm{d}\Omega$$

$$F_q = -\int_{\Gamma_q} N_p^{\mathrm{T}} \bar{q}_n \mathrm{d}\Gamma, \quad Q = \int_\Omega \alpha B^{\mathrm{T}} m N_p \mathrm{d}\Omega$$

如果忽略了孔隙流体 (水) 的可压缩性，则 $\dot{p}$ 将被消除 (D=0)，之后方程 (3.2) 可以转换为

$$\begin{cases} A\ddot{\overline{u}} + B\overline{u} + C\overline{p} = F_u \\ E\overline{p} - F\dot{\overline{u}} = F_q \end{cases} \tag{3.3}$$

在方程 (3.3) 中的第二个方程的速度矢量 $\dot{u}$ 采用向前差分，而第一个方程式中的加速度矢量 $\ddot{u}$ 用纽马克方法。然后联立求解方程 (3.3)。方程 (3.3) 的系数矩阵是不对称的，因此必须采用非对称求解器来求解该方程。

3.3　动态固结方程的分裂算子格式

作者针对两相饱和介质动力固结方程的 u-p 形式构造了对称算子分裂格式。这里忽略方程 (3.2) 右端的非奇次项后，并改写为

$$\begin{cases} A\ddot{u} + Bu + Cp = \mathbf{0} \\ D\dot{p} + Ep - F\dot{u} = \mathbf{0} \end{cases} \tag{3.4}$$

首先，我们引入一个新矢量 v, 它实际上是速度矢量 $v = \dot{u}$。因此，可以将空间离散后的二阶常微分系统 (3.4) 改写为以下的一阶系统：

$$\begin{cases} \dot{u} = v \\ \dot{v} = -A^{-1}Bu - A^{-1}Cp \\ \dot{p} = -D^{-1}Ep + D^{-1}Fv \end{cases} \tag{3.5}$$

根据分裂算法的原理，系统 (3.5) 的向量场可以分解为变量 u, v 和 p 的三个子系统，u, v 和 p 可以分别用显式计算出来。

(1) 关于位移 u 的子系统等价于式 (3.6)：

$$\phi^u(\Delta t):\begin{cases}\dot{u}=\mathbf{0}\\ \dot{v}=-A^{-1}Bu\\ \dot{p}=\mathbf{0}\end{cases}\tag{3.6}$$

若时间步长为 Δt, 子系统 $\phi^u(\Delta t)$ 的 $u(t+\Delta t)$, $v(t+\Delta t)$ 和 $p(t+\Delta t)$ 可以按式 (3.7) 更新:

$$\begin{cases}u(t+\Delta t)=u(t)\\ v(t+\Delta t)=v(t)-\Delta tA^{-1}Bu(t)\\ p(t+\Delta t)=p(t)\end{cases}\tag{3.7}$$

(2) 关于速度 v 的子系统等价于式 (3.8)：

$$\phi^v(\Delta t):\begin{cases}\dot{u}=v\\ \dot{v}=\mathbf{0}\\ \dot{p}=D^{-1}Fv\end{cases}\tag{3.8}$$

子系统 $\phi^v(\Delta t)$ 中的各场变量在 $(t+\Delta t)$ 时刻可以按式 (3.9) 更新:

$$\begin{cases}u(t+\Delta t)=u(t)+\Delta tv(t)\\ v(t+\Delta t)=v(t)\\ p(t+\Delta t)=p(t)+\Delta tD^{-1}Fv(\boldsymbol{t})\end{cases}\tag{3.9}$$

(3) 类似地, 关于压力 p 的子系统等价于式 (3.10)：

$$\phi^p(\Delta t):\begin{cases}\dot{u}=\mathbf{0}\\ \dot{v}=-A^{-1}Cp\\ \dot{p}=-D^{-1}Ep\end{cases}\tag{3.10}$$

子系统 $\phi^p(\Delta t)$ 的各场变量在 $(t+\Delta t)$ 时刻可以按式 (3.11) 更新:

$$\begin{cases}u(t+\Delta t)=u(t)\\ v(t+\Delta t)=v(t)-\Delta tA^{-1}Cp(t)\\ p(t+\Delta t)=p(t)-\Delta tD^{-1}Ep(t)\end{cases}\tag{3.11}$$

利用组合算法，取半时间步长的一阶算式 (3.7), 式 (3.9) 和式 (3.11)，并按其伴随方法组合起来，得到对称的二阶求解方案，即对称分裂算子法 (SSOM)，其实现

步骤表示为

$$\Phi(\Delta t) = \phi_1^u(\Delta t/2) \circ \phi_2^v(\Delta t/2) \circ \phi_3^p(\Delta t) \circ \phi_4^v(\Delta t/2) \circ \phi_5^u(\Delta t/2) \tag{3.12}$$

最后，可以通过求解全离散系统式 (3.12) 来获得饱和介质的位移 u 和孔隙水压力 p。

对称分裂算子法的向量分解步骤如图 3.1 所示。

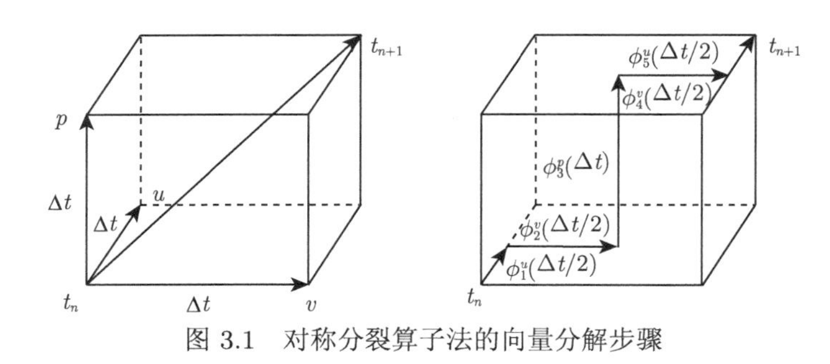

图 3.1　对称分裂算子法的向量分解步骤

3.4　具有黏弹性边界的对称分裂算子法的实现步骤

为了更好地解决半无限大饱和地基动力固结问题，可以将人工黏弹性边界与对称分裂算子方法相结合。按照对称分裂算子法公式 (3.12) 计算流程，引入人工黏性边界条件，通过下面步骤实现动态固结方程 (2.42) 的显式求解。

(1) 首先给出一个时间步长 Δt，其初始值包括 $u_i(t=0)$, $v_i(t=0)$ 和 $p(t=0)$。

(2) 在时间间隔 $(t_n, t_n+\Delta t)$ 中执行以下分解计算。

(a) 计算子系统 $\phi_1^u(\Delta t/2)$。

令 $u_i\left(t_n+\dfrac{\Delta t}{2}\right) = u_i(t_n), p\left(t_n+\dfrac{\Delta t}{2}\right) = p(t_n)$，由式 (3.13) 得到 $v_i\left(t_n+\dfrac{\Delta t}{2}\right)$:

$$\begin{aligned}&\int_\Omega \rho v_i\left(t_n+\frac{\Delta t}{2}\right)\delta u_i \mathrm{d}\Omega\\ =&\int_\Omega \rho v_i(t_n)\delta u_i \mathrm{d}\Omega - \frac{\Delta t}{2}\int_\Omega \sigma'_{ij}(t_n)\delta\varepsilon_{ij}\mathrm{d}\Omega + \frac{\Delta t}{2}\int_\Omega \rho b_i \delta u_i \mathrm{d}\Omega\\ &+\frac{\Delta t}{2}\int_{\Gamma_\sigma} T_i\delta u_i \mathrm{d}\Gamma - \frac{\Delta t}{2}\int_{\Gamma_{\mathrm{vs}}}\left[k_{\mathrm{b}ij}^m u_j(t_n) + c_{\mathrm{b}ij}^m \delta v_j(t_n)\right]\delta u_i \mathrm{d}\Gamma_{\mathrm{vs}}^m\end{aligned} \tag{3.13}$$

(b) 计算子系统 $\phi_2^v(\Delta t/2)$。

更新 $u_i\left(t_n+\dfrac{\Delta t}{2}\right) = u_i(t_n)+\dfrac{\Delta t}{2}v_i\left(t_n+\dfrac{\Delta t}{2}\right)$，并且由式 (3.14) 得到 $p\left(t_n+\dfrac{\Delta t}{2}\right)$:

$$\int_\Omega p\left(t_n+\frac{\Delta t}{2}\right)\delta p\mathrm{d}\Omega=\int_\Omega p\left(t_n+\frac{\Delta t}{2}\right)\delta p\mathrm{d}\Omega+\frac{\Delta t}{2}\alpha Q\int_\Omega \dot{\varepsilon}_{ii}\left(t_n+\frac{\Delta t}{2}\right)\delta p\mathrm{d}\Omega \tag{3.14}$$

(c) 计算子系统 $\phi_3^p(\Delta t)$。

由式 (3.15) 得到 $v_i(t_n+\Delta t)$, 并由式 (3.16) 得到 $p(t_n+\Delta t)$:

$$\begin{aligned}\int_\Omega \rho v_i(t_n+\Delta t)\delta u_i\mathrm{d}\Omega=&\int_\Omega\rho v_i\left(t_n+\frac{\Delta t}{2}\right)\delta u_i\mathrm{d}\Omega-\alpha\Delta t\int_\Omega p\left(t_n+\frac{\Delta t}{2}\right)\delta\varepsilon_{ii}\mathrm{d}\Omega\\&-\alpha\Delta t\int_\Gamma p\left(t_n+\frac{\Delta t}{2}\right)n_i\delta u_i\mathrm{d}\Gamma\end{aligned} \tag{3.15}$$

$$\begin{aligned}\int_\Omega p(t_n+\Delta t)\delta p\mathrm{d}\Omega=&\int_\Omega p\left(t_n+\frac{\Delta t}{2}\right)\delta p\mathrm{d}\Omega-\Delta t k_\mathrm{f}Q\int_\Omega p_{,i}\delta p_{,i}\mathrm{d}\Omega\\&-\Delta tQ\int_{\Gamma_\mathrm{q}\cup\Gamma_\mathrm{vs}}q_n\delta p\mathrm{d}\Gamma\end{aligned} \tag{3.16}$$

在人工黏弹性边界上, $q_n=\dfrac{\alpha k_\mathrm{f}Q}{V_\mathrm{p}^2}\dot{v}_n=\dfrac{\alpha k_\mathrm{f}Q}{V_\mathrm{p}^2}\left[\dfrac{v(t+\Delta t)-v(t)}{\Delta t}\right]$。

(d) 计算子系统 $\phi_4^v(\Delta t/2)$。

令 $u_i(t_n+\Delta t)=u_i\left(t_n+\dfrac{\Delta t}{2}\right)+\dfrac{\Delta t}{2}v_i(t_n+\Delta t)$, 并由式 (3.17) 更新 $p(t_n+\Delta t)$:

$$\int_\Omega p(t_n+\Delta t)\delta p\mathrm{d}\Omega=\int_\Omega p(t_n+\Delta t)\delta p\mathrm{d}\Omega+\frac{\Delta t}{2}\alpha Q\int_\Omega\dot{\varepsilon}_{ii}(t_n+\Delta t)\delta p\mathrm{d}\Omega \tag{3.17}$$

(e) 计算子系统 $\phi_5^u(\Delta t/2)$。

由式 (3.18) 更新 $v_i(t_n+\Delta t)$:

$$\begin{aligned}&\int_\Omega\rho v_i(t_n+\Delta t)\delta u_i\mathrm{d}\Omega\\=&\int_\Omega\rho v_i(t_n+\Delta t)\delta u_i\mathrm{d}\Omega-\frac{\Delta t}{2}\int_\Omega\sigma_{ij}{}'(t_n+\Delta t)\delta\varepsilon_{ij}\mathrm{d}\Omega+\frac{\Delta t}{2}\int_\Omega\rho b_i\delta u_i\mathrm{d}\Omega\\&+\frac{\Delta t}{2}\int_{\Gamma_\sigma}T_i\delta u_i\mathrm{d}\Gamma-\frac{\Delta t}{2}\int_{\Gamma_\mathrm{vs}}\left[k_{\mathrm{b}ij}^m u_j(t_n+\Delta t)+c_{\mathrm{b}ij}^m\delta v_j(t_n+\Delta t)\right]\delta u_i\mathrm{d}\Gamma_\mathrm{vs}^m\end{aligned} \tag{3.18}$$

(3) 重复第 (2) 步, 继续计算下一个加载步骤，直到加载结束。

3.5　饱和土柱体动力固结的数值算例

为了验证分裂算子格式的有效性和实用性，按照图 3.2(a) 中给出的动态固结的数值模型，对其在顶部突加受压面荷载作用下的动态响应进行数值模拟。

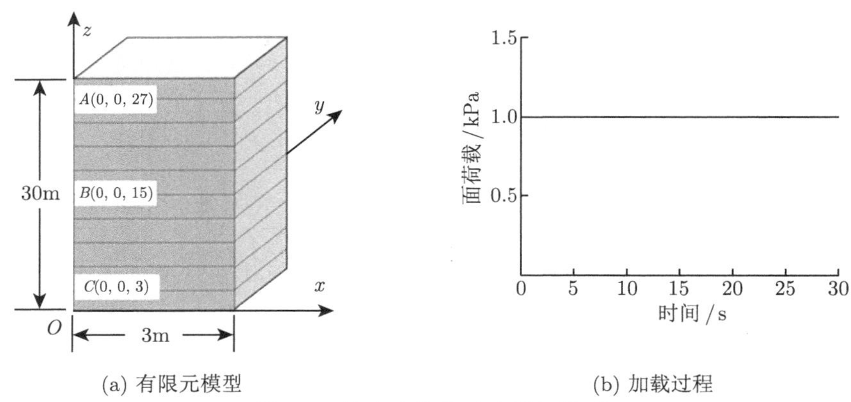

(a) 有限元模型　　　　(b) 加载过程

图 3.2　饱和土柱的动力固结模型

坐标系的原点位于模型左下角。立方体为 3m×3m×30m，对透水上表面施加受压面荷载。周围和底部表面为不透水边界，并且在法向施加位移约束。为了进行比较分析，按表 3.1 取材料参数，这些参数与 Zienkiewicz 等[4,30] 的参数一致。有限元网格是尺寸为 3m×3m×3m 的正六面体。

表 3.1　数值示例中的材料属性

材料参数	符号	取值
固体体积模量	$K_{\rm s}$	100GPa
孔隙流体的体积模量	$K_{\rm f}$	100MPa
孔隙液密度	$\rho_{\rm f}$	10^3kg/m^3
固体质量密度	$\rho_{\rm s}$	2×10^3kg/m^3
孔隙率	n	0.3
泊松比	v	0.2
杨氏模量	E	30.0MPa
渗透系数	k	10^{-2}kg/m

加载过程如图 3.2(b) 所示，其峰值为 1kPa。初始孔隙压力等于 1kPa，而初始速度和初始位移假定为零。采取时间步 DT = 0.004s，计算持续 30s。

图 3.3 中列出了选择计算出的三个不同点 $A(0,0,27), B(0,0,15), C(0,0,3)$ 的孔隙水压力的时程曲线和计算出的位移时程。图例 a,b 和 c 表示的孔隙水时间历程压力是 (一维解析解) 理论曲线[2]。计算结果由图例 A,B 和 C 表示。从图 3.3(a) 可以看出，计算出的孔隙水压力曲线与理论解几乎相同。如图 3.3(b)

所示，在 $A(0,0,27), B(0,0,15)$ 和 $C(0,0,3)$ 点处，用对称分裂算子法计算出的位移时程和 Zienkiewicz 等[4] 的数值模型的结果相比，二者也基本一致。由此可认为 SSOM 是正确和有效的。

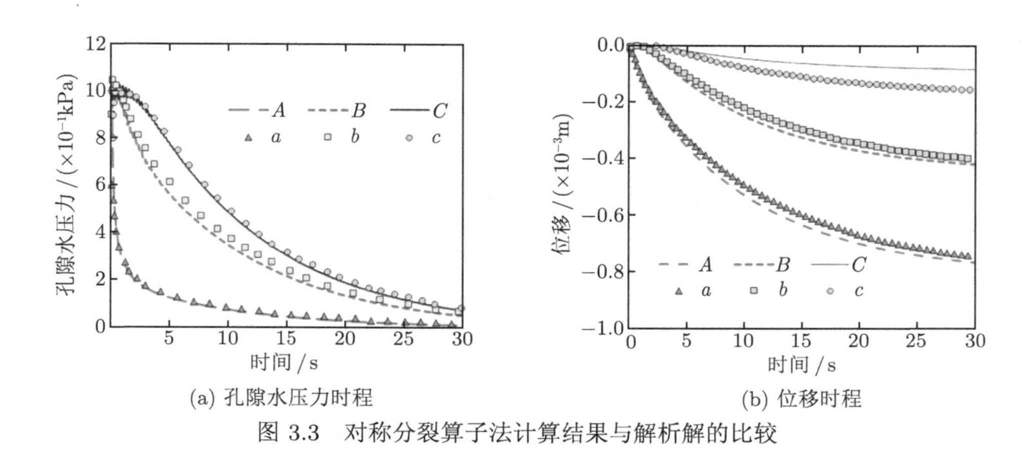

(a) 孔隙水压力时程　　(b) 位移时程

图 3.3　对称分裂算子法计算结果与解析解的比较

3.6　对称分裂算子法的数值稳定性

从对称分裂算子法导出的二阶显式格式避免了解决联立方程矩阵求逆的复杂问题。通常，显式格式需要较小的计算机内存，编程相对简单，并且计算过程易于实现。为了达到稳定性，计算时间步长必须小于由系统最高固有频率确定的临界时间步长。

根据单元尺寸、材料和力学性能参数，压缩波和剪切波的传播速度可以分别计算为 $V_{\mathrm{p}} = 464.4\mathrm{m/s}$ 和 $V_{\mathrm{s}} = 85.75\mathrm{m/s}$。从理论上讲，时间步长为 $\mathrm{DT} \leqslant \Delta t_{\mathrm{cr}} = L/V_{\mathrm{p}} = 3.0/464.4 = 0.0065\mathrm{s}$。根据上述计算和分析，可以分别以 0.003s，0.005s，0.006s，0.008s 和 ⩾0.01s 的时间步长执行一系列计算，进行其稳定性分析。计算显示，前四个时间增量步长的计算是稳定的，但在大于 0.01s 的时间步长内会发散。尽管 0.008s 略大于理论稳定区间，但其计算仍然稳定。以上分析表明，对稳定时间步长的简单粗略估算仍然基本上有效。

在稳定计算中，在点 $C(0,0,3)$ 的孔隙水压力时程和点 $A(0,0,27)$ 的位移时程分别如图 3.4(a) 和图 3.4(b) 所示。表 3.2 显示了孔隙水压力的计算值与理论参考值之间的相对误差 (Zienkiewicz 等 [4]) 以及在不同时间步长下 30s 的位移。表 3.2 的结果和分析使我们得以确认，不同时间增量的计算结果与孔隙水压力的变化 (或位移变化) 的理论曲线 (或参考曲线) 基本吻合。可以看出，当时间步长 DT 为 0.004s 时，孔隙水压力的计算结果更接近理论解，相对误差为 10.13%，竖向位移的相对误差仅为 3.69%。因此，在综合考虑后，我们在以下实验中选择 DT = 0.004s。

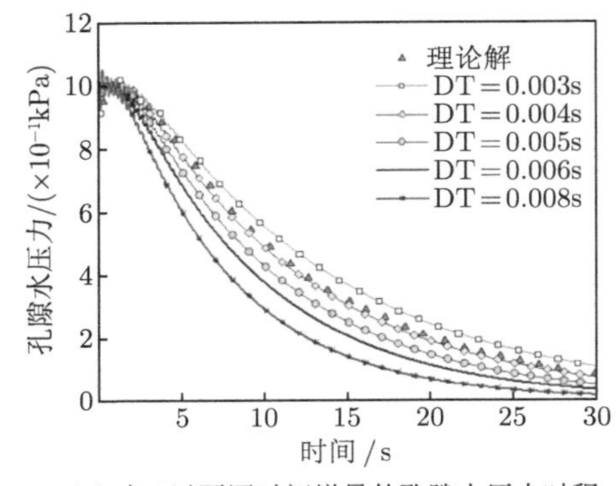

(a) 点 C 以不同时间增量的孔隙水压力时程

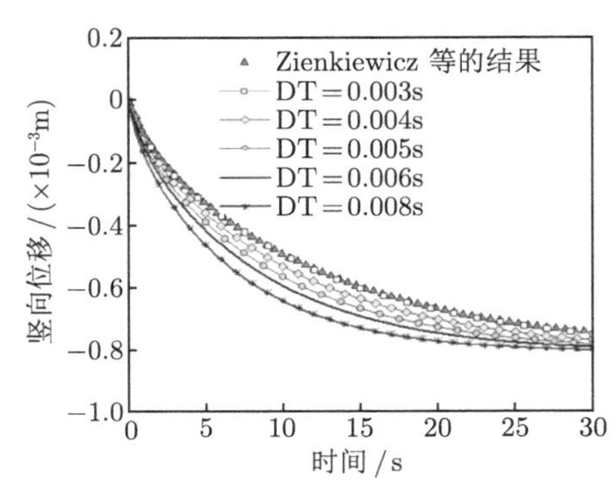

(b) 点 A 以不同时间增量的竖向位移时程

图 3.4　对称分裂算子法的稳定性分析

表 3.2　不同时间步长加载持续 30s 的计算结果

时间步长		0.003s	0.004s	0.005s	0.006s	0.008s	理论参考值
孔隙水压力	计算值/Pa	107.60	73.22	49.80	33.85	15.61	81.47
	相对误差/%	32.07	10.13	38.87	58.45	80.84	0.00
位移	计算值/mm	−0.75	−0.77	−0.78	−0.79	−0.80	−0.74
	相对误差/%	1.36	4.05	5.41	6.76	8.11	0.00

为了准备下一部分讨论对称分裂算子法的计算效率，也按方程 (3.3) 隐式联立求解图 3.2 的模型，以验证隐式算法 (IM) 的正确性和有效性。时间步长取 0.004s，由对称分裂算子法和隐式算法得到的在点 A、点 B 和点 C 的计算结果同时放在图 3.5 中，可以看出，与使用对称分裂算子法获得的结果完全一致。

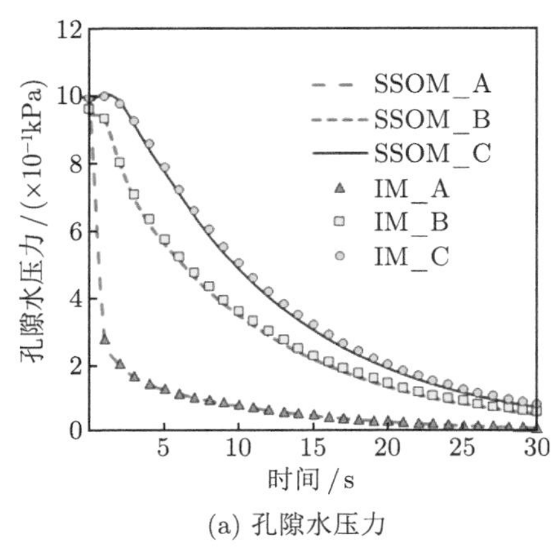

(a) 孔隙水压力

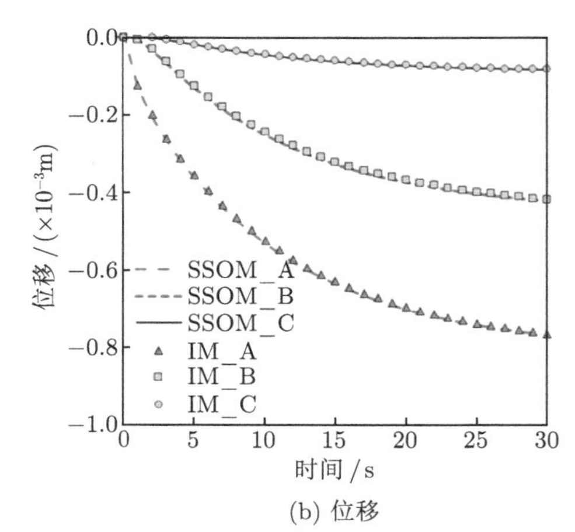

(b) 位移

图 3.5　点 A、点 B 和点 C 的对称分裂算子法和隐式算法的计算结果

3.7 对称分裂算子法的计算效率

在本节中，通过一些数值计算来验证对称分裂算子法的计算效率。为了进行比较，同时采用隐式算法和对称算子分裂法求解图 3.6(a) 所示的动态固结问题。模型大小为 48m×48m×24m，其中上部为自由排水表面，并在上表面中心的 8m×8m 区域上施加表面荷载。仍然采用图 3.2(b) 所示的面荷载加载时程，底面和四个侧面设置为不可渗透，并施加法向位移约束。

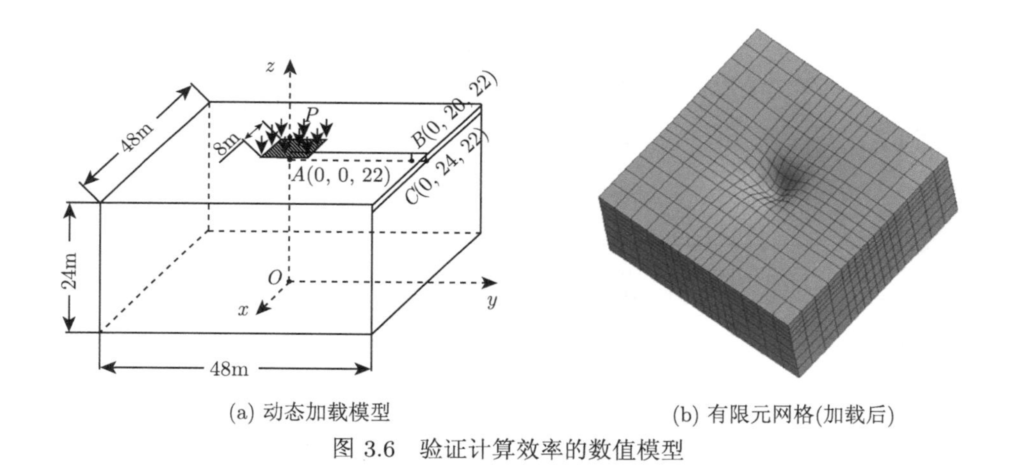

(a) 动态加载模型　　(b) 有限元网格(加载后)

图 3.6　验证计算效率的数值模型

网格剖分为规则的六面体有限元，其最小网格大小为 2m×2×m×2m，如图 3.6(b) 所示。整个模型总共有 2601 个节点和 2048 个六面体单元，7803 个自由度, 加载历时为 15s。对于对称分裂算子法，时间步长 DT($\leqslant \Delta t_{\mathrm{cr}} = L/V_{\mathrm{p}} = 2.0/464.4 = 0.0043$s, 临界时间步长) 为 0.004s。对于 IM，使用多波前求解器，时间步长分别为 0.004s，0.006s 和 0.008s。该计算机配置为 Intel(R)Core i7-5500U @ 2.4GHz，RAM 8.00GB。

表 3.3 给出了具有不同时间步长的对称分裂算子法和隐式算法的计算时间。由此可以看出，当 DT = 0.004s 时，隐式计算的计算消耗时间是对称分裂算子法的约两倍。在图 3.7 中比较了点 $A(0,0,22)$, $B(0,20,22)$ 和 $C(0,24,22)$ 的孔隙水压力的时程曲线和位移时程。计算结果表明，采用对称分裂算子法和隐式算法计算孔隙水压力和位移趋于一致。尽管通过采用较大的时间步长，可以显著减少隐式算法的时间消耗，但计算结果的振荡幅度也会增加。当 DT 超过 0.01s 时，这种情况将非常严重。考虑到计算时间和计算精度，对称分裂算子法可能比隐式算法更好，特别是对于大规模计算。

表 3.3　不同计算方法计算耗时

计算方法	对称分裂算子法	隐式算法		
时间步长	0.004s	0.004s	0.006s	0.008s
计算耗时	5h 12min	11h 52min	6h 26min	5h 08min

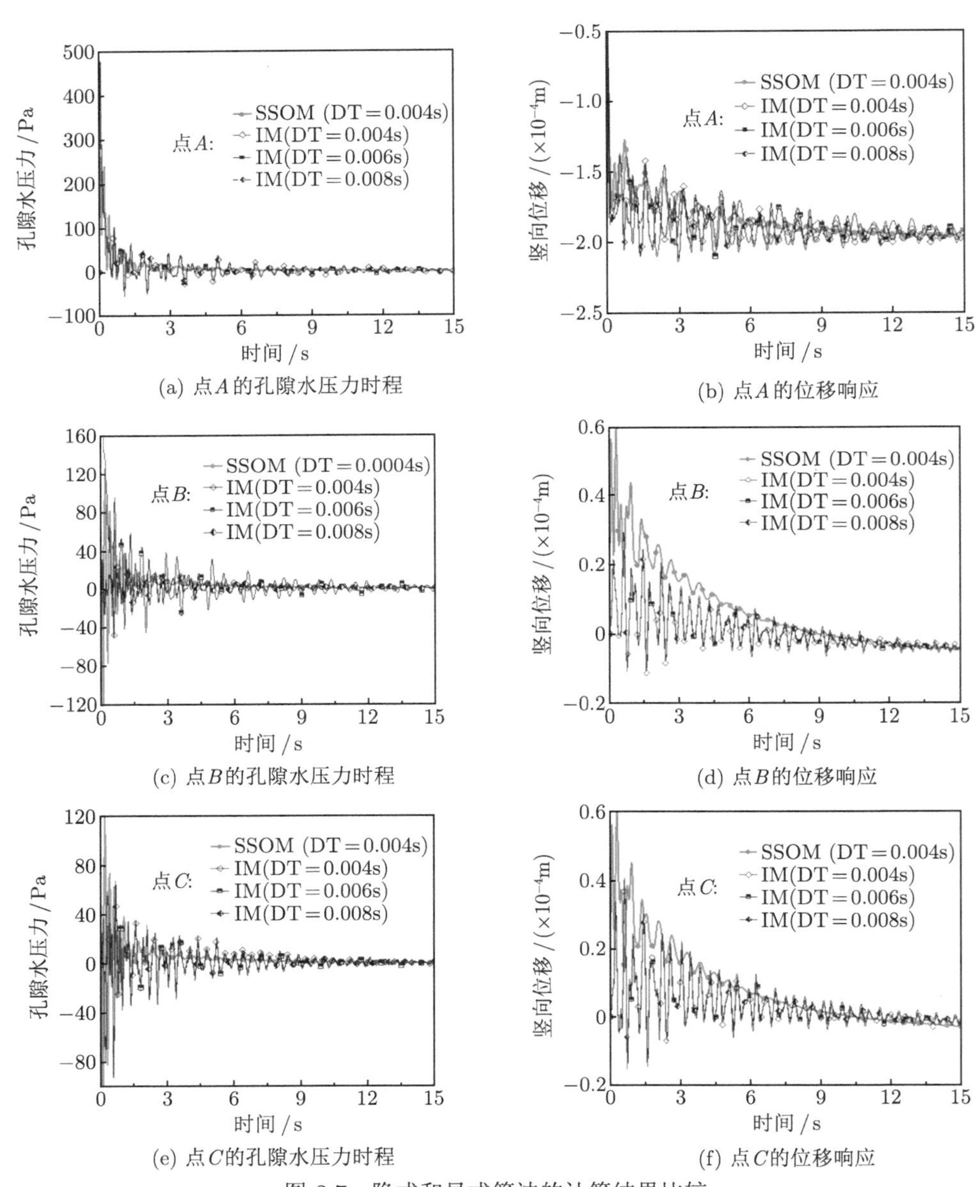

(a) 点A的孔隙水压力时程

(b) 点A的位移响应

(c) 点B的孔隙水压力时程

(d) 点B的位移响应

(e) 点C的孔隙水压力时程

(f) 点C的位移响应

图 3.7　隐式和显式算法的计算结果比较

3.8　黏弹性边界吸收能量的效应

本节仍用图 3.6 中的数值模型考察黏弹性边界吸收能量的效应，不同的是底面和四个侧面采用人工黏弹性边界。计算时间步长为 0.004s，加载时间为 15s。具有黏弹性边界的对称分裂算子法的详细实现步骤见 3.4 节。

在黏弹性边界和固定边界这两个边界条件下，加载 15s 后的孔隙水压力和竖向位移 (z 方向) 云图分别如图 3.8 和图 3.9 所示。将图 3.8 与图 3.9 进行比较，可以看出两个边界条件的孔隙水压力和位移分布是不同的。在黏弹性边界条件下，由于边界施加的弹簧约束，变形更接近实际，边界阻尼使孔隙水压力更快地消散到周围边界，并且中心区域的最大孔隙水压力仅为 0.01185Pa。在固定边界条件下，位移波和压力波被无限域的截距边界所阻挡，不能向外扩散。在加载表面附近，变形梯度相对较大。除地面渗透性外，孔隙水压力也难以向其他方向扩散。

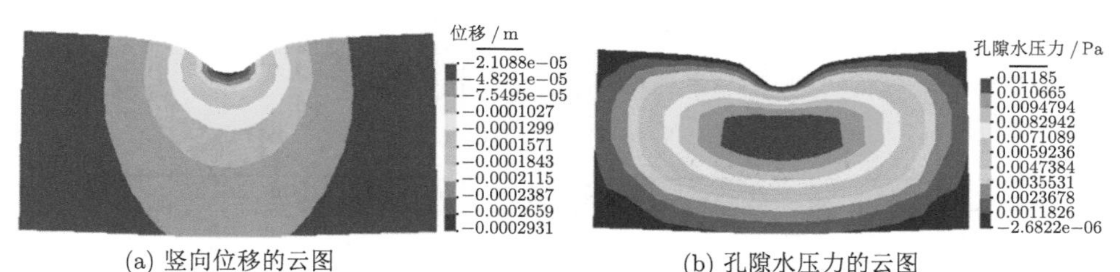

(a) 竖向位移的云图　　(b) 孔隙水压力的云图

图 3.8　采用黏弹性边界的对称分裂算子法在对称截面上的计算结果

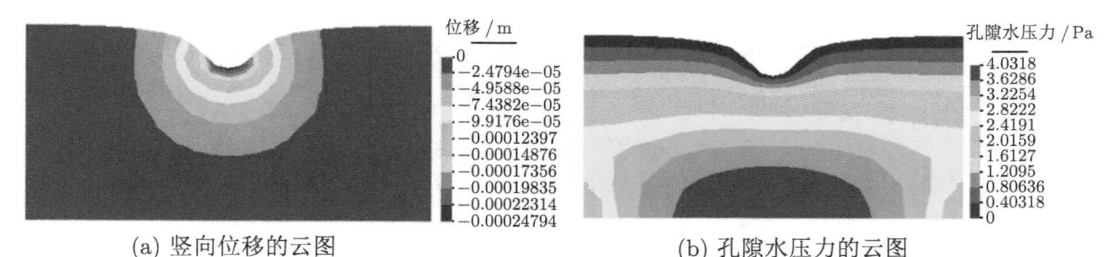

(a) 竖向位移的云图　　(b) 孔隙水压力的云图

图 3.9　采用固定边界的对称分裂算子法在对称截面上的计算结果

为了更清楚地显示孔隙水压力和位移的波动，在图 3.10 中给出了图 3.6 中点 A，B 和 C 的孔隙水压力和位移时程，并与 3.7 节中具有固定边界的相应计算结果进行了比较。计算结果显示了三个代表点的孔隙水压力 (图 3.10(a)，(c) 和 (e))，竖向位移 (图 3.10(b)，(d) 和 (f)) 时程。由此可以看见，通过使用黏弹性边界，可以在初始波动后很快趋于稳定解，而在边界固定的后期仍有一些波动。特别地，在固定边界附近的点 B 和点 C，孔隙水压力和位移大约在开始的 5s 内具有较大的波动，此后，波动幅度变小并且趋于稳定。

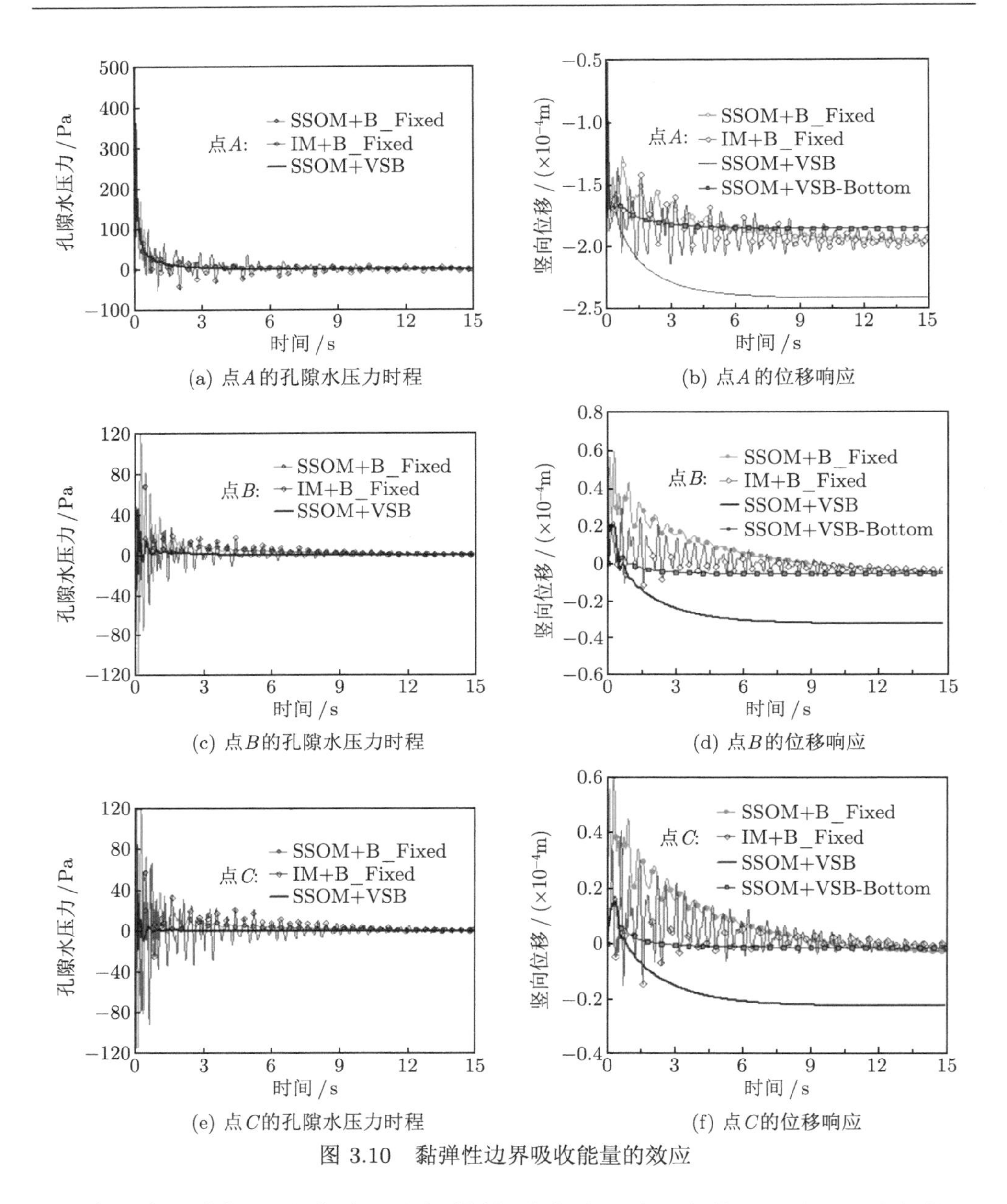

(a) 点A的孔隙水压力时程　(b) 点A的位移响应

(c) 点B的孔隙水压力时程　(d) 点B的位移响应

(e) 点C的孔隙水压力时程　(f) 点C的位移响应

图 3.10　黏弹性边界吸收能量的效应

实际上，我们可以看到，无论采用何种方法和边界条件，孔隙水压力都趋于一致。相对于峰值荷载 (1000Pa)，15s 时 (表 3.4) 在不同情况下孔隙水压力的残留量可以忽略不计。

对于位移，两种方法的计算结果都倾向于与固定边界条件一致，但是通过应用黏弹性边界计算得出的位移变得完全不同 (表 3.5)。这是由黏弹性边界上的分布式弹簧引起的变形 (图 3.8(a))。从绝对位移减去点 A，B，C 底部边界上相应点的位移后，所得相对位移 (SSOM + VSB-Bottom) 与其他计算结果几乎相同。此外，还可以看到，边界的刚性位移不会影响孔隙水压力和地基应力的结果，因为所产生的孔隙水压力几乎相同 (图 3.10(a)，(c)，(e))。

表 3.4 不同方法加载的孔隙水压力计算结果

方法和边界类型	点 A	点 B	点 C
SSOM + B_Fixed/Pa	0.479	0.483	0.471
IM + B_Fixed/Pa	−1.286	1.252	1.557
SSOM + VSB/Pa	0.004	0.001	0.000

表 3.5 不同方法加载的位移计算结果

方法和边界类型	点 A	点 B	点 C
SSOM + B_Fixed/mm	-1.963×10^{-1}	-4.347×10^{-3}	-2.801×10^{-3}
IM + B_Fixed/mm	-1.940×10^{-1}	-3.786×10^{-3}	-1.367×10^{-3}
SSOM +VSB/mm	-2.416×10^{-1}	-3.241×10^{-2}	-2.239×10^{-2}
SSOM+VSB-Bottom/mm	-1.855×10^{-1}	-5.470×10^{-3}	-1.300×10^{-3}

根据波动理论，在固定边界处反射压力波和位移波会引起孔隙水压力和位移的振荡。另外，可以看出，黏弹性边界的黏弹性吸收了输出波的能量。黏弹性边界模型可以精确地模拟远场地面的阻尼效果，具有良好的吸收效果。因此，对称分裂算子法与黏弹性边界模型相结合可以有效和准确地模拟饱和多孔半无限地基的动力固结过程。

3.9 本 章 小 结

本章求解 u-p 动态固结方程的对称分裂算子方法，是一种二阶精度的显式格式。该方法通过分裂算子和变量解耦，按照五步分裂算子组合，可以获得饱和多孔介质动力固结方程的 u-p 形式的二阶显式解。位移和孔隙水压力扩散过程的数值模拟与理论结果吻合良好，与隐式格式计算相比，所提出的对称分裂算子法具有良好的精度、稳定性和更高的计算效率。

对称分裂算子法与第 2 章给出的两相饱和介质人工黏弹性边界的虚位移方程相结合，通过饱和多孔半无限地基系统动力响应过程的数值模拟显示，人工黏弹性边界模型具有良好的吸收效果。对称分裂算子法与黏弹性边界模型相结合可以有效、准确地求解饱和多孔土结构和半无限地基体系的地震响应，同时，可推广应用于库底淤砂对混凝土坝动力响应的影响，以及水库诱发地震的数值计算分析。

参考文献

[1] Zienkiewicz O C, Taylor R L. Coupled problems—a simple time-stepping procedure[J]. Communications in Applied Numerical Methods, 1985, 1: 233-239.

[2] Felippa C A, Park K C. Staggered transient analysis procedures for coupled mechanical systems: formulation[J]. Journal for Computer Methods in Applied Mechanics and Engineering, 1980, 24: 61-111.

[3] Park K C. Stabilization of partitioned solution procedure for pore fluid-soil interaction analysis[J]. International Journal for Numerical Methods in Engineering, 1983, 19(11): 1669-1673.

[4] Zienkiewicz O C, Paul D K, Chan A H C. Unconditionally stable staggered solution procedure for soil-pore fluid interaction problems[J]. International Journal for Numerical Methods in Engineering, 1988, 26(5): 1039-1055.

[5] Huang M S, Zienkiewicz O C. New unconditionally stable staggered solution procedures for coupled soil-pore fluid dynamic problems[J]. International Journal for Numerical Methods in Engineering, 1998, 43(6): 1029-1052.

[6] Babuška I. Error bounds for finite element methods[J]. Numerische Mathematik, 1971, 16: 322-333.

[7] Babuška I. The finite element method with Lagrange multipliers[J]. Numerische Mathematik, 1973, 20: 179-192.

[8] Brezzi F. On the existence, uniqueness and approximation of saddle point problem from Lagrange multipliers. Revue française d'automatique, informatique, recherche opérationnelle[J]. Analyse Numérique, 1974, 8(2): 129-151.

[9] Zienkiewicz O C, Qu S, Taylor R L, et al. The patch test for mixed formulation[J]. International Journal for Numerical Methods in Engineering, 1986, 23: 1873-1883.

[10] Zienkiewicz O C, Huang M S, Wu J, et al. A new algorithm for coupled soil-pore fluid problem[J]. Shock and Vibration, 1993, 1: 3-14.

[11] Taylor R L, Simo J C, Zienkiewicz O C, et al. The patch test—a condition for assessing FEM convergence[J]. International Journal for Numerical Methods in Engineering, 1986, 22: 39-62.

[12] Pastor M, Li T, Merodo J A F. Stabilized finite elements for cyclic soil dynamics problems near the undrained incompressible limit[J]. Soil Dynamics and Earthquake Engineering, 1997, 16: 161-171.

[13] Huang M S, Wu S M, Zienkievicz O C. Incompressible or nearly incompressible soil dynamic behaviour—a new staggered algorithm to circumvent restrictions of mixed formation[J]. Soil Dynamics and Earthquake Engineering, 2001, 21(2): 169-179.

[14] Zienkiewicz O C, Wu J. Incompressibility without tears - how to avoid restrictions of mixed formulation[J]. International Journal for Numerical Methods in Engineering, 1991, 32: 1189-1203.

[15] McLachlan R I. On the numerical integration of ordinary differential equations by symmetric composition methods[J]. SIAM Journal on Scientific Computing, 1995, 16(1):

151-168.
[16] Bagrinovskii K A, Godunov S K. Difference schemes for multidimensional problems[J]. Doklady Akademii nauk SSSR (NS), 1957, 115: 431-433.
[17] Strang G. Accurate partial difference methods I: linear Cauchy problems[J]. Archive for Rational Mechanics and Analysis, 1963, 12(1): 392-402.
[18] Yasuo T. An economical explicit time integration scheme for a primitive model[J]. Journal of the Meteorological Society of Japan, 1983, 61(2): 269-287.
[19] Zeng Q, Yuan C. A split method to solve equations of weather prediction[J]. Kexue Tongbao, 1980, 25(12): 1005-1009.
[20] Zeng Q, Li R, Ji Z, et al. A numerical modeling for the monthly mean circulations in the South China Sea[J]. Scientia Atmospherica Sinica, 1989, 13(2): 127-138.
[21] Karlsena K H, Liec K A, Natvigc J R, et al. Operator splitting methods for systems of convection-diffusion equations: nonlinear error mechanisms and correction strategies[J]. Journal of Computational Physics, 2001, 173 (2): 636-663.
[22] Marinova R S, Christov C I, Marinov T T. A fully coupled solver for incompressible Navier-Stokes equations using operator splitting[J]. International Journal of Computational Fluid Dynamics, 2003, 17(5): 371-385.
[23] Çiçek Y, Tanoğlu G. Strang splitting method for Burgers-Huxley equation[J]. Applied Mathematics and Computation, 2016, 276: 454-467.
[24] Gücüyenen N. Strang splitting method to Benjamin-Bona-Mahony type equations: analysis and application[J]. Journal of Computational and Applied Mathematics, 2017, 318: 616-623.
[25] Xiao J, Qin H, Liu J, et al. Explicit high-order non-canonical symplectic particle-in-cell algorithms for Vlasov-Maxwell systems[J]. Physics of Plasmas, 2015, 22: 112504.
[26] He Y, Sun Y, Qin H, et al. Hamiltonian particle-in-cell methods for Vlasov-Maxwell equations[J]. Physics of Plasmas, 2016, 23(9): 2658-2669.
[27] Wang B, Ji Z. An improved splitting method[J]. Advances in Atmospheric Sciences, 1993, 10(4): 447-452.
[28] Einkemmer L, Ostermann A. An almost symmetric Strang splitting scheme for nonlinear evolution equations[J]. Computers & Mathematics with Applications, 2014, 67(12): 2144-2157.
[29] Ma H F, Song Y F, Bu C G, et al. Symmetrized splitting operator method for dynamic consolidation problem of saturated porous semi-infinite foundation[J]. Soil Dynamics and Earthquake Engineering, 2019, 126: 105803.
[30] Zienkiewicz O C, Shiomi T. Dynamic behaviour of saturated porous media; the generalized Biot formulation and its numerical solution[J]. International Journal for Numerical and Analytical Methods in Geomechanics, 1984, 8: 71-96.

第 4 章 比例边界有限元方法在近场坝基地震输入中的应用

4.1 引 言

自 1904 年 Lamb 对弹性无限域表面受简谐荷载的作用研究开始，从发展较早、较成熟的频域研究到直接给出瞬态响应，人们对无限域地基与结构相互作用及其相关问题的研究从未停止。特别是采用有限元法对建在无限大地基上的大体积结构的动力响应分析时难以回避人工截断边界的问题。最初的人工边界为远置边界[1]，即将计算区域尺寸取得足够大，计算结果不受人工边界的影响。这种处理方法实际上并没有涉及真正的人工边界，但是对于三维复杂大体积结构，这种远置人工边界的处理方法带来的计算成本难以接受，因此，国内外学者做了大量的研究。在理论上，根据边界上各点物理量在空间里耦合情况，可将人工边界分为全局人工边界和局部人工边界。

全局人工边界要求外行波满足无限域所有的场方程和物理边界条件，可以实现对无限域的精确模拟，如边界元法[2]、薄层法[3]、比例边界有限元方法 (SBFEM) 等，但其在时域内需要与有限元方法结合的时空耦联求解，特别是用于求解非线性问题比较困难。相比之下，局部人工边界虽然是全局人工边界经过近似和局部化导出的，存在一定的误差，但其时空解耦的特性易于与有限元结合，也大大减少了计算量，因此，得到了广大学者的重视和研究，如黏性边界[4]、透射边界[5]、黏弹性边界[6,7]、无限元[8] 及全局人工边界的解耦形式等。其中人工黏弹性边界方法常应用于坝基地震动输入，已在第 2 章详细讨论。

SBFEM 是 Song 和 Wolf 等于 20 世纪 90 年代为了解决无限域波的传播问题[9−12] 而提出的一种结合了有限元的普适性和边界元的降维和高精度优点的算法。由于比例边界有限元方法是半解析方法，即边界按有限元进行离散，径向为解析解，能精确满足辐射阻尼，半无限大体无限远场与近场的边界条件可自动满足。由于比例边界有限元方法在无限域求解中有突出的优势，被用于解决无限域问题，并被应用于解决裂缝扩展、接触问题等。

结构动力响应及地震激励均属于时间历程，因此时域数值分析能够提供动力分析的完备瞬时响应，下文将从比例有限元方法无限域时域模型的建立和求解，近场和远场相互作用力模拟，远场外源激励的输入等方面做简要介绍。比例边界有

限元方法在文献 [9]~[11] 有详细、系统的介绍，本章先介绍该方法的基本概念和基本方程，重点讨论其在解决半无限大地基问题中的应用。

4.2 比例边界有限元简介

比例边界有限元方法将求解的物理域划分成若干个子域，在各个子域中通过坐标变换，将笛卡儿坐标系下的坐标和变量用比例边界坐标表示，比例边界坐标系的构成方向分别沿着计算区域边界的切向，和沿着比例中心点指向边界的径向。在切向方向类似于有限元方法离散近似，使用加权余量法或虚功原理建立积分方程，并结合边界条件求解。

4.2.1 比例边界有限元基本方程

以二维问题为例，如图 4.1 所示，首先把整个区域划分成若干个比例边界子域，各个子域由比例中心和缩放至比例中心的边界表示。要求边界上各点对于比例中心均可见，子域边界采取类似于有限元方法离散，得到低一维的单元，二维问题中对应为线单元。在每个子域对应的局部坐标系中，η 为环向坐标，通常有 $-1 \leqslant \eta \leqslant 1$，$\xi$ 为径向坐标，比例中心取值为 0，单元边界取值为 1。$0 \leqslant \xi \leqslant 1$ 对应有限域，而 $1 \leqslant \xi < +\infty$ 描述无限域。

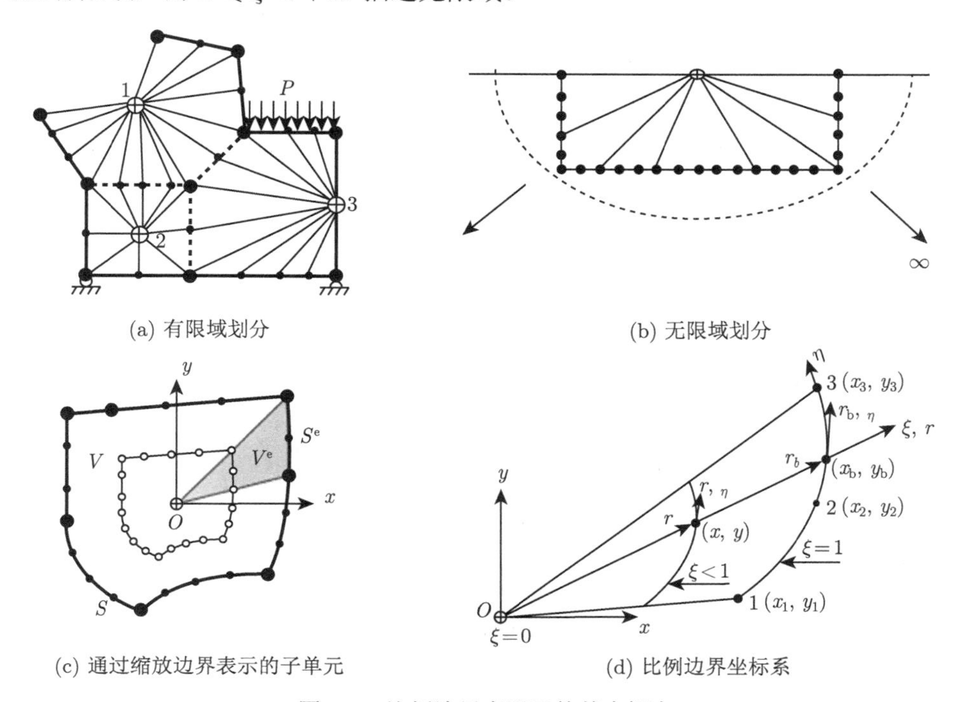

(a) 有限域划分　(b) 无限域划分

(c) 通过缩放边界表示的子单元　(d) 比例边界坐标系

图 4.1 比例边界有限元的基本概念

笛卡儿坐标系与比例边界坐标系之间的转换关系可以表示为

$$\begin{cases} x = \xi N(\eta)\{x\} \\ y = \xi N(\eta)\{y\} \end{cases} \tag{4.1}$$

在比例边界坐标系中，点 (ξ,η) 处的位移表示为

$$\{u(\xi,\eta)\} = [N(\eta)]\{u(\xi)\} = [N_1(\eta)[I], N_2(\eta)[I], \cdots]\{u(\xi)\} \tag{4.2}$$

其中，$[N(\eta)]$ 为沿边界环向形函数矩阵；$\{x\}$、$\{y\}$ 为边界节点的笛卡儿坐标值；$\{u(\xi)\}$ 为位移径向解析解，仅与 ξ 相关。

笛卡儿坐标系下耦合的微分算子 $[\partial]$ 在新坐标系下可由两个微分算子 $[b_1]$、$[b_2]$ 分离变量解耦表示为

$$[\partial] = \begin{bmatrix} \dfrac{\partial}{\partial x} & 0 \\ 0 & \dfrac{\partial}{\partial y} \\ \dfrac{\partial}{\partial y} & \dfrac{\partial}{\partial x} \end{bmatrix} = [b_1]\frac{\partial}{\partial \xi} + \frac{1}{\xi}[b_2]\frac{\partial}{\partial \eta} \tag{4.3}$$

其中，

$$[b_1] = \frac{1}{|J_\mathrm{b}|}\begin{bmatrix} y_{\mathrm{b},\eta} & 0 \\ 0 & -x_{\mathrm{b},\eta} \\ -x_{\mathrm{b},\eta} & y_{\mathrm{b},\eta} \end{bmatrix}, \quad [b_2] = \frac{1}{|J_\mathrm{b}|}\begin{bmatrix} -y_\mathrm{b} & 0 \\ 0 & x_\mathrm{b} \\ x_\mathrm{b} & -y_\mathrm{b} \end{bmatrix}$$

这里，下角标 b 表示边界；$(x_\mathrm{b}, y_\mathrm{b})$ 为边界上点；$|J_\mathrm{b}|$ 为雅可比矩阵在边界上的行列式。

应变 $\{\varepsilon\} = [\partial]\{u\}$ 表示为

$$\{\varepsilon(\xi,\eta)\} = [\partial]\{u\} = [B_1(\eta)]\{u(\xi),\xi\} + \frac{1}{\xi}[B_2(\eta)]\{u(\xi)\} \tag{4.4}$$

其中，位移–应变关系矩阵 $[B_1(\eta)] = [b_1][N(\eta)]$，$[B_2(\eta)] = [b_2][N(\eta)]$，$\eta$ 是 3 行 $2n$ 列的矩阵，n 为每个线单元选取的节点数，该矩阵仅与环向坐标 η 相关。

代入弹性矩阵 $[D]$，比例边界坐标系下的应力为

$$\{\sigma(\xi,\eta)\} = [D]\{\varepsilon(\xi,\eta)\} = [D]\left([B_1(\eta)]\{u(\xi)_{,\xi}\} + \frac{1}{\xi}[B_2(\eta)]\{u(\xi)\}\right) \tag{4.5}$$

4.2.2 位移变量表示的控制方程

笛卡儿坐标系下弹性动力学方程，通过上述坐标转换和形函数插值离散化，结合虚功原理或者伽辽金 (Galerkin) 加权余量法，得到比例边界坐标系下以位移变量 $\{u(\xi)\}$ 表示的控制方程和等效节点力方程：

$$\begin{aligned}&\left[E^0\right]\xi^2\left\{u\left(\xi\right)\right\}_{,\xi\xi}+\left(\left[E^0\right]-\left[E^1\right]+\left[E^1\right]^{\mathrm{T}}\right)\xi\left\{u\left(\xi\right)\right\}_{,\xi}\\&-\left[E^2\right]\left\{u\left(\xi\right)\right\}-\left[M^0\right]\xi^2\left\{\ddot{u}\left(\xi\right)\right\}=0\end{aligned}\tag{4.6}$$

其中，系数矩阵 $[E^0]$，$[E^1]$，$[E^2]$，$[M^0]$ 与 ξ 无关，可以通过边界上的有限元积分在各个线单元分别计算，再类似于有限元方法组装成子域的整体系数矩阵。具体表达式为

$$\left[E^0\right]=\int_{-1}^{+1}\left[B^1(\eta)\right]^{\mathrm{T}}[D]\left[B^1(\eta)\right]|J(\eta)|\,\mathrm{d}\eta$$

$$[E^1]=\int_{-1}^{+1}[B^2(\eta)]^{\mathrm{T}}[D][B^1(\eta)]\,|J(\eta)|\,\mathrm{d}\eta$$

$$[E^2]=\int_{-1}^{+1}[B^2(\eta)]^{\mathrm{T}}[D][B^2(\eta)]\,|J(\eta)|\,\mathrm{d}\eta$$

$$[M^0]=\int_{-1}^{+1}[N(\eta)]^{\mathrm{T}}\rho[N(\eta)]\,|J(\eta)|\,\mathrm{d}\eta$$

式中，$[B^1(\eta)]$，$[B^2(\eta)]$ 为位移–应变关系矩阵；$[D]$ 为弹性矩阵；$|\,J(\eta)\,|$ 为雅可比行列式；$[N(\eta)]$ 为形函数；ρ 为密度。

等效节点力 $q(\xi)=[E^0]\,\xi\,\{u(\xi)\}_{,\xi}+[E^1]^{\mathrm{T}}\,\{u(\xi)\}$。

4.3 比例边界有限元方法无限域求解

4.3.1 无限域方程的连分式求解及时域应用

类似于有限域问题，结合边界 $\xi=1$ 上节点力和位移的关系，由位移变量表示的平衡方程式 (4.6) 在无限域可以由频域上的动力刚度矩阵 $S^{\infty}(\omega)$ 表示为

$$\begin{aligned}&\left([S^{\infty}(\omega)]+[E^1]\right)[E^0]^{-1}\left([S^{\infty}(\omega)]+[E^1]^{\mathrm{T}}\right)-(s-2)[S^{\infty}(\omega)]\\&-\omega[S^{\infty}(\omega)]_{,\omega}-[E^2]+\omega^2[M^0]=0\end{aligned}\tag{4.7}$$

其中，被称作动力刚度矩阵的 $S^{\infty}(\omega)$ 描述了无限域的物理力学性质；s 为问题的维数，这里主要讨论 $s=2$ 时的平面问题。一阶常微分方程 (4.7)，可以采用

Runge-Kutta 等方法在频域内求出 $S^{\infty}(\omega)$ 的解析解，Pade 近似[13] 和连分式展开技术[14] 被用于 $S^{\infty}(\omega)$ 的近似求解。

动力刚度矩阵 $S^{\infty}(\omega)$ 的连分式求解：

$$[S^{\infty}(\omega)] = [K_{\infty}] + \mathrm{i}\omega[C_{\infty}] - [X_u^{(1)}][Y^{(1)}(\omega)]^{-1}[X_u^{(1)}]^{\mathrm{T}} \tag{4.8}$$

$$[Y^{(j)}(\omega)]=[Y_0^{(j)}]+\mathrm{i}\omega[Y_1^{(j)}]-[X_u^{(j+1)}]\left[Y^{(j+1)}(\omega)\right]^{-1}\left[X_u^{(j+1)}\right]^{\mathrm{T}} \quad (j=1,2,\cdots,M_{\mathrm{H}}) \tag{4.9}$$

其中，基于无穷大频率的 $[K_{\infty}]$ 和 $[C_{\infty}]$ 代表了无限域的刚度矩阵和阻尼矩阵的常数部分；$[Y_0^{(j)}]$ 和 $[Y_1^{(j)}]$ 为展开项的常数部分；$[X_u^{(i)}]$ 增加了求解的稳定性；M_{H} 是展开式的阶数，精度和展开阶数正相关。

基于连分式展开的透射边界[15] 被提出并应用于频域层状无限介质问题分析，随后得到各种改进并应用于解决不同的无限域问题，刘均玉、林皋等[16] 建立了透射边界频域结构–地基相互作用模型，针对动水压力波问题，王翔和金峰[17,18] 给出动刚度双向连分式解，并建立了高阶双渐近透射边界求解。

为进行时域分析，Birk 等基于动力刚度矩阵连分式展开建立了时域高阶透射边界[19]，这种时域边界可应用于动水压力计算、库水–大坝相互作用问题[20] 以及大坝–地基动力相互作用 [21] 等领域。下面将从坝–基动力相互作用的高阶时域模型[21] 进行简要介绍。

在有限域和无限域的边界上，位移和动力刚度矩阵这两个未知量与有限域之间的相互作用力 $\{R(\omega)\}$ 满足关系式：

$$\{R(\omega)\} = [S^{\infty}(\omega)]\{u(\omega)\} \tag{4.10}$$

动力刚度矩阵 $S^{\infty}(\omega)$ 的连分式展开式如表达式 (4.8) 所示，引入辅助变量 $\{v^{(i)}\}$，根据连分式的递推展开关系，式 (4.10) 在时域被重新表示为系数矩阵，由连分式的展开项构成，关于未知量 $\{z(t)\}$ 的新方程：

$$[K_u]\{z(t)\} + [C_u]\{\dot{z}(t)\} = \{f(t)\} \tag{4.11}$$

其中，

$$\{z(t)\} = \left\{\{u_{\mathrm{b}}\}^{\mathrm{T}}, \{v^{(1)}\}^{\mathrm{T}}, \{v^{(2)}\}^{\mathrm{T}}, \cdots, \{v^{(M_{\mathrm{H}})}\}^{\mathrm{T}}\right\}^{\mathrm{T}}$$

$$\{z(t)\} = \left\{\{u_{\mathrm{b}}\}^{\mathrm{T}}, \{v^{(1)}\}^{\mathrm{T}}, \{v^{(2)}\}^{\mathrm{T}}, \cdots, \{v^{(M_{\mathrm{H}})}\}^{\mathrm{T}}\right\}^{\mathrm{T}}$$

$$\{f(t)\}=\left\{\{R_{\mathrm{b}}\}^{\mathrm{T}}, \{0\}^{\mathrm{T}}, \{0\}^{\mathrm{T}}, \cdots, \{0\}^{\mathrm{T}}\right\}^{\mathrm{T}}$$

$$[K_u]=\begin{bmatrix} [K_\infty] & -[X_u^{(1)}] & & & & \\ -[X_u^{(1)}]^{\mathrm{T}} & [Y_0^{(1)}] & -[X_u^{(2)}] & & & \\ & -[X_u^{(2)}]^{\mathrm{T}} & [Y_0^{(2)}] & & & \\ & & & & -[X_u^{(M_{\mathrm{H}}-1)}] & \\ & & & -[X_u^{(M_{\mathrm{H}}-1)}]^{\mathrm{T}} & [Y_0^{(M_{\mathrm{H}}-1)}] & -[X_u^{(M_{\mathrm{H}})}] \\ & & & & -[X_u^{(M_{\mathrm{H}})}]^{\mathrm{T}} & [Y_0^{(M_{\mathrm{H}})}] \end{bmatrix}$$

$$[C_u]=\mathrm{diag}\left(\begin{array}{cccccc}[C_\infty] & [Y_1^{(1)}] & [Y_1^{(2)}] & \cdots & [Y_1^{(M_{\mathrm{H}}-1)}] & [Y_1^{(M_{\mathrm{H}})}]\end{array}\right)$$

式 (4.11) 为时域里的一阶常微分方程，与标准的动力学方程稍有不同，可以采用改进的纽马克法求解。为研究无限域存在对有限域的影响，远场通过边界面上的相互作用力 $\{R_{\mathrm{b}}\}$ 耦合至近场有限域。带有连分式展开项的 $[\mathrm{K}_u]$ 和 $[C_u]$ 类似于人工黏弹性边界中的弹簧刚度矩阵 $[K_{\mathrm{b}}]$ 和人工阻尼矩阵 $[C_{\mathrm{b}}]$, 但是带有辅助项的 $[K_u]$ 和 $[C_u]$ 无须考虑边界距离，且包含了无穷远处的性质，因此相对黏弹性边界更精确[22]。

由于比例边界有限元方法在边界上和有限元方法采用类似的网格剖分以及高阶透射边界方程相互作用力表示形式，所以近场既可以用比例边界有限元方法处理[23]，也可以直接利用有限元方法分析 [22]，无须特别设置。上述高阶透射边界在求解坝–基相互作用、库–水相互作用等无限域问题中，取得了可靠的求解精度、较快的求解速度。但是，基于连分式展开的相互作用力 $\{R_{\mathrm{b}}\}$ 项不能独立存在，必须依附于辅助项 $f(t)$，计算结果包含诸多辅助项 $v^{(i)}$；当无限域中存在激励时，带有全局辅助变量的新变量 $\{z(t)\}$，给激励的传递带来困难；高阶透射边界更适合区域整体离散且无须考虑外源输入的问题。

4.3.2 基于动力刚度矩阵的连分式分解的位移脉冲响应矩阵求解及应用

早期被用于无限域波动传播研究的各种时域单位脉冲响应矩阵[9] 被重新关注，因其作为一种严格方法，精度只受时间和空间的离散方式影响，且表示近场与远场相互作用力时无须引入辅助变量，且作为应力型边界，相互作用力和远场激励表示有相似的表达式，因此可以方便地处理远场存在激励的情况。

除了 4.3.1 节介绍的通过辅助变量构造的高阶透射边界将频域问题转化到时域求解，另一类方法是直接对频域方程 (4.7) 进行傅里叶 (Fourier) 逆变换。动力刚度矩阵 $[S^\infty(\omega)]$ 是位移动力刚度矩阵的简称，时域中对应位移单位脉冲响应 $[S^\infty(t)]$，基于连分式展开的位移单位脉冲响应可由阻尼项和弹簧项构成的奇异部分，以及高阶展开项对应的正则部分共同表示：

$$[S^\infty(t)]=\frac{1}{2\pi}\int_{-\infty}^{+\infty}[S^\infty(\omega)]\,\mathrm{e}^{\mathrm{i}\omega t}\mathrm{d}\omega=[C_\infty]\,\dot{\delta}(t)+[K_\infty]\,\delta(t)+[S_r^\infty(t)] \tag{4.12}$$

傅里叶逆变换后的比例边界动力方程为

$$\begin{aligned}&\int_0^t \left[s_r^{\infty}(t-\tau)\right]\left[s_r^{\infty}(\tau)\right]\mathrm{d}\tau+\left[c_{\infty}\right]\left[\dot{s}_r^{\infty}(t)\right]+\left[\dot{s}_r^{\infty}(t)\right]\left[c_{\infty}\right]\\&+\left(\left[k_{\infty}\right]+\left[e^1\right]\right)\left[s_r^{\infty}(t)\right]+\left[s_r^{\infty}(t)\right]\left(\left[k_{\infty}\right]+\left[e^1\right]\right)^{\mathrm{T}}\\&-(s-3)[s_r^{\infty}(t)]-t[\dot{s}_r^{\infty}(t)]=0\end{aligned}\tag{4.13}$$

其中，

$$\left[e^1\right]=[\varPhi]^{\mathrm{T}}\left[E^1\right][\varPhi]$$

$$\left[c_{\infty}\right]=[\varPhi]^{\mathrm{T}}\left[C_{\infty}\right][\varPhi]$$

$$\left[k_{\infty}\right]=[\varPhi]^{\mathrm{T}}\left[K_{\infty}\right][\varPhi],\quad\left[s_r^{\infty}(\omega)\right]=[\varPhi]^{\mathrm{T}}\left[S_r^{\infty}(\omega)\right][\varPhi]$$

由式 (4.10) 和方程 (4.12) 可知，无限域与有限域在边界上的相互作用力 $\{R_{\mathrm{b}}(t)\}$ 满足关系式：

$$\begin{aligned}\{R_{\mathrm{b}}(t)\}&=\int_0^t[S^{\infty}(t-\tau)]\{u_{\mathrm{b}}(\tau)\}\mathrm{d}\tau\\&=\left[K_{\infty}\right]\{u_{\mathrm{b}}(\tau)\}+\left[C_{\infty}\right]\{\dot{u}_{\mathrm{b}}(\tau)\}+\int_0^t[S_r^{\infty}(t-\tau)]\{u_{\mathrm{b}}(\tau)\}\mathrm{d}\tau\end{aligned}\tag{4.14}$$

在比例边界有限元方法位移脉冲方法中，连分式展开的常数项 $[K_{\infty}]$、一次项 $[C_{\infty}]$、非正则项 $[S_r^{\infty}(t)]$ 三项联立取代了高阶透射边界中带有连分式展开高阶项的 $[K_u]$ 和 $[C_u]$ 计算相互作用力。虽然无需辅助项，但是上述以位移单位脉冲响应矩阵为未知量的比例边界元方程 (4.13)，以及式 (4.14) 给出的相互作用力项 $\{R_{\mathrm{b}}(t)\}$ 均含有耗时的卷积项，且关于时间和空间都是全局的。陈笑俊[24,25] 在连分式展开的基础上对动力刚度矩阵展开式高阶部分对应的非正则部分 $[s_r^{\infty}(t)]$ 采取时间局部化和空间局部化技术提高了求解效率，且可对人工边界分区处理。Bazyar[26] 基于上述工作[24,25] 发展了瞬态波散射及场地反应模型。

4.3.3　SBFEM 无限域方程单位脉冲响应矩阵求解及应用

类似于位移动力刚度矩阵 $[S^{\infty}(\omega)]$，还有速度动力刚度矩阵 $[V^{\infty}(\omega)]$，加速度动力刚度矩阵 $[M^{\infty}(\omega)]$，它们在频域上满足

$$[M^{\infty}(\omega)]\cdot(\mathrm{i}\omega)^2=[V^{\infty}(\omega)]\cdot(\mathrm{i}\omega)=[S^{\infty}(\omega)]\tag{4.15}$$

将式 (4.15) 代入式 (4.10)，并进行傅里叶逆变换，可以得到时域上由单位脉冲响应矩阵表示的控制方程。特别地，给出加速度单位脉冲矩阵 $[M^{\infty}(t)]$ 表示的控制方程：

$$\int_0^t\left[M^{\infty}(t-\tau)\right]\left[E^0\right]^{-1}\left[M^{\infty}(\tau)\right]\mathrm{d}\tau+\left(\left[E^1\right]\left[E^0\right]^{-1}-\frac{s+1}{2}[I]\right)$$

$$\times\int_0^t\int_0^\tau[M^\infty(\tau')]\,\mathrm{d}\tau'\mathrm{d}\tau+\int_0^t\int_0^\tau[M^\infty(\tau')]\,\mathrm{d}\tau'\mathrm{d}\tau\left(\left[E^0\right]^{-1}\left[E^1\right]^{\mathrm{T}}-\frac{s+1}{2}[I]\right)$$
$$+t\int_0^t[M^\infty(\tau)]\,\mathrm{d}\tau-\frac{t^3}{6}\left(\left[E^2\right]-\left[E^1\right]\left[E^0\right]^{-1}\left[E^1\right]^{\mathrm{T}}\right)H(t)-t[M^0]H(t)=0 \tag{4.16}$$

为方便处理，对系数矩阵 $[E^0]$ 进行 Cholesky 分解 $[E^0]=[U]^{\mathrm{T}}[U]$，式 (4.13) 转化为

$$\int_0^t[m^\infty(t-\tau)][m^\infty(\tau)]\,\mathrm{d}\tau+\left[e^1\right]\int_0^t\int_0^\tau[m^\infty(\tau')]\,\mathrm{d}\tau'\mathrm{d}\tau$$
$$+\int_0^t\int_0^\tau[m^\infty(\tau')]\,\mathrm{d}\tau'\mathrm{d}\tau\left[e^1\right]^{\mathrm{T}}+t\int_0^t[m^\infty(\tau)]\mathrm{d}\tau-\frac{t^3}{6}[e^2]H(t)-t[m^0]H(t)=0 \tag{4.17}$$

其中，系数矩阵分别为

$$[m^\infty(t)]=\left([U]^{-1}\right)^{\mathrm{T}}[M^\infty(t)]\,[U]^{-1}$$

$$\left[e^1\right]=\left([U]^{-1}\right)^{\mathrm{T}}\left[E^1\right][U]^{-1}-\frac{s+1}{2}[I]$$

$$[e^2]=\left([U]^{-1}\right)^{\mathrm{T}}\left([E^2]-[E^1][E^0]^{-1}[E^1]^{\mathrm{T}}\right)[U]^{-1}$$

$$\left[m^0\right]=\left([U]^{-1}\right)^{\mathrm{T}}\left[M^0\right][U]^{-1}$$

求解方程 (4.17) 得到 $[m^\infty(t)]$，再利用转换关系 $[M^\infty(t)]=[U]^{\mathrm{T}}[m^\infty(t)]\,[U]$ 可得加速度单位脉冲矩阵 $[M^\infty(t)]$。

依然是包含卷积项的积分方程 (4.16) 给计算带来了巨大的挑战，为提高求解效率，学者们从不同方面进行了尝试。杜建国[27] 采用缩减基函数以及减少边界上自由度技术以减小卷积积分计算量；Zhang[28] 假设响应矩阵为分段线性函数；Radmanovic[29] 在分段线性假设的基础上使用外推参数提高数值稳定性，并设置时间截断阈值进行时间局部化。

结构的动力响应是研究的主体，考虑了结构–地基相互作用力的系统如图 4.2 所示。

结构和部分地基所在的近场有限域动力学方程可表示为

$$\begin{bmatrix}M_{\mathrm{ss}}&M_{\mathrm{sb}}\\M_{\mathrm{bs}}&M_{\mathrm{bb}}\end{bmatrix}\begin{bmatrix}\{\ddot{u}_{\mathrm{s}}\}\\\{\ddot{u}_{\mathrm{b}}\}\end{bmatrix}+\begin{bmatrix}C_{\mathrm{ss}}&C_{\mathrm{sb}}\\C_{\mathrm{bs}}&C_{\mathrm{bb}}\end{bmatrix}\begin{bmatrix}\{\dot{u}_{\mathrm{s}}\}\\\{\dot{u}_{\mathrm{b}}\}\end{bmatrix}+\begin{bmatrix}K_{\mathrm{ss}}&K_{\mathrm{sb}}\\K_{\mathrm{bs}}&K_{\mathrm{bb}}\end{bmatrix}\begin{bmatrix}\{u_{\mathrm{s}}\}\\\{u_{\mathrm{b}}\}\end{bmatrix}$$

$$
= \begin{bmatrix} \{F_{\rm s}\} \\ \{F_{\rm b}\} \end{bmatrix} - \begin{bmatrix} \{0\} \\ \{R_{\rm b}\} \end{bmatrix} \tag{4.18}
$$

式中，$[M]$，$[C]$ 和 $[K]$ 分别表示有限域的质量、阻尼、刚度矩阵；下角标 s，b 分别表示结构除交界面外的自由度和交界面上的自由度；$F_{\rm s}$，$F_{\rm b}$ 和 $R_{\rm b}$ 对应结构在非交界面上所受外力、交界面上所受外力、结构–地基相互作用力。

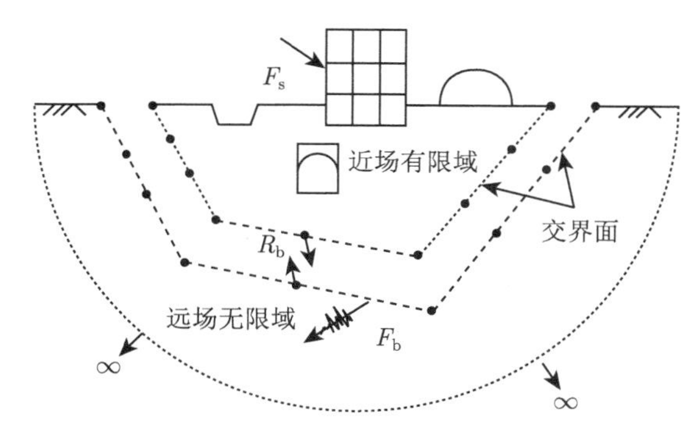

图 4.2　结构–地基耦合示意图

从方程 (4.15) 可知，无限域与有限域在边界上的相互作用力 $\{R_{\rm b}(t)\}$ 满足关系式：

$$
\{R_{\rm b}(t)\} = \int_0^t [M^\infty(t-\tau)]\{\ddot{u}_{\rm b}(\tau)\}{\rm d}\tau \tag{4.19}
$$

式中，$\{\ddot{u}_{\rm b}\}$ 为截断边界上的加速度。

为配合有限域方程的动力求解，相互作用力也需按时间步长离散。具体形式取决于 $[M^\infty(t)]$ 的离散格式，可以采用前面提到的各种单位脉冲矩阵数值方法。为方便及强调对远场激励的模拟，此处介绍简洁且容易理解的分段常数假设：

$$
M^\infty(t) = \begin{cases} M_0^\infty, & t \in [0, \Delta t] \\ M_1^\infty, & t \in [\Delta t, 2\Delta t] \\ \quad\vdots & \quad\vdots \\ M_{n-1}^\infty, & t \in [(n-1)\Delta t, n\Delta t] \end{cases}
$$

当 $t = t_n$ 时，相互作用力的离散格式为

$$
R_{\rm b}(t_n) = \sum_{j=1}^{n} [M_{n-j}^\infty] \int_{(j-1)\Delta t}^{j\Delta t} \{\ddot{u}(\tau)\}{\rm d}\tau = [M_0^\infty]\cdot\Delta t\cdot\{\ddot{u}_n\} + \sum_{j=1}^{n-1} [M_{n-j}^\infty](\dot{u}_j - \dot{u}_{j-1}) \tag{4.20}
$$

基于方程 (4.20)，Schauer 等[30] 设计并行算法求解了联立的动力方程 (4.18) 和方程 (4.20)，并利用该模型模拟了三维结构地基相互作用。

加速度单位脉冲响应矩阵描述了无限域的物理特性，可以满足无穷远处的辐射条件；能够模拟近场和远场的相互作用过程。当存在地震等激励时，需要考虑如何把远场能量合理传至近场，类似于黏弹性边界 [13,14]，比例边界有限元方法借助响应矩阵将波动输入转化为边界上的等效力。

4.3.4 波动输入的加速度单位脉冲矩阵形式

基于波动输入理论，在地震动输入时，可以将人工边界上的波动简化分解为互不干涉的自由场和散射场，地震波动转化为人工截断边界上节点的等效荷载[31]。

$$\{u_{\mathrm{b}}\} = \{u_{\mathrm{b}}^{\mathrm{f}}\} + \{u_{\mathrm{b}}^{\mathrm{s}}\} \tag{4.21}$$

$$\{F_{\mathrm{b}}\} = \{F_{\mathrm{f}}^{\infty}\} + \{F_{\sigma}^{\mathrm{b}}\} \tag{4.22}$$

其中，$u_{\mathrm{b}}^{\mathrm{f}}$ 表示远场地震输入引起的自由场运动；$u_{\mathrm{b}}^{\mathrm{s}}$ 表示近场不规则引起的散射场运动；F_{f}^{∞} 为自由场运动作用在边界上的等效作用力；F_{σ}^{b} 为边界上的应力产生的等效作用力。这里，自由场运动在边界上的等效作用力可表示为

$$\{F_{\mathrm{f}}^{\infty}\} = \int_0^t [M^{\infty}(t-\tau)]\{\ddot{u}_{\mathrm{b}}^{\mathrm{f}}(\tau)\}\mathrm{d}\tau \tag{4.23}$$

这里假定非人工边界的外力 $[F_{\mathrm{s}}]=0$，将式 (4.21) ~ 式 (4.23) 代入耦合的动力方程 (4.18)，则有

$$\begin{aligned}
&\begin{bmatrix} M_{\mathrm{ss}} & M_{\mathrm{sb}} \\ M_{\mathrm{bs}} & M_{\mathrm{bb}} \end{bmatrix}\begin{bmatrix} \{\ddot{u}_{\mathrm{s}}^{\mathrm{f}}+\ddot{u}_{\mathrm{s}}^{\mathrm{s}}\} \\ \{\ddot{u}_{\mathrm{b}}^{\mathrm{f}}+\ddot{u}_{\mathrm{b}}^{\mathrm{s}}\} \end{bmatrix} + \begin{bmatrix} C_{\mathrm{ss}} & C_{\mathrm{sb}} \\ C_{\mathrm{bs}} & C_{\mathrm{bb}} \end{bmatrix}\begin{bmatrix} \{\dot{u}_{\mathrm{s}}^{\mathrm{f}}+\dot{u}_{\mathrm{s}}^{\mathrm{s}}\} \\ \{\dot{u}_{\mathrm{b}}^{\mathrm{f}}+\dot{u}_{\mathrm{b}}^{\mathrm{s}}\} \end{bmatrix} \\
&+ \begin{bmatrix} K_{\mathrm{ss}} & K_{\mathrm{sb}} \\ K_{\mathrm{bs}} & K_{\mathrm{bb}} \end{bmatrix}\begin{bmatrix} \{u_{\mathrm{s}}^{\mathrm{f}}+u_{\mathrm{s}}^{\mathrm{s}}\} \\ \{u_{\mathrm{b}}^{\mathrm{f}}+u_{\mathrm{b}}^{\mathrm{s}}\} \end{bmatrix} \\
&= \begin{bmatrix} \{0\} \\ \displaystyle\int_0^t [M^{\infty}(t-\tau)]\{\ddot{u}_{\mathrm{b}}^{f}(\tau)\}\mathrm{d}\tau \end{bmatrix} + \begin{bmatrix} \{0\} \\ \{F_{\sigma}^{\mathrm{b}}\} \end{bmatrix} \\
&+ \begin{bmatrix} \{0\} \\ \displaystyle -\int_0^t [M^{\infty}(t-\tau)]\{\ddot{u}_{\mathrm{b}}^{\mathrm{f}}(\tau)+\ddot{u}_{\mathrm{b}}^{\mathrm{s}}(\tau)\}\mathrm{d}\tau \end{bmatrix}
\end{aligned} \tag{4.24}$$

式 (4.24) 可以分解成以下两组平衡方程：

$$\begin{aligned}
&\begin{bmatrix} [M_{\mathrm{ss}}] & [M_{\mathrm{sb}}] \\ [M_{\mathrm{bs}}] & [M_{\mathrm{bb}}] \end{bmatrix}\begin{bmatrix} \{\ddot{u}_{\mathrm{s}}^{\mathrm{f}}\} \\ \{\ddot{u}_{\mathrm{b}}^{\mathrm{f}}\} \end{bmatrix} + \begin{bmatrix} C_{\mathrm{ss}} & C_{\mathrm{sb}} \\ C_{\mathrm{bs}} & C_{\mathrm{bb}} \end{bmatrix}\begin{bmatrix} \{\dot{u}_{\mathrm{s}}^{\mathrm{f}}\} \\ \{\dot{u}_{\mathrm{b}}^{\mathrm{f}}\} \end{bmatrix} \\
&+ \begin{bmatrix} [K_{\mathrm{ss}}] & [K_{\mathrm{sb}}] \\ [K_{\mathrm{bs}}] & [K_{\mathrm{bb}}] \end{bmatrix}\begin{bmatrix} \{u_{\mathrm{s}}^{\mathrm{f}}\} \\ \{u_{\mathrm{b}}^{\mathrm{f}}\} \end{bmatrix} = \begin{bmatrix} 0 \\ \{F_{\sigma}^{\mathrm{b}}\} \end{bmatrix}
\end{aligned} \tag{4.25}$$

$$
\begin{bmatrix} [M_{\rm ss}] & [M_{\rm sb}] \\ [M_{\rm bs}] & [M_{\rm bb}] \end{bmatrix} \begin{bmatrix} \{\ddot{u}_{\rm s}^{\rm s}\} \\ \{\ddot{u}_{\rm b}^{\rm s}\} \end{bmatrix} + \begin{bmatrix} C_{\rm ss} & C_{\rm sb} \\ C_{\rm bs} & C_{\rm bb} \end{bmatrix} \begin{bmatrix} \{\dot{u}_{\rm s}^{\rm s}\} \\ \{\dot{u}_{\rm b}^{\rm s}\} \end{bmatrix}
+ \begin{bmatrix} [K_{\rm ss}] & [K_{\rm sb}] \\ [K_{\rm bs}] & [K_{\rm bb}] \end{bmatrix} \begin{bmatrix} \{u_{\rm s}^{\rm s}\} \\ \{u_{\rm b}^{\rm s}\} \end{bmatrix} = \begin{bmatrix} 0 \\ -\displaystyle\int_0^t [M^{\infty}(t-\tau)]\{\ddot{u}_{\rm b}^{\rm s}(\tau)\}{\rm d}\tau \end{bmatrix} \tag{4.26}
$$

由式 (4.25) 表示的自由场的平衡系统可以看出，自由场在人工边界上的波动仍维持原来的平衡状态。式 (4.26) 给出的是散射场的平衡系统，散射场能量完全由无限域加速度脉冲矩阵 $[M^{\infty}(t-\tau)]$ 和散射波 $\{\ddot{u}_{\rm b}^{\rm s}(\tau)\}$ 的卷积项 $\displaystyle\int_0^t [M^{\infty}(t-\tau)]\{\ddot{u}_{\rm b}^{\rm s}(\tau)\}{\rm d}\tau$ 反映，同时结构在非人工边界上所受外力不被人工边界作用力影响，可以按照通常方法处理。

对加速度单位脉冲矩阵采取分段常数离散，相互作用力和地震输入等效作用力有相似的离散格式：

$$
\begin{aligned}
&\begin{bmatrix} M_{\rm ss} & M_{\rm sb} \\ M_{\rm bs} & M_{\rm bb} \end{bmatrix} \begin{bmatrix} \{\ddot{u}_{\rm s}(t_n)\} \\ \{\ddot{u}_{\rm b}(t_n)\} \end{bmatrix} + \begin{bmatrix} C_{\rm ss} & C_{\rm sb} \\ C_{\rm bs} & C_{\rm bb} \end{bmatrix} \begin{bmatrix} \{\dot{u}_{\rm s}(t_n)\} \\ \{\dot{u}_{\rm b}(t_n)\} \end{bmatrix} \\
&+ \begin{bmatrix} K_{\rm ss} & K_{\rm sb} \\ K_{\rm bs} & K_{\rm bb} \end{bmatrix} \begin{bmatrix} \{u_{\rm s}(t_n)\} \\ \{u_{\rm b}(t_n)\} \end{bmatrix} \\
&+ \begin{bmatrix} 0 \\ \displaystyle\sum_{j=1}^{n} [M_{n-j}^{\infty}] \int_{(j-1)\Delta t}^{j\Delta t} \{\ddot{u}_{\rm b}(\tau)\}{\rm d}\tau \end{bmatrix} = \begin{bmatrix} 0 \\ \displaystyle\sum_{j=1}^{n} [M_{n-j}^{\infty}] \int_{(j-1)\Delta t}^{j\Delta t} \{\ddot{u}_{\rm b}^{\rm f}(\tau)\}{\rm d}\tau + \{F_{\sigma}^{\rm b}\} \end{bmatrix}
\end{aligned} \tag{4.27}
$$

$$
\begin{aligned}
&\begin{bmatrix} M_{\rm ss} & M_{\rm sb} \\ M_{\rm bs} & M_{\rm bb} + \Delta t M_0^{\infty} \end{bmatrix} \begin{bmatrix} \{\ddot{u}_{\rm s}(t_n)\} \\ \{\ddot{u}_{\rm b}(t_n)\} \end{bmatrix} + \begin{bmatrix} C_{\rm ss} & C_{\rm sb} \\ C_{\rm bs} & C_{\rm bb} \end{bmatrix} \begin{bmatrix} \{\dot{u}_{\rm s}(t_n)\} \\ \{\dot{u}_{\rm b}(t_n)\} \end{bmatrix} \\
&+ \begin{bmatrix} K_{\rm ss} & K_{\rm sb} \\ K_{\rm bs} & K_{\rm bb} \end{bmatrix} \begin{bmatrix} \{u_{\rm s}(t_n)\} \\ \{u_{\rm b}(t_n)\} \end{bmatrix} \\
&= - \begin{bmatrix} 0 \\ \displaystyle\sum_{j=1}^{n-1} [M_{n-j}^{\infty}] \int_{(j-1)\Delta t}^{j\Delta t} \{\ddot{u}_{\rm b}(\tau)\}{\rm d}\tau \end{bmatrix} + \begin{bmatrix} 0 \\ \{F_{\sigma}^{\rm b}\} \end{bmatrix} \\
&+ \begin{bmatrix} 0 \\ \displaystyle\sum_{j=1}^{n} [M_{n-j}^{\infty}] \int_{(j-1)\Delta t}^{j\Delta t} \{\ddot{u}_{\rm b}^{f}(\tau)\}{\rm d}\tau \end{bmatrix}
\end{aligned} \tag{4.28}
$$

在式 (4.28) 中，$\sum_{j=1}^{n}\left[M_{n-j}^{\infty}\right]\int_{(j-1)\Delta t}^{j\Delta t}\{\ddot{u}_{\mathrm{b}}(\tau)\}\,\mathrm{d}\tau$ 为在人工边界上当前时间步的相互作用力；在计算时，式 (4.28) 的前 $n-1$ 步的相互作用力为已知量，移至方程右端，第 n 步的相互作用力项与第一项的惯性力部分合并，再求解。$\sum_{j=1}^{n}\left[M_{n-j}^{\infty}\right]\int_{(j-1)\Delta t}^{j\Delta t}\{\ddot{u}_{\mathrm{b}}^{\mathrm{f}}(\tau)\}\,\mathrm{d}\tau$ 为自由场等效惯性力，各个方向的分量可以按独立的分量输入，即各个方向的地震动加速度波以解耦的形式在人工边界上输入，实现了高精度的地震动输入。

由 2.4.1 小节中自由场应力产生的面力表达式 (2.12) 可知，对于平面问题，由边界应力产生的等效作用力 F_{σ}^{b} 可以表示为

$$\{F_{\sigma}^{\mathrm{b}}\}=A_{\mathrm{s}}\begin{bmatrix}\sigma_{xx} & \sigma_{yx}\\ \sigma_{xy} & \sigma_{yy}\end{bmatrix}\begin{bmatrix}l\\ m\end{bmatrix}=A_{\mathrm{s}}\begin{bmatrix}l\sigma_{xx}+m\sigma_{yx}\\ l\sigma_{xy}+m\sigma_{yy}\end{bmatrix}$$

其中，$[l\ m]^{\mathrm{T}}$ 为边界上节点的外法线方向余弦；A_{s} 为边界单元的面积。二维或者三维波动输入，以及在结构方同时存在动力输入问题，均可利用该时域模型模拟，这样各个方向的地震波动可以解耦形式沿人工边界输入包含结构的有限域。离散后的有限域动力方程 (4.28) 可用纽马克时间积分方法进行数值求解。

下面的算例用于演示该模型的有效性。如图 4.3(a) 所示，埋在各向同性均质地基中的矩形弹性结构，其模型尺寸为：$762b\times381b$，b=1m，材料参数为：弹性模量 E=13.23GPa，密度 ρ=2700kg/m^3，泊松比 ν=0.25；假设远场为各向同性均质的弹性地基，材料参数和近场一致。底边界上受垂直入射的 SV 波作用，对应的位移表达式为

$$v(t)=\begin{cases}\sin(4\pi t)-0.5\sin(8\pi t), & 0\leqslant t\leqslant 0.5\\ 0, & t>0.5\end{cases}\tag{4.29}$$

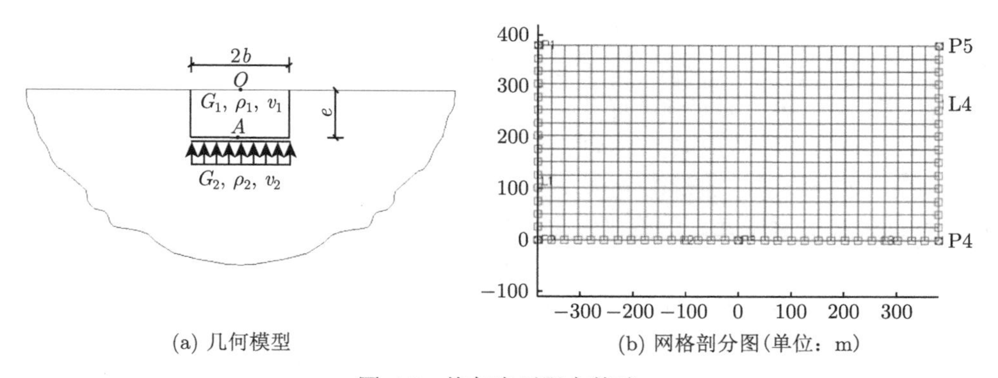

(a) 几何模型 (b) 网格剖分图(单位：m)

图 4.3 均匀半无限大基础

按照平面应变问题分析。近场结构部分按照有限元方法处理，远场部分依照基于加速度单位脉冲的比例边界有限元时域方法经由边界节点上的相互作用力耦合至近场。单元网格剖分如图 4.3(b) 所示：采用 450 个 $15.4b\times15.4b$ 的四节点四边形单元，共计 496 个节点离散近场结构；以 O 点为比例中心，在边界上采用 60 个两节点线单元，共计 61 个节点离散边界，模拟无限域。总的计算时间为 2s，纽马克积分步长取为 0.01s。顶部自由表面中间点比例中心 O 处和底部中点 A 处竖直方向的位移时程如图 4.4 所示。

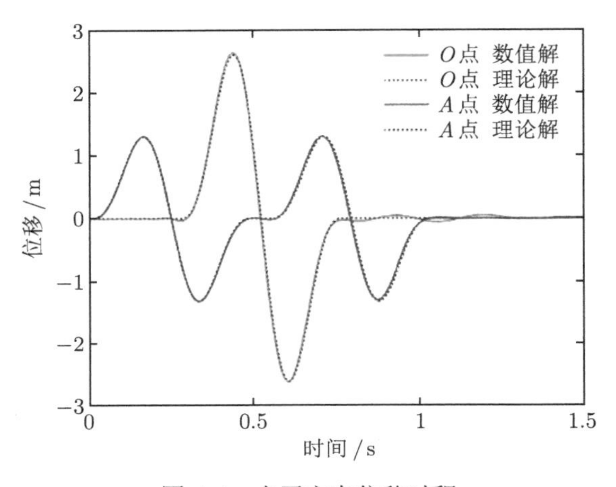

图 4.4 水平方向位移时程

由图 4.4 所示结果可知，SV 波从底部边界入射，向上传播至结构的顶端，顶端是自由面，位移在入射波和反射波的共同作用下是对应入射波位移的两倍，入射波经由自由面反射后继续向下传播到达入射的底边界，故在底边界上前 0.5s 是入射波产生的位移，从 0.5s 到 1.0s 反射波导致响应，1.0s 之后，反射波通过底边界传播到无限域，实现了能量逸散，不再向上反射，与理论结果一致。

为验证加速度脉冲矩阵输入模型在实际工程中的有效性，研究了如图 4.5 所示的柯依那 (Koyna) 大坝模型，坝体高 103m，地基计算区域分别向上、下游各延伸约 1 倍坝高。均匀弹性结构及近场地基材料参数为：弹性模量 E=31GPa，密度 ρ=2643kg/m^3，泊松比 ν=0.20；假设远场材料参数为：弹性模量 E=12GPa，密度 ρ=2500kg/m^3，泊松比 ν=0.25。仅考虑地震动作用下的结构动力响应。近场结构部分按照有限元方法处理，远场部分依照基于加速度单位脉冲的比例边界有限元时域方法经由边界节点上的相互作用力耦合至近场。在图 4.5 给出的单元剖分网格：近场结构采用 462 个四节点四边形单元，共计 515 个节点离散；以 O 点为比例中心，在坝基边界上采用 56 个两节点线单元，共计 57 个节点离散边界，模拟无限域。选 1967 年 Koyna 水平向地震波输入，地震波的水平向加速度时程为图 4.6。按照平面应变问题分析计算，其计算结果与无质量刚性地基时在坝顶处水平向位移响应对比，如图 4.7 所示。

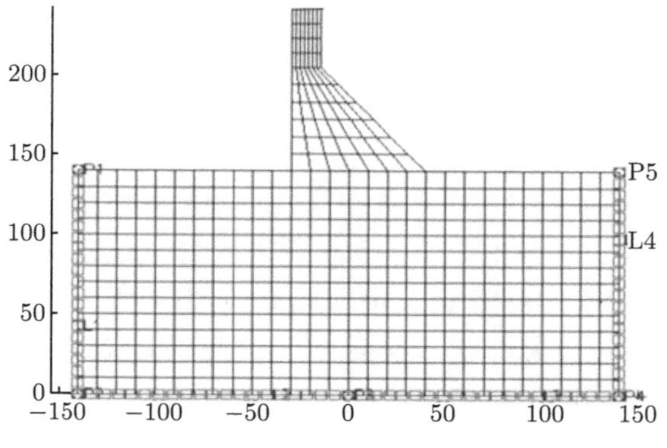

图 4.5 大坝模型 (单位: m)

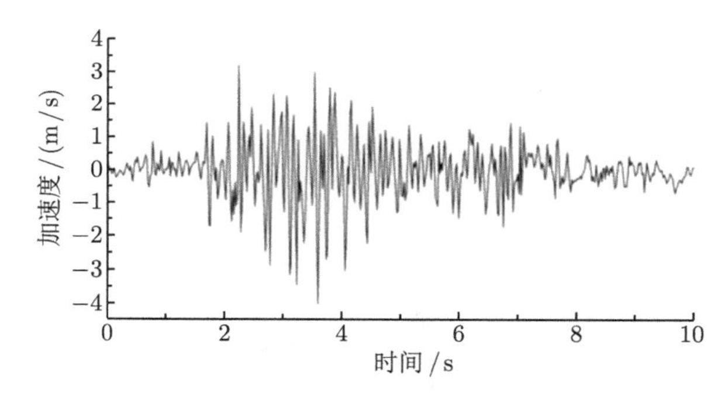

图 4.6 地震加速度时程

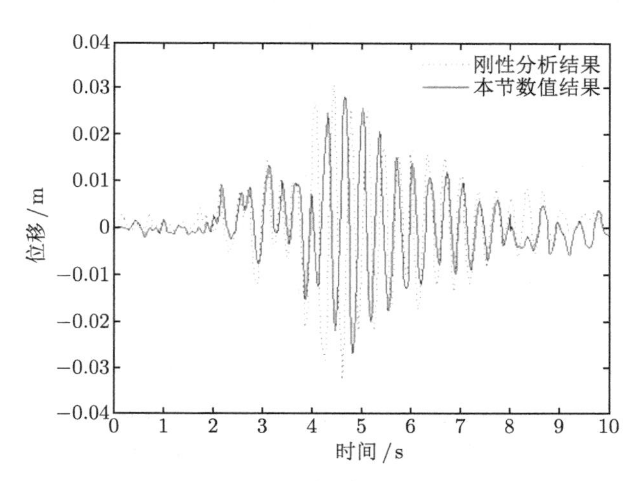

图 4.7 坝顶水平位移响应时程

由图 4.7 可以看出, 在地震荷载作用下，坝顶处水平相对位移峰值时间上稍滞后于刚性分析的响应，且数据上也略保守：用本节方法计算的坝顶的最大、最小位移分别为 3.10cm 和 −2.85cm，刚性分析的最大、最小位移分别为 3.32cm 和 −3.05cm。结果既说明了忽略地基和结构的相互作用力会夸大结构的动力响应，又说明了本节方法可以在反映地基动力特性的基础上模拟波动输入过程。

和相互作用力项 $\{R_{\mathrm{b}}(t)\}$ 类似，地震输入也可以从加速度单位脉冲响应扩展到其他脉冲响应。考虑如图 4.8 所示各向同性均质地基中的半圆形河谷，其模型尺寸为：1600m×381m，位于自由面的半圆河谷半径为 200m；材料参数为：弹性模量 $E=4.608\text{GPa}$，密度 $\rho=2700\text{kg/m}^3$，泊松比 $\nu=1/3$；相应的剪切波速 $c_{\mathrm{s}}=800\text{m/s}$。分别用本节提出的加速度脉冲输入模型与 Bazyar 和 Song 构造的位移脉冲的输入模型[26]，考察其动力响应。这里，波动输入为底边界垂直入射的 SV 波，取作 Ricker 波，其时程表达式为

$$u(t)=A_{\max}\cdot[1-2(\pi\cdot f_{\mathrm{p}}(t-t_0))^2]\mathrm{e}^{-(\pi\cdot f_{\mathrm{p}}(t-t_0))^2} \tag{4.30}$$

其中，$A_{\max}=0.001\text{m}$，$f_{\mathrm{p}}=3.0\text{Hz}$，$t_0=0.45\text{s}$，对应的频率范围为 0～10Hz，包含地震波的主要频率。

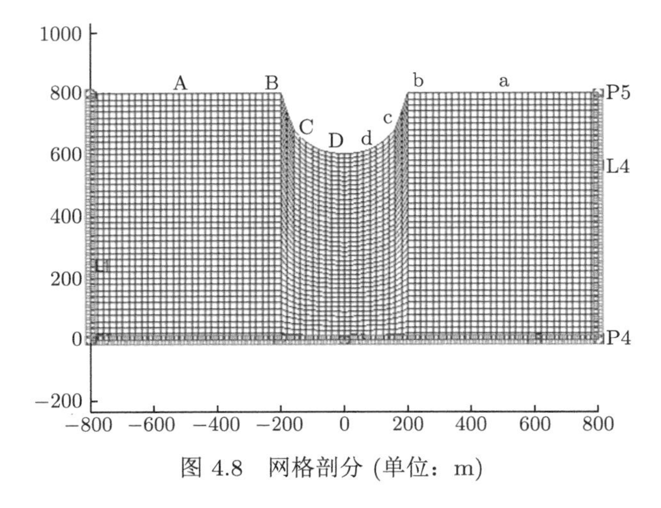

图 4.8　网格剖分 (单位：m)

由计算得到结构–地基相互作用的结构动力响应可以看出 (图 4.9)，Bazyar 和 Song[26] 的位移脉冲输入方法与本节提出的加速度脉冲输入方法得到的计算结果吻合较好。加速度脉冲矩阵计算的加速算法被应用于位移脉冲的计算，基于位移脉冲的无限域多子域划分技术也可以考虑结合加速度脉冲响应矩阵使用。两种脉冲响应均是包含卷积积分项的时间空间全局问题，在各种卷积积分项简化处理算法、时间局部化技术、空间局部化手段的努力下提高了求解效率，在结构–地基

相互作用问题模拟中取得了较好的效果，不仅处理了波动从有限域到无限域的辐射过程，还模拟了无限域中存在激励，将无限域的激励有效地传至处于有限域的结构。

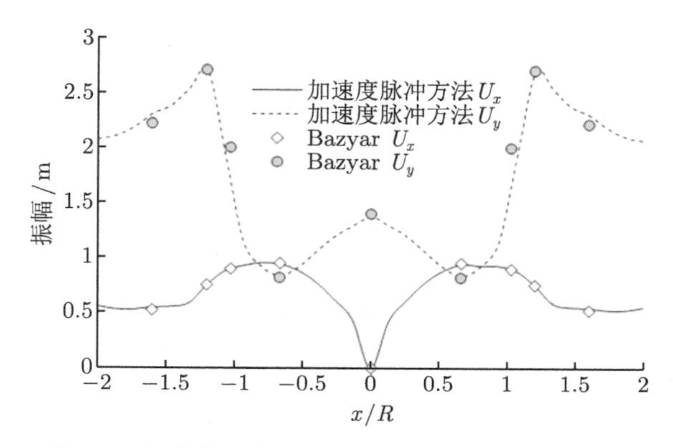

图 4.9 规范化频率 Ω=0.50 时半圆河谷表面位移

本节沿用人工黏弹性边界的等效力思想，采用相同的自由场应力产生的面力表达式，借助加速度单位脉冲响应矩阵对无限域的描述，实现了波动输入。相互作用力项中的加速度单位脉冲响应矩阵可直接用于波动输入的等效力计算，无须单独设置各边界节点的人工阻尼和弹簧系数。

4.4 本章小结

本章简要介绍了比例边界有限元方法 (SBFEM) 无限域时域问题求解。从比例边界有限元方法的基本方程构造过程容易了解到，这种半解析方法能精确满足辐射阻尼，半无限大体无限远场与近场的边界条件可自动满足，无限域比例边界有限元动力方程在频域中以动力刚度矩阵为变量，时域里则通过单位脉冲响应矩阵表示。介绍了基于连分式展开高阶透射边界和位移脉冲响应输入模型；根据结构–地基系统动力平衡关系和自由场的传播机制，建立了半无限大地基地震输入的单位加速度脉冲响应时域模型，并在加速度响应矩阵分段常数假设下得到验证。总结本章构造的算法具有以下明显特点：① 基于比例有限元方法对无限域的模拟，这种半解析方法在径向是解析的，数值精度主要取决于环向的有限元精度，因此模拟无限域无须选取很大范围的人工边界；② 比例边界有限元方法的特征矩阵基于整个离散边界，因此各个边界节点是相互关联的；③ 来自无限域各个方向的地震波动可以直接解耦输入有限域，且考虑了波在近场的散射；④ 通过最基本的分段常数假设验证了算法的有效性，结合其他的加速度单位脉冲矩阵算法可以提高算法的效率。

参考文献

[1] Alterman Z, Karal F C. Propagation of elastic waves in layered media by finite difference methods[J]. Bulletin of the Seismological Society of America, 1968, 58(1): 367-398.

[2] Beskos D E. Boundary element methods in dynamic analysis [J]. Applied Mechanics Reviews, 1987, 40: 1-23.

[3] Kausel E. Thin-layer method: formulation in the time domain [J]. International Journal for Numerical Methods in Engineering, 1994, 37: 927-941.

[4] Akiyoshi T, Fuchida K, Fang H L. Absorbing boundary conditions for dynamic analysis of fluid-saturated porous media[J]. Soil Dynamics and Earthquake Engineering, 1994, 13: 387-397.

[5] Lysmer J, Kuhlemeyer R L. Finite dynamic model for infinite media [J]. Journal of the Engineering Mechanics Division, ASCE, 1969, 95: 859-877.

[6] Deeks A J, Randolph M F. Axisymmetric time-domain transmitting boundaries [J]. Journal of Engineering Mechanics, ASCE, 1994, 120: 25-42.

[7] 刘晶波, 吕彦东. 结构–地基动力相互作用问题分析的一种直接方法 [J]. 土木工程学报, 1998, 31(3): 55-64.

[8] Bettess P. Infinite elements[J]. International Journal for Numerical Methods in Engineering, 1977, 11(1): 53-64.

[9] Wolf J P, Song C M. Finite Element Modelling of Unbounded Media [M]. Chichester: John Wiley & Sons, 1996.

[10] Wolf J P. The Scaled Boundary Finite Element Method[M]. New York: Wiley, 2003.

[11] Song C M. The Scaled Boundary Finite Element Method—Introduction Theory and Implementation [M]. New Jersey: John Wiley & Sons, 2018.

[12] 宋崇民, 渠艳龄, 刘磊, 等. 土–结构动力相互作用远场问题数值分析方法综述 [J]. 水力发电学报, 2019, 38(9): 1-17.

[13] Song C, Bazyar M H. Development of a fundamental-solution-less boundary element method for exterior wave problems[J]. Communications in Numerical Methods in Engineering, 2008, 24(4): 257-279.

[14] Bazyar M H, Song C. A continued-fraction-based high-order transmitting boundary for wave propagation in unbounded domains of arbitrary geometry[J]. International Journal for Numerical Methods in Engineering, 2008, 74(2): 209-237.

[15] Prempramote S, Song C, Tin-Loi F, et al. High-order doubly asymptotic open boundaries for scalar wave equation[J]. International Journal for Numerical Methods in Engineering, 2009, 79(3): 340-374.

[16] 刘钧玉, 林皋, 胡志强, 等. 结构–地基相互作用的频域计算模型 [J]. 大连理工大学学报, 2012, 052(006): 850-854.

[17] 王翔, 金峰. 动水压力波高阶双渐近时域平面透射边界 I: 理论推导 [J]. 水利学报, 2011, 042(007): 839-847.

[18] 王翔, 金峰. 动水压力波高阶双渐近时域平面透射边界 II: 计算性能 [J]. 水利学报, 2011(08): 108-116.

[19] Birk C, Prempramote S, Song C. An improved continued-fraction-based high-order transmitting boundary for time-domain analyses in unbounded domains[J]. International Journal for Numerical Methods in Engineering, 2012, 89: 269-298.

[20] 高毅超, 徐艳杰, 金峰, 等. 基于高阶双渐近透射边界的大坝–库水动力相互作用直接耦合分析模型 [J]. 地球物理学报, 2013, 056(012): 4189-4196.

[21] Birk C, Chen D H, Song C. A unified high-order approach to wave propagation in bounded and unbounded domains using the scaled boundary finite element method[C]. Proceedings of 10th World Congress of Computational Mechanics, São Paulo, Brazil, F, 2012.

[22] 陈灯红, 戴上秋, 彭刚. 坝–基动力相互作用的高阶时域模型 [J]. 水利学报, 2014, 45(5): 547–556.

[23] 陈灯红, 杜成斌. 结构–地基动力相互作用的时域模型 [J]. 岩土力学, 2014(4): 1164-1172.

[24] Chen X J, Birk C, Song C. Numerical modelling of wave propagation in anisotropic soil using a displacement unit-impulse-response-based formulation of the scaled boundary finite element method [J]. Soil Dynamics and Earthquake Engineering, 2014, 65: 243-255.

[25] Chen X J, Birk C, Song C. Time-domain analysis of wave propagation in 3-D unbounded domains by the scaled boundary finite element method [J]. Soil Dynamics and Earthquake Engineering, 2015, 75: 171-182.

[26] Bazyar M H, Song C. Analysis of transient wave scattering and its applications to site response analysis using the scaled boundary finite-element method [J]. Soil Dynamics and Earthquake Engineering, 2017, 98: 191-205.

[27] 杜建国, 林皋. 基于比例边界有限元法的结构–地基动力相互作用时域算法的改进 [J]. 水利学报, 2007(01): 10-16.

[28] Zhang X, Wegner J L, Haddow J B. Three-dimensional dynamic soil-structure interaction analysis in the time domain [J]. Earthquake Engineering and Structural Dynamics, 1999, 28: 1501-1524.

[29] Radmanovic B, Katz C, Sofistik A G, et al. Dynamic soil-structure interaction using a high performance scaled boundary finite element method in time domain[C]. Proceedings of the 8th International Conference on Structural Dynamics, EURODYN 2011, Leuven, Belgium, F, 2011.

[30] Schauer M, Roman J E, Quintana-Ortí E S, et al. Parallel computation of 3-D soil-structure interaction in time domain with a coupled FEM/SBFEM approach[J]. Journal of Scientific Computing, 2012, 52(2): 446-467.

[31] 马怀发, 王立涛, 陈厚群. 人工黏弹性边界的虚位移原理 [J]. 工程力学, 2013, 30(1): 168-173.

第 5 章　全级配混凝土材料动态性能及其细观力学分析

5.1　混凝土动态力学特性概述

混凝土是一种应用极其广泛的建筑材料。混凝土结构在其工作过程中，除了承受静态荷载、蠕变荷载作用外，还要承受急剧变化的动荷载作用，例如，地震作用、风荷载和爆炸对高层建筑的作用，动水压力对水坝的作用，海浪对海岸和海上采油平台的冲击，驳船对码头的撞击，车辆对道路设施的碰撞等，均会使混凝土以高于静态许多量级的应变率变形。在不同性质的动态荷载作用下，混凝土表现出不同的特性。混凝土结构遭遇荷载作用所产生的应速率变化范围很大。如图 5.1 所示，蠕变的应变率低于 $10^{-6}\mathrm{s}^{-1}$，地震作用下结构的响应在 $10^{-3}\sim10^{-2}\mathrm{s}^{-1}$ 范围内变化，冲击荷载作用下应变率为 $10^{0}\sim10^{1}\mathrm{s}^{-1}$，爆炸荷载作用下应变率高达 $10^{2}\mathrm{s}^{-1}$ 以上。

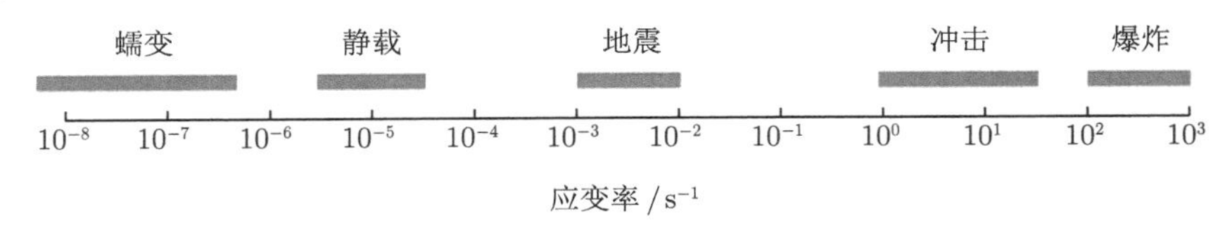

图 5.1　不同性质荷载的混凝土应变率分布范围

一般称混凝土材料的率敏感特性为混凝土的动态特性，包括动载作用下混凝土的动态强度、动态弹性模量、峰值应变以及泊松比等。混凝土材料在动载作用下表现出与静载作用不同的特性。试验研究表明[1]，混凝土的龄期、养护条件、配合比、水灰比、级配以及骨料类型 (刚度、表面纹理) 等对混凝土的应变率效应均有影响。不同加载速率、加载方式以及加载历史反映出混凝土宏观动力特性的差异。不同的研究者所采用的试验设备、测量方法，以及混凝土试件的尺寸、形状不同，所得到的试验结果也不尽相同。基于大量的试验成果总结，人们得出混凝土材料动态力学性能的以下基本规律。

(1) 应变率效应是固体材料的共性，可以认为其是一种基本的材料特性[2−4]，即无论是金属材料还是混凝土材料，都存在应变率强化效应。

(2) 非均质材料较均质材料的应变率效应更为显著。混凝土级配对混凝土材料的动态性能产生重要影响，全级配混凝土较湿筛混凝土、普通混凝土较高强混凝土，呈现出更强的率敏感效应[1,3,5]。

(3) 其他条件相同的情况下，湿混凝土动态强度高于干混凝土的动态强度。在水中养护的混凝土率敏感性高于在正常实验室条件下养护的混凝土。龄期增长，静态强度增长，但对加载速率的敏感性降低，强度越高，率敏感性越差[6]。

(4) 应变率对混凝土动态弹性模量的影响有与动态强度类似的强化规律，但对动态强度的影响较大[3]。

(5) 混凝土动态拉、压强度随应变率增加而增长，二者规律相似，但在同一应变率变化范围内抗拉强度的应变率敏感性比抗压强度更为显著[1,7]。

(6) 加载到同样的应力水平时，混凝土材料表现出不同的损伤积累，静态时要比动态时产生更多的内部损伤。低速加载条件下与高速加载条件下混凝土材料具有不同破坏形态[2,9]。

不均匀性是混凝土材料的本质特点，微裂缝是决定其性能的主导因素。混凝土材料在承载过程中初始微裂纹或微孔洞扩展、再生、连通是混凝土材料损伤演化的基本特征。试验观察发现，在低应变率和高应变率作用下，混凝土的微裂缝扩展形态、裂纹密度以及破坏的形态有显著差异[2,8]。从能量角度来看，混凝土材料的破坏是由裂纹的产生和扩展而导致的，根据断裂力学观点[10−12]，裂纹形成过程所需的能量远比裂纹扩展过程中所需的能量高。加载速率越高，产生的裂纹数目就越多，因而就需要耗散更多的能量。

目前，有关混凝土应变率效应机理研究成果比较认同产生率强化效应的两种因素：① 惯量效应，即在高应变率 (大于 10^{-1}s^{-1}) 时的惯性力作用；② Stefan 效应，在低应变率 (小于 10^{-1}s^{-1}) 下混凝土材料中毛细水的黏性作用。基于固体物理学理论对脆性材料的研究[4] 将应变率效应归结为热活化机制与宏观黏性机制并行存在，相互竞争的结果。这两种机制分别在不同的应变率区占据主导地位。在小应变率范围内，率效应受热活化机制控制，随着应变率的增加，出现声子阻尼作用，并逐渐占据主导地位，惯性影响逐渐明显，应变率继续增加，惯性效应占据优势。

5.2 全级配大坝混凝土动态力学性能

以上研究成果大部分是基于普通混凝土，大坝混凝土属于大体积全级配混凝土，一般采用三级配或四级配的配合比，其最大骨料尺寸分别为 80mm 及 150mm。全级配 (四级配) 混凝土的粗骨料含量一般高达 60%～70%，而普通混凝土中的粗骨料含量仅 30%～40%。湿筛小试件则筛除了其中粒径大于 40mm 的骨料。湿筛法改变了混凝土中各相材料的组成比例，特别是水泥砂浆含量与骨料含量的比例产生了相当大的变化，使得室内试验测试的各类性能指标不能真正代表和反映大坝混凝土的实际性能指标。因此，必须采用多粒组骨料的全级配混凝土试件进行试验测试，才能获得真实的大坝混凝土的强度、弹性模量等力学性能参数。

地震作用对材料动态力学特性的影响，主要有两个方面，一是加荷速率高，二是正负交变往复多次。强震区的高拱坝，其自振频率较低，比如，高 294.5m 的小湾拱坝，基本周期接近 1.0s；高 285.5m 的溪洛渡拱坝，基本周期约 0.80s。在强震作用下，拱坝中上部会出现很大的动应力，其值可达 6.0~7.0MPa。因此，在 1/4 周期达到混凝土材料的极限强度，其加载速率可达 24~28MPa/s，与常规静态拉伸试验采用的 0.4MPa/min 相比，加载速率提高了 3600~4200 倍。

从 20 世纪 40 年代，美国开始进行全级配大坝混凝土研究，20 世纪 50 年代后期，日本的 Hatano[13,14] 针对混凝土坝对混凝土动态抗压和动态抗拉强度进行了比较全面的研究，注意到了加载速率对混凝土动态强度的重要影响，至 20 世纪 70 年代中期，美国垦务局制定的混凝土重力坝和拱坝的设计规范中明确规定，在进行大坝混凝土的强度、弹性模量等特性测试时，必须采用包括全部骨料的全级配混凝土，同时规定试件最小尺寸必须大于骨料粒径的 3 倍。苏联在 20 世纪 80 年代也进行了大坝全级配混凝土试验研究。早期对混凝土动态力学特性进行试验主要采用湿筛混凝土小试件，后期还在实际大坝上钻孔取样进行全级配混凝土动态力学试验，其中最有标志性的成果是 Raphael[15] 所进行的试验，他在 5 座西方混凝土坝中钻孔取样进行动力试验，在 0.05s 内加载到极限强度 (相当于 5Hz 的大坝振动频率)，得出动态抗压强度较静强度平均提高 31%；直接拉伸强度平均提高 66%，劈拉强度平均提高 45%，试验结果有一定离散性。Raphael[15] 的早期研究成果在美国、日本等国设计规范中得到反映。

Harris 等[16] 研究了从坝芯取样的大体积混凝土动力特性，与 Raphael[15] 的结果明显不同，前者的动强度提高因子明显小于后者，且强度和弹性模量离散性大，规律性差。Harris 等的试验研究结果表明，浸水 7 天的饱和试件同风干试件相比，湿试件的静动态抗压强度反而降低，静动态劈拉强度提高。因此，必须深入研究混凝土的组分、骨料、干湿条件对其动态力学性能的影响。

高拱坝通常在运行工况下遭遇地震作用。在地震前，坝体各部位都已经存在不同程度的静态应力。混凝土拱坝作为整体结构，在强震作用下，坝体上部拱冠附近的拱向动态响应最为显著，但由于坝体横缝的反复开合使得坝体该部位的拱向应力大为减弱，坝体沿坝基交界面为抗震薄弱部位。这些部位，特别是其中下部，也大多是静态应力较高的部位。因而其受预静载的影响是不容忽视的。这对于高地震烈度区的高拱坝的抗震设计尤为重要。作为空间结构的混凝土拱坝，处于偏心受压状态，在强震时坝体薄弱部位主要因坝体混凝土的动弯拉应力引起开裂，因此，动弯拉强度是高拱坝抗震设计中的控制性指标之一。因此，预静载对混凝土动态弯拉强度的影响，是国内外工程人员十分关注而又长期未能得到很好解决的一个关键技术问题。

近年来，中国水利水电科学研究院与其合作单位结合小湾、大岗山等高拱坝工程，对其大坝混凝土进行了全级配和湿筛试件的较系统的动、静态抗折试验研究[17−19]，获得如表 5.1 所列的三级配和四级配混凝土的弯拉强度。同时，由小湾和大岗山拱坝的抗折试验结果表明，全级配和湿筛混凝土在不同动态加载方式下，其弹性模量、极限拉伸值和泊松比的静、动态值都变化不大。从统计平均意义上，可以认为动、静态弹性模量取值相等。

表 5.1 大坝混凝土静动态弯拉强度试验值

加载方式	小湾拱坝				大岗山拱坝			
	三级配混凝土		湿筛混凝土		四级配混凝土		湿筛混凝土	
	弯拉强度/MPa	增强因子	弯拉强度/MPa	增强因子	弯拉强度/MPa	增强因子	弯拉强度/MPa	增强因子
静态	3.58	—	6.19	—	2.97	—	6.46	—
冲击动态	4.20	1.17	8.54	1.39	4.18	1.41	8.42	1.30
三角波循环动态	4.19	1.17	7.80	1.26	3.49	1.18	7.17	1.11

在我国现行的《水电工程防震抗震设计规范》(NB 35057—2015) 和《水工建筑物抗震设计标准》(GB 51247—2018) 中，考虑到地震波的往复作用影响和全级配试件试验结果更接近实际，对于不进行专门的试验确定其混凝土材料动态性能的大体积水工混凝土建筑物，动态强度较其静态强度提高 20%。考虑到大坝混凝土在长期静态作用下的徐变效应，其静态弹性模量都较实验室在几分钟内完成加载过程的实测弹性模量值要低，美国垦务局把静态设计弹性模量取为实验室实测值的 2/3，所以，我国现行规范取其动态弹性模量较静态设计弹性模量提高 50%。

5.3 混凝土细观尺度及细观力学数值方法

混凝土是由水、水泥和粗细骨料组成的复合材料。一般根据特征尺寸和研究方法的侧重点不同将混凝土内部结构分为三个层次[20,21]，如图 5.2 所示。① 微观层次 (micro-level)。材料的结构单元尺度在原子、分子量级，即从小于 10^{-7}cm 至 10^{-4}cm，着眼于水泥水化物的微观结构分析。由晶体结构和分子结构组成，可用电子显微镜观察分析，是材料科学的研究对象。② 细观层次 (meso-level)。从分子尺度到宏观尺度, 其结构单元尺度范围在 10^{-4}cm 至几厘米，或更大一些，着眼于粗细骨料、水泥水化物、孔隙、界面等细观结构，组成多相复合材料，可按各类计算模型进行数值分析。在这个层次上，混凝土被认为是一种由粗骨料、硬化水泥砂浆和它们之间的过渡区 (黏结带/界面) 组成的三相材料。砂浆中的孔隙很小而量多，且随机分布，水泥砂浆可以看作细观均质损伤体。相同配合比、相同条件的砂浆试件，通常其力学性能也比较稳定，可以由试验直接测定。泌水、干缩和温度变化在粗骨料和水泥砂浆之间将会产生初始黏结裂缝。而这些细观内部裂隙的发展将直接影响混凝土的宏观力学性能。③ 宏观层次 (macro-level)。特征尺寸大于几厘米。混凝土作为非均质材料存在着一种特征体积，一般认为相当于3~4 倍的最大骨料体积。

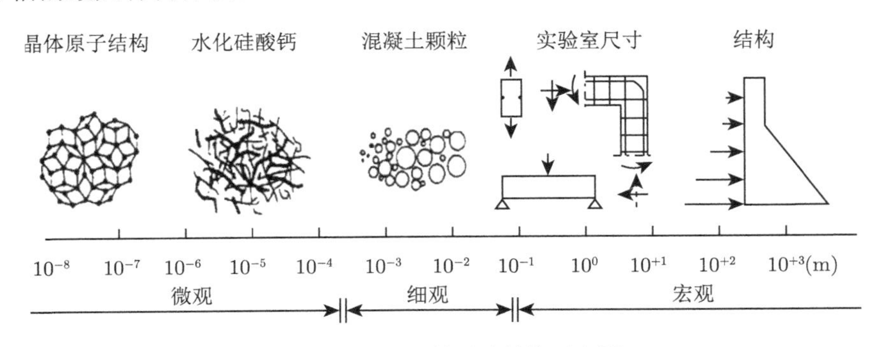

图 5.2　混凝土的层次结构示意图

当小于特征体积时，材料的非均质性质将会十分明显。当大于这个体积时，假定材料为均质，有限元计算结果反映了一定体积内的平均效应，这个特征体积的平均应力和平均应变的关系成为宏观的应力应变关系。

对混凝土细观结构的研究表明：即使在加载以前，混凝土内部已有微裂缝存在。这种微裂缝一般首先在较大骨料颗粒与砂浆接触面 (黏结带/界面) 上形成，即所谓的初始黏结裂缝。这是由水泥砂浆在硬化过程中干缩引起的。砂浆和粗骨料接触面处是混凝土内部的薄弱部位，正是这种接触面导致混凝土具有较低的抗拉强度。黏结裂缝的数量取决于许多因素，包括骨料尺寸及其级配、水泥用量、水灰比、固化强度、养护条件、环境湿度和混凝土的发热量等。由于骨料和砂浆的刚度不同，在加载过程中，这种裂缝还将进一步发展，所以混凝土在宏观上的应力应变曲线呈现出非线性。不均匀性是混凝土材料最本质的特点，微裂缝是决定其性能的主导因素。混凝土材料损伤、破坏现象是在其服役过程中，内部大量的微损伤 (微裂纹或微孔洞) 的萌生、扩展和连接，导致其宏观力学性能逐渐劣化直至最终失效的过程。这种过程涉及从微观到宏观各种尺度、各个层次的相互耦合，而细观尺度成为联系微观与宏观尺度的桥梁。

混凝土细观损伤力学数值方法，也称混凝土细观力学方法，考虑大坝混凝土级配及各相介质的不均质性，基于混凝土材料的基础试验资料，在各种工况下对其进行数值模拟，分析探讨其内部破坏过程和机理，力求建立混凝土细微观结构各种缺陷及其特性与其宏观力学特性的关系。混凝土细观力学方法将混凝土看作由粗骨料、硬化水泥胶体以及两者之间的界面黏结带组成的三相非均质复合材料。选择适当的混凝土细观结构模型，在细观层次上划分单元。考虑骨料单元、固化水泥砂浆单元及界面单元材料力学特性的不同，以较为简单的破坏准则或损伤模型反映单元刚度的退化，利用数值方法模拟混凝土试件的裂缝扩展过程及破坏形态，直观地反映出试件的损伤断裂破坏机理。

早在 20 世纪七八十年代，Zaitsev 和 Wittmann 就把混凝土看作非均质复合材料，在细观层次上分析研究了混凝土的结构与力学特性和裂缝扩展过程。随着计算技术的发展，在细观层次上利用数值方法直接模拟混凝土试件或结构的裂缝扩展过程及破坏形态，直观地反映试件的损伤破坏机理，引起了广泛的注意。近十几年来，基于混凝土的细观结构，人们提出了许多研究混凝土断裂过程的细观力学模型，如格构模型[22]、随机粒子模型[23] 和随机骨料模型[24] 等。

近年来，作者为了应用细观力学方法分析研究全级配混凝土动态力学性能，已建立了较为完整的混凝土细观动力学系统，其内容包括：① 混凝土材料的损伤本构关系；② 混凝土材料的应变率强化关系；③ 混凝土随机骨料模型及细观有限元剖分系统；④ 混凝土损伤演化的非线性动力学方程；⑤ 混凝土细观数值模拟的计算方法和程序实现[25−29]。

5.4 混凝土细观动力学系统

本节介绍的混凝土细观动力学分析基于两个主要假设：① 混凝土的损伤本构关系和细观结构各相材料遵循 Lemaitre 应变等价原理；② 低应变率的增强效应被视为混凝土的基本特征。一般而言，应变率效应在高应变率 (大于 10^{-1}s^{-1}) 时表现为惯性效应，在低应变率 (小于 10^{-1}s^{-1}) 时，由毛细管水的黏性效应 (Stefan 效应) 以及相对于微裂纹的内部摩擦所决定。由地震荷载引起的应变率在 $10^{-3}\sim10^{-2}\text{s}^{-1}$，处于低应变率范围内。为考虑应变率效应和混凝土的细观结构特性，在下文中引入了抗拉强度和弹性模量的增强因子，而惯性力则反映在动力学方程中。

5.4.1 混凝土损伤本构关系

作者认为混凝土是一种准脆性材料，承载后，在宏观上呈现应力应变曲线的非线性是因微裂纹萌生和扩展造成的，这里忽略其塑性变形。因此，可用弹性损伤力学的本构关系来描述混凝土材料的力学性质。按照 Lemaitre 应变等价原理，受损材料的名义应力 σ 可通过其有效应力在无损材料中的应变 ε 表示，即

$$\tilde{E} = E_0(1-\omega), \quad \sigma = \tilde{E}\varepsilon, \quad 0 \leqslant \omega \leqslant 1 \tag{5.1}$$

式中，E_0 为初始弹性模量；$\tilde{E}$ 为损伤后的弹性模量；ω 为损伤变量。认为当某一单元的最大拉应力达到其给定的极限值时，该单元开始发生拉伸损伤。损伤本构

关系采用如图 5.3 所示的双折线损伤变量演化模型。其损伤参数表示为

$$\omega=\begin{cases}0, & \varepsilon_{\max}<\varepsilon_0\\ 1-\dfrac{\eta-\lambda}{\eta-1}\dfrac{\varepsilon_0}{\varepsilon_{\max}}+\dfrac{1-\lambda}{\eta-1}, & \varepsilon_0<\varepsilon_{\max}\leqslant\varepsilon_{\rm r}\\ 1-\lambda\dfrac{\varepsilon_0}{\varepsilon_{\max}}, & \varepsilon_{\rm r}<\varepsilon_{\max}\leqslant\varepsilon_{\rm u}\\ 1, & \varepsilon_{\max}>\varepsilon_{\rm u}\end{cases}\tag{5.2}$$

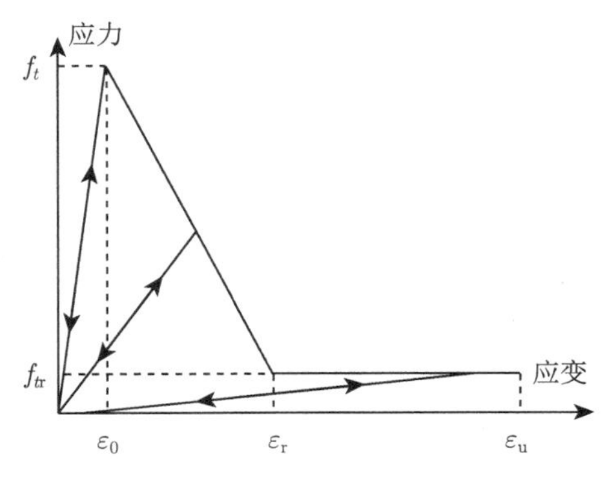

图 5.3　双折线损伤变量演化模型

在式 (5.2) 及图 5.3 中，f_t 为混凝土材料的抗拉强度；f_{tr} 为破坏单元的抗拉残余强度：$f_{tr}=\lambda f_t\ (0<\lambda\leqslant 1)$，$\lambda$ 为残余强度系数；ε_0 为单元应力达到抗拉强度时的主拉应变；$\varepsilon_{\rm r}$ 为折点应变，与抗拉残余强度相对应的应变值：$\varepsilon_{\rm r}=\eta\varepsilon_0$，$\eta$ 为折点应变系数，对于混凝土，一般取值范围为 $1<\eta\leqslant 5$；极限拉应变 $\varepsilon_{\rm u}=\xi\varepsilon_0\ (\xi>\eta)$，$\xi$ 为极限应变系数；$\varepsilon_{\max}$ 为单元在加载历史上主拉应变的最大值。

在复杂应力状态下，拉应变由等效拉应变 $\bar{\varepsilon}$ 代替，即 $\bar{\varepsilon}=\sqrt{\sum\limits_{i=1}^{3}\langle\varepsilon_i\rangle^2}$，等效拉应力 $\bar{\sigma}=\sqrt{\sum\limits_{i=1}^{3}\langle\sigma_i\rangle^2}$，判断是否达到极限抗拉强度，其中，$\langle\varepsilon_i\rangle=\dfrac{1}{2}(\varepsilon_i+|\varepsilon_i|)$，$\langle\sigma_i\rangle=\dfrac{1}{2}(\sigma_i+|\sigma_i|)$，$\varepsilon_i$ 和 σ_i 分别为主应变和主应力。考虑到混凝土损伤的单边效应，将复杂应力状态下的损伤变量表示为 $\tilde{\omega}=\alpha_t\omega$，其中，$\omega$ 为单调加载时的损伤，$\alpha_t=\dfrac{\sum\limits_{i=1}^{3}\langle\sigma_i\rangle}{\sum\limits_{i=1}^{3}|\sigma_i|}$。

5.4.2 混凝土应变率强化关系

混凝土细观数值力学方法考虑骨料单元、固化水泥砂浆单元及界面单元材料力学特性的不同，通过细观各相材料力学特性参数的选择，特别是通过选取相对较小的界面单元力学参数凸显混凝土材料细观结构的薄弱环节，引入弹性模量和强度强化参数概括了水的黏性、微裂缝的内部摩擦力等其他因素产生的应变率强化效应。混凝土力学特性细观数值分析，首先需要通过实验量测骨料、固化水泥砂浆及其界面力学参数，分析不同荷载条件下裂纹的扩展形式，然后基于这些参数计算得到应力应变关系曲线，最后将计算结果与实验结果进行比较，对数值计算模型进行校正。数值模拟可进一步加强对实验观测现象的理解，特别是对宏观破裂机制的理解。

在高应变率加载条件下应变率效应由惯性效应控制。在低应变率条件下，引入弹性模量和强度强化参数概括了水的黏性、微裂缝的内部摩擦力，以及人们尚未认识到的其他因素也会产生的应变率强化效应。混凝土动态拉、压强度随应变率增加而增长，二者规律相似，但在同一应变率变化范围内抗拉强度的应变率敏感性比抗压强度更为显著。高混凝土坝在抗压强度方面有较大的安全裕度，而坝体的开裂损伤，特别是在强震作用下，主要由混凝土的抗拉强度控制。因此，用式 (5.3) 和式 (5.4) 表示混凝土抗拉强度和弹性模量与拉 (或压) 应变率的强化关系，并认为泊松比不受应变率效应的影响。

$$\begin{cases} H_t = \exp\left\{[A_t(\lg|\dot{\varepsilon}| + B_t]\right\}^{C_t} \\ H_E = \exp\left\{[A_E(\lg|\dot{\varepsilon}| + B_E]\right\}^{C_E} \end{cases} \tag{5.3}$$

式 (5.3) 中，H_t 为细观各相材料抗拉强度的强化系数；H_E 为弹性模量强化系数；A_t，B_t，C_t 为强度强化参数；A_E，B_E，C_E 为弹性模量强化参数。其动拉强度、动弹性模量分别表示为

$$\begin{cases} f_t(\dot{\varepsilon}) = H_t f_{\mathrm{ts}} \\ E(\dot{\varepsilon}) = H_E E_{\mathrm{s}} \end{cases} \tag{5.4}$$

式 (5.4) 中，f_{ts} 为静态抗拉强度；E_{s} 为静态弹性模量。考虑到混凝土材料在受拉和受压时的应变率敏感性不同，以某一点 (单元) 的体积应力小于零或大于等于零为标志，将强度强化参数和弹性模量强化参数取不同的值。考虑到弹性模量的率敏感性相对较弱，在计算时弹性模量强化系数取值相对较小。

5.4.3 混凝土损伤非线性动力学方程

混凝土材料微观结构的多孔性、蠕变性，致使其在承载后表现出非线性变形特征。这种非线性变形性质决定了混凝土的宏观力学性能不仅与材料本身的结构有关，还与加载历史有关。混凝土的动态性能在不同的预静载水平作用下表现出

与单纯动载作用下不同的特性。通常，地震作用是在大坝已承受静态作用的正常运行工况下发生的，动态应力是叠加在坝体已有静态应力基础上的。在地震前，坝体各部位都已经存在不同程度的静态应力。混凝土拱坝作为整体结构，在强震作用下，坝体上部拱冠附近的拱向动态响应最为显著。

但坝体横缝的反复开合使得坝体该部位的拱向应力大为减弱，而坝体沿坝基交接面附近成为抗震薄弱部位。这些部位，特别是其中下部，也大多是静态应力较高的部位。在地震作用下，需要考虑坝体各部位的动态强度是否具有与纯动载作用时相同的强化效应，静载作用是否影响坝体的动载安全裕度等，因此，在本章中特别关注预静载对混凝土动态强度的影响。

1. *动力学方程微分形式*

为了考虑预静载对混凝土试件动损伤过程的影响，首先要对混凝土试件静载损伤进行分析，再进行动加载模拟，先加一定的静荷载再加动载，预静载有如图 5.4 所示的加载模式。模型的建立应遵循这一过程，并考虑静载、动载所产生的混凝土材料损伤演化过程及其抗拉强度、弹性模量与应变率的强化关系。

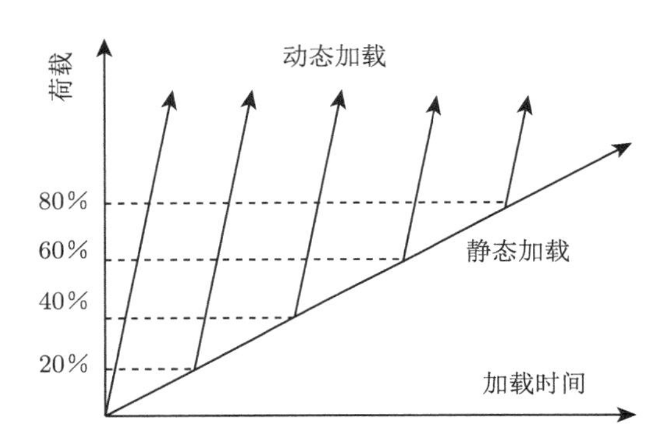

图 5.4　不同预静载的加载模式

在施加动载的前一时刻的静位移 $u_i^{\mathrm{s}}=u_i^{\mathrm{s}}(t=0)$ 作为动加载的初始条件。总位移为 $u_i^{\mathrm{T}}=u_i^{\mathrm{s}}\left(t=0\right)+u_i$，并且按总位移计算损伤参数。其动力损伤方程为

$$\begin{aligned}&[M]\left\{\Delta\ddot{U}_{\mathrm{d}}\left(t\right)\right\}+[C]\left\{\Delta\dot{U}_{\mathrm{d}}(t)\right\}+[K_{\mathrm{d}}(t)]\left\{\Delta U_{\mathrm{d}}(t)\right\}\\&=\left\{\Delta P_{\mathrm{d}}(t)\right\}+\left\{\Delta P_{\mathrm{d}}'(\omega)\right\}+\left\{\Delta P_{\mathrm{s}}(\omega)\right\}\end{aligned}\tag{5.5}$$

式 (5.5) 中，动力损伤所产生的荷载增量 $\left\{\Delta P_{\mathrm{d}}'(\omega)\right\}=\sum\limits_e H_E^e(\dot{\varepsilon}^e)\Delta\omega^e(\varepsilon^e)\left[K_0^e\right]$ $\left\{U_{\mathrm{d}}(t+\Delta t)\right\}$，由静位移因损伤所产生的荷载增量 $\left\{\Delta P_{\mathrm{s}}(\omega)\right\}=\sum\limits_e\Delta\omega^e(\varepsilon^e)\left[K_0^e\right]\left\{U_{\mathrm{s}}\right\}$，单元损伤变量增量 $\Delta\omega^e\left(\varepsilon^e\right)=\left[\omega^e\left(\varepsilon_{t+\Delta t}^e\right)-\omega^e\left(\varepsilon_t^e\right)\right]$，$\left[K_0^e\right]$ 为初始单元刚度矩阵，

认为在每一时间步内，弹性模量强化系数 $H_E^e(\dot{\varepsilon}^e)$ 为常量，由上一步的应变率确定。$[M]$ 为质量矩阵；$[C]$ 为瑞利结构阻尼矩阵；$[K_\mathrm{d}(t)]$ 表示动刚度矩阵；$\left\{\Delta\ddot{U}_\mathrm{d}(t)\right\}$，$\left\{\Delta\dot{U}_\mathrm{d}(t)\right\}$ 和 $\{\Delta U_\mathrm{d}(t)\}$ 分别为节点加速度增量、速度增量和动位移增量；$\{\Delta P_\mathrm{d}(t)\}$ 为节点动荷载列阵增量。$\{U_\mathrm{d}\}$ 为节点动位移，$\{U_\mathrm{s}=U_\mathrm{s}(t=0)\}$ 为施加动载的前一时刻的节点静位移。

2. 动力学方程积分形式

混凝土试件的静加载过程的虚功方程为

$$\begin{aligned}\iiint\limits_V D_{ijkl}^\mathrm{s}\Delta\varepsilon_{kl}^\mathrm{s}\delta\Delta\varepsilon_{ij}^\mathrm{s}\mathrm{d}V=&\iiint\limits_V \Delta f_i^\mathrm{s}\delta\Delta u_i^\mathrm{s}\mathrm{d}V+\iint_{S_\sigma}\Delta\bar{T}_i^\mathrm{s}\delta\Delta u_i^\mathrm{s}\mathrm{d}S\\&-\iiint\limits_V \Delta D_{ijkl}^\mathrm{s}\Delta\varepsilon_{kl}^\mathrm{s}\delta\Delta\varepsilon_{ij}^\mathrm{s}\mathrm{d}V\end{aligned}\tag{5.6}$$

其中，上角标 s 表示对应静载作用下的各物理量；Δf_i^s 为体荷载增量；$\Delta\bar{T}_i^\mathrm{s}$ 为面荷载增量。

认为施加动载的前一时刻的静位移 $u_i^\mathrm{s}=u_i^\mathrm{s}(t=0)$ 在以后的动加载过程中保持不变。总位移为 $u_i^\mathrm{T}=u_i^\mathrm{s}(t=0)+u_i$，并且按总位移计算损伤参数。由动力学方程、应力边界条件以及上述假定，在 $t+\Delta t$ 时刻积分弱解形式：

$$\begin{aligned}&\iiint\limits_V\left[D_{ijkl}^{(t)}\Delta\varepsilon_{kl}\delta\Delta\varepsilon_{ij}+\rho\Delta\ddot{u}_i^{(t)}\delta\Delta u_i+\mu\Delta\dot{u}_i^{(t)}\delta\Delta u_i\right]\mathrm{d}V\\=&\iiint\limits_V\Delta f_i^{(t)}\delta\Delta u_i\mathrm{d}V+\iint_{S_\sigma}\Delta\bar{T}_i^{(t)}\delta\Delta u_i\mathrm{d}S\\&-\iiint\limits_V\Delta D_{ijkl}^{(t+\Delta t)}\Delta\varepsilon_{kl}^{(t+\Delta t)}\delta\Delta\varepsilon_{ij}\mathrm{d}V-\iiint\limits_V\Delta D_{ijkl}^{\mathrm{s}(t+\Delta t)}\Delta\varepsilon_{kl}^\mathrm{s}\delta\Delta\varepsilon_{ij}\mathrm{d}V\end{aligned}\tag{5.7}$$

其中，ρ 是质量密度；μ 是阻尼系数；$\ddot{u}_i$ 和 $\dot{u}_i$ 分别是对动位移 u_i 的二次导数和一次导数，即分别表示 i 方向的加速度和速度。由于预静载所产生的位移 (或应变) 不变，在动加载过程中材料产生弱化时，静位移在上一荷载步所承担的静应力会有一部分发生转移，因此，由静位移所产生的应力 σ_{ij}^s 与时间有关，因此，静态应力表示为 $\sigma_{ij}^{\mathrm{s}(t+\Delta t)}$，也是时间的函数。这里，弹性矩阵与强化参数 $H_E(\dot{\varepsilon})$ 和损伤参数 $\omega(\varepsilon)$ 有关，即 $D_{ijkl}^{(t)}=H_E(\dot{\varepsilon})[1-\omega(\varepsilon)]D_{ijkl}^{(0)}$，$D_{ijkl}^{(0)}$ 为加载之前的初始弹性矩阵；$\Delta D_{ijkl}^{\mathrm{s}(t+\Delta t)}=-\Delta\omega(\varepsilon)D_{ijkl}^{(0)}$，$\Delta D_{ijkl}^{(t+\Delta t)}=-H_E(\dot{\varepsilon})\Delta\omega(\varepsilon)D_{ijkl}^{(0)}$，$\omega(\varepsilon)=\omega(\varepsilon_{t+\Delta t})-\omega(\varepsilon_t)$ 为损伤参数增量。

施加静预载的动态加载过程的流程图如图 5.5 所示。

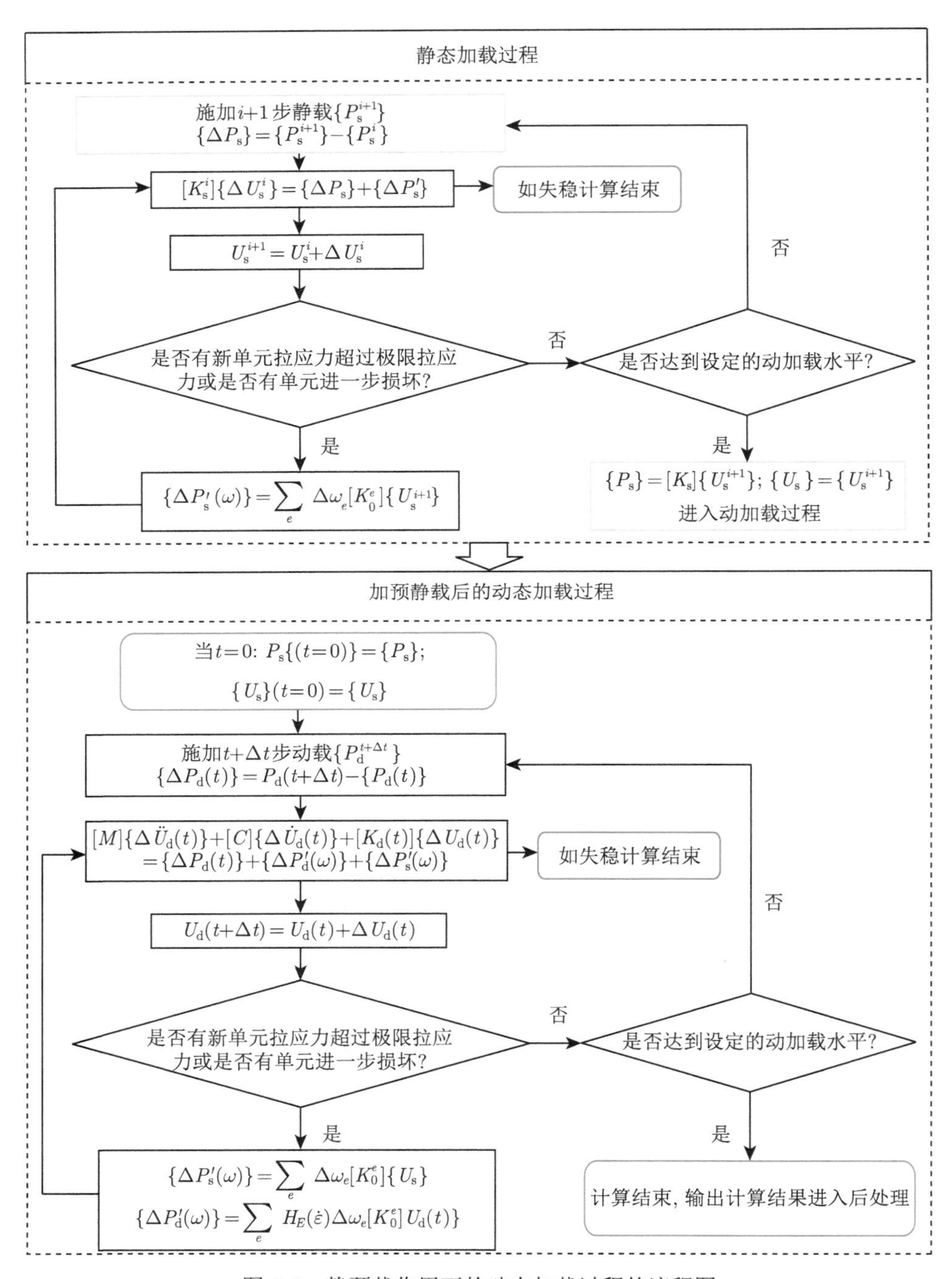

图 5.5　静预载作用下的动态加载过程的流程图

5.4.4 混凝土二维随机骨料模型

1. 骨料级配

骨料的级配和含量直接影响混凝土的宏观力学性能。就粒径范围而言,粗骨料分为四个颗粒组,即小骨料 (5~20mm)、中骨料 (20~40mm)、大骨料 (40~80mm) 和特大骨料 (80~150mm)。混凝土按包含几种不同粒径范围的骨料可分为一、二、三、四级配。包含三或四个骨料颗粒组的混凝土为全级配混凝土。通常,把一、二级配的混凝土称为小骨料混凝土,把三、四级配的混凝土称为大骨料混凝土。四级配混凝土粗骨料粒径由大到小的含量比例分别为 20%, 20%, 30%和 30%; 三级配混凝土取前三个颗粒组的粗骨料比例分别为 30%, 30%和 40%。在两级配中,小骨料和中骨料的比例分别为 55%和 45%。从理论上讲,作为球形骨料的三维级配曲线通常满足富勒 (Fuller) 分布函数:

$$Y = 100\sqrt{D/D_{\max}} \tag{5.8}$$

其中,Y 表示通过孔径为 D 的筛子的部分;$D_{\max}$ 为骨料的最大粒径。由该级配浇筑的混凝土可产生优化的结构密度和强度。由图 5.6 可以看出,常用的四级配、三级配以及两级配混凝土级配曲线服从三维富勒曲线所表达的优化级配关系。

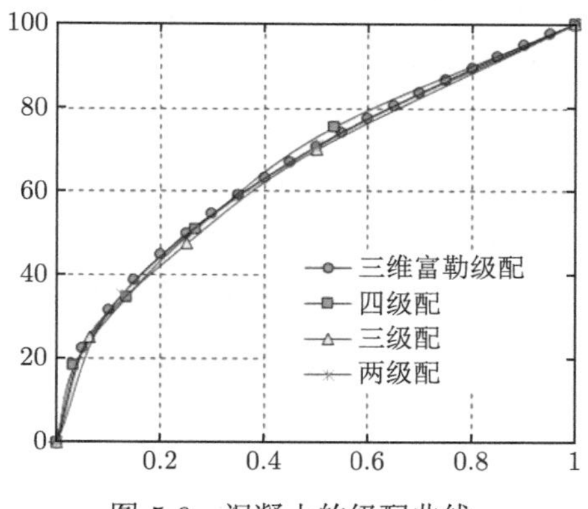

图 5.6 混凝土的级配曲线

2. 瓦拉文公式

为了能够在二维平面内进行混凝土细观分析。瓦拉文 (Walraven) 将混凝土骨料假定为球形,并利用球形骨料在试件空间上等概率分布和任一大小圆形切面无概率占优性,建立了混凝土试件空间内骨料级配及含量与其内截面所切割的骨料面积的关系,即所谓的瓦拉文公式[24]:

$$P_c(D < D_0) = P_k(1.065D_0^{0.5}D_{\max}^{0.5} - 0.053D_0^4D_{\max}^{-4}$$

$$-0.012D_0^6D_{\max}^{-6}-0.0045D_0^8D_{\max}^{-8}-0.0025D_0^{10}D_{\max}^{-10}) \qquad (5.9)$$

其中，D_0 是球形骨料在平面内截面圆的直径；P_k 取值由具体混凝土骨料用量及所用石料容重确定。若取单位体积的混凝土，含骨料 $m_{\rm g}$=2.02×10^{3}kg，石料容重为 $\gamma_{\rm g}$=2.7×10^{3}kg/m^3，则 $V_{\rm g}=m_{\rm g}/\gamma_{\rm g}=2.02/2.7=0.748$，即为骨料体积与混凝土总体积之比 P_k，一般情况下 P_k 取 0.75。

本质上，瓦拉文公式给出了与横截面相交的骨料面积与混凝土试样中骨料的等级和含量之间的定量关系。至于特定等级的混凝土，如等式 (5.8) 中所示的富勒分布曲线，由式 (5.9) 可以计算出不同级配比试样球形骨料含量在某一截面内对应的圆形骨料个数。

基于瓦拉文公式的圆形骨料模型基本上能够贴近砾石骨料的形态，但与一般的碎石骨料差异较大。根据等效直径的定义，由瓦拉文公式生成的圆形骨料可以进一步扩展到二维一般几何形状的骨料 [28,30]。按照“等效粒径”，即 $\tilde{D}_{等效粒径}=2\sqrt{S_{圆形骨料面积}/\pi}$，得出的平均级配曲线，与三维级配曲线、二维转换曲线基本吻合。因此，可以基于瓦拉文公式所生成的圆形骨料模型，依次将圆形骨料随机向外延凸，并使延凸后的多边形骨料面积与原圆形骨料面积相等，生成的凸多边形骨料模型既反映了骨料的实际形态又维持了骨料的实际级配和含量。

瓦拉文基于富勒公式将三维级配曲线转化为试件内截面任一点具有骨料直径 $D<D_0$ 的内截圆出现的概率 $P_c(D<D_0)$。对于一个特定的混凝土拌和物，使用这个公式即可产生试件截面上骨料的颗粒数。作为示例，选择四级配混凝土试件，截面为 (45×45)cm^2。

(1) 试件面积 A 与骨料面积 A_i 之比，A=45cm×45cm=2025cm^2，结果见表 5.2。

表 5.2 试件面积 A 与骨料面积 A_i 之比

粒径/cm	12.00	6.00	3.00	1.50
面积 A_i	113.04	28.26	7.07	1.77
A/A_i	17.91	71.66	286.42	1144.07

(2) 给出 $D<D_0$ (计算粒径) 骨料颗粒在截面中出现的概率 P_c，见表 5.3，由式 (5.9) 求骨料的级配曲线，如图 5.7 所示。

表 5.3 骨料颗粒出现的概率 P_c

D_0/cm	15.00	12.00	10.00	8.00	6.00	4.00	3.00	2.00	1.50	0.50	0.00
$D_0/D_{\max}$	1.00	0.80	0.67	0.53	0.40	0.27	0.20	0.13	0.10	0.03	0.00
P_c	0.75	0.70	0.64	0.58	0.50	0.41	0.36	0.29	0.25	0.15	0.00
P_c/P_k	1.00	0.93	0.86	0.77	0.67	0.55	0.48	0.39	0.34	0.19	0.00

(3) 求出各级骨料的颗粒数。

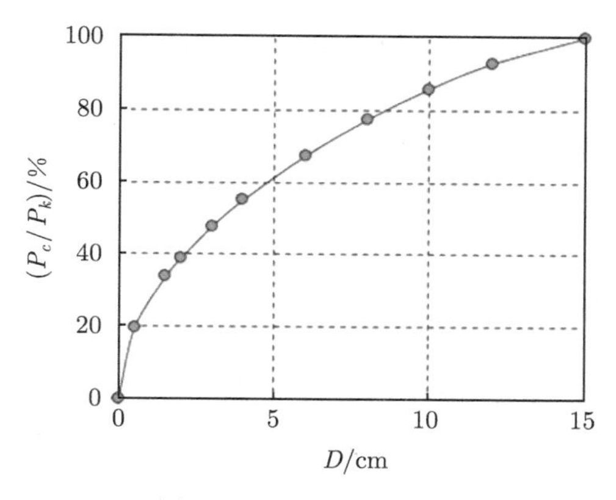

图 5.7 P_c-D 关系曲线

(a) 特大骨料 ($D = 8 \sim 15$cm)，D 取 12cm (每颗粒组的平均粒径被视为相应颗粒组的骨料粒径)，

颗粒数 $n = [P_c(D < 15) - P_c(D < 8)] \times A/A_i = (0.75 - 0.58) \times 17.91 \approx 3.04$，取 3 粒；

(b) 大骨料 ($D = 4 \sim 8$cm)，D 取 6cm，

颗粒数 $n = [P_c(D < 8) - P_c(D < 4)] \times A/A_i = (0.58 - 0.41) \times 71.66 \approx 12.18$，取 12 粒；

(c) 中骨料 ($D = 2 \sim 4$cm)，D 取 3cm，

颗粒数 $n = [P_c(D < 4) - P_c(D < 2)] \times A/A_i = (0.41 - 0.29) \times 286.42 \approx 34.37$，取 34 粒；

(d) 小骨料 ($D = 0.5 \sim 2$cm)，D 取 1.2cm，

颗粒数 $n = [P_c(D < 2) - P_c(D < 0.5)] \times A/A_i = (0.29 - 0.15) \times 1144.07 = 160.17$，取 160 粒。

因此，得到特大骨料 ($D = 8 \sim 15$cm)，粒径取 12cm，3 粒；大骨料 ($D = 4 \sim 8$cm)，粒径取 6cm，12 粒；中骨料 ($D = 2 \sim 4$cm)，粒径取 3cm，34 粒；小骨料 ($D = 0.5 \sim 2$cm)，粒径取 1.2cm，取 160 粒。

3. 二维随机凸多边骨料模型的生成方法

将一般碎石骨料视为多边形和多面体，以圆形或球形颗粒作为基本骨料构型，在此基础上进行凸面延伸。在下文中，将介绍生成多边形骨料模型的方法。

(1) 首先，根据瓦拉文公式生成一个随机的圆形骨料。

(2) 然后，在圆形骨料选取三个顶点构成三角形，要求两个顶点之间的每个中心角均不小于 120°，如图 5.8(a) 所示。

(3) 遍历所有随机骨料，并在该骨料所在颗粒组的最大颗粒半径和平均颗粒半径的圆周之间的圆环区域 (绿色区域) 插入新的顶点 P_{i+1}，如图 5.8(b) 所示，因此生成的凸多边形的颗粒半径与对应的圆形基骨料半径基本保持相同。每个圆形基骨料的插入点数 (nvert) 是随机生成的，但可以控制插入点的最小和最大数量，大骨料要比小骨料具有更多的插入点。

(4) 插入点要满足以下条件：① 新形成的边长大于给定的最小长度 $d_{\min}$，可以取 $d_{\min} = 0.5\pi D_0/\text{nvert}$，以避免插入的顶点太近；② 需要满足“凸”条件；③ 新生成的多边形不会侵入其他已生成的骨料，并且不会超出边界，否则，需要重新选择插入点的位置。确定这些有效点后，需要按逆时针方向进一步对该多边形的顶点进行排序。

(5) 识别新生成的多边形骨料与其圆形骨料基之间的面积差，并确定多边形的总面积是否等于圆形基骨料的总面积。如果它们的面积差满足给定的误差条件，则输出计算结果。否则，返回到步骤 (3)，继续扩展多边形。

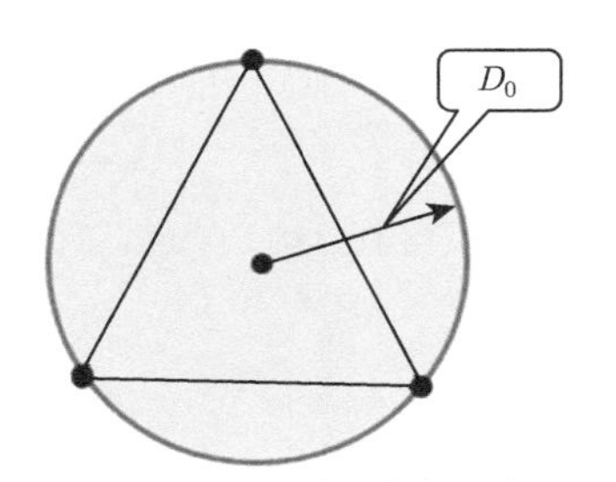

(a) 在圆形骨料边界上选取三个顶点生成基础三角形

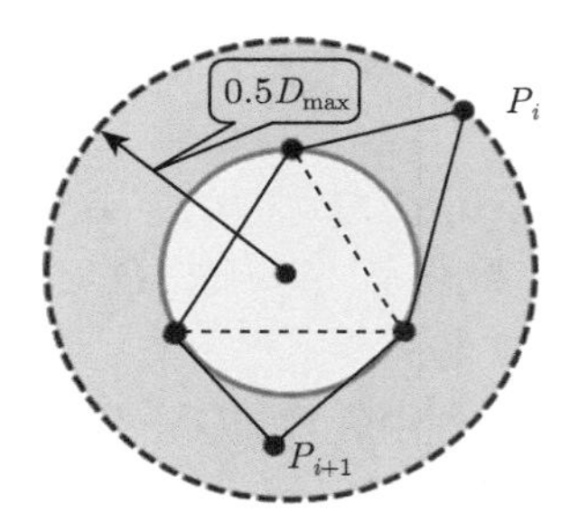

(b) 生成凸多边形顶点

图 5.8 基于圆形骨料生成凸多边形骨料的示意图

一旦知道了各种尺寸的骨料颗粒的总数和几何形状，就可以通过将这些骨料颗粒随机顺序投放在试件截面的区域内以模拟混凝土的细观结构模型。随机顺序投放颗粒的关键问题是要求每个颗粒都可以快速有效地投放，并且彼此之间不重叠。在这里，我们介绍一种“占位剔除法 (ORM)”，以提高投放效率，如图 5.9 所示。如果背景网格单元上的点到最新投放骨料中心的最大距离小于其半径与最小骨料半径之和，则删除称为被占区域的背景网格单元 (图 5.9 中的灰色单元)。在确定其余待投放骨料的位置时，将不会选择剔除的单元区域。

因此，采用以上介绍的这些方法，生成了用于两级配、三级配和四级配混凝土的圆形和多边形随机骨料模型 (RAM)，如图 5.10 ~ 图 5.12 所示。另外，图 5.10 ~ 图 5.12 所示的各种级配随机骨料模型被划分为三种类型的细观有限元，分别为：骨料单元 (浅灰色)、固化水泥砂浆单元 (无色) 和界面过渡区元 (黑色)。

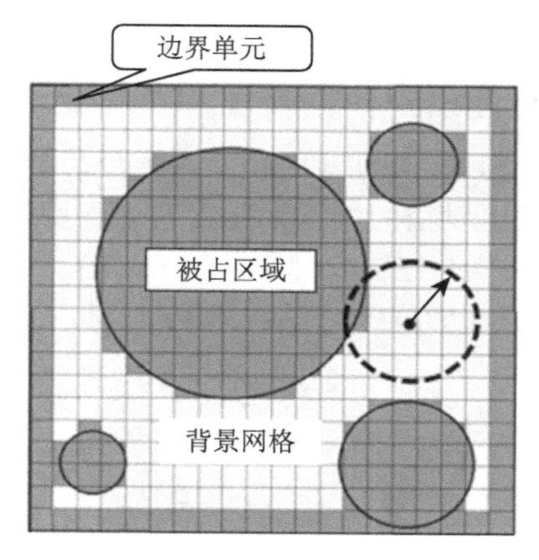

图 5.9 占位剔除法示意图

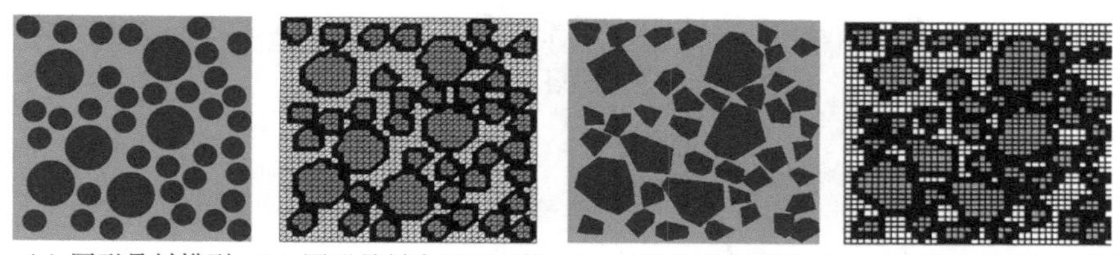

(a) 圆形骨料模型 (b) 圆形骨料有限元网格 (c) 多边形骨料模型 (d) 多边形骨料有限元网格

图 5.10 两级配混凝土的二维随机骨料模型及其细观有限元网格

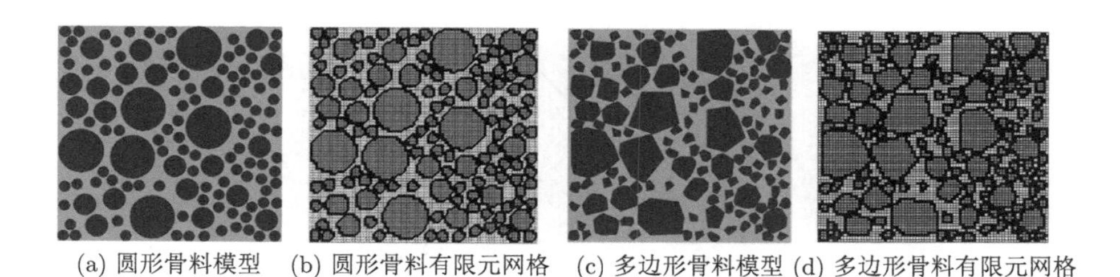

(a) 圆形骨料模型 (b) 圆形骨料有限元网格 (c) 多边形骨料模型 (d) 多边形骨料有限元网格

图 5.11 三级配混凝土的二维随机骨料模型及其细观有限元网格

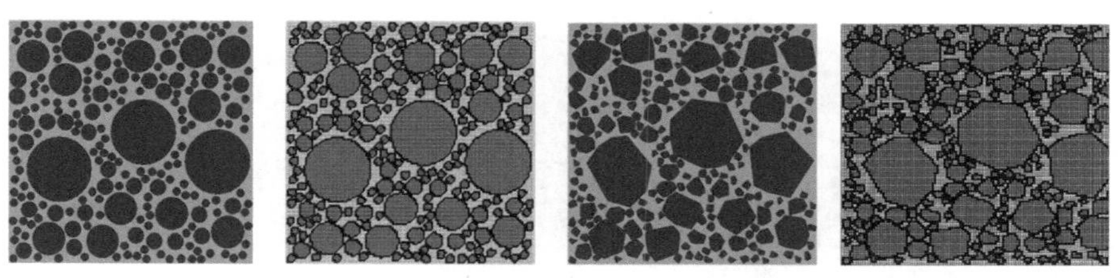

(a) 圆形骨料模型 (b) 圆形骨料有限元网格 (c) 多边形骨料模型 (d) 多边形骨料有限元网格

图 5.12 四级配混凝土的二维随机骨料模型及其细观有限元网格

5.4.5 混凝土三维随机骨料模型

1. 点侵入凸体空间的判别准则

根据空间向量的混合积原理,可以判断一点是否在凸体空间内。向量的混合积将产生一体积标量，由此可以空间体积为标度建立一点是否侵入凸体空间的判别准则。如图 5.13 所示凸体 $DABEFC$，假定 $P(x,y,z)$，$A(x_1,y_1,z_1)$，$C(x_2,y_2,z_2)$，$B(x_3,y_3,z_3)$，则四面体 $PACB$ 的体积为

$$V=\frac{1}{6}\begin{vmatrix} x & y & z & 1 \\ x_1 & y_1 & z_1 & 1 \\ x_2 & y_2 & z_2 & 1 \\ x_3 & y_3 & z_3 & 1 \end{vmatrix} \tag{5.10}$$

点 P 在外部，与三角形 ACB 面围成的四面体体积为正值，若 P 在凸体内部，则与三角形 ACB 面围成的四面体体积为负值，显然 P 在凸体的边界上时该四面体体积为零。即定义点 P 是否在凸体内部的判别准则为

$$\begin{cases} P\notin \varOmega, & V_P>0 \\ P\in \varGamma_{\varOmega}, & V_P=0 \\ P\in \varOmega, & V_P<0 \end{cases} \tag{5.11}$$

其中，$\varOmega$ 为凸体围成的空间区域；$\varGamma_{\varOmega}$ 为凸体的边界面；V_P 为点 P 与面单元围成的四面体体积，凸体三角形面单元顶点由外部向内部看为逆时针排序。

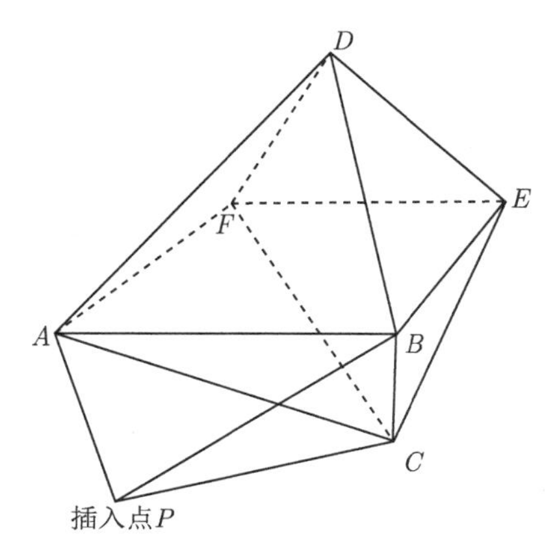

图 5.13 点与空间凸体关系

2. 三维空间两个三角形相交的判别

在空间凸多面体的延伸过程中，判断两个凸多面体之间是否相交，归根结底是进行三维空间两个三角形之间相交的判别，在网格剖分中，判断界面单元与骨料

是否相交也要进行三维空间中两个三角形之间的相交检测。如图 5.14 所示，$\triangle abc$ 位于 m 平面内，$\triangle def$ 位于 n 平面内，两个三角形的相交检测算法如下。

对于 $\triangle abc$，要验证 $\triangle def$ 是否与之相交，只要验证 $\triangle def$ 的三条边是否穿过 $\triangle abc$ 即可，以 de 边为例。

(1) 先求 $\triangle abc$ 的法向矢量 M。

(2) 分别求出 d 点到 a 点的方向矢量 da 和 e 点到 a 点的方向矢量 ea。

(3) 分别求出方向矢量 da，ea 与 M 的点积，即 $DA = da \cdot M$，$EA = ea \cdot M$，如果 DA，EA 同号，说明 d, e 两点位于 $\triangle abc$ 平面的同侧，显然不会与 $\triangle abc$ 相交。

(4) 若 DA，EA 异号或有一个为零，说明 de 边有可能穿过 $\triangle abc$ 平面，此时做进一步判断，求出 de 边与 $\triangle abc$ 平面的交点，若交点位于 $\triangle abc$ 内 (或边上)，则说明 $\triangle abc$ 与 $\triangle def$ 相交。若 DA，EA 同时为零，即意味着 de 边与 $\triangle abc$ 共面，按不相交处理，由 $\triangle def$ 的相邻三角形可做出进一步判断。$\triangle def$ 只要有一条边与 $\triangle abc$ 相交，则两个三角形相交。

(5) 对如图 5.14(b) 所示的情况，$\triangle def$ 的三条边与 $\triangle abc$ 都不相交，但两个三角形仍可能相交。这时需按照上述步骤，重新判断 $\triangle abc$ 的三条边是否与 $\triangle def$ 相交即可。

(6) 在上述反复循环验算的过程中，只要有一个三角形的一条边与另一个三角形相交，即可认为两个三角形相交。

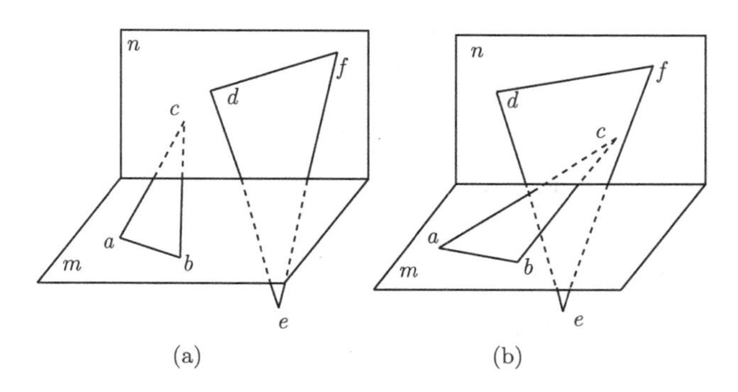

图 5.14 三维空间两个三角形的相交检测

3. 凸多面体骨料的算法

在随机球形骨料生成之后，类似于多边形骨料，利用球形骨料延凸成多面体骨料基，再在该粒径组最大半径的球面上插入新顶点，在球形骨料上延凸同样要满足凸条件和骨料不越界、互不侵入条件。上面提到的凸扩展方法可以扩展到三维多面体骨料。下面将介绍基于球形骨料的分布生成凸多面体骨料的算法。

(1) 随机确定每个多面体骨料的最大顶点数。

(2) 随机生成并连接在球形骨料表面上的初始点。预插入点的数量通常大于 4，控制由多面体骨料组成的插入点之间的边长，即新生成的边长大于设定的最小值 $d_{\min}$。

(3) 在某一颗粒组的最大半径和该级配颗粒组平均半径包围的球骨料区域内插入新的顶点。如果新插入的顶点超出了试件空间范围，或者距顶点的边长小于设定值 $d_{\min}$，则要重新选择插入点。如果给定的循环数 (此算例中最大数目为 100) 无法生成新的顶点，则进入下一个骨料。

(4) 如果新插入的顶点和现有凸多面体的内点分别位于该凸多面体侧面的两侧，则该侧面被视为可见面，如图 5.15 所示。如果 AC 面和 CP_{i+1} 面可见地指向 P_{i+1}，找出现有的凸多面体上所有可见的面；然后将新插入的点和每个可见顶点连接起来，形成新三角形边。同时，判断这些边是否侵入其他骨料，如果有侵入，则要返回重新创建顶点。如果在给定的循环次数内无法生成新的顶点，则进入下一个骨料。

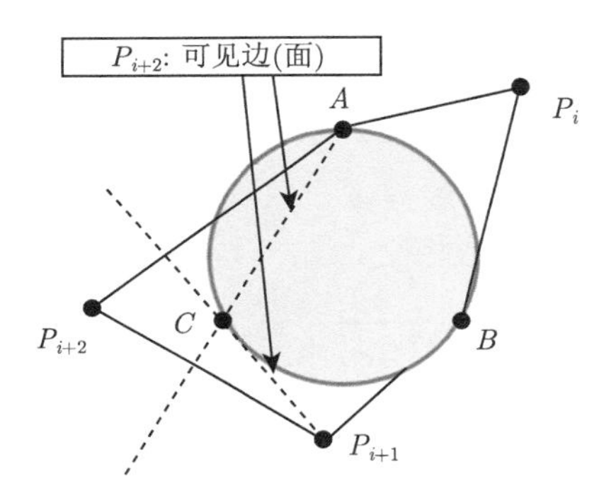

图 5.15　可见边或可见面的定义

(5) 要判断新插入的顶点和现有凸体的内部点是否位于三角形平面的两侧，我们需要找到新插入的顶点和现有凸体的内部点的连线与三角形的交点。如果该交点位于新插入顶点和内部点之间，则表明这两个点属于三角形平面的两侧，否则，它们属于三角形平面的同一侧。

(6) 满足上述条件，则新顶点可以与凸多面体上的可见三角形顶点连接以形成新的边，然后调整数据结构并消除上述可见的三角形。

(7) 返回步骤 (3)，直到完成所有插入点为止。

(8) 计算构造的凸多面体的体积，并与球骨料的体积进行比较。如果两个体积之间存在较大差异 (差异 $> 2\%$)，则调整多面体的顶点数量或重新选择插入点位置，直到差异满足要求 (例如，差异 $\leqslant 2\%$)，生成有效的凸多面体骨料。

4. 三维全级配混凝土的随机骨料模型

首先根据粗骨料级配比和含量，以及上述“占位剔除法”生成球形骨料模型。对于四级配混凝土，其粗骨料：小骨料，中骨料，大骨料和特大骨料的比例分别为 20%，20%，30%和 30%，在 450mm×450mm×450mm 的标准试件内，每个颗粒组的骨料数量：小骨料为 6000，中骨料为 760，大骨料为 135，特大骨料为 17，生成了如图 5.16 所示的四级混凝土的球形颗粒的随机骨料模型，其粗骨料的含量为 64.2%，生成的多面体的模型如图 5.17 所示。

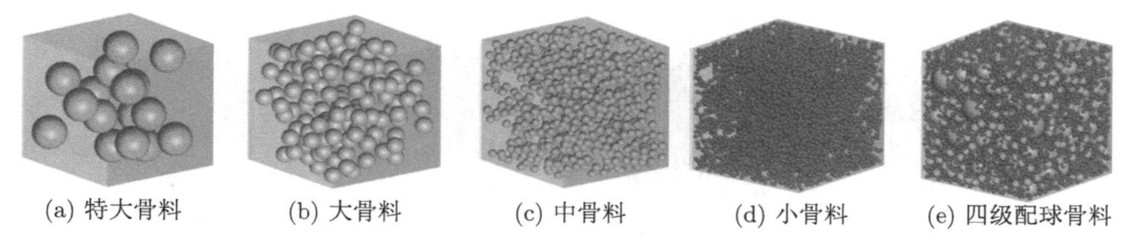

(a) 特大骨料 (b) 大骨料 (c) 中骨料 (d) 小骨料 (e) 四级配球骨料

图 5.16 含量为 64.2%的四级配混凝土球形随机骨料模型

(a) 特大骨料 (b) 大骨料 (c) 中骨料 (d) 小骨料 (e) 四级配多面体骨料

图 5.17 含量为 64.6%的四级配混凝土多面体随机骨料模型

对于三级配混凝土，小骨料、中骨料和大骨料的比例分别为 30%、30%和 40%。标准试件尺寸为 300mm×300mm×300mm，每个颗粒组的骨料数量分别为 2400(小骨料)、300(中骨料) 和 50(大骨料)，粗骨料的含量设置为 58.9%。图 5.18 和图 5.19 分别为生成的球形和凸形多面体骨料模型。同样，对于两级配混凝土，小骨料和中骨料的比例分别为 55%和 45%,标准试件尺寸为 150mm×150mm×150mm，小骨料数量为 440，中骨料数量为 45，骨料含量为 47.1%。图 5.20 和图 5.21 分别是生成的两级配混凝土球形和凸形多面体骨料随机模型。

多面体骨料是通过球形骨料基体的随机延凸而产生的，因此通过调整顶点的数量和扩展范围，很容易使凸骨料的体积与球形骨料的体积保持一致，从而不仅反映了实际骨料的形状，也符合实际骨料级配比和含量的要求。在上面的算例中，每个颗粒组的粒径取的是其平均粒径，实际上，用这种方法也可以生成粒径按级配范围连续分布的骨料模型。

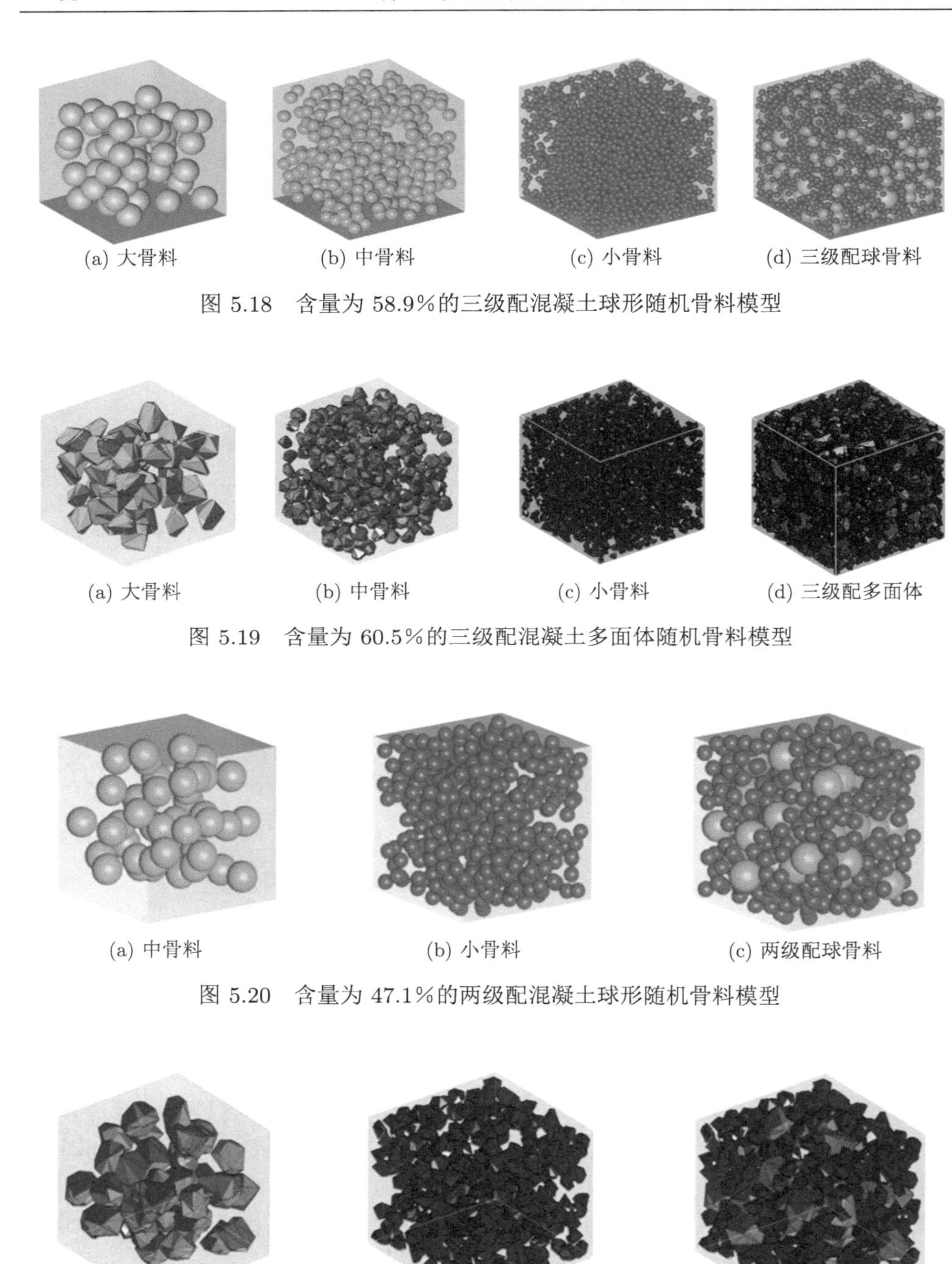

图 5.18　含量为 58.9%的三级配混凝土球形随机骨料模型

图 5.19　含量为 60.5%的三级配混凝土多面体随机骨料模型

图 5.20　含量为 47.1%的两级配混凝土球形随机骨料模型

图 5.21　含量为 48.1%的两级配混凝土多面体随机骨料模型

根据各级配的骨料比例和相应的骨料含量，骨料粒径在各个级配组颗粒范围内服从均匀分布，可以生成具有连续粒径的随机骨料模型。在同一级配组内，最大直径和最小直径分别取为 $D_{\max}$ 和 $D_{\min}$。骨料粒径 D 按式 (5.12) 随机生成：

$$D = D_{\min} + x(D_{\max} - D_{\min}) \tag{5.12}$$

其中，x 在 0~1 服从均匀概率分布。以四级配试件为例，小骨料的 $D_{\max}$ 和 $D_{\min}$ 分别为 20mm 和 5mm；中骨料分别为 40mm 和 20mm；大骨料分别为 80mm 和 40mm；特大骨料分别为 150mm 和 80mm。每个颗粒组骨料粒径随机取 $D = 40 + x(80 - 40)$。在 450mm×450mm×450mm 的空间内填充 8200 颗小骨料，707 颗中骨料，126 块大骨料和 16 块特大骨料，如图 5.22 所示，生成了总含量为 70.2%的四级配混凝土连续分布粒径球形随机骨料模型。图 5.23 给出了相应的含量为 70.7%的四级配混凝土连续分布粒径多面体随机骨料模型。为了达到与球形基骨料模型相当的骨料含量，在凸扩展过程中，需要将插入新顶点的区域扩展到比同一颗粒组最大直径稍大的球表面。例如，应在直径为 $D_{\min}$ 到 $1.2D_{\max}$ 的球面包围的区域中插入新的顶点直径。

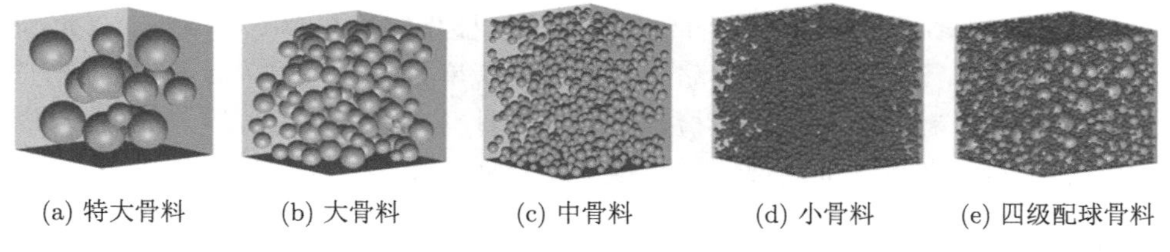

(a) 特大骨料 (b) 大骨料 (c) 中骨料 (d) 小骨料 (e) 四级配球骨料

图 5.22 四级配混凝土连续分布粒径球形随机骨料模型

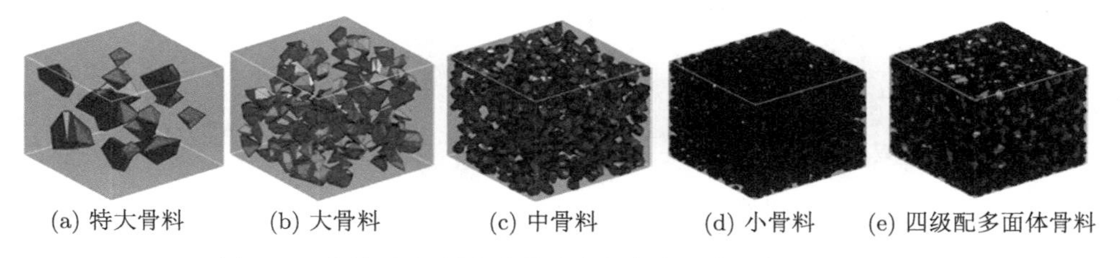

(a) 特大骨料 (b) 大骨料 (c) 中骨料 (d) 小骨料 (e) 四级配多面体骨料

图 5.23 四级配混凝土连续分布粒径多面体随机骨料模型

5. 随机骨料模型细观有限元网格剖分

对球形随机骨料模型进行网格剖分相对简单。对给定的混凝土试样划分四面体或六面体背景网格，然后将随机骨料模型投影到网格中。根据骨料的位置，将细观单元分配给相应的材料属性。当单元所有节点都位于某个骨料的内部时，该单元被定义为骨料单元。同样地，当一个单元的所有节点都位于固化砂浆区域时，该单元被定义为基质单元。剩余单元被视为界面单元。

不失一般性，将试件划分为规则的六面体有限元网格，其尺寸小于最小骨料直径的 1/3。如果需要，还可以通过细分六面体单元进一步获得四面体单元。对于 300mm×300mm×300mm 的三级混凝土试件，每个侧面为 3.75mm 的六面体单元 (如 $D_{\min}/4$) 被细分为 5 个四面体单元。如图 5.24 所示，将含量为 58.9% 的球形骨料模型划分为四面体单元，其中有 640131 个基质单元，1126565 个界面单元和 793304 个骨料单元。

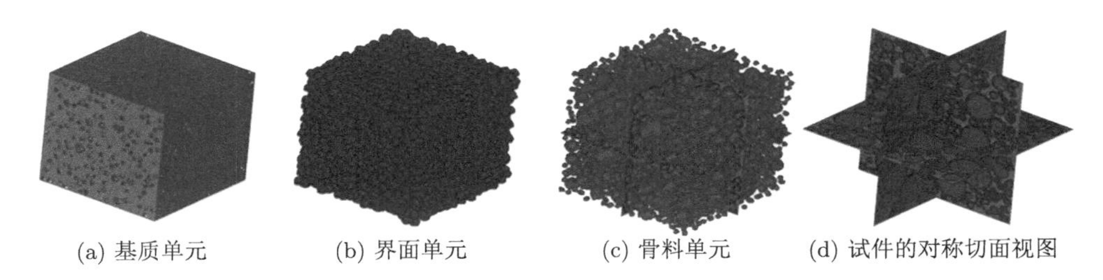

(a) 基质单元　(b) 界面单元　(c) 骨料单元　(d) 试件的对称切面视图

图 5.24 三级配混凝土球形骨料模型的细观单元

类似地，凸多面体骨料模型细观有限网格需要指定每个单元的属性。在此，将介绍识别这种单元属性的基本策略。首先将所有单元视为基质单元，然后遍历每个单元的全部骨料和单元节点。检查节点与凸骨料之间的相对位置。如果一个单元的全部节点都在骨料的内部，则将该单元定义为骨料单元。如果单元节点不全在骨料内部，则将该单元定义为界面单元。但是，在上述方案的操作过程中可能发生一种特殊情况，即骨料全节点均处在某一单元外面，该骨料仍然可能侵入单元 (图 5.25)。为了防止这种情况，需要在三维空间中进行两个面之间的侵入性检查，即对所有砂浆基质单元执行第二循环检查，以确定骨料三角形侧面所有边缘

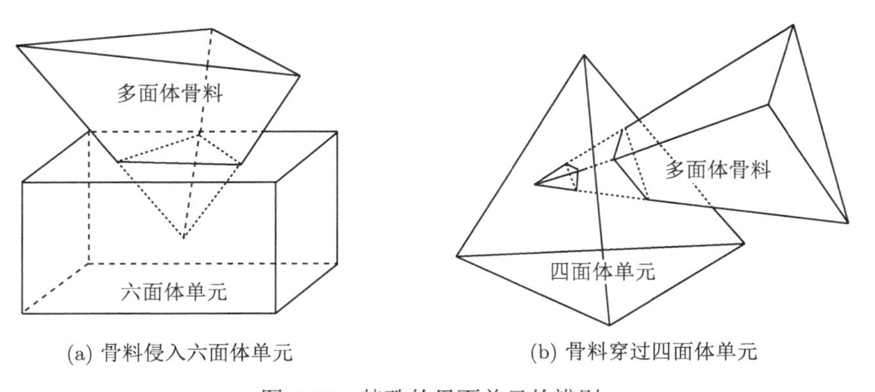

(a) 骨料侵入六面体单元　(b) 骨料穿过四面体单元

图 5.25 特殊的界面单元的辨别

线段是否穿过基质单元的侧面。如果它们穿过基质单元侧面，则应将单元重新定义为界面单元。因此，图 5.26 给出了图 5.19 所示三级配随机多面骨料模型的四面体网格视图，其中有 985294 个基质单元，935316 个界面单元和 639390 个骨料单元。

(a) 基质单元　(b) 界面单元　(c) 骨料单元　(d) 试件的对称切面视图

图 5.26　三级配混凝土多面体骨料模型的细观单元

5.5　全级配混凝土动态损伤机理细观数值分析

5.5.1　全级配混凝土梁的弯拉破坏

采用三级配混凝土试件, 其尺寸为 300mm×300mm×1100mm。如图 5.27 所示，梁的两侧仍被视为均质混凝土材料，跨中 300mm×300mm 的区域嵌入了三级随机多边形骨料模型，其中，大骨料的粒径和数量分别为 60mm 和 6；中骨料的粒径和数量为 30mm 和 21；小骨料的粒径和数量分别为 15mm 和 102。

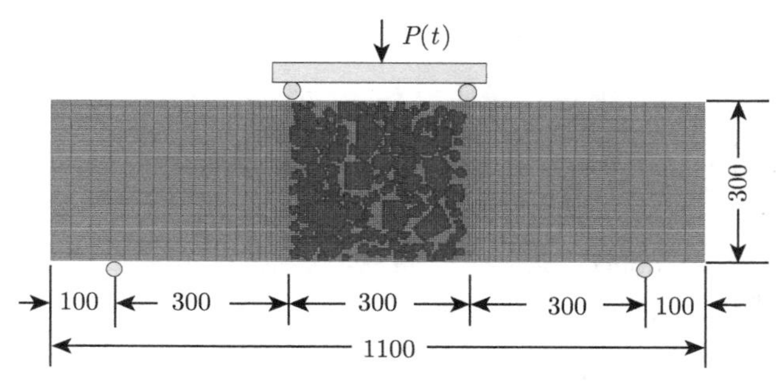

图 5.27　三级配混凝土弯曲梁的细观模型 (单位：mm)

一般地，单元尺寸小于 3 倍骨料粒径时，可以认为裂缝在单元内部是“均匀”分布的，用整体单元的开裂应变乘以单元的尺寸来估计裂缝的宽度是合适的，不会出现网格的尺寸效应[31]。细观分析研究表明，当细观网格尺寸小于骨料粒径的 1/3 后，其计算结果不再受单元尺寸的影响[32]。因此，本章的细观有限元剖分的网格尺寸取相应级配的最小骨料粒径的 1/4。如图 5.27 所示，细观网格尺寸为 3.75mm。

表 5.4 列出了混凝土各相的力学性能参数[18−20]。考虑到拉伸和压缩应变率效应敏感性的差异，对式 (5.3) 和式 (5.4) 中的应变率增强系数有区别地进行取值。A_t，B_t，C_t，A_E，B_E 和 C_E 表示拉伸状态下的增强参数。A_{Ct}，B_{Ct}，C_{Ct}，A_{CE}，B_{CE} 和 C_{CE} 表示压缩状态的增强参数。这些增强参数列在表 5.5 中。静态加载步长为 0.6kN，冲击加载速率为 600kN/s，时间步长为 0.001s。

表 5.4　混凝土及其细观力学参数

材料	弹性模量/GPa	泊松比	抗拉强度/MPa	比重/(kN/m^3)
骨料	50.00	0.20	6.0	27.0
水泥基	35.00	0.18	4.0	21.0
界面过渡区	30.00	0.16	3.4	24.0
混凝土	36.00	0.167	3.5	24.0

表 5.5　损伤和增强参数

材料	参与应变系数	强度增强系数						弹性模量增强系数					
		拉伸			压缩			拉伸			压缩		
	η	A_t	B_t	C_t	A_{Ct}	B_{Ct}	C_{Ct}	A_E	B_E	C_E	A_{CE}	B_{CE}	C_{CE}
骨料	3.0	0.2	6.0	2.0	0.19	6.0	2.0	0.16	6.0	2.0	0.11	6.0	2.0
水泥基	3.0	0.2	6.0	2.0	0.19	6.0	2.0	0.16	6.0	2.0	0.11	6.0	2.0
界面过渡区	3.0	0.2	6.0	2.0	0.19	6.0	2.0	0.16	6.0	2.0	0.11	6.0	2.0
混凝土	3.0	0.2	6.0	2.0	0.19	6.0	2.0	0.17	6.0	2.0	0.14	6.0	2.0

根据《水工混凝土试验规程》(SL 352—2006)，混凝土试件抗弯强度根据极限荷载按弹性体进行计算所得。按照材料力学公式：$f_{\mathrm{f}}=\dfrac{6M}{bh^2}=\dfrac{Pl}{bh^2}$，式中，$f_{\mathrm{f}}$ 为抗弯强度 (MPa)；M 为破坏弯矩 (N·mm)；P 为破坏荷载 (N)；l 为支座间距 (即跨度)，$l=3h$ (mm)；b 为试件截面宽度 (mm)；h 为试件截面高度 (mm)。

分别进行单纯静态加载、单纯冲击加载，以及依次施加 20%, 40%, 60% 和 80% 预静荷载 (初始静态加载) 后再进行冲击波加载，进行梁弯拉破坏的数值模拟，计算结果和试验数据一并列在表 5.6。计算得到单纯静态强度为 3.56MPa，不同加载条件下的动态强度分别为 4.26MPa，4.48MPa，4.52MPa，4.70MPa 和 4.86MPa。与静态强度相比，相应的动态增强因子 (DIF) 分别为 1.20，1.26，1.27，1.32 和 1.37。计算出的应力–位移曲线如图 5.28 所示。混凝土的动态抗弯强度与预静载之间的关系如图 5.29 所示。不同预静载水平下的动态荷载抗弯强度如图 5.29(a) 所示。动态增强因子和不同的预静载之间的关系如图 5.29(b) 所示。与三级配混凝土梁弯折试验数据相比[18,20]，可以看出，计算结果与试验结果非常吻合。

表 5.6 小湾三级配混凝土的计算和试验弯拉强度对比

预静载水平/%		0	20	40	60	80	100
试验值	强度/MPa	4.20	—	4.60	—	4.92	3.58
	动态增强因子 DIF	1.17	—	1.29	—	1.37	1.00
计算值	强度/MPa	4.26	4.48	4.52	4.70	4.86	3.56
	动态增强因子 DIF	1.20	1.26	1.27	1.32	1.37	1.00

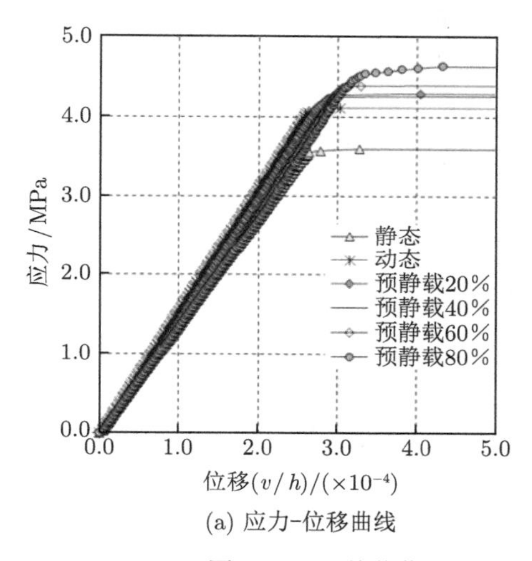

(a) 应力-位移曲线

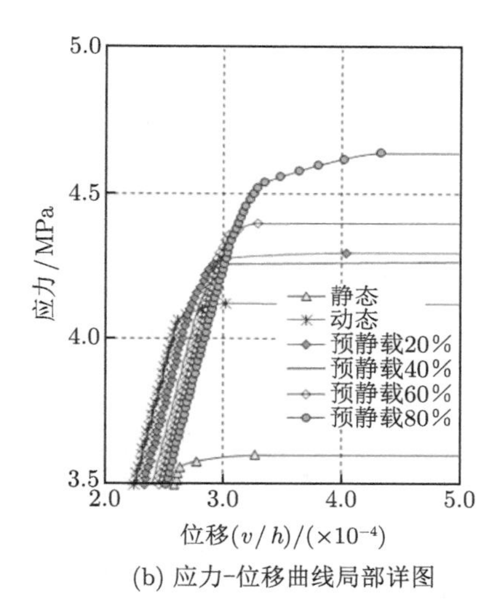

(b) 应力-位移曲线局部详图

图 5.28 预静载作用下的梁动态弯曲应力–位移曲线

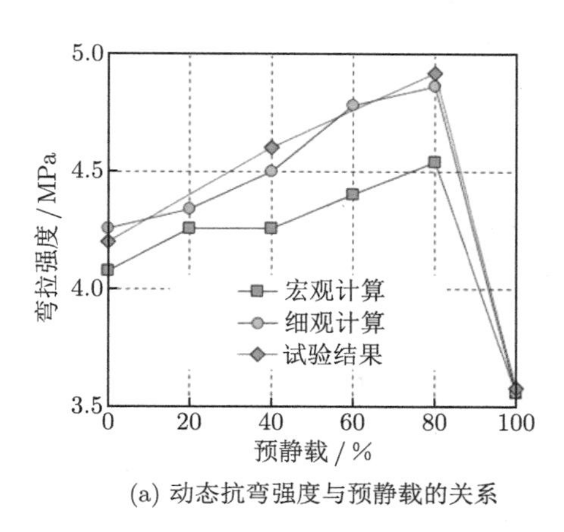

(a) 动态抗弯强度与预静载的关系

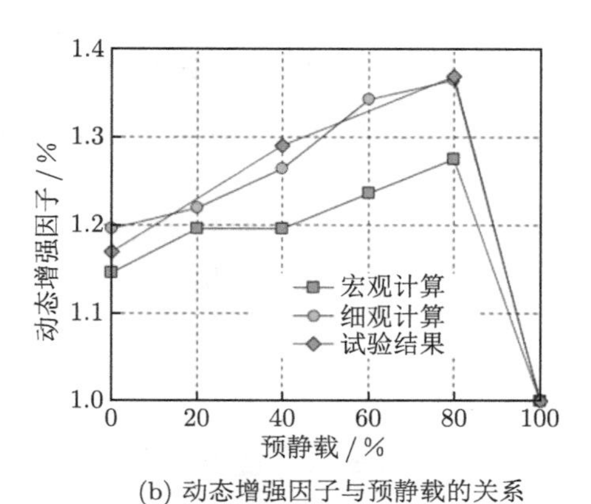

(b) 动态增强因子与预静载的关系

图 5.29 预静载对动态弯曲强度的影响

图 5.29 表明，在预静载水平达到 80%之前，增强效应处于主导地位。超过 80%后，损伤增加，动态强度急剧下降。在预静载施加到极限静载的 80%之前，

预静载对极限动态抗弯强度具有增强作用。增强效应可以用式 (5.5) 解释。在有预静载作用时，等式右边的 $\{\Delta P_{\rm s}(\omega)\}$ 荷载增加，应变增加，应变率增加。由于速率效应，单元的强度增加，方程左边的 $[K_{\rm d}(t)]$ 刚度增加。由于这些因素的相互作用，出现了动态强度随预静载增加而增加的现象。另外，在不考虑应变率增强效应的情况下，即认为抗拉强度和弹性模量的增强因子都取 1，得到了忽略应变率效应后的弯曲应力–位移曲线，如图 5.30 所示。可以看出，几种情况下应力–位移曲线几乎完全重合，其弯拉强度几乎不受惯性力与预静载和动力效应的影响。这些计算结果说明，动态强度增强效应和一定预静载水平下的强化效应从根本上看是材料本身的应变率效应特性所致。

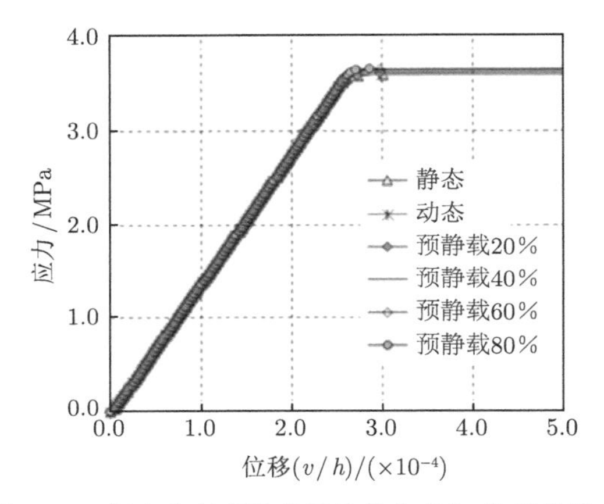

图 5.30　忽略应变率效应后的弯曲应力–位移曲线

5.5.2　预静载作用下的动态损伤模式及机理

通常，混凝土在动态和静态荷载作用下具有不同的破坏模式。较高的加载速率会产生较大的极限应力和较小的破坏粒度。因此，在较高的加载速率下，混凝土在破坏过程中会出现更多更密集的裂缝。从能量的角度，裂缝越多，能耗也越大。下面将通过当前的数值模拟探讨这些现象。图 5.31 ~ 图 5.33 给出了三级

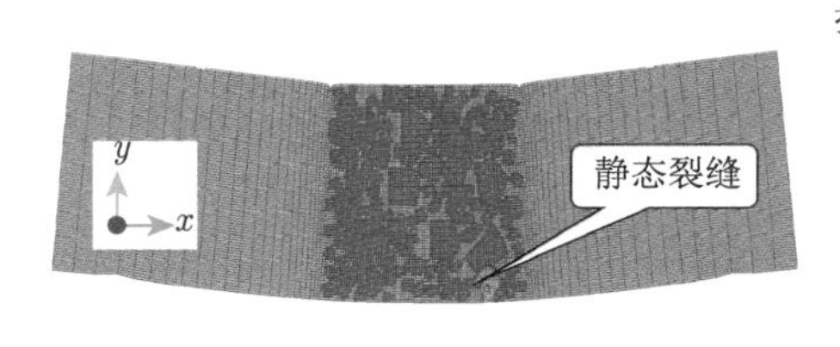

(a) 静态裂缝分布

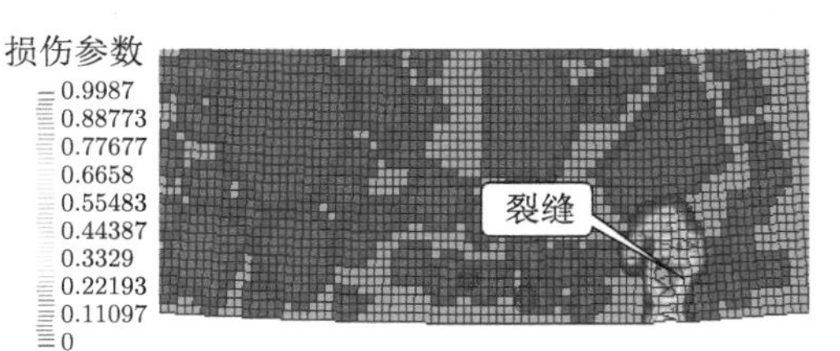

(b) 静态损伤裂缝的局部细节

图 5.31　静态弯曲变形和裂缝分布

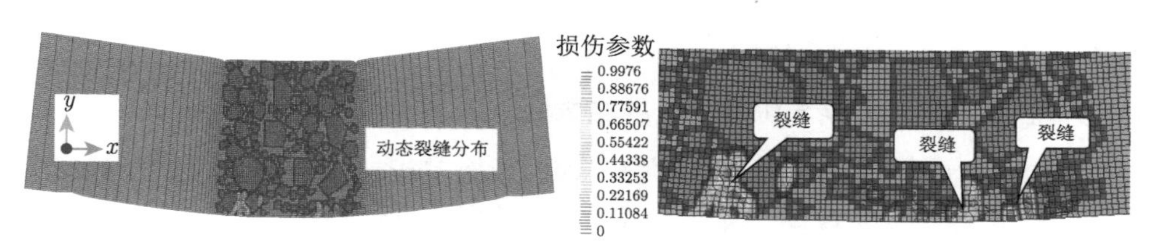

(a) 动态裂缝分布 (b) 动态损伤裂缝局部细节

图 5.32 动态弯曲变形和裂缝分布

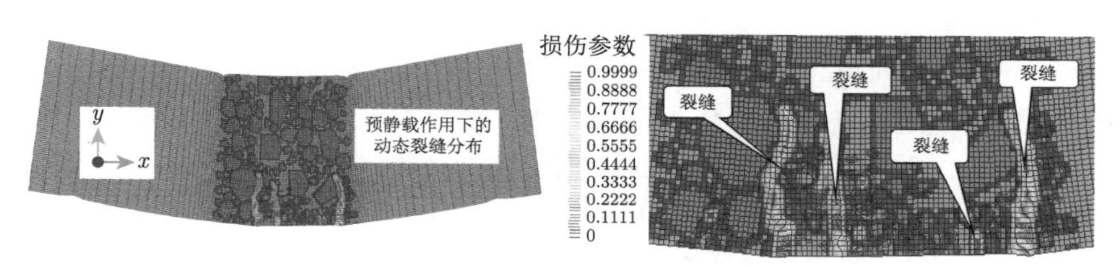

(a) 动态裂缝分布 (b) 损伤裂缝的局部细节

图 5.33 预静载达到静极限荷载 80%时的动态弯曲变形和裂缝分布

配混凝土试样在极限荷载作用下不同加载过程的混凝土梁的弯拉破坏模式和裂缝分布。

从数值模拟结果可以看出，具有预静载作用的动态损伤的裂缝模式和分布与纯静载和纯动载的显著不同。静载作用产生的连通裂缝少于动荷载产生的裂缝。如图 5.31 所示，静载作用下仅一条裂缝，相应的静强度为 3.56MPa。在动载作用下，如图 5.32 所示，裂缝多于三条，其动强度为 4.26MPa。然而，在图 5.33 中，在预静载作用下以相同速率的动载产生了更多的裂缝，并且在极端破坏状态下裂缝的传播更加深入，在预静荷载达到极限静荷载的 80%时，相应的动强度提高到 4.86MPa，比单纯动态加载强度增加了 14%。由裂缝扩展形态表明，预静载效应使混凝土试件产生更多的裂缝并消耗大量能量，因此其极限强度高于单纯动态加载和单纯静态加载时的极限强度。

进一步从机理上分析，与简单的动态加载过程不同，在施加预静载之后，后续的静态破坏会在混凝土的动态加载破坏过程中产生更多的额外增量荷载。损伤致使削弱刚度并增加应变率，而速率效应的提高反过来会增加强度和刚度。相反，应变率的增加也加速了混凝土的进一步损伤弱化。当由增强效应主导时，动态强度增加，而当损伤恶化主导时，动态强度降低。由此推理可以得到这样的结论，混凝土材料的损伤具有应变率增加和损伤弱化的双面特性。另外，从能量耗散的角度分析，静预载的作用会导致混凝土试件在破坏中产生更多的微裂缝，从而消耗更多的外部能量。能量的消耗越大，混凝土的宏观力学性能就表现出更高的极限强度。

5.5.3 混凝土宏观分析与细观分析的结果比较

在本小节中，将讨论细观结构的不均匀性对其混凝土宏观动力特性的影响。将图 5.27 的梁作为宏观均匀混凝土试件，将跨中 300mm×300mm 的区域分配给表 5.4 和表 5.5 中列出的混凝土的材料参数。采用 5.5.1 节同样的几种加载方式进行了数值模拟，即进行静载、动载和依次在 20%, 40%, 60%和 80%预静载加载水平后进行动态冲击加载，不同静预载水平下的混凝土宏观和细观动弯拉强度计算值分别列在表 5.7 中。由均质混凝土试件计算得到静极限强度仍保持在 3.56MPa，相应的动强度分别为 4.12MPa，4.24MPa，4.32MPa，4.40MPa 和 4.62MPa；相应的动态增强因子分别为 1.15，1.18，1.21，1.23 和 1.29。在施加 80%的预静载之前，动态弯曲强度会随预静载而增加。由此计算出的动态抗弯强度曲线也在图 5.29 中给出，并与细观数值分析结果进行了比较。结果表明，作为宏观均质混凝土的动态强度低于考虑细观结构的动态强度。两种情况下的静载强度相同，因此获得的宏观均质材料的动态强度增强系数也低于细观分析结果的动态强度增强系数。

表 5.7 不同静预载水平下的混凝土宏观和细观动弯拉强度计算值比较

预静载水平/%		0	20	40	60	80	100
宏观计算值	强度/MPa	4.12	4.24	4.32	4.40	4.62	3.56
	动态增强因子 DIF	1.15	1.18	1.21	1.23	1.29	1.00
细观计算值	强度/MPa	4.26	4.48	4.52	4.70	4.86	3.56
	动态增强因子 DIF	1.20	1.26	1.27	1.32	1.37	1.00

5.5.4 循环荷载作用下全级配混凝土细观弯拉数值模拟

1. 大岗山拱坝工程混凝土细观各相材料试验参数分析

文献 [17] 针对大岗山拱坝，采用实际建设混凝土原材料和配合比，制成砂浆、骨料和界面试件，进行动态直接拉伸应变率效应试验研究。按照大岗山拱坝工程采用的混凝土原材料和配合比，制成砂浆、骨料和界面试件，进行动态拉伸试验。在表 5.8 中给出了大岗山拱坝工程混凝土砂浆、骨料和界面的动态抗拉强度和动态强度强化因子。

表 5.8 大岗山拱坝混凝土细观各相材料的应变率及其强化因子

工况	界面/MPa	强化因子	砂浆/MPa	强化因子	骨料/MPa	强化因子
$10^{-6}s^{-1}$	2.36	1.00	4.34	1	5.32	1
$10^{-5}s^{-1}$	2.38	1.01	5.78	1.33	7.85	1.48
$10^{-4}s^{-1}$	2.51	1.06	5.72	1.32	8.88	1.67
$10^{-3}s^{-1}$	3.49	1.48	7.14	1.65	10.37	1.95

根据表 5.8 的细观各相材料的应变率及其强化因子，按照式 (5.3) 抗拉强度的强化系数 H_t 与应变率 $|\dot{\varepsilon}|$ 的关系式，由试错法得到如表 5.9 所列出的强度强化参数，其强化曲线如图 5.34 所示。

表 5.9 大岗山工程混凝土细观各相材料动态强度强化参数

细观组分材料	A_t	B_t	C_t
骨料	0.20	6.00	0.80
砂浆	0.21	6.00	1.50
黏结面	0.28	6.00	4.00

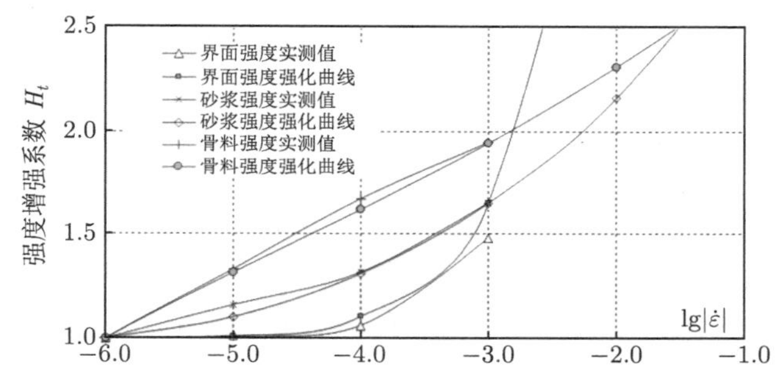

图 5.34 大岗山拱坝工程混凝土细观各相材料的强化系数

2. 大岗山四级配混凝土试件弯曲细观数值模拟

以标准四级配试件 450mm×450mm×1700mm，采用三分点加载方式[33]，细观数值模型如图 5.35 所示。根据大岗山拱坝工程混凝土材料试验实测结果[17]，混凝土各相组分材料力学特性参数和损伤及强化参数取值列于表 5.10。考虑到实测细观强度的试件与细观单元的尺寸效应，这里尺寸效应系数取 0.7，即将实际测量的黏结面强度除以 0.7 作为细观分析的细观黏结面强度。

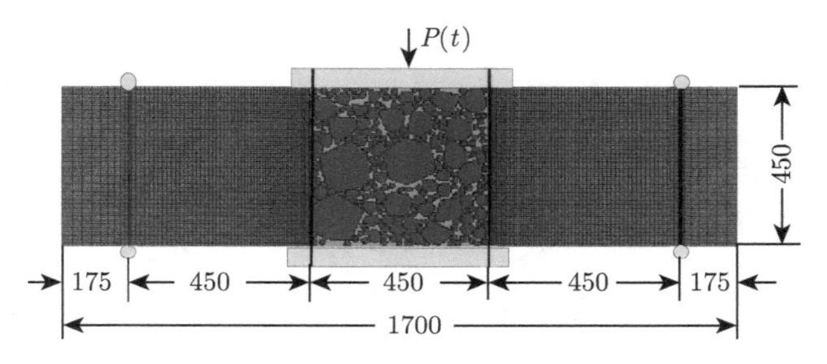

图 5.35 四级配混凝土试件弯曲细观数值模型 (单位: mm)

对大岗山拱坝工程 180 天龄期的四级配混凝土分别进行静态加载、冲击加载和三角波弯拉破坏数值模拟。静态加载速率为 250N/s，动加载速率为 930kN/s。

计算得到静载极限弯拉应力约为 2.97MPa，冲击荷载极限弯拉应力约为 4.16MPa，计算结果与试验观测结果几乎完全一致。

表 5.10　大岗山拱坝工程混凝土各相组分材料力学特性参数

材料	弹性模量/GPa	泊松比	抗拉强度/MPa	容重/$kN\cdot m^{-3}$
骨料	60.00	0.20	5.32	27.00
砂浆	50.00	0.20	4.34	21.00
黏结面	24.00	0.20	3.30	24.00
混凝土	50.00	0.20	5.00	24.00

<table>
<tr><th colspan="10">损伤及强化参数</th></tr>
<tr><th rowspan="2">材料</th><th>残余强度系数</th><th>残余应变系数</th><th>极限应变系数</th><th colspan="3">弹性模量强化参数</th><th colspan="3">强度强化参数</th></tr>
<tr><th>λ</th><th>η</th><th>ξ</th><th>A_E</th><th>B_E</th><th>C_E</th><th>A_t</th><th>B_t</th><th>C_t</th></tr>
<tr><td>骨料</td><td rowspan="4">0.10</td><td rowspan="4">3.00</td><td rowspan="4">10.00</td><td rowspan="4">0.01</td><td rowspan="4">6.00</td><td rowspan="4">1.00</td><td>0.20</td><td>6.00</td><td>0.80</td></tr>
<tr><td>砂浆</td><td>0.21</td><td>6.00</td><td>1.50</td></tr>
<tr><td>黏结面</td><td>0.28</td><td>6.00</td><td>4.00</td></tr>
<tr><td>混凝土</td><td>0.12</td><td>6.00</td><td>1.00</td></tr>
</table>

按图 5.36 变幅三角波循环荷载时程加载，荷载加到约 4.38s 试件产生失稳破坏，图 5.37 给出了位移时程曲线，计算得到三角波循环加载时，混凝土试件的极

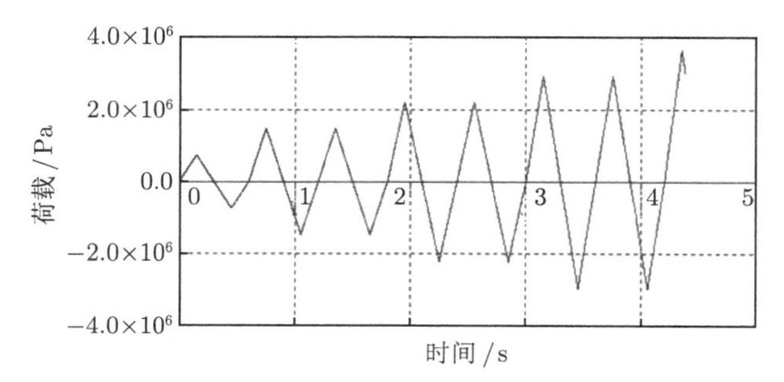

图 5.36　荷载时程曲线

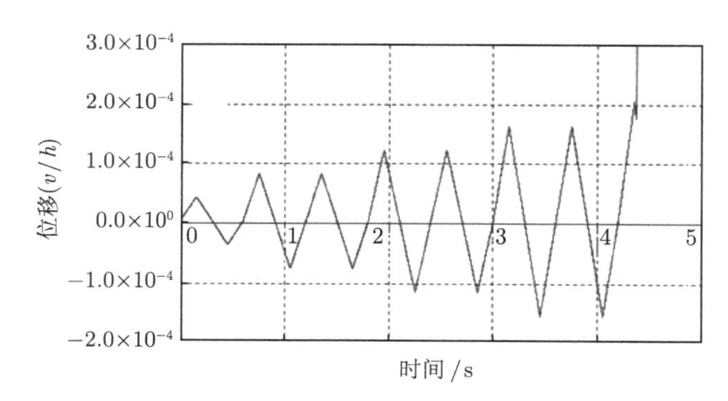

图 5.37　跨中上边缘位移时程曲线

限弯拉强度为 3.58MPa。同时，分别施加 40%和 80%的预静载，再进行三角波加载，计算得到的不同预静载作用的混凝土试件的极限弯拉强度分别为 3.80MPa 和 3.90MPa。图 5.38 给出了不同预静载下的极限弯拉强度；图 5.39 是不同预静载下的动态增强因子。两图中同时给出了试验观测结果。通过对比可看出，计算结果与试验结果基本一致。同时将计算结果和试验数据一并列在表 5.11 中。试验和计算结果显示，在循环加载条件下预静载对动弯拉强度也存在强化作用。

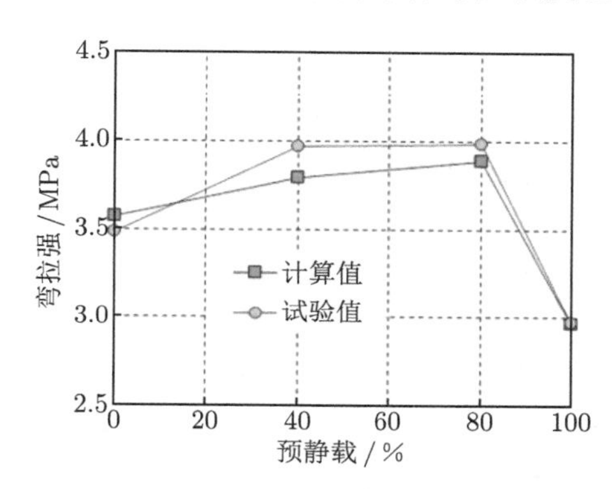

图 5.38 不同预静载下的弯拉强度

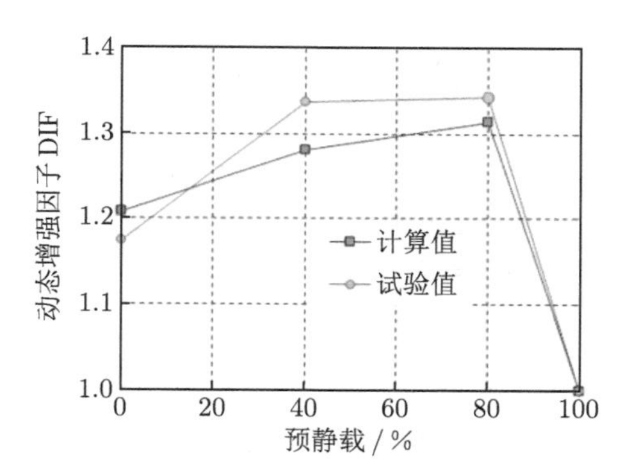

图 5.39 不同预静载下的动态增强因子

表 5.11 大岗山拱坝工程混凝土的计算和试验弯拉强度对比

预静载水平/%		0	40	80	100
试验值	强度/MPa	3.49	3.97	3.99	2.97
	动态增强因子 DIF	1.18	1.34	1.34	1.00
计算值	强度/MPa	3.58	3.80	3.90	2.97
	动态增强因子 DIF	1.21	1.28	1.31	1.00

目前混凝土细观力学分析尚缺少较完整系统的混凝土细观各相参数的测试成

果，混凝土细观分析所用细观参数一般是根据现有混凝土力学特性参数试验结果估算得到的。但是上述混凝土试件弯折损伤破坏过程的细观计算所采用的细观各相组分材料的强度及其动载强化因子取自实验观测结果，并且，由计算得到的宏观弯拉强度和动态强度随预静载的变化规律与实验结果基本一致。

5.6 本章小结

混凝土材料在动载作用下表现出与静载作用下不同的特性。大坝混凝土属于大体积全级配混凝土，骨料颗粒体积大、含量高，表现于普通混凝土更为显著的动力效应。混凝土材料微观结构的多孔性、蠕变性致使其在承载后表现出非线性变形特征。这种非线性变形性质决定了混凝土的宏观力学性能不仅与材料本身的材料结构有关，还与加载历史有关。混凝土的动态性能在不同的预静载水平作用下表现出与单纯动载作用下不同的特性。地震荷载一般表现为复杂的往复作用，伴随着对结构材料的低周疲劳效应，因此，研究往复循环荷载作用下混凝土材料的动态性能很有意义。建立复杂应力状态下混凝土及其细观各相组分材料的损伤本构关系，是进行复杂荷载作用下全级配混凝土力学特性细观数值分析的关键。

本章系统地介绍了混凝土细观力学分析系统，该理论系统认为混凝土在低应速率条件下的动态增强效应是混凝土本身的基本材料特性，其主要内容：① 混凝土材料损伤的双折线模型；② 弹性模量及抗拉强度应变率强化公式；③ 随机骨料模型生成方法及其细观有限元剖分方法；④ 构建了复杂加载条件下的混凝土损伤非线性动力学方程。

数值结果表明，动态抗弯强度随着静态预载水平的增加而达到一定极限 (约80%的静态强度)。与传统的单纯动态加载过程不同，在预静载之后，后续的静态破坏会在混凝土的动态加载破坏过程中产生额外的荷载增量。损伤削弱了刚度并增加了应变率，速率效应却增加了强度和刚度。相反，应变率的增加加速了混凝土的进一步损伤弱化。当增强效果占优时，动态强度会增加，反之亦然。这说明混凝土的损伤具有应变率强化和损伤弱化的双重特性。在本章的数值模拟分析中，进一步阐明了混凝土的应变率效应是静态预载对混凝土动态强度增强效应的根本原因，并认为在初始预静载作用下的动态强度增强是应变率增强和预静载损伤弱化共同作用的结果。

参 考 文 献

[1] Bischoff P H, Perry S H. Compressive behavior of concrete at high strain rates [J]. Materials and Structures, 1991, (24): 425-450.

[2] 王礼立, 蒋昭镳, 陈江瑛. 材料微损伤在高速变形过程中的演化及其对率型本构关系的影响 [J]. 宁波大学学报, 1996, 9(3): 49-55.

[3] Eibl J, Schmidt-Hurtience B. Strain-rate-sensitive constitutive law for concrete [J]. Journal of Engineering Mechanics, ASCE, 1999, 125(12): 1411-1420.

[4] 戚承志, 钱七虎. 材料变形及损伤演化的微观物理机制 [J]. 固体力学学报, 2002, 23(3): 312-317.

[5] 马怀发, 陈厚群, 黎保琨. 混凝土细观结构不均匀性对其动弯拉强度的影响 [J]. 水利学报, 2005, 36(7): 846-852.

[6] Kaplan S A. Factors affecting the relationship between rate of loading and measured compressive strength of concrete [J]. Magazine of Concrete Research, 1980, 32(111): 79-88.

[7] Malvar L J, Ross C A. Review of strain rate effects for concrete in tension [J]. ACI Material Journal, 1998, 95(6): 735-739.

[8] 陈厚群, 丁卫华, 蒲毅彬, 等. 单轴压缩条件下混凝土细观破裂过程的 X 射线 CT 实时观测 [J]. 水利学报, 2006, 37(9): 1044-1050.

[9] 陈厚群, 丁卫华, 党发宁, 等. 混凝土 CT 图像中等效裂纹区域的定量分析 [J]. 中国水利水电科学研究院学报, 2006, 4(1): 1-7.

[10] Eibl J, Curbach M. An attempt to explain strength increase due to high loading rates [J]. Nuclear Engineering and Design. 1989, 112: 45-50.

[11] Rossi P. A physical phenomenon which can explain mechanical behaviors of concrete under high strain rates [J]. Material and Structures, 1991, (24): 422-424.

[12] Rossi P, van Mier J G M, Toutlemonde F, et al. Effect of loading rate on the strength of concrete subjected to uniaxial tension [J]. Materials and Structures, 1994, 27: 260-264.

[13] Hatano T, Tsutsumi H. Dynamic compressive deformation and failure of concrete under earthquake load [R]. Technical Report No1C25904, Technical Laboratory of the Central Research Institute of Electric Power Industry, 1959.

[14] Hatano T. Relations between strength of failure, strain ability, elastic modulus and failure time of concretes [R]. Technical Report C-6001, Technical Laboratory of the Central Research Institute of Electric Power Industry, 1960.

[15] Raphael J M. Tensile strength of concrete [J]. ACI Journal, 1984, 81(2): 158-165.

[16] Harris W D, Mohorovic E C, Dolen T P. Dynamic properties of mass concrete obtained from dam cores [J]. ACI Material Journal, 2000, (97): 290-296.

[17] 陈厚群, 李德玉, 马怀发. 大岗山拱坝全级配混凝土地震动态抗力研究报告 [R]. 北京: 中国水利水电科学研究院, 2010.

[18] 周继凯, 吴胜兴, 沈德建, 等. 小湾拱坝三级配混凝土动态弯拉力学特性试验研究 [J]. 水利学报, 2009, 40(9): 1108-1115.

[19] 周继凯, 吴胜兴, 苏胜, 等. 小湾拱坝湿筛混凝土动态弯拉力学特性试验研究 [J]. 水利学报, 2010, 41(1): 73-79.

[20] Wu S X, Wang Y, Shen D, et al. Experimental study on dynamic axial tensile mechanical properties of concrete and its components[J]. ACI Mater. J., 2012, 109: 517-527.

[21] Zaitsev Y V, Wittmann F H. Crack propagation in a two-phase material such as concrete [J]. Int Conf on Fracture, 1977, 3: 1197-1203.

[22] Schlangen E, Garbocai E J. Fracture simulations of concrete using lattice models: computational aspects [J]. Engng. Frac. Mech, 1997, 57(2/3): 319-322.

[23] Bažant Z P, Tabbara M R, Kazemi M T, et al. Random particle models for fracture of aggregate or fiber composites [J]. ASCE J. Engng Mech., 1990, 116(8): 1686-1705.

[24] Walraven J C, Reinhardt H W. Theory and experiments on the mechanical behavior of cracks in plain and reinforced concrete subjected to shear loading [J]. HERON, 1991, 26(1A): 26-35.

[25] 马怀发, 陈厚群. 全级配大坝混凝土动态损伤破坏机理研究及其细观力学分析方法 [M]. 北京: 中国水利水电出版社, 2008.

[26] Ma H F, Xu W X, Zhou J K, et al. Mesoscopic insight into the damage mechanism for the static preload effect on dynamic tensile strength of concrete[J]. Journal of Materials in Civil Engineering, 2019, 32(2): 04018380.

[27] Ma H F, Song L Z, Xu W X. A novel numerical scheme for random parameterized convex aggregate models with a high-volume fraction of aggregates in concrete-like granular materials[J]. Computers and Structures, 2018, 209: 57-64.

[28] Ma H F, Xu W X, Li Y C. Random aggregate model for mesoscopic structures and mechanical analysis of fully-graded concrete[J]. Computers and Structures, 2016, 177: 103-113.

[29] Song L Z, Ma H F, Yu B. A topological generation method for the mesoscopic model of composite material with star solid reinforced particles and its ITZ control[J]. Composite Structures, 2019, 225: 111116.

[30] Xu W X, Chen H S. Quantitative characterization of the microstructure of fresh cement paste via random packing of polydispersed Platonic cement particles[J]. Modelling Simul Mater Sci Eng., 2012, 20: 075003.

[31] 江见鲸, 陆新征, 叶列平. 混凝土结构有限元分析 [M]. 北京: 清华大学出版社, 2004.

[32] 马怀发, 陈厚群, 黎保琨. 混凝土试件细观结构的数值模拟 [J]. 水利学报, 2004, 35(10): 27-35.

[33] 中华人民共和国电力行业标准. 水工混凝土试验规程 DL/T 5150-2001[S]. 北京: 中国电力出版社, 2002.

第 6 章　混凝土弹塑性损伤变形特性及其参数的确定

6.1　引　　言

混凝土的微细观材料结构具有显著的不均匀性、多孔性和蠕变性。混凝土材料在其承载过程中表现为明显的非线性变形特征。一般认为，这种非线性产生于混凝土材料的两种能量耗散机制及其相互作用 [1-3]：一是混凝土材料的内部微裂缝的产生、扩展和交汇；二是其微裂缝界面的摩擦滑动。混凝土在外荷载作用下其内部的微孔洞、微裂纹等先天缺陷会延长、扩展、交汇形成微裂缝。微裂缝引起材料力学性能的劣化，从而导致强度的降低和刚度的弱化。而微裂缝界面的摩擦滑动会产生类似于金属材料的晶格位错所产生的不可恢复残余 (塑性) 变形。

连续介质损伤力学将内部状态变量理论与不可逆热力学过程相结合，采用损伤变量及其演化过程描述混凝土材料内部微缺陷或微裂缝所导致的抗拉、压性能劣化过程。最初基于简单应力状态提出标量损伤变量，随着研究的深入和损伤力学的发展，人们引入了矢量或张量损伤变量，用以表征在复杂应力状态下混凝土材料内部的缺陷或裂缝及其演化扩展的方向性。代表性的混凝土损伤模型包括 Loland 损伤本构模型[4]，Krajcinovic 损伤本构模型[5,6]，Resende 模型[7]，Mazars 损伤模型[8] 等。

弹性损伤模型没有考虑不可恢复变形以及压缩所导致的非弹性体积膨胀[9]。混凝土在拉伸或压缩状态下力学和变形特性显著不同。混凝土的抗拉性能远弱于抗压性能，特别是在低围压下，与压缩应力相比，在非常低的应力下导致拉伸开裂。混凝土在循环加载卸载变形过程中，当应力卸载至零时，一部分变形可以恢复，但也有相当一部分变形不可恢复。在低周反复荷载或动力荷载作用下混凝土的不可恢复变形对混凝土结构非线性行为的影响更加显著。一般认为，混凝土的非线性材料行为表现为刚度的退化和不可恢复变形两种形式[10]。

基于金属晶体滑移或位错发展起来的塑性流动理论，能够较好地描述混凝土材料的弹性段、破坏条件以及不可恢复变形的发展。尽管混凝土的破坏机理与金属材料有所不同，但应用塑性理论可描述混凝土材料的不可恢复变形。一个耦合损伤和塑性的本构模型既能描述混凝土因其微裂纹形成和扩展导致的刚度退变又能反映因微裂缝界面摩擦滑动产生的不可逆 (塑性) 变形。因此，众多弹塑性损伤

模型被发展起来 [11−22]，并被广泛应用于混凝土结构的失效分析[23−29]，其中 Lee 和 Fenves 弹塑性损伤模型被纳入 ABAQUS 有限元分析软件。采用这些损伤模型进行混凝土结构损伤失效分析，首先需要提供一系列反映混凝土力学特性和损伤变形特性的参数[30]，如损伤参数随非线性变形的变化曲线，强度随非线性变形的演化曲线等。

近年来，中国在西部高地震区修建了一系列 300m 级的混凝土高坝工程，抗震安全面临重大挑战。为确保重大高坝工程在遭遇极限地震时不发生整体失稳溃决，必须对其进行非线性计算分析和极限抗震能力校核。为了获取混凝土的强度、损伤参数及其演化规律，消耗了大量的人力和物力，做了大量全级配大坝混凝土材料轴向拉压和弯拉破坏实验[31−37]。另外，为了成功实现混凝土试件应力应变全曲线加载过程，需要专门设备和技术控制才能获得，特别是获取轴向拉压循环加载的全曲线过程，成功率很低。

作者基于这些实验数据分析混凝土材料损伤和非线性变形的规律，并从简单的混凝土轴向拉压应力应变全曲线获取这些必需损伤非线性参数。通过分析溪洛渡高拱坝工程全级配 (四级配) 混凝土[35,36] 和普通 (两级配) 混凝土材料拉 (压) 循环加卸载试验数据[37]，研究混凝土破坏时非线性应变与损伤因子的演化规律，从而提出依据简单的加载试验即可预测损伤参数的理论和方法。

6.2　混凝土弹塑性损伤模型

混凝土在循环加载卸载变形过程中，当应力卸载至零时，一部分变形可以恢复，但也有相当一部分变形不可恢复，且这种不可恢复变形随变形水平的增大而增加。如图 6.1 所示，在低周反复荷载或动力荷载作用下混凝土的不可恢复变形

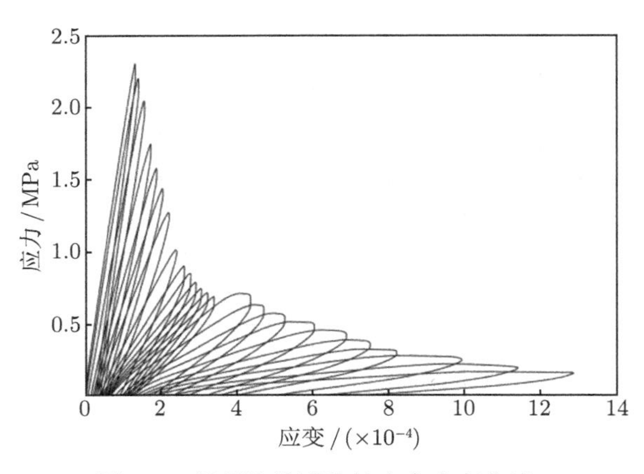

图 6.1　循环拉伸试验的应力应变曲线

对混凝土结构非线性行为的影响更加显著[38]。因此，必须考虑不可恢复变形的影响。

Lee 和 Fenves[39,40] 基于 Lubliner 等[41] 提出的混凝土损伤塑性模型，将各向同性弹性损伤与各向同性拉伸和压缩塑性理论相结合表征混凝土的非弹性行为，结合非关联多重硬化塑性和各向弹性损伤理论表征材料描述混凝土微裂缝引起的不可逆损伤行为，并且可以考虑材料拉压性能的差异、单边效应等，具有完整的理论体系，为分析在低循环加载和动态加载条件下混凝土等准脆性材料的力学反应提供了一个普适模型。本章参照该模型基于混凝土材料试验获得的非线性变形规律，总结其损伤变量的表达形式及其预测方法。

6.2.1 应力应变关系

损伤变量最初是由柯西 (Cauchy) 提出有效受力面积 $\bar{A}$ 定义的，即用 $d = 1 - \bar{A}/A$ 表示标量损伤变量。尽管理论定义严格，但是在有效面积处理上实际操作存在困难。而基于应变等效假定[13]，如图 6.2 所示，在实际物理空间上作用在受损材料上的真实应力 (柯西应力) σ 所产生的应变与有效 (虚拟) 空间上的有效应力 $\bar{\sigma}$ 所产生的应变等价。按照拉梅特 (Lemaitre) 应变等价原理，其有效应力可以用无损材料中的应变 ε 表示，即损伤变量可表示为 $d = 1 - E/E_0$，式中，E_0 为初始弹性模量，E 为损伤后的弹性模量。由于弹性模量的计算仅与加载曲线的应力应变有关，所以弹性模量的数据获得相比于有效受力面积更容易、更准确。利用弹性模量的降低作为损伤变量的定义，并利用材料试验测得的其他参数可以得出混凝土损伤变量值 d。

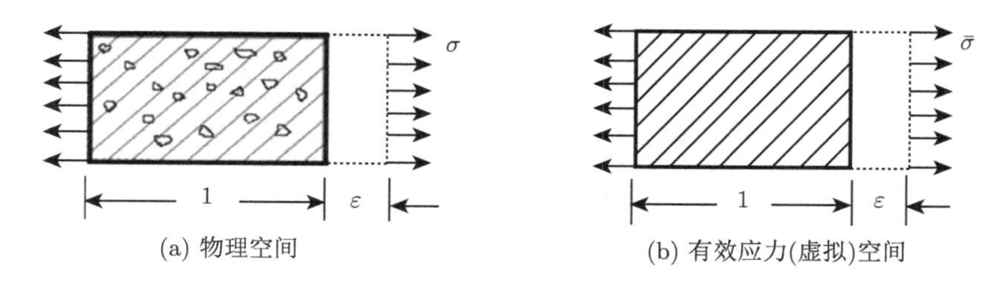

(a) 物理空间 (b) 有效应力(虚拟)空间

图 6.2 应变等价假定

根据 (弹性) 应变等效假定，混凝土弹塑性损伤本构关系有一般形式：

$$\sigma = (I - D) : \bar{\sigma} = (I - D) : D_0^{\mathrm{el}} : \left(\varepsilon - \varepsilon^{\mathrm{pl}}\right) \tag{6.1}$$

在有效应力空间用有效应力张量 $\bar{\sigma}$ 代替经典塑性力学中的柯西应力张量 σ，来考虑塑性应变 (残余应变) $\varepsilon^{\mathrm{pl}}$，$\varepsilon$ 为总应变，D 为损伤张量，I 为单位张量，D_0^{el} 为无损弹性刚度。如果损伤参数为标量 d，则混凝土材料的损伤应力应变关系简化

为

$$\sigma = (1-d) : D_0^{\mathrm{el}} : \left(\varepsilon - \varepsilon^{\mathrm{pl}}\right) \tag{6.2}$$

6.2.2 屈服条件

混凝土塑性损伤模型采用的屈服函数是基于 Lubliner 提出的屈服函数，并经 Lee 和 Fenves 修改，可以解释拉压不同的强度演变。其屈服函数用有效应力表示为

$$Y\left(\bar{\sigma}, \tilde{\varepsilon}^{\mathrm{pl}}\right) = \frac{1}{1-\alpha}\left(\bar{q} - 3\alpha\bar{p} + \beta(\tilde{\varepsilon}^{\mathrm{pl}})\langle\hat{\bar{\sigma}}_{\max}\rangle - \gamma\langle-\hat{\bar{\sigma}}_{\max}\rangle\right) - \bar{\sigma}_c\left(\tilde{\varepsilon}_c^{\mathrm{pl}}\right) \leqslant 0 \tag{6.3}$$

其中，$\bar{p} = -\dfrac{1}{3}\sigma : I = -\dfrac{1}{3}\bar{I}_1$ 为有效静水压力；$\bar{q} = \sqrt{\dfrac{3}{2}\bar{s} : \bar{s}} = \sqrt{3\bar{J}_2}$ 为 Mises 等效应力，这里，$\bar{s} = \bar{p}I + \bar{\sigma}$ 为偏有效应力张量；$\bar{I}_1$ 为有效应力的第一应力不变量；$\tilde{\varepsilon}_t^{\mathrm{pl}}$ 为等效拉伸塑性应变；$\tilde{\varepsilon}_c^{\mathrm{pl}}$ 为等效压缩塑性应变；$\hat{\bar{\sigma}}_{\max}$ 为有效应力张量 $\bar{\sigma}$ 的代数最大特征值。

在双轴压缩时式 (6.3) 退化为 $F(\bar{\sigma}, \tilde{\varepsilon}^{\mathrm{pl}}) = \dfrac{1}{1-\alpha}(\bar{q} - 3\alpha\bar{p}) - \bar{\sigma}_c(\tilde{\varepsilon}_c^{\mathrm{pl}}) \leqslant 0$，即 Drucker-Prager 屈服准则。在双轴压缩初始屈服时，有 $\bar{p} = \dfrac{2}{3}\sigma_{b0}$，$\bar{q} = \sigma_{b0}$，可得

$$\alpha = \frac{\sigma_{b0} - \sigma_{c0}}{2\sigma_{b0} - \sigma_{c0}} = \frac{\dfrac{\sigma_{b0}}{\sigma_{c0}} - 1}{2\dfrac{\sigma_{b0}}{\sigma_{c0}} - 1} \tag{6.4}$$

式中，σ_{c0} 为单轴压缩初始屈服应力；σ_{b0} 为等双轴压缩初始屈服应力。对于混凝土来说，$\dfrac{\sigma_{b0}}{\sigma_{c0}}$ 的典型试验值在 1.10~1.16 范围，相应地，α 在 0.08~0.12 取值，以描述混凝土双轴与单轴压缩强度的关系。

在单轴拉伸至 $\bar{\sigma}_t(\tilde{\varepsilon}_t^{\mathrm{pl}})$ 时，有 $\bar{p} = -\dfrac{1}{3}\bar{\sigma}_t(\tilde{\varepsilon}_t^{\mathrm{pl}})$，$\bar{q} = \bar{\sigma}_t(\tilde{\varepsilon}_t^{\mathrm{pl}})$，代入屈服准则得到

$$\beta(\tilde{\varepsilon}^{\mathrm{pl}}) = \frac{\bar{\sigma}_c(\tilde{\varepsilon}_c^{\mathrm{pl}})}{\bar{\sigma}_t(\tilde{\varepsilon}_t^{\mathrm{pl}})}(1-\alpha) - (1+\alpha) \tag{6.5}$$

β 是关于当前拉伸和压缩屈服应力的关系式，由此可以看出，该屈服准则考虑了拉伸和压缩时不同的强度演化。

γ 只在三轴压缩应力状态时才起作用，引入的目的是描述三轴压缩应力状态 ($\hat{\bar{\sigma}}_{\max} < 0$) 时拉、压子午面上屈服条件的差异，可以通过比较沿拉、压子午线的屈服条件确定。

6.2.3 流动法则

如果认为混凝土损伤塑性模型为非关联塑性流动，即塑性势函数 $G \neq Y(\bar{\sigma}, \varepsilon^{\mathrm{pl}})$，则塑性流动满足

$$\varepsilon^{\mathrm{pl}} = \lambda \frac{\partial G(\bar{\sigma})}{\partial \bar{\sigma}} \tag{6.6}$$

其中，λ 为塑性流动因子。若采用 Drucker-Prager 双曲线函数[12]，则

$$G = \sqrt{(\xi \sigma_{t0} \tan\psi)^2 + \bar{q}^2} - \bar{p}\tan\psi \tag{6.7}$$

其中，ψ 为 p-q 平面上高围压下的剪胀角 (高围压下 p-q 和 $\bar{p}$-$\bar{q}$ 平面上的剪胀角相等，因为高围压时可以认为无损伤，从而柯西应力和有效应力相等)；σ_{t0} 为单轴拉伸时的破坏应力 (即单轴抗拉强度，和 $\bar{\sigma}_{t0}$ 相等)；ξ 为偏移量参数，定义了 G 趋向于渐近线的速率 (当 ξ 接近 0 时，G 趋于直线)，表示塑性势函数在子午面上的形状参数，一般取 0.1。

塑性势函数 G 也可写为

$$G = \sqrt{(\xi \sigma_{t0} \tan\psi)^2 + \frac{3}{2}\bar{s} : \bar{s}} + \frac{1}{3}\sigma : I \tan\psi = \sqrt{(\xi \sigma_{t0} \tan\psi)^2 + 3\bar{J}_2} + \frac{1}{3}\bar{I}_1 \tan\psi \tag{6.8}$$

流动势函数 (6.7) 或 (6.8) 是连续光滑的，确保了流动方向的唯一性。如图 6.3 所示，在高围压下该函数渐近于线性 Drucker-Prager 流动势且与静水压力轴正交。混凝土损伤塑性模型可以较好地描述混凝土等准脆性材料的非弹性行为，引入非关联流动法则和各向同性弹性损伤理论以描述材料的不可逆损伤，通过剪胀角描述混凝土材料的剪胀效应。然而关于剪胀角的取值尚无定论，在 ABAQUS 软件中，默认剪胀角采用 36.31°，普通混凝土的摩擦角在 $\phi = 32° \sim 37°$，采用非关联流动法则，剪胀角应满足 $0 \leqslant \psi \leqslant \phi$，并在 30° 左右取值[42]。

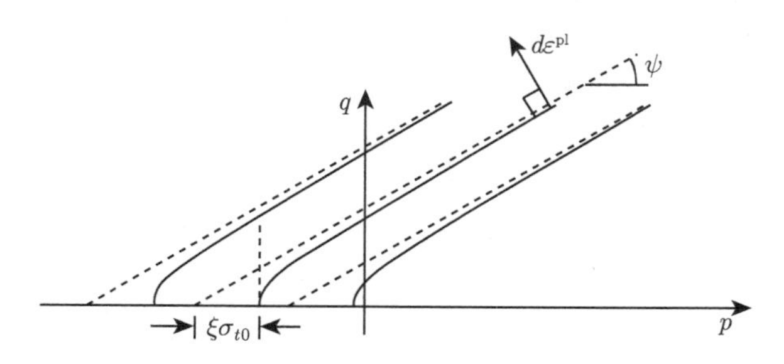

图 6.3 双曲线塑性势函数在子午面上的形状

混凝土在侧压力作用下会表现出延性，然而，在拉伸荷载作用下，即使是很低的拉伸作用也会发生脆性破坏，说明此时线性 Drucker-Prager 准则过高地估计

了混凝土抗拉强度，故一般联合运用 Rankine 准则及线性 Drucker-Prager 准则来改进对拉伸特性的预测，相应地，流动势也应尽量接近对应的屈服面，以使流动方向尽量垂直于屈服面，上面的 G 函数符合这一要求。

6.2.4　损伤演化关系

1. 单向拉和压加载

图 6.4 实质上将混凝土拉和压轴向变形分解为弹塑性变形 (虚拟) 强化和损伤变形弱化两部分。在有效应力空间里，随着有效应力的增加，塑性 (残余变形) 屈服面处于膨胀状态，而在实际应力空间里的峰后变形软化用损伤参数描述。图 6.4 (a) 为混凝土受拉状态的变形曲线，在受拉极限应力 σ_{t0} 之前，变形为近似线弹性，其中，$\varepsilon_t^{\mathrm{ck}}$ 为受拉开裂应变，$\varepsilon_{0t}^{\mathrm{el}}$ 表示受拉弹性应变，$\varepsilon_t^{\mathrm{pl}}$ 为受拉塑性应变，$\varepsilon_t^{\mathrm{el}}$ 表示受损后弹性应变，d_t 为受拉损伤参数。与受拉变形不同的是，图 6.4 (b) 所示的受压变形曲线，在加载超过初始受压屈服 (弹性极限) 应力 σ_{c0} 后，产生非线性强化至受压极限强度 σ_{cu}，然后开始软化，其中，$\varepsilon_c^{\mathrm{in}}$ 为受压非线性应变，$\varepsilon_{0c}^{\mathrm{el}}$ 为受压极限弹性应变，$\varepsilon_c^{\mathrm{pl}}$ 为受压塑性残余应变，$\varepsilon_c^{\mathrm{el}}$ 为受压损伤后弹性应变，d_c 为受压损伤参数。

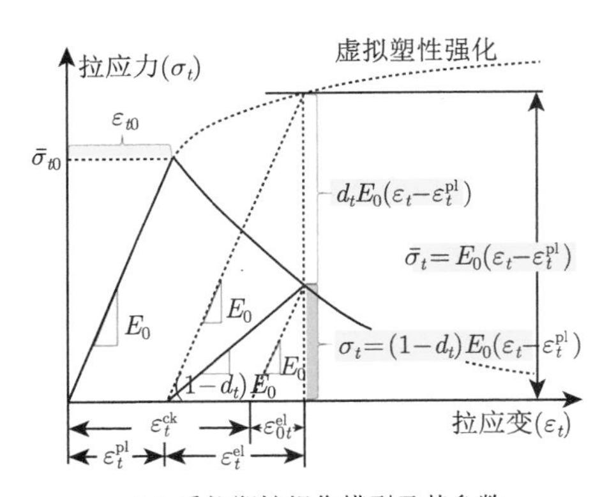

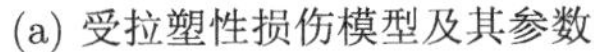

(a) 受拉塑性损伤模型及其参数

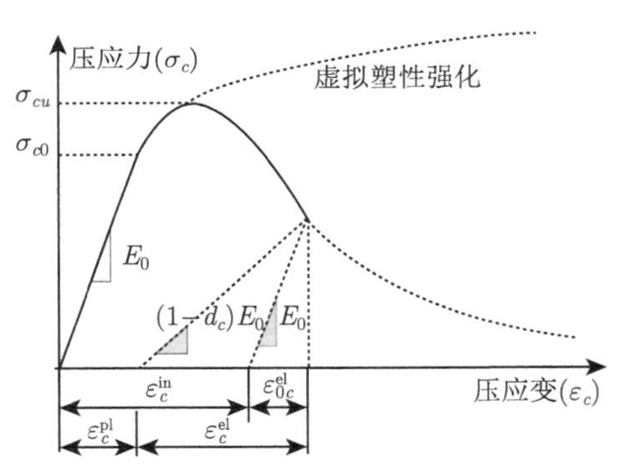

(b) 受压塑性损伤模型及其参数

图 6.4　混凝土弹塑性损伤变形曲线

但是本构关系式 (6.1) 不能完全确定材料的应力应变关系，其中的损伤张量 D 和塑性应变张量 $\varepsilon^{\mathrm{pl}}$ 为内 (状态) 变量的演化准则，其参数一般需要通过混凝土材料的拉压实验确定。对于简单应力状态, 式 (6.1) 表示标量形式: $\sigma=(1-d)E_0(\varepsilon-\varepsilon^{\mathrm{pl}})$。根据简单轴向拉压试验得到图 6.4 所示的应力应变曲线，并进行变形分解，可以得到混凝土受拉与受压损伤，以及与非线性应变的关系表达形式：

$$\sigma_t=(1-d_t)E_0(\varepsilon_t-\varepsilon_t^{\mathrm{pl}}),\quad \text{残余应变}\ \varepsilon_t^{\mathrm{pl}}=\varepsilon_t^{\mathrm{ck}}-\frac{d_t}{(1-d_t)}\frac{\sigma_t}{E_0} \tag{6.9}$$

$$\sigma_c = (1-d_c)E_0(\varepsilon_c - \varepsilon_c^{\mathrm{pl}}), \quad \text{残余应变 } \varepsilon_c^{\mathrm{pl}} = \varepsilon_c^{\mathrm{in}} - \frac{d_c}{(1-d_c)}\frac{\sigma_c}{E_0} \tag{6.10}$$

根据习惯定义，将单轴拉力产生的非线性应变称为开裂应变 $\varepsilon_t^{\mathrm{ck}}$，而轴向压缩产生的非线性应变表示为 $\varepsilon_c^{\mathrm{in}}$。如果通过材料测试获得了图 6.4 所示的完整应力应变曲线，并确定了在一定应力水平下卸载后的残余应变 $\varepsilon^{\mathrm{pl}}$，则开裂应变 $\varepsilon_t^{\mathrm{ck}}$ 或非线性应变 $\varepsilon_c^{\mathrm{in}}$ 也可以得到，然后可以计算出损伤因子 d_t 或 d_c。

2. 单轴拉压循环加载

混凝土损伤塑性模型一大特点就是可以考虑循环荷载作用下弹性刚度的恢复，图 6.5 给出了相应的单轴循环加载 (拉–压–拉) 曲线，考虑到损伤恢复，拉压损伤的综合效应[12] 表示为

$$1 - d = (1 - s_t d_c)(1 - s_c d_t) \tag{6.11}$$

其中，s_t 为拉伸应力刚度恢复因子；s_c 为压缩应力刚度恢复因子，分别定义为

$$\begin{cases} s_t = 1 - \omega_t r^*(\bar{\sigma}_{11}), & 0 \leqslant \omega_t \leqslant 1 \\ s_c = 1 - \omega_c [1 - r^*(\bar{\sigma}_{11})], & 0 \leqslant \omega_c \leqslant 1 \end{cases} \tag{6.12}$$

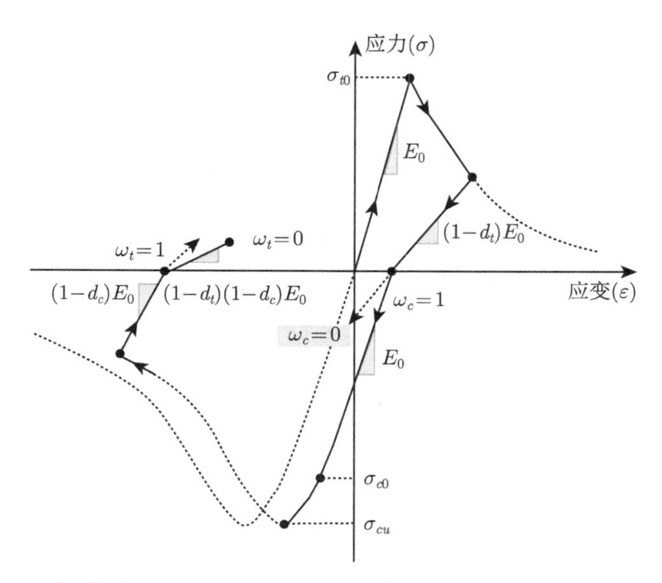

图 6.5 权重因子 $\omega_t = 0$ 和 $\omega_c = 1$ 时单轴循环加载 (拉–压–拉) 曲线

其中，ω_t 为拉伸刚度恢复权重因子；ω_c 为压缩刚度恢复权重因子，图 6.5 给出了权重因子的物理含义；r^* 为应力权重因子：

$$r^*(\bar{\sigma}_{11}) = \begin{cases} 1, & \bar{\sigma}_{11} > 0 \\ 0, & \bar{\sigma}_{11} \leqslant 0 \end{cases} \tag{6.13}$$

对于混凝土，一般只考虑受拉损伤，从拉到压，压缩刚度完全恢复，从压到拉，拉伸刚度没有恢复，即 $d_c = 0$，$\omega_t = 0$，$\omega_c = 1$，则式 (6.11) 退化为

$$1 - d = 1 - s_c d_t = 1 - [1 - \omega_c (1 - r^*(\bar{\sigma}_{11}))] d_t = 1 - r^*(\bar{\sigma}_{11}) d_t \tag{6.14}$$

单轴拉压循环时塑性应变演化方程为

$$\begin{cases} \dot{\varepsilon}_t^{\mathrm{pl}} = r^*(\bar{\sigma}_{11}) \dot{\varepsilon}_{11}^{\mathrm{pl}} \\ \dot{\varepsilon}_c^{\mathrm{pl}} = [1 - r^*(\bar{\sigma}_{11})](-\dot{\varepsilon}_{11}^{\mathrm{pl}}) = -[1 - r^*(\bar{\sigma}_{11})] \dot{\varepsilon}_{11}^{\mathrm{pl}} \end{cases} \tag{6.15}$$

6.2.5　单轴应力状态到多轴应力状态的转化

根据式 (6.15) 单轴应力状态下的等效塑性应变演化方程，采用应力权重因子 r 即可得到多轴应力状态下的等效塑性应变演化方程：

$$\begin{cases} \dot{\varepsilon}_t^{\mathrm{pl}} = r(\hat{\bar{\sigma}}) \hat{\dot{\varepsilon}}_{\max}^{\mathrm{pl}} \\ \dot{\varepsilon}_c^{\mathrm{pl}} = [1 - r(\hat{\bar{\sigma}})](-\hat{\dot{\varepsilon}}_{\min}^{\mathrm{pl}}) = -[1 - r(\hat{\bar{\sigma}})] \hat{\dot{\varepsilon}}_{\min}^{\mathrm{pl}} \end{cases} \tag{6.16}$$

令

$$\dot{\kappa}_n = \begin{Bmatrix} \dot{\varepsilon}_t^{\mathrm{pl}} \\ \dot{\varepsilon}_c^{\mathrm{pl}} \end{Bmatrix} = h(\hat{\bar{\sigma}}, \kappa) \begin{Bmatrix} \hat{\dot{\varepsilon}}_{\max}^{\mathrm{pl}} \\ \hat{\dot{\varepsilon}}_{\min}^{\mathrm{pl}} \end{Bmatrix} = \dot{\lambda} h(\hat{\bar{\sigma}}, \kappa) \cdot \partial_{\hat{\bar{\sigma}}} G(\hat{\bar{\sigma}}) = \dot{\lambda} H(\hat{\bar{\sigma}}, \kappa_n) \tag{6.17}$$

强化函数：

$$H(\bar{\sigma}, \kappa_n) = h(\hat{\bar{\sigma}}, \kappa) \cdot \partial_{\hat{\bar{\sigma}}} G(\hat{\bar{\sigma}}) \tag{6.18}$$

其中，$h(\hat{\bar{\sigma}}, \kappa) = \begin{bmatrix} r(\hat{\bar{\sigma}}) & 0 & 0 \\ 0 & 0 & -(1 - r(\hat{\bar{\sigma}})) \end{bmatrix}$；$\hat{\dot{\varepsilon}}_{\max}^{\mathrm{pl}}$ 为塑性应变率张量 $\dot{\varepsilon}^{\mathrm{pl}}$ 的最大特征值；$\hat{\dot{\varepsilon}}_{\min}^{\mathrm{pl}}$ 为塑性应变率张量 $\dot{\varepsilon}^{\mathrm{pl}}$ 的最小特征值；$r(\hat{\bar{\sigma}})$ 为应力权重因子，定义为

$$r(\hat{\bar{\sigma}}) = \begin{cases} 0, & \sum_{i=1}^{3} \left|\hat{\bar{\sigma}}_i\right| = 0 \\ \dfrac{\sum_{i=1}^{3} \langle \hat{\bar{\sigma}}_i \rangle}{\sum_{i=1}^{3} \left|\hat{\bar{\sigma}}_i\right|}, & \sum_{i=1}^{3} \left|\hat{\bar{\sigma}}_i\right| \neq 0 \end{cases} \tag{6.19}$$

式中，$0 \leqslant r(\hat{\bar{\sigma}}) \leqslant 1$，$\hat{\bar{\sigma}}_i$ 表示有效主应力。根据式 (6.11) 单轴应力状态下的损伤因子表达式，采用应力权重因子 r 即可得到多轴应力状态下的损伤因子：

$$\begin{cases} s_t = 1 - \omega_t r\left(\hat{\bar{\sigma}}\right), & 0 \leqslant \omega_t \leqslant 1 \\ s_c = 1 - \omega_c[1 - r(\hat{\bar{\sigma}})], & 0 \leqslant \omega_c \leqslant 1 \end{cases} \tag{6.20}$$

在复杂应力状态下，屈服面的演化由等效单轴黏聚应力 $\bar{\sigma}_t\left(\tilde{\varepsilon}_t^{\mathrm{pl}}\right)$，$\bar{\sigma}_c\left(\tilde{\varepsilon}_c^{\mathrm{pl}}\right)$ 决定，最终由 $\tilde{\varepsilon}_t^{\mathrm{pl}}$，$\tilde{\varepsilon}_c^{\mathrm{pl}}$ 决定，通常，$\bar{\sigma}_t\left(\tilde{\varepsilon}_t^{\mathrm{pl}}\right)$，$\bar{\sigma}_c\left(\tilde{\varepsilon}_c^{\mathrm{pl}}\right)$ 由单轴拉和压循环应力应变试验全曲线得到。

6.3 循环荷载下全级配混凝土轴向拉伸破坏的试验分析

本节将基于溪洛渡高拱坝工程全级配 (四级配) 混凝土大试件轴拉试验[35,36]，研究分析全级配混凝土的轴向拉伸单调加载试验及循环加卸载试验的应力应变全曲线，从而得到残余应变、初始弹性模量和受损弹性模量等相关参数之间的联系。建立开裂应变与应力、开裂应变与损伤变量、塑性变形与总应变的表达形式。

所采用的是四级配混凝土圆柱体试样，其直径为 450mm，长度为 1300mm，有效测量长度为 660mm。小骨料的直径为 5~20mm，中骨料为 20~40mm，大骨料为 40~80mm，特大骨料为 80~150mm。

实验结果表明，弹性模量为 53.6GPa，抗拉强度 $f_{t,\mathrm{r}}$ 为 1.84MPa，峰值应变 $\varepsilon_{t,\mathrm{r}}$ 为 0.343×10^{-4}。图 6.6 为轴向拉伸试件 (No.F101018A16) 加卸载试验应力应变曲线[36]。由图 6.6 可以看出，每次循环加载可以得到至应力应变的外包络线的临界点坐标 $(\varepsilon_t, \sigma_t)$，然后卸载至某一点 $(\varepsilon_t', \sigma_t')$ 再加载。利用加载点和卸载点连线，并与横轴 (应变) 交点得到每次卸载完成的残余应变 $\varepsilon_t^{\mathrm{pl}}$，残余应变的表达式为

$$\varepsilon_t^{\mathrm{pl}} = \varepsilon_t - \sigma_t(\varepsilon_t' - \varepsilon_t)/(\sigma_t' - \sigma_t) \tag{6.21}$$

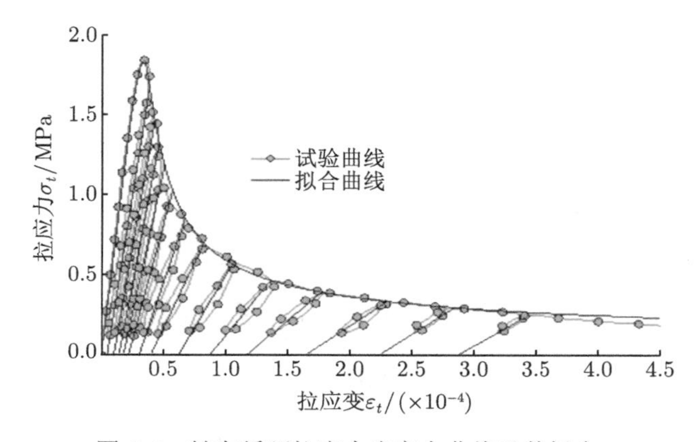

图 6.6 轴向循环拉应力应变全曲线及其拟合

根据试件在往复荷载下的刚度退化应力应变曲线 $(\sigma_t, \varepsilon_t)$，通过公式 $\varepsilon_t^{\mathrm{ck}} = \varepsilon_t - \varepsilon_t^{\mathrm{el}} = \varepsilon_t - \sigma_t/E_0$，得出开裂应变 $\varepsilon_t^{\mathrm{ck}}$，其中 $\varepsilon_t^{\mathrm{el}}$ 是拉伸弹性应变。也可以使用式 (6.22) 来计算拉伸损伤变量 d_t：

$$d_t = 1 - \sigma_t/[E_0\varepsilon_t^{\mathrm{ck}}(1-b_t)+\sigma_t] \tag{6.22}$$

其中，$b_t = \varepsilon_t^{\mathrm{pl}}/\varepsilon_t^{\mathrm{ck}}$ 被定义为拉伸非线性比例因子。由循环加载和卸载轴向拉伸试验观测和按式 (6.22) 的理论预测的非线性变形和损伤参数列在表 6.1 中。

表 6.1　由轴向拉伸试验获得的非线性变形和损伤参数

σ_t/MPa	$\varepsilon_t/(\times10^{-4})$	$\varepsilon_t^{\mathrm{ck}}/(\times10^{-4})$	$\varepsilon_t^{\mathrm{pl}}/(\times10^{-4})$	非线性比例因子 b_t	拉损伤变量 d_t	
					试验值	理论值
1.84	3.43×10^{-1}	0.00	0.00	—	0.00	0.00
1.80	3.82×10^{-1}	4.66×10^{-2}	4.00×10^{-2}	8.58×10^{-1}	1.93×10^{-2}	5.26×10^{-2}
1.47	4.30×10^{-1}	1.55×10^{-1}	9.93×10^{-2}	6.39×10^{-1}	1.70×10^{-1}	1.85×10^{-1}
1.32	4.62×10^{-1}	2.15×10^{-1}	1.41×10^{-1}	6.55×10^{-1}	2.31×10^{-1}	2.59×10^{-1}
1.18	5.09×10^{-1}	2.88×10^{-1}	1.78×10^{-1}	6.17×10^{-1}	3.33×10^{-1}	3.43×10^{-1}
1.03	5.72×10^{-1}	3.81×10^{-1}	2.19×10^{-1}	5.76×10^{-1}	4.57×10^{-1}	4.43×10^{-1}
8.53×10^{-1}	6.72×10^{-1}	5.13×10^{-1}	3.03×10^{-1}	5.91×10^{-1}	5.69×10^{-1}	5.63×10^{-1}
7.02×10^{-1}	8.24×10^{-1}	6.93×10^{-1}	3.92×10^{-1}	5.66×10^{-1}	6.91×10^{-1}	6.79×10^{-1}
5.89×10^{-1}	1.06	9.55×10^{-1}	6.22×10^{-1}	6.51×10^{-1}	7.52×10^{-1}	7.77×10^{-1}
4.68×10^{-1}	1.36	1.28	8.68×10^{-1}	6.80×10^{-1}	8.24×10^{-1}	8.54×10^{-1}
3.92×10^{-1}	1.77	1.70	1.16	6.84×10^{-1}	8.80×10^{-1}	9.03×10^{-1}
3.32×10^{-1}	2.29	2.23	1.65	7.41×10^{-1}	9.03×10^{-1}	9.35×10^{-1}
3.02×10^{-1}	2.85	2.79	2.24	8.02×10^{-1}	9.08×10^{-1}	9.52×10^{-1}
2.57×10^{-1}	3.45	3.40	2.87	8.45×10^{-1}	9.17×10^{-1}	9.66×10^{-1}

6.3.1　损伤变量与开裂应变的关系

开裂应变和应力可以由应力应变全曲线 (循环荷载曲线的包络线) 确定，即开裂应变 $\varepsilon_t^{\mathrm{ck}} = \varepsilon_t - \sigma_t/E_0$，如图 6.7(a) 所示。从图 6.6 的循环拉伸应力应变全曲

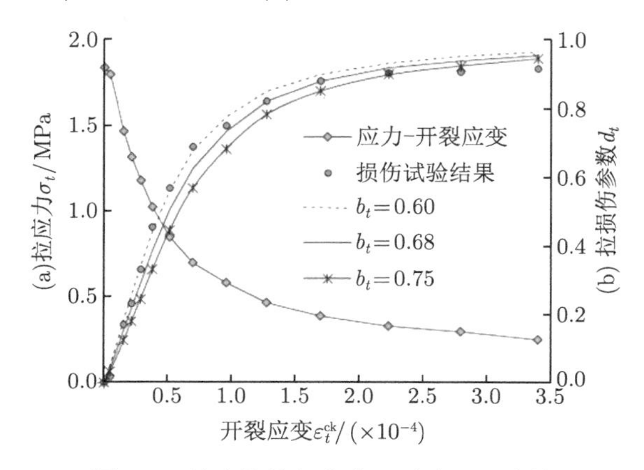

图 6.7　轴向拉伸损伤变形试验及理论值

(a) 轴向拉应力和开裂应变；(b) 损伤参数和开裂应变

线，非线性比例因子 b_t 的平均值为 0.68，并且根据式 (6.22) 可以计算损伤理论预测值。试验观测值和理论值随开裂应变 $\varepsilon_t^{\text{ck}}$ 的变化如图 6.7(b) 所示。由图可以看出，三个曲线几乎重叠。当 b_t 介于 0.60 和 0.75 时，预测值也与试验观测点基本一致。因此，通过将 b_t 设为适当的常数，可以避免循环轴向荷载下混凝土的拉伸损伤试验的难度。基于单调轴向拉伸破坏的应力应变曲线，可以使用式 (6.22) 来计算损伤变量。

6.3.2 塑性应变与总拉伸应变之间的线性比例关系

塑性 (残余) 应变 $\varepsilon_t^{\text{pl}}$ 和总拉伸应变 ε_t 分别作为坐标的纵轴和横轴，并且将图 6.8 中的相应测试数据点拟合为一条直线。拟合方程为 $\varepsilon_t^{\text{pl}} = 0.8927\varepsilon_t - 0.3124$，其相关系数 R^2 确定为 0.9965。

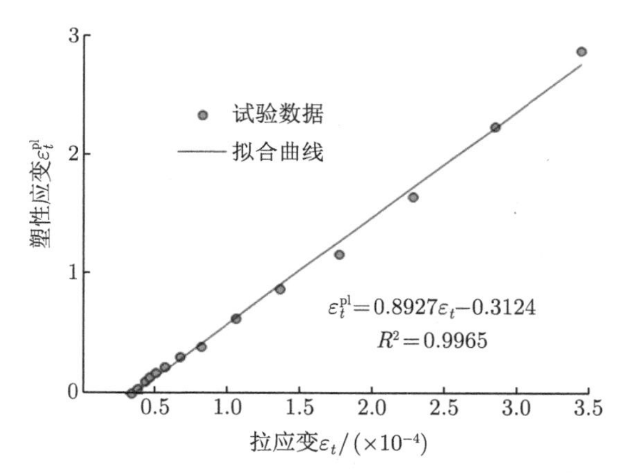

图 6.8 拉伸应变与塑性残余应变之间的线性比例关系

拉伸应力应变全曲线在峰值拉伸强度之前 (即峰值强度对应于非线性残余变形的起始点) 是完全线弹性的，因此，峰后拉伸应变与塑性残余应变之间的关系可以通过将总拉伸应变减去弹性极限应变 ε_0 获得。该图清楚地表明，峰后拉伸应变和塑性残余应变之间存在线性比例关系。

6.4 循环荷载下混凝土轴向压缩损伤的试验分析

这一节将对溪洛渡高拱坝工程全级配 (四级配) 混凝土循环荷载试验数据[36]和普通 (两级配) 混凝土循环荷载压缩试验数据[37] 进行分析和研究，其中全级配的混凝土试样的尺寸为 450mm×450mm×450mm；两级配混凝土试样为 100mm×150mm 圆柱。

6.4.1　全级配混凝土的试验分析

三个试块 (F1019A11，F1019A14 和 F1019A20) 的平均抗压强度 $f_{c,\mathrm{r}}$ 为 36.06MPa，破坏荷载为 7301.63kN，峰值应变 $\varepsilon_{c,\mathrm{r}}$ 为 8.222×10^{-4}，弹性模量 E 为 53.6GPa。极限弹性强度为 25.28MPa。由循环荷载试验获得的轴向循环压缩应力应变曲线如图 6.9 所示。

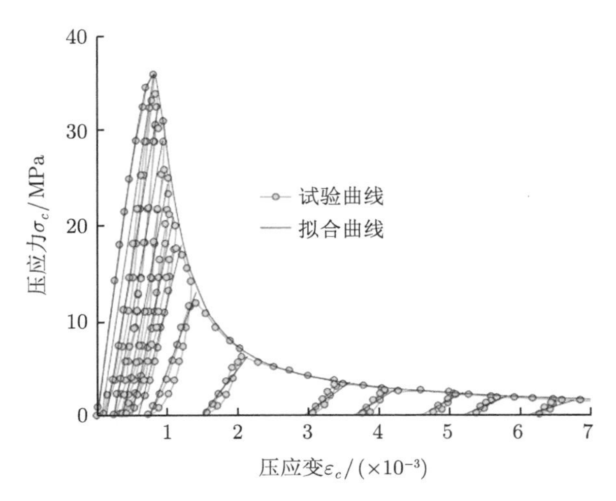

图 6.9　轴向循环压缩的应力应变试验和拟合曲线

类似于往复荷载下的轴向拉伸试验分析，从荷载–卸载曲线 (或延长线) 与横轴的交点获得了塑性残余应变 $\varepsilon_c^{\mathrm{pl}}$。根据公式 $\varepsilon_c^{\mathrm{in}}=\varepsilon_c-\sigma_c/E_0$ 计算非线性应变 $\varepsilon_c^{\mathrm{in}}$。如果给定压缩非线性比例因子 $b_c=\varepsilon_c^{\mathrm{pl}}/\varepsilon_c^{\mathrm{in}}$，则可以通过式 (6.23) 计算压缩损伤变量 d_c：

$$d_c=1-\sigma_{\mathrm{c}}/[E_0\varepsilon_c^{\mathrm{in}}(1-b_c)+\sigma_{\mathrm{c}}] \tag{6.23}$$

通过循环加载和卸载轴向压缩测试获得的非线性变形和损伤参数预测值在表 6.2 列出。

表 6.2　由轴向压缩测试获得的非线性变形和损伤参数

σ_c/MPa	$\varepsilon_c/(\times10^{-3})$	$\varepsilon_c^{\mathrm{in}}/(\times10^{-3})$	$\varepsilon_c^{\mathrm{pl}}/(\times10^{-3})$	非线性比例因子 b_c	拉损伤变量 d_c	
					试验值	理论值
2.528×10^{1}	4.716×10^{-1}	0.000	0.000	—	0.000	0.000
3.606×10^{1}	8.222×10^{-1}	1.495×10^{-1}	8.000×10^{-2}	5.352×10^{-1}	9.362×10^{-2}	5.183×10^{-2}
3.300×10^{1}	8.850×10^{-1}	2.693×10^{-1}	1.500×10^{-1}	5.569×10^{-1}	1.624×10^{-1}	9.716×10^{-2}
2.900×10^{1}	9.500×10^{-1}	4.090×10^{-1}	2.600×10^{-1}	6.358×10^{-1}	2.159×10^{-1}	1.568×10^{-1}
2.450×10^{1}	1.020	5.629×10^{-1}	3.750×10^{-1}	6.662×10^{-1}	2.913×10^{-1}	2.325×10^{-1}
2.100×10^{1}	1.100	7.082×10^{-1}	5.000×10^{-1}	7.060×10^{-1}	3.470×10^{-1}	3.078×10^{-1}

续表

σ_c/MPa	$\varepsilon_c/(\times10^{-3})$	$\varepsilon_c^{\text{in}}/(\times10^{-3})$	$\varepsilon_c^{\text{pl}}/(\times10^{-3})$	非线性比例因子 b_c	拉损伤变量 d_c	
					试验值	理论值
1.800×10^1	1.200	8.642×10^{-1}	6.000×10^{-1}	6.943×10^{-1}	4.403×10^{-1}	3.876×10^{-1}
1.310×10^1	1.420	1.176	7.600×10^{-1}	6.465×10^{-1}	6.297×10^{-1}	5.420×10^{-1}
6.400	2.150	2.031	1.500	7.387×10^{-1}	8.163×10^{-1}	8.071×10^{-1}
3.520	3.600	3.534	2.950	8.347×10^{-1}	8.990×10^{-1}	9.298×10^{-1}
2.790	4.250	4.198	3.650	8.695×10^{-1}	9.132×10^{-1}	9.520×10^{-1}
2.350	5.200	5.156	4.600	8.921×10^{-1}	9.269×10^{-1}	9.666×10^{-1}
1.990	5.800	5.763	5.200	9.023×10^{-1}	9.381×10^{-1}	9.745×10^{-1}
1.580	6.770	6.741	6.100	9.050×10^{-1}	9.560×10^{-1}	9.825×10^{-1}

6.4.2 压缩损伤变量与非线性应变的关系

非线性应变和压应力由应力应变全曲线 (循环荷载曲线的包络线) 确定，即压缩非线性应变 $\varepsilon_c^{\text{in}} = \varepsilon_c - \sigma_c/E_0$，如图 6.10 (a) 所示。由图 6.9 所示的循环压缩试验获得的压力非线性比例因子 b_c 的平均值为 0.75，并根据式 (6.23) 计算了理论预测值，损伤随非线性应变 $\varepsilon_c^{\text{in}}$ 变化的试验和理论预测值在图 6.10 (b) 中给出。当 b_c 的范围为 0.60~0.80 时，预测值也贴近实验点。因此，当 b_c 为适当的常数时，可以根据完整的应力应变曲线，采用式 (6.23) 计算得到损伤变量。

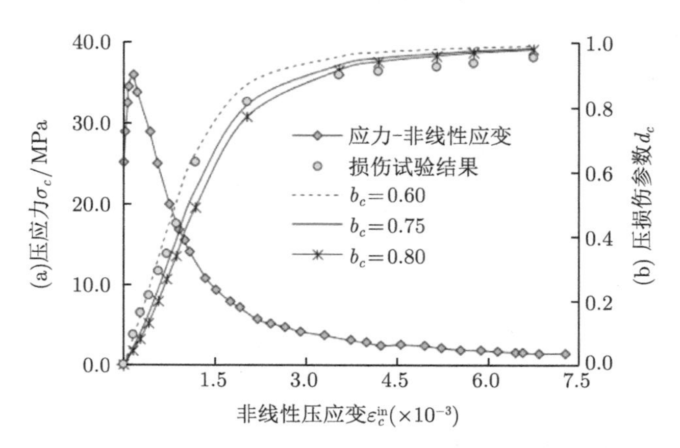

图 6.10 轴向压缩下的破坏和变形的试验和理论值

(a) 压应力和非线性应变；(b) 损伤参数和非线性应变

6.4.3 塑性应变与总压缩应变之间的线性比例关系

图 6.11 给出了对应于塑性 (残余) 应变 $\varepsilon_c^{\text{pl}}$ 和总压缩应变 ε_c 的试验数据点。拟合方程为 $\varepsilon_c^{\text{pl}} = 0.8528\varepsilon_c - 0.7205$，其 R^2 确定为 0.9731。塑性残余应变 ε_c 与总压缩应变 $\varepsilon_c^{\text{pl}}$ 具有线性关系。

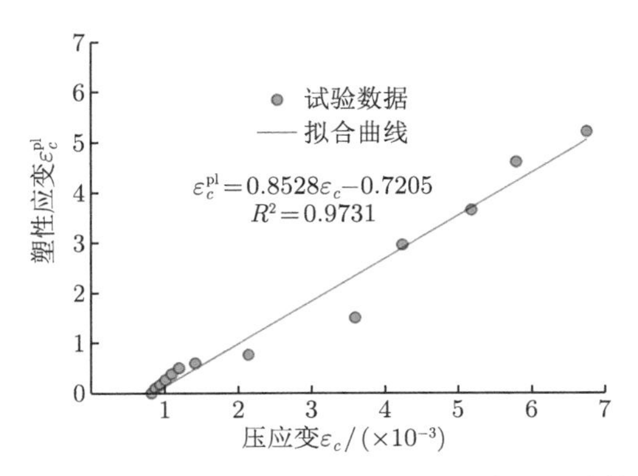

图 6.11　总压缩应变与塑性残余应变之间的拟合线性关系

6.4.4　普通混凝土的测试与分析

从上面的全级配混凝土循环拉压破坏试验分析可总结出两个重要规律：① 混凝土受拉、受压损伤变量符合式 (6.21) 和式 (6.22) 的表达形式；② 受拉 (压) 损伤破坏，塑性应变 (残余应变) 与总拉 (压) 应变呈线性关系。

基于两级配普通混凝土在装卸过程中的轴向压缩破坏试验，得到的试验数据也有上述规律。两级配普通混凝土圆柱试样为 100mm×150mm。这三个样本分别是 SFC40-00-1，SFC40-00-2 和 SFC40-00-3。如图 6.12 所示，通过在不同的加载速率下重复进行完整的加载/卸载压缩试验，获得了混凝土的加载/卸载应力应变曲线[37]。其中，SFC40-00-1 样品的弹性模量约为 20.33GPa，峰值强度为 40.60MPa；SFC40-00-2 试样的弹性模量为 21.54GPa，峰值强度为 41.06MPa；SFC40-00-3 试样的弹性模量为 15.80GPa，峰值强度为 28.81MPa。

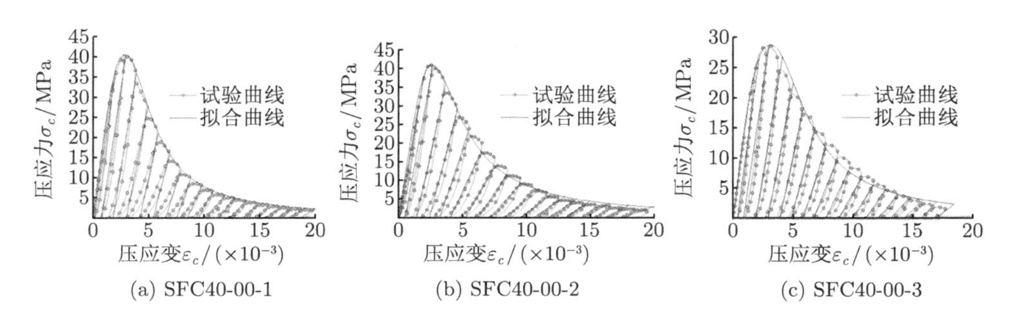

图 6.12　循环压缩试样的应力应变曲线

根据图 6.12 所示的循环应力应变曲线的试验数据，从非线性应变、塑性 (残余) 应变和总应变之间的关系推算出损伤参数。损伤参数的理论预测通过式 (6.23) 获得 $d_c = 1 - \sigma_c/[E_0\varepsilon_c^{\mathrm{in}}(1-b_c)+\sigma_c]$。三个样本的压力非线性比例因子 $b_c(\varepsilon_c^{\mathrm{pl}}/\varepsilon_c^{\mathrm{in}})$ 的平

均值分别为 0.88，0.77 和 0.85。非线性应变的试验值和理论预测曲线以及三个试样的损伤参数在图 6.13 中给出。由此可以看出，试验数据与理论曲线基本一致。非线性比例因子 b_c 的值与整个应力应变曲线的形状有关，范围在 0.7~0.9。当曲线的上升段和下降段平缓时，b_c 的值较大；相反，当上升段和下降段较陡时，b_c 的值较小。通过选择适当的 b_c 值，可以通过应力应变曲线获得与非线性应变相对应的损伤变量。类似地，根据图 6.12 中显示的加载/卸载循环应力应变曲线的实验数据，可以得出结论，图 6.14 的塑性 (残余) 应变同样与总压缩应变呈线性关系。

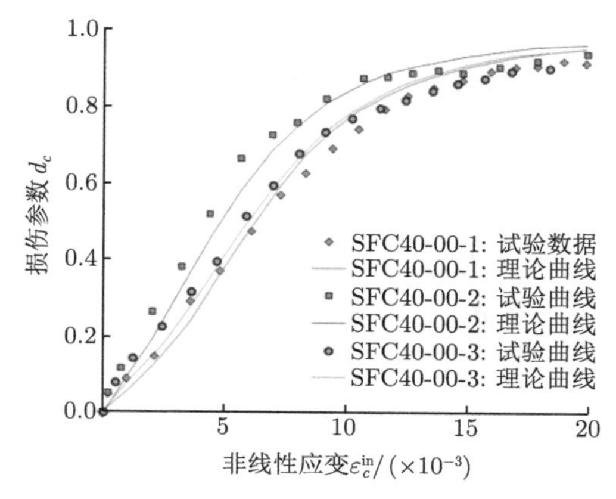

图 6.13 三种加载速率下非线性应变和损伤变量的测试值和理论预测

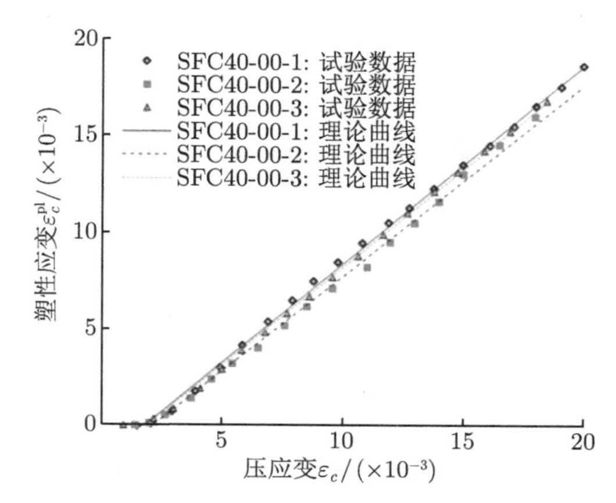

图 6.14 在三种加载速率下总压缩应变与塑性 (残余) 应变之间的线性比例关系

6.5 全级配混凝土非线性损伤模型的数值分析与验证

由以上混凝土试件的轴向循环拉伸和压缩试验得到的应力应变全曲线，按照图 6.4 的变形分解和损伤计算方法获取损伤参数与非线性应变关系，以及强度随非线性应变的演化曲线。在接下来的工作中，我们再利用 Lee 和 Fenves 模型[11]，将这两条非线性材料参数曲线作为输入参数，数值仿真上述混凝土材料测试过程，以验证基于应力应变全曲线获取的非线性损伤参数的可逆性。

6.5.1　轴向拉伸损伤试验的数值模拟与分析

首先进行数值模拟图 6.6 的轴向循环拉伸过程。数值模型取长度为 660mm，半径为 450mm 的圆柱体，如图 6.15 所示。由于结构对称，有限元模型取 1/4 柱体，底面及剖面加法向约束，网格划分采用线性八节点六面体单元，单元尺寸为 44mm，单元数为 1440。初始弹性模量取 53.6GPa, 抗拉强度 $f_{t,\mathrm{r}}$ 取 1.84MPa, 损伤与开裂应变和抗拉强度非线性演化关系分别按图 6.7 给出的输入参数。整个圆柱体的计算结果由剖面镜像得到。

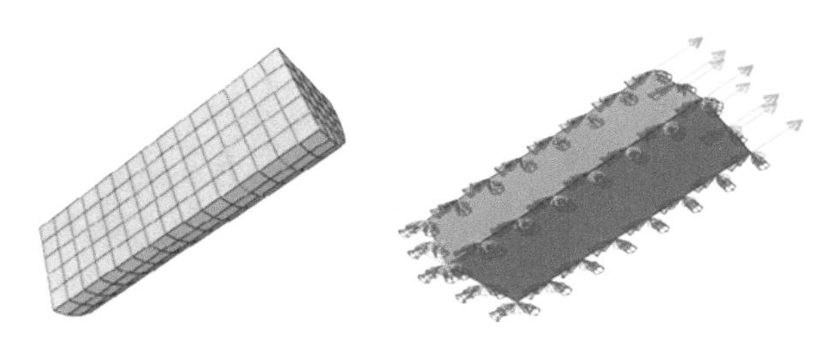

(a) 网格剖分　　　　(b) 约束条件

图 6.15　混凝土轴向拉伸试验有限元模型及其边界约束

图 6.16 是从数值实验中获得的拉损伤云图。从计算结果中选取损伤最大和位移最大处重合的节点 (标有一圈绿点的节点) 的数据，然后将它们的平均值再取平均值，以获得应力应变加载/卸载曲线，如图 6.17 所示。计算出的应力与开裂应变，拉伸损伤与开裂应变之间的关系曲线分别如图 6.18(a) 和图 6.18(b) 所示。从损伤云图可以看出，轴拉损伤出现局部化。损伤轴向分布规律性明显，两端小中间大，与实际损伤情况相符。由于损伤较大位置刚度软化较快，混凝土试件首先从损伤最大部位开裂。

由图 6.17 可以看出，由于初始弹性模量取轴向压缩试验获得弹性模量，所以通过计算获得的弹性模量略有偏差，而实际的拉伸弹性模量通常略高于压缩弹性模量。在应力下降段，可以看出，数值模拟的卸载曲线的斜率与试验曲线的卸载曲线的斜率非常吻合，计算出的全曲线的包络线与试验曲线的包络线基本一致。从图 6.18 可以看出，计算出的损伤与实验数据匹配很好，计算出的应力和开裂应变曲线与实验数据基本相同。这个数值试验说明，由轴向拉伸损伤试验得到的全曲线按图 6.4 获取的开裂应变预测拉伸损伤参数和非线性变形的方法是可行的。

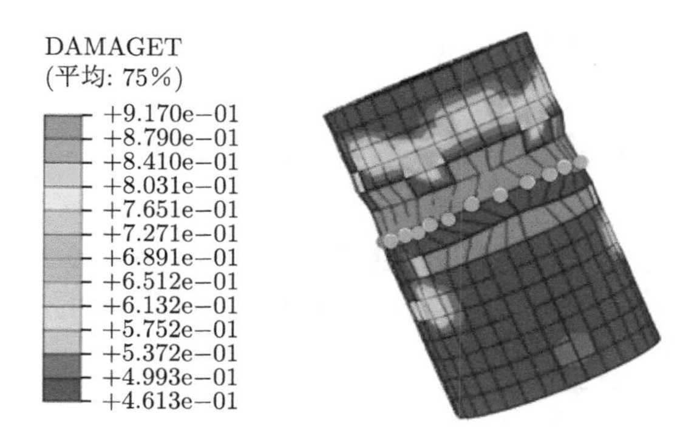

图 6.16 轴拉破坏模拟拉损伤云图

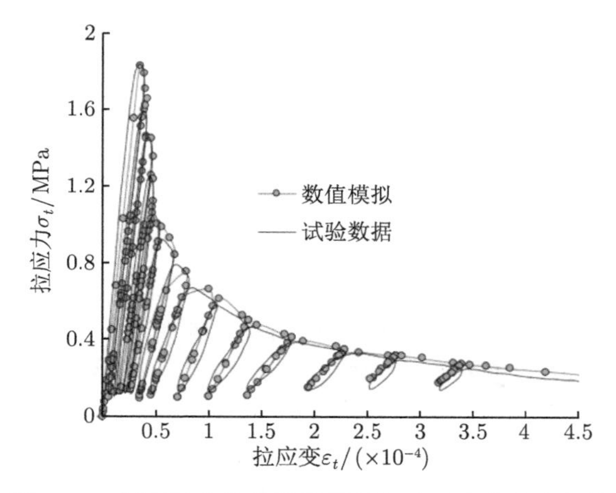

图 6.17 循环轴向拉伸数值模拟与试验应力应变曲线

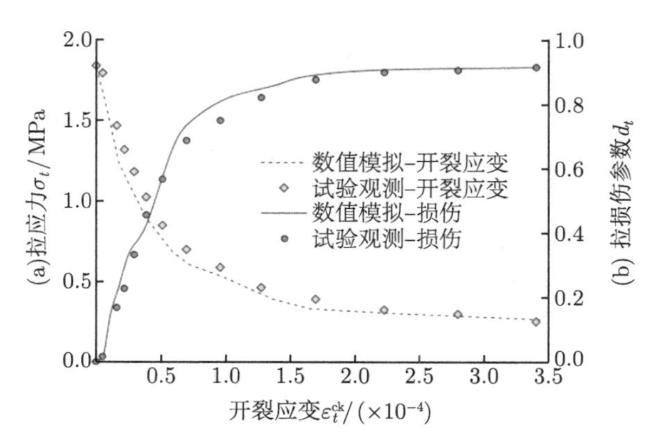

图 6.18 通过数值模拟验证拉伸非线性参数

(a) 应力和开裂应变；(b) 拉伸损伤和开裂应变

6.5.2　混凝土轴向压缩损伤的数值模拟与分析

压缩数值模拟取 450mm 立方体，如图 6.19 所示，底面加法向位移和转动约束，网格划分采用八节点线性六面体单元类型, 单元个数为 3375, 节点数为 4096。顶部加压缩位移 4.5mm，位移增量步长为 0.005mm。初始弹性模量取 53.6GPa, 压损伤与非线性应变和抗压强度非线性演化关系分别按图 6.10(a)，(b) 给出的输入数据。对图 6.9 所示的轴向循环压缩的应力应变试验过程进行数值模拟。

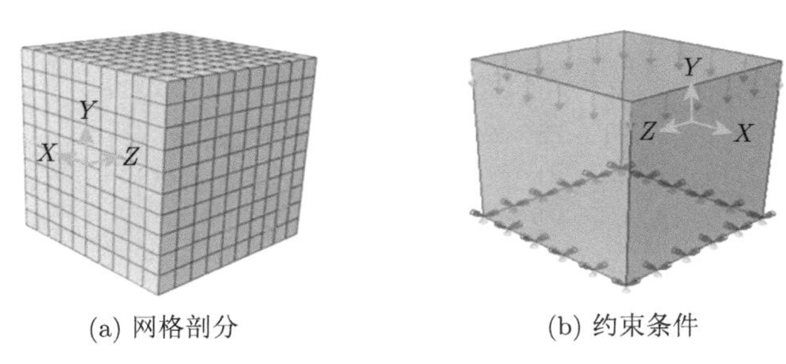

(a) 网格剖分　　(b) 约束条件

图 6.19　混凝土轴向压缩试验有限元模型网格划分及边界约束

计算最终得到图 6.20 的轴压仿真压损伤云图。由压缩损伤云图可以看出，模型的损伤严重部位沿着对角分布。首先沿对角线出现连续损伤单元, 继续加载，损伤部位逐渐变宽，应力下降较快，由于损伤位置刚度软化严重，混凝土从损伤最大部位开始开裂。计算模拟结果与实际试验混凝土损伤破坏形态相似。

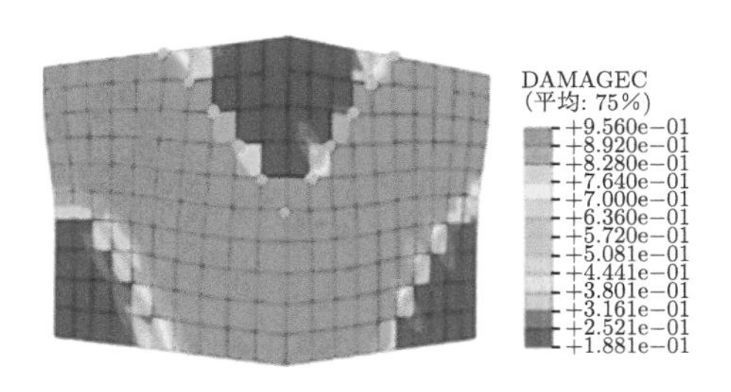

图 6.20　轴压仿真压损伤云图

将试验数据计算得出的损伤与输入参数损伤进行对比分析。图 6.21 给出了轴压试验应力应变与仿真数据, 数据取侧面损伤较大节点位置的 (标有一圈绿点的节点) 应力和应变，由此可以看出，试验与仿真结果对应很好，循环加载包络线与全曲线趋势一致。图 6.22(a) 给出了试验和数值模拟获得的压应力与非线性应变之间的关系。图 6.22(b) 是轴向压缩下循环荷载下损伤与模拟损伤数据及其非线性应变之间关系的曲线。由图 6.22 可以看出，数值模拟结果与试验数据相吻合，同样表明本章介绍的非线性应变对压缩损伤参数和强度的预测方法的正确性。

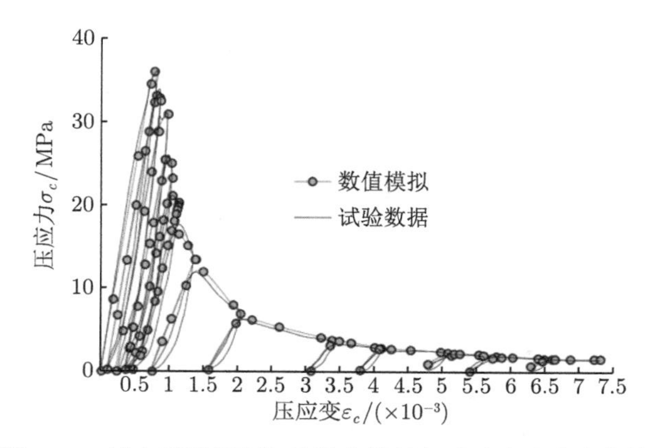

图 6.21 轴向压缩循环加载数值模拟与试验应力应变曲线

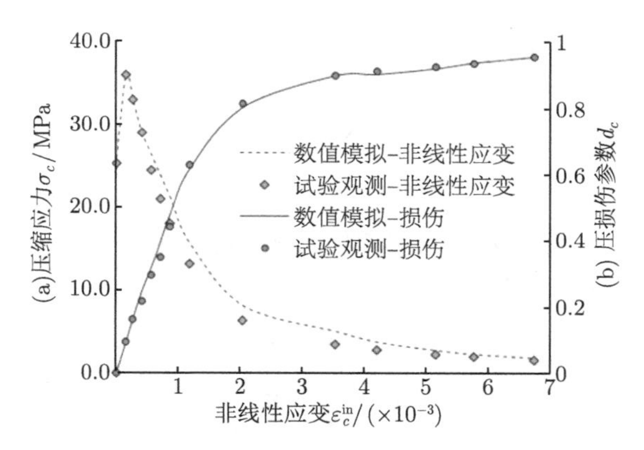

图 6.22 非线性压缩参数的数值模拟验证

(a) 压应力与非线性应变；(b) 压损伤与非线性应变

6.5.3 简支梁弯曲试验的数值模拟

在上述研究中，提出了一种基于混凝土在轴向拉压作用下的应力应变全曲线确定损伤非线性参数的方法。基于这种方法，给出了混凝土材料破坏后应力 (post-failure stress) 与非线性 (裂缝) 应变之间的关系曲线，以及损伤变量与非线性 (裂缝) 应变之间的关系曲线。然后，将这些简单的轴向拉伸和压缩非线性关系作为混凝土的材料特性。利用 ABAQUS 软件提供的混凝土塑性损伤模型 (CDP 模型)[11,15]，塑性势函数采用 Drucker-Prager 双曲线函数[12]，选取表 6.3 中的特性参数进行混凝土试样弯曲数值模拟。

Lee 和 Fenves 弹塑性损伤模型，将各向同性弹性损伤与各向同性拉伸和压缩塑性理论相结合表征混凝土的非弹性行为，结合非关联多重硬化塑性和各向弹性损伤理论来表征材料断裂过程中发生的不可逆损伤行为，并且可以考虑材料拉压性能的差异、单边效应、应变率效应等。下面将采用 Lee 和 Fenves 模型对混凝土梁的弯曲破坏进行数值模拟。

表 6.3 屈服函数及塑性势函数特性参数

弹性模量	泊松比	膨胀角	偏心率	f_{b0}/f_{c0}	子午面形状参数 K	黏性参数
53.6GPa	0.2	30°	0.1	1.16	0.6667	0.0005

如图 6.23 所示，试样的尺寸和网格 (450mm×450mm×1700mm)，试样的力学参数取自第 3 节和第 4 节的溪洛渡高拱坝工程全级配 (四级配) 混凝土材料试验的观测数据，即弹性模量为 53.6GPa，抗拉强度为 1.84MPa，抗压强度为 25.28MPa，泊松比约为 0.2，密度为 2400kg/m^3，加载速率为 0.45kN/s。为了确保中跨区域的断裂破坏，取下边缘为 22.5mm×11.25mm 的区域的弹性模量和拉伸强度，并取上述弹性模量和拉伸强度的 1/4，即分别为 13.4GPa 和 0.46MPa。从图 6.18 和图 6.22 给出的曲线获得了非线性应变–失效后应力和非线性应变–损伤关系，作为弯曲断裂数值模拟的输入参数，其拉损伤参数和压损伤参数具体数值列于表 6.4 中。

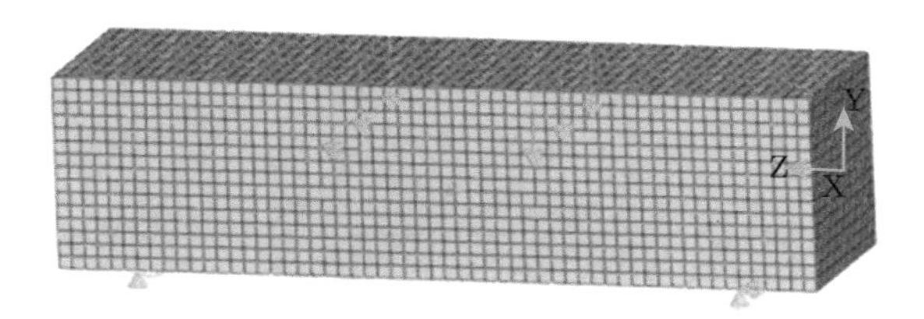

图 6.23 混凝土试件有限元数值模型及网格剖分

表 6.4 混凝土损伤变量和非线性材料参数

拉损伤参数			压损伤参数		
开裂应变/(×10^{-4})	屈服应力/MPa	损伤因子	非线性应变/(×10^{-3})	屈服应力/MPa	损伤因子
0.000×10^{0}	1.840×10^{6}	0.000×10^{0}	0.000×10^{0}	2.528×10^{1}	0.000×10^{0}
4.660×10^{-6}	1.800×10^{6}	1.927×10^{-2}	1.495×10^{-1}	3.606×10^{1}	9.362×10^{-2}
1.554×10^{-5}	1.472×10^{6}	1.696×10^{-1}	2.693×10^{-1}	3.300×10^{1}	1.624×10^{-1}
2.153×10^{-5}	1.321×10^{6}	2.314×10^{-1}	4.090×10^{-1}	2.900×10^{1}	2.159×10^{-1}
2.880×10^{-5}	1.185×10^{6}	3.330×10^{-1}	5.629×10^{-1}	2.450×10^{1}	2.913×10^{-1}
3.807×10^{-5}	1.026×10^{6}	4.571×10^{-1}	7.082×10^{-1}	2.100×10^{1}	3.470×10^{-1}
5.129×10^{-5}	8.528×10^{5}	5.686×10^{-1}	8.642×10^{-1}	1.800×10^{1}	4.403×10^{-1}
6.930×10^{-5}	7.019×10^{5}	6.911×10^{-1}	1.176×10^{0}	1.310×10^{1}	6.297×10^{-1}
9.548×10^{-5}	5.887×10^{5}	7.519×10^{-1}	2.031×10^{0}	6.400×10^{0}	8.163×10^{-1}
1.276×10^{-4}	4.679×10^{5}	8.237×10^{-1}	3.534×10^{0}	3.520×10^{0}	8.990×10^{-1}
1.698×10^{-4}	3.925×10^{5}	8.801×10^{-1}	4.198×10^{0}	2.790×10^{0}	9.132×10^{-1}
2.226×10^{-4}	3.321×10^{5}	9.029×10^{-1}	5.156×10^{0}	2.350×10^{0}	9.269×10^{-1}
2.794×10^{-4}	3.019×10^{5}	9.077×10^{-1}	5.763×10^{0}	1.990×10^{0}	9.381×10^{-1}
3.402×10^{-4}	2.566×10^{5}	9.168×10^{-1}	6.741×10^{0}	1.580×10^{0}	9.560×10^{-1}

借助于 ABAQUS 软件得到如图 6.24 给出的试件弯拉损伤破坏数值模拟结果。由图 6.24 (a) 给出的损伤云图可看出，梁弯曲从跨中下边缘开裂；取跨中损伤开裂节点位移平均值，得到图 6.25(a) 所示的荷载与跨中损伤开裂节点位移平均值的曲线。将荷载按材料力学公式转化为梁的弯曲应力，得到图 6.25(b) 所示的弯曲应力与跨中位移平均值的曲线。荷载与位移全曲线和弯曲应力与位移全曲线，与溪洛渡拱坝 (A 区) 全级配混凝土弯拉试件 (F110517A23)[36] 对应的试验观测结果吻合一致。

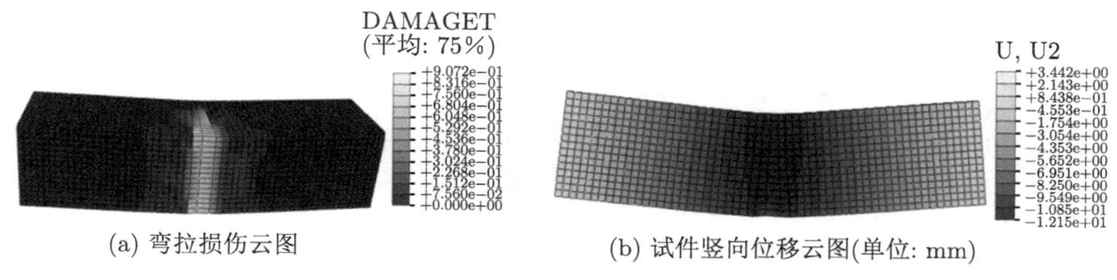

(a) 弯拉损伤云图　　(b) 试件竖向位移云图(单位: mm)

图 6.24　混凝土试件弯拉损伤破坏 ABAQUS 软件数值模拟结果

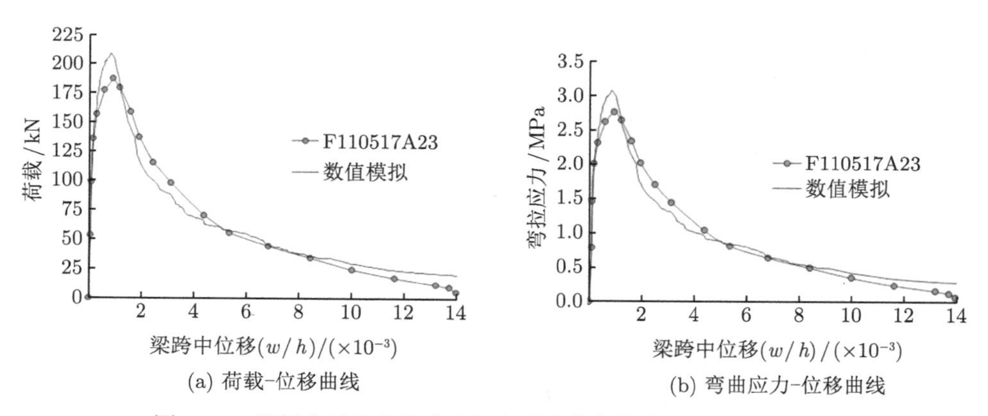

(a) 荷载-位移曲线　　(b) 弯曲应力-位移曲线

图 6.25　混凝土试件弯拉应力与变形全曲线数值计算与试验结果

图 6.24(b) 中极限弯曲荷载为 204.43kN。使用公式 $\sigma_f = \dfrac{PL}{bh^2}$ 计算得出的弯曲峰值应力为 3.03MPa，其中 $b = h = 0.45\text{m}$，$L = 1.35\text{m}$。由表 6.5 给出的溪洛渡拱坝全级配混凝土静态弯曲破坏试验观测值可以看到，试验测得的极限破坏荷载均值为 196.14kN，峰值弯曲应力均值为 2.91MPa，计算出的相对误差分别为 4.05%和 3.63%。因此，本算例计算结果与实验结果基本一致。对简支梁弯曲破坏的数值模拟表明，基于混凝土轴向拉伸和压缩应力的全曲线确定非线性参数的方法也是正确的。

表 6.5　溪洛渡高拱坝工程全级配混凝土静态弯曲破坏试验[34,36]

分区	试件编号	破坏荷载/kN	抗弯强度/MPa	抗弯弹性模量/GPa	泊松比	试验日期
A 区	F110504A01(自激，剔除)	413.38	6.13	—	—	20130531
	F110517A02(剔除)	150.72	2.23	29.16	—	20130603
	F110517A03	168.34	2.49	38.04	0.1	20130604
	F110509A22	232.69	3.45	39.78	0.12	20130629
	F110517A23	187.40	2.78	34.86	0.18	20130629
	以上三个试件平均	196.14	2.91	37.56	0.13	
B 区	F110608B05	201.51	2.99	36.34	0.10	20130606
	F110531B31	199.97	2.96	35.30	0.15	20130711
	F110531B32	220.27	3.26	37.04	0.20	20130711
	F110608B43	219.43	3.25	37.23	0.22	20130830
	以上四个试件平均	210.30	3.12	36.48	0.17	
C 区	F110630C40	158.02	2.34	38.83	0.15	20130604
	F110619C12	211.30	3.13	32.93	0.18	20130618
	F110630C13	238.48	3.53	35.05	0.17	20130620
	F110630C14	234.09	3.47	35.42	0.15	20130621
	以上四个试件平均	210.47	3.12	35.56	0.16	

6.6　本章小结

本章基于全级配和普通混凝土轴向拉压循环加卸载损伤破坏试验，按照弹塑性损伤的定义，借助于加卸载循环应力应变曲线，分离出了塑性残余应变 $\varepsilon^{\mathrm{pl}}$，非线性应变 $\varepsilon_c^{\mathrm{in}}$ 或开裂应变 $\varepsilon_t^{\mathrm{ck}}$，以及损伤变量 d_t 或 d_c。分析研究了混凝土拉应力与开裂应变，压应力与非线性应变，损伤变量随非线性应变的变化规律。基于混凝土轴向拉压应力应变全曲线确定损伤非线性参数作为输入参数，数值模拟了简支梁弯拉损伤过程。本章介绍的研究成果及其理论意义和应用价值可归结为三个方面。

(1) 混凝土循环加载轴向拉伸、轴向压缩损伤破坏试验是获取其非线性损伤变形特性参数最直接的方法。具有加卸载循环的应力应变 (位移) 全曲线可以给出典型弹塑性损伤模型的非线性应变与应力，以及非线性应变与损伤变量的关系曲线。这些损伤非线性关系是进行混凝土结构非线性损伤破坏数值模拟所必需的输入参数。

(2) 损伤变量可以用非线性应变或开裂应变显式表达，其中非线性比例因子 b_c 或 b_t 取值与应力应变全曲线的形态有关，一般在 0.6~0.8 取值。给定非线性比例因子可以根据简单 (非循环加卸载) 的应力应变全曲线获得与非线性应变对应的损伤变量，从而回避难度较大的混凝土轴向循环加载抗拉 (压) 损伤破坏试验。

(3) 混凝土拉或压应变与塑性残余应变呈现出拟合线性关系, 即有线性关系 $\varepsilon^{\mathrm{pl}} = a\varepsilon - b$。根据这种线性关系，混凝土弹塑性损伤本构关系可以表示为 $\sigma =$

$(1-d)\,E_0\left(\varepsilon-\varepsilon^{\mathrm{pl}}\right)=(1-d)\,E_0[(1-a)\,\varepsilon+b]$，即有 $\sigma=\sigma_0+(1-d)\,E_0\,(1-a)\,\varepsilon$ 形式, 其中 $\sigma_0=(1-d)\,E_0 b$，因此，在进行混凝土塑性损伤计算时塑性应变可直接取应变的一定比例值，回避烦琐的塑性流动的增量计算。

参 考 文 献

[1] Ortiz M. A constitutive theory for the inelastic behaviour of concrete[J]. Mechanics of Materials, 1985, 4(1): 67-93.

[2] Jason L, Huerta A, Pijaudier-Cabot G, et al. An elastic plastic damage formulation for concrete: application to elementary tests and comparison with an isotropic damage model[J]. Comput. Methods Appl. Mech. Eng., 2006, 195(52): 7077-7092.

[3] Zhu Q Z, Zhou C B, Shao J F, et al. A discrete thermodynamic approach for anisotropic plastic-damage modeling of cohesive-frictional geomaterials[J]. Int. J. Numer. Anal. Meth. Geomech., 2010, 34: 1250-1270.

[4] Loland K E. Continuous damage model for load-response estimation of concrete[J]. Cement and Conc. Res., 1980, 10(3): 395-402.

[5] Krajcinovic D. Constitutive equations for damage materials[J]. J. Appl. Mech., 1983, 50(2): 355-360.

[6] Lubarda V A, Kracjinvovic D, Mastilovic S. Damage model for brittle elastic solids with unequal tensile and compressive strength[J]. Engineering Fracture Mechanics, 1994, 49(5): 681-697.

[7] Resende L, Martin J B. A progressive damage continuum model for granular materials[J]. Comput. Methods Appl. Mech. Eng., 1984, 42(1): 1-18.

[8] Mazars J. A description of micro-and macro-scale damage of concrete structure[J]. Engineering Fracture Mechanics, 1986, 25(5): 729-737.

[9] Daneshyar A, Ghaemian M. Coupling micro-plane-based damage and continuum plasticity models for analysis of damage-induced anisotropy in plain concrete[J]. International Journal of Plasticity, 2017, 95: 216-250.

[10] Voyiadjis G Z, Taqieddin Z N, Kattan P I. Anisotropic damage-plasticity model for concrete[J]. International Journal of Plasticity, 2008, 24(10): 1946-1965.

[11] Lee J, Fenves G L. Plastic-damage model for cyclic loading of concrete structures[J]. Journal of Engineering Mechanics, 1998, 124(8): 892-900.

[12] ABAQUS Theory Manual[M]. ABAQUS, Inc, 2012.

[13] Lemaitre J. A continuous damage mechanics model for ductile fracture[J]. Journal of Engineering Materials and Technology, 1985, 107(1): 83-89.

[14] Simo J C, Ju J W. Strain-and stress-based continuum damage models-I formulation[J]. J. Solids Structures, 1987, 23(7): 821-840.

[15] Lubliner J, Oliver J, Oller S, et al. A plastic-damage model for concrete[J]. International Journal of Solids and Structures, 1989, 25(3): 299-326.

[16] Yazdani S, Schreyer H L. Combined plasticity and damage mechanics model for plain concrete[J]. J. Eng. Mechanics, ASCE, 1990, 116(7): 1435-1450.

[17] Faria A, Oliver J, Cervera M. A strain-based plastic viscous-damage model for massive concrete structures[J]. Int. J. Solids Struct., 1998, 35: 1533-1558.

[18] Wu J Y, Li J, Faria R. An energy release rate-based plastic-damage model for concrete[J]. Int. J. Solids Struct., 2006, 43: 583-612.

[19] Einav I, Houlsby G T, Nguyen G D. Coupled damage and plasticity models derived from energy and dissipation potentials[J]. Int. J. Solids Struct., 2007, 44(7-8): 2487-2508.

[20] Al-Rub R K A, Kim S M. Computational applications of a coupled plasticity-damage constitutive model for simulating plain concrete fracture[J]. Engineering Fracture Mechanics, 2010, 77(10): 1577-1603.

[21] Daneshyar A, Ghaemian M. Coupling microplane-based damage and continuum plasticity models for analysis of damage-induced anisotropy in plain concrete[J]. International Journal of Plasticity, 2017, 95: 216-250.

[22] Ayhan B, Jehel P, Brancherie D, et al. Coupled damage-plasticity model for cyclic loading: theoretical formulation and numerical implementation[J]. Eng. Struct., 2013, 50: 30-42.

[23] Oller S, Onate E, Oliver J, et al. Finite element nonlinear analysis of concrete structures using plastic-damage model[J]. Engineering Fracture Mechanics, 1990, 35(1-3): 219-231.

[24] Lee J, Fenves G L. A Plastic-damage concrete model for earthquake analysis of dams[J]. Earthquake Engineering and Structural Dynamics, 1998, 27(9): 937-956.

[25] Calayir Y, Karaton M. A continuum damage concrete model for earthquake analysis of concrete gravity dam-reservoir systems[J]. Soil Dynamics and Earthquake Engineering, 2005, 25: 857-869.

[26] Krätzig W B, Pölling R. An elasto-plastic damage model for reinforced concrete with minimum number of material parameters[J]. Computers and Structures, 2004, 82(15/16): 1201-1215.

[27] Luccioni B M, Rougier V C. A plastic damage approach for confined concrete[J]. Computers and Structures, 2005, 83(27): 2238-2256.

[28] Powell G H, Allahabadi R. Seismic damage prediction by deterministic methods: concepts and procedures[J]. Earth Quake Eng. Struct. Dyn., 1988, 16(5): 719-734.

[29] Park Y J, Ang A H S. Mechanistic seismic damage model for reinforced concrete[J]. Journal of Structural Engineering, 1985, 111(4): 722-739.

[30] Hanif M U, Ibrahim Z, Jameel M, et al. A new approach to estimate damage in concrete beams using non-linearity[J]. Construction and Building Materials, 2016, 124: 1081-1089.

[31] Zhou J K, Wu S X, Shen D J, et al. Experimental study on dynamic flexural-tensile mechanical behaviours of three-graded concrete in Xiaowan arch dam[J]. Chinese Hydraulic Journal, 2009, 40(9): 1108-1115.

[32] Wu S X, Wang Y, Shen D J, et al. Experimental study on dynamic axial tensile mechanical properties of concrete and its components[J]. ACI Materials Journal, 2012, 109(5): 517-528.

[33] Wang H, Li C, Tu J, et al. Dynamic tensile test of mass concrete with Shapai dam cores[J]. Mater. Struct., 2017, 50(1): 1-11.

[34] 张艳红, 胡晓, 杨陈, 等. 全级配混凝土动态轴拉试验 [J]. 水利学报, 2014, 45(6): 720-727.

[35] 张艳红, 胡晓, 杨陈. 全级配混凝土轴拉应力–变形全曲线试验研究 [J]. 中国水利水电科学研究院学报, 2017, 15(2): 96-100, 106.

[36] 胡晓, 张艳红. 溪洛渡拱坝全级配混凝土动力特性试验与分析研究报告 [R]. 北京: 中国水利水电科学研究院, 2014: 10.

[37] 王乾峰. 钢纤维混凝土动态损伤特性研究 [D]. 宜昌: 三峡大学, 2009.

[38] Li C L, Zhong H, Wang H B, et al. Experimental study on tension-compression alternation of fully-graded concrete under cyclic loading [J]. Earth and Environmental Science, 2019, 052122: 1-9.

[39] Lee J, Fenves G L. Plastic-damage model for cyclic loading of concrete structures[J]. Journal of Engineering Mechanics, 1998, 124(8): 892-900.

[40] Lee J, Fenves G L. A Plastic-damage concrete model for earthquake analysis of dams[J]. Earthquake Engineering and Structural Dynamics, 1998, 27(9): 937-956.

[41] Lubliner J, Oliver J, Oller S, et al. A Plastic-damage model for concrete[J]. International Journal of Solids and Structures, 1989, 25(3): 299-326.

[42] 雷拓, 钱江, 刘成清. 混凝土损伤塑性模型应用研究 [J]. 结构工程师, 2008, 24(2): 22-27.

第 7 章 弹塑性静动力问题的全隐式迭代算法

7.1 弹塑性问题的求解方法概述

采用有限元方法求解非线性问题最终归结为求解离散非线性方程。有限元方法基于迭代过程使用一系列修正的线性近似解逼近非线性问题的解。解决非线性方程 [1,2] 的方法可以分为两类：直接迭代方法和牛顿–拉夫森 (Newton-Raphson) 方法。直接迭代方法的收敛速度高度依赖于初始值的选择，对于具有许多自由度的问题，存在稳定性问题，并且在解决与变形历史有关的问题时，计算成本较高，很少被采用。牛顿–拉夫森方法是求解非线性方程组的最流行方法之一，同时派生出许多方法，包括改进的牛顿–拉夫森方法、准牛顿方法、增量方法 (可以视为牛顿–拉夫森方法的增量形式) 等。对牛顿–拉夫森方法的研究集中在两个方面，即计算效率和解的稳定性。Aitken 加速方法 [3] 和线性搜索方法 [4,5] 与牛顿方法结合使用，可以减少计算迭代次数。Wempner[6] 和 Risk[7] 提出了弧长方法，Forde[8]，Michael Müller[9] 等对其进行了改进，以改善材料非线性软化段的数值稳定性。

弹塑性问题是典型的非线性问题。在加卸载过程中，弹塑性材料表现出不同的变形特性：加载时会出现塑性硬化或软化，但在卸载时会回归弹性变形。使用有限元方法解决弹塑性问题必须解决两个基本问题，即非线性方程的线性化方案及其求解算法，以及材料的本构关系及其积分方法。非线性方程的线性化方案及其求解过程通常与材料特性、荷载大小、荷载历史和荷载方法有关。因此，增量应力应变本构方程与迭代方案相结合的方法被广泛采用，但是迭代操作将不可避免地导致有效应力偏离屈服面，即“漂移”现象。

目前，牛顿–拉夫森方法仍然是解决塑性问题的有效方法。特别是对于涉及材料软化的严重非线性过程，将牛顿–拉夫森方法与弧长方法或位移控制方法结合起来更为有效。为了追踪弹塑性问题的复杂变形过程，人们提出了多种本构方程积分方法 [10]，其中回映算法 [11-16] 是最广泛使用的方法。回映算法首先进行弹性预测，然后通过局部迭代，以便在求解非线性方程的迭代过程中校正塑性参数，并将预测应力返回到屈服面。与现有方法不同，本章将介绍一种新的非线性迭代方法，即隐式阻尼迭代方法，在联立求解弹塑性静动态问题的平衡方程、屈服函数和塑性流动方程时，不需要刚度矩阵的显式形式，也不拘泥于变形的增量和全量形式。在某些非线性问题的迭代过程中，有限元公式的整体刚度矩阵趋于病态。为了避免系数矩阵的奇异性，作者在数值迭代过程中引入了一个阻尼因子。

另外，为了有效解决混凝土类材料损伤弱化问题，作者基于应变等效假定，混凝土类材料的弹塑性损伤问题可转化为有效应力空间上求解弹塑性问题，其材料弱化用损伤变量描述，进一步将弹塑性问题的隐式迭代算法推广应用到求解混凝土类材料的弹塑性损伤问题。

7.2 隐式阻尼迭代算法的基本思想

弹塑性材料的本构关系通常由屈服函数和流动规律以增量形式给出。本构关系一般表示为一种显式形式，$\Delta\sigma = D^{\mathrm{ep}}\Delta\varepsilon$，式中的 $\Delta\sigma$，$\Delta\varepsilon$ 分别为应力增量和应变增量，D^{ep} 为弹塑性矩阵。弹塑性矩阵与加载过程有关，将根据应力应变状态进行调整。全隐式迭代法的基本思想是将含有塑性因子未知量的屈服条件和塑性流动方程作为基本方程，并与平衡方程联立，通过隐式迭代求解变形及其相关物理量。

假设 $\varepsilon_n, \varepsilon_n^{\mathrm{p}}$ 和 σ_n 分别是第 n 个荷载步的应变、塑性应变和应力；在 $n+1$ 加载步的应变增量为 $\Delta\varepsilon_n$, 塑性应变增量 $\Delta\varepsilon_n^{\mathrm{p}}$，内变增量 $\Delta\kappa_n$ 和应力增量 $\Delta\sigma_n$，则在第 $n+1$ 个荷载步的总应变、塑性应变、内变增量以及应力分别表示为

$$
\begin{aligned}
&\varepsilon_{n+1} = \varepsilon_n + \Delta\varepsilon_n, \quad \varepsilon_{n+1}^{\mathrm{p}} = \varepsilon_n^{\mathrm{p}} + \Delta\varepsilon_n^{\mathrm{p}} \\
&\kappa_{n+1} = \kappa_n + \Delta\kappa_n, \quad \sigma_{n+1} = \sigma_n + \Delta\sigma_n
\end{aligned} \tag{7.1}
$$

在 $n+1$ 个加载步, 求解弹塑性问题得方程组:

$$
\begin{cases}
(\sigma_{n+1}, \delta\varepsilon) = (F_{n+1}, \delta u), & \text{平衡方程 (矢量方程)} \\
Y(\sigma_{n+1}, \kappa_{n+1}) = 0, & \text{屈服条件 (标量方程)} \\
\Delta\varepsilon_{n+1}^{\mathrm{p}} = \Delta\lambda_n \dfrac{\partial G}{\partial\sigma}, & \text{塑性流动法则 (矢量方程)}
\end{cases} \tag{7.2}
$$

在上式中，Y 为屈服函数，G 为塑性势函数，并认为屈服函数和塑性势函数是应力和内部变量 κ 的函数，F 是外部分布荷载。式 (7.2) 的第一个公式中的符号 $(*, *)$ 表示两个函数的内积，在以下公式中，意义相同。在迭代过程中，允许前一个加载步中的屈服函数 ($Y_n \neq 0$) 的值不在屈服面上，但是它可以通过第二个方程自动校正，从而使第 $n+1$ 个荷载步的屈服函数的值满足屈服条件 $Y_{n+1} = 0$，并返回到屈服面。将式 (7.2) 改写式 (7.3)：

$$
\begin{cases}
(\sigma_n + \Delta\sigma_n, \delta\varepsilon) = (F_{n+1}, \delta u) \\
Y(\sigma_n + \Delta\sigma_n, \kappa_n + \Delta k_n) = 0 \\
\Delta\varepsilon_{n+1}^{\mathrm{p}} = \Delta\lambda_n \dfrac{\partial G}{\partial\sigma}
\end{cases} \tag{7.3}
$$

令 $\Delta\kappa_n = \Delta\lambda_n H(\sigma, \kappa)$, 这里 $H(\sigma, \kappa)$ 定义为强化函数，因此应力分量可表示为

$$\Delta\sigma_n = D^{\mathrm{e}}\left(\Delta\varepsilon_n - \Delta\varepsilon_n^{\mathrm{p}}\right) = D^{\mathrm{e}}\Delta\varepsilon_n - \Delta\lambda D^{\mathrm{e}}\frac{\partial G}{\partial\sigma} \tag{7.4}$$

其中，D^{e} 为弹性矩阵。将 $Y\left(\sigma_{n+1},\kappa_{n+1}\right)$ 在 $\left(\sigma_n,\kappa_n\right)$ 展开为

$$\begin{aligned} Y\left(\sigma_n+\Delta\sigma_n,\kappa_n+\Delta\kappa_n\right) =& Y_n + \left(\frac{\partial Y}{\partial\sigma}\right)^{\mathrm{T}} D^{\mathrm{e}}\Delta\varepsilon_n \\ & - \Delta\lambda\left\{\left(\frac{\partial Y}{\partial\sigma}\right)^{\mathrm{T}} D^{\mathrm{e}}\frac{\partial G}{\partial\sigma} - H(\sigma,\kappa)\frac{\partial Y}{\partial\kappa}\right\} = 0 \end{aligned}$$

此处和以下各节中，$(*)^{\mathrm{T}}$ 的上标 T 表示矩阵的转置。

令

$$A_0 = \left(\frac{\partial Y}{\partial\sigma}\right)^{\mathrm{T}} D^{\mathrm{e}}\frac{\partial G}{\partial\sigma} - H(\sigma,\kappa)\frac{\partial Y}{\partial\kappa} \tag{7.5}$$

塑性因子可以通过以下公式计算:

$$\Delta\lambda_n = \frac{1}{A_0}\left[\left(\frac{\partial Y}{\partial\sigma}\right)^{\mathrm{T}} D^{\mathrm{e}}\Delta\varepsilon_n + Y_n\right] \tag{7.6}$$

将式 (7.6) 代入式 (7.4)，可以得到

$$\Delta\sigma_n = D^{\mathrm{e}}\left(\Delta\varepsilon_n - \Delta\varepsilon_n^{\mathrm{p}}\right) = \left[D^{\mathrm{e}} - \frac{1}{A_0}D^{\mathrm{e}}\frac{\partial G}{\partial\sigma}\left(\frac{\partial Y}{\partial\sigma}\right)^{\mathrm{T}} D^{\mathrm{e}}\right]\Delta\varepsilon_n - \frac{Y_n}{A_0}D^{\mathrm{e}}\frac{\partial G}{\partial\sigma} \tag{7.7}$$

即 $\Delta\sigma_n = D^{\mathrm{ep}}\Delta\varepsilon_n - \dfrac{Y_n}{A_0}D^{\mathrm{e}}\dfrac{\partial G}{\partial\sigma}$。

弹塑性矩阵 $D^{\mathrm{ep}} = \left[D^{\mathrm{e}} - \dfrac{1}{A_0}D^{\mathrm{e}}\dfrac{\partial G}{\partial\sigma}\left(\dfrac{\partial Y}{\partial\sigma}\right)^{\mathrm{T}} D^{\mathrm{e}}\right]$。如果 $Y_n = 0$, 则应力增量 $\Delta\sigma_n = D^{\mathrm{ep}}\Delta\varepsilon_n$。

式 (7.3) 中的第一项可以表示为：$(\Delta\sigma_n,\delta\varepsilon) = (F_{n+1},\delta u) - (\sigma_n,\delta\varepsilon)$，并将式 (7.7) 代入，可以得到

$$\left(D^{\mathrm{e}}\Delta\varepsilon_n,\delta\varepsilon\right) - \left(\Delta\lambda_n D^{\mathrm{e}}\frac{\partial G}{\partial\sigma},\delta\varepsilon\right) = (F_{n+1},\delta u) - (\sigma_n,\delta\varepsilon) \tag{7.8}$$

通过方程式 (7.6) 消去 $\Delta\lambda_n$，求解静态弹塑性问题的基本方程式可以表示为积分弱形式：

$$\begin{aligned} &\left(D^{\mathrm{e}}\Delta\varepsilon_n,\delta\varepsilon\right) - \left[\frac{1}{A_0}\left(\frac{\partial Y}{\partial\sigma}\right)^{\mathrm{T}} D^{\mathrm{e}}\Delta\varepsilon_n, \left(\frac{\partial G}{\partial\sigma}\right)^{\mathrm{T}} D^{\mathrm{e}}\delta\varepsilon\right] \\ &= \left[\frac{1}{A_0}Y_n, \left(\frac{\partial G}{\partial\sigma}\right)^{\mathrm{T}} D^{\mathrm{e}}\delta\varepsilon\right] + (F_{n+1},\delta u) - (\sigma_n,\delta\varepsilon) \end{aligned} \tag{7.9}$$

方程 (7.9) 可以改写为显式形式：

$$(D^{\mathrm{ep}}\Delta\varepsilon_n,\delta\varepsilon)=\left[\frac{1}{A_0}Y_n,\left(\frac{\partial G}{\partial\sigma}\right)^{\mathrm{T}}D^{\mathrm{e}}\delta\varepsilon\right]+(F_{n+1},\delta u)-(\sigma_n,\delta\varepsilon) \tag{7.10}$$

根据牛顿迭代法，在第 $k+1$ 次迭代步骤中，非线性方程 $f\left(x^{(k+1)}\right)=0$ 在 $x^{(k)}$ 线性化，即 $f\left(x^{(k)}\right)+\mathrm{d}f\left(x^{(k)}\right)/\mathrm{d}x\Delta x^{(k)}=0$，这里 $x^{(k+1)}=x^{(k)}+\Delta x^{(k)}$，当 $\Delta x^{(k)}\to 0$, $x^{(k+1)}$ 就是该问题的解。只要用系数 A 代替 $\mathrm{d}f\left(x^{(k)}\right)/\mathrm{d}x$，该方程式 $f\left(x^{(k)}\right)+\mathrm{d}f\left(x^{(k)}\right)/\mathrm{d}x\Delta x^{(k)}=0$ 就变为 $f\left(x^{(k)}\right)+A\Delta x^{(k)}=0$，只要 $\Delta x^{(k)}\to 0$，并且 $x^{(k+1)}=x^{(k)}+\Delta x^{(k)}$，$x^{(k+1)}$ 也趋向于问题的解。为了避免方程式的系数矩阵的奇异性，引入了阻尼系数 μ，因此 $A=A_0+\mu$，即

$$A=\left(\frac{\partial Y}{\partial\sigma}\right)^{\mathrm{T}}D^{\mathrm{e}}\frac{\partial G}{\partial\sigma}-H(\sigma,\kappa)\frac{\partial Y}{\partial\kappa}+\mu \tag{7.11}$$

μ 的值可以根据实际情况进行修改。绝对值 $|A|$ 不为零，否则会影响迭代收敛速度。

(1) 如果 $A_0=\left(\frac{\partial Y}{\partial\sigma}\right)^{\mathrm{T}}D^{\mathrm{e}}\frac{\partial G}{\partial\sigma}-H(\sigma,\kappa)\frac{\partial Y}{\partial\kappa}>0$，即 $\left(\frac{\partial Y}{\partial\sigma}\right)^{\mathrm{T}}D^{\mathrm{e}}\frac{\partial G}{\partial\sigma}>H(\sigma,\kappa)\frac{\partial Y}{\partial\kappa}$，令 $\mu=C_1\left(\frac{\partial Y}{\partial\sigma}\right)^{\mathrm{T}}D^{\mathrm{e}}\frac{\partial G}{\partial\sigma}$；

(2) 如果 $A_0=\left(\frac{\partial Y}{\partial\sigma}\right)^{\mathrm{T}}D^{\mathrm{e}}\frac{\partial G}{\partial\sigma}-H(\sigma,\kappa)\frac{\partial Y}{\partial\kappa}<0$，即 $\left(\frac{\partial Y}{\partial\sigma}\right)^{\mathrm{T}}D^{\mathrm{e}}\frac{\partial G}{\partial\sigma}<H(\sigma,\kappa)\frac{\partial Y}{\partial\kappa}$，令 $\mu=-C_2\left(\frac{\partial Y}{\partial\sigma}\right)^{\mathrm{T}}D^{\mathrm{e}}\frac{\partial G}{\partial\sigma}$。

其中，C_1 和 C_2 都是大于零的实数。当 A_0 等于或接近零时，可以赋予 μ 更大的数。这里 C_1 和 C_2 取 2，阻尼系数 μ 由以下公式确定：

$$\mu=\begin{cases}2\left(\dfrac{\partial Y}{\partial\sigma}\right)^{\mathrm{T}}D^{\mathrm{e}}\dfrac{\partial G}{\partial\sigma}, & \text{当 } \dfrac{\partial Y}{\partial\kappa}H<\left(\dfrac{\partial Y}{\partial\sigma}\right)^{\mathrm{T}}D^{\mathrm{e}}\dfrac{\partial G}{\partial\sigma}\\ -2\left(\dfrac{\partial Y}{\partial\sigma}\right)^{\mathrm{T}}D^{\mathrm{e}}\dfrac{\partial G}{\partial\sigma}, & \text{当 } \dfrac{\partial Y}{\partial\kappa}H>\left(\dfrac{\partial Y}{\partial\sigma}\right)^{\mathrm{T}}D^{\mathrm{e}}\dfrac{\partial G}{\partial\sigma}\end{cases} \tag{7.12}$$

式 (7.12) 中的常数取决于实际情况。这种隐式阻尼迭代方法可以推广应用于具有刚性损伤削弱 (退化) 的一般材料非线性问题，只是屈服函数和流动规则的表达形式会有所不同。

7.3 迭代公式的构造

式 (7.9) 中的未知数是位移增量。在弹性加载或塑性卸载中，塑性因子 $\Delta\lambda_n$ 小于零，则将式 (7.9) 转化为一般的线弹性方程：$(D^{\mathrm{e}}\Delta\varepsilon_n,\delta\varepsilon)=(F_{n+1},\delta u)-(\sigma_n,\delta\varepsilon)$；

当应力应变进入塑性区，塑性因子 $\Delta\lambda_n$ 大于零。求解过程是根据塑性因子的数值判断进行的迭代过程。

下面将介绍两种增量迭代方法，即增量迭代法 (I) 和增量迭代法 (Ⅱ)[17]。

位移增量迭代又有两种算法：① 将应变增量和塑性因子作为独立未知数的迭代式；② 应变增量作为基本未知数迭代式。

7.3.1 增量迭代式 (I)

在每一加载步，外荷载保持不变，由式 (7.9) 进行 k 次迭代：

$$\begin{aligned}&\left(D^{\mathrm{e}}\Delta\Delta\varepsilon^{(k)},\delta\varepsilon\right)-\left[\frac{1}{A}\left(\frac{\partial Y}{\partial\sigma}\right)^{\mathrm{T}}D^{\mathrm{e}}\Delta\Delta\varepsilon^{(k)},\left(\frac{\partial G}{\partial\sigma}\right)^{\mathrm{T}}D^{\mathrm{e}}\delta\varepsilon\right]\\&=\left[\frac{1}{A}Y_{n+1}^{(k-1)},\left(\frac{\partial G}{\partial\sigma}\right)^{\mathrm{T}}D^{\mathrm{e}}\delta\varepsilon\right]+\left(F_{n+1},\delta u\right)-\left(\sigma_n^{(k-1)},\delta\varepsilon\right)\end{aligned}\tag{7.13}$$

然后，在第 k 次迭代时，通过迭代方程 (7.13) 获得位移子增量 (增量的增量)$\Delta\Delta u^{(k)}$。实际上，可以将式 (7.13) 转换为以下等效形式：

$$\begin{aligned}&\left(D^{\mathrm{e}}\Delta\varepsilon_n^{(k)},\delta\varepsilon\right)-\left[\frac{1}{A}\left(\frac{\partial Y}{\partial\sigma}\right)^{\mathrm{T}}D^{\mathrm{e}}\Delta\varepsilon_n^{(k)},\left(\frac{\partial G}{\partial\sigma}\right)^{\mathrm{T}}D^{\mathrm{e}}\delta\varepsilon\right]\\&=\left(D^{\mathrm{e}}\Delta\varepsilon_n^{(k-1)},\delta\varepsilon\right)-\left[\frac{1}{A}\left(\frac{\partial Y}{\partial\sigma}\right)^{\mathrm{T}}D^{\mathrm{e}}\Delta\varepsilon_n^{(k-1)},\left(\frac{\partial G}{\partial\sigma}\right)^{\mathrm{T}}D^{\mathrm{e}}\delta\varepsilon\right]\\&\quad+\left[\frac{1}{A}Y_{n+1}^{(k-1)},\left(\frac{\partial G}{\partial\sigma}\right)^{\mathrm{T}}D^{\mathrm{e}}\delta\varepsilon\right]+\left(F_{n+1},\delta u\right)-\left(\sigma_{n+1}^{(k-1)},\delta\varepsilon\right)\end{aligned}\tag{7.14}$$

从迭代方程 (7.14)，可以直接获得当前荷载步的位移增量 $\Delta u_n^{(k)}$ 和应变增量 $\Delta\varepsilon_n^{(k)}$，然后，通过以下公式计算应力：

$$\sigma_{n+1}^{(k)}=\sigma_n+D^{\mathrm{e}}\Delta\varepsilon_n^{(k)}-\frac{1}{A_0}D^{\mathrm{e}}\frac{\partial G}{\partial\sigma}\left(\frac{\partial Y}{\partial\sigma}\right)^{\mathrm{T}}D^{\mathrm{e}}\Delta\varepsilon_n^{(k)}-\frac{1}{A_0}D^{\mathrm{e}}\frac{\partial G}{\partial\sigma}Y_n\left(\sigma_n,\kappa_n\right)\tag{7.15}$$

这里要注意，当通过式 (7.15) 计算应力时，将使用 A_0 而不是 A 来计算实际应力。微分式 $\partial f/\partial\sigma$ 采用差分 $\partial f/\partial\sigma_{ij}\approx\left[f\left(\sigma_{ij}+\delta\right)-f\left(\sigma_{ij}\right)\right]/\delta$ 计算，这里 δ 取材料极限应力的 10^{-3}。当迭代收敛时，$\Delta\varepsilon_n^{(k)}\to\Delta\varepsilon_n$，$\varepsilon_{n+1}^{(k)}=\varepsilon_{n+1}^{(k-1)}+\Delta\varepsilon_n^{(k)}\to\varepsilon_{n+1}$，$\sigma_{n+1}^{(k)}\to\sigma_{n+1}$，外部荷载与内力处于平衡状态，并且平衡方程趋于以下形式：

$$\left(F_{n+1},\delta u\right)-\left(\sigma_{n+1},\delta\varepsilon\right)=0\tag{7.16}$$

方框 1 列出了增量迭代式 (I) 的程序。

方框 1: 增量迭代式 (I)
1) 给定 $u_0, \Delta u_0, \sigma_0, \kappa_0$ 的初值和材料参数，以及迭代控制参数; 2) 根据作用荷载 F_{n+1}，在第 $n+1$ 加载步内按方程 (7.14) 进行迭代，求位移增量 $\Delta u_n^{(k)}$，直到实现收敛。 (1) 执行第 k 次迭代: 令 $u_{n+1}^{(0)} = u_n$; $\sigma_{n+1}^{(0)} = \sigma_n$ 和 $\Delta u_{n+1}^{(0)} = 0$，然后按方程 (7.14) 进行迭代。 ① 计算应变增量 $\Delta\varepsilon_n^{(k)}$, 应力 $\sigma_{n+1}^{(k)}$，屈服函数值 $Y_{n+1}^{(k)}$, $\partial Y/\partial\sigma, \partial G/\partial\sigma$ 等其他相关系数。 ② 计算塑性参数 $d\lambda_n = (\partial Y/\partial\sigma)^{\mathrm{T}} D^{\mathrm{e}}\Delta\varepsilon_n + Y(\sigma_n, \kappa_n)$，并判断应力状态: 如果 $d\lambda_n > 0$，则应力处于塑性区; 如果 $d\lambda_n < 0$, 则应力处在弹性区。 ③ 通过以下规则更新刚度矩阵: (a) 在弹性区域中，消去方程式 (7.14) 中包含 A 的项; (b) 在塑性区，用公式 (7.11) 和 (7.12) 计算 A。 ④ 用公式 (7.14) 求解 $\Delta u_n^{(k)}$，计算迭代误差 $\mathrm{err} = \left\Vert \Delta u_n^{(k)} - \Delta u_n^{(k-1)} \right\Vert$。 ⑤ 判断 err 是否小于 $\alpha\Vert\Delta u_n^{(k)}\Vert$ (这里 $\alpha = 10^{-9}$)。否则，重复步骤①~④，并进行第 $k+1$ 次迭代，直到达到收敛为止。然后执行步骤 (2)。 (2) 通过最终迭代的位移重新计算塑性参数 $d\lambda$，确定应力状态，通过公式 (7.15) 计算总应力 σ_{n+1}，以及内部变量 κ_{n+1}，塑性应变等。 3) 重复步骤 2)，继续计算下一个荷载步，判断是否发生失稳，并获得最终极限荷载。

7.3.2 增量迭代式 (II)

将式 (7.6) 以弱形式表示，并且与方程 (7.8) 联立:

$$
\begin{cases}
(D^{\mathrm{e}}\Delta\varepsilon_n, \delta\varepsilon) - \left(\Delta\lambda_n D^{\mathrm{e}}\dfrac{\partial G}{\partial\sigma}, \delta\varepsilon\right) = (F_{n+1}, \delta u) - (\sigma_n, \delta\varepsilon) \\[2ex]
(A_0\Delta\lambda_n, \delta\lambda) - \left[\left(\dfrac{\partial Y}{\partial\sigma}\right)^{\mathrm{T}} D^{\mathrm{e}}\Delta\varepsilon_n, \delta\lambda\right) = (Y_n, \delta\lambda)
\end{cases}
$$

将应变增量 Δu，塑性因子 $\Delta\lambda_n$ 作为一个独立的未知数，并将其联立求解。迭代方案的积分弱形式为

$$
\begin{aligned}
&\left(D^{\mathrm{e}}\Delta\varepsilon_n^{(k)}, \delta\varepsilon\right) - \left(\Delta\lambda_n^{(k)} D^{\mathrm{e}}\frac{\partial G}{\partial\sigma}, \delta\varepsilon\right) \\
&+ \left(A\Delta\lambda_n^{(k)}, \delta\lambda\right) - \left[\left(\frac{\partial Y}{\partial\sigma}\right)^{\mathrm{T}} D^{\mathrm{e}}\Delta\varepsilon_n^{(k)}, \delta\lambda\right]
\end{aligned}
$$

$$
\begin{aligned}
&= \left(D^{\mathrm{e}}\Delta\varepsilon_n^{(k-1)}, \delta\varepsilon\right) - \left(\Delta\lambda_n^{(k-1)} D^{\mathrm{e}}\frac{\partial G}{\partial\sigma}, \delta\varepsilon\right) + \left(A\Delta\lambda_n^{(k-1)}, \delta\lambda\right) \\
&\quad - \left[\left(\frac{\partial Y}{\partial\sigma}\right)^{\mathrm{T}} D^{\mathrm{e}}\Delta\varepsilon_n^{(k-1)}, \delta\lambda\right] \\
&\quad + \left(Y_{n+1}^{(k-1)}, \delta\lambda\right) + \left(F_{n+1}, \delta u\right) - \left(\sigma_{n+1}^{(k-1)}, \delta\varepsilon\right)
\end{aligned} \tag{7.17}
$$

在式 (7.17) 的迭代过程中，如果塑性因子 $\Delta\lambda_n^{(k)}$ 小于零，则使其等于零，然后根据弹性矩阵计算应力增量。在这里，如果计算出的 A 非常小 (如 10^{-10})，则设置较大的数 (如 10^{20})。迭代方案 (Ⅱ) 与前一次迭代 (Ⅰ) 的程序流程之间的主要区别在于塑性因子的处理。对应于方框 1，在方框 2 中，仅列出了非线性迭代过程的一部分。

方框 2: 增量迭代式 (Ⅱ)
执行第 k 次迭代: 令 $u_{n+1}^{(0)} = u_n$, $\sigma_{n+1}^{(0)} = \sigma_n$ 和 $\Delta u_{n+1}^{(0)} = 0$, 然后按方程 (7.17) 进行迭代。 ① 计算应变增量 $\Delta u_n^{(k)}$，应力 $\sigma_{n+1}^{(k)}$，屈服函数值 $Y_{n+1}^{(k)}$, $\partial Y/\partial\sigma$ 和 $\partial G/\partial\sigma$ 等其他相关系数。 ② 由式 (7.11) 和式 (7.12) 计算 A，如果 A 的值很小 (比如小于 10^{-10}), 令 A 为一个大数 (比如小于 10^{20}), 然后由方程 (7.17) 计算 $\Delta u_n^{(k)}$ 和 $\Delta\lambda_n^{(k)}$。 ③ 判断应力状态: 如果 $\Delta\lambda_n^{(k)} < 0$, 则令 $\Delta\lambda_n^{(k)} = 0$。 ④ 计算 $\Delta u_n^{(k)}$ 和 $\Delta\lambda_n^{(k)}$ 的迭代误差，判断迭代误差是否满足设定的容许误差要求。 ⑤ 否则, 重复①~④ 迭代步, 进行第 k+1 次迭代，直至获取收敛值。

将式 (7.14) 被重写为结构系统承受当前荷载的总应变 (位移) 迭代公式:

$$
\begin{aligned}
&\left(D^{\mathrm{e}}\varepsilon_{n+1}^{(k)}, \delta\varepsilon\right) - \left[\frac{1}{A}\left(\frac{\partial Y}{\partial\sigma}\right)^{\mathrm{T}} D^{\mathrm{e}}\varepsilon_{n+1}^{(k)}, \left(\frac{\partial G}{\partial\sigma}\right)^{\mathrm{T}} D^{\mathrm{e}}\delta\varepsilon\right] \\
&= \left(D^{\mathrm{e}}\varepsilon_{n+1}^{(k-1)}, \delta\varepsilon\right) - \left[\frac{1}{A}\left(\frac{\partial Y}{\partial\sigma}\right)^{\mathrm{T}} D^{\mathrm{e}}\varepsilon_{n+1}^{(k-1)}, \left(\frac{\partial G}{\partial\sigma}\right)^{\mathrm{T}} D^{\mathrm{e}}\delta\varepsilon\right] \\
&\quad + \left(\frac{1}{A}Y_{n+1}^{(k-1)}, \left(\frac{\partial G}{\partial\sigma}\right)^{\mathrm{T}} D^{\mathrm{e}}\delta\varepsilon\right) + \left(F_{n+1}, \delta u\right) - \left(\sigma_{n+1}^{(k-1)}, \delta\varepsilon\right)
\end{aligned} \tag{7.18}
$$

显然，式 (7.18) 在本质上是迭代式 (7.14) 的另一种形式。$\varepsilon_{n+1}^{(k-1)}$ 和 $\varepsilon_{n+1}^{(k)}$ 分别代表第 $k-1$ 次和第 k 次迭代在当前荷载下的总应变分量。总位移 $u_{n+1}^{(k)}$ 可以在第 k 次迭代步骤中由式 (7.18) 求解。然后，计算当前荷载步的位移增量 $\Delta u_n^{(k)} = u_{n+1}^{(k)} - u_n$ 和应变增量 $\Delta\varepsilon_n^{(k)} = \varepsilon_{n+1}^{(k)} - \varepsilon_n$，然后将 $\Delta\varepsilon_n^{(k)}$ 代入方程式 (7.15)，此后即可获得当前迭代步的总应力分量。当迭代收敛时，即 $\varepsilon_{n+1}^{(k)} \to \varepsilon_{n+1}^{(k-1)}$，$f_{n+1}^{(k)} \to 0$ 和 $\sigma_{n+1}^{(k)} \to \sigma_{n+1}$，则达到与式 (7.16) 中相同的平衡。全量迭代方案的非线性迭代过程与增量迭代方案 (I) 的非线性迭代过程几乎相同。

在式 (7.14) 中，位移增量被视为独立的未知数，而在式 (7.17) 中，塑性因子也充当独立的未知数。但是，这两个增量迭代公式完全等效，除了它们的表达式略有不同。式 (7.18) 是位移的总位移迭代方案，它也等效于增量迭代方案，通过该方案，可以在当前荷载下直接获得总应变 (位移)。

7.4 迭代方法的验证

7.4.1 FEPG 的脚本文件

为了验证上述迭代算法，基于有限元程序生成器 (finite element program generator，FEPG)[18] 开发了用于上述迭代算法的有限元计算的 Fortran 程序。FEPG 的本质在于同时采用组件编程技术和人工智能技术，以根据给定的偏微分方程 (PDE) 代码和算法表达式 (非线性有限元，NFE) 自动生成有限元源代码。FEPG 基于统一的有限元方法的理论及其内在规律，程序生成类似于数学公式的推导过程。有限元计算程序由 START，BFT，SOLV，E 和 U 五个部分组成，其中 E 和 U 根据用户给出的表达式自动生成，而其他三个部分则不会随用户的变化而变化。表达式由系统给出。

根据 FEPG 的语言规则，积分弱方程 (7.14)，(7.17) 和 (7.18) 由 PDE 编写；迭代算法和循环由 NFE 代码编写；位移与应力场的耦合关系由生成命令流文件和 NFE 代码 (GCN) 以及多场耦合 (MDI) 代码来描述。运行 MDI 命令可以生成计算过程的源代码。在以下部分中，将执行这些源代码以评估上面构建的迭代过程。

7.4.2 数值验证

以圆形隧道开挖问题为例。隧道开挖将引起岩石应力的重新分布，隧道周围可能进入塑性状态。类似于厚壁圆筒，外边界受到均匀的压力作用，如图 7.1 所示。

采用摩尔–库仑屈服准则，摩擦角为 ϕ，凝聚力为 c，外部受均匀压力 p，半

径为 R_0 的圆孔周围塑性区半径具有理论解：

$$R_{\mathrm{p}} = R_0 \left[\frac{p + c \cdot \tan^{-1} \phi}{c \cdot \tan^{-1} \phi} (1 - \sin \phi) \right]^{\frac{1-\sin\phi}{2\sin\phi}}$$

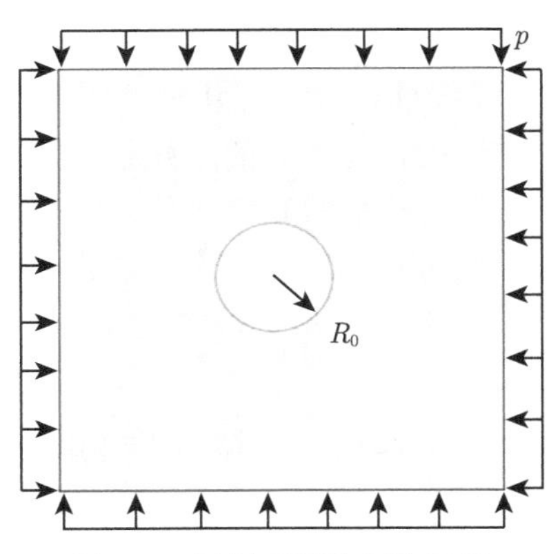

图 7.1　周围受压的厚壁圆筒

此处的内聚强度等于 1.0MPa，圆孔半径为 1.0m，然后模拟塑性区的扩展过程。将摩擦系数 f 设为 0.2 和 0.4，计算出弹塑性界面的半径。图 7.2 为外围压力为 7MPa，摩擦系数取 0.2 时的塑性区分布；随围压力增加的塑性半径曲线在图 7.3 给出。总体上，塑性区域的半径随着围压的增加而增加，并且与理论解非常吻合。特别是当摩擦系数为 0.4 时，计算结果几乎与理论解完全吻合。

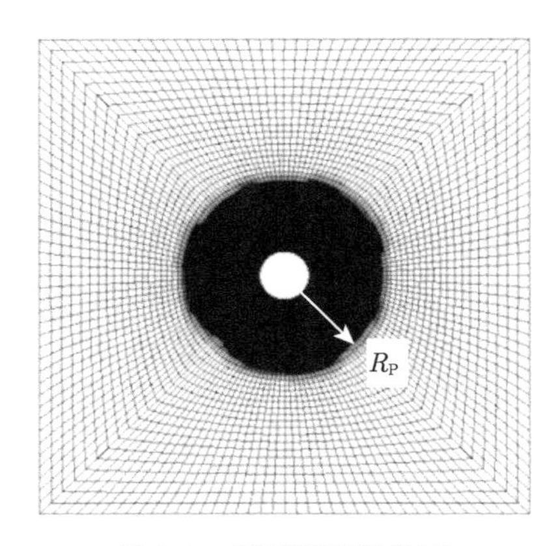

图 7.2　圆形隧洞塑性区

值得注意的是，远离矩形区域的外边界，塑性区域与理论解具有很好的一致性，但是当塑性区域到达外边缘时，它不再满足理论解的无限边界条件，可能会导致较大的计算误差。

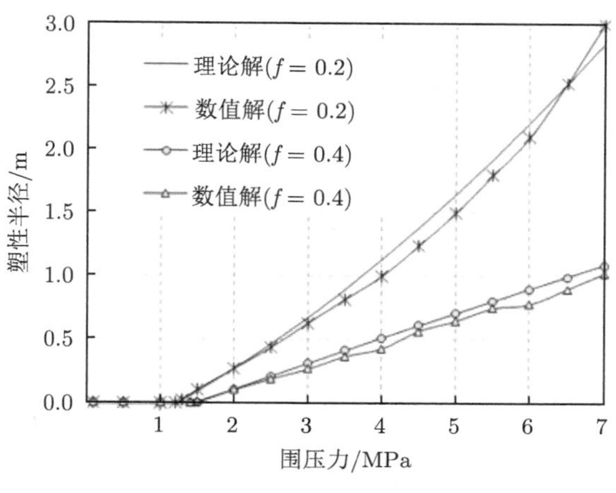

图 7.3 塑性半径–压力曲线

7.5 求解非线性动力学方程的迭代格式

7.5.1 动态问题的基本方程式

对于动态问题，研究对象的各种物理量是时间的函数。在 t 时刻，应变、塑性应变和应力分别表示为 $\varepsilon_t, \varepsilon_t^{\mathrm{p}}$ 和 σ_t，应变增量为 $\Delta\varepsilon_t$，塑性应变增量为 $\Delta\varepsilon_t^{\mathrm{p}}$ 和应力增量为 $\Delta\sigma_t$。在 $t+\Delta t$ 时刻，总应变、塑性应变和应力分别表示为 $\varepsilon_{t+\Delta t} = \varepsilon_t + \Delta\varepsilon_t; \varepsilon_{t+\Delta t}^{\mathrm{p}} = \varepsilon_t^{\mathrm{p}} + \Delta\varepsilon_t^{\mathrm{p}}; \sigma_{t+\Delta t} = \sigma_t + \Delta\sigma_t$。

与方程 (7.2) 类似，在 $t+\Delta t$ 时刻动态方程表示为

$$\begin{cases} (\Delta\sigma_t, \delta\varepsilon) + (\rho\ddot{u}_{t+\Delta t}, \delta u) + (\mu\dot{u}_{t+\Delta t}, \delta u) = (F_{t+\Delta t}, \delta u) - \left(\sigma^{(t)}, \delta\varepsilon\right) \\ Y_{t+\Delta t} = 0 \\ \Delta\varepsilon^{\mathrm{p}} = \Delta\lambda_t \dfrac{\partial G}{\partial \sigma} \end{cases} \tag{7.19}$$

这里，ρ 是质量密度；μ 是动力阻尼系数，其含义与式 (7.11) 不同；$\ddot{u}$ 和 $\dot{u}$ 分别代表加速度和速度矢量。

7.5.2 动态问题的迭代方法

上面提出的隐式阻尼迭代方法可以容易地扩展并应用于弹塑性动力学问题。与静态问题的全量迭代算法 (式 (7.18)) 类似，动态问题的全量迭代公式可以写为

$$\left(D^{\mathrm{e}}\varepsilon_{t+\Delta t}^{(k)}, \delta\varepsilon\right) - \left[\frac{1}{A}\left(\frac{\partial Y}{\partial \sigma}\right)^{\mathrm{T}} D^{\mathrm{e}}\varepsilon_{t+\Delta t}^{(k)} \left(\frac{\partial G}{\partial \sigma}\right)^{\mathrm{T}} D^{\mathrm{e}}\delta\varepsilon\right]$$

$$
\begin{aligned}
&+\left(\rho \ddot{u}_{t+\Delta t}^{(k)}, \delta u\right)+\left(\mu \dot{u}_{t+\Delta t}^{(k)}, \delta u\right) \\
=&\left(D^{\mathrm{e}} \varepsilon_{t+\Delta t}^{(k-1)}, \delta \varepsilon\right)-\left[\frac{1}{A}\left(\frac{\partial Y}{\partial \sigma}\right)^{\mathrm{T}} D^{\mathrm{e}} \varepsilon_{t+\Delta t}^{(k-1)},\left(\frac{\partial G}{\partial \sigma}\right)^{\mathrm{T}} D^{\mathrm{e}} \delta \varepsilon\right] \\
&+\left[\frac{1}{A} Y_{t+\Delta t}^{(k-1)},\left(\frac{\partial G}{\partial \sigma}\right)^{\mathrm{T}} D^{\mathrm{e}} \delta \varepsilon\right]+\left(F_{t+\Delta t}, \delta u\right)-\left(\sigma_{t+\Delta t}^{(k-1)}, \delta \varepsilon\right)
\end{aligned} \tag{7.20}
$$

在 $t+\Delta t$ 时刻迭代到 k 次的应变增量 $\Delta\varepsilon^{t(k)}=\varepsilon^{t+\Delta t(k)}-\varepsilon^{t}$。应力由式 (7.21) 计算:

$$
\sigma_{t+\Delta t}^{(k)}=\sigma_t+D^{\mathrm{e}}\Delta\varepsilon_t^{(k)}-\frac{1}{A_0}D^{\mathrm{e}}\frac{\partial G}{\partial\sigma}\left(\frac{\partial Y}{\partial\sigma}\right)^{\mathrm{T}}D^{\mathrm{e}}\Delta\varepsilon_t^{(k)}-\frac{1}{A_0}D^{\mathrm{e}}\frac{\partial G}{\partial\sigma}Y_t\left(\sigma_t,\kappa_t\right) \tag{7.21}
$$

式 (7.18) 的迭代过程改写为与时间相关的动态加载过程。当 $\varepsilon_{t+\Delta t}^{(k)}\to\varepsilon_{t+\Delta t}^{(k-1)}=\varepsilon_{t+\Delta t}$，$f_{t+\Delta t}^{(k)}\to 0$ 时，方程 (7.20) 收敛于以下动力学方程 (7.22)：

$$
\left(\rho\ddot{u}_{t+\Delta t},\delta u\right)+\left(\mu\dot{u}_{t+\Delta t},\delta u\right)=\left(F_{t+\Delta t},\delta u\right)-\left(\sigma_{t+\Delta t},\delta\varepsilon\right) \tag{7.22}
$$

采用纽马克积分方法的基本假设，在时域中将迭代方程式 (7.20) 离散化。动态有限元方程如下：

$$
\begin{aligned}
&\left(K_t^{(k-1)}+a_0M+a_1C\right)u_{t+\Delta t}^{(k)}\\
=&K_t^{(k-1)}u_{t+\Delta t}^{(k-1)}+\Delta F_{t+\Delta t}^{(k-1)}+M\left[a_0u_t+a_2\dot{u}_t+a_3\ddot{u}_t\right]\\
&+C\left[a_1u_t+a_4\dot{u}_t+a_5u_t\right]
\end{aligned} \tag{7.23}
$$

这里，$K_t^{(k)}$, M 和 C 分别代表刚度矩阵、质量矩阵和阻尼矩阵；$\Delta F_{t+\Delta t}^{(k)}$ 是方程 (7.20) 等号右侧的后三项生成的荷载增量。注意，由于可能的塑性变形，由 $K_t u_{t+\Delta t}$ 产生的节点力不一定等于由 $\sigma_{t+\Delta t}$ 引起的节点力。否则的话，则有 $K_t u_{t+\Delta t}+\Delta F_{t+\Delta t}=F_{t+\Delta t}$，方程 (7.20) 趋于线性弹性问题的纽马克积分方程。

数值迭代直到 $u_{t+\Delta t}=u_{t+\Delta t}^{(k)}\approx u_{t+\Delta t}^{(k-1)}$ 和 $\Delta u_t=u_{t+\Delta t}-u_t$，从而可以得到 $t+\Delta t$ 时刻的加速度 $\ddot{u}_{t+\Delta t}=a_0\Delta u_t-a_2\dot{u}-a_3\ddot{u}$，速度 $\dot{u}_{t+\Delta t}=\dot{u}_t+a_6\ddot{u}_t+a_7\ddot{u}_{t+\Delta t}$，其中 $a_0\sim a_7$ 表示纽马克积分常数，即 $a_0=\dfrac{1}{\gamma\Delta t^2}$，$a_1=\dfrac{\delta}{\gamma\Delta t}$，$a_2=\dfrac{1}{\gamma\Delta t}$，$a_3=\dfrac{1}{2\gamma}-1$，$a_4=\dfrac{\delta}{\gamma}-1$，$a_5=\dfrac{\Delta t}{2}\left(\dfrac{\delta}{\gamma}-2\right)$，$a_6=\Delta t\left(1-\gamma\right)$，$a_7=\gamma\Delta t$ 和 $\delta\geqslant 0.5$, $\gamma=0.25\left(0.5+\delta\right)^2$。方框 3 中列出了弹塑性动力学方程的迭代方案。

方框 3: 弹塑性动力学方程的全量迭代式
1) 给定时间步长 Δt，积分常数；材料和迭代控制参数；$u_0, \dot{u}_0, \ddot{u}_0, \sigma_0$ 和 κ_0 及其增量初始值。 2) 根据作用荷载 $F_{t+\Delta t}$ 或位移时程，在 $t+\Delta t$ 内，按式 (7.23) 执行迭代求出总位移，直至达到收敛： (1) 执行第 k 次非线性迭代 (在非线性迭代循环中暂时不更新 $\dot{u}_{t+\Delta t}$ 和 $\ddot{u}_{t+\Delta t}$)： 令 $u_{t+\Delta t}^{(0)}=u_t, \sigma_{t+\Delta t}^{(0)}=\sigma_t$ 和 $\Delta u_{t+\Delta t}^{(0)}=0$，然后执行迭代循环，并由式 (7.23) 确定 $u_{t+\Delta t}^{(k)}$： ① 计算位移增量 $\Delta u_t^{(k)}=u_{t+\Delta t}^{(k)}-u_t$，应变增量 $\Delta\varepsilon_t^{(k)}=\varepsilon_t^{(k)}-\varepsilon_t$，$\sigma_{t+\Delta t}^{(k)}$，$Y_{t+\Delta t}^{(k)}$，$\partial Y/\partial\sigma, \partial G/\partial\sigma$ 和其他相关系数。 ② 计算塑性参数 $d\lambda=(\partial Y/\partial\sigma)^{\mathrm{T}}D^{\mathrm{e}}\Delta\varepsilon_t^{(k)}+Y(\sigma_t,\kappa_t)$, 并判断应力状态: 如果 $d\lambda>0$, 应力处于塑性区; 如果 $d\lambda<0$, 则应力处在弹性区。 ③ 按照以下规定更新刚度矩阵：(a) 在弹性区域中，消去方程式 (7.20) 中包含 A 的项；(b) 在塑料区域中，由式 (7.11) 和式 (7.12) 计算 A。 ④ 由式 (7.23) 求出 $u_{t+\Delta t}^{(k)}$，计算出 $\Delta u_t^{(k)}=u_{t+\Delta t}^{(k)}-u_t$ 和相对误差 $\mathrm{err}=\lVert\Delta u_t^{(k)}-\Delta u_t^{(k-1)}\rVert$。 ⑤ 判断 err 是否小于 $\alpha\lVert\Delta u_t^{(k)}\rVert$；否则，则重复步骤①~④，进行第 $k+1$ 次迭代直至收敛，然后执行步骤 (2)。 (2) 更新 $u_{t+\Delta t}=u_{t+\Delta t}^{(k)}$，$\ddot{u}_{t+\Delta t}=a_0\Delta u_t-a_2\dot{u}_t-a_3\ddot{u}_t$ 和 $\dot{u}_{t+\Delta t}=\dot{u}_t=a_0\ddot{u}_t+a_7\ddot{u}_{t+\Delta t}$ 由最终迭代中的位移重新计算塑性参数 $d\lambda$，确定应力状态，并计算总应力和内部变量 $\kappa_{t+\Delta t}$，塑性应变等，进行下一个时间步计算。 3) 重复步骤 2)，继续进行下一个荷载步的计算，确定是否发生失稳，并获得极限荷载。

方程 (7.20) 为隐式阻尼迭代方案，用于解决弹塑性动力学问题。由于式中用全量位移或荷载形式表达，从而为非线性响应分析提供了极大的便利。

7.5.3 数值算例验证

图 7.4 所示为矩形截面 $(b\times 2h)$ 的简支梁均在均布荷载 q 作用下的弹塑性弯曲。采用理想弹塑性模型和 Mises 屈服准则，当 $h_{\mathrm{e}}=h$ 时，梁中间部分的上下边缘刚好达到塑性极限。如果横截面处于完全弹性状态，则中间梁的弹性极限力矩为 $M_{\mathrm{e}}=\dfrac{2}{3}bh^2\sigma_{\mathrm{s}}$；当 $h_{\mathrm{e}}=0$，梁的横截面完全进入全塑性状态，形成塑性铰链时，则塑性极限力矩为 $M_{\mathrm{p}}=bh^2\sigma_{\mathrm{s}}$，即 $M_{\mathrm{p}}=1.5M_{\mathrm{e}}$。

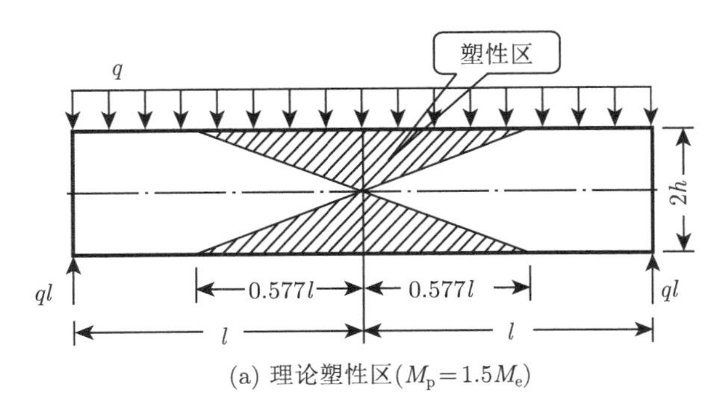

(a) 理论塑性区($M_{\rm p}=1.5M_{\rm e}$)

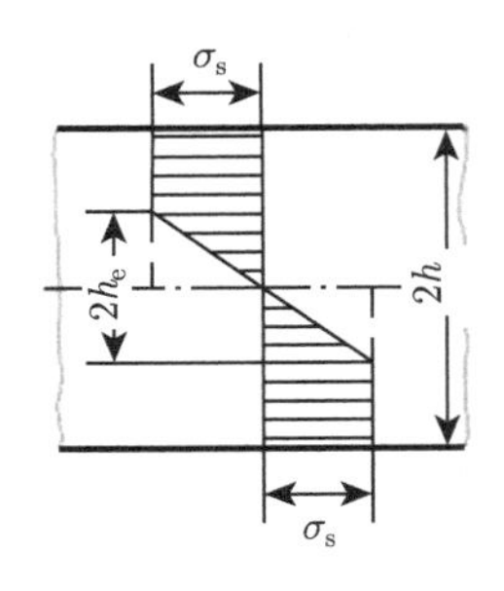

(b) 横截面上的应力分布

图 7.4　矩形截面简支梁的理论塑性区

由于在没有重力的情况下可以获得理论解，为了便于与理论解进行比较，本研究不考虑梁的重量，但在动态计算中考虑梁材料的质量，并假定阻尼与质量成比例，即 $C=\alpha M$，这里 $\alpha=0.0$，动态加载速率为 100.0kN/s。以 $0.01q_{\rm s}$ 的增量施加静态分布荷载进行静态数值模拟，这里 $q_{\rm s}$ (100kN/m^2) 表示塑性极限荷载 ($M_{\rm p}=1.5M_{\rm e}$)。为了验证所提方法的准确性和有效性，分别采用 ABAQUS 软件提供的回映算法和隐式阻尼迭代算法 (implicit damping iterative algorithm, IDIA)[17] 进行了数值测试，如图 7.5 所示，采用 IDIA 和 ABAQUS 在塑性极限力矩下计算得出的塑性区都非常接近理论解，如图 7.6 所示的两条荷载–挠度曲线几乎相同，进一步分别施加 $0.10q_{\rm s}$, $0.05q_{\rm s}$ 和 $0.01q_{\rm s}$ 的荷载增量，由 IDIA 获得了三个曲线，如图 7.7 所示，它们几乎完全重叠。此外，我们注意到，在塑性极限荷载下计算出的塑性区域不受荷载增量的影响。这些数值测试表明，所提出的隐式迭代算法具有较强的稳定性和可靠性。

以 0.001s 的时间步长和 100.0 kN/s 的加载速率，并取 $\alpha=30.0$，进行动态测试。分别由 IDIA 和 ABAQUS 计算，获得如图 7.8 所示的动荷载–挠度曲线，两条曲线完全重叠。另外，阻尼系数 α 分别取 0 和 10，得到相似的计算结果。

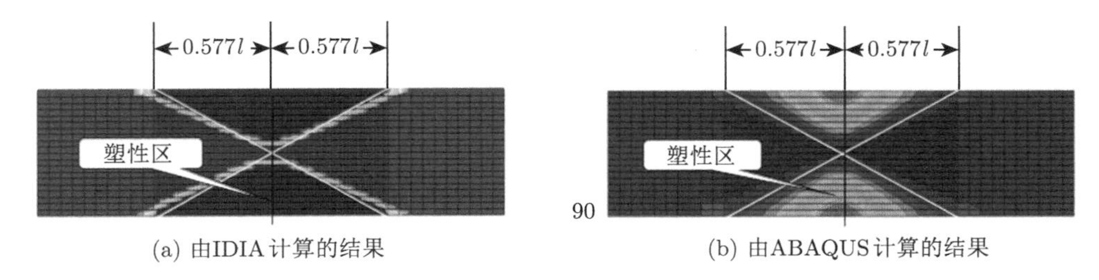

(a) 由IDIA计算的结果　　(b) 由ABAQUS计算的结果

图 7.5　极限静载作用下的塑性区分布 ($M_{\rm p}=1.5M_{\rm e}$)

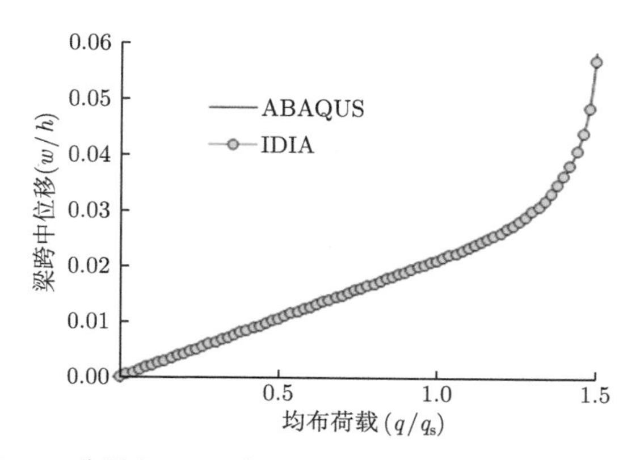

图 7.6 分别由 IDIA 和 ABAQUS 计算的结果 ($\alpha = 0.0$)

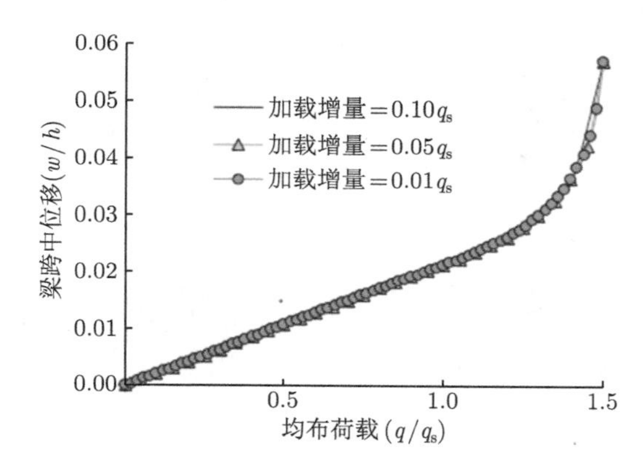

图 7.7 IDIA 的数值稳定性分析 ($\alpha = 0.0$)

由图 7.9 中塑性铰区域的分布表明，动态抗弯强度高于静态抗弯强度，并且随着阻尼系数的增加，阻尼系数 α 增大。相应的塑性铰区域变得越来越小。图 7.9(a) 和图 7.9(b) 显示了没有阻尼 ($\alpha = 0$) 且仅由惯性力引起的动态效果的情况，塑性区比静荷载要小一些。通常，从 IDIA 和 ABAQUS 获得的上述计算结果完全吻合，并且符合动态效应的一般规律。

这些数值实验是在配置为 Intel Core i5-2400 CPU@3.10GHz，MEM 2.99GB 的个人计算机 (PC) 上进行的。在给出的示例中，仅迭代 3 或 4 次即可收敛到解，第一个示例具有 16320 自由度，80 步计算，耗时不到 20min；第二个示例使用 4662 个自由度，运行 15 个加载步已形成塑性铰，耗时不到 1min。这些计算表明，所提出的迭代算法具有良好的计算效率。

此外，使用上述示例进行的一系列数值测试表明，常数 C_1 和 C_2 的大小对迭代收敛速度和求解精度影响不大。

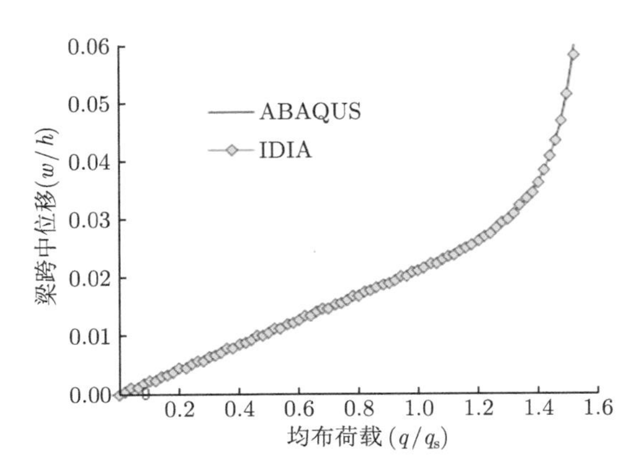

图 7.8　由 IDIA 和 ABAQUS ($\alpha = 30.0$) 计算的结果

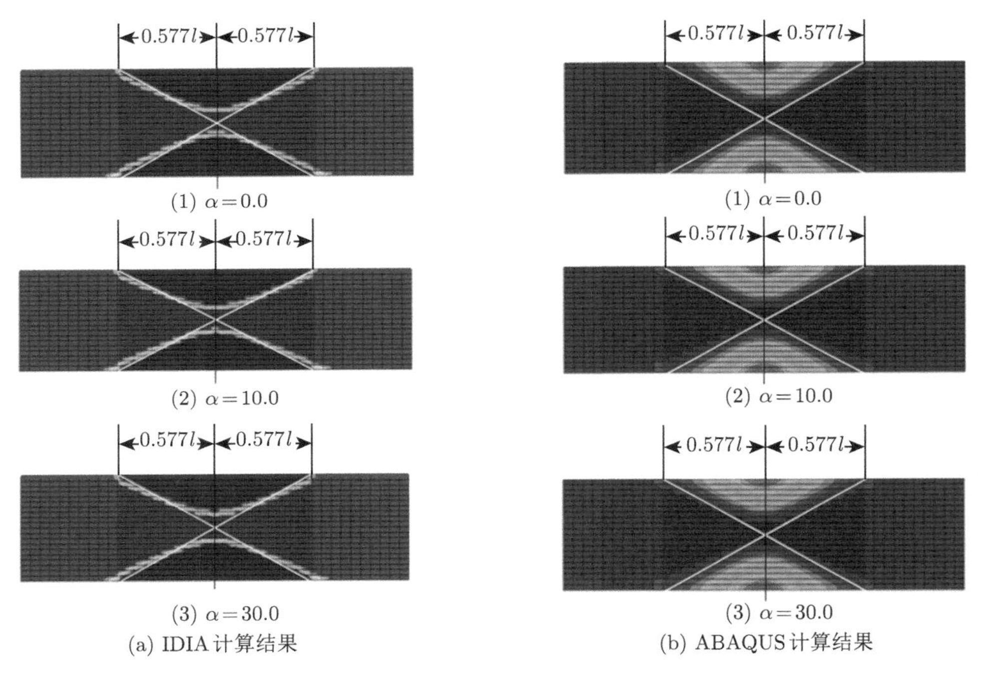

图 7.9　在动态荷载 ($M_\mathrm{p} = 1.5M_\mathrm{e}$) 下分别由 IDIA 和 ABAQUS 计算的塑性区域

在上述迭代法中认为，当 $Y_{n+1}^{(k-1)}$ 时可以通过平衡方程迭代式的右端项 $\left(\dfrac{1}{A_0}\times Y_{n+1}^{(k-1)}, \left(\dfrac{\partial G}{\partial \sigma}\right)^\mathrm{T} D^\mathrm{e}\delta\varepsilon\right)$ 拉回到屈服面，即当迭代式 (7.18) 收敛时，如果 $Y_{n+1}^{(k)} \to 0$，则 $\varepsilon_{n+1}^{(k)} \to \varepsilon_{n+1}^{(k-1)}$，且有 $\sigma_{n+1}^{(k)} \to \sigma_{n+1}$，即可得到方程的平衡形式：$(F_{n+1}, \delta u) - (\sigma_{n+1}, \delta\varepsilon) = 0$。在应力进入屈服状态，迭代过程实际上变为应力回归屈服面的过程，也是应力重分布的过程。

如图 7.10 所示的受集中荷载作用的简支梁，梁跨度为 $2l$，高度为 $2h$，厚度为 b，跨中受集中荷载 P 作用，若梁的材料为理想弹塑性，并服从 Mises 屈服准则。按照塑性理论可知，当梁跨中横截面弹性高度 $h_{\mathrm{e}}=h$，即跨中横截面完全处于弹性状态时，弹性极限弯矩 $M=M_{\mathrm{e}}=2bh^2\sigma_{\mathrm{s}}/3$；当 $h_{\mathrm{e}}=0$，即跨中横截面完全处于塑性状态时，已形成塑性铰，塑性极限弯矩 $M=M_{\mathrm{p}}=bh^2\sigma_{\mathrm{s}}$，则有 $M_{\mathrm{p}}/M_{\mathrm{e}}=1.5$。在弹性极限弯矩作用下形成塑性铰时，有如图 7.10 所示的屈服塑性区。其塑性区边界为 $h_{\mathrm{e}}=h\sqrt{3x/l}$，在梁的上下边缘距跨中 $x=l/3$ 处，$h_{\mathrm{e}}=h$，塑性区在上下边缘的宽度为梁长度的 1/3。但按迭代式 (7.18) 模拟得到如图 7.11 所示的屈服塑性区，由于应力过于集中，超极限应力不再收敛到屈服面，此时，计算得到的塑性区与理论解差别较大。

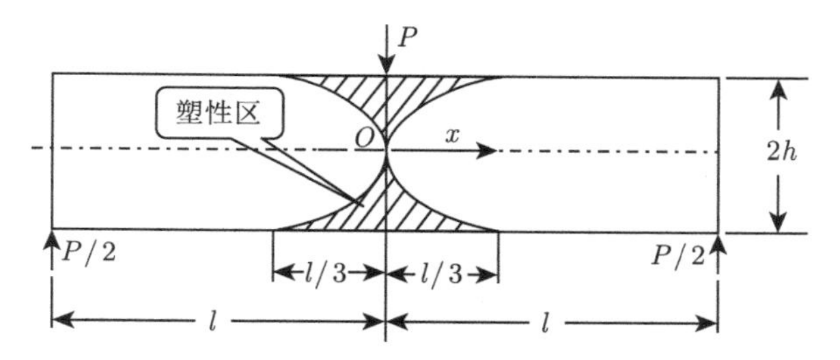

图 7.10　集中荷载作用下简支梁的理论塑性区分布

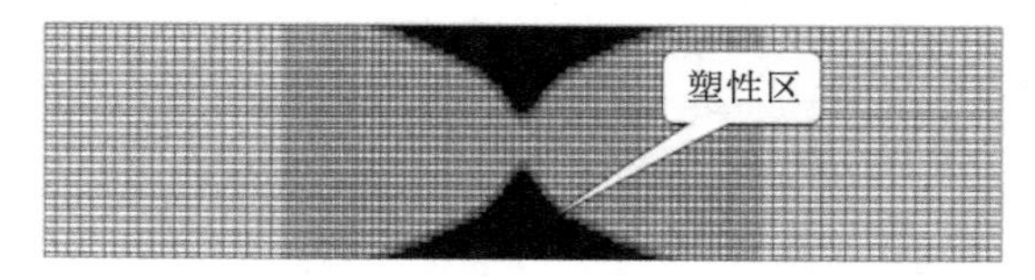

图 7.11　集中荷载作用下数值迭代不收敛的塑性区

7.6　返回屈服面的回映迭代算法

7.6.1　回映算法

分析上述集中荷载作用下数值迭代不收敛的原因，可能是式 (7.18) 是针对全区域的迭代，很难保证应力过于集中的局部小范围屈服函数 $Y\left(\sigma_{n+1},\kappa_{n+1}\right)=0$ 得到精确满足。为了使屈服应力回归到屈服面，改善 $Y_{n+1}^{(k)}\rightarrow 0$ 的收敛性，下面在迭代式 (7.18) 中增加了应力在屈服点的回映迭代，即回映算法。

回映算法实际上是一种弹性预测和塑性修正过程，需要局部迭代修正非线性方程迭代过程中的塑性参数，并将预测应力返回到屈服面 [11]。回映迭代采用半隐式向后欧拉方法 [19]，即塑性参数采用隐式算法迭代求解，塑性流动和塑性强化参数计算采用显式算法。

1. 弹性预测

给定第 n 加载步的初始条件：$\{\sigma,\varepsilon^{\mathrm{p}},\kappa\}_n=\{\sigma_n,\varepsilon_n^{\mathrm{p}},\kappa_n\}$，在第 $n+1$ 加载步：$\{\sigma,\varepsilon^{\mathrm{p}},\kappa\}_{n+1}=\left\{\sigma_{n+1},\varepsilon_{n+1}^{\mathrm{p}},\kappa_{n+1}\right\}$。在第 $n+1$ 加载步的初值：$\{\sigma_{n+1},u_{n+1},\varepsilon_{n+1}^{\mathrm{p}},\kappa_{n+1}\}=\{\sigma_n,u_n,\varepsilon_n^{\mathrm{p}},\kappa_n\}$，由迭代式：$(D^{\mathrm{e}}\varepsilon_{n+1},\delta\varepsilon)=(D^{\mathrm{e}}\varepsilon_{n+1},\delta\varepsilon)+(F_{n+1},\delta u)-(\sigma_{n+1},\delta\varepsilon)$，得到 u_{n+1} 和应变 ε_{n+1}，并计算弹性预测应力 $\sigma_{n+1}^{\mathrm{trial}}=D^{\mathrm{e}}(\varepsilon_{n+1}-\varepsilon_{n+1}^{\mathrm{p}})$。

2. 塑性修正

(1) 检查屈服条件。

计算屈服函数值 $Y\left(\sigma_{n+1}^{\mathrm{trial}},\kappa_n\right)$，判断一致条件：$Y\left(\sigma_{n+1}^{\mathrm{trial}},\kappa_n\right)\leqslant 0$ 处于弹性加载或卸载状态，有

$$\begin{cases}\varepsilon_{n+1}^{\mathrm{p}}=\varepsilon_n^{\mathrm{p}}\\ \kappa_{n+1}^{\mathrm{p}}=\kappa_n^{\mathrm{p}}\\ \sigma_{n+1}=\sigma_{n+1}^{\mathrm{trial}}\end{cases}$$

进行下一荷载步。

$Y\left(\sigma_{n+1}^{\mathrm{trial}},\kappa_n\right)>0$ 处于塑性加载状态，修正 $\left\{\sigma_{n+1},\varepsilon_{n+1}^{\mathrm{p}},\kappa_{n+1}\right\}$。

(2) 修正应力和塑性参数。

在第 n 加载步时刻的 $\{\sigma_n,\varepsilon_n^{\mathrm{p}},\kappa_n\}$、应变增量 $\Delta\varepsilon$ 预测应力已求得，应变增量 $\Delta\varepsilon$ 保持不变，则在第 $n+1$ 加载步的应变：$\varepsilon_{n+1}=\varepsilon_n+\Delta\varepsilon_n$；矫正 σ_{n+1} 和 κ_{n+1}：令初值 $\sigma_{n+1}=\sigma_{n+1}^{\mathrm{trial}}$，使得 $Y\left(\sigma_{n+1},\kappa_n\right)+\partial_\sigma Y:\delta\sigma+\partial_\kappa Y\cdot\delta\kappa=0$，其中，$\delta\kappa_n=\delta\lambda_n H\left(\sigma,\kappa\right)$，由于当前 $Y\left(\sigma_{n+1}^{\mathrm{trial}},\kappa_n\right)>0$，需要调整屈服面。

由 $\sigma_{n+1}^{\mathrm{trial}}=D^{\mathrm{e}}\left(\varepsilon_{n+1}-\varepsilon_{n+1}^{\mathrm{p}}\right)$，当前实际应力为

$$\sigma_{n+1}=D^{\mathrm{e}}\left(\varepsilon_{n+1}-\varepsilon_{n+1}^{\mathrm{p}}-\Delta\varepsilon_n^{\mathrm{p}}\right)=\sigma_{n+1}^{\mathrm{trial}}-D^{\mathrm{e}}\Delta\varepsilon_n^{\mathrm{p}}\tag{7.24}$$

对式 (7.24) 取变分，则 $\delta\sigma_{n+1}=\delta\sigma_{n+1}^{\mathrm{trial}}-D^{\mathrm{e}}\delta\Delta\varepsilon_n^{\mathrm{p}}=-D^{\mathrm{e}}\delta\Delta\varepsilon_n^{\mathrm{p}}$，这里，$\delta\sigma_{n+1}^{\mathrm{trial}}=\mathbf{0}$，即

$$\delta\sigma_{n+1}=-D^{\mathrm{e}}\delta\Delta\varepsilon_n^{\mathrm{p}}\tag{7.25}$$

将屈服函数在 $\left(\sigma_{n+1}^{\mathrm{trial}},\kappa_n\right)$ 展开，并将式 (7.25) 代入得

$$Y\left(\sigma_{n+1}^{\mathrm{trial}},\kappa_n\right)+\left(\frac{\partial Y}{\partial\sigma}\right)^{\mathrm{T}}\delta\sigma+\frac{\partial Y}{\partial\kappa}\delta\kappa_n=Y\left(\sigma_{n+1}^{\mathrm{trial}},\kappa_n\right)-\left(\frac{\partial Y}{\partial\sigma}\right)^{\mathrm{T}}D^{\mathrm{e}}\delta\Delta\varepsilon_n^{\mathrm{p}}+\frac{\partial Y}{\partial\kappa}\delta\kappa_n$$

进一步得到

$$Y\left(\sigma_{n+1}^{\mathrm{trial}},\kappa\right)-\delta\lambda_n\left(\frac{\partial Y}{\partial\sigma}\right)^{\mathrm{T}}D^{\mathrm{e}}\frac{\partial G}{\partial\sigma}+\delta\lambda_n H\left(\sigma,\kappa\right)\frac{\partial Y}{\partial\kappa}=0\tag{7.26}$$

令 $A_0=\left(\dfrac{\partial Y}{\partial \sigma}\right)^{\mathrm{T}} D^{\mathrm{e}} \dfrac{\partial G}{\partial \sigma}-H(\sigma, \kappa) \dfrac{\partial Y}{\partial \kappa}$，得到 $\delta \lambda_n=\dfrac{1}{A_0} Y\left(\sigma_{n+1}^{\text {trial }}, \kappa_n\right)$。

$$\delta \Delta \varepsilon_{n+1}^{\mathrm{p}}=\delta \lambda_n \frac{\partial G}{\partial \sigma} \tag{7.27}$$

$$\delta \kappa_n=\delta \lambda_n H(\sigma, \kappa) \tag{7.28}$$

通过局部迭代式 (7.26) 得到塑性因子 $\delta \lambda_n$，再由式 (7.27) 和式 (7.28) 分别计算出塑性应变增量和塑性强化参数增量，因此可以得到在第 $n+1$ 加载步调整后的塑性应变、塑性强化参数和应力：

$$\left\{\begin{array}{l}
\varepsilon_{n+1}^{\mathrm{p}}=\varepsilon_n^{\mathrm{p}}+\delta \Delta \varepsilon_n^{\mathrm{p}} \\
\kappa_{n+1}^{\mathrm{p}}=\kappa_n^{\mathrm{p}}+\delta \kappa_n^{\mathrm{p}} \\
\sigma_{n+1}=\sigma_{n+1}^{\text {trial }}-D^{\mathrm{e}} \delta \Delta \varepsilon_n^{\mathrm{p}}
\end{array}\right. \tag{7.29}$$

3. 回映迭代算法具体步骤

(1) 给定 $n+1$ 加载步的初始条件：$\{\sigma_{n+1}, u_{n+1}, \varepsilon_{n+1}^{\mathrm{p}}, \kappa_{n+1}\}=\{\sigma_n, u_n, \varepsilon_n^{\mathrm{p}}, \kappa_n\}$，计算 $\sigma_{n+1}^{\text {trial }}=D_{\mathrm{e}}(\varepsilon_{n+1}^{-} \varepsilon_n^{\mathrm{p}})$，在 t_{n+1} 时刻，有 $\{\varepsilon_{n+1}^{\mathrm{p}(0)}, \kappa_{n+1}^{(0)}, \sigma_{n+1}^{(0)}\}=\{\varepsilon_n^{\mathrm{p}}, \kappa_n, \sigma_{n+1}^{\text {trial }}\}$。

(2) 计算 $Y\left(\sigma_{n+1}^{\text {trial }}, \kappa_n\right)$，判断应力屈服状态。

(a) 如果 $Y\left(\sigma_{n+1}^{\text {trial }}, \kappa_n\right) \leqslant 0$，应力处于弹性加载或卸载状态，不需要局部迭代，令 $\varepsilon_{n+1}^{\mathrm{p}}=\varepsilon_n^{\mathrm{p}}, \kappa_{n+1}=\kappa_n, \sigma_{n+1}=\sigma_{n+1}^{\text {trial }}$，转到第 (3) 步计算 $u_{n+1}^{(k)}$，并更新应力。

(b) 如果 $Y\left(\sigma_{n+1}^{\text {trial }}, \kappa_n\right)>\mathrm{Tol}$，这里取 10^{-7}，认为应力处于塑性加载状态，进行局部回应迭代修正 $\{\varepsilon_{n+1}^{\mathrm{p}}, \kappa_{n+1}, \sigma_{n+1}\}$:

A. 计算 $A_0=\left(\dfrac{\partial Y}{\partial \sigma}\right)^{\mathrm{T}} D^{\mathrm{e}} \dfrac{\partial G}{\partial \sigma}-H(\sigma, \kappa) \dfrac{\partial Y}{\partial \kappa}$，$\delta \lambda_n=\dfrac{1}{A_0} Y\left(\sigma_{n+1}^{\text {trial }}, \kappa_n\right)$；

B. 如果 $\delta \lambda_n>0$，计算 $\delta \varepsilon_{n+1}^{\mathrm{p}}=\delta \lambda_n \dfrac{\partial G}{\partial \sigma}$，$\delta \kappa_n=\delta \lambda_n H(\sigma, \kappa)$;

C. 更新 $\varepsilon_{n+1}^{\mathrm{p}(l)}=\varepsilon_n^{\mathrm{p}}+\delta \Delta \varepsilon_n^{\mathrm{p}}, \kappa_{n+1}^{(l)}=\kappa_n+\delta \kappa_n, \sigma_{n+1}^{(l)}=\sigma_{n+1}^{\text {trial }}-D^{\mathrm{e}} \delta \varepsilon_n^{\mathrm{p}}$(其中 l 为局部迭代次数);

D. 计算 $Y\left(\sigma_{n+1}^{(l)}, \kappa_{n+1}^{(l)}\right)$，如果 $Y\left(\sigma_{n+1}^{(l)}, \kappa_{n+1}^{(l)}\right)>\mathrm{Tol}$，在进行局部回映迭代，否则，回到全局迭代式 (7.18)。

(3) 由迭代式 (7.18) 求解位移 $u_{n+1}^{(k)}$，由式 (7.15) 更新应力 $\sigma_{n+1}^{(k)}$。

7.6.2 回映迭代式的数值验证

例 1 采用回映迭代式对 7.4.2 节圆形隧道开挖问题重新进行数值计算。这里黏聚强度取 1.0MPa，摩擦系数取 0.2。由图 7.12(a) 所示的塑性半径与压力关系曲线可以看出，施加外部周边压力至 6.5MPa 之前，两种方案得到的塑性半径与压力关系曲线同理论曲线基本一致。但在压力值大于 6.5MPa 之后，采用局部回映迭代的数值解与理论解仍然吻合较好。图 7.12(b) 给出了在外部周边压力达到 7.0MPa 时塑性区的扩展情况，此时塑性半径 R_{p} 为 3.0m，与理论值基本一致。与图 7.2 无回映迭代时的塑性区外边界比较，显然更圆滑精确。

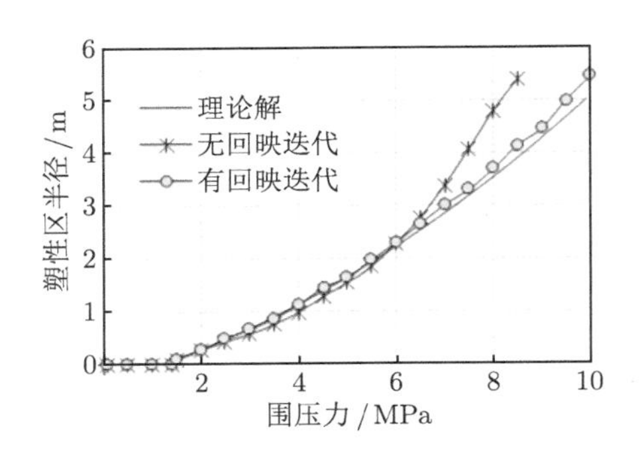

(a) 塑性半径与压力关系曲线

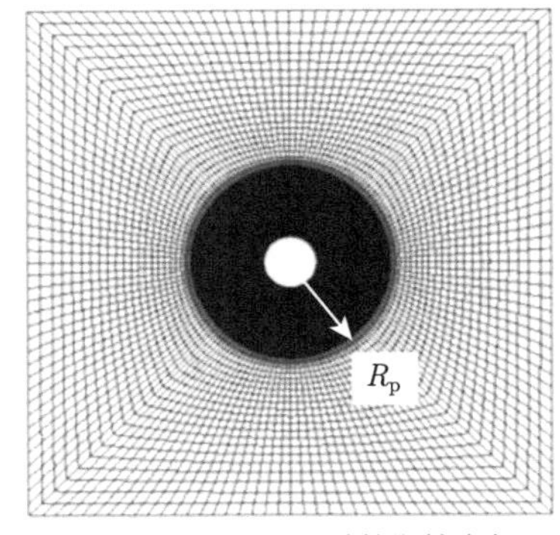

(b) 压力为7.0MPa时的塑性半径

图 7.12　厚壁圆筒的塑性区

例 2　仍以图 7.10 所示的简支梁为例，设梁材料的弹性模量取 1GPa，泊松比取 0.25，并为理想弹塑性材料，服从 Mises 屈服准则，屈服应力 σ_{s} 取 2.7MPa。在上下边缘正应力刚达到屈服，此时的荷载定义为 P_{s}，即有 $M_{\mathrm{e}}=\dfrac{P_{\mathrm{s}}l}{2}=2bh^2\sigma_{\mathrm{s}}/3$，令 $b=1\mathrm{m}$，$h=0.1\mathrm{m}$，$l=0.6\mathrm{m}$，则 $P_{\mathrm{s}}=\dfrac{4bh^2\sigma_{\mathrm{s}}}{3l}=\dfrac{4\times1\times0.1^2\times2.7\times10^6}{3\times0.6}=60\,(\mathrm{kN})$。

用 $0.1P_{\mathrm{s}}$ 增量荷载进行静态数值模拟，加载至 $1.5P_{\mathrm{s}}$，即 $M_{\mathrm{p}}/M_{\mathrm{e}}=1.5$ 时，计算得到塑性区分布如图 7.13 所示。与图 7.10 的理论塑性区分布相比，此时计算得到的塑性区分布与理论塑性区分布几乎相同。与图 7.11 的计算结果相比，可以看出，采用局部回映迭代后是迭代收敛性得到了大大的改善。

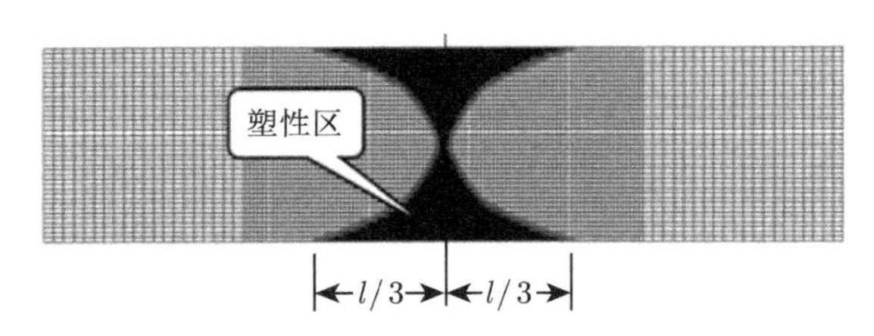

图 7.13　集中荷载作用下的塑性区数值模拟

以上数值实验是在配置为 Intel Core i5-2400 CPU@3.10GHz，MEM 2.99GB 的 PC 上进行的。在上面的算例中，平衡迭代误差 $\mathrm{err}=\|\Delta u_n^{(k)}-\Delta u_n^{(k-1)}\|\leqslant10^{-8}$，屈服函数控制在 $\left|f\left(\sigma_{n+1}^{\mathrm{trial}},\kappa_n\right)\right|\leqslant10^{-7}$。简支梁有限元数值模型共有 13202 个自

由度，15 个加载步，耗时不到 3min；平衡迭代最多需要 15 次迭代；局部迭代只需 3 或 4 次即可趋近于零。这说明本书提出的迭代法具有较高的计算效率，并且迭代稳定性良好。

弹塑性阻尼隐式迭代算法将同时求解平衡方程、屈服函数和塑性流动方程。在一般情况下该方法不需要显式表达弹塑性刚度矩阵，也不需要局部迭代，即可将应力“返回”映射到屈服面。但这种方法存在应力过于集中的屈服区域，比如，受集中荷载作用的简支梁的屈服塑性区，由于应力过于集中，超极限应力不再收敛到屈服面。因此本章在原来迭代式的基础上引入半隐式向后欧拉算法进行回映屈服面局部迭代。在引入局部回映迭代后，通过很少几步迭代就可以大大提高弹塑性问题隐式迭代算法的计算精度，并且迭代格式具有很好的稳定性。

7.7 弹塑性损伤问题的隐式迭代算法

基于金属晶体滑移或位错发展起来的塑性流动理论，能够较好地描述混凝土材料的弹性段、破坏条件以及不可恢复变形的发展。尽管混凝土的破坏机理与金属材料有所不同，但应用塑性理论描述混凝土材料的不可恢复变形，损伤变量可以很好地描述混凝土材料内部微缺陷或微裂缝对其宏观力学行为的影响。采用塑性理论考虑不可恢复变形，利用损伤参数考虑混凝土的弹性性能弱化，二者结合发展了众多损伤塑性模型 [20-29]。在超极限荷载作用下，混凝土类材料的非线性变形一般伴随着损伤演化和塑性流动的过程，即为弹塑性损伤过程。基于应变等效假定 [22,23,30]，在有效 (虚拟) 应力空间利用塑性力学方法，用有效应力张量代替经典塑性力学中的柯西 (名义/实际) 应力张量，以考虑不可恢复变形。由于有效应力随着弹性应变的增加而单调增加，屈服面处于膨胀状态，不会出现柯西应力空间材料软化所导致的屈服面收缩情况，所以，只需考虑应力强化，避开了处理应变软化问题。

因此，下面在上述弹塑性问题的隐式迭代算法基础上，基于混凝土类材料弹塑损伤变形特性以及其在有效应力空间应力强化的特点，将混凝土类材料弹塑性损伤问题分解为弹塑性问题和损伤问题。在有效应力空间上采用弹塑性问题全隐式迭代法求解弹塑性问题，由损伤参数描述材料刚度的弱化，再将有效应力转换为真实物理空间的名义应力。这种求解方法即为混凝土类材料弹塑性损伤问题的全隐式迭代法。

7.7.1 弹塑性损伤问题的隐式迭代式

在有效应力空间中，有效应力 $\bar{\sigma}$ 取代名义应力 σ。按照应变等效假设，在实际物理空间里的名义应力 σ 可用损伤参数 d 和有效应力 $\bar{\sigma}$ 表示为 $\sigma = (1-d)\,\bar{\sigma}$。

混凝土非线性变形的分解，以及其与弹性塑性损伤的关系如图 6.4 所示，E_0 为初始弹性模量, $\bar{\sigma}_0$ 为极限弹性强度, ε_0 为与极限弹性强度对应的极限应变，即有 $\varepsilon_0=\bar{\sigma}_0/E_0$, $\varepsilon^{\mathrm{pl}}$ 为塑性应变 (残余应变)，$\varepsilon^{\mathrm{el}}$ 为弹性应变。有效应力随弹塑性应变的增加而单调增加，因此屈服面总是膨胀状态，实际物理空间里的材料变形软化不会导致有效应力空间的屈服面收缩。

有效应力 $\bar{\sigma}$ 和塑性变形满足塑性理论的屈服准则、强化法则、加载/卸载准则和流动准则，可以将式 (7.18) 的弹塑性问题隐式迭代法移植到有效应力空间。在每一加载步, 外部荷载为常量，在第 k 迭代步的迭代式有如下形式：

$$\begin{aligned}&\left(D_n\varepsilon_{n+1}^{(k)},\delta\varepsilon\right)-\left[\frac{1}{A_0}\left(\frac{\partial Y}{\partial\bar{\sigma}}\right)^{\mathrm{T}}D_0^{\mathrm{e}}\varepsilon_{n+1}^{(k)},\left(\frac{\partial G}{\partial\bar{\sigma}}\right)^{\mathrm{T}}D_n\delta\varepsilon\right]\\&=\left(D_n\varepsilon_{n+1}^{(k-1)},\delta\varepsilon\right)-\left[\frac{1}{A_0}\left(\frac{\partial Y}{\partial\bar{\sigma}}\right)^{\mathrm{T}}D_0^{\mathrm{e}}\varepsilon_{n+1}^{(k-1)},\left(\frac{\partial G}{\partial\bar{\sigma}}\right)^{\mathrm{T}}D_n\delta\varepsilon\right]\\&\quad+\left(F_{n+1},\delta u\right)-\left(\sigma_{n+1}^{(k-1)},\delta\varepsilon\right)\end{aligned}\tag{7.30}$$

名义应力 $\sigma_{n+1}^{(k-1)}=(1-d_n)\,\sigma_{n+1}^{k-1}$，当前时步的弹性矩阵 $D_n=(1-d_n)\,D_0^{\mathrm{e}}$，其中，$D_0^{\mathrm{e}}$ 为初始弹性矩阵，式 (7.30) 为如下求解弹塑性损伤方程问题的隐式迭代式:

$$\begin{aligned}&\left(D_0^{\mathrm{e}}\varepsilon_{n+1}^{(k)},\delta\varepsilon\right)-\left[\frac{1}{A_0}\left(\frac{\partial Y}{\partial\bar{\sigma}}\right)^{\mathrm{T}}D_0^{\mathrm{e}}\varepsilon_{n+1}^{(k)},\left(\frac{\partial G}{\partial\bar{\sigma}}\right)^{\mathrm{T}}D_0^{\mathrm{e}}\delta\varepsilon\right]\\&=\left(D_0^{\mathrm{e}}\varepsilon_{n+1}^{(k-1)},\delta\varepsilon\right)-\left[\frac{1}{A_0}\left(\frac{\partial Y}{\partial\bar{\sigma}}\right)^{\mathrm{T}}D_0^{\mathrm{e}}\varepsilon_{n+1}^{(k-1)},\left(\frac{\partial G}{\partial\bar{\sigma}}\right)^{\mathrm{T}}D_0^{\mathrm{e}}\delta\varepsilon\right]\\&\quad+\left[F_{n+1}/\left(1-d_n\right),\delta u\right]-\left(\overline{\sigma}_{n+1}^{(k-1)},\delta\varepsilon\right)\end{aligned}\tag{7.31}$$

这里，屈服函数和塑性势函数分别是关于有效应力 $\bar{\sigma}$ 和内变量 κ 的函数，即 $Y\sim Y\left(\bar{\sigma}_{n+1},\kappa_{n+1}\right)$ 和 $G\sim G\left(\bar{\sigma}_{n+1},\kappa_{n+1}\right)_0$ 这里认为混凝土材料的损伤变量 $d\left(\varepsilon^{\mathrm{p}}\right)$、屈服峰后拉应力 $\sigma_t\left(\varepsilon^{\mathrm{p}}\right)$ 和压应力 $\sigma_c\left(\varepsilon^{\mathrm{p}}\right)$ 为塑性应变的函数，因此，先在有效应力空间里，按照弹塑性迭代算法求解，即给定 $n+1$ 加载步的初始状态: $\left\{\sigma_{n+1},u_{n+1},\varepsilon_{n+1}^{\mathrm{p}},\kappa_{n+1},d_{n+1}\right\}=\left\{\sigma_n,u_n,\varepsilon_n^{\mathrm{p}},\kappa_n,d_n\right\}$，按照式 (7.31) 迭代结束得到 $\left\{\sigma_{n+1},u_{n+1},\varepsilon_{n+1}^{\mathrm{p}},\kappa_{n+1}\right\}$，然后根据 $\varepsilon_{n+1}^{\mathrm{p}}$，更新损伤变量 $d_{n+1}\left(\varepsilon_{n+1}^{\mathrm{p}}\right)$ 和屈服峰后应力 $\sigma_t\left(\varepsilon_{n+1}^{\mathrm{p}}\right)$ 和 $\sigma_c\left(\varepsilon_{n+1}^{\mathrm{p}}\right)$。

另外，式 (7.31) 的迭代式是以全量的形式给出的，这样，应用该方法在分析高坝地震响应时，可以方便地以全量的形式输入地震动荷载。

这里屈服函数表示有效应力空间中的屈服面，与 6.2 节的 Lee 和 Fenves 混凝土损伤塑性模型相对应，其屈服函数、内变量应用其有效应力表述。

屈服函数:

$$Y\left(\bar{\sigma}_n+\Delta\bar{\sigma},\kappa_n+\Delta\kappa\right)=Y\left(\bar{\sigma}_n,\kappa_n\right)+\left(\frac{\partial Y}{\partial\bar{\sigma}}\right)^{\mathrm{T}}\Delta\bar{\sigma}+\left(\frac{\partial Y}{\partial\kappa}\right)^{\mathrm{T}}\Delta\kappa=0 \tag{7.32}$$

内变量:

$$\Delta\kappa_n=\left\{\begin{array}{c}\Delta\tilde{\varepsilon}_t^{\mathrm{pl}}\\ \Delta\tilde{\varepsilon}_c^{\mathrm{pl}}\end{array}\right\}=\dot{\lambda}h(\hat{\sigma},\kappa)\cdot\partial_{\bar{\sigma}}G(\hat{\bar{\sigma}})=\dot{\lambda}H\left(\hat{\sigma},\kappa_n\right) \tag{7.33}$$

强化函数:

$$H(\bar{\sigma},\kappa)=\left[\begin{array}{ccc}r(\hat{\bar{\sigma}}) & 0 & 0\\ 0 & 0 & -(1-r(\hat{\bar{\sigma}}))\end{array}\right]\left[\begin{array}{c}\dfrac{\partial G}{\partial\bar{\sigma}_1}\\ \dfrac{\partial G}{\partial\bar{\sigma}_2}\\ \dfrac{\partial G}{\partial\bar{\sigma}_3}\end{array}\right]=\left[\begin{array}{c}r(\hat{\bar{\sigma}})\dfrac{\partial G}{\partial\bar{\sigma}_1}\\ -(1-r(\hat{\bar{\sigma}}))\dfrac{\partial G}{\partial\bar{\sigma}_3}\end{array}\right] \tag{7.34}$$

7.7.2 弹塑性损伤迭代式算例验证

屈服准则采用 Lee 和 Fenves[26,31] 基于 Lubliner 等 [24] 提出的混凝土损伤塑性模型，塑性流动势函数采用 Drucker-Prager 双曲线函数。计算模型仍采用图 7.14 所示的混凝土试件尺寸和网格剖分。取 6.3 节和 6.4 节的溪洛渡高拱坝工程全级配 (四级配) 混凝土材料的轴拉试验和轴压试验观测数据 [33,34]：弹性模量为 53.6GPa，抗拉强度为 1.84MPa，抗压强度为 25.28MPa，泊松比为 0.2，密度为 2400kg/m^3；并由此试验观测数据分析得到图 7.15 和图 7.16 给出的混凝土材料的失效后应力、损伤变量与非线性 (开裂) 变形关系曲线。

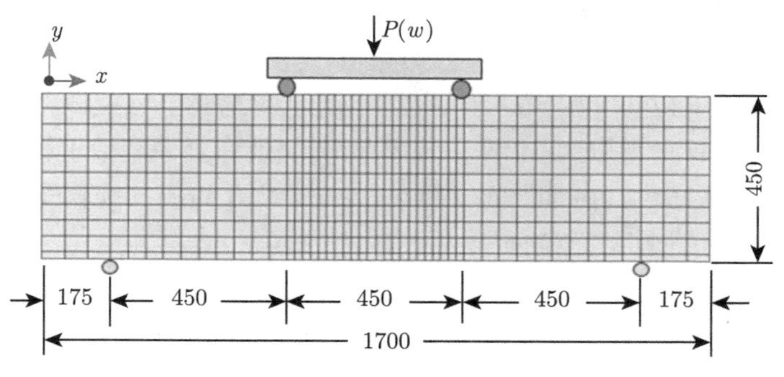

图 7.14 混凝土试件有限元数值模型及网格剖分 (单位：mm)

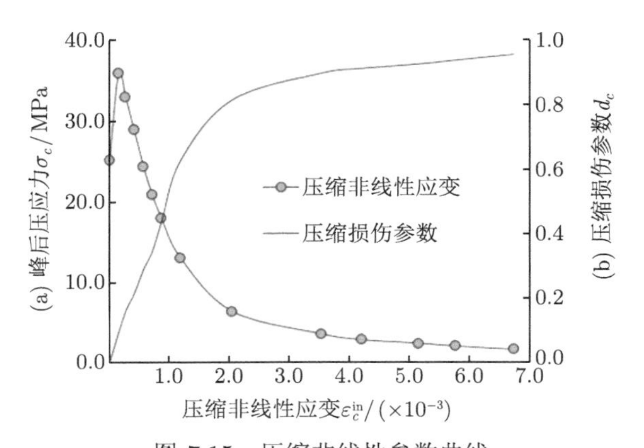

图 7.15 压缩非线性参数曲线

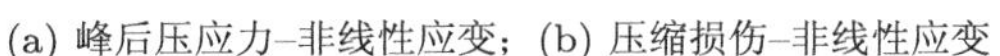
(a) 峰后压应力–非线性应变；(b) 压缩损伤–非线性应变

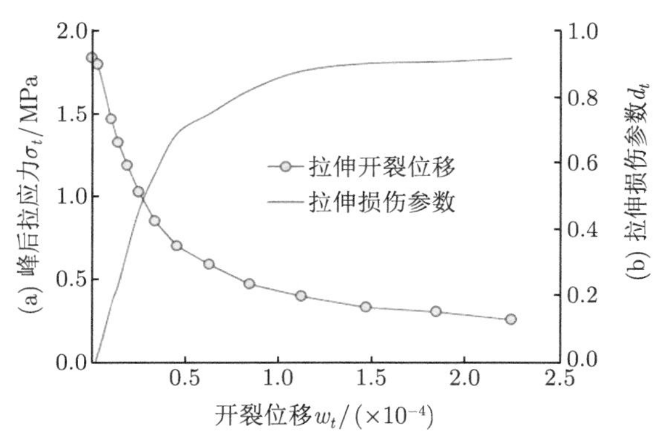

图 7.16 拉伸非线性参数曲线

(a) 峰后拉应力–开裂位移；(b) 拉伸损伤–开裂位移

为了保证在跨中区域发生断裂破坏，将跨中下边缘宽 45mm× 高 22.5mm 小区域的弹性模量取实测弹性模量的 1/80 和 1/5，即分别取 0.67GPa 和 10.72GPa，即实测弹性模量的 1/80 和 1/5。对图 7.14 所示的混凝土弯拉试件，施加竖向位移荷载 $P(w)$，位移增量取为 10^{-3}mm，进行弯拉破坏全曲线数值模拟。为了消除计算结果的网格敏感性，在有限元计算时，由图 7.16 给出的损伤变量和峰后应力与开裂位移关系，计算单元拉伸塑性应变 $\varepsilon_t^{\mathrm{pl}} = \dfrac{w}{h_{\mathrm{e}}} - \dfrac{d_t}{(1-d_t)}\dfrac{\sigma_t}{E_0}$，单元的特征长度 h_{e} 取单元面积的平方根。图 7.17 给出了随竖向位移增加，梁的弯拉应力由弹性阶段到达峰值，然后进入软化阶段的过程。梁上边缘中点弯拉应力 $\sigma = PL/bh^2$ (P 为荷载，L 为支座间距，b 为梁厚度，h 为梁高度) 与梁上边缘中点竖向位移相对应。

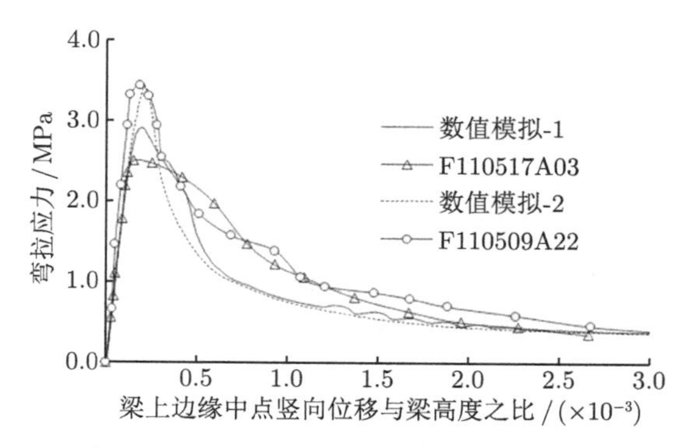

图 7.17 混凝土试件弯拉应力与变形全曲线数值计算与试验结果

在表 7.1 中列出了由同一批次溪洛渡拱坝大坝混凝土浇筑的两个混凝土试件 [32]：编号为 F110509A22 和 F110517A03 弯拉峰值荷载及其对应的弯拉强度的试验值和数值计算结果，其中数值模拟-1 计算得到弯拉应力峰值为 2.73MPa，与试件 F110517A03 试验值 2.49MPa 比较接近；数值模拟-2 计算得应力峰值为 3.49MPa，与试件 F110509A22 的试验值 3.45MPa 接近。

表 7.1 溪洛渡拱坝大坝混凝土静态弯曲破坏试验值与计算值

试件编号	破坏荷载/kN		抗弯强度/MPa	
	试验值	计算值	试验值	计算值
F110517A03	168.34	184.10	2.49	2.73
F110509A22	232.69	235.60	3.45	3.49

由图 7.17 给出的混凝土试件弯拉应力与变形全曲线中的数值计算与试验结果对比可以看出，在软化曲线的中间段，数值模拟与试验观测曲线存在一定差异，但最后与实测试件的软化变形曲线趋于一致。

另一方面，从梁跨中局部区域弹性模量不同取值所得两条计算全曲线分别与同一批次混凝土两试件的试验结果相吻合，这也说明，实际试件在局部材料性能的不均匀性可能是试验观测结果差异的诱因。

如图 7.18 给出了试件弯拉损伤破坏数值模拟结果。图 7.18(a) 为加载至峰值状态下的最大主应力分布，最大主拉应力接近抗拉极限强度 1.84MPa，位于裂缝扩展的前沿，说明最大应力控制在屈服面上；图 7.18(b) 为梁弯曲变形接近失稳时的损伤云图，由图 7.18(b) 看出，梁从跨中下边缘开始起裂，向上边缘扩展。由以上全级配混凝土试件弯拉损伤破坏全过程的数值模拟分析可以看出，计算结果与材料试验观测结果吻合较好。

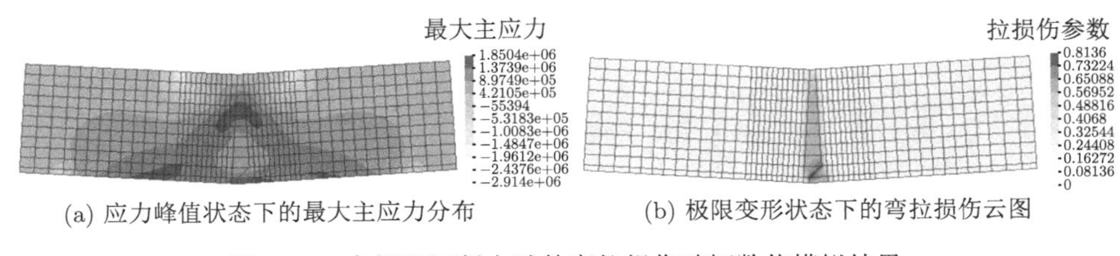

(a) 应力峰值状态下的最大主应力分布　　　　(b) 极限变形状态下的弯拉损伤云图

图 7.18　全级配混凝土试件弯拉损伤破坏数值模拟结果

7.8　本 章 小 结

本章的全隐式迭代法将屈服函数和塑性流动方程作为基本方程，即联立隐式求解由平衡方程、屈服条件和塑性流动方程组成的方程组，无需显式计算弹塑性矩阵。该算法在引入局部回映迭代法后，通过很少几次回映迭代就可以获得理想的收敛精度，并且具有很好的数值稳定性。

由于在有效应力空间里混凝土类材料的塑性损伤遵循塑性变形规律，可以将混凝土类材料的弹塑性损伤问题分解为弹塑性问题和损伤问题。应用弹塑损伤问题全隐式迭代法在有效应力 (虚拟) 空间计算塑性变形，再按应变等价的原则，考虑材料的损伤程度，即借助于损伤参数将有效应力转换为物理空间的实际应力。混凝土试件弯拉损伤数值计算表明，在有效应力空间里，随有效应力的增加，塑性 (残余变形) 屈服面处于膨胀状态，混凝土弹塑性损伤问题的全隐式迭代是稳定的。损伤参数为塑性应变的单调增函数，因此损伤参数的增大只会影响实际应力的大小，而不会影响塑性变形迭代求解的稳定性。

由于弹塑性损伤问题的隐式迭代式以全量的形式给出，这样在应用该方法分析高混凝土坝非线性地震响应时可以很方便地以全量形式实现地震动荷载输入。另外，本书提出的弹塑性损伤问题全隐式迭代法不仅适应于混凝土坝体，也适应于坝基岩体的弹塑性损伤问题的求解。

参 考 文 献

[1] Zienkiewicz O C. The Finite Element Method[M]. 3rd ed. London: McGraw-Hill, 1977.

[2] Matthies H, Strang G. The solution of nonlinear element equations[J]. International Journal for Numerical Methods in Engineering, 1979, 14: 1613-1626.

[3] Irons B M, Tuck R C. A version of the Aitken accelerator for computer iteration[J]. International Journal for Numerical Methods in Engineering, 1969, 1(3): 275-277.

[4] Crisfield M A. Arc-length method including line searches and accelerations[J]. International Journal for Numerical Methods in Engineering, 1983, 19(9): 1269-1289.

[5] Seifert T, Schmidt I. Line-search methods in general return mapping algorithms with application to porous plasticity[J]. International Journal for Numerical Methods in Engineering, 2008, 73(10): 1468-1495.

[6] Wempner G A. Discrete approximations related to nonlinear theory of solids[J]. International Journal of Solids and Structures, 1971, 7(11): 1581-1599.

[7] Risk E. The application of Newton's method to the problem of elastic stability[J]. Journal of Applied Mechanics, 1972, 39(4): 1060-1066.

[8] Forde B W R, Stiemen S F. Improved arc-length orthogonomality method for nonlinear finite analysis[J]. Computers & Structures, 1987, 27(5): 625-630.

[9] Müller M. Passing of instability points by applying a stabilized Newton-Raphson scheme to a finite element formulation: Comparison to Arc-length method[J]. Computational Mechanics, 2007, 40: 683-705.

[10] Simo J C, Hughes T J R. Computational Inelasticity[M]. New York: Springer-Verlag, 1998.

[11] Simo J C, Taylor R L. A return mapping algorithm for plane stress elastoplasticity[J]. International Journal for Numerical Methods in Engineering, 1986, 22(3): 649-670.

[12] Moran B, Ortiz M, Shih C F. Formulation of implicit finite element method for multiplicative finite deformation plasticity[J]. International Journal for Numerical Methods in Engineering, 1990, 29: 483-514.

[13] Peirce D, Shih C F, Needleman A. A tangent modulus method for rate dependent solids[J]. Computers & Structures, 1984, 18(5): 875-887.

[14] Moran B. A finite element formulation for transient analysis of viscoplastic solids with application to stress wave propagation problems[J]. Computers & Structures, 1987, 27(2): 241-247.

[15] Zhang Z L. Explicit consistent tangent moduli with a return mapping algorithm for pressure-dependent elastoplasticity models[J]. Computer Methods in Applied Mechanics and Engineering, 1995, 121(1): 29-44.

[16] Keavey M A. A simplified canonical form algorithm with application to porous metal plasticity[J]. International Journal for Numerical Methods in Engineering, 2006, 65(5): 679-700.

[17] Ma H F, Zhou J K, Liang G P. Implicit damping iterative algorithm to solve elastoplastic static and dynamic equations[J]. Journal of Applied Mathematics, vol. 2014, Article ID 486171, 11 pages, 2014. doi:10.1155/2014/486171

[18] 梁国平, 周永发. 有限元语言及其应用 [M]. 北京: 科学出版社, 2013.

[19] Belytschko T, Liu W K, Moran B, et al. 连续体和结构的非线性有限元 [M]. 庄茁, 译. 北京: 清华大学出版社, 2002: 249-250.

[20] Jason L, Huerta A. Pijaudier-Cabot G, et al. An elastic plastic damage formulation for concrete: application to elementary tests and comparison with an isotropic damage model[J]. Comput. Methods Appl. Mech. Eng., 2006, 195(52): 7077-7092.

[21] Zhu Q Z, Zhou C B, Shao J F, et al. A discrete thermodynamic approach for anisotropic

plasticedamage modeling of cohesive-frictional geomaterials[J]. Int. J. Numer. Anal. Methods Geomechanics, 2010, 34 (12): 1250-1270.

[22] Lemaitre J. A continuous damage mechanics model for ductile fracture[J]. Journal of Engineering Materials and Technology, 1985, 107(1): 83-89.

[23] Simo J C, Ju J W. Strain-and stress-based continuum damage models-I formulation[J]. J. Solids Structures, 1987, 23(7): 821-840.

[24] Lubliner J, Oliver J, Oller S, et al. A Plastic-damage model for concrete[J]. International Journal of Solids and Structures, 1989, 25(3): 299-326.

[25] Yazdani S , Schreyer H L. Combined plasticity and damage mechanics model for plain concrete[J]. J. Eng. Mechanics, ASCE 1990, 116(7): 1435-1450.

[26] Lee J, Fenves G L. Plastic-damage model for cyclic loading of concrete structures[J]. Journal of Engineering Mechanics, 1998, 124(8): 892-900.

[27] Al-Rub R K A, Kim S M. Computational applications of a coupled plasticity-damage constitutive model for simulating plain concrete fracture[J]. Engineering Fracture Mechanics, 2010, 77(10): 1577-1603.

[28] Ayhan B, Jehel P, Brancherie D, et al. Coupled damage-plasticity model for cyclic loading: theoretical formulation and numerical implementation[J]. Eng. Struct, 2013, 50: 30-42.

[29] Daneshyar A, Ghaemian M. Coupling microplane-based damage and continuum plasticity models for analysis of damage-induced anisotropy in plain concrete[J]. International Journal of Plasticity, 2017, 95: 216-250.

[30] Faria R, Oliver J, Cervera M. A strain-based plastic viscous-damage model for massive concrete structures[J]. International Journal of Solids Structure，1998, 35(14): 1533-1558.

[31] Lee J, Fenves G L. A Plastic-damage concrete model for earthquake analysis of dams[J]. Earthquake Engineering and Structural Dynamics, 1998, 27(9): 937-956.

[32] 胡晓, 张艳红. 溪洛渡拱坝全级配混凝土动力特性试验与分析研究报告 [R]. 北京：中国水利水电科学研究院, 2014. 10.

[33] 张艳红, 胡晓, 杨陈, 等. 全级配混凝土动态轴拉试验 [J]. 水利学报, 2014, 45(6): 720-727.

[34] 张艳红, 胡晓, 杨陈. 全级配混凝土轴拉应力–变形全曲线试验研究 [J]. 中国水利水电科学研究院学报, 2017, 15(2): 96-100, 106.

第 8 章　多体接触问题的求解方法

8.1　接触问题非线性特征及其求解方法简述

接触是具有共同边界的两个或多个物体 (或同一物体的不同部分) 之间的相互作用。接触问题广泛存在于机械、土木等诸多领域。齿轮的啮合是典型的接触问题，而在土木工程中也不乏接触问题，建筑物基础与地基、地下洞室衬砌与围岩、岩体结构面之间都存在接触问题。在水利工程水工结构分析中常会遇到接触问题，如具有岩基断层或结构缝的重力坝或拱坝动力稳定性问题，岩基的高边坡稳定问题等。考虑温度作用影响，无论是混凝土重力坝还是拱坝在施工过程中都要分段浇筑，待坝体混凝土冷却至稳定温度时，再对大致沿径向分布的坝段间的横缝进行灌浆。坝体中经灌浆的横缝，只能传递压应力而几乎无抗拉强度。在强震作用下，高混凝土坝体伸缩缝的张开、闭合及沿缝界面的相对错动等，会影响坝体结构中拱梁间的内力分配和止水结构的安全，而坝基软弱夹层滑动可能导致坝肩和地基失稳破坏。高混凝土坝地震响应分析必须考虑坝体横缝及地基夹层接触非线性的影响。

接触问题的特点和难点是接触边界和接触力的未知性，其接触问题的非线性特征表现为，多体接触的部位及其接触界面的区域大小和相互位置以及接触状态事先未知，而且是随时间变化的，需要在求解过程中确定。接触条件的内容包括 ① 接触物体不可相互侵入；② 接触力的法向分量只能是压力；③ 切向接触的摩擦条件。

古典接触理论 [1] 为接触问题奠定了基础，但这些理论只能解决形状和接触状态简单的接触问题。对于许多复杂的实际工程中遇到的接触问题，要建立一个完美的数学模型来模拟真实情况并求得精确解析解是不可能的。随着计算机技术及各种数值解法的兴起和发展，寻求能比较精确地满足实际问题的接触问题数值分析方法成为可能。目前求解接触问题的数值方法基本上可分为三类：数学规划法 [2]、边界元法 [3-5] 和有限元方法。

数学规划法是一种优化方法，求解接触问题时，根据接触准则或变分不等式建立数学模型，然后采用二次规划或罚函数方法给出解答。边界元方法也被用来求解接触问题，用于求解无摩擦弹性接触和有摩擦弹性接触问题。目前这两种方法只适合于解决比较简单的弹性接触问题，而对于相对复杂的接触非线性问题，如大变形、弹塑性接触问题，有限元方法比较有效。有限元方法在接触问题中的研究始于 20 世纪 60 年代末。Wilson 和 Parson[6] 首先研究了二维弹性无摩擦接触问题的有限元解法。然后，Chan 和 Tuba[7]，Ohte[8] 先后将有限元分析推广到库仑摩擦的二维和轴对称的弹性接触问题。

接触条件的特点是单边性的不等式约束，在接触面必须满足无侵彻条件及切向接触的摩擦条件。接触条件通常以两种形式体现，即两种引入附加条件构造修正基本方程泛函的方法。一种是利用罚函数将附加条件以乘积的形式引入泛函极值问题的罚函数法，以接触面设置法向和切向弹簧元件体现。其优点是利用罚函数求解泛函条件驻值问题，不增加未知量个数，但这些弹簧的刚度取值存在主观随意性，罚函数取值过小起不到作用，过大则可能导致求解方程的病态。另一种是拉格朗日乘子法。该方法以拉格朗日乘子表示接触面的法向和切向的接触力，使其满足接触约束条件，引入基本泛函，然后求解修正后的条件泛函。虽然拉格朗日乘子法增加了方程的求解未知量，但可避免罚函数法的缺点，在工程计算中被广泛采用。

8.2　接触问题的数值模型

8.2.1　接触条件

接触是指两个或多个物体 (或者一个物体的两个或多个部分) 有共同边界的现象。假定有两个物体 A 和 B，V_0^{A} 和 V_0^{B} 是它们的接触前的初始位形 (图 8.1 中的虚线)，当经过一段时间 t 后，系统的构形发生改变，两个物体发生了接触，V_t^{A} 和 V_t^{B} 是它们在 t 时刻相互接触时的位形 (图 8.1 中的实线)；S_c 是该时刻两物体相互接触的界面。通常称物体 A 为接触体，物体 B 为目标体或靶体；并称 S_c^{A} 和 S_c^{B} 分别为从接触面和主接触面。f^{A} 和 f^{B} 分别指物体 A 和物体 B 界面上的接触力。则可用下面的关系来描述该接触系统。

不可相互侵入条件：$V^{\mathrm{A}} \cap \left(V^{\mathrm{B}} - S^{\mathrm{B}}\right) = \varnothing$；

两物体间存在共同边界：$S^{\mathrm{A}} \cap S^{\mathrm{B}} \neq \varnothing$；

接触界面上存在接触力：$f^{\mathrm{A}} + f^{\mathrm{B}} = 0$；

法向接触力为压力，即 $f^{\alpha} \cdot n^{\alpha} \leqslant 0$，$\alpha = \mathrm{A}, \mathrm{B}, n^{\alpha}$ 为接触面的法向矢量。

切向接触的摩擦条件 (库仑摩擦定律)：

$$|f_t^{\alpha}| < \mu \, |f_n^{\alpha}|, \quad \alpha = \mathrm{A}, \mathrm{B} \ \ (\text{黏着状态})$$
$$|f_t^{\alpha}| = \mu \, |f_n^{\alpha}|, \quad \alpha = \mathrm{A}, \mathrm{B} \ \ (\text{滑动状态})$$

其中，μ 为滑动摩擦系数；$|f_t^{\alpha}|$ 和 $|f_n^{\alpha}|$ 分别是切向和法向接触力的数值。

接触状态分三类：分离状态，黏着状态，滑动状态。

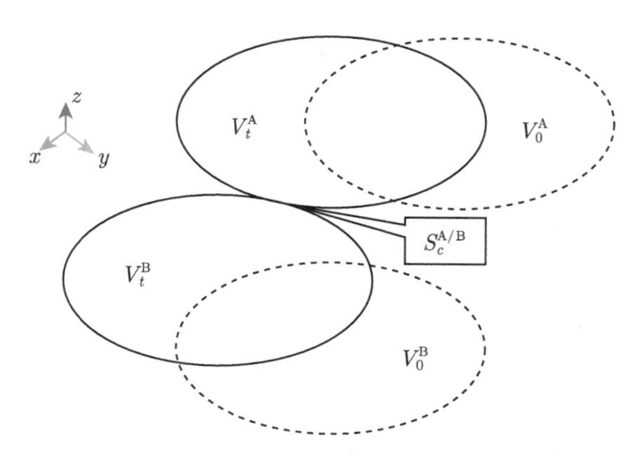

图 8.1 接触系统在接触前和接触后的构形

8.2.2 接触模型

有限元方法为分析接触问题提供了有力的工具。在进行有限元求解接触问题时，接触体被离散为空间单元集；接触界面的相互作用被转化为离散的单元表面之间的作用或者离散的节点与单元表面的作用。基于有限元的接触模型主要有三种：点–点 (简称"点点"或"点对") 接触、点–面 (简称"点面") 接触、面–面 (简称"面面") 接触。每种接触模型适用不同的接触单元集，并适用于某一特定类型的问题。

点对接触模型 [9] 用于模拟单点和另一个确定点之间的接触状态。适合于处理那些以沿接触面法向变形为主，相对滑移较小的接触问题。必须事先知道确切的接触位置，在当接触面离散化时就规定好节点对的编号, 在连续体的接触面上，接触条件就只能在节点上得到满足。多个点点接触单元可以模拟两个具有多个单元表面间的接触，每个表面间的网格必须是相同的。点对模型不需要接触面的搜索，对于大滑移接触问题则需要采用点面接触或面面接触。

点面接触和面面接触均可适用于大应变和大转动，支持大的相对位移。可以不必事先知道接触的准确位置。点面接触用于某一点和任意形状的面的接触。面面接触单元用于任意形状的两个表面接触，两个面可以具有不同的网格。面面接触比点面接触具有更好的性能，对接触的位置、范围要求更宽。

针对不同的问题特点，三类接触模型各具优势，并可灵活运用。比如，两个面上的节点一一对应，相对滑动又可忽略不计，两个面的挠度、转动保持小量，那么就可以用点对接触来模拟面对面的接触问题。又如，能通过一组节点来定义接触面，生成多个单元，那么就可以用点面的接触单元来模拟面对面的接触问题。但接触面的搜索将成为求解接触问题的一项重要任务。

接触问题的动力分析主要包括选取时间积分方案和接触算法，其中接触算法包含接触搜索算法和接触力算法。接触界面的事先未知性和接触条件的不等式约束决定了接触分析过程中需要经常插入接触界面的搜寻判定。接触条件的强烈非线性需要有其特定的求解方案和方法。

8.3　接触搜索算法

8.3.1　全局搜索典型算法

接触搜索的目的是确定整个系统中有哪些部位发生了接触或者有哪些原已接触的部分发生了滑移或脱离。在接触动力分析系统中，接触搜索占较大的计算量，因此接触搜索算法的计算效率至关重要。由于接触搜索是接触力计算的基础，所以其计算精度也非常关键。在一般情况下接触搜索先进行全局搜索，再进行局部搜索。通过全局搜索先粗略找到围绕特殊点所有潜在可能的接触单元面。全局算法有主从面算法 [10]、级域算法 [11,12]、单曲面算法 [13]、位码算法 [14]、LC-Grid[15] 等。

(1) 主从面算法 (master-slave algorithm) 是目前商用有限元软件使用较为广泛的接触搜索算法之一。在该算法中，相互接触的两个边界面被分别指定为主面 (master surface) 和从面 (slave surface)。主面上的节点被定义为主节点 (master node)，从面上的节点被定义为从节点 (slave node)。在基于主从面算法的接触计算中，从面上的节点不允许穿透主面，但主面上的节点可以穿透从面。因此在主从面算法中，只需搜索与主面接触的从节点，即找出由从节点与主面上的单元面所构成的“接触对”。

主从面接触搜索算法包括三个步骤：首先是针对每一个从节点，找出与其距离最近的主节点；其次是在包含此主节点的所有单元中找出离从节点最近的主单元面，形成接触测试对；最后在测试对中确定节点与单元面的关系。

尽管主从面算法被许多有限元算法采纳，但该算法存在明显的不足之处。首先，它不能用于初始构形有严重变形的接触表面，因为在主从面法中认为接触发生在从节点与包含离从节点最近的主节点的单元面之间。其次，该算法只能处理两个表面间的接触，且在有限元前处理中就要明确说明主面与从面，不能处理如单一曲面在发生屈曲变形时所产生的自身接触。

(2) 级域算法 (hierarchy-territory algorithm) 是由 Zhong 提出的。级域法是针对多物体接触而提出的，它使用了两个基本概念：级 (hierarchy) 和域 (territory)。在该算法中，将整个结构分成不同级别的若干个级，即接触体、接触面、接触片、接触边、接触点。一个接触体可以分为多个接触面，一个接触面可分为多个接触片，依次类推。域是某个级所占据的区域，有时为了避免每个时间步均进行全局搜索而将此区域人为地扩大一些，此时，域变为扩展域。

在搜索时，先在较高一级的两个域之间进行。当发现两个处于同一级别的域不存在公共部分时，就不必要进行下一级间的接触检测；若两个域间有公共部分，则在下一级的两个域间进行。

这种方法只在一定的条件下有效，编程和使用并不是很方便，因为它涉及不同级别接触元素的定义和管理，在接触搜索过程中也要求逐级进行，使得数据的管理也变得复杂，且可并行性低。

(3) 单曲面算法 (single surface algorithm) 主要是为了解决主从面算法不能处理单一曲面自身接触的情况而出现的。在这种算法中，不需要提前人为地指定主面和从面，而是将所有结构 (不管是否属于同一部件) 的表面看成是一个表面。单曲面算法就像是种特殊的主从面算法，在这一特殊的主从面算法中，将系统中所有的节点均当作从节点，将系统中所有的单元面均当作主面。

为了更快速地找出系统中的所有接触测试对，该算法使用了子域排序算法 (bucket sort algorithm) 来寻找接触测试对。通过三层嵌套排序来完成三维空间的搜索过程。单曲面算法可处理严重变形的表面间的接触，但它的搜索是通过三个嵌套的排序算法所构成的，因此该算法编程复杂、运算量大，可并行性不好。

(4) 位码算法 (position-code algorithm) 是 Oldenburg 和 Nilsson 于 1994 年提出的，它的基本思想是将三维空间划分成若干个立方格，根据立方格的位置，为每个立方格赋予一个编码。在搜索时，对每一个单元，根据其位置可计算出所有与此单元相交的立方格，然后通过折半查找，找出这些立方格中的节点。这样，这些立方格中的节点均与该单元构成接触测试对。位码算法既具有单曲面算法不需要提前指定接触区域的好处，又避免了三维嵌套搜索，减小了编程和接触搜索的计算量，便于进行大规模计算，是目前效果较好的接触搜索算法。

(5) LC-Grid 算法称为线性全局接触搜索算法，即计算时间和存储要求与接触段的数量呈线性关系，是由 Lei 设计 Chen 实施的算法。该算法在接触空间被分解之后，首先将所有接触节点和分段映射到层上，然后映射到行上，最后映射到单元上。在每个映射级别中，链表技术用于有效存储和检索搜索节点和段。沿着每个非空层中的非空行在每个非空单元中执行接触检测，并在完成一层后移动到下一个非空层。迁移策略对网格大小不敏感，但需要保证单元大小和缓冲区的比例因子在理想范围，确定合适单元的尺度和缓冲区的大小，否则会严重影响计算效率。

8.3.2 局部搜索典型算法

局部搜索的目的是计算节点到单元面的精确距离，找出接触投影点所在单元面的相对位置关系，从而确定接触节点与单元面间的接触状态。局部搜索算法主要有点面算法 [10,13]、小球算法 [16]、基于光滑曲线 (曲面) 的搜索算法 [17,18] 以及内外算法 [19] 等。

(1) 点面算法：这类算法是最早用于接触搜索的局部搜索算法，也是到目前为止应用最为广泛的局部搜索算法之一。点是指接触测试对中接触面单元上的节点，面是指接触测试对中的目标面单元。如图 8.2 所示的四节点单元，为了找到节点在目标面上的投影点，即距离节点 t 最近的点 $x(\xi_c,\eta_c)$，需要求解偏微分方程组:

$$\begin{cases} \dfrac{\partial x(\xi_c,\eta_c)}{\partial \xi}\cdot[t-x(\xi_c,\eta_c)]=0 \\ \dfrac{\partial x(\xi_c,\eta_c)}{\partial \eta}\cdot[t-x(\xi_c,\eta_c)]=0 \end{cases} \tag{8.1}$$

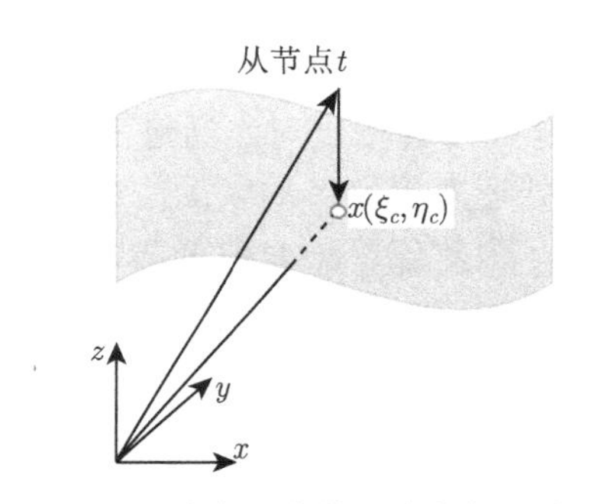

图 8.2 节点 t 在单元内的投影点 x

得到参数坐标 (ξ_c,η_c)，也就需要采用迭代法求解非线性方程 (8.1)。如果接触面严重扭曲就需要较多的迭代步，有时会出现迭代稳定性问题。

(2) 小球算法 (pinball algorithm)，该算法将接触单元近似看成是由等体积的小圆球构成的，以单元中心为球心。若两个单元中心距离小于两个球半径之和，即判为接触。该算法的使用前提是系统中的单元在三个方向上的尺寸相差不大。小球算法可以较快地得到方程的解，但其计算精度可能有些欠缺。小球算法是一种几何近似方法，要用于滑动和摩擦力不是至关重要的问题。

(3) 基于光滑曲线 (曲面) 的搜索算法，是随着计算几何技术与 CAD (computer aided design) 技术的发展而出现的。在这类算法中，利用自然的光滑边界来模拟接触体的表面，而不是像点面算法中用离散的“平面”来近似接触体表面，由此得到的接触搜索结果更自然、更真实。其特点是采用特殊的几何处理方法来更加准确地描述接触边界，从而使接触搜索甚至接触力的计算精度提高。该类算法需要有较高的计算机硬件作保证，并要求有很好的软件算法，目前这类算法有 CAD 曲面算法 [17]、三次样条算法、Overhauser 样条算法 [18] 等。

(4) 内外算法 (the inside-outside algorithm) 是用于板材成型模拟的接触搜索算法 [19]。板材成型过程如图 8.3 所示，检测一个点的坐标 x 和 y，如果点 (x,y)

位于工具表面的一部分的斑片 (阴影部分) 中，则将表面部分的 z 坐标相对于节点以检查节点是否位于工具表面 $Z(x,y)$ 内。该算法基于节点网格法向向量相对于目标表面的内外状态特征，以判断有限元节点与工具表面的接触。这种算法包括局部搜索、局部跟踪和侵入判断计算过程。全局搜索和本地搜索的计算结合在一起进行，因此，局部搜索过程几乎不需要额外的 CPU 时间，而且回避了局部搜索的非线性迭代和死区问题。与其他算法相比，内外算法接触搜索算法具有更高的成本效益和健壮性。

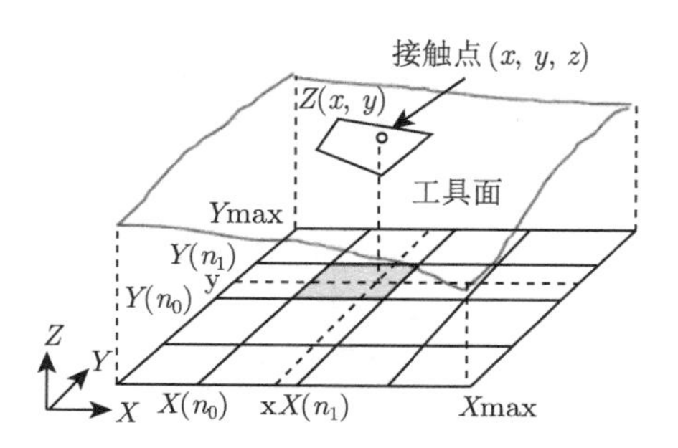

图 8.3 具有规则曲面段的全局搜索算法

8.4 面面接触搜索算法的程序实现

强震作用下的高混凝土坝系统灾变过程伴随着材料和接触复合非线性问题，对其进行全过程精细化数值模拟和全面深入的抗震安全评价，需要求解的未知量高达百万甚至千万级，尽管各种商业软件在求解一般常见问题时可以显示出所谓的强大功能，但在计算方法和计算实施方案上很难适用于解决高混凝土坝复杂工况下地震响应分析所遇到的复杂而又特殊的问题。

下面将介绍的是，作者在研究现有接触算法的基础上，基于提出的多体接触问题面面接触算法，开发了实现其算法的 Fortran 源代码程序，求解接触力采用了拉格朗日乘子法动力接触方程的增量形式。在程序中的搜索算法既可解决搜索盲区问题，又能回避求解非线性投影方程 (8.1)。另外, 为了便于并行计算问题和程序编制，在程序开发过程中我们根据接触面分布特点进行预分区处理，接触搜索判断分三个步骤 [20] 完成，即接触搜索预处理、全局搜索、局部搜索。

8.4.1 全局搜索算法的程序实现

全局搜索算法将主从面算法与位码算法相结合，实现接触面的全局搜索。利用主从面算法 [10] 建立几何模型时，根据可能接触边界的分布特点将可能接触边界面分别指定为主面和从面，并将其定义为“接触面对”，再采用类似于位码算

法 [14] 的处理方法将包含模型接触表面的三维空间划分成若干个立方格，并对这些立方格在三个维度方向进行整数编码，通过这些位置号码从三维映射到一维，基于一维排序和搜索的算法来实现对区域内接触节点的检测。在有限元剖分网格时主面单元上的节点定义为主节点，从面单元上的节点定义为从节点。通过搜索与主面接触的从节点，即找出由从节点与主面上的单元面所构成的“接触点面对”。

在全局搜索算法中构建了描述“接触面对”的主面单元和从面单元的共享实常数组：主面单元用正整数表示，从面单元用其对应的负整数表示，当绝对值相同时主面单元和从面单元构成“接触面对”；不同的“接触面对”通过不同的实常数定义；一组实常数可以对应多个边界面。基于以上全局搜索流程编制的程序框图如图 8.4 所示，以下是对一组“接触面对”的全局搜索的步骤。

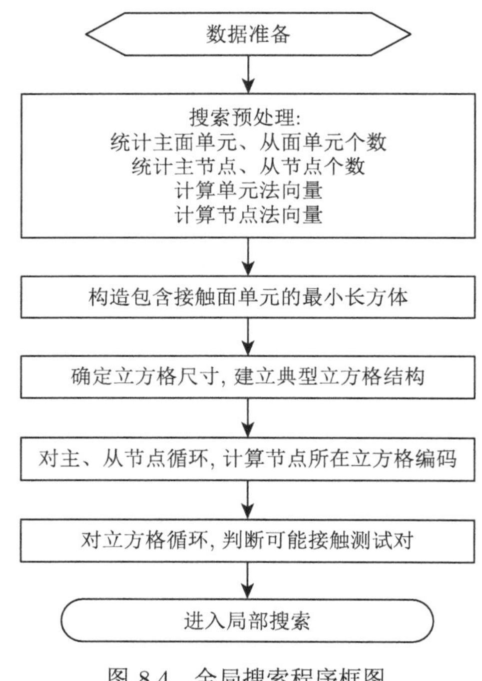

图 8.4　全局搜索程序框图

(1) 搜索预处理：统计“接触面对”单元面上的主节点和从节点个数，计算各单元面外法向量及各节点外法向量。其中节点外法向量，如图 8.5 所示，由包含该节点的单元法向量取平均得到。

(2) 根据“接触面对”的位置关系，构造包含接触单元面的最小长方体。在接触问题的有限元计算过程中，全局搜索是相对耗时较大的计算环节，为了避免在每个时间步都进行全局搜索，适当扩大该长方体的区域，确定接触搜索范围。

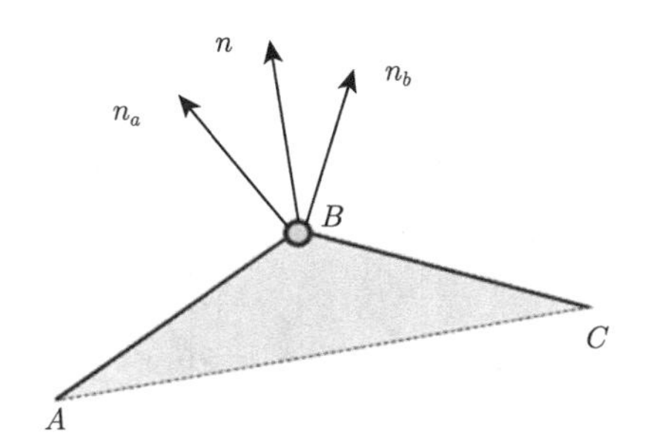

图 8.5 两个单元的平均向量

(a) 确定接触面域。

根据“接触面对”上的节点坐标，分别确定主接触面范围 R_m、从接触面范围 R_s，由式 (8.2) 确定接触面域。

$$\begin{cases} R_m = \left\{(r_{m_1}, r_{m_2}, r_{m_3}) \mid r_{m_i}^{\min} \leqslant r_{m_i} \leqslant r_{m_i}^{\max}\right\}, & i = 1,2,3 \\ R_s = \left\{(r_{s_1}, r_{s_2}, r_{s_3}) \mid r_{s_i}^{\min} \leqslant r_{s_i} \leqslant r_{s_i}^{\max}\right\}, & i = 1,2,3 \end{cases} \tag{8.2}$$

其中，r_{m_1}, r_{m_2} 和 r_{m_3} 是主面位置向量 r_m 的整体坐标值；r_{s_1}, r_{s_2} 和 r_{s_3} 是从面位置向量 r_s 的整体坐标值，并且有

$$\begin{cases} r_{m_i}^{\min} = \min\left(r_{m_i}^1, r_{m_i}^2, \cdots, r_{m_i}^{N_m}\right), \\ r_{m_i}^{\max} = \max\left(r_{m_i}^1, r_{m_i}, \cdots, r_{m_i}^{N_m}\right), \end{cases} \quad i = 1,2,3 \tag{8.3}$$

$$\begin{cases} r_{s_i}^{\min} = \min\left(r_{s_i}^1, r_{s_i}^2, \cdots, r_{s_i}^{N_s}\right), \\ r_{s_i}^{\max} = \max\left(r_{s_i}^1, r_{s_i}^2, \cdots, r_{s_i}^{N_s}\right), \end{cases} \quad i = 1,2,3 \tag{8.4}$$

这里，N_m 是主面上的主节点个数，N_s 是从面上的从节点个数；$r_{m_i}^J$ 是主面上节点 J 的第 i 个坐标；$r_{s_i}^J$ 是从面上节点 J 的第 i 个坐标。

(b) 构造接触搜索范围 R，建立包围接触面的最小长方体。

全局搜索是相对耗时较大的计算环节，为了避免在每个时间步都进行全局搜索，适当扩大该长方体的区域，确定接触搜索范围，如图 8.6 所示。

$$R = \left\{(r_1, r_2, r_3) \left| r_i^{\min} \leqslant r_i \leqslant r_i^{\max}, \quad i = 1,2,3\right.\right\} \tag{8.5}$$

其中，r_1, r_2 和 r_3 是位置向量 r 的整体坐标值；c 是用于定义面域延伸量的一个参数，并且有

$$\begin{cases} r_i^{\min} = \min\left(r_{m_i}^{\min}, r_{s_i}^{\min}\right) - c \\ r_i^{\max} = \max\left(r_{m_i}^{\max}, r_{s_i}^{\max}\right) + c \end{cases} \tag{8.6}$$

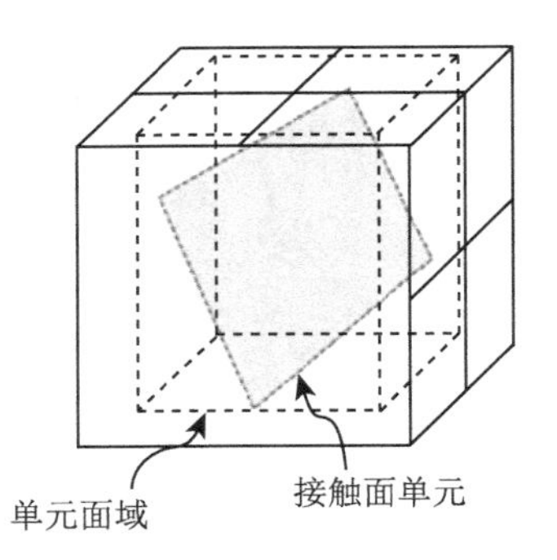

图 8.6　单元面–面域及立方格

(3) 确定立方格的网格尺寸 $d_{\max}$，立方格尺寸与接触面中平均的单元尺寸相接近或可以稍大一些。

对二维接触单元，立方格尺寸表示如下：

$$d_{\max} = d_{r\max}/\left(N_s - 1\right) \tag{8.7}$$

对三维接触面单元，立方格尺寸表示如下：

$$d_{\max} = d_{r\max}/\left(\sqrt{N_s} - 1\right) \tag{8.8}$$

其中，N_s 为从接触面上的节点个数，$d_{r\max}$ 为接触区域三个坐标方向上的最大尺寸，并且有

$$d_{r\max} = \max\left(r_1^{\max} - r_1^{\min}, r_2^{\max} - r_2^{\min}, r_3^{\max} - r_3^{\min}\right) \tag{8.9}$$

(4) 建立典型的立方格结构，其三个坐标 (x，y，z) 方向的网格尺寸一致。按先 x 方向，再 y 方向，最后 z 方向的顺序对立方格进行编号，如图 8.7 所示。立方格的格域可用下式来描述：

$$\left\{\begin{array}{l}\left(r_1^{\min}, r_1^{\max}, N_x\right)\\ \left(r_2^{\min}, r_2^{\max}, N_y\right)\\ \left(r_3^{\min}, r_3^{\max}, N_z\right)\end{array}\right. \tag{8.10}$$

其中，N_x, N_y, N_z 分别是沿 x, y, z 方向上立方格的数目。总的立方格数目 kelem 可由下式计算：

$$\text{kelem} = N_x \times N_y \times N_z \tag{8.11}$$

$$\left\{\begin{array}{l}N_x = \dfrac{r_1^{\max} - r_1^{\min}}{d_{\max}}\\ N_y = \dfrac{r_2^{\max} - r_2^{\min}}{d_{\max}}\\ N_z = \dfrac{r_3^{\max} - r_3^{\min}}{d_{\max}}\end{array}\right. \tag{8.12}$$

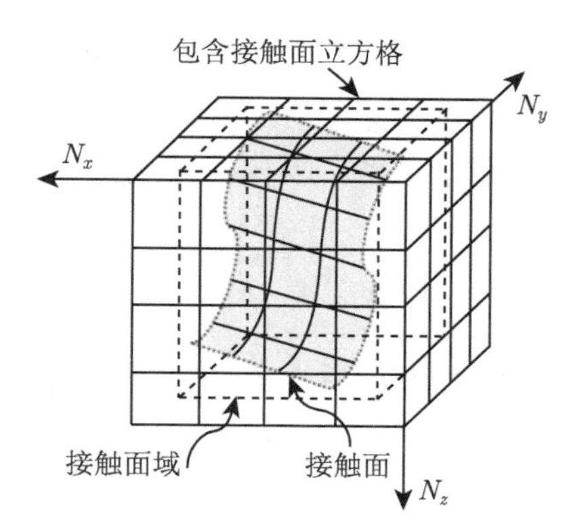

图 8.7 包围接触面的立方格编码

(5) 对当前“接触面对”的所有主从节点循环，根据节点坐标确定其所在的立方格的编号 [24]。

对于一个坐标为 (x,y,z) 的节点，其所在位置的立方格的号码分两步计算得出。首先，通过下式计算出在 x,y,z 方向上立方格的整数编号:

$$\begin{cases} I_x = N_x \times (x - x_{\min}) / (x_{\max} - x_{\min}) \\ I_y = N_y \times (y - y_{\min}) / (y_{\max} - y_{\min}) \\ I_z = N_z \times (z - z_{\min}) / (z_{\max} - z_{\min}) \end{cases} \tag{8.13}$$

然后，使用上式计算出的这些编号，确立该节点对应的立方格编号 I_e：

$$I_e = (I_z - 1) \times N_y \times N_x + (I_y - 1) \times N_x + I_x \tag{8.14}$$

(6) 对立方格循环，在当前立方格中，对每一个主节点，找距离与其最近的从节点，并记录该从节点所对应的接触单元编号，建立点面接触测试对。

8.4.2 局部搜索算法的程序实现

这里的局部搜索算法结合点面算法与内外算法完成接触局部搜索。由全局搜索获得“接触面对”的点面关系，采用内外算法判断“接触面对”主面上的节点落入哪些从面接触面单元内，为了避免搜索盲区，采用了相关单元节点法向“平均向量”。如图 8.5 所示，在接触单元中，节点 B 的法向量 n 取单元 AB 的法向量 n_a 和单元 BC 的法向量 n_b 的平均值，即判断主节点沿平均法线方向的投影点是在目标面单元的内部或外部。下面给出一组“点面接触测试对”的局部搜索步骤。

(1) 对测试对中的面单元数进行循环，根据“点”法向量与单元面法向量，进一步判断是否为潜在接触关系。

(2) 针对潜在接触单元，计算“点”到单元面投影点位置及其贯入量。

如图 8.2 所示，设节点 t 的坐标为 $xt(nr)$，对应投影点 x 的坐标为 $x\text{proj}(nr)$；面单元所对应的节点坐标为 $xe(nr,nne)$；节点到单元面的距离为 dist；其中 nr 为坐标维数，nne 为面单元节点个数，$de(nr,1)$ 为面单元法向量，则有

$$\begin{cases} \text{dist} = \sum_{nr=1}^{3} [(xt(nr) - xe(nr,1)) \times de(nr,1)] \\ x\text{proj}(nr) = xt(nr) - de(nr,1) \times \text{dist} \end{cases} \tag{8.15}$$

(3) 由内外算法 [19]，判别“点”是否落入目标单元面的有效区域的内部和外部。

按单元边循环，判断节点与目标单元面是否构成潜在接触对。如图 8.8 所示，V_{jk} 表示由节点 j 指向节点 k 的矢量，V_{jI} 表示由单元节点 j 到节点 I 的矢量。矢量 $n_{1I} = V_{12} \times V_{1I}$；$n$ 为节点 I 的法向矢量。按单元边循环，按下式计算节点 I 与当前边界线 jk 所确定的矢量 n_{jI}：

$$n_{jI} = V_{jk} \times V_{jI} \tag{8.16}$$

计算节点 I 与当前边界线所形成的投影参数 d_j：

$$d_j = n_{jI} \cdot n \tag{8.17}$$

当单元对应的各条边均有 $d_j \leqslant 0$ 时，表示该节点落入目标单元面的有效区域内，构成潜在接触对。

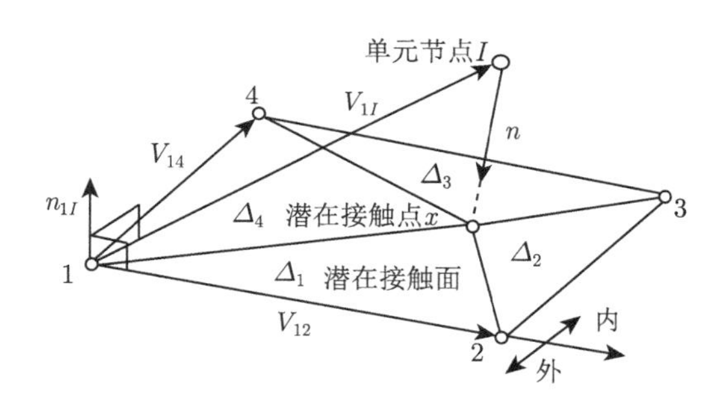

图 8.8　点与单元面的关系

(4) 计算投影点的局部坐标，确定接触关联关系。

如“点”在目标单元面内部，则由三角形面积坐标法，计算投影点在单元内的局部坐标，从而得到投影点对应的单元插值形函数，进而得出接触关联矩阵。

(a) 投影点形参位置确定：在图 8.8 中，投影点 x 将四边形 $\overline{1234}$ 分割成 4 个小区域，对应的面积分别为 $\Delta_1, \Delta_2, \Delta_3$ 和 Δ_4，记单元节点局部坐标分别为

$(x_1, y_1), (x_2, y_2), (x_3, y_3)$ 和 (x_4, y_4)；投影点 x 在单元上的局部坐标为 $(x, y), (x, y)$ 可插值表示为

$$x = \sum_{i=1}^{n} N_i x_i, \quad y = \sum_{i=1}^{n} N_i y_i \tag{8.18}$$

其中，

$$N_1 = \frac{\varDelta_2 \varDelta_3}{\varDelta}, \quad N_2 = \frac{\varDelta_3 \varDelta_4}{\varDelta}, \quad N_3 = \frac{\varDelta_4 \varDelta_1}{\varDelta}, \quad N_4 = \frac{\varDelta_1 \varDelta_2}{\varDelta} \tag{8.19}$$

$$\varDelta = (\varDelta_1 + \varDelta_3)(\varDelta_2 + \varDelta_4) \tag{8.20}$$

当出现 $\varDelta_i < 0 (i = 1, 2, 3, 4)$ 时，表示投影点不在该单元内，即不构成接触。

(b) 计算接触关联矩阵 B_c: 确定投影点对应的插值形函数后，可得节点 I 与主单元面间的相对位移表达式为

$$u_I - u_x = B_c u_c$$

其中，

$$B_c = [I \quad -N_1 \quad -N_2 \quad -N_3 \quad -N_4], \quad u_c = \left[u_I^{\mathrm{T}} \quad -u_1^{\mathrm{T}} \quad -u_2^{\mathrm{T}} \quad -u_3^{\mathrm{T}} \quad -u_4^{\mathrm{T}}\right] \tag{8.21}$$

$$I = I_{3\times 3}, \quad N_i = IN_i \quad (i = 1, 2, 3, 4)$$

因上式中 u_I, u_x 和 u_c 是在整体坐标系中定义的，为将它们引入接触条件，需将其转换到局部坐标系：

$$u^{\mathrm{A}} - u^{\mathrm{B}} = {}^t\theta^{\mathrm{T}} (u_l - u_x) = {}^t\theta^{\mathrm{T}} B_c u_c \tag{8.22}$$

其中，左端位移项的上标 A 或 B 表示是在接触单元的局部坐标系中定义的；式中 θ 是两种坐标系之间的转换矩阵，它的表达式是

$$\theta = [e_z \quad e_x \quad e_y] = \begin{bmatrix} e_{1z} & e_{1x} & e_{1y} \\ e_{2z} & e_{2x} & e_{2y} \\ e_{3z} & e_{3x} & e_{3y} \end{bmatrix} \tag{8.23}$$

这里，$e_{Ji} (J = 1, 2, 3; i = z, x, y)$ 是 e_J 在整体坐标系 x，y，z 方向的分量。

图 8.9 给出了基于局部搜索流程编制的程序框图。

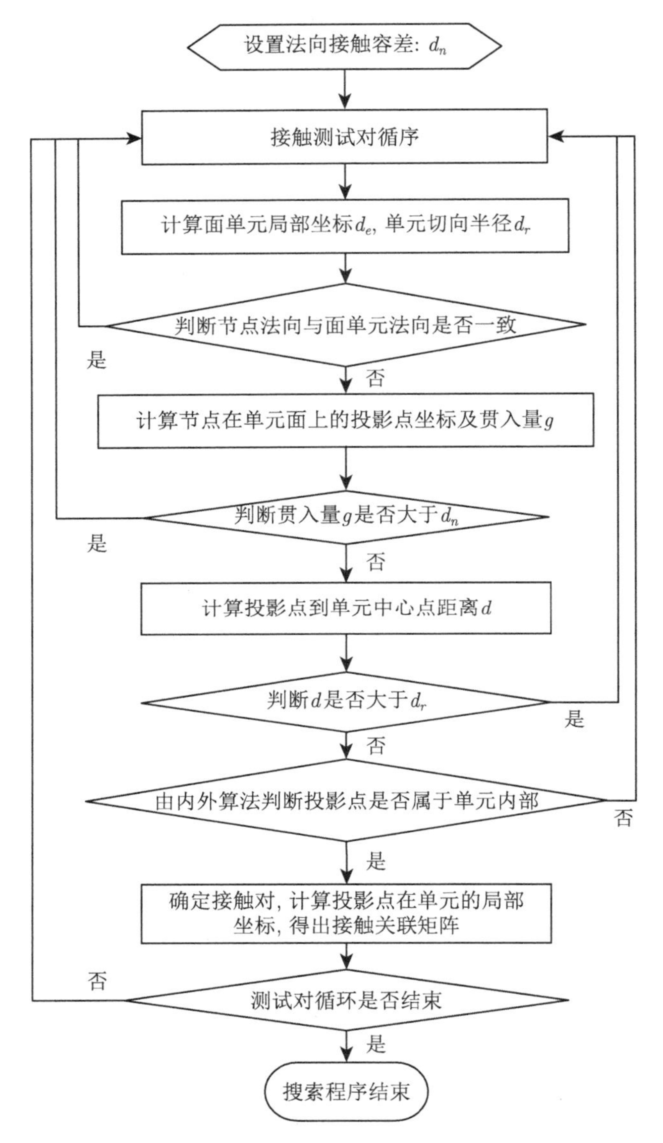

图 8.9 局部搜索流程编制的程序框图

8.5 动力学方程及接触力求解方法

在完成接触搜索之后，下一步工作就是接触力的求解。接触力算法的实质是让系统构形满足接触边界上无侵入约束条件。常用接触力算法主要包括拉格朗日乘子法、罚函数法、摄动拉格朗日乘子法和增广拉格朗日乘子法等。罚函数法 [21]

通过引入罚参数与界面穿透量的乘积作为接触力，使无穿透 (无侵入) 的约束条件近似得到满足。但是所引入的罚参数可能导致方程组病态。此外，罚参数的选取也与单元的刚度有关，要求使用者需要根据经验选择接触刚度参数 (即弹簧常数)。拉格朗日乘子法要求精确满足接触界面无穿透的约束条件，是一种准确的接触力算法，但是它是通过引入新的未知量 λ 表示接触力的，对接缝的处理更真实、更自然。接触面的本构模型按照接触面的性质，有光滑接触模型和摩擦接触模型，如果接触面是绝对光滑的或摩擦可以忽略，则采用光滑接触模型，但在处理坝体伸缩缝和地基夹层接触时，一般采用摩擦接触模型，并按摩尔–库仑准则考虑摩擦条件。

这里基于面面接触算法的程序实现采用了拉格朗日乘子法求解接触力。下面将重点介绍拉格朗日乘子法隐式求解模式。

8.5.1 拉格朗日乘子法有限元离散及其隐式递推格式

根据可能接触边界的分布特点，将计算域分解成不同的子区域。考虑由 N 个子区域 $\Omega_i\,(i=1,2,\cdots,N)$ 组成的多接触体系统。对于子区域 i，其动力平衡方程可表示为

$$\rho^i\ddot{u}_j + c^i\dot{u}_j - \sigma^i_{jk,k} = f^i_j, \quad j,k=1,2,3 \quad \text{在子区域}\ \Omega_i, \quad i=1,2,\cdots,N, \tag{8.24}$$

式中，k 为求和哑标；ρ 是质量密度；c 是阻尼系数；$\ddot{u}_j$ 表示速度分量；$\ddot{u}_j$ 表示加速度分量；f_j 表示体力分量。

子区域块体 i 的初始边值条件可表示为

$$\begin{cases} u^i = u^{i0}, & \text{在}\Gamma^i_d\text{位移边界} \\ \sigma^i_{jk}n_k = t^i_f, & \text{在}\Gamma^i_f\text{应力边界} \\ u^i\big|_{t=0} = u^i_0 \\ \dot{u}^i\big|_{t=0} = v^i_0 \end{cases} \tag{8.25}$$

其中，σ_{jk} 表示应力张量分量；u_0 和 v_0 分别表示初始位移和初始速度。

引进拉格朗日乘子 λ 表示接触力，不同子区域块体间的可能接触边界条件为

$$\begin{cases} \text{(a) 分离状态:}\ (u^i-u^j)^n - \delta^n \geqslant 0, \quad \lambda^n = 0, \lambda^t = 0 \\ \text{(b) 黏着状态:}\ (u^i-u^j)^n - \delta^n = 0, \quad \text{当}\lambda^n \geqslant 0; (u^i-u^j)^t - \delta^t = 0, \\ \quad \text{当} \quad |\lambda^t| < \mu\lambda^n \\ \text{(c) 滑动状态:}\ (u^i-u^j)^n - \delta^n = 0, \quad |\lambda^t| = \mu\lambda^n \end{cases} \tag{8.26}$$

其中，$(\ )^n, (\ )^t$ 分别表示法向和切向分量；δ 表示初始间隙；λ^n，λ^t 分别表示法向和切向接触力；μ 表示摩擦系数。

1. 有限元离散

对每一个编号为 i 的子区域，独立进行网格剖分和有限元离散后，在引进拉格朗日乘子 λ 后，动力学方程 (8.24) 及接触边界条件空间离散形式为

$$M^i\ddot{U}^i + C^i j^i + K^i U^i = F^i + B^i\lambda \tag{8.27}$$

$$H^{\mathrm{T}}U = \delta \tag{8.28}$$

其中，i 表示子区域编号；M 表示质量矩阵；C 表示阻尼矩阵；K 表示刚度矩阵；F 表示荷载项；$B^i = [B_i^n \quad B_i^t]$ 表示位移与接触力相关矩阵，B_i^n 和 B_i^t 分别表示接触面法向和切向相关矩阵；λ 表示拉格朗日乘子力 (接触力)。

$$B^i = \left[B_i^n \;\; B_i^t\right] = \left[B_{i1}^n \;\; B_{i1}^t \;\; B_{i2}^n \;\; B_{i2}^t \;\cdots\; B_{il}^n \;\; B_{il}^t\right] \tag{8.29}$$

$$H = \begin{cases} 0, & \text{分离状态} \\ [B^n \quad B^t], & \text{黏着状态} \\ B^n, & \text{滑动状态} \end{cases} \tag{8.30}$$

不同子区域间的可能接触边界条件为分离状态、黏着状态或滑动状态。

采用直接积分法求解动力控制方程。以下分别按隐式的纽马克方法和显式的中心差分法处理。

2. 时间积分方法

在 $t \sim t+\Delta t$ 的时间区域内，纽马克积分方法采用下列的假设，即

$$\dot{U}_{t+\Delta t} = \dot{U}_t + \left[(1-\beta)\ddot{U}_t + \beta\ddot{U}_{t+\Delta t}\right]\Delta t \tag{8.31}$$

$$U_{t+\Delta t} = U_t + \dot{U}_t\Delta t + \left(\frac{1}{2} - \alpha\right)\ddot{U}_t + \alpha\ddot{U}_{t+\Delta t} \tag{8.32}$$

其中，α 和 β 是按积分精度和稳定性决定的参数。α 和 β 取不同数值则代表了不同的数值积分方案。当 $\alpha = 1/4$ 和 $\beta = 1/2$ 时，纽马克方法相应于常平均加速度法这样一种无条件稳定的积分方案。此时 Δt 内的加速度为

$$\ddot{U}_{t+\tau} = \left(\ddot{U}_t + \ddot{U}_{t+\Delta t}\right)/2 \tag{8.33}$$

$$\ddot{U}_{t+\Delta t} = \frac{1}{\alpha\Delta t^2}\left(U_{t+\Delta t} - U_t\right) - \frac{1}{\alpha\Delta t}\dot{U}_t - \left(\frac{1}{2\alpha} - 1\right)\ddot{U}_t \tag{8.34}$$

时间 $t+\Delta t$ 的位移解答 $U_{t+\Delta t}$ 是通过满足时间 $t+\Delta t$ 的运动方程得到的，即由下式

$$M^i\ddot{U}_{t+\Delta t}^i + C^i\dot{U}_{t+\Delta t}^i + K^i U_{t+\Delta t}^i = F_{t+\Delta t}^i + B^i\lambda_{t+\Delta t} \tag{8.35}$$

而得到。将式 (8.34) 代入式 (8.32)，然后再一并代入式 (8.35)，则得到从 $U_t, \dot{U}_t, \ddot{U}_t$ 计算 $U_{t+\Delta t}$ 的两步递推公式：

$$\begin{aligned}&\left(K^i + \frac{1}{\alpha\Delta t^2}M^i + \frac{\beta}{\alpha\Delta t}C^i\right)U^i_{t+\Delta t}\\ =&F^i_{t+\Delta t} + B^i\lambda_{t+\Delta t} + M^i\left[\frac{1}{\alpha\Delta t^2}U^i_t + \frac{1}{\alpha\Delta t}\dot{U}^i_t + \left(\frac{1}{2\alpha}-1\right)\ddot{U}^i_t\right]\\ &+ C^i\left[\frac{\beta}{\alpha\Delta t}U^i_t + \left(\frac{\beta}{\alpha}-1\right)\dot{U}^i_t + \left(\frac{\beta}{2\alpha}-1\right)\Delta t\ddot{U}^i_t\right]\end{aligned} \tag{8.36}$$

令

$$\mathrm{d}U^i_{t+\Delta t} = U^i_{t+\Delta t} - U^i_t \tag{8.37}$$

代入式 (8.36)，并整理可得

$$A^i\mathrm{d}U^i_{t+\Delta t} = \widetilde{F}^i_{t+\Delta t} + B^i\lambda_{t+\Delta t}, \quad i=1,2,\cdots,M \tag{8.38}$$

其中，

$$A^i = K^i + \frac{1}{\alpha\Delta t^2}M^i + \frac{\beta}{\alpha\Delta t}C^i$$

$$\begin{aligned}\widetilde{F}^i_{t+\Delta t} =&F^i_{t+\Delta t} - K^iU^i_t + M^i\left[\frac{1}{\alpha\Delta t}\dot{U}^i_t + \left(\frac{1}{2\alpha}-1\right)\ddot{U}^i_t\right]\\ &+ C^i\left[\left(\frac{\beta}{\alpha}-1\right)\dot{U}^i_t + \left(\frac{\beta}{2\alpha}-1\right)\Delta t\ddot{U}^i_t\right]\end{aligned} \tag{8.39}$$

由位移增量表达式 (8.37) 知，可能接触边界条件 (8.26) 的离散形式可表示为

$$\begin{cases}\text{(A) 分离状态: } \left(\mathrm{d}U^i_{t+\Delta t} - \mathrm{d}U^j_{t+\Delta t}\right)^n - \delta^n_{t+\Delta t} \geqslant 0, & \lambda^n_{t+\Delta t}=0, \lambda^t_{t+\Delta t}=0\\ \text{(B) 黏着状态: } \begin{cases}\left(\mathrm{d}U^i_{t+\Delta t} - \mathrm{d}U^j_{t+\Delta t}\right)^n - \delta^n_{t+\Delta t} = 0, & \lambda^n_{t+\Delta t} \geqslant 0\\ \left(\mathrm{d}U^i_{t+\Delta t} - \mathrm{d}U^j_{t+\Delta t}\right)^t - \delta^t_{t+\Delta t} = 0, & \left|\lambda^t_{t+\Delta t}\right| < \mu\lambda^n_{t+\Delta t}\end{cases}\\ \text{(C) 滑动状态 : } \left(\mathrm{d}U^i_{t+\Delta t} - \mathrm{d}U^j_{t+\Delta t}\right)^n - \delta^n_{t+\Delta t} = 0, & \left|\lambda^t_{t+\Delta t}\right| = \mu\lambda^n_{t+\Delta t}\end{cases} \tag{8.40}$$

其中，

$$\delta^n_{t+\Delta t} = \left(U^j_t - U^i_t\right)^n + \delta^n$$

$$\delta^t_{t+\Delta t} = \left(U^j_t - U^i_t\right)^t + \delta^t$$

为接触间隙，会随着时间步变化，应根据可能接触边界的几何位置自动判定和修正。

8.5.2 拉格朗日乘子法接触力计算

对动力方程采用纽马克方法离散的隐式算法，将采用拟高斯迭代法 [22,23] 求解 $t+\Delta t$ 时刻满足关系式 (8.38)∼ 式 (8.40) 的位移增量与接触力。为了叙述方便，将关于时间步的下标省略，并写成简约形式，有

$$\begin{cases} A\mathrm{d}U = F + H\lambda \\ H_k^{\mathrm{T}}\mathrm{d}U = \delta_k \end{cases} \tag{8.41}$$

其中，

$$A = \mathrm{diag}\left[A^1, A^2, \cdots, A^M\right], \quad \mathrm{d}U = \mathrm{diag}\left[\mathrm{d}U^1, \mathrm{d}U^2, \cdots, \mathrm{d}U^M\right]$$
$$H = \left[H_1^n, H_1^t, H_2^n, H_2^t, \cdots, H_L^n, H_L^t\right], \quad H_k = B_{ik} + B_{jk}$$

这里，L 表示拉格朗日乘子个数；i，j 为与第 k 个拉格朗日乘子相关的子区域号。接触对可能对应不同的子区域。

由式 (8.41) 消去未知量 dU，整理出关于乘子力的柔度矩阵 D 及接触荷载向量 FD。

$$D\lambda = Q \tag{8.42}$$

其中，

$$D = H^{\mathrm{T}}A^{-1}H = \begin{bmatrix} D_{11} & D_{12} & \cdots & D_{1L} \\ D_{21} & D_{22} & \cdots & D_{2L} \\ \vdots & \vdots & & \vdots \\ D_{L1} & D_{L2} & \cdots & D_{LL} \end{bmatrix} \tag{8.43}$$

$$D_{kk} = \begin{bmatrix} D_{kk}^{nn} & D_{kk}^{nt} \\ D_{kk}^{tn} & D_{kk}^{tt} \end{bmatrix} \tag{8.44}$$

$$Q = \delta - H^{\mathrm{T}}A^{-1}F = \left[FD_1^n, \quad FD_1^t, \quad FD_2^n, \quad FD_2^t, \quad \cdots, \quad FD_L^n, \quad FD_L^t\right]^{\mathrm{T}} \tag{8.45}$$

将接触力的计算转化为不等式方程组的求解：

$$\begin{cases} D\lambda = Q \\ \lambda^n \geqslant 0; \left|\lambda^t\right| \leqslant \mu\lambda^n \end{cases} \tag{8.46}$$

采用高斯–赛德尔 (Gauss-Seidel) 迭代法求解法向乘子力，对切向乘子力采用分块 Gauss-Seidel 迭代法进行求解。拟 Gauss-Seidel 迭代法按以下基本步骤求解接触力。

(1) 迭代步赋初值 $P=0$，接触力赋初值 $\lambda=0$，设置收敛控制误差。

(2) 迭代步赋值 $P=P+1$，误差赋初值 $\mathrm{err}=0$，对表示接触力的拉格朗日乘子循环 $k=1,2,\cdots,L$，假定其他乘子所表示的接触力已知，计算第 k 个接触点所表示的接触力。

(a) 计算第 k 个接触点的法向乘子力，假定其切向乘子力已知

$$(\lambda_k^n)^{p+1}=(d_{kk}^{nn})^{-1}\left(g_k^n-\sum_{j<k}d_{kj}\lambda_j^{p+1}-d_{kk}^{nt}\left(\lambda_k^t\right)^p\right) \tag{8.47}$$

其中，$g_k^n=Q_k^n-\sum\limits_{j>k}d_{kj}\lambda_i^p;\lambda_j$ 表示第 j 个接触力。

(b) 法向接触状态修正。

校核法向接触条件，若发现不符合，则赋值 $(\lambda^n)^{p+1}=0,(\lambda^t)^{p+1}=0$，由式 (8.48) 计算误差后，令 $k=k+1$ 返回步骤 (a) 计算下一个接触点，否则按式 (8.49) 计算误差，进入下一步骤 (c)。

$$\mathrm{err}=\mathrm{err}+\left|\lambda_k^{p+1}-\lambda_k^p\right|^2 \tag{8.48}$$

$$\mathrm{err}=\mathrm{err}+\left|(\lambda_k^n)^{p+1}-(\lambda_k^n)^p\right|^2 \tag{8.49}$$

(c) 计算第 k 个接触点的切向乘子力分量。

假定接触状态为黏着状态；三维含两个切向分量，记 $d_{kk}^{tt}=(d_{kk}^{t1},d_{kk}^{t2})$

$$\left(\lambda_k^t\right)^{p+1}=\left(d_{kk}^{tt}\right)^{-1}\left(g_k^t-\sum_{j<k}d_{kj}\lambda_j^{p+1}-d_{kk}^{nn}\left(\lambda_k^n\right)^{p+1}\right) \tag{8.50}$$

其中，$g_k^t=Q_k^t-\sum\limits_{j>k}d_{kj}\lambda_j^p$； λ_j 表示第 j 个接触力。对于三维情形，则有

$$g_k^{t1}=Q_k^{t1}-\sum_{j>k}d_{kj}\lambda_j^p-d_{kk}^{t2}\left(\lambda_k^{t2}\right)^p$$

$$g_k^{t2}=Q_k^{t2}-\sum_{j>k}d_{kj}\lambda_j^p-d_{kk}^{t1}\left(\lambda_k^{t1}\right)^{p+1}$$

(d) 切向状态修正。

若 $\left|(\lambda_k^t)^{p+1}\right|>\mu\left(\lambda_k^n\right)^{p+1}$，则

$$\left(\lambda_k^t\right)^{p+1}=\mu\left(\lambda_k^n\right)^{p+1}\frac{\left(\lambda_k^t\right)^{p+1}}{\left|\left(\lambda_k^t\right)^{p+1}\right|} \tag{8.51}$$

由式 (8.52) 计算误差后，令 $k=k+1$，返回步骤 (a) 计算下一个接触点。

$$\text{err}=\text{err}+\left|\left(\lambda_k^t\right)^{p+1}-\left(\lambda_k^t\right)^p\right|^2 \tag{8.52}$$

(3) 收敛性判定：若达到收敛条件，迭代结束；否则返回步骤 (2)。

按以上步骤求解接触力后，代入方程 (8.41) 的第一方程求解出增量位移 $\mathrm{d}U$。

面面接触搜索算法求解接触问题计算程序流程见图 8.10。

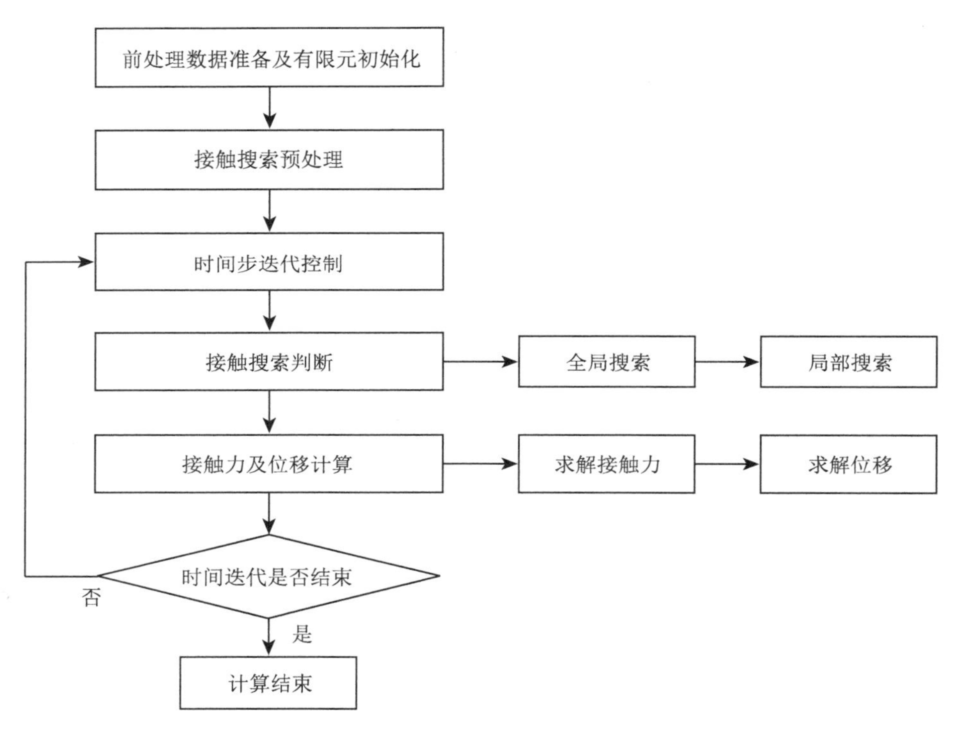

图 8.10　基于面面接触算法的接触问题计算程序流程

8.5.3　位移约束边界的处理方法

通常位移边界条件的引入有 3 种方法。

(1) 合成总刚矩阵时划去边界位移约束对应的各行各列元素，紧缩总刚度及荷载列阵，将约束的影响作用转移到荷载列阵，这个方法降低了位移方程的阶数。但是在面面接触算法中，若接触面上含有边界约束条件，形成接触力柔度矩阵 D 时，容易出现矩阵奇异。

(2) 对角元素乘大数法，就是把边界位移为零的那一行对角元素乘以一个大数，使得非对角元素相对较小，获得最后求解得到的位移值趋近于零的效果。例如，使总刚度矩阵元素 $A(I,I)$ 乘以 10^{10}，这时其余的总刚度矩阵元素 $A(I,J)$ 相对较小，结果求解得到的位移值趋近于零。尽管这种方法较为简便，但取值不当往往会影响计算结果的精度，有时还会使方程变成病态而得不到解。

(3) "充 0 置 1"，即将边界位移约束的这一行的对角线元素置 1，与这个对角线元素相应行和列的其他元素都充 0，位移方程右端的相应行为约束位移值，这样就保证了边界行的位移等于约束值。通过作者反复的数值试验，认为第三种方法的位移约束边界处理方法最适宜面面接触模型隐式接触力的求解模式。

8.6 算法及其程序的验证

下面将采用两个算例验证上面的面面接触算法。算例选取的一般原则是模型简单、典型，将计算结果与其理论解对比，再借助于商业软件相应的功能对该算法程序进行补充验证。第一个为块体接触模型，主要验证算法的稳定性；第二个算例为经典的赫兹问题，将数值计算的接触力和接触半径结果与理论解比较，并借助商业软件考察接触面上的变形分布与上述接触算法程序计算结果是否一致，以验证其正确性和精确性。

8.6.1 块体接触分析

考虑由两个块体组成的系统，如图 8.11 所示，块体 1 和块体 2 在 x 方向，y 方向和 z 方向的长度均为 100m，块体 1 在三个尺寸方向均为 10 等分；块体 2 在竖向 10 等分，在横向两个方向 20 等分。块体 1 和块体 2 的密度均取 10kg/m^3，阻尼比取 200；两块体弹性模量为 10GPa，泊松比取 0，摩擦系数取 0.6。块体 1 底面法向约束，块体 2 突然施加 100N/m^3 体积力，由上述算法程序计算其动力响应，时间步长分别取 0.01s，0.04s，0.06s 和 0.10s。

由本例给出的弹性参数可以得到精确解，即块体上表面的竖向位移为 -1.5×1.0^{-4}m，两块体接触面的竖向位移为 -1.0×1.0^{-4}m。图 8.12 给出了两块体在突加重力作用下稳定后的变形云图，该图显示最大变形位于块体 2 的上表面，其竖向位移值为 -1.5×1.0^{-4}m。图 8.13 和图 8.14 分别给出了位于两块体接触面块体 2 底面中点和上表面中点的位移时程曲线。时程曲线显示，时间步长为 0.01s 时的变形很快稳定下来，其次是步长为 0.04s，然后为 0.06s 和 0.10s。由于在接触算法中动力方程的时间积分采用了无条件稳定的纽马克积分，所以，时间步长的大小仅会影响计算精度而不会影响其数值计算的稳定性。由图 8.13 和图 8.14 的时程序曲线可看出，在计算稳定后，接触面块体 2 底面和上表面竖向位移值分别为 -1.0×1.0^{-4}m 和 -1.5×1.0^{-4}m，与精确解完全相同。

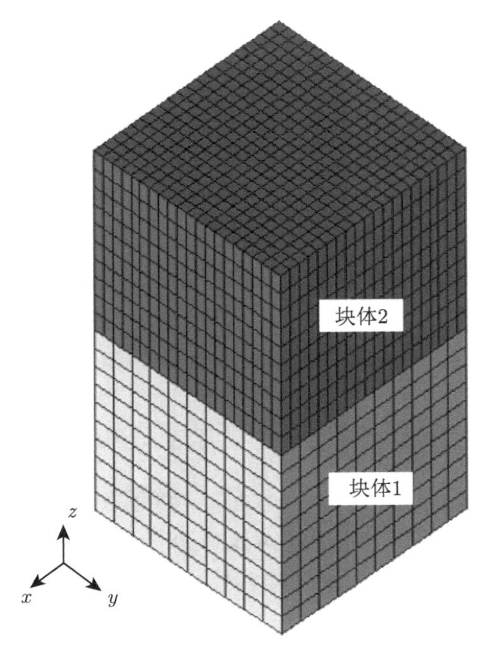

图 8.11　块体接触模型

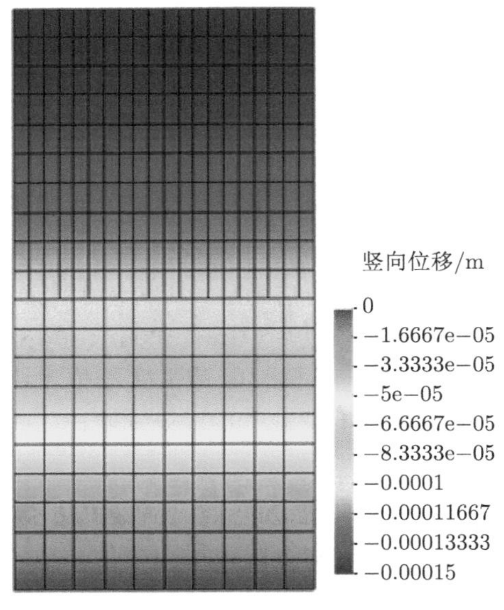

图 8.12　接触块体竖向变形云图 (单位: m)

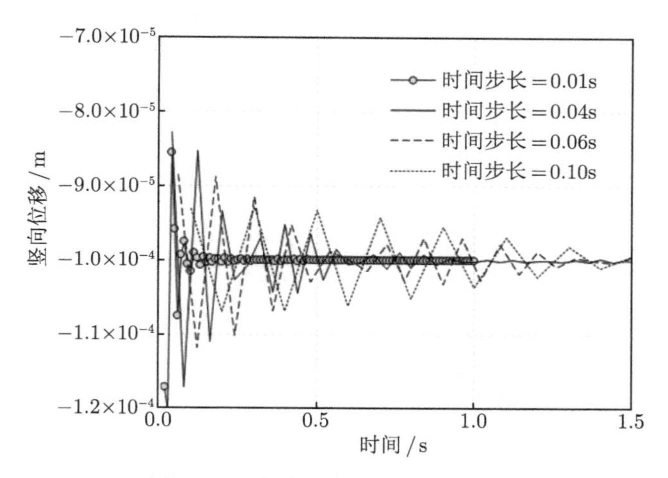

图 8.13 块体 2 底面中点位移时程

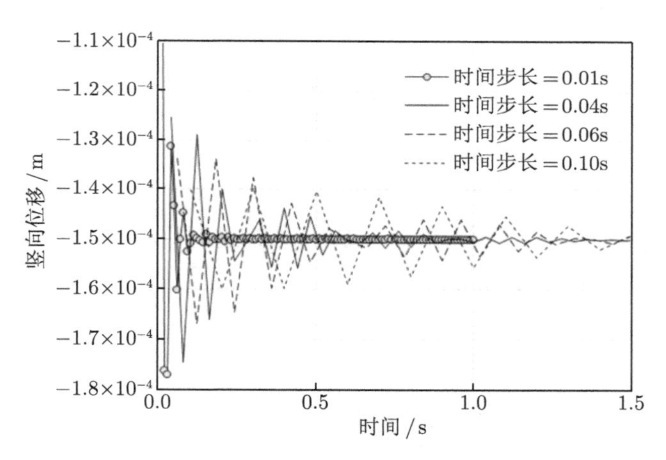

图 8.14 块体 2 上表面中点位移时程

8.6.2 圆柱体接触分析

两平行接触的圆柱体接触体 [25]，如图 8.15(a) 所示，考虑其对称性，取 1/4 圆柱进行分析。设两圆柱体的半径均为 5mm，弹性模量为 210GPa，泊松比为 0.3，认为两圆柱为绝对光滑接触，即不计接触面的摩擦力。计算模型取圆柱体长 1mm。按图 8.15(b) 所示在底部界面施加法向位移约束，上部施加的竖向位移为 −0.03mm。模型网格划分为两种区域，计算模型网格如图 8.15(c) 所示，即接触部分的网格密度较大，网格尺寸取为 0.1mm，大约为 1/5 圆柱半径区域，而其余区域的网格密度较小。密度取 7.85×1.0^{-6}kg/mm^3，阻尼系数取 200，时间步长取 0.01s，计算至时长 3s，即得到静态稳定解。

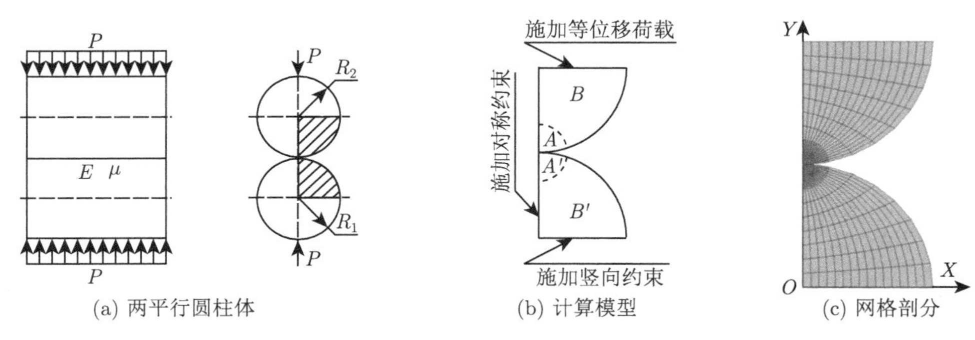

(a) 两平行圆柱体　(b) 计算模型　(c) 网格剖分

图 8.15　两平行圆柱体的接触

按照赫兹理论，圆柱与圆柱接触半宽理论解计算公式：$b = 1.522\times\sqrt{\frac{P}{LE}\cdot\frac{R_1R_2}{R_1+R_2}}$；最大接触应力：$\sigma_{\max} = 0.418\sqrt{\frac{PE}{L}\cdot\frac{R_1+R_2}{R_1R_2}}$；接触相对位移：$\delta = 0.58\frac{F}{LE}\left(\ln\frac{4R_1R_2}{b^2}+0.814\right)$.

在本例中，圆柱弹性模量 $E = 210\text{GPa}$，圆柱半径 $R_1 = R_2 = 5\text{mm}$，圆柱体长 $L = 1\text{mm}$，当 $\delta = 0.03\text{mm}$ 时，由接触相对位移反求得沿圆柱轴向分布力 $P = 1234.42\text{N/m}$，$b = 0.185\text{mm}$，$\sigma_{\max} = 4256.4\text{MPa}$。

由本书算法程序得到的沿 Y 向的应力分量云图如图 8.16 所示，最大接触应力发生在接触中心点，其值为 4136.6MPa，与赫兹理论值为 4256.4MPa 相比，相对误差仅为 0.9%；计算得到接触半径为 0.188mm，赫兹理论解值为 0.185mm，相对误差为 0.6%，本书算法的计算结果与理论解几乎完全吻合。该算例结果表明，本章介绍的接触算法是正确和有效的。

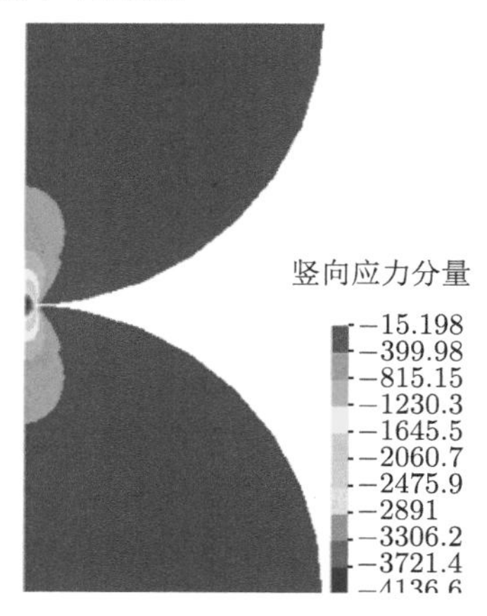

图 8.16　本书算法计算的竖向 (Y) 应力分量 (单位: MPa)

另外，采用 ANSYS 软件对两接触圆柱体变形进行补充计算，得到如图 8.17

所示的两平行接触的圆柱体接触体竖向变形云图。从变形云图可以看出，本书算法程序与 ANSYS 软件计算得到的变形分布一致。对比表 8.1 列出的沿两圆柱上、下接触面由左到右的竖向位移，二者上接触面位移的最大误差为 0.71%，计算结果几乎一致。

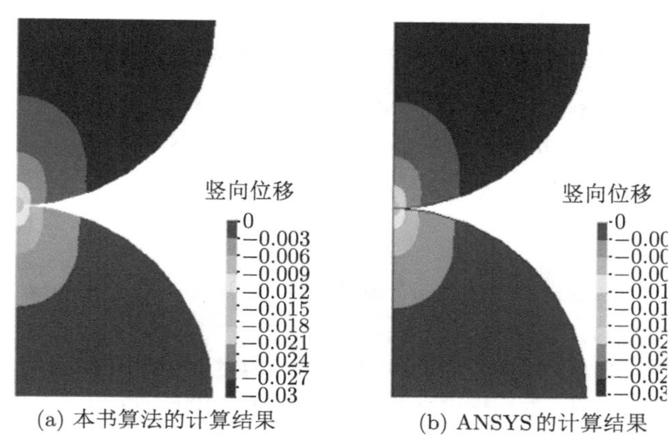

(a) 本书算法的计算结果　　(b) ANSYS 的计算结果

图 8.17　两平行圆柱体接触体竖向 (Y) 变形云图 (单位: mm)

表 8.1　圆柱接触面位置 ($X, Y = 5$) 位移计算结果对比

接触面位置 X 坐标值/mm	上接触面			下接触面		
	ANSYS 计算结果/mm	本书程序计算结果/mm	相对误差	ANSYS 计算结果/mm	本书程序计算结果/mm	相对误差
0.0000	−0.015046	−0.014948	0.65%	−0.015046	−0.014948	0.65%
0.0626	−0.015419	−0.015338	0.53%	−0.014545	−0.014556	−0.08%
0.1252	−0.016580	−0.016463	0.71%	−0.013400	−0.013379	0.16%
0.1877	−0.018538	−0.018475	0.34%	−0.011458	−0.011421	0.32%
0.2503	−0.020046	−0.019941	0.52%	−0.009957	−0.0099582	−0.01%

以上算例表明，由面面接触搜索算法所开发的程序得到的计算结果几乎与赫兹接触问题的理论解吻合，同时，借助于 ANSYS 商业软件提供的小球算法和拉格朗日乘子法的功能得到的计算数据也与其算法计算结果几乎一致。

8.7 本 章 小 结

面面接触模型的优点是可用于任意形状多体接触面，接触面可以具有不同的网格。但这样在接触分析过程中需要进行接触状态判定，以及确定接触点位置。面面接触算法通过全局搜索粗略判断所有可能潜在接触测试对，再由局部搜索找出接触投影点所在单元面的相对位置关系，从而确定接触节点与单元面间的接触状态。这里的全局搜索算法融合了主从面算法与位码算法，局部搜索算法继承了点面算法与内外算法的优点。本章介绍的面面接触搜索算法程序是作者在研究现有算法基础上开发的，其特点包括 ① 在全局搜索中构建了描述“接触面对”的主面单元和从面单元的共享实常数，可以将主面单元和从面单元相关联实现快速搜索；② 在局部搜索中采用了相关单元节点法向“平均向量”，从而解决搜索盲区问题，同时避开求解点到面投影的非线性方程；③ 在接触力求解方面，采用拉格朗日乘子法的动力方程的增量法，以便解决材料非线性问题；④ 在接触搜索预处理过程中已考虑了接触区域的分解，便于并行程序编制和并行计算。

参考文献

[1] Hertz, H. On the contact of elastic solids[J]. J. Reine und angewandte Mathematik, 1880, 92: 156-171.

[2] Zhong W X. Variational principle in elastic contact problem and parametric quadratic programming solution [J]. Chinese Journal of Computational Mechanics, 1985, 2(2): 1-10.

[3] Anderson T, Ferdriksson B, Persson G A. The boundary element method applied to two dimensional contact problems[M]. Brebbia C A. New Developments in BEM, CMLPub, 1980.

[4] Abdul-Mihsein M J, Bakr A A, Parker A P. A boundary integral equation method of axisymmetric elastic contact problems[J]. Computers and Structures, 1986, 23(6): 787-793.

[5] Karami G. A two-dimensional BEM of thermo-elastic body forces contact problems[J]. Boundary Elements XI. Stuttgart, Germany: CMP Springer-Verlag, 1987, 2: 417-437.

[6] Parson B, Wilson E A. A method for determining the contact stresses resulting from interference fits[J]. ASME J. Engng. for Industry, 1970, 92(1): 208-218.

[7] Chan S K, Tuba I S. A finite element method for contact problems of solid bodies-part I, theory and validation[J]. Int. J. Meth. Sci., 1971, 13(7): 615-625.

[8] Ohte S. Finite element analysis of elastic contact problems[J]. Bull JSME, 1973, 16(95): 797-804.

[9] Chen H Q, Ma H F, Jin T, et al. Parallel computation of seismic analysis of high arch dam[J]. Earthquake Engineering and Engineering Vibration, 2008, 7(1): 1-11.

[10] Hallquist J O, Goudreau G L, Benson D J. Sliding interfaces with contact-impact in large scale lagrangian computation[J]. Computer Methods in Applied Mechanics and Engineering, 1985, 51(1-3): 107-137.

[11] Zhong Z H, Nilsson L. A unified contact algorithm based on territory concept[J]. Computer Methods in Applied Mechanics and Engineering, 1996, 130(1): 1-16.

[12] Zhong Z H, Nilsson L. Automatic contact searching algorithm of dynamic finite element analysis[J]. Computers and Structures, 1994, 52(2): 187-197.

[13] Benson D J, Hallquist J O. A single surface contact algorithm for the post-buckling analysis of shell structures[J]. Computer Methods in Applied Mechanics and Engineering, 1990, 78(2): 141-163.

[14] Oldenburg M, Nilsson L. The position code algorithm for contact searching[J]. Int. J. for Numerical Methods in Engineering, 1994, 37(3): 359-386.

[15] Chen H, Lei Z, Zang M Y. LC-Grid: a linear global contact search algorithm for finite element analysis[J]. Comput Mech., 2014, 54(5): 1285-1301.

[16] Belytschko T, O'Neal M, Contact-impact by the pinball algorithm with penalty and Lagrangian methods[J]. Int. J. for Numerical Methods in Engineering, 1991, 31(3): 547-572.

[17] Hallquist J O, Wainscott B, Schweizerhof K. Improved simulation of thin-sheet metal forming using LS-DYNA3D on parallel computers[J]. Journal of Materials Processing Technology, 1995, 50(1-4): 144-157.

[18] Ulaga S, Ulbin M, Flasker J. Contact problems of gears using Overhauser splines[J]. Int. J. of Mechanical Sciences, 1999, 41(4): 385-395.

[19] Wang S P, Nakamachi E. The inside-outside contact search algorithm for finite element analysis[J]. Int. J. for Numerical Methods in Engineering, 1997, 40(19): 3665-3685.

[20] 李广凯, 刘传东, 肖仁军, 等. 多体接触问题面面接触算法研究 [J]. 水利学报, 2020, 51(5): 597-605.

[21] Zang M Y, Gao W, Lei Z. A contact algorithm for 3D discrete and finite element contact problems based on penalty function method[J]. Comput Mech., 2011, 48: 541-550.

[22] 刘金朝, 蔡永恩. 求解接触问题的一种新的实验误差法 [J]. 力学学报, 2002, (2): 286-290.

[23] 刘金朝, 王成国, 梁国平. 多弹性体接触问题的数值算法 [J]. 中国铁道科学, 2003, 24(3): 69-73.

[24] 王福军. 冲击接触问题有限元法并行计算及其工程应用 [D]. 北京：清华大学, 2000.

[25] 王新敏, 李义强, 徐宏伟. ANSYS 结构分析单元与应用 [M]. 北京: 人民交通出版社, 2011.

第 9 章　有限元分析并行计算架构与算法设计

9.1　并行计算的概念

9.1.1　并行计算的基本含义

传统上，进行科学研究主要采用理论研究或实验研究两种手段。20 世纪后期，人们逐渐发现，理论研究难以针对实际模型进行展开，实验研究的代价又十分高昂，而随着计算机的出现，计算机数值模拟可以作为另一种科学研究手段，此后，计算机数值模拟得以迅速发展。但无论处理器的工艺水平如何高，采用单个处理器的串行计算一直满足不了许多实际应用问题对实时性、计算能力与存储需求的要求，为此，需要采用并行计算的方式。正因为如此，对并行计算的研究也逐渐流行，相关的文献已经较多 [1-5]，因此，这里仅简要介绍并行计算相关的基本概念，以方便对下文所设计并行算法的理解。

简单地说，并行计算就是将不同任务分配给不同的处理单元去做，并行算法是对并行计算过程的具体描述，即对每个时刻、每个处理单元上的执行任务进行描述。因此，并行计算的实现涉及两个层面的问题：高性能计算机硬件及其配套操作系统与编译软件等底层直接相关的软硬件平台，以及对给定应用问题的分解及其到平台上不同处理器之间的调度与编程实现。就并行计算平台而言，目前国内外已有很多，并尚在大力研制，可参见世界高性能计算机的 TOP500 排名*。对后者，实际上就是并行算法设计与实现的问题。在这个过程中，需要进行并行性的发掘，以实现多个硬件部件对给定任务中不同部分的同时处理。进行并行性发掘的方法主要有三种，即分时、流水线与资源重复设置**。

分时技术，就是多个用户分享某些速度很快的硬件，如 CPU 资源。对高性能计算机，目前实际已经广泛采用这种技术。对给定的一台高性能计算机，可能有很多用户希望在其上进行计算与处理。此时，一般每个用户通过自己所在终端，如 PC，登录到高性能计算机上，在登录节点上进行编辑与编译等相关操作，再在计算节点上实际执行编译所得可执行程序。在计算节点上，通过作业提交与调度软件实现对每个作业的调度执行，从而实现计算节点上计算资源到各作业的分时执行。通过对计算资源的分时共享，可以更充分地利用速度较快的设备，从而让所有设备都尽量处于忙碌状态，提高资源使用率。

---

* https://www.top500.org

** https://www.doc88.com/p-1426572276271.html

流水线技术，在实际应用中，经常出现像数组相加这样的操作，这种操作对所有的数据项做相同的操作，同时操作数的类型也相同。在计算机中，每个操作通常由更小的操作组成，如取指令、指令解码、取操作数、指令执行、写结果等，这些小操作对应于不同的部件，每个操作都要逐步经过这些部件，但同一时刻将只占据一部分部件，浪费了硬件资源，不能发挥出应有的性能。让同类型的操作连续不断进入硬件流水线，可以让每个部件都不停地工作，以充分利用硬件资源，提高处理速度。与指令级并行性发掘类似，在应用程序层级，流水线技术也是可以用于提高并行计算效率的一种重要手段。当一个大型计算问题可以分为很多个较小问题，且每个较小问题均可以再分为相同或相近个数的更小问题，不同较小问题的同次序更小问题又具有相同或相近的操作时，也可以采用流水线技术。

资源重复设置技术，将多个处理器组织在一起，每个处理器完成一部分工作，协同完成整个任务，这样可以减少处理时间。本书主要介绍这种并行性的发掘，同时，如无特殊说明，所考虑的均是同构并行计算，即假设每个处理器的能力完全一样。此时，要想进行并行计算，通常需要先将问题进行分解，分解为子任务，之后再将子任务逐个调度到各个处理器上去执行。最常用的方式是所谓数据并行算法设计模式，将计算问题涉及的输出、输入，或中间结果数据平均分为多份，每份数据对应的计算与处理由一个处理器负责，这种模式最适合用于每个数据项的计算量相同或相近的情形。为对数据项进行划分，通常采用区域分解的做法，每个区域对应的计算作为一个子任务。在各个数据项间存在较强或较不规则的依赖关系时，也常采用图分割算法来进行任务分解，将整个任务映射为一个图，图中每个节点对应一个计算量，两节点间存在数据依赖关系，即一个节点的计算需要用到另一个节点的计算结果时，就在图中引入从后一节点到前一节点的一条边，且用权重表示这种依赖关系的强弱，即通信量的大小。之后，再在使得每个子图中对应总计算量大致相等的情况下，最小化各子图之间某种意义上的通信量。这样，在将每个子图对应计算调度到一个处理器上执行时，就可以有效确保负载比较均衡，且通信开销一定意义上接近最小。

9.1.2 并行计算中的基本概念

实现并行计算，需要经过一系列基本步骤，包括问题分析与任务分解、并行计算模型的选择、并行算法设计 (即任务到处理器的映射)、并行算法的编程实现与优化、并行算法的性能评价。这些步骤中涉及不少相关概念，这里从这些步骤所涉任务、机器与算法三个方面，介绍并行计算中主要的基本概念。

1. 与任务相关的基本概念

与任务相关的概念包括问题规模 [5]、任务分解 [1]、数据相关性 [6]、粒度 [1,5]、并行度 [1,5] 等。

问题规模是对要处理问题的总执行时间的衡量，包括输入输出规模、计算规模、内存需求规模、通信规模，对输入输出时间占比较短且主要关注执行时间的应用问题，经常用刻画计算量的一些主要因子来表征。例如，对稠密线性方程组的求解，有时称矩阵阶数为问题规模。

任务分解是指将整个计算过程分解为许多较小的计算过程，常用的分解方法有数据域分解、分治策略。数据域分解即对整个任务所涉输入、输出，或中间结果数据进行划分，分为多份，每份数据对应的计算与处理归为一个子任务。分治策略是直接将一个任务分为两个或多个子任务，其中每个子任务与原任务具有类似特征、问题规模小于原任务，并能以较小的代价对这些小任务的解进行整合，得到原任务的解。在分治策略下，通常对每个子任务进一步再采用类似方式进行任务分解，从而形成层次结构，上层的每个子任务为其下层几个子任务的父任务。通过这种分解，可以一直进行到某层上的子任务个数足够多，多到便于并行执行时为止。

在进行任务分解时，如果采用分治策略，子任务之间存在父子关系。一般而言，任务分解后所得子任务间都会存在依赖关系，这可以用任务依赖图来表示。在进行任务分解时，应尽量减少子任务间的依赖关系，以提高并行性。对两个语句或子任务间的依赖关系，可以用数据相关性来进行描述。对某串行算法中依次出现的语句 P1 和语句 P2，若存在变量 x 使之满足下述条件之一，则称语句 P2 依赖于语句 P1，否则 P1 和 P2 之间没有数据依赖关系 [6]。

(1) 数据相关：若 $x \in \mathrm{O1}$ 且 $x \in \mathrm{I2}$，即语句 P1 的输出变量集与语句 P2 的输入变量集存在非空交集，亦即语句 P2 用到语句 P1 计算出的变量 x，则称语句 P1 与语句 P2 数据相关。

(2) 数据反相关：若 $x \in \mathrm{I1}$ 且 $x \in \mathrm{O2}$，即语句 P2 的输出变量集与语句 P1 的输入变量集存在非空交集，亦即语句 P1 用到语句 P2 计算出的变量 x，则称语句 P1 与语句 P2 数据反相关。

(3) 数据输出相关：若 $x \in \mathrm{O1}$ 且 $x \in \mathrm{O2}$，即语句 P2 的输出变量集与语句 P1 的输出变量集存在非空交集，亦即 x 同时是语句 P1 与语句 P2 的输出，则称语句 P1 与语句 P2 数据输出相关。

两个语句间数据依赖关系的概念可以直接推广到子任务，对两个子任务，只有其间不存在数据相关、数据反相关以及数据输出相关时，这两个子任务才能并行执行。

在进行任务分解时，还涉及一个分解粒度的概念。粒度是一个定性概念，而非定量概念，是一个相对概念，而非绝对概念。从子任务个数的层面看，如果小任务个数很多，则称分解是细粒度的，否则称分解是粗粒度的。从相对并行计算机的计算能力看，如果每个子任务的计算量比较大，则称分解是粗粒度的，否则称之为细粒度的。例如，如果子任务个数远大于处理器个数，则可认为是细粒度分解。如果子任务个数与处理器个数相当，则可认为是粗粒度分解。

与任务相关的另一个重要概念是并行度。并行度是算法内在的固有属性，与具体的并行计算机无关，衡量的是算法中可同时执行的单位操作数。操作可以指加、减、乘、除等基本运算，也可以指某一任务级的作业，视具体情况而定。例如，长为 n 的两独立向量相加时，并行度为 n。在任务依赖图中，如果以子任务为单位，则并行度通常小于总的子任务数。在树形任务依赖图中，最大并行度总等于树叶的数量。在整个程序执行过程中，能够同时执行的平均单位操作数称为平均并行度，其值等于整个任务的总计算量与临界路径的长度之比，这里，临界路径是指任务依赖图中长度最长的无环路径，无环路径是指其中不出现相同子任务的路径，路径的长度是指路径中所有子任务的计算量之和。一般地，最大并行度与平均并行度都随任务分解粒度的变细而增加，但并不只与分解粒度有关，还与子任务间依赖关系，即任务图的结构有关。

2. 与机器相关的基本概念

与机器相关的基本概念包括机器规模 [5]、拓扑结构 [1]、存储结构 [1]、并行计算模型 [1,5] 等。

机器规模可以认为是并行计算机的大小与规模，对同构并行计算机，每个处理器的计算能力都相同，此时通常指并行计算机所含有的处理器个数。一般而言，机器规模可以用并行计算机的峰值性能来刻画。

拓扑结构是指处理器之间的连接方式，将每个处理器看成一个点，有连接关系的处理器对应节点间连一条边，就得到了处理器之间的拓扑结构。处理器之间的拓扑结构既可以按针对实际计算机还是算法，分为物理拓扑结构与逻辑拓扑结构；也可以按连接关系的性质分为动态拓扑结构、静态拓扑结构、基于商业网络的拓扑结构等。在本书中，主要针对算法进行考虑，因此，主要考虑逻辑拓扑结构与静态拓扑结构。所谓逻辑拓扑结构，即假想处理器之间的连接方式，而不论底层物理上实际如何连接。当然，此处的不考虑底层物理上的连接方式也并非完全不考虑，而是在逻辑拓扑结构可以嵌入底层物理拓扑结构的意义下，不再考虑底层的物理拓扑结构。静态拓扑结构即在并行执行过程中，各假想处理器间的连接关系不随执行过程而变化，常用的静态拓扑结构包括一维网格、环形、二维网格、二维环网、树形、超立方体、星形等，即假想处理器之间按这些形状进行组织，每个假想的处理器都是图中的一个节点。

存储结构是指并行计算机中的存储器放置，也分为物理存储结构和逻辑存储结构。并行计算机中的物理存储结构可以分为共享存储、分布存储、分布共享存储等。对共享存储并行计算机，所有存储单元对每个处理器而言都对等，且所有存储单元统一编址，即每个处理器访问任何一个存储单元的代价都相等，且每个处理器都能通过读写操作访问任何一个存储单元。对分布存储的并行计算机，每个处理器都有自己独立的存储器，存储器之间通过互联网络相互连接，各个处理器相互独立地编址，每个处理器通过读写操作只能访问本地存储器，对其他处理器上的存储器访问只能通过消息传递的方式来进行。对分布共享的并行计算机，存在多个物理上相互分离的存储模块，一个处理器对不同存储模块的访问时间也存在差异，但各个存储模块统一编址，每个处理器通过读写操作依然能访问任何一个存储单元。逻辑存储结构就是假想的存储方式，因此可以分为分布存储与共享存储两种。对逻辑上的分布存储，各假想处理器各自具有独立的存储空间，相互独立编址，并只能通过消息传递交换数据。对逻辑上的共享存储，各假想处理器共享一个统一编址的共享存储空间，并通过对该存储空间的读写交换数据。

计算模型是对计算机的抽象，是设计、分析和评价算法的基础。对具体的计算机，采用的部件可能或多或少地存在一些差异。例如，并行计算机采用的互联网络就存在很大差别。我们在研究算法时，为了使所得算法不依赖于具体的计算机，以便将主要精力放在算法本身，最大限度地发掘问题求解的本质，就需要对某一类计算机进行抽象，得到一个假想的计算机，使得其描述相对简单，但又能大致反映出该类计算机中所有个体的共同特征。

此外，计算机是用来求解问题的，对同一个问题，在计算机上可能有多种算法。我们希望能对每种算法的执行时间进行理论上的分析与比较，以便在具体实现之前能选出一个相对较好的算法，减少多个算法具体实现时带来的高昂代价。这样，我们还需要在假想的计算机上模拟执行这些算法，并分析其执行时间。这就需要在假想的计算机中再加入一些用于对执行时间进行估计的参数，这些参数是对具体计算机中相应参数的抽象，同时还要为估计执行时间提供具体描述。这样的假想计算机，及其与执行时间相关的参数，就组成了计算模型。

并行计算模型就是在并行计算机体系结构中加入用于刻画执行时间的参数后，从某类具体并行计算机中抽象出来的计算模型。冯 • 诺依曼机就是一个理想的串行计算模型，但现在还没有一个通用的并行计算模型。现有的并行计算模型有很多，主要包括 PRAM (parallel random access machine，并行随机存取机) 模型 [7]、BSP (bulk synchronous parallel，整体同步并行) 模型 [8]、LogP 模型 [9] 等，其中每种又有很多细分模型与变种，分别适用于不同类别的并行计算机。

3. 与算法相关的基本概念

与算法相关的基本概念主要包括并行执行时间 [1,5]、加速比 [1,5]、并行效率 [1,5]、负载平衡 [1]、任务调度 [1]、可扩展性 [1,5]、确定性、同步 [1]、死锁 [1] 等。

串行程序的执行时间很容易统一，程序开始执行到终止执行之间，经过的时间即为该串行程序的执行时间。对并行程序的执行，有多个处理器在同时执行，对所有处理器，程序开始执行的时间点是一致的，但可能有的处理器先执行完，有的处理器后执行完，我们以最后执行完的那个处理器为基准，起始时刻到该处理器执行完时的时刻之间经过的时间，称为该并行程序的执行时间。在并行程序的执行过程中，可能存在通信开销，处理器间的同步开销，由处理器同步引起的处理器等待时间，为进行并行计算引入的额外计算所用的时间等额外的、串行计算时根本不存在的开销时间。

加速比的基本定义是最优串行算法在单处理器上的执行时间与并行算法的执行时间之比，此时可以利用反证法，很容易地证明加速比不会大于处理器个数。并行效率即加速比与处理器个数的比值。在实际应用中，可能最优串行算法不存在，或尚不确定，此时，经常采用已知的最佳串行算法作为参考。此外，对 SPMD 即单程序多数据流的程序，每个处理器上执行的都是相同的可执行程序，只是所针对的数据不同，且不论处理器个数为多少，可执行程序始终不变，此时，为方便起见，也经常简单地采用同一个并行程序在单处理器上的执行时间作为串行执行时间，来计算加速比。在后两种定义下，加速比可能大于处理器个数，称为超线性加速比，出现这种情况有几个可能：其一，作为参考的串行算法并非最优；其二，在查找等算法中，并行算法可能提前在某个处理器上结束；其三，处理器局部高速缓存的影响。

对一个给定的问题，如果有多个并行算法，为了比较这些并行算法的优劣，一方面可以从理论上进行分析，看哪一个的加速比更高；另一方面，可以对这些算法进行实现，实现时采用同样的编程语言与并行接口库，采用同样的编译器进行编译，在同一个并行计算机上进行测试，看谁的加速比更高。有一些问题，并行度不高，从而加速比必然不高；而另一些问题，并行度却可能相当高，加速比也可能很高。但对不同类型的问题，进行并行算法的加速比的比较是不恰当的。同时，在进行两个并行算法的加速比的比较时，应该参考同样的串行算法与串行程序。否则，可能出现执行时间更短，却得到的加速比更低的情况。

如上所述，加速比受算法中的并行度影响，并行度较低的算法，加速比必然不高。除并行度外，影响加速比的因素还包括问题规模、待求解问题中只能串行执行部分所占比重、并行处理所引入的额外开销 (通信、等待、竞争、冗余操作和同步等)。待求解问题中只能串行执行部分所占比重，本质上说的也是并行度的影响，因为只能串行执行指的即是并行度为 1。并行处理所引入的额外开销越大，自然并行执行时间将会越长，从而影响加速比。

特别值得一提的是，问题规模对加速比具有很重要的影响，这有多方面的原因。其一，较大的问题规模一般可提供较高的并发度 (如向量相加)，从而有利于提高加速比。其二，额外开销的增加可能慢于有效计算的增加。例如，在很多基于数据划分的算法中，有用计算的量阶会大于额外开销的量阶，从而在处理器个数固定不变，而问题规模增大时，有用计算增加得更快。其三，一般只能串行计算的部分所占比重随问题规模的增大而缩小，如求多个数的和，可以将其分为多个子序列，每个处理器上求一个子序列之和，最后再通过求各个子序列所得结果之和，得到最终结果，在将求各子序列所得结果之和看成串行执行且处理器个数不变的情况下，随问题规模的增加，只能串行执行部分的绝对计算量不变，从而其在总计算量中所占比重下降，这有利于提高加速比。

负载是指处理器上分配到的任务执行所需要的时间，通常指计算量。负载平衡是要求每个处理器上的执行时间相等，这样可以有效减少并行程序的执行时间。为保证负载平衡，在将任务进行恰当的分解后，必须将子任务合理地分配到各处理器上去，这个过程就是任务调度。

任务依赖图在任务调度时扮演着十分重要的角色。在进行任务调度时，主要希望达到三个目的：其一是最大化并行度，一次将尽可能多的任务映射到不同处理器；其二是最小化并行执行时间，这要求临界路径上的任务尽快地分配到可用处理器上, 即要求尽量减少各处理器的等待时间；其三是最小化处理器间的通信，这要求将依赖关系较强的任务分配到同一个处理器。这三条有可能发生冲突，例如，串行算法最适合第三条，但并行度为 1，无法充分利用并行计算机的资源。此外，要满足第一条与第二条，一个基本要求是每个处理器上的有用计算时间应该基本相等，即负载均衡，这经常会与第三条相冲突。但负载均衡是减少处理器空闲的基本要求，因此，在实际应用中，在进行任务调度时，一般首先需要保证负载均衡，在满足该基本条件的前提下，再进行微调，尽量减少由任务间依赖关系引起的处理器间依赖。并行算法中采用的调度策略从广义来说可以分为静态调度与动态调度两类，对一个具体的并行算法，适合采用哪类策略，与编程语言、任务特征，以及任务之间的交互关系有关。

静态调度是指任务到处理器的分配在算法执行之前事先已经确定的策略，动态调度是指任务到处理器的分配在算法执行过程中才能确定的策略。对静态生成的任务，即可以采用静态调度，也可以采用动态调度。在这种情况下，选取的调度好不好也依赖很多因素，包括任务的计算量大小、与任务联系在一起的数据量大小、处理器间的交互性质，甚至还包括并行编程语言等。即使知道任务的计算量大小，一般要获得最优调度也是一个 NP (nondeterministic polynomially，非确定性多项式) 完全问题。然而，对许多实际问题，相对代价很低的启发式算法一般就可以提供接近最优调度的较好调度。采用静态调度时，并行算法的设计与编程一般都相对比较容易。静态调度主要包括块分布、循环块分布、随机块分布、图分割等基于数据划分的静态调度，以及基于任务分解的静态调度等。

如果任务是动态生成的，那么毫无疑问必须采用动态调度。如果不知道任务的计算量，静态调度有可能引起严重的负载不平衡，那么动态调度更为有效。如果与任务联系在一起的数据量相对于计算量而言很大，动态调度就必须为数据在处理器间的大量移动付出代价。数据移动的代价可能超过动态调度带来的好处，这时采用静态调度就会更为有效。然而，在共享存储并行算法中，如果交互是只读的，那即使数据移动量很大，动态调度也可能很有效。我们必须意识到，共享存储并行算法不会自动消除数据移动的代价，如果底层体系结构为 NUMA (non uniform memory access，非一致存储访问)，那么数据在物理上就可能是在本地存储器与异地存储器之间移动。即使是在 UMA (uniform memory access，一致存储访问) 上，数据也可能是从一个 cache (高速缓存存储器) 移动到另一个 cache。采用动态调度时，并行算法的设计与编程一般都相对比较烦琐，对分布存储并行算法更是如此。动态调度又可以分为集中式动态调度与分布式动态调度。在科学与工程计算中，分布式动态调度用得很少。集中式动态调度通常与工作池结合使用，利用一个处理器或一个集中式数据结构来统一维护所有可能的子任务。

与算法相关的另一个概念是可扩展性，其衡量的是随机器规模的增大，在保持性能参数不变的情况下，能求解的问题规模以什么方式增长，也即随着机器规模的增大，问题规模以什么方式增长，才能保持性能参数不变；或问题规模与机器规模间维持什么关系，才能保持性能参数不变。最常用的可扩展性分析方法是所谓的等效率分析模型，即分析并行效率维持为常数不变的情况下，问题规模随处理器个数变化的函数关系，该函数称为等效率函数。该函数变化率越快，说明在处理器个数增加时，为保持并行效率不变，需要增加更多的问题规模，前面提及，问题规模增加本来是有利于提高加速比，从而有利于提高并行效率的，需要增加更多的问题规模，说明本质上不容易提高并行效率，从而可扩展性差。与之相反，如果该函数变化率越慢，则说明可扩展性越好。

对在单处理器上执行的串行程序，各语句的执行次序确定不变，在相同处理器上执行时，每次执行都能得到同样的结果，即串行程序的执行结果具有确定性。对并行程序，当其在并行计算机上执行时，如果对子任务间的数据依赖关系处理不当，或本来就允许子任务的执行次序间具有一定的混沌性，则各处理器间的子任务或语句执行次序不确定，多次执行时可能就会导致不同的执行次序，从而可能产生不同的结果，这种现象称为不确定性。不确定性的出现，增加了并行程序调试的难度，同时，有时也说明并行程序存在语义错误。因此，需要尽量避免出现不确定性。

同步是协调各处理器的一种方法，以保证处理器所需要的数据或条件得到满足。与之对应，在各处理器之间存在同步点的概念，同步点即相互合作的处理器协调各自运行状态的地方。如果错误地使用同步机制，可能使得某个处理器等待一个永远不可能发生的事件，这就是死锁。经常遇到的死锁形式是两个处理器互相等待对方完成某个动作，或者多个处理器构成循环等待。在进行并行程序实现时，可以采用打破循环等待等方式，来避免死锁的发生。

9.2　有限元分析并行计算架构

9.2.1　有限元分析的一般架构

连续问题一般难以直接进行求解，为此，通常采用有限差分、有限体积、有限元等方法进行离散求解。有限元方法将连续的求解区域离散为一组数量有限且按一定方式相互联结的单元，典型的单元形式为多边形，其顶点称为节点。各单元之间可以存在面、边或节点的重合，同时，单元本身可以采用不同形状，并在每个单元内采用假设的近似函数，以分片方式表示整体上的未知函数，未知函数及其导数在各个节点上的值作为求解时的未知量，即自由度，从而使一个连续问题转化为自由度有限的离散问题 [10]。

有限元方法不受计算对象在几何、物理与边界条件上的限制，且计算精度高、使用灵活，因而自最初主要针对弹性力学与结构分析以来，已逐步扩展到航空、航天、造船、建筑、机械、海洋、气象、水利、核能、地质等众多应用领域。在采用有限元离散求解时，如果采用时间依赖的微分方程建模，且对时间采用隐式时间离散，或是金属成形、结构疲劳分析与损伤等非线性问题，则一般还需要求解线性方程组。因此，有限元离散的一般计算过程可以描述为

$$u^{k+1} = u^k + \left(K^k\right)^{-1}\left\{N^k\left(u^k\right) + p^k\right\} \tag{9.1}$$

其中，u^k 是第 k 次迭代时的未知向量；p^k 是第 k 次迭代时的已知向量；K^k 是第 k 次迭代时的总刚度矩阵；N^k 是计算 u^k 影响的线性或非线性算子，且

$$K^k = \sum_e G_e^{\mathrm{T}} K_e^k G_e \tag{9.2}$$

$$p^k + N^k\left(u^k\right) = \sum_e \left\{N_e^k\left(G_e^{\mathrm{T}} u^k\right) + G_e^{\mathrm{T}} p_e^k\right\} \tag{9.3}$$

这里，G_e 是单元 e 的节点到全局节点的映射，如对单元 e 的第 m 个节点，其对应的全局节点编号为 n，则 G_e 第 m 行第 n 列上的元素为 1，该行中其他元素全为 0。

由式 (9.1) 可见，有限元分析的一般过程如下：

(1) 计算第 k 次迭代时的向量 p^k，其通过在每个单元上计算 p_e^k，再对所有单元进行叠加实现；

(2) 计算单元刚度矩阵 K_e^k，再通过对所有单元进行叠加，形成总刚度矩阵 K^k；

(3) 计算 $N^k(u^k)$，其一般通过先从 u^k 得到每个单元对应节点上的值，再通过单元上的计算，得到每个单元的贡献，最后对贡献进行累加得到最终的总贡献；

(4) 求解式 (9.1) 中右端第二项所对应的稀疏线性方程组，并计算得到 u^{k+1}。

这些操作中，前三步为与单元对应的计算，最后一步为与节点对应的计算。因此，在具体实现时，采用的数据结构可以分为单元与节点两类，以适应于每类计算各自的需要。

9.2.2 对等架构与非对等架构

在进行并行算法设计时，根据待求解问题的不同，可以采用多种不同的设计模式 [1]，主要包括数据并行算法设计模式、任务图模式、工作池模式、主从模式、流水线模式等。

(1) 工作池模式适用于子任务计算量差异大且事先无法确定，或子任务动态生成的计算问题。

(2) 流水线模式适用于可以将整个任务分为多个操作相近的子任务，且每个子任务可以进一步分为相同数量个阶段、每个子任务相同阶段的计算过程相同的计算问题，有时也用于计算与通信重叠的实现。

(3) 任务图模式主要用于子任务比较多，且各个子任务之间数据依赖关系比较复杂的计算问题。

(4) 数据并行算法设计模式适用于数据项特别多，且每个数据项的操作相同或相近的计算问题，在实际应用中，可以分为多个阶段，每个阶段上针对数据项的操作可以不同，但同一阶段内对每个数据项的操作必须相同或相近。

(5) 主从模式主要用于计算任务产生与处理可以严格分离的计算问题。

对应到隐式有限元分析问题的并行计算，通过分析可以发现，稀疏线性方程组的求解所占时间最长。同时，由于稀疏线性方程组的求解是对应于节点的计算，而其他计算主要对应于单元。基于这个考虑，在进行并行计算时，目前主要采用数据并行算法设计模式与主从模式两种，且目前在高混凝土坝非线性地震响应分析领域，其习惯上分别称为对等架构与非对等架构。

在对等架构下，参与执行的每个处理器地位基本相同，每个处理器都没有例外地参与执行整个计算任务中某个阶段上的任何一个子任务，没有特别指定各个子任务执行时所在的具体处理器，即每个子任务都可能在任何一个处理器上执行。对隐式有限元分析，在采用对等架构下，不仅稀疏线性方程组求解等节点相关计算任务在每个处理器上进行均分，同时，单元相关计算也在每个处理器上均分，这样，在具体并行计算时，不仅涉及对节点与单元两类计算中每一类内部可能存在的通信问题，而且，节点相关计算在并行处理时按节点进行均分，而单元相关计算在并行处理时按单元进行均分，从而可能导致在节点类并行计算与单元类并行计算间进行数据重分布所需要的通信。因此，采用对等架构时，可能通信结构更为复杂，实现起来需要解决的问题更多，但其优点是，由于各类计算都在所有参与计算的处理器上进行均分，使得计算负载更为均衡，这有利于在大规模并行计算机上进行高效可扩展并行计算。

与对等架构相对照，在非对等架构下，参与执行的每个处理器可能地位存在差异，每个处理器上执行的具体计算也存在差异。最典型的情况是，有一个主处理器，该处理器上负责主要的计算流程，在遇到某部分计算的计算量较大时，将其分为多份，每份对应一个子任务，并调度到各个处理器上去执行，在此过程中，主处理器可以参与子任务的执行，也可以不参与子任务的执行。在该部分计算完成之后，主处理器收集相应的计算结果，再继续整个计算流程。对隐式有限元分析，在采用非对等架构下，主体计算流程由主处理器进行维护，对计算量较大的单元相关计算部分以及稀疏线性方程组的求解，可以再分成子任务，调度到各个处理器上去执行。由于单元相关的计算量相对较小，所以目前主要采用的是仅将稀疏线性方程组求解等节点相关计算分配到各个处理器上执行，且主处理器不参与该计算。非对等架构在实现逻辑上更清晰，且在单元计算全处于主处理器上的情况下，更容易实现整体上的并行计算，但单纯由主处理器负责单元相关计算，相当于这部分计算是只能串行计算的部分，因此，随着处理器个数的不断增加，增加到很大时，受限于这部分所占比例，以及其他部分中的通信开销，加速比可能不增反降，这不利于进行大规模并行计算。

9.2.3　对等架构下并行算法的整体设计

在采用对等架构进行并行算法设计时，可以在进行单元对应计算时按单元进行数据分布，在进行节点对应计算时按节点进行数据分布，并在两类计算之间进行数据重分布的方式，来进行整体上的并行算法设计 [11,12]。在采用这种整体设计框架下，在并行计算时，有限元分析中与通信有关的核心算法包括以下内容。

(1) 节点分量的局地化。在某个任务上计算所属单元的 $N_e^k(G_e^{\mathrm{T}}u^k)$ 时，需要用到 $G_e^{\mathrm{T}}u^k$，即 u^k 中对应于单元节点的分量，而 u^k 的分量是分布到各个任务上的，因此，每个任务在进行计算时，可能需要用到其他任务上 u^k 的分量，这需要事先通过通信获得。

(2) 刚度矩阵的并行装配。该操作可以通过在本任务局部，先对其上所有单元完成刚度矩阵的装配，之后再将每个任务上的结果装配成总刚度矩阵。总刚度矩阵必须按行分布到每个任务上，其分布方式对应于节点在任务上的分配方式。

(3) 单元贡献的并行装配。每个任务上逐单元计算并通过对其上所有单元进行累加，得到部分结果 $\{N^k(u^k)+p^k\}_m$，其中 m 为任务号。之后，对这些部分结果进行累加，形成总的 $N^k(u^k)+p^k$。由于 $\{N^k(u^k)+p^k\}_m$ 不仅含有分布在本任务上的分量，还可能含有分布到其他任务上的分量。因此，同一分量可能在多个任务上具有局部结果，这些局部结果需要进行累加。

(4) 稀疏线性方程组的并行求解。由于对三维问题，或者规模很大的问题，采用迭代法求解相对更为有效且容易控制，因此这里考虑迭代法。这种方法的并行计算可以从整体上按矩阵行数平均分布的方式来进行，每个向量的分量也对应地进行平均分布，其中用到的内积与范数在每个任务上均进行存储，采用多处理器规约从每个任务上的局部结果得到最终结果。一般在迭代中均会采用预条件技术，加快收敛速度 [13,14]，因此，此操作中除内积与范数计算外，预条件的应用与稀疏矩阵稠密向量乘也可能需要通信。关于预条件的应用，细节参见第 11 章。按数据分布规则，求解所得向量在每个任务上也平均分布。

正因为有限元分析的并行计算牵涉这么多问题，因此，吸引了很多学者进行研究。刚度矩阵的装配是有限元分析并行计算中最复杂的问题之一，Rezende 和 Paiva[15] 对该问题给出了一种共享存储并行算法，刚度矩阵按有限元网格中每个节点进行分组装配，每个处理器只装配与特定节点组对应的行，有效缓解了处理器对同一内存单元的同时更新。Unterkircher 和 Reissner[16] 提出了一种基于图论的并行装配算法与线性方程组求解算法，装配算法不依赖于维数、单元类型、模型形状，且在线性方程组求解器中引入了一种乘性对称 Schwarz 预条件，并通过三维金属挤压过程模拟，验证了所提出方法的有效性。Cecka 等 [17] 针对 NVIDIA GPU，提出了采用 CUDA (computer unified device architecture，计算机统一设备架构)，并使用全局、共享和本地内存来进行并行装配的多种策略，通过与串行装配相比较进行了实验验证。Dupros 等 [18] 对地震波在非线性非弹性地质中传播的有限元数值模拟，采用基于混合并行的直接求解器 Pastix，以及基于网格着色与 MPI_Allgather 进行了并行装配算法设计，并以法国里维埃拉地区尺度模型为对象进行了实验验证。Jansson[19] 对装配过程采用对总刚度矩阵的每一行采用一个链表的数据结构，并采用基于 PGAS (partitioned global address space，分割型全局地址空间) 的单边通信对每个处理器上所得局部装配结果，通过远程复制来完成最终装配。

Johan 等 [11] 对计算流体力学有限元方法在 CM-2 与 CM-200 上的并行计算进行了研究，利用预条件 GMRES (generalized mimimal residual，广义最小残差法) 与数据结构进行了仔细考虑，并利用该计算机上提供的通信原语进行了实现。Kennedy 等 [20] 针对分布存储并行计算机上不可压流动的隐式有限元计算，基于高性能 Fortran，在 CM-5 上对不同划分策略与有无矩阵进行了并行计算测试与分析比较。Sonzogni 等 [21] 针对机群系统，对 PETSc-FEM 库进行有限元并行计算的代码实现进行了研究，并对 Laplace 方程与 NS 方程的实现性能进行了测试分析。Kennedy 和 Martins[22] 对基于梯度设计的大规模结构优化问题，描述了一个并行有限元分析框架工具，并着重研究了其中稀疏线性方程组的并行直接求解算法。Witkowski 等 [23] 对并行自适应有限元分析，梳理了边界、通信器、映射器等概念，构建从网格重分割到求解器之间的信息流，给出了边界信息生成、子结构预排序、并行网格自适应、单元与节点自由度重构等系列算法，并通过流体力学与材料力学等多个实例进行了数值实验验证。

这里，针对有限元分析进行分布存储并行算法框架整体设计 [12]。在对与离散网格有关的问题进行并行计算时，区域分解是采用最多的方法之一。但对实际计算问题，有限元网格往往是不规则的，例如，对混凝土静动力学分析问题，在受外力位置以及加载时应力应变变化率较大的地方进行离散时，网格单元应该比其他地方更密，这使得在直接基于物理上的区域分解进行并行计算时，难以保证负载平衡，或为保证负载平衡，需要采用复杂的图分割技术 [13]。同时，如果需要对网格在有些位置进行加密，那对负载平衡就会提出更严峻的挑战。

在进行并行算法设计时，可以整体上按有限单元个数平均分配来进行任务划分，假设一共有 p 个处理器，将所有有限单元分成 p 部分，每一部分中的有限元分配到一个处理器上。对一个给定的有限单元，如果分配到第 k 个处理器，则与之有关的计算在第 k 个处理器上进行。在对各个单元进行计算时，各个单元的计算之间是互不相关的，可以完全并行。

在各个单元对应的单元刚度矩阵形成后，需要利用这些信息形成整体刚度矩阵，这将在后续章节进行详细描述。在需要利用单元信息计算节点信息之处，先在各个处理器局部计算本地单元得出的节点信息，采用稀疏向量技术来存储，之后利用稀疏向量并行加法对各个处理器上的节点信息进行累加得到各个节点的整体信息，此即单元贡献的并行装配问题，也将在后续章节进行详细介绍。

对维数很小的数组，包括需要从文件中读入的小数组，在并行算法设计时，从主处理器读入，之后广播到所有处理器，并在每个处理器上都保存一个副本。对与节点数有关的数组，按块分布方式在各处理器上存储。线性方程组求解时，采用并行预条件 Krylov 子空间迭代法 [13]，直接以局部向量作为求解器的输入输出，当然矩阵也采用按行分块的方式进行分布。在求出解向量之后，每个处理器上只得到了局部节点分量，所以还需要将后续每个处理器上进行单元相关计算时所需要用到的节点分量获取到相应的处理器上，这相当于需要将分布于各个处理器上的全局节点分量按单元计算所需进行局地化。

采用如上所述的整体并行算法设计方案有两个优点：一是可以充分保证负载平衡，计算量比较大的部分要么对应于与有限单元有关的计算，要么对应于求解稀疏线性方程组，这两部分在设计方案中都几乎平均地在各个处理器上进行负载分配，所以负载平衡能得到保证；二是便于局部网格加密措施的采用，由于对网格加密后，可以再按单元分配与未知量分配结合的方式来设计并行算法，所以依然可以维持负载平衡。当然，由于未知量之间的数据相关性，以及有限单元之间的数据相关性都具有空间上的局部性，即只同网格中与之相邻的节点或有限单元有关，所以，为减少通信，应该尽量保证空间上的相邻节点具有相邻的标号，同时使得空间上相邻的有限单元也具有相邻的标号，以尽量减少通信时间。

9.3 稀疏数据结构与相关操作

9.3.1 稀疏数据结构

有限元分析中，得到的总刚度矩阵通常是稀疏矩阵，即每行中只有少量元素非零。例如，对混凝土试件采用隐式有限元方法进行三维静动力学分析时，总刚度矩阵虽然规模很大，达到几十万甚至上百万阶，但在采用六面体单元时，每个节点最多与周围另外 26 个节点相连，从而相当于矩阵每行对应于 27 个节点，如果每个节点有 3 个方向的位移分量，则相当于该矩阵每行中的非零元个数不超过 81[12]。相应地，对一个向量，如果其中非零元个数所占比例很小，则也称之为稀疏向量。对大规模向量或矩阵，如果采用稠密向量或稠密矩阵技术，将对存储能力与计算能力提出十分严峻的挑战，此时，采用稀疏数据结构进行算法实现，通常可以大幅度降低执行时间。当然，采用稀疏数据结构时，技术实现上要复杂得多。稀疏数据结构主要牵涉对稀疏向量或稀疏矩阵的存储，以及在相应存储方式之下常用操作的具体实现。

1. 稀疏向量

对一个 n 维向量 x，假设其非零元素所在位置集合为 $S=\{i_k : k=1,2,\cdots,m\}$，则可以将 x 的元素压缩存储到一个 m 维向量 y 中，为了指明 y 中元素在 x 中的位置，需要额外引入一个 m 维的整型向量 z。这样，向量 x 可以存储为 [13]

$$y = [x_{i_1},\ x_{i_2},\ \cdots,\ x_{i_m}]^{\mathrm{T}} \tag{9.4}$$

$$z = [i_1,\ i_2,\ \cdots,\ i_m]^{\mathrm{T}} \tag{9.5}$$

即采用一个元素与 x 中类型相同，但仅有 m 个元素的向量 y，以及一个只有 m 个元素的整型向量 z 来进行存储。在 m 远小于 n 的情况下，显然大幅度减小了存储需求。

对一个向量进行存储之后，还需要能够实现对其元素的高效访问，下面来看在上述存储方式下，对向量 x 中元素的访问。当已知指标 j，需要得到 x_j 的值时，一种方法是在 z 中查找 j，如果没有找到，则 $x_j=0$，如果 $z_k=j$，则 $x_j=y_k$。采用该方法时，z 中分量最好按升序或降序排列，以便于利用二分查找在 $O(\log m)$ 时间内得到 x_j 的值。

另一种方法是将 y 恢复成 x，再得到 x_j，该方法称为稀疏向量的扩展，这种方法对于单个稀疏向量将丧失压缩存储的优势。但在实际应用中，经常遇到的情况是对给定的一个稀疏向量，需要反复连续很多次对其中元素进行更新，甚至可能会引入新的非零元素，例如，下文将会介绍的稀疏向量相加中，当需要对多个稀疏向量相加时，就会出现这样的情况。此时，可以采用这种方法先行扩展稀疏向量，之后在对其所有这些连续操作完成之后，再重新存储为压缩格式。这一方面可以大大提高访问的便利性，提高计算效率；另一方面由扩展引起的存储需求增加只是暂时的，可以采用内存动态分配等进行缓解。

2. 稀疏矩阵

对隐式有限元分析中所得总刚度矩阵，其每行中只有一定元素不为 0，其个数不超过给定常数，而且在对节点采用类自然排序的情况下，这些非零元素分布在与对角线平行的几条直线上。对这种矩阵，可以存储矩阵中处于这几条直线上的元素，这就是对角线存储格式 [13]，将元素存储在一个新定义的矩阵中，同一条对角线上的元素存储为新矩阵的一列。当对角线条数较多且不连续时，一般再另引入一个整型数组，其维数等于各行中非零元个数的最大值，且其中每个整数指明非零元所在位置偏离对角线的偏移量。这种存储格式对矩阵中元素的访问相对比较规则，也在访存时基本采用直接寻址，因此，在计算机实现中访问效率很高。但这种存储格式也存在一个显著缺点，即要么没有新的非零元素出现，要么需要事先为可能出现的非零元素确定其离对角线的偏移距离。在原矩阵中非零元素分布不规则，不只是分布在少量几条对角线上，或新出现的非零元位置不能事先确定的情况下，这种存储格式不适用。

假设总刚度矩阵为 A，阶数为 n，在对其进行三角分解时，如果采用在位计算技术，即分解所得三角因子的元素存储在 A 中相同的位置上，可以证明，对给定矩阵行，三角因子的非零元素只会处于 A 最左边非零元素与最右边非零元素之间，在 A 最左边非零元素之左、最右边非零元素之右，三角因子的元素必定为 0[13]。因此，可以对 A 的元素逐行进行存储，且各行中的元素从最左边的非零元开始存储，直到最右边的非零元，这样可以将这些元素存储到一个向量 x 中。为了访问 A 的元素，需要再引入两个 n 维整型数组 y 与 z，其第 i 个元素分别指明 A 第 i 行中第一个非零元与对角元存储在 x 中的位置。当矩阵 A 对称时，x 中只需要存储下三角部分，且为访问 A 中元素引入的整型数据只需要采用一个即可。这种存储方式就是变带宽存储格式，比较适合于进行总刚度矩阵的三角分解。但需要存储矩阵同一行中第一个非零元到最后一个非零元之间的所有元素，因此，如果大部分行中这两个元素之间相距较远，则存储需求将会很大。

当对有限元离散时的节点没有采用较规则的排序时，所得总刚度矩阵中的非零元素分布也缺乏特定规律，此时也有多种可行的存储方法，坐标法即是其中之一 [13,24]。当利用坐标法存储一个稀疏矩阵 A 时，需要利用一个数据类型与 A 相同的向量 x，以及两个整型向量 I 与 J，A 的非零元素可按任何顺序依次存放到 x 中，而其在 A 中的行号与列号分别依次对应存放到 I 与 J 中。显然，如上存储方法并不能实现对矩阵元素的有效访问，例如，需要访问矩阵中某个元素时，在最坏情况下，需要遍历整个向量 x。

对非规则结构稀疏矩阵进行存储的另一种方法是 CSR (compressed sparse row) 格式 [13,25,26]，即稀疏行压缩存储格式。顾名思义，这种方法是对矩阵逐行进行压缩存储。采用这种方法存储 n 阶矩阵 A 时，假设 A 中共有 l 个非零元，则需要用一个 l 维向量 x 按先行后列的顺序依次存储 A 中的非零元素，用一个 l 维整型向量 $x^{(J)}$ 按同样顺序依次记下这些非零元素的列号，同时，必须引入一个 $n+1$ 维整型向量 $x^{(R)}$，用 $x_i^{(R)}(1 \leqslant i \leqslant n)$ 指明 A 中第 i 行中第一个非零元素被存储在 x 中的位置，而 $x_{n+1}^{(R)} = l+1$。例如，如采用 CSR 格式存储矩阵

$$A = \begin{bmatrix} 1 & & 3 & \\ & 2 & 4 & \\ 5 & & 9 & 6 \\ & 7 & & 8 \end{bmatrix} \tag{9.6}$$

则

$$x = [1,3,2,4,5,9,6,7,8]^{\mathrm{T}} \tag{9.7}$$

$$x^{(J)} = [1,3,2,3,1,3,4,2,4]^{\mathrm{T}} \tag{9.8}$$

$$x^{(R)} = [1,3,5,8,10]^{\mathrm{T}} \tag{9.9}$$

用 CSR 格式存储矩阵 A 时，A 第 i 行中的非零元为 $x_j(j = x_i^{(R)}, x_i^{(R)}+1, \cdots, x_{i+1}^{(R)}-1)$，而这些非零元的列号分别由 $x_j^{(J)}(j = x_i^{(R)}, x_i^{(R)}+1, \cdots, x_{i+1}^{(R)}-1)$ 给出。当然，也可以按先列后行的顺序，逐列以类似方式进行压缩存储，这种方法称为 CSC (compressed sparse column) 格式。对于对称矩阵，自然也可以只存储上三角或下三角部分中的非零元素，这并不影响 CSR 或 CSC 格式的使用。

CSR 存储格式还有另外一个使用得较多的变种形式，称为 MSR (modified sparse row) 格式。假设矩阵 A 中非对角线上的非零元素共有 m 个，则当用 MSR 格式存储矩阵 A 时，需用一个 $m+n+1$ 维的向量 x 存储 A 的元素，其中，$x_1, x_2, \cdots, x_n$ 存放 A 的 n 个对角元，x_{n+1} 存放 A 的某个特征信息，$x_{n+2}, x_{n+3}, \cdots, x_{n+m+1}$ 按先行后列的顺序依次存放 A 的非对角线上的非零元素。此外，尚需引入一个 $m+n+1$ 维的整型向量 y，对 $i \geqslant n+2$，y_i 表示与 x_i 对应的 A 中元素的列号；对 $1 \leqslant i \leqslant n$，$y_i$ 指明 A 第 i 行中非对角线上的第一个

非零元在 x 中的位置，$y_{n+1}=m+n+2$。例如，对由式 (9.6) 所给矩阵，如果用 MSR 格式存储，则

$$x=[1,2,9,8,*,3,4,5,6,7]^{\mathrm{T}} \tag{9.10}$$

$$y=[6,7,8,10,11,3,3,1,4,2]^{\mathrm{T}} \tag{9.11}$$

9.3.2 稀疏向量相加

向量加法是线性代数中的基本问题之一，经常出现在科学与工程计算的各种问题中。设有两个 n 维稀疏向量 $x^{(1)}$ 与 $x^{(2)}$，分别利用 $y^{(1)}$，$z^{(1)}$ 与 $y^{(2)}$，$z^{(2)}$ 压缩存储如下：

$$y^{(1)}=\left[y_1^{(1)},y_2^{(1)},\cdots,y_m^{(1)}\right]^{\mathrm{T}},\quad z^{(1)}=\left[z_1^{(1)},z_2^{(1)},\cdots,z_m^{(1)}\right]^{\mathrm{T}},\quad y_k^{(1)}=x^{(1)}_{z_k^{(1)}} \tag{9.12}$$

$$y^{(2)}=\left[y_1^{(2)},y_2^{(2)},\cdots,y_l^{(2)}\right]^{\mathrm{T}},\quad z^{(2)}=\left[z_1^{(2)},z_2^{(2)},\cdots,z_l^{(2)}\right]^{\mathrm{T}},\quad y_k^{(2)}=x^{(2)}_{z_k^{(2)}} \tag{9.13}$$

可以采用两种方法来实现 $x^{(1)}$ 与 $x^{(2)}$ 的加法。

一种方法是基于合并的算法 [13]。假设 $z^{(1)}$ 与 $z^{(2)}$ 中的分量都按升序排列，该算法的基本思想是依次查找 $z^{(1)}$ 与 $z^{(2)}$ 中的元素，若 $k\in z^{(1)}\cap z^{(2)}$，不妨设 $k=z_i^{(1)}=z_j^{(2)}$，则在新得到的向量 $x=x^{(1)}+x^{(2)}$ 中，x_k 应为 $x_k^{(1)}$ 与 $x_k^{(2)}$ 之和，也即 $y_i^{(1)}$ 与 $y_j^{(2)}$ 之和。如果 $k\in z^{(1)}\backslash z^{(2)}$，不妨设 $k=z_i^{(1)}$，则 x_k 应为 $x_k^{(1)}$，即 $y_i^{(1)}$。如果 $k\in z^{(2)}\backslash z^{(1)}$，不妨设 $k=z_j^{(2)}$，则 x_k 应为 $x_k^{(2)}$，即 $y_j^{(2)}$。具体算法描述如图 9.1 所示，最后所得向量 x 压缩存储在 y 与 z 中，其非零元个数等于 $|z^{(1)}\cup z^{(2)}|$，其值由图 9.1 中算法所得 $k-1$ 给出。进行统计发现，该算法的计算复杂性与 m、l 的最大值成正比，这说明该算法是有效的。

```
1. 置 i = 1; j = 1; k = 1;
2. If z_i^(1) < z_j^(2) then
3.    置 z_k = z_i^(1); y_k = y_i^(1); i = i + 1;
4. Else if z_i^(1) > z_j^(2) then
5.    置 z_k = z_j^(2); y_k = y_j^(2); j = j + 1;
6. Else
7.    置 z_k = z_i^(1); y_k = y_i^(1) + y_j^(2); i = i + 1; j = j + 1;
8. Endif
9. 置 k = k + 1; 如果 i ⩽ m 且 j ⩽ l, 则转第 2 步;
10. For t = i to m do
11.       置 z_k = z_t^(1); y_k = y_t^(1); k = k + 1;
12. Enddo
13. For t = j to l do
14.       置 z_k = z_t^(2); y_k = y_t^(2); k = k + 1;
15. Enddo
```

图 9.1 基于合并的稀疏向量相加算法描述

另一种方法是基于辅助稠密向量的算法，其不要求对 $z^{(1)}$，$z^{(2)}$ 中的元素进行排序。在这种方法中，先将 $y^{(1)}$，$z^{(1)}$ 复制为 y，z，假设其对应的未压缩 n 维向量为 x。同时，引入一个 n 维整型向量 u，对每个 $t=z_k$，置 $u_t=k$。之后，对每个 $1\leqslant j\leqslant l$，不妨记 $t=z_j^{(2)}$，如果 $u_t=0$，则这是新引入的一个非零元素，因此将 t 加入整型向量 z，并将 $y_j^{(2)}$ 对应加入 y 中。否则 $u_t\neq 0$，这说明 x_t 本来已经是存储于 y，z 中的一个非零元素，现在只是要将其加上去，对其值进行更新，因此将 $y_j^{(2)}$ 加到 x_t 上。由于 x_t 在 y 中的位置为 u_t，不妨记为 i，因此，这实际上就是加到 y_i 上。这样，就得到了 $x^{(1)}$ 与 $x^{(2)}$ 相加的结果，并以压缩方式存储在 y，z 中。该算法的具体描述如图 9.2 所示，最终 x 中的非零元个数，即 y 与 z 中各自的元素个数，均由 k 给出。

对由图 9.2 所给两个稀疏向量相加的算法，有两点需要注意。一是得到的结果虽然已经压缩存储在 y，z 中，但 z 中的元素没有固定的大小顺序。二是在需要对多个稀疏向量相加时，只需要对上述算法直接扩展，多次重复第 5 至 12 步即可。此外，不考虑对 $u_{1:n}$ 赋 0 的情况下，该算法的计算复杂性与 $m+l$ 成正比，因此，该算法也是有效的。而 $u_{1:n}$ 赋 0 的计算量在实际计算中确实可以忽略不计，这有两方面的原因：一是在需要进行多个稀疏向量相加的情况下，该赋值操作只要进行 1 次；二是稀疏向量相加一般作为大型计算问题中的一个环节出现，会反复很多次调用，此时该赋值操作完全可以放到对 u 刚进行定义之后，而在其后按需要反复用到，只是每次用完之后，将所有 $u_t(t=z_1,z_2,\cdots,z_k)$ 置 0 即可，而这增加的计算复杂性在量阶上不会超过 $m+l$。

```
1. 置 k = 0; u_{1:n} = 0;
2. For i = 1 to m do
3.     置 k = k + 1; t = z_k^(1); y_k = y_k^(1); z_k = t; u_t = k;
4. Enddo
5. For j = 1 to l do
6.     置 t = z_j^(2); 置 i = u_t;
7.     If i ≠ 0 then
8.        置 y_i = y_i + y_j^(2);
9.     Else
10.       置 k = k+ 1; y_k = y_j^(2); z_k = t; u_t = k;
11.     Endif
12. Enddo
```

图 9.2 基于辅助稠密向量的稀疏向量相加算法描述

9.3.3 稀疏向量的内积

对于给定的如 9.3.2 节中的稀疏向量 $x^{(1)}$ 与 $x^{(2)}$，也有两种方法可以计算其内积，一种是基于稀疏向量到稠密向量的恢复来进行。首先，将 $y^{(2)}$ 恢复成 $x^{(2)}$，

再计算

$$\left(x^{(1)},x^{(2)}\right)=\sum_{k=1}^{m}y_k^{(1)}x_{z_k^{(1)}}^{(2)} \tag{9.14}$$

另一种方法可以对图 9.1 进行修改得到，通过遍历两稀疏向量中的元素来实现，具体描述如图 9.3 所示。

1. 置 $i=1$; $j=1$; $\alpha=0$;
2. If $z_i^{(1)}<z_j^{(2)}$ then
3. 　　置 $i=i+1$;
4. Else if $z_i^{(1)}>z_j^{(2)}$ then
5. 　　置 $j=j+1$;
6. Else
7. 　　置 $\alpha=\alpha+y_i^{(1)}*y_j^{(2)}$; $i=i+1$; $j=j+1$;
8. Endif
9. 如果 $i\leqslant m$ 且 $j\leqslant l$，则转第 2 步，否则内积即为 α。

图 9.3　基于遍历的稀疏向量内积 $\alpha=\left(x^{(1)},x^{(2)}\right)$

显然，通过统计可以发现，在不考虑向量恢复时赋 0 的情况下，对基于稀疏向量到稠密向量恢复的实现算法，由于另需将 $y^{(2)}$ 中的元素复制到 $x^{(2)}$ 中相应位置，其计算复杂性的量阶为 $\max(m,l)$。对基于遍历的算法，其计算复杂性的量阶为 $\min(m,l)$。因此，无论采用其中哪种算法，都是有效的。

9.3.4　CSR 格式稀疏矩阵的元素排序

在进行刚度矩阵装配的操作时，一般需要多次将局部刚度矩阵叠加到总刚度矩阵上，在进行叠加时，可以采用稀疏向量相加的算法来实现对应行的相加，所得向量求和结果是总刚度矩阵中一行，其对应压缩存储格式与 CSR 正好兼容，即可以将对应稀疏向量从压缩存储格式的数据结构，直接复制到稀疏矩阵 CSR 格式存储时的数据结构中来，相关细节还将在 9.4.1 节中进行具体介绍。但由 9.3.2 节的介绍可知，如果采用如图 9.2 所示基于辅助稠密向量的加法，z 中的元素不会按大小顺序进行排列。

另一方面，在进行系数矩阵为总刚度矩阵的稀疏线性方程组求解时，如果采用迭代法进行求解，将如 11.1 节所述，为了加速收敛过程，一般需要采用高效的预条件技术。在这些预条件技术中，有一类即为不完全分解型，而这类预条件的构造，在采用 CSR 格式或其变种格式进行存储时，通常要求原系数矩阵每行中的元素或非对角元按列号从小到大的顺序进行排列。此外，在采用 LU 分解进行求解 [13] 时，也需要事先将系数矩阵中的元素在每行中按列号从小到大的顺序进行排列。这说明，在很多情况下，我们需要对所得刚度矩阵中的元素进行排序，使得每行中的元素按列号从小到大的顺序进行排序。

假设 n 阶稀疏矩阵按 9.3.1 节 2. 中所述 CSR 格式存储在 l 维实向量 x、整型向量 $x^{(J)}$，以及 $n+1$ 维整型向量 $x^{(R)}$ 中，为使得每行中的元素按列号从小到大的顺序进行排序，也有两种算法。其一是直接对每行元素进行排序，具体实现时，可以依次对第 $i=1,2,\cdots,n$ 行，$j=x_i^{(R)},x_i^{(R)}+1,\cdots,x_{i+1}^{(R)}$，按 $x_j^{(J)}$ 从小到大的顺序进行排序，同时 x 中的元素随之进行位置调整。该算法存储复杂性几乎没有增加，但计算复杂性相对比较大，当每行中的元素个数稍多时，可能需要花费较长的时间。

另一种算法是先将 CSR 格式转换为 CSC 格式，转换过程中自动使得行号、列号在相应数组中按从小到大的顺序重排。之后，再从 CSC 格式转换为 CSR 格式，就达到了将每行中非零元素按列号从小到大进行排序的目的。将 CSR 格式转换为 CSC 格式的具体算法描述如图 9.4 所示，其中，cbpos，cpos 是长为 n 的临时整型数组，用于存储每列中第一个非零元素的位置；rl 与 cptr 都是长度等于非零元个数的临时整型数组；rl 用于存储每个非零元素的行号；cptr 用于指明与当前位置元素列号相同的下一个位置。算法结束时，非零元素及其行号分别存储在 y 与 $y^{(I)}$ 中，每列中第一个非零元素在 y 中的位置存储在 $y^{(C)}$ 中，$y_{n+1}^{(C)}=n+1$。值得注意的是，在将 CSC 格式转换为 CSR 格式时，也只需要调用图 9.4 即可，只是，此时以 y，$y^{(I)}$，$y^{(C)}$ 代替 x，$x^{(J)}$，$x^{(R)}$ 作为输入，所得到的结果即为 CSR 格式存储的矩阵。

```
1. For i = 1 to n do
2.     置 cbpos(i) = −1; cpos(i) = −1;
3. Enddo
4. For i = 1 to n do
5.     For j = x_i^(R) to x_{i+1}^(R) do
6.         置 k = x_j^(J);
7.         if(cbpos(k) == −1) 置 cbpos(k) = j, 否则置 cptr(cpos(k)) = j;
8.         置 cpos(k) = j; rl(j) = i; cptr(j) = −1;
9.     Enddo
10. Enddo
11. 置 l=1;
12. For i = 1 to n do
13.     置 m = cbpos(i); y_i^(C) = l;
14.     If(m ≠ −1) then
15.         置 y_l = x_m; y_l^(I) = rl(m); l = l+ 1; m = cptr(m); 转第 14 步;
16.     Endif
17. Enddo
18. 置 y_{n+1}^(C) = l;
```

图 9.4 稀疏矩阵 CSR 格式到 CSC 格式的转换

通过分析可以发现，图 9.4 所示算法所得元素的行号存储在 $y_l^{(I)}$ 中，这些行号是从数组 rl 中从前到后一个一个逐渐提取出来的，而 rl 中记录的是原 CSR 格式矩阵中每个元素的行号，且从第 1 行开始，逐行进行记录。因此，这确保了在所得 CSC 格式中，对同一列中的非零元素，其行号必然在 $y_l^{(I)}$ 中按升序排序。此外，该算法通过增加少量几个整型数组的存储，将计算复杂性的量阶控制在非零元个数这么大的范围之内。因此，通过 CSR 格式先转换为 CSC 格式，再通过 CSC 格式转换为 CSR 格式，进行 CSR 格式稀疏矩阵中元素按列号从小到大排序的算法，其计算复杂性与非零元个数成正比。这说明，这种算法是有效的。

9.3.5 稀疏矩阵与稠密向量的乘积

在后面将要介绍的稀疏线性方程组迭代解法中，稀疏矩阵与稠密向量的乘法是一个最基本而又十分重要的操作。假设 s 为一个 n 维的向量，而矩阵 A 是一个以某种方法存储的稀疏矩阵，现在要高效地计算 $r = As$ 与 $r = A^{\mathrm{T}}s$。这里假设对矩阵 A 采用 CSR 格式，存储在 x，$x^{(J)}$，$x^{(R)}$ 中。

为计算 $r = As$，其计算公式可以写为

$$r_i = \sum_{k=x_i^{(R)}}^{x_{i+1}^{(R)}-1} x_k s_{x_k^{(J)}}, \quad i = 1, 2, \cdots, n \tag{9.15}$$

当然，如果 A 对称，且只采用 CSR 格式存储了矩阵的下三角部分中的非零元素，则在完成式 (9.15) 的计算之后，还需要进一步计算

$$r_{x_k^{(J)}} \leftarrow r_{x_k^{(J)}} + x_k s_i, \quad k = x_i^{(R)}, x_i^{(R)}+1, \cdots, x_{i+1}^{(R)}-2, \quad i = 1, 2, \cdots, n \tag{9.16}$$

当只采用 CSR 格式存储矩阵的上三角部分中的非零元素时，也可以类似地计算 r 的值。

对 $r = A^{\mathrm{T}}s$ 的计算，如果 A 对称，且只采用 CSR 格式存储了矩阵的下三角部分中的非零元素，则显然，其与 $r = As$ 的计算结果一致，因此，计算过程与其也必然一致。对非对称矩阵 A，则可以先置 r 的每个元素为 0，之后，再采用式 (9.16) 将计算结果叠加上去。

9.4 刚度矩阵高性能并行装配

9.4.1 刚度矩阵的高效串行装配算法

在采用隐式有限元进行结构分析计算时，刚度矩阵装配所耗费的时间仅次于线性方程组，在总模拟时间中所占比重十分可观。为减少刚度矩阵装配所需要的时间，我们提出了一个直接利用稀疏向量技术来进行高效装配的算法 [12]，下面对该算法进行具体描述。

首先对第 k 个未知量，利用 VNE(k) 统计包含该变量的单元数量，以后每装配一个单元，如果该单元包含第 k 个变量，则将 VNE(k) 减 1。同时用 ncur 记录下一次待转存为 CSR 格式的首行行号。

之后，利用 eval, enod, cbpos, cpos, cptr 来记录每个变量对应的各个单元中其他变量所对应的值与变量号，即 eval 中当前位置的值等于该值，而 enod 当前位置的值等于该变量号。并对第 k 个变量，以 cbpos(k) 指向 eval 与 enod 中记录第 k 个变量对应数据的第一个位置，cpos(k) 指向当前位置，cptr 指向下一个位置。

如果所存数据已达到 eval 与 enod 的存储容量，或所有单元已装配完毕，则进行按 CSR 格式转存的工作。具体措施为：检测从 ncur 开始后的所有行，直到某个 ncur2 使得对 $k=$ ncur～ncur2，都有 VNE(k) $=0$，而 VNE (ncur2+1) 不为 0 为止。这时，对 $k=$ ncur～ncur2，将第 k 行中所有 val 值与 nod 值进行提取并组合，转存为 CSR 格式。同时置相应的 cbpos 为 -1，置相应的 cptr 值为 -1，之后对 eval，enod 与 cptr 数组进行重整。

为对第 k 行中的数据进行提取与组合，采用稀疏向量技术，用 w(1:nnz) 记录该行中的非零元数值，用 iw(1:nnz) 记录这些数值对应的列号，如果第 (k, j) 号元素不为 0，则用 iw($n+j$) 指向 w(1:nnz)，iw(1:nnz) 中存储该元素的位置，否则 iw($n+j$) 为 0。

在重整时，从第 n+1 号位置开始，每当某个 cptr(j) 等于 -1，就将位置 j 记录到数组 free 中。进行后续装配时，利用 free 中的指针来分配新 eval 与新 enod 值的存储位置。

在经过以上操作之后，实际上已经形成了全局矩阵，但矩阵每行中所存储的元素是无序的，即同一行中的元素虽然都存储在相邻的存储空间中，但这些元素没有按任何顺序进行存储。由于对不完全分解型预条件，要求各行中的元素按列号从小到大的顺序进行存储，所以还需要对所得矩阵进行处理，这可以通过 9.3.4 节所述方法来实现。

9.4.2 刚度矩阵的高效并行装配算法

在文献 [12] 中描述了一种对刚度矩阵进行并行装配的算法，其基本思想可以描述为：先每个任务按其上单元进行局部刚度矩阵装配，得到局部总刚度矩阵。之后，将各任务上的局部总刚度矩阵累加起来，形成总刚度矩阵，并在每个任务上存储其若干行，这两步操作可以简要描述如图 9.5 所示。最后，为便于进行预条件构造，再对各行中的元素按列号从小到大的顺序进行排序。

在图 9.5 中，假设第 k 个任务上的局部矩阵记为 A_k，A_k 用 CSR 格式存储在 valhb$_k$，idxhb$_k$，iptrhb$_k$ 中。由于每个任务上最终只存储矩阵中给定的若干行，

记行数为 n_k，所以在任务 k 上将 $A_k(\text{valhb}_k，\text{idxhb}_k，\text{iptrhb}_k)$ 一共分成 p 组，记为 $A_{k,j}(\text{valhb}_{k,j}，\text{idxhb}_{k,j}，\text{iptrhb}_{k,j})$，$j=0\sim p-1$，分别对应于 A_k 的 n_j 行。之后，需要在任务 j 上得到所有 $A_{k,j}$ $(\text{valhb}_{k,j}，\text{idxhb}_{k,j}，\text{iptrhb}_{k,j})$，$k=0\sim p-1$ 之和。为达到此目的，似乎可采用 MPI_Reduce_scatter 来进行实现，但需要注意到，这里每个 $A_{k,j}$ 都是稀疏矩阵块，采用 CSR 数据结构 $\text{valhb}_{k,j}$，$\text{idxhb}_{k,j}$，$\text{iptrhb}_{k,j}$ 来进行存储，因此，通过采用 MPI_Alltoallv 将所有 $\text{valhb}_{k,j}$，$\text{idxhb}_{k,j}$，$\text{iptrhb}_{k,j}$ 收集到任务 j 上再进行求和来实现。

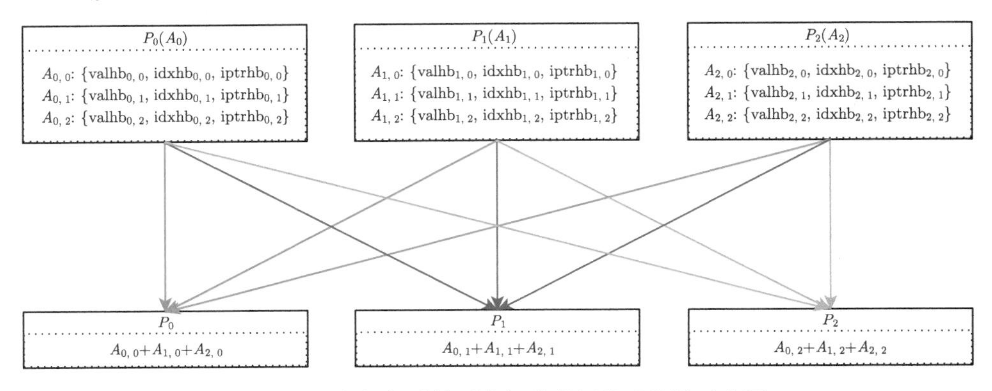

图 9.5　3 个任务时的刚度矩阵并行装配算法示意图

在将所有 $\text{valhb}_{k,j}$，$\text{idxhb}_{k,j}$，$\text{iptrhb}_{k,j}$ 收集到任务 j 上时，假设用 val，idx，iptr 三个数组且采用 CSR 格式来依次存储第 $k=0,1,\cdots,p-1$ 个任务上接收到的数据，其中 val 依次存储非零元素的值，idx 依次存储这些非零元素的列号，iptr 记录每行第一个非零元存储在 val 与 idx 中的起始位置。图 9.6 给出了 3 个任务时，第 k 个任务上将接收到的数据存储到 val，idx，iptr 中的示意图，其中从每个任务接收到的矩阵块均为 n_k 行，因此，iptr 的维数为 $3n_k+1$，其第一个元素表示矩阵块 $A_{0,k}$ 在 val 与 idx 中的起始位置，第 n_k+1 个元素表示矩阵块 $A_{1,k}$ 在 val 与 idx 中的起始位置，第 $2n_k+1$ 个元素表示矩阵块 $A_{2,k}$ 在 val 与 idx 中的起始位置。这里，需要在任务 k 上先确定第 $A_{0,k}$，$A_{1,k}$，$A_{2,k}$ 在 val 与 idx 中的起始位置，以及各 $A_{j,k}$ 内每行的起始位置，后者通过对 idxhb 进行 MPI_Alltoallv 操作来实现。对前者，通过先在任务 k 上确定各 $A_{k,j}$ 的总非零元个数 $\text{lengs}_{k,j}$，并通过 MPI_Alltoall 得到任务 k 上接收到的各 $A_{j,k}$ 中非零元个数 $\text{lengr}_{k,j}$。

为对接收到的矩阵块进行求和，引入额外的整型数组 cbpos，cpos，cptr 来链接 val，idx，iptr 所记录元素中所有行号相同者，其中 cbpos(m) 为第 m 行第一个非零元素在 val 与 idx 中的位置，cpos(k) 为第 m 行中当前正在操作的非零元素所在位置，cptr(k) 为与位置 k 对应元素处于同一行的下一个元素所在位置。采用这种稀疏数据结构，就能方便地从 val 与 idx 中逐行提取非零元素。在对同一行中具有相同列号的元素进行累加后，即可得到总刚度矩阵中该行的数据。

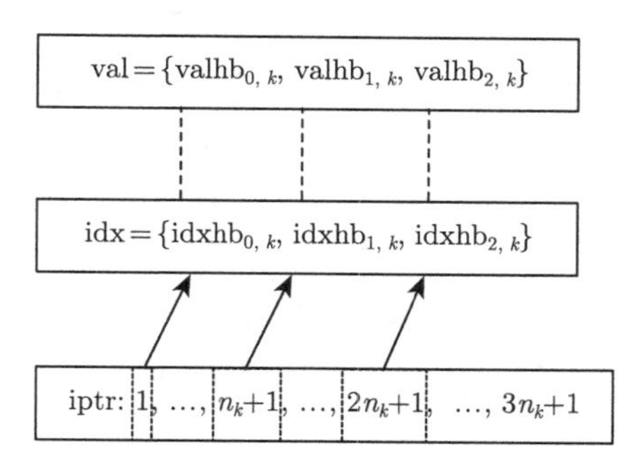

图 9.6 3 个任务时任务 k 上对所接收矩阵块进行存储的示意图

在经过以上操作后，实际上已形成总刚度矩阵，且每个任务上存储了应该存储的矩阵块，但现在每个矩阵行中所存储的元素是无序的。为使得各行中元素按列号从小到大的顺序排列，先将 CSR 格式的局部矩阵转存为 CSC 格式，这样局部矩阵就逐列进行存储，列号从小到大，同时，在同一列内，各行上的元素也按行号从小到大的顺序进行存储。之后，将 CSC 格式再次转存为 CSR 格式，就得到了所需的按行分块存储的整体刚度矩阵。

前面所述刚度矩阵并行装配算法在通信时以 MPI_Alltoallv 为基础，这一方面将涉及每个任务到另外每个任务之间的通信与同步，因此，所涉及的任务是全局性的，当进行大规模并行计算时，其个数很多；另一方面，这也不利于隐藏通信开销。因此，这种方式必将对并行计算的可扩展性形成不利影响。为此，可以引入局部通信操作来替代 MPI_Alltoallv 的功能，基本思想是，在每个任务 k 上，依次判断其上第 $j=0,1,\cdots,p-1$ 个矩阵块的非零元个数，当 $\text{lengs}_{k,j}$ 不等于 0 且 j 不等于 k 时，才启动到任务 j 的发送操作；当 $\text{lengr}_{k,j}$ 不等于 0 且 j 不等于 k 时，才启动到从任务 j 接收数据的操作。这些发送与接收操作采用非阻塞式函数 MPI_Isend 与 MPI_Irecv 来实现，并在将 $\text{valhb}_{k,k}$，$\text{idxhb}_{k,k}$，$\text{iptrhb}_{k,k}$ 复制到 val，idx，iptr 中的相应位置上后，再等待这些通信操作的完成，以实现本地操作与通信的重叠。

9.5 有限元分析并行计算中的节点分量局地化

在有限元分析中，每个单元的计算需要用到所含节点对应的分量，而本任务只有部分节点分量，因此，其余分量需要从其他任务上进行获取。文献 [12] 对此采用了一种简单实现方法，其基本思想是，对对应于节点的向量 x，假设每个任务上均有定义，第 k 个任务上拥有 x_k，且 $x = [x_0^{\mathrm{T}}, x_1^{\mathrm{T}}, \cdots, x_{p-1}^{\mathrm{T}}]^{\mathrm{T}}$，通过采用 MPI_Allgatherv，使得每个任务上都得到所有 x_k，从而得到整个 x。

采用 MPI_Allgatherv 进行编程实现的方法很简单，其最终使得每个任务上都得到 x 的所有分量，但这带来了一些不必要的额外通信。事实上，每个单元在具体计算时，只需要用到其对应节点的分量，因此，对任务 k 上的所有单元进行分析，可以获知该任务在进行其上单元对应计算时，实际需要依赖的分量，这一般并不会覆盖到 x 的全部分量，这里基于该事实，对节点分量的局地化进行优化。

将任务 k 上各单元在进行计算时需要依赖的节点分量分为 p 组，即 $x_{k,0}, x_{k,1}, \cdots, x_{k,p-1}$。采用稀疏向量技术，将这些数据存储到 valr_k 与 idxr_k 中，利用 $\mathrm{iptrr}_{k,j}$ 记录 $x_{k,j}$ 中首分量在 valr_k 与 idxr_k 中的位置，并利用 $\mathrm{lengr}_{k,j}$ 记录 $x_{k,j}$ 中的分量个数，其值等于 $\mathrm{iptrr}_{k,j+1} - \mathrm{iptrr}_{k,j}$。图 9.7 给出了 3 个任务时的示意图，显然，此时任务 0 上各单元的计算不会用到任务 2 上的节点分量，即 $\mathrm{lengr}_{02} = 0$，因此，无须从任务 2 接收数据。

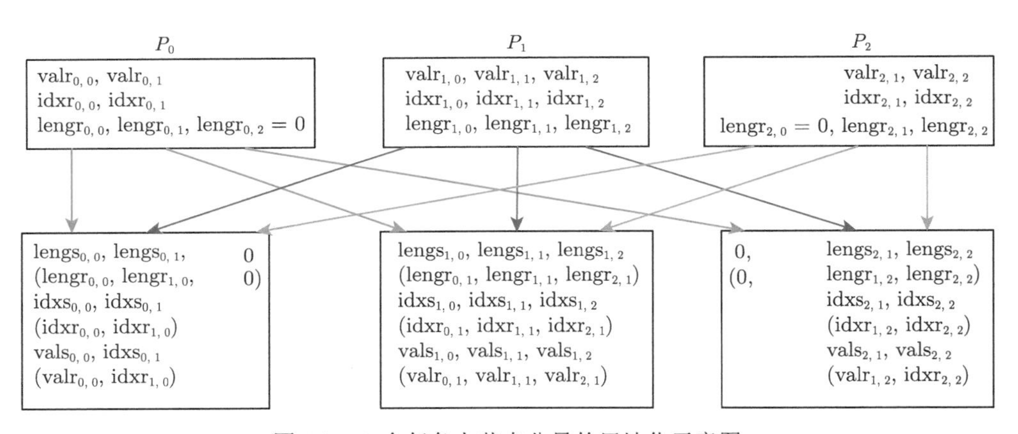

图 9.7　3 个任务上节点分量的局地化示意图

为在各任务上获取其所含单元计算时所需数据，先对 $\mathrm{lengr}_{k,j}$ 通过 MPI_Alltoall 操作，得到 $\mathrm{lengs}_{k,j} = \mathrm{lengr}_{j,k}$，即需要从任务 k 发送给任务 j 的分量个数。之后，在任务 k 上，先对所有 $\mathrm{lengr}_{k,j}$ 不为 0 且不等于 k 的 j，将 $\mathrm{idxr}_{k,j}$ 发送给任务 j。对所有 $\mathrm{lengs}_{k,j}$ 不为 0 且不等于 k 的 j，从任务 j 接收数据并存储到 $\mathrm{idxs}_{k,j}$。当进行具体节点分量的局地化时，以图 9.7 为例，此时，在每个任务上对应的操作可以概述如下：

任务 0 需从任务 1 接收 x 中由 $\mathrm{idxr}_{0,1}$ 指明的分量；

　　　需将 x 中由 $\mathrm{idxs}_{0,1} = \mathrm{idxr}_{1,0}$ 指明的分量发给任务 1；

任务 1 需从任务 0，2 分别接收 x 中由 $\mathrm{idxr}_{1,0}$，$\mathrm{idxr}_{1,2}$ 指明的分量；

需将 x 中由 $\text{idxs}_{1,0} = \text{idxr}_{0,1}$，$\text{idxs}_{1,2}= \text{idxr}_{2,1}$ 指明的分量分别发给任务 0，2；

任务 2 需从任务 1 接收 x 中由 $\text{idxr}_{2,1}$ 指明的分量；

需将 x 中由 $\text{idxs}_{2,1}= \text{idxr}_{1,2}$ 指明的分量发给任务 1。

表 9.1 给出与图 9.7 对应的一个实例，从每行看，对应的是每个任务需要从其他任务接收的 x 分量之指标，表中对角线位置所示为按数据分布规则分配给每个任务的分量。此时，局地化操作对应的实际上就是要按表格中各列所示，从对角线处指明分量中，提取各任务所需的分量。

表 9.1 3 个任务时对应于图 9.7 的节点分量局地化实例

	任务 0	任务 1	任务 2
任务 0	$\text{idxr}_{0,0} = \{1\sim44\}$	$\text{idxr}_{0,1} = \{45\sim74\}$	
任务 1	$\text{idxr}_{1,0} = \{20\sim44\}$	$\text{idxr}_{1,1} = \{45\sim88\}$	$\text{idxr}_{1,2} = \{89\sim113\}$
任务 2		$\text{idxr}_{2,1} = \{51\sim88\}$	$\text{idxr}_{2,2} = \{89\sim132\}$

一般地，在任务 k 上，可以先提取 x 中按 $\text{idxs}_{k,j}$ 所指明的分量，依次存储到 $\text{vals}_{k,j}$ 中。其次，对所有 $\text{lengs}_{k,j}$ 不为 0 且不等于 k 的 j，启动到任务 j 的非阻塞式发送操作，发送 $\text{vals}_{k,j}$。对所有 $\text{lengr}_{k,j}$ 不为 0 且不等于 k 的 j，启动从任务 j 的非阻塞式接收操作，接收 $\text{valr}_{k,j}$。之后，逐步等待接收操作的完成，每完成一个接收操作，则将对应的 $\text{valr}_{k,j}$ 按照 $\text{idxr}_{k,j}$ 指明的位置复制到 x 中。这样，不仅通过局部通信减少了所涉及的任务个数与通信量，而且通过非阻塞式通信，在一定程度上实现了通信与局地数据复制操作的重叠，从而也有利于对通信开销的隐藏。此时，每个任务进行所属单元的计算时，需要用到的 x 分量已全部得到。

9.6 有限元分析并行计算中单元贡献的并行装配

在有限元分析中，在计算单元的贡献时，需要对每个任务上的贡献进行累加，由于单元几乎平均地分配到各个任务，所以在各个任务上得到的局部向量是稀疏的。文献 [12] 给出了一种对有限元分析中单元贡献按稀疏向量进行并行装配的简单方法，其基本思想是，假设第 k 个任务上的各单元总贡献形成的局部向量为 x_k，用稀疏格式存储在 vals_k，idxs_k 中，之后，通过 MPI_Allgatherv 可以使得每个任务上都得到所有 vals_k，idxs_k，再同时在每个任务上将接收到的 vals_k，idxs_k 叠加到本地贡献上，得到 $x = x_0 + x_1 + \cdots + x_{p-1}$。

上述方法虽然思想简单，但由于并非每个任务均需要所有 x 的分量，而是只需要得到按数据分布规则应该计算的分量即可，其他分量并不需要计算。以表 9.1 为例，此时对应的操作即是在各列中，对所有分量求和，并将求和结果存储在对角线所示任务上。这里基于该思想给出一个优化算法，其基本思想是，在任务 k 上，将 vals_k，idxs_k 各分成 p 段，分别记为 $\mathrm{vals}_{k,j}$，$\mathrm{idxs}_{k,j}(j=0\sim p-1)$，使得 $\mathrm{idxs}_{k,j}$ 中每个指标对应分量是分布到第 j 个任务的。显然，该操作需要的通信过程可以看成是 9.5 节中通信过程的逆过程。以图 9.7 为例，此时，在每个任务上对应的操作可以概述如下：

任务 0 需从任务 1 接收 x 中由 $\mathrm{idxs}_{0,1}=\mathrm{idxr}_{1,0}$ 指明的分量，并将其与本地 x 求和；

需将 x 中由 $\mathrm{idxr}_{0,1}$ 指明的分量发给任务 1；

任务 1 需从任务 0，2 分别接收由 $\mathrm{idxs}_{1,0}=\mathrm{idxr}_{0,1}$，$\mathrm{idxs}_{1,2}=\mathrm{idxr}_{2,1}$ 所指分量，并将其与本地 x 求和；

需将 x 中由 $\mathrm{idxr}_{1,0}$，$\mathrm{idxr}_{1,2}$ 指明的分量分别发给任务 0，2；

任务 2 需从任务 1 接收 x 中由 $\mathrm{idxs}_{2,1}=\mathrm{idxr}_{1,2}$ 指明的分量，并将其与本地 x 求和；

需将 x 中由 $\mathrm{idxr}_{2,1}$ 指明的分量发给任务 1。

一般地，在任务 k 上，可以先提取 x 中按 $\mathrm{idxr}_{k,j}$ 所指明的分量，依次存储到 $\mathrm{valr}_{k,j}$ 中。其次，对所有 $\mathrm{lengr}_{k,j}$ 不为 0 且不等于 k 的 j，启动到任务 j 的非阻塞式发送操作，发送 $\mathrm{valr}_{k,j}$。对所有 $\mathrm{lengs}_{k,j}$ 不为 0 且不等于 k 的 j，启动从任务 j 的非阻塞式接收操作，接收 $\mathrm{vals}_{k,j}$。之后，逐步等待接收操作的完成，每完成一个接收操作，则将对应的 $\mathrm{vals}_{k,j}$ 按照 $\mathrm{idxs}_{k,j}$ 指明的位置加到 x 上。这样，既通过局部通信减少了所涉及的任务个数与通信量，又通过非阻塞式通信，实现了通信与局地求和操作的重叠，从而也有利于对通信开销的隐藏。

9.7 实验验证

细观力学分析与研究是当前研究混凝土材料特性的热门方法之一，该方法将混凝土看作由粗骨料、硬化水泥胶体，以及两者之间的界面黏结带组成的三相非均质复合材料，数值模拟是进行该型材料研究的一种重要手段。为对混凝土材料进行细观力学数值模拟，对形成的材料可以采用多种模型，这里采用随机骨料随机参数模型 [27]，并采用有限元方法进行离散求解，首先在细观层次上对试件进行有限元剖分，考虑骨料单元、固化水泥砂浆单元及界面单元材料力学特性的不同，再用简单的破坏准则或损伤模型反映单元刚度的退化，之后模拟试件的裂缝扩展过程及破坏形态。

这里，在对有限单元进行任务划分时，将连续大致相同数量的元素分配给每个处理器。在对对应于节点的位移变量进行任务划分时，采用的是基于连续编号、基于离散网格、基于 METIS 等 3 种任务的划分方式 [13]，实验中分别记为 PART-

CONT，PARTMESH，PARTMETIS。对于 PARTCONT，大致相同数量的连续变量分配给每个处理器。对于 PARTMETIS，变量通过软件包 metis-4.0 中的接口 metis_PartGraphRecursive 来进行划分。对于 PARTMESH，变量根据相应的坐标进行分区，以便各分区尽可能接近方形。

所有的实验都在 64 个节点的集群上进行，每个节点有两个 Intel(R)Xeon(R) CPU E5-2692 v2@2.20GHz(缓存 30720 kb) 和 64G 内存。操作系统为 2.6.32-431.17.1-aftms-th，编译器为 Intel Fortran 版本 15.0.0.090，节点间采用 Infiniband 互连，消息传递接口为 MPICH 3.2.1。在所有的实验中，所遇到的稀疏线性方程组都是对称正定的。因此，全部使用共轭梯度法进行迭代求解。初始解为零向量，当残差向量的欧几里得范数与初始向量的欧几里得范数之比小于 10^{-6} 时停止迭代。这里，为了加快收敛速度，使用了 11.1.2 节 3. 中所述预条件 [28] 的块 Jacobi 并行化版本。

实验针对两个混凝土试件进行，其分别为三级配大试件和两级配湿筛试件。三级配试件的尺寸为 300mm×300mm×1100mm，总共离散为 53200 个单元，44117 个节点，记为试件 1。湿筛试件的尺寸为 150mm×150mm×550mm，总共离散为 78800 个单元，71013 个网格点，记为试件 2。关于两试件的具体描述可以参见文献 [29, 30]，静态加载时的有限元分析计算流程可以参见文献 [31]。每步加载时荷载增量为 0.25kN。无损伤单元时，刚度矩阵与前一步相同，不需要重新装配，先前所得预条件进行重用。对某些单元在某些加载步时出现退化的非线性问题，可以通过求解多个线性方程组来解决。但在每一步的计算过程中，刚度矩阵和预条件保持不变，并进行重用。对于试件 1，在第 439 步出现损坏单元，在第 567 步时试件完全损坏，共求解了 696 个线性方程组。对于试件 2，第 59 步出现损坏单元，第 94 步时试件完全损坏，共求解 178 个线性方程组。

表 9.2 列出了刚度矩阵并行装配所需要的时间，由表中可见，在任务个数不超过 128 的情况下，前述优化几乎起不了效果，优化后并行装配所耗费的时间一般反而更长，只有对试件 1，在任务个数较多且采用 PARTCONT 时，耗费时间得以减少。这主要是两方面的原因：一是在任务个数较少时，将全局通信操作分解为局部通信操作带来的通信所涉任务个数减少不明显，二是局地复制操作耗时很短，对通信开销的隐藏不明显。但是，在任务总数不断增加的情况下，每个任务进行通信实际牵涉的其他任务个数变化不大，因而，在任务个数很多时，将全局通信操作分解为局部通信操作，可以有效减少每个任务在通信操作中所涉及的其他任务个数。因此，在任务个数不断增加的情况下，正如表 9.2 中所见，优化后相比优化之前的差异程度有减小的趋势，由此可以预计，在采用更多任务时，优化算法存在减少执行时间的潜力。

表 9.2　混凝土试件静载实验中刚度矩阵并行装配所用总时间　　　(单位：s)

		$p=16$		$p=32$		$p=64$		$p=128$	
		nopt	opt	nopt	opt	nopt	opt	nopt	opt
模型 1	PARTCONT	2.47	2.65	1.06	1.08	0.58	0.55	0.41	0.39
	PARTMETIS	3.23	3.46	1.68	1.82	0.85	0.91	0.56	0.61
	PARTMESH	3.08	3.17	1.54	1.74	0.84	0.85	0.48	0.51
模型 2	PARTCONT	0.96	1.31	0.44	0.61	0.25	0.30	0.16	0.17
	PARTMETIS	1.15	1.62	0.58	0.82	0.33	0.44	0.23	0.27
	PARTMESH	1.11	1.50	0.56	0.77	0.33	0.43	0.21	0.25

表 9.3 中给出了节点分量局地化时所用的总时间，从表中可见，优化后相比于优化前，节点分量局地化所用时间得以大幅度减少。同时，可以注意到，在采用优化算法之前，所用时间随任务个数的增加，呈不断增加的趋势，而在采用优化算法之后，这种趋势得到了明显扭转，随着任务个数的增加，呈现出一定程度的减少趋势。

表 9.3　混凝土试件静载实验中节点分量局地化所用总时间　　　(单位：s)

		$p=16$		$p=32$		$p=64$		$p=128$	
		nopt	opt	nopt	opt	nopt	opt	nopt	opt
模型 1	PARTCONT	1.11	0.17	1.98	0.14	1.95	0.11	4.50	0.09
	PARTMETIS	1.16	0.23	1.78	0.22	1.92	0.21	4.43	0.17
	PARTMESH	1.16	0.19	1.80	0.18	1.90	0.20	4.42	0.19
模型 2	PARTCONT	0.50	0.06	0.49	0.06	0.65	0.05	1.23	0.05
	PARTMETIS	0.47	0.08	0.50	0.09	0.59	0.08	1.23	0.08
	PARTMESH	0.47	0.08	0.51	0.07	0.64	0.08	1.24	0.07

表 9.4 中给出了单元贡献并行装配所用的时间，从表中可见，优化后相比于优化前，单元贡献并行装配所用时间得以大幅度减少。同时，可以注意到，在采用优化算法之前，所用时间随任务个数的增加，呈成倍增加的趋势，而在采用优化算法之后，这种趋势得到了明显扭转，随着任务个数的增加，呈现优于对折减少的趋势。

表 9.4　混凝土试件静载实验中单元贡献并行装配所用总时间　　　(单位：s)

		$p=16$		$p=32$		$p=64$		$p=128$	
		nopt	opt	nopt	opt	nopt	opt	nopt	opt
模型 1	PARTCONT	5.39	1.92	11.94	0.30	21.27	0.04	25.12	0.02
	PARTMETIS	5.58	2.91	11.75	1.24	20.85	0.47	23.52	0.15
	PARTMESH	5.42	2.68	11.10	1.14	24.14	0.45	26.82	0.15
模型 2	PARTCONT	1.89	1.04	4.78	0.41	8.59	0.14	17.78	0.01
	PARTMETIS	1.97	1.19	4.43	0.56	8.16	0.24	18.65	0.14
	PARTMESH	1.92	1.14	4.71	0.52	8.64	0.25	17.81	0.09

9.8 本章小结

有限元分析的计算量巨大，因此，必须采用并行计算的方式，充分利用现有并行计算机，来加快分析过程。本章针对有限元分析的并行计算问题，首先介绍了并行计算的基本含义，并从问题相关、机器相关、算法相关三个方面，分别介绍了与并行计算相关的基本概念。其次，对有限元分析并行计算常用的对等架构与非对等架构进行了介绍，并重点介绍了对等架构下有限元分析并行算法的整体设计策略。再次，在介绍有限元分析中经常需要采用的稀疏数据结构及其常用操作的基础上，针对对等架构有限元分析中的总刚度矩阵装配、节点分量局地化，以及单元贡献的装配，介绍了具体的并行算法及其优化措施。最后，通过混凝土细观力学分析的数值实验，验证了所设计算法与优化措施的有效性。

参考文献

[1] Grama A, Gupta A, Karypis G, et al. Introduction to Parallel Computing[M] (影印版). 2nd ed. 北京：机械工业出版社, 2003.

[2] 李晓梅. 可扩展并行算法的设计与分析 [M]. 北京：国防工业出版社, 2000.

[3] 陈国良. 并行计算——结构. 算法. 编程 [M]. 北京：高等教育出版社, 1999.

[4] 张林波, 迟学斌, 莫则尧, 等. 并行计算导论 [M]. 北京: 清华大学出版社, 2006.

[5] 李晓梅, 吴建平. 数值并行算法与软件 [M]. 北京: 科学出版社, 2007.

[6] Bernstein A J. Program analysis for parallel processing. IEEE Trans. on Electronic Computers, 1966, 15: 757-762.

[7] Gibbons P B. A more practical PRAM model[J]. proc. Symp. Parallel Algorithms & Architectures, 1989: 158-168.

[8] Tiskin A. The bulk-synchronous parallel random access machine[M]. Euro-Par'96 Parallel Processing. Amsterdam: Elsevier Science Publishers Ltd. 2006.

[9] Culler D, Karp R, Patterson D, et al. LogP: towards a realistic model of parallel computation[J]. Acm Sigplan Notices, 1993, 28(7): 1-12.

[10] 宋天霞. 有限元法理论及应用基础教程 [M]. 武汉: 华中工学院出版社, 1987.

[11] Johan Z, Hughes T J R , Mathur K K , et al. A data parallel finite element method for computational fluid dynamics on the connection machine system[J]. Computer Methods in Applied Mechanics and Engineering, 1992, 99(1): 113-134.

[12] 吴建平, 王正华, 朱星明, 等. 混凝土细观力学分析程序中的快速算法与并行算法设计 [J]. 计算力学学报, 2008, 25(3): 352-358.

[13] 吴建平, 王正华, 李晓梅. 稀疏线性方程组的高效求解与并行计算 [M]. 长沙: 湖南科学技术出版社, 2004.

[14] Benzi M. Preconditioning techniques for large linear systems: a survey[J]. J. Phys. Comput., 2002, 182(12): 418-477.

[15] Rezende M N D , Paiva J B D. A parallel algorithm for stiffness matrix assembling in a shared memory environment[J]. Computers & Structures, 2000, 76(5): 593-602.
[16] Unterkircher A , Reissner J. Parallel assembling and equation solving via graph algorithms with an application to the FE simulation of metal extrusion processes[J]. Computers & Structures, 2005, 83(8-9): 627-638.
[17] Cecka C , Lew A J , Darve E. Assembly of finite element methods on graphics processors[J]. International Journal for Numerical Methods in Engineering, 2011, 85(5): 640-669.
[18] Dupros F, de Martin F, Foerster E, et al. High-performance finite-element simulations of seismic wave propagation in three-dimensional non linear inelastic geological media[J]. Parallel Computing, 2010, 36(5-6): 308-325.
[19] Jansson N. Optimizing sparse matrix assembly in finite element solvers with one-sided communication[C].International Conference on High Performance Computing for Computational Science. Berlin, Heidelberg: Springer, 2012: 128-139.
[20] Kennedy J G, Behr M, Kalro V, et al. Implementation of implicit finite element methods for incompressible flows on the CM-5[J]. Computer Methods in Applied Mechanics and Engineering, 1994, 119(1-2): 95-111.
[21] Sonzogni V E, Yommi A M, Nigro N M, et al. A parallel finite element program on a Beowulf cluster[J]. Advances in Engineering Software, 2002, 33(7-10): 427-443.
[22] Kennedy G J, Martins J R R A. A parallel finite-element framework for large-scale gradient-based design optimization of high-performance structures[J]. Finite Elements in Analysis and Design, 2014, 87: 56-73.
[23] Witkowski T, Ling S, Praetorius S, et al. Software concepts and numerical algorithms for a scalable adaptive parallel finite element method[J]. Advances in Computational Mathematics, 2015, 41(6): 1145-1177.
[24] 刘万勋. 大型稀疏线性方程组的解法 [M]. 北京: 国防工业出版社, 1981.
[25] Chang A. Application of sparse matrix methods in electric power system analysis[R]// Willoughby R A, Proceedings of the symposium on sparse matrices and their applications, Yorktown Heights, NY, IBM Report RAI No. (11707), 1969.
[26] Curtis A R, Reid J K. The solution of large sparse unsymmetric systems of linear equations[J]. J. Inst. Math. Appl., 1971, 8: 344-353.
[27] 马怀发, 陈厚群, 黎保琨. 应变率效应对混凝土动拉弯强度的影响 [J]. 水利学报, 2005, 36(1): 69-76.
[28] 吴建平, 王正华, 李晓梅. 带门槛不完全 Cholesky 分解存在的问题与改进 [J]. 数值计算与计算机应用, 2003, 24(3): 207-214.
[29] Wu J P, Zhao J, Song J Q, et al. Impact of two factors on several domain decomposition based parallel incomplete factorizations for the meso-scale simulation of concrete[C]. Proceeding of Third International Conference on Information and Computing Science, Wuxi, China, IEEE Computer Society (CPS), June 2010.
[30] Wu J P, Zhao J, Song J Q, et al. A parallelization technique based on factors combi-

nation and graph partitioning for general incomplete factorization[J]. SIAM Journal on Scientific Computing, 34(4): A2247–A2266, 2012.

[31] 马怀发, 陈厚群. 全级配大坝混凝土动态损伤破坏机理研究及其细观力学分析方法 [M]. 北京: 中国水利水电出版社, 2009.

第 10 章　线性方程组 Krylov 子空间迭代法的并行计算

在隐式有限元分析中，稀疏线性方程组求解所需时间占比非常大，有分析表明[1]，如果线性方程组求解方法选用不当，刚度矩阵装配与线性方程组求解的时间可以占到总模拟时间的 99.9924% 以上，而其中线性方程组求解时间又占绝大部分。因此，稀疏线性方程组的高效求解在隐式有限元分析中具有十分重要的现实意义，只有有效解决这个问题，才可能实现相关材料结构的实时或准实时分析，也才可能有效改进对结构与材料的相关研究过程。

由于稀疏线性方程组求解在隐式有限元分析等科学与工程计算中的重要性，多年来吸引了国内外大量学者进行研究。目前主要可以分为直接法和迭代法两大类[2]。直接法可靠性较高，但一般计算量与存储需求比较大，特别是对一般的大规模稀疏线性方程组，或来自于三维问题的稀疏线性方程组，其对资源的巨大需求一般难以忍受。对三维结构材料的隐式有限元分析，即典型实例之一。

与直接法不同，迭代法不仅易于控制，迭代到满足要求即可停机，而且存储需求相对而言一般较小，计算量也主要与迭代次数有关，而每次迭代内的计算量一般相对很小，但迭代法的可靠性相对较差，存在收敛速度慢甚至不收敛的潜在问题。目前，国际上对 Jacobi、Gauss-Seidel、SOR(Successive Over Relaxation，超松弛迭代) 等经典迭代法已经进行了长期的研究，对其收敛性也已有很深的认识。这些方法都属于静态迭代法，即迭代矩阵不会随迭代过程的推进而发生任何变化，因此，其收敛速度受到很大限制。但也正因为其不随迭代的变化而变化，其不仅具有简单性，而且具有确定性，因此，经常用作多重网格迭代法中的光滑算子。

单从求解线性方程组的迭代法本身来看，目前已经广泛认识到，具有某种最优性的投影性算法一般具有更快的收敛速度，也具有更好的健壮性。假设要求解稀疏线性方程组

$$Ax = b \tag{10.1}$$

对任何一种投影方法，其从 n 维向量空间中找出一个子空间 K，从其中寻找近似解，子空间 K 常称为搜索空间。如果 $\dim K = m$，则为在 K 中求出一个近似解，显然要有 m 个限制条件，通常采用 m 个正交性条件。特别地，可以采用残向量 $r = b - Ax$ 与 m 个线性无关向量正交的条件，这 m 个线性无关向量就定义

了另外一个 m 维子空间 L，通常称之为限制子空间或左子空间，同时称该限制条件为 Petrov-Galerkin 条件。当 $K \neq L$ 时，称对应的投影法为斜交投影法，否则称为正交投影法。在正交投影法中，对应的 Petrov-Galerkin 条件简称 Galerkin 条件。

10.1 Krylov 子空间

Krylov 子空间投影迭代法就是从特定子空间寻找近似解的一大类迭代法，该子空间即所谓的 Krylov 子空间。对给定的 n 阶矩阵 A 与一个向量 $r^{(0)}$，称

$$K_m\left(A, r^{(0)}\right) = \operatorname{span}\left\{r^{(0)}, Ar^{(0)}, A^2r^{(0)}, \cdots, A^{m-1}r^{(0)}\right\} \tag{10.2}$$

为 m 维 Krylov 子空间，在不引起混淆时，简记为 K_m，不同的 Krylov 子空间方法只存在搜索空间 L_m 选取上的差别，以及针对矩阵特性、子空间构造方式、收敛行为稳定性、健壮性等方面的具体细节性考虑。

对任何一种 Krylov 子空间方法，均为在子空间 $x^{(0)} + K_m(A, r^{(0)})$ 中反复寻找近似解 $x^{(m)}$ 的过程，由 Krylov 子空间的定义式 (10.2) 可知，这意味着

$$x^{(m)} = x^{(0)} + q_{m-1}(A)r^{(0)} \tag{10.3}$$

其中，$q_{m-1}(\lambda)$ 是满足某种最优性条件的 $m-1$ 次多项式。这说明，所有 Krylov 子空间方法都属于多项式近似型方法，但 L_m 的选取将对具体的迭代过程具有重要影响，在实际应用中，有三种选取方法，分别是

$$L_m = K_m, \quad L_m = AK_m, \quad L_m = K_m(A^{\mathrm{T}}r^{(0)})$$

10.1.1 Krylov 子空间的基本性质

在介绍具体的 Krylov 子空间方法之前，先介绍 Krylov 子空间的几个性质。可以看到，$K_m(A,r)$ 是所有形如 $q_{m-1}(A)r$ 的向量所组成的子空间，其中 q_{m-1} 是次数不大于 $m-1$ 的多项式。

我们称使得 $q(A)v = 0$ 且次数最低的非零首一多项式 q 为 v 的最小多项式，其次数称为 v 关于 A 的次数，在不引起混淆时，简称为 v 的次数。由于当 q 为 A 的特征多项式时，$q(A)=0$，所以 v 的次数不会超过 n。不难证明，如果 v 的次数为 μ，则 $K_\mu(A, v)$ 是 A 的不变子空间，且对任意 $m \geqslant \mu, K_m(A,v) = K_\mu(A,v)$。

由于 $\{vAv, \cdots, A^{m-1}v\}$ 构成 K_m 一组基的充要条件是不存在不全为 0 的 m 个标量 $\alpha_0, \alpha_1, \cdots, \alpha_{m-1}$，使得

$$\alpha_0 v + \alpha_1 Av + \cdots + \alpha_{m-1}A^{m-1}v = 0$$

而这等价于在次数不大于 $m-1$ 的多项式中，只有零多项式使得 $q_{m-1}(A)v=0$，即 v 的次数不小于 m，所以 K_m 的维数等于 m 的充要条件是 v 的次数不小于 m。于是，K_m 的维数等于 m 与 v 的次数中的最小值。

此外，可以证明[2,3]，当 Q_m 为子空间 $K_m(A,v)$ 上的投影，且 $A_m=Q_mA$ 时，对任意一个次数不大于 $m-1$ 的多项式 q，都有 $q(A)v=q(A_m)v$。同时对任意一个次数不大于 m 的多项式 q，$Q_mq(A)v=q(A_m)v$ 成立。

10.1.2 Krylov 子空间中标准正交基的构造

由于需要从 $x^{(0)}+K_m(A,r^{(0)})$ 中寻找近似解向量，而这里的 $K_m(A,r^{(0)})$ 为线性空间。要在线性空间中对向量进行描述，一个最有效的方式是基于标准正交基来进行描述。由于标准正交基的基向量之间相互正交，这将给基于最优性准则寻找解向量时，在形式化与计算上带来很大方便。为计算子空间 $K_m(A,v)$ 的一组标准正交基，我们可以采用 Arnoldi 方法[4]。该方法在计算标准正交基时，还同时使所得到的上 Hessenberg 矩阵 H 的特征值能很好地近似 A 的特征值。

首先，选取一个欧几里得范数等于 1 的向量 v_1，对 $K_m(A,v)$，通常可取

$$v^{(1)}=v/(v,v)^{1/2} \tag{10.4}$$

在已知 $v^{(1)},v^{(2)},\cdots,v^{(j)}$ 的情况下，不妨设 $v^{(1)},v^{(2)},\cdots,v^{(j)}$, $Av^{(j)}$ 线性无关，则可用其求出一个与 $v^{(1)}$, $v^{(2)},\cdots,v^{(j)}$ 中每个都正交的向量

$$w^{(j)}=Av^{(j)}-h_{1j}v^{(1)}-h_{2j}v^{(2)}-\cdots-h_{jj}v^{(j)} \tag{10.5}$$

利用正交性条件 $(w^{(j)},v^{(i)})=0$ 与 $(v^{(i)},v^{(l)})=0,i\neq l$，并记 $h_{j+1,j}=(w^{(j)},w^{(j)})^{1/2}$，可以得到

$$h_{ij}=(Av^{(j)},v^{(i)}),\quad i=1,2,\cdots,j \tag{10.6}$$

$$v^{(j+1)}=w^{(j)}/h_{j+1,j} \tag{10.7}$$

以上所述即所谓的标准 Arnoldi 算法。不难验证，如果以上过程能一直进行到 $j=m$，则知 $v^{(1)}$, $v^{(2)},\cdots,v^{(m)}$ 构成 $K_m(A,v)$ 的一组标准正交基。同时，存在某个 j，使得 $h_{j+1,j}=0$ 的充要条件是 v 的次数等于 j，而且这时 K_j 是 A 的不变子空间。此外，由式 (10.5) 与 $h_{j+1,j}$ 的定义，可以得到

$$Av^{(j)}=h_{1j}v^{(1)}+h_{2j}v^{(2)}+\cdots+h_{j+1,j}v^{(j+1)},\quad j=1,2,\cdots,m \tag{10.8}$$

如果记以 $v^{(1)},v^{(2)},\cdots,v^{(m)}$ 为列构成的矩阵为 V_m，由 $h_{i,j}$ 定义的 $(m+1)\times m$ 上 Hessenberg 矩阵为 $\bar{H}_m$，删除 $\bar{H}_m$ 最后一行得到的矩阵为 H_m，则

$$AV_m=V_mH_m+w^{(m)}(e^{(m)})^{\mathrm{T}}=V_{m+1}\bar{H}_m \tag{10.9}$$

$$V_m^{\mathrm{T}} A V_m = H_m \tag{10.10}$$

当 v 的次数等于 $j < m$ 时，必然有 $h_{j+1,j} = 0$，所以 $AV_j = V_j H_j$。

在利用标准 Arnoldi 算法计算标准正交基时，可能存在较大的舍入误差。为了减少舍入误差，可将式 (10.6) 改写为

$$h_{ij} = (Av^{(j)} - h_{1j}v^{(1)} - \cdots - h_{i-1,j}v^{(i-1)}v^{(i)}), \quad i = 1, 2, \cdots, j \tag{10.11}$$

这样得到的算法称为修正型 Arnoldi 算法，其具体描述如图 10.1 所示。即使采用修正型 Arnoldi 算法，依然可能存在较大的舍入误差，这时可以采用 Householder 变换来构造标准正交基，此处对该算法不再赘述，感兴趣的读者可以参见文献 [2，3]。

1. 置 $j = 1$；$v^{(1)} = v/(v, v)^{1/2}$；
2. 计算 $w^{(j)} = Av^{(j)}$；
3. For $i = 1$ to j do
4. 　计算 $h_{ij} = (w^{(j)}, v^{(i)})$；$w^{(j)} = w^{(j)} - h_{ij}v^{(i)}$；
5. Enddo
6. 计算 $h_{j+1,j} = (w^{(j)}, w^{(j)})^{1/2}$；
7. If $h_{j+1,j} \neq 0$ then 计算 $v^{(j+1)} = w^{(j)}/h_{j+1,j}$ else 置 $m = j$ 并转第 11 步；
8. If $j < m$ then
9. 　置 $j = j + 1$；转第 2 步；
10. Endif
11. 返回 $V_m = [v^{(1)}, v^{(2)}, \cdots, v^{(m)}]$、矩阵 H_m、系数 $h_{m+1,m}$；

图 10.1 计算标准正交基的修正型 Arnoldi 算法

可以验证，如图 10.1 所示修正型 Arnoldi 算法的计算量约为 $2mN(A) + (2m^2 + 6)n$ 个浮点操作，其中 $N(A)$ 表示矩阵 A 中的非零元个数，而总共大约需要存储 $(m + 2)n + m^2/2$ 个浮点数。

10.2 基于正交化的误差投影型迭代法

10.2.1 一般线性方程组的正交化方法

对线性方程组 (10.1) 与事先给定的一个初始近似解 $x^{(0)}$，选取 $L = K = K_m(A, r^{(0)})$ 时的投影方法，称之为完全正交化方法，简称 FOM。在该方法中，需要寻找 $x^{(m)} \in x^{(0)} + K_m$，使得 $b - Ax^{(m)} \perp K_m$。由于这时

$$V_m^{\mathrm{T}} A V_m = H_m, \quad V_m^{\mathrm{T}} r^{(0)} = V_m^{\mathrm{T}}(\theta v^{(1)}) = \theta e^{(1)}$$

其中，$\theta = (r^{(0)}, r^{(0)})^{1/2}$，所以

$$x^{(m)} = x^{(0)} + V_m y^{(m)}, \quad y^{(m)} = H_m^{-1}(\theta e^{(1)}) \tag{10.12}$$

如果采用修正型 Arnoldi 算法计算 K_m 的标准正交基 V_m，则可以将 FOM 算法描述如图 10.2 所示。

1. 置 $r^{(0)}=b-Ax^{(0)}$；$\theta=(r^{(0)},r^{(0)})^{1/2}$；
2. 以 $v=r^{(0)}$ 为输入调用如图 10.1 所示算法生成 V_m，H_m 与 $h_{m+1,m}$；
3. 计算 $y^{(m)}=H_m^{-1}(\theta e^{(1)})$ 与 $x^{(m)}=x^{(0)}+V_m y^{(m)}$；

图 10.2　求解稀疏线性方程组的 FOM 算法

可以证明[2,3]，由 FOM 算法得到的新近似解 $x^{(m)}$ 满足条件

$$b-Ax^{(m)}=-h_{m+1,m}(e^{(m)})^{\mathrm{T}}y^{(m)}v^{(m+1)} \tag{10.13}$$

$$||b-Ax^{(m)}||_2=h_{m+1,m}|(e^{(m)})^{\mathrm{T}}y^{(m)}| \tag{10.14}$$

因此，如果算法执行到某个 j 时，满足 $h_{j+1,j}=0$，则此时得到的近似解已经是精确解。当一直未遇到这种 j 时，算法将一直执行到 $j=m$，此时可以按式 (10.14) 估计近似解的准确程度，如果达不到精度要求，则可以增大 m，继续执行如图 10.1 所示算法第 2 到第 10 步，并重新计算近似解 $x^{(m)}$，直到满足精度要求为止。

基于对图 10.1 中修正型 Arnoldi 算法的分析可知，在未遇到 $h_{j+1,j}=0$ 的情况下，随着 m 的增加，存储需求随 m 呈线性增长，而计算量增长速度更快。为减少这种资源需求的快速增长，可以采用两种方法来进行缓解。一种是所谓的重启技术，即给定参数 m，当执行 FOM 算法直到 m 依然不能满足精度要求时，以 $x^{(m)}$ 代替 $x^{(0)}$，重新再次执行 FOM。因此这相当于将给定 m 的 FOM 算法作为内循环，而另外再加一层外循环，内循环的操作过程一直不变，而将迭代终止条件的判断放在外循环上，直到所得到的近似解满足给定精度要求或达到某事先给定的最大允许外迭代次数时，才停止迭代，这种方法称为 FOM(m)。另一种是所谓的不完全正交化技术，该方法在计算标准正交基时，为构造新的 $x^{(m+1)}$，不再要求其与所有之前的 $x^{(i)}$ 都正交，而是对某事先给定的整数 k，只要求其与最近的 k 个 $x^{(i)}$ 正交，这种方法称为 IOM(k)。这里对这些方法不进行详细介绍，具体可参见文献 [2，3]。

10.2.2　对称线性方程组的 CG 迭代法

在 Arnoldi 算法中，当 A 为对称矩阵时，$H_m=V_m^{\mathrm{T}}AV_m$ 也是对称矩阵，从而为三对角矩阵，记之为

$$T_m=\begin{bmatrix}\delta_1 & \theta_2 & & & \\ \theta_2 & \delta_2 & \theta_3 & & \\ & \ddots & \ddots & \ddots & \\ & & \theta_{m-1} & \delta_{m-1} & \theta_m \\ & & & \theta_m & \delta_m\end{bmatrix} \tag{10.15}$$

假设 $T_m = L_m U_m$，且

$$L_m = \begin{bmatrix} 1 & & & \\ \lambda_2 & 1 & & \\ & \ddots & \ddots & \\ & & \lambda_m & 1 \end{bmatrix}, \quad U_m = \begin{bmatrix} \eta_1 & \theta_2 & & \\ & \eta_2 & \ddots & \\ & & \ddots & \theta_m \\ & & & \eta_m \end{bmatrix} \tag{10.16}$$

由 $x^{(m)} = x^{(0)} + V_m T_m^{-1}(\theta e^{(1)})$ 可得

$$x^{(m)} = x^{(0)} + P_m z^{(m)} \tag{10.17}$$

其中，$P_m = V_m U_m^{-1}$，$z^{(m)} = L_m^{-1}(\theta e^{(1)})$。记 $P_m = [p^{(1)}, p^{(2)}, \cdots, p^{(m)}]$，则

$$x^{(m)} = x^{(m-1)} + \xi_m p^{(m)} \tag{10.18}$$

其中，

$$\xi_1 = \theta, \quad \xi_i = -\lambda_i \xi_{i-1}, \quad i = 2, 3, \cdots, m \tag{10.19}$$

因此，也有

$$z^{(m)} = [(z^{(m-1)})^{\mathrm{T}}, \xi_m]^{\mathrm{T}} \tag{10.20}$$

由 $V_m = P_m U_m$ 的最后一列可得

$$p^{(m)} = \eta_m^{-1}(v^{(m)} - \theta_m p^{(m-1)}) \tag{10.21}$$

另由 $T_m = L_m U_m$ 可得

$$\lambda_m = \theta_m / \eta_{m-1}, \quad \eta_m = \delta_m - \lambda_m \theta_m \tag{10.22}$$

由于

$$P_m^{\mathrm{T}} A P_m = U_m^{-\mathrm{T}} V_m^{\mathrm{T}} A V_m U_m^{-1} = U_m^{-\mathrm{T}} H_m U_m^{-1} = U_m^{-\mathrm{T}} L_m$$

且 $T_m = L_m U_m$ 对称，所以 $L_m = U_m^{\mathrm{T}} D_m$，其中 D_m 为非奇异对角矩阵，从而

$$P_m^{\mathrm{T}} A P_m = U_m^{-\mathrm{T}} L_m = D_m$$

这说明辅助向量 $p^{(1)}, p^{(2)}, \cdots, p^{(m)}$ 两两 A 正交，即对任意 $1 \leqslant i \neq j \leqslant m$，$(Ap^{(i)}, p^{(j)}) = 0$。

由式 (10.13)、式 (10.19) 和式 (10.22) 可知

$$r^{(m)} = -\theta_{m+1}\eta_m^{-1}\xi_m v^{(m+1)} = -\lambda_{m+1}\xi_m v^{(m+1)} = \xi_{m+1}v^{(m+1)} \tag{10.23}$$

所以 $r^{(m)}$ 实际上与 $v^{(m+1)}$ 具有倍数关系，而 $v^{(1)}, v^{(2)}, \cdots, v^{(m+1)}$ 两两正交，于是 $r^{(0)}, r^{(1)}, \cdots, r^{(m)}$ 也必然两两正交。同时，$v^{(m+1)} = \xi_{m+1}^{-1}r^{(m)}$，从而

$$p^{(m+1)} = \eta_{m+1}^{-1}(v^{(m+1)} - \theta_{m+1}p^{(m)}) = \eta_{m+1}^{-1}\xi_{m+1}^{-1}r^{(m)} - \eta_{m+1}^{-1}\theta_{m+1}p^{(m)} \tag{10.24}$$

令 $s^{(m)} = \eta_{m+1}\xi_{m+1}p^{(m+1)}$，则

$$s^{(m)} = r^{(m)} - \theta_{m+1}\xi_{m+1}\xi_m^{-1}\eta_m^{-1}s^{(m-1)} \tag{10.25}$$

且由于 $p^{(1)}, p^{(2)}, \cdots$ 两两 A 正交，所以 $s^{(0)}, s^{(1)}, \cdots$ 也两两 A 正交。记 $\alpha_m = \eta_{m+1}^{-1}$，$\beta_m = -\theta_{m+1}\xi_{m+1}\xi_m^{-1}\eta_m^{-1}$，则分别由式 (10.18) 与式 (10.25) 可得

$$x^{(m+1)} = x^{(m)} + \alpha_m s^{(m)} \tag{10.26}$$

$$s^{(m)} = r^{(m)} + \beta_m s^{(m-1)} \tag{10.27}$$

由于 $r^{(0)}, r^{(1)}, \cdots$ 两两正交，而由式 (10.26) 可得

$$r^{(m+1)} = r^{(m)} - \alpha_m As^{(m)} \tag{10.28}$$

所以 $(r^{(m)} - \alpha_m As^{(m)}, r^{(m)}) = 0$，从而由式 (10.27) 和式 (10.28) 有

$$\alpha_m = (r^{(m)}, r^{(m)})/(As^{(m)}, r^{(m)}) = (r^{(m)}, r^{(m)})/(As^{(m)}, s^{(m)}) \tag{10.29}$$

此外，由式 (10.27) 可得

$$\beta_{m+1} = -(As^{(m)}, r^{(m+1)})/(As^{(m)}, s^{(m)}) \tag{10.30}$$

而由式 (10.28) 与式 (10.27)、式 (10.29) 又分别有

$$(As^{(m)}, r^{(m+1)}) = (\alpha_m^{-1}r^{(m)} - \alpha_m^{-1}r^{(m+1)}, r^{(m+1)}) = -\alpha_m^{-1}(r^{(m+1)}, r^{(m+1)})$$

$$(As^{(m)}, s^{(m)}) = (As^{(m)}, r^{(m)} + \beta_m s^{(m-1)}) = (As^{(m)}, r^{(m)}) = \alpha_m^{-1}(r^{(m)}, r^{(m)})$$

所以

$$\beta_{m+1} = (r^{(m+1)}, r^{(m+1)})/(r^{(m)}, r^{(m)}) \tag{10.31}$$

采用如上过程进行迭代的方法就是所谓的共轭斜量 (CG) 法，具体描述如图 10.3 所示。

1. 置 $r^{(0)} = b - Ax^{(0)}$; $s^{(0)} = r^{(0)}$; $m = 0$;
2. 计算 $\alpha_m = (r^{(m)}, r^{(m)})/(As^{(m)}, s^{(m)})$;
3. 计算 $x^{(m+1)} = x^{(m)} + \alpha_m s^{(m)}$ 与 $r^{(m+1)} = r^{(m)} - \alpha_m As^{(m)}$;
4. If $x^{(m+1)}$ 满足精度要求，则停机;
5. 计算 $\beta_{m+1} = (r^{(m+1)}, r^{(m+1)})/(r^{(m)}, r^{(m)})$ 与 $s^{(m+1)} = r^{(m+1)} + \beta_{m+1} s^{(m)}$;
6. 如果 m 小于事先给定的最大允许迭代次数，则置 $m = m + 1$，转第 2 步;

图 10.3 求解稀疏线性方程组的 CG 方法

当式 (10.1) 为 n 阶稀疏线性方程组时，$r^{(0)}, r^{(1)}, \cdots, r^{(n-1)}$ 必然组成一组基，而由 $r^{(m)}$ 的正交性可知，$r^{(n)}$ 必然与所有 $r^{(0)}, r^{(1)}, \cdots, r^{(n-1)}$ 正交，因此 $r^{(n)}$ 只能是零向量。这说明，理论上 CG 法必然在 n 步迭代内得到精确解。同时，假设 x 为方程 (10.1) 的真解，则可以证明[2,3]

$$||x - x^{(m)}||_A \leqslant 2\left(\frac{\sqrt{\kappa}-1}{\sqrt{\kappa}+1}\right)^m ||x - x^{(0)}||_A \tag{10.32}$$

其中，κ 是 A 的条件数。因此，A 的条件数越小，即 A 的特征值分布越集中时，收敛速度越快。

此外，对图 10.3 进行统计可以发现，其存储需求大约为 $4n$，每次迭代的计算需求大约为 $2N(A) + 12n$，其中 $N(A)$ 为 A 的非零元个数。这说明，CG 法不仅具有良好的收敛性，而且每次迭代内的资源需求也很小，因此，该方法是一种公认的优秀迭代法，经常用于各类科学与工程计算领域。当然，要采用 CG 法，需要有一个先决条件，即 A 必须是对称矩阵。同时，为了确保整个算法能够不在中途出现中断，需要确保算法中的 $(As^{(m)}, s^{(m)})$ 不会出现等于 0 的情况，这在 A 对称正定时，能够得到满足，因此，一般也只对对称正定的稀疏线性方程组，才会采用 CG 法进行求解。

10.3 基于正交化的残量投影型迭代法

10.3.1 GMRES 方法

取 $v^{(1)} = v^{(1)}/\theta$，其中 $\theta = (r^{(0)}, r^{(0)})^{1/2}$。之后可按 10.1.2 节中的 Arnoldi 方法构筑 $K_m(A, r^{(0)})$ 的一组标准正交基，记为 $v^{(1)}, v^{(1)}, \cdots, v^{(m)}$，并记 $V_m = [v^{(1)}, v^{(1)}, \cdots, v^{(m)}]$，假设新近似解 $x^{(m)}$ 具有

$$x^{(m)} = x^{(0)} + V_m y^{(m)} \tag{10.33}$$

的形式，其中，$y^{(m)}$ 为待定 m 维向量。

记 $x = x^{(0)} + V_m y$，其中，y 为待定 m 维向量，则

$$\psi(y) = ||b - Ax||_2 = ||r^{(0)} - AV_m y||_2 \tag{10.34}$$

取到最小值的充分必要条件是 $(AV_m)^{\mathrm{T}}(r^{(0)} - AV_m y) = 0$，亦即 $r^{(m)} \perp AK_m$，因此这是一种取 $L = AK_m$ 的 Krylov 子空间方法，最先由 Saad 提出，称之为 GMRES 算法[2,3,5]。下面，将此时的 y 与 x 分别记为 $y^{(m)}$ 与 $x^{(m)}$。

现在对式 (10.34) 进一步推导，有

$$\psi(y) = ||\theta v^{(1)} - AV_m y||_2 = ||V_{m+1}^{\mathrm{T}}(\theta v^{(1)} - AV_m y)||_2 = ||\theta e^{(1)} - \bar{H}_m y||_2 \quad (10.35)$$

其中，$e^{(1)}$ 是第一个元素为 1、其他元素为 0 的 $m+1$ 维向量；

$$\bar{H}_m = \begin{bmatrix} h_{11} & h_{12} & \cdots & h_{1,m} \\ h_{21} & h_{22} & \cdots & h_{2,m} \\ & \ddots & \ddots & \\ & & \ddots & h_{m,m} \\ & & & h_{m+1,m} \end{bmatrix} = \begin{bmatrix} H_m \\ h_{m+1,m}(e^{(m)})^{\mathrm{T}} \end{bmatrix} \quad (10.36)$$

$e^{(m)}$ 是第 m 个元素为 1、其他元素为 0 的 m 维向量。因此

$$\begin{cases} x^{(m)} = x^{(0)} + V_m y^{(m)} \\ y^{(m)} = \operatorname{argmin}_y ||\theta e^{(1)} - \bar{H}_m y||_2 \end{cases} \quad (10.37)$$

于是，GMRES 算法具体描述如图 10.4 所示。

1. 置 $r^{(0)} = b - Ax^{(0)}$；$\theta = (r^{(0)}, r^{(0)})^{1/2}$；
2. 以 $v = r^{(0)}$ 为输入调用如图 10.1 所示算法生成 V_m，H_m 与 $h_{m+1,m}$；
3. 求使得 $||\theta e^{(1)} - \bar{H}_m y||_2$ 最小的向量 $y^{(m)}$，计算 $x^{(m)} = x^{(0)} + V_m y^{(m)}$。

图 10.4　求解稀疏线性方程组的 GMRES 算法

这里的 GMRES 也基于修正型 Arnoldi 算法，因此，与 FOM 类似，在未遇到 $h_{j+1,j} = 0$ 的情况下，随着 m 的增加，对存储与计算资源的需求将快速增加。同样，为减少这种资源需求的快速增长，可以采用两种方法来进行缓解。一种是所谓的重启技术，即给定参数 m，当执行 GMRES 算法直到 m 依然不能满足精度要求时，以 $x^{(m)}$ 代替 $x^{(0)}$，重新再次执行 GMRES，称之为 GMRES(m)。另一种是基于所谓的不完全正交化技术，对某事先给定的整数 k，进行正交基构造时，只要求最新的基向量与最近 k 个基向量正交，称之为 QGMRES(k)。具体细节可参见文献 [2，3]。

10.3.2　GCR 方法

由 10.3.1 节可知，GMRES 算法相当于是在 $x^{(0)} + K_m$ 中寻找近似解，使得残向量的 2 范数达到最小值，其中近似解采用 K_m 的标准正交基来表示。那么，

是否依然可以按残向量的 2 范数最小来选取近似解，但选取不同的基向量来对其进行表示呢？这的确是可以的，GCR 方法[2,3] 即是其中之一，这种方法选取的是一组 $A^{\mathrm{T}}A$ 正交的基向量。

假设一组向量 $p^{(0)},p^{(1)},\cdots,p^{(m)}$ 满足

$$(Ap^{(i)},Ap^{(j)})=0,\quad 0\leqslant i\neq j\leqslant m$$

则称其为 $A^{\mathrm{T}}A$ 正交的向量组。假设 $p^{(0)},p^{(1)},\cdots,p^{(m)}$ 为 $K_m(A,r^{(0)})$ 的一组基，则 $x^{(m)}$ 可以表示为

$$x^{(m)}=x^{(0)}+\alpha_0p^{(0)}+\alpha_1p^{(1)}+\cdots+\alpha_{m-1}p^{(m-1)}\tag{10.38}$$

对应的残向量为

$$r^{(m)}=r^{(0)}-\alpha_0Ap^{(0)}-\alpha_1Ap^{(1)}-\cdots-\alpha_{m-1}Ap^{(m-1)}\tag{10.39}$$

类似于 GMRES 算法中式 (10.34) 最小化的充要条件推导，可以发现，使得 $r^{(m)}$ 具有最小 2 范数的充要条件也是 $r^{(m)}\perp AK_m$，即

$$(r^{(m)},Ap^{(i)})=0,\quad i=0,1,\cdots,m-1$$

或

$$\alpha_i=(r^{(0)},Ap^{(i)})/(Ap^{(i)},Ap^{(i)})$$

因此，式 (10.38) 也即

$$x^{(m)}=x^{(0)}+\sum_{i=0}^{m-1}\frac{(r^{(0)},Ap^{(i)})}{(Ap^{(i)},Ap^{(i)})}p^{(i)}\tag{10.40}$$

利用式 (10.39) 以及 $p^{(i)}$ 的 $A^{\mathrm{T}}A$ 正交性，可以得到递推公式

$$x^{(m)}=x^{(m-1)}+\frac{(r^{(m-1)},Ap^{(m-1)})}{(Ap^{(m-1)},Ap^{(m-1)})}p^{(m-1)}\tag{10.41}$$

回过头来看，为完成上述近似解的计算，还有一个关键点，即需要为 $K_m(A,r^{(0)})$ 构造一组 $A^{\mathrm{T}}A$ 正交的基向量 $p^{(0)},p^{(1)},\cdots,p^{(m)}$。为此，可以利用 $p^{(0)},p^{(1)},\cdots,p^{(m-1)}$ 与 $r^{(m)}$ 的线性组合来构造 $p^{(m)}$：

$$p^{(m)}=r^{(m)}+\beta_{0m}p^{(0)}+\beta_{1m}p^{(1)}+\cdots+\beta_{m-1,m}p^{(m-1)}\tag{10.42}$$

于是由 $Ap^{(m)}$ 的正交性可得 $\beta_{i,j}=-(Ar^{(j)},Ap^{(i)})/(Ap^{(i)},Ap^{(i)})$。这样得到了 GCR 迭代，即广义共轭残量法的完整迭代过程，具体描述如图 10.5 所示。

```
1. 置 r^(0) = b − Ax^(0); p^(0) = r^(0); m = 0;
2. 计算 α_m = (r^(m), Ap^(m))/(Ap^(m), Ap^(m));
3. 计算 x^(m+1) = x^(m) + α_m p^(m) 与 r^(m+1) = r^(m) − α_m Ap^(m);
4. 如果 x^(m+1) 达到精度要求，则停机;
5. For i =0 to m 计算 β_{i,m+1} = −(Ar^(m+1), Ap^(i))/(Ap^(i), Ap^(i));
6. 计算 p^(m+1) = r^(m+1) + β_{0,m+1}p^(0) + β_{1,m+1}p^(1) + ··· + β_{m,m+1}p^(m);
7. 置 m = m + 1，如果 m 小于最大允许迭代次数，则转第 2 步。
```

图 10.5 求解稀疏线性方程组的 GCR 算法

如图 10.5 所示的 GCR 算法中，在每次迭代上，需要进行两次稀疏矩阵 A 与稠密向量的乘积计算。如果 A 的稀疏性不是特别好，使得其与稠密向量乘积的计算量很大时，其中 $Ap^{(m+1)}$ 的计算可以采用下述方式，来减少 1 次矩阵向量乘：

$$Ap^{(j+1)} = Ar^{(j+1)} + \beta_{0,j+1}Ap^{(0)} + \beta_{1,j+1}Ap^{(1)} + \cdots + \beta_{j,j+1}Ap^{(j)} \tag{10.43}$$

在实际应用中，GCR 也面临与 GMRES 同样的问题，即随着 m 的不断增加，计算量与存储需求将大幅度增加，类似于 GMRES 中的处理办法，也可以采用重启技术，这时记为 GCR(m)，或采用不完全正交化技术，即仅要求 $p^{(m+1)}$ 与最近的 k 个基向量正交，所得到的算法称为 ORTHOMIN(k)[7]。

10.4 基于双正交化的误差投影型迭代法

求解对称线性方程组的 CG 法具有短迭代形式，这非常有利于减少存储需求与计算量，那对非对称稀疏线性方程组，是否也能得到具有短迭代形式的迭代法？答案是肯定的。为求解 A 非对称时的式 (10.1)，依然记 $r^{(0)} = b - Ax^{(0)}$，并假设在 $x^{(0)} + K_m(A, r^{(0)})$ 中寻求近似解，$V_m = [v^{(1)}, v^{(2)}, \cdots, v^{(m)}]$ 为 $K_m(A, r^{(0)})$ 的一组标准正交基，记 $r^{(m)} = b - Ax^{(m)}$。现选取 $L = K_m(A^{\mathrm{T}}, r^{(0)})$，并假设 $W_m = [w^{(1)}, w^{(2)}, \cdots, w^{(m)}]$ 为其一组标准正交基，则在要求 $r^{(m)} \perp L$ 的条件下，我们有

$$x^{(m)} = x^{(0)} + V_m y^{(m)} \tag{10.44}$$

$$W_m^{\mathrm{T}}(r^{(0)} - AV_m y^{(m)}) = 0 \tag{10.45}$$

因此，

$$x^{(m)} = x^{(0)} + V_m (W_m^{\mathrm{T}} A V_m)^{-1} W_m^{\mathrm{T}} r^{(0)} \tag{10.46}$$

或

$$x^{(m)} = x^{(0)} + V_m H_m^{-1} W_m^{\mathrm{T}} r^{(0)} \tag{10.47}$$

$$H_m = W_m^{\mathrm{T}} A V_m \tag{10.48}$$

现在，留下来的问题是，如何构造 $V_m=[v^{(1)},v^{(2)},\cdots,v^{(m)}]$ 与 $W_m=[w^{(1)},w^{(2)},\cdots,w^{(m)}]$，使得 H_m 为三对角矩阵？这就是所谓的 Lanczos 双正交化，即先选 $\theta=(r^{(0)},r^{(0)})^{1/2}$，$v^{(1)}=w^{(1)}=r^{(0)}/\theta$，之后，通过 $Av^{(j)}$, $v^{(j)}$, $v^{(j-1)}$ 来构建 $v^{(j+1)}$，通过 $A^{\mathrm{T}}w^{(j)}$, $w^{(j)}$, $w^{(j-1)}$ 来构建 $w^{(j+1)}$，并通过 $|(v^{(j+1)},w^{(j+1)})|^{1/2}$ 来对 $v^{(j+1)}$ 与 $w^{(j+1)}$ 进行标准化。如此，则可验证 $\{v^{(j)}\}$ 与 $\{w^{(j)}\}$ 双正交，即对任意 $i\neq j$，有 $(v^{(i)},w^{(j)})=0$。如果记 $r_t^{(m)}=b-A^{\mathrm{T}}x_t^{(m)}$，其中 $x_t^{(m)}=x^{(0)}+W_my_t^{(m)}$，$y_t^{(m)}=H_m^{-\mathrm{T}}V_m^{\mathrm{T}}r^{(0)}$，则不难验证，$\{r^{(j)}\}$ 与 $\{r_t^{(j)}\}$ 也双正交。

在采用上述双正交化的情况下，可以证明[2,3]，所得 H_m 为三对角矩阵，不妨记之为

$$T_m=\begin{bmatrix}\delta_1 & \theta_2 & & & \\ \gamma_2 & \delta_2 & \theta_3 & & \\ & \ddots & \ddots & \ddots & \\ & & \gamma_{m-1} & \delta_{m-1} & \theta_m \\ & & & \gamma_m & \delta_m\end{bmatrix} \tag{10.49}$$

10.4.1 BiCG 方法

对式 (10.49) 所示 T_m 进行 LDU 分解，得到 $T_m=L_mD_mU_m$，其中，$D_m=\mathrm{diag}(\eta_1,\eta_2,\cdots,\eta_m)$;

$$L_m=\begin{bmatrix}1 & & & \\ \lambda_2 & 1 & & \\ & \ddots & \ddots & \\ & & \lambda_m & 1\end{bmatrix},\quad U_m=\begin{bmatrix}1 & \mu_2 & & \\ & 1 & \ddots & \\ & & \ddots & \mu_m \\ & & & 1\end{bmatrix}$$

$$\eta_1=\delta_1,\quad \lambda_i=\eta_{i-1}^{-1}\gamma_i,\quad \mu_i=\eta_{i-1}^{-1}\theta_i,\quad \eta_i=\delta_i-\lambda_i\eta_{i-1}\mu_i \tag{10.50}$$

记

$$P_m=V_mU_m^{-1}D_m^{-1}=[p^{(1)},p^{(2)},\cdots,p^{(m)}]$$

$$P_m^{(t)}=W_mL_m^{-\mathrm{T}}D_m^{-1}=[p_t^{(1)},p_t^{(2)},\cdots,p_t^{(m)}]$$

$$z^{(m)}=L_m^{-1}(\theta e^{(1)})=[z^{(m-1)^{\mathrm{T}}},\xi_m]^{\mathrm{T}},\quad z_t^{(m)}=U_m^{-\mathrm{T}}(\theta_te^{(1)})=\left[z_t^{(m-1)^{\mathrm{T}}},\xi_m^{(t)}\right]^{\mathrm{T}}$$

则由 $x^{(m)}=x^{(0)}+V_mT_m^{-1}(\theta e^{(1)})$ 与 $x_t^{(m)}=x_t^{(0)}+W_mT_m^{-\mathrm{T}}(\theta_te^{(1)})$ 分别可以得到

$$x^{(m)}=x^{(m-1)}+\xi_mp^{(m)},\quad x_t^{(m)}=x_t^{(m-1)}+\xi_m^{(t)}p_t^{(m)} \tag{10.51}$$

$$\xi_m=-\lambda_m\xi_{m-1},\quad \xi_m^{(t)}=-\mu_m\xi_{m-1}^{(t)} \tag{10.52}$$

且 $y^{(m)} = T_m^{-1}(\theta e^{(1)})$, $y_t^{(m)} = T_m^{-\mathrm{T}}(\theta_t e^{(1)})$ 的最后一个元素分别为 $\eta_m^{-1}\xi_m$, $\eta_m^{-1}\xi_m^{(t)}$，于是

$$r^{(m)} = -\gamma_{m+1}\left(e^{(m)}\right)^{\mathrm{T}} y^{(m)} v^{(m+1)} = -\gamma_{m+1}\eta_m^{-1}\xi_m v^{(m+1)} = \xi_{m+1} v^{(m+1)}$$

$$r_t^{(m)} = -\theta_{m+1}\left(e^{(m)}\right)^{\mathrm{T}} y_t^{(m)} w^{(m+1)} = -\theta_{m+1}\eta_m^{-1}\xi_m^{(t)} w^{(m+1)} = \xi_{m+1}^{(t)} w^{(m+1)}$$

利用 $V_m = P_m D_m U_m$ 与 $W_m = P_m^{(t)} D_m L_m^{\mathrm{T}}$ 的最后一列，分别可得

$$v^{(m)} = \theta_m p^{(m-1)} + \eta_m p^{(m)}, \quad w^{(m)} = \gamma_m p_t^{(m-1)} + \eta_m p_t^{(m)}$$

从而有

$$p^{(m)} = \eta_m^{-1}\xi_m^{-1} r^{(m-1)} - \eta_m^{-1}\theta_m p^{(m-1)}, \quad p_t^{(m)} = \eta_m^{-1}(\xi_m^{(t)})^{-1} r_t^{(m-1)} - \eta_m^{-1}\gamma_m p_t^{(m-1)} \tag{10.53}$$

令 $q^{(m)} = \xi_m p^{(m)}$，$q_t^{(m)} = \xi_m^{(t)} p_t^{(m)}$，则式 (10.51)) 可写为

$$x^{(m)} = x^{(m-1)} + q^{(m)}, \quad x_t^{(m)} = x_t^{(m-1)} + q_t^{(m)} \tag{10.54}$$

而式 (10.53) 可改写为

$$\begin{aligned} q^{(m)} &= \eta_m^{-1} r^{(m-1)} - \eta_m^{-1}\theta_m \xi_m \xi_{m-1}^{-1} q^{(m-1)} \\ q_t^{(m)} &= \eta_m^{-1} r_t^{(m-1)} - \eta_m^{-1}\gamma_m \xi_m^{(t)} \left(\xi_{m-1}^{(t)}\right)^{-1} q_t^{(m-1)} \end{aligned} \tag{10.55}$$

由式 (10.50) 与式 (10.52) 可知

$$\gamma_m \xi_m^{(t)} / \xi_{m-1}^{(t)} = -\gamma_m \mu_m = -\gamma_m \eta_{m-1}^{-1}\theta_m = -\lambda_m \theta_m = (\xi_m/\xi_{m-1})\theta_m \tag{10.56}$$

记 $s^{(m-1)} = \eta_m q^{(m)}$，$s_t^{(m-1)} = \eta_m q_t^{(m)}$，$\alpha_{m-1} = \eta_m^{-1}$，$\beta_{m-2} = -\theta_m \xi_m \xi_{m-1}^{-1} \eta_{m-1}^{-1}$，则递推关系式 (10.54) 即为

$$x^{(m)} = x^{(m-1)} + \alpha_{m-1} s^{(m-1)}, \quad x_t^{(m)} = x_t^{(m-1)} + \alpha_{m-1} s_t^{(m-1)} \tag{10.57}$$

从而相应残向量也具有递推关系

$$r^{(m)} = r^{(m-1)} - \alpha_{m-1} A s^{(m-1)}, \quad r_t^{(m)} = r_t^{(m-1)} - \alpha_{m-1} A^{\mathrm{T}} s_t^{(m-1)} \tag{10.58}$$

同时式 (10.55) 可以化为

$$s^{(m)} = r^{(m)} + \beta_{m-1} s^{(m-1)}, \quad s_t^{(m)} = r_t^{(m)} + \beta_{m-1} s_t^{(m-1)} \tag{10.59}$$

由于 $s^{(j)}$ 为 $p^{(j)}$ 的倍数，$s_t^{(j)}$ 为 $p_t^{(j)}$ 的倍数，且

$$\left(P_m^{(t)}\right)^{\mathrm{T}} A P_m = D_m^{-1} L_m^{-1} W_m^{\mathrm{T}} A V_m U_m^{-1} D_m^{-1} = D_m^{-1}$$

为对角矩阵，所以方向向量组 $\{s^{(j)}\}$ 与 $\{s_t^{(j)}\}$ 为 A 双正交。类似于 CG 法中参数的推导过程，利用残向量的双正交性与方向向量组的 A 双正交性，可得

$$\alpha_m=(r^{(m)},r_t^{(m)})/(Ap^{(m)},p_t^{(m)}),\quad \beta_m=(r^{(m+1)},r_t^{(m+1)})/(r^{(m)},r_t^{(m)}) \tag{10.60}$$

综上所述，BiCG(双共轭斜量) 法[2,3,6] 描述如图 10.6 所示。

1. 置 $r^{(0)}=b-Ax^{(0)}$; $s^{(0)}=r^{(0)}$; $s_t^{(0)}=r^{(0)}$; $m=0$;
2. 计算 $\alpha_m=(r^{(m)},r_t^{(m)})/(Ap^{(m)},p_t^{(m)})$ 与 $x^{(m+1)}=x^{(m)}+\alpha_m s^{(m)}$;
3. 计算 $r^{(m+1)}=r^{(m)}-\alpha_m As^{(m)}$ 与 $r_t^{(m+1)}=r_t^{(m)}-\alpha_m A^{\mathrm{T}}s_t^{(m)}$;
4. If $x^{(m+1)}$ 满足精度要求，则停机;
5. 计算 $\beta_m=(r^{(m+1)},r_t^{(m+1)})/(r^{(m)},r_t^{(m)})$;
6. 计算 $s^{(m+1)}=r^{(m+1)}+\beta_{m+1}s^{(m)}$; $s_t^{(m+1)}=r_t^{(m+1)}+\beta_m s_t^{(m)}$;
7. 如果 m 小于最大允许迭代次数，则置 $m=m+1$，转第 2 步。

图 10.6 求解稀疏线性方程组的 BiCG 算法

10.4.2 CGS 方法

显然 BiCG 算法具有类似于 CG 法的短迭代关系，同时，对如图 10.6 所示算法，实际不只是求解了稀疏线性方程组 (10.1)，同时，还隐含求解了稀疏线性方程组 $A^{\mathrm{T}}x=b$，当然，完全可以将这里的 b 替换为任意另外一个右端项 b_t，此时只要任选 $x_t^{(0)}$，且在如图 10.6 所示算法中选 $s_t^{(0)}=b_t-A^{\mathrm{T}}x_t^{(0)}$ 即可。但当不需要求解这个辅助线性方程组，而单纯只需要求解方程 (10.1) 时，可以看到，在 BiCG 算法中，每次迭代内依然需要计算 A^{T} 与向量的乘积，而从迭代的高效性与便于并行计算等角度来看，这种操作是我们希望极力避免的，Sonneveld 提出的 CGS 巧妙地解决了这个问题[2,3,8]。

可以看到，在 BiCG 中，第 j 步的残向量 $r^{(j)}$, $r_t^{(j)}$ 与方向向量 $s^{(j)}$, $s_t^{(j)}$ 可以表示为

$$r^{(j)}=\varphi_j(A)r^{(0)},\quad r_t^{(j)}=\varphi_j(A^{\mathrm{T}})r_t^{(0)}$$
$$s^{(j)}=\pi_j(A)r^{(0)},\quad s_t^{(j)}=\pi_j(A^{\mathrm{T}})r_t^{(0)}$$

其中，φ_j 是满足条件 $\varphi_j(0)=1$ 的 j 次多项式; π_j 是 j 次多项式。于是，BiCG 中的参数

$$\alpha_j=\frac{(\varphi_j(A)r^{(0)},\varphi_j(A^{\mathrm{T}})r_t^{(0)})}{(A\pi_j(A)r^{(0)},\pi_j(A^{\mathrm{T}})r_t^{(0)})}=\frac{(\varphi_j^2(A)r^{(0)},r_t^{(0)})}{(A\pi_j^2(A)r^{(0)},r_t^{(0)})} \tag{10.61}$$

$$\beta_j=\frac{(\varphi_{j+1}(A)r^{(0)},\varphi_{j+1}(A^{\mathrm{T}})r_t^{(0)})}{(\varphi_j(A)r^{(0)},\varphi_j(A^{\mathrm{T}})r_t^{(0)})}=\frac{(\varphi_{j+1}^2(A)r^{(0)},r_t^{(0)})}{(\varphi_j^2(A)r^{(0)},r_t^{(0)})} \tag{10.62}$$

在 BiCG 中，由式 (10.58) 和式 (10.59) 可知

$$\varphi_{j+1}(\lambda)=\varphi_j(\lambda)-\alpha_j\lambda\pi_j(\lambda),\quad \pi_{j+1}(\lambda)=\varphi_{j+1}(\lambda)+\beta_j\pi_j(\lambda) \tag{10.63}$$

于是，如果定义

$$r_{\mathrm{CGS}}^{(j)}=\varphi_j^2(A)r^{(0)},\quad p^{(j)}=\pi_j^2(A)r^{(0)},\quad q^{(j)}=\varphi_{j+1}(A)\pi_j(A)r^{(0)} \tag{10.64}$$

则可以得到

$$r_{\mathrm{CGS}}^{(j+1)}=r_{\mathrm{CGS}}^{(j)}-\alpha_j A(2r_{\mathrm{CGS}}^{(j)}+2\beta_{j-1}q^{(j-1)}-\alpha_j Ap^{(j)}) \tag{10.65}$$

$$q^{(j)}=r_{\mathrm{CGS}}^{(j)}+\beta_{j-1}q^{(j-1)}-\alpha_j Ap^{(j)} \tag{10.66}$$

$$p^{(j+1)}=r_{\mathrm{CGS}}^{(j+1)}+2\beta_j q^{(j)}+\beta_j^2 p^{(j)} \tag{10.67}$$

记 $u^{(j)}=r_{\mathrm{CGS}}^{(j)}+\beta_{j-1}q^{(j-1)}$，$d^{(j)}=u^{(j)}+q^{(j)}$，则

$$r_{\mathrm{CGS}}^{(j+1)}=r_{\mathrm{CGS}}^{(j)}-\alpha_j Ad^{(j)},\quad q^{(j)}=u^{(j)}-\alpha_j Ap^{(j)},\quad p^{(j+1)}=u^{(j+1)}+\beta_j(q^{(j)}+\beta_j p^{(j)}) \tag{10.68}$$

因此，CGS 算法具体描述如图 10.7 所示。

1. 置 $r_{\mathrm{CGS}}^{(0)}=b-Ax^{(0)}$；$r_t^{(0)}=p^{(0)}=u^{(0)}=r_{\mathrm{CGS}}^{(0)}$；$j=0$；
2. 计算 $\alpha_j=(r_{\mathrm{CGS}}^{(j)}r_t^{(0)})/(Ap^{(j)}r_t^{(0)})$，$q^{(j)}=u^{(j)}-\alpha_j Ap^{(j)}$；
3. 计算 $d^{(j)}=u^{(j)}+q^{(j)}$，$x^{(j+1)}=x^{(j)}+\alpha_j d_j$，$r_{\mathrm{CGS}}^{(j+1)}=r_{\mathrm{CGS}}^{(j)}-\alpha_j Ad^{(j)}$；
4. 如果 $x^{(j+1)}$ 满足精度要求，则停机。
5. 计算 $\beta_j=(r_{\mathrm{CGS}}^{(j+1)},r_t^{(0)})/(r_{\mathrm{CGS}}^{(j)},r_t^{(0)})$；
6. 计算 $u^{(j+1)}=r_{\mathrm{CGS}}^{(j+1)}+\beta_j q^{(j)}$ 与 $p^{(j+1)}=u^{(j+1)}+\beta_j(q^{(j)}+\beta_j p^{(j)})$；
7. 如果 j 小于最大允许迭代次数，则置 $j=j+1$，转第 2 步。

图 10.7　求解稀疏线性方程组的 CGS 算法

在 CGS 算法中，用矩阵 A 乘以向量的操作代替了 BiCG 中矩阵 A^{T} 乘以向量的操作，从而每次迭代内，需要进行矩阵 A 与向量的两次乘法。在 CGS 的每次迭代内，Krylov 子空间的维数增加 2，是 BiCG 算法中的两倍。这样，理论上当 BiCG 收敛时，CGS 也收敛，且收敛速度为 BiCG 的两倍。当然，在实际应用中，由于 CGS 中采用了平方多项式，使得舍入误差增长十分迅速，从而导致收敛行为变化很不规则，经常出现大幅振荡。

10.4.3　BiCGSTAB 方法

在 10.4.2 节中，已经看到 CGS 对应残向量选为 $r_{\mathrm{CGS}}^{(j)}=\varphi_j^2(A)\,r^{(0)}$，虽然收敛速度可能很快，但也存在误差大幅振荡甚至很快发散的问题。既然如此，是否存在其他选择，使得新方法对应残向量的范数变化更为平缓？事实上，完全可以选任意一种 $r_{\mathrm{new}}^{(j)}=\psi_j(A)\varphi_j(A)r^{(0)}$，其中 φ_j 为 BiCG 中的残量多项式，而 ψ_j 为 j 次辅助多项式。在 CGS 中 $\psi_j=\varphi_j$，从而导致残量范数大幅振荡。而理想情况是，残量范数能够比较平稳地逐渐减小，为此，可以一方面保持残向量中的

φ_j 不变，从而保证方法的收敛性，另一方面再构造 ψ_j 使得 $r_{\text{new}}^{(j)}$ 的变化更为平滑。BiCGSTAB[2,3,9] 就是这样一种方法，在该方法中，ψ_j 定义为

$$\psi_0(\lambda)=1,\quad \psi_{j+1}(\lambda)=(1-\mu_j\lambda)\psi_j(\lambda) \tag{10.69}$$

其中，μ_j 为待定系数。

由式 (10.63) 与式 (10.69) 可得

$$\psi_{j+1}\varphi_{j+1}=(1-\mu_j\lambda)(\psi_j\varphi_j-\alpha_j\lambda\psi_j\pi_j),\quad \psi_j\pi_j=\psi_j\varphi_j+\beta_{j-1}(1-\mu_{j-1}\lambda)\psi_{j-1}\pi_{j-1} \tag{10.70}$$

定义

$$r_{\text{STA}}^{(j)}=\psi_j(A)\varphi_j(A)r^{(0)},\quad p^{(j)}=\psi_j(A)\pi_j(A)r^{(0)} \tag{10.71}$$

则有

$$r_{\text{STA}}^{(j+1)}=(1-\mu_jA)(r_{\text{STA}}^{(j)}-\alpha_jAp^{(j)}) \tag{10.72}$$

$$p^{(j+1)}=r_{\text{STA}}^{(j+1)}+\beta_j(p^{(j)}-\mu_jAp^{(j)}) \tag{10.73}$$

对任意次数为 $i<j$ 的多项式 $q_i(\lambda)$，由 BiCG 法的残向量与 $K_j(A^{\text{T}}, r^{(0)})$ 的正交性可知

$$(\varphi_j(A)r^{(0)},q_i(A^{\text{T}})r_t^{(0)})=0$$

因此

$$\alpha_j=\frac{(\varphi_j(A)r^{(0)},\varphi_j(A^{\text{T}})r_t^{(0)})}{(A\pi_j(A)r^{(0)},\pi_j(A^{\text{T}})r_t^{(0)})}=\frac{(\varphi_j(A)r^{(0)},\pi_j(A^{\text{T}})r_t^{(0)})}{(A\pi_j(A)r^{(0)},\pi_j(A^{\text{T}})r_t^{(0)})}$$

进而

$$\alpha_j=\frac{(\varphi_j(A)r^{(0)},\psi_j(A^{\text{T}})r_t^{(0)})}{(A\pi_j(A)r^{(0)},\psi_j(A^{\text{T}})r_t^{(0)})}=\frac{(r_{\text{STA}}^{(j)},r_t^{(0)})}{(Ap^{(j)},r_t^{(0)})} \tag{10.74}$$

由式 (10.63) 知，$\phi_j(\lambda)$ 的首项系数为 $(-1)^j\alpha_{j-1},\cdots,\alpha_0$，而由式 (10.69) 可知，$\psi_j(\lambda)$ 的首项系数为 $(-1)^j\mu_{j-1},\cdots,\mu_0$，所以

$$\begin{aligned}\beta_j&=\frac{(\varphi_{j+1}(A)r^{(0)},\varphi_{j+1}(A^{\text{T}})r_t^{(0)})}{(\varphi_j(A)r^{(0)},\varphi_j(A^{\text{T}})r_t^{(0)})}=\frac{(\varphi_{j+1}(A)r^{(0)},\psi_{j+1}(A^{\text{T}})r_t^{(0)})}{(\varphi_j(A)r^{(0)},\psi_j(A^{\text{T}})r_t^{(0)})}\frac{\alpha_j}{\mu_j}\\&=\frac{(r_{\text{STA}}^{(j+1)},r_t^{(0)})}{(r_{\text{STA}}^{(j)},r_t^{(0)})}\frac{\alpha_j}{\mu_j}\end{aligned} \tag{10.75}$$

为使得 $||r_{\text{STA}}^{(j)}||_2$ 尽量小，由式 (10.72) 可知，应选取

$$\mu_j=(Aq^{(j)},q^{(j)})/(Aq^{(j)},Aq^{(j)}) \tag{10.76}$$

其中,

$$q^{(j)} = r_{\mathrm{STA}}^{(j)} - \alpha_j A p^{(j)} \tag{10.77}$$

于是

$$r_{\mathrm{STA}}^{(j+1)} = q^{(j)} - \mu_j A q^{(j)} \tag{10.78}$$

$$x^{(j+1)} = x^{(j)} + \alpha_j p^{(j)} + \mu_j q^{(j)} \tag{10.79}$$

综上所述，BiCGSTAB 算法描述如图 10.8 所示。

1. 置 $r_{\mathrm{STA}}^{(0)} = b - Ax^{(0)}$; $r_t^{(0)} = p^{(0)} = r_{\mathrm{STA}}^{(0)}$; $j = 0$;
2. 计算 $\alpha_j = (r_{\mathrm{STA}}^{(j)}, r_t^{(0)})/(Ap^{(j)}, r_t^{(0)})$ 与 $q^{(j)} = r_{\mathrm{STA}}^{(j)} - \alpha_j Ap^{(j)}$;
3. 计算 $\mu_j = (Aq^{(j)}, q^{(j)})/(Aq^{(j)}, Aq^{(j)})$;
4. 计算 $r_{\mathrm{STA}}^{(j+1)} = q^{(j)} - \mu_j Aq^{(j)}$ 与 $x^{(j+1)} = x^{(j)} + \alpha_j p^{(j)} + \mu_j q^{(j)}$;
5. 如果 $x^{(j+1)}$ 满足精度要求，则停机;
6. 计算 $\beta_j = ((r_{\mathrm{STA}}^{(j+1)}, r_t^{(0)})/(r_{\mathrm{STA}}^{(j)}, r_t^{(0)}))(\alpha_j/\mu_j)$;
7. 计算 $p^{(j+1)} = r_{\mathrm{STA}}^{(j+1)} + \beta_j(p^{(j)} - \mu_j Ap^{(j)})$;
8. 如果 j 小于最大允许迭代次数，则置 $j = j + 1$，转第 2 步。

图 10.8　求解稀疏线性方程组的 BiCGSTAB 算法

10.5　基于双正交化的准残量极小化迭代法

10.5.1　QMR 方法

由 10.4 节可知，进行双正交化时，有

$$AV_m = V_{m+1}\bar{T}_m \tag{10.80}$$

其中,

$$\bar{T}_m = \begin{bmatrix} T_m \\ \gamma_{m+1}(e^{(m)})^{\mathrm{T}} \end{bmatrix}$$

如果令 $r^{(0)} = \theta v^{(1)}$，则对 $K_m(A, r^{(0)})$ 中的任意近似解 $x = x^{(0)} + V_m y$，类似于 GMRES 中的推导过程，可得

$$||b - Ax||_2 = ||r^{(0)} - AV_m y||_2 = ||V_{m+1}(\theta e^{(1)} - \bar{T}_m y)||_2 \tag{10.81}$$

虽然在式 (10.81) 中，由于 V_{m+1} 的列向量一般并不彼此正交，所以一般

$$||\theta e^{(1)} - \bar{T}_m y||_2 \neq ||V_{m+1}(\theta e^{(1)} - \bar{T}_m y)||_2$$

但仍然可以利用最小化 $||\theta e^{(1)} - \bar{T}_m y||_2$ 来计算近似解 x，这种方法称为准残量最小化方法，即 QMR 方法[2,3,10]。记 $\bar{T}_m$ 第 i 行、第 j 列上的元素为 t_{ij}，则算法具体描述如图 10.9 所示，其中第 3 至第 8 步进行双正交化，第 9 至第 14 步进行最小化问题求解。

1. 置 $w^{(0)}$ 与 $v^{(0)}$ 为零向量，$t_{01}=t_{10}=0$，$m=0$;
2. 置 $v^{(1)}=w^{(1)}=r^{(0)}/\theta$; $r^{(0)}=b-Ax^{(0)}$; $\theta=(r^{(0)},r^{(0)})^{1/2}$;
3. 置 $m = m + 1$ 并计算 $t_{mm}=(Av^{(m)},w^{(m)})$;
4. 计算 $\bar{v}^{(m+1)}=Av^{(m)}-t_{mm}v^{(m)}-t_{m-1,m}v^{(m-1)}$;
5. 计算 $\bar{w}^{(m+1)}=A^Tw^{(m)}-t_{mm}w^{(m)}-t_{m,m-1}w^{(m-1)}$;
6. 计算 $t_{m+1,m}=|(\bar{v}^{(m+1)},\bar{w}^{(m+1)})|^{1/2}$，如果 $t_{m+1,m}=0$，转第 9 步;
7. 计算 $t_{m,m+1}=(\bar{v}^{(m+1)},\bar{w}^{(m+1)})/t_{m+1,m}$;
8. 计算 $w^{(m+1)}=\bar{w}^{(m+1)}/t_{m,m+1}$ 与 $v^{(m+1)}=\bar{v}^{(m+1)}/t_{m+1,m}$;
9. 计算 $t_{m-2,m}=s_{m-2}t_{m-1,m}$ 与 $\mu=c_{m-2}t_{m-1,m}$;
10. 计算 $t_{m-1,m}=c_{m-1}\mu+s_{m-1}t_{m,m}$ 与 $t_{m,m}=-s_{m-1}\mu+c_{m-1}t_{m,m}$;
11. 计算 $\rho_m=(t_{mm}^2+t_{m+1,m}^2)^{1/2}$，$c_m=t_{m,m}/\rho_m$ 与 $s_m=t_{m+1,m}/\rho_m$;
12. 置 $t_{m,m}=\rho_m$ 并计算 $g_{m+1}=-s_mg_m$ 与 $g_m=c_mg_m$;
13. 计算 $p^{(m)}=(v^{(m)}-t_{m-2,m}p^{(m-2)}-t_{m-1,m}p^{(m-1)})/t_{m,m}$;
14. 计算 $x^{(m)}=x^{(m-1)}+g_mp^{(m)}$;
15. 如果 $|g_{m+1}|$ 不够小且 m 小于最大允许迭代次数，则转第 3 步。

图 10.9 求解稀疏线性方程组的 QMR 算法

当 A 为对称非定矩阵时，也可以利用类似于上述算法的过程进行计算，这时只需要将 Lanczos 双正交化换为正交化过程即可，得到的算法称为 MINRES[11,12]。

10.5.2 TFQMR 方法

在 QMR 算法中，需要利用 A^{T}，正如在 10.4.2 节中所介绍的那样，这是我们所不希望的。Freund[13] 从 CGS 出发，构造了不需要矩阵转置的 QMR 变种算法，称为 TFQMR。该算法具体可以描述如图 10.10 所示，对推导过程感兴趣的读者可以参见文献 [2，3，13]。

1. 计算 $r_{\mathrm{CGS}}^{(0)}=u^{(0)}=r_{\mathrm{TFQ}}^{(0)}=r_t^{(0)}=b-Ax_{\mathrm{TFQ}}^{(0)}$ 与 $v^{(0)}=Au^{(0)}$;
2. 置 $d^{(0)}$ 为零向量，$\eta_0=0$，$s_0=0$，$\alpha_{-1}=0$，$m=0$;
3. 计算 $\tau_0=(r_{\mathrm{CGS}}^{(0)},r_{\mathrm{CGS}}^{(0)})^{1/2}$ 与 $\rho_0=(r_{\mathrm{CGS}}^{(0)},r_t^{(0)})$;
4. If m 为偶数 then
5. 　计算 $\alpha_{m+1}=\alpha_m=\rho_m/(v^{(m)},r_t^{(0)})$ 与 $u^{(m+1)}=u^{(m)}-\alpha_mv^{(m)}$;
6. End if
7. 计算 $r_{\mathrm{CGS}}^{(m+1)}=r_{\mathrm{CGS}}^{(m)}-\alpha_mAu^{(m)}$ 与 $d^{(m+1)}=u^{(m)}+s_m^2\alpha_{m-1}\alpha_m^{-1}d^{(m)}$;
8. 计算 $\omega_{m+1}=(r_{\mathrm{CGS}}^{(m+1)},r_{\mathrm{CGS}}^{(m+1)})^{1/2}$，$c_{m+1}=\tau_m/(\tau_m^2+\omega_{m+1}^2)^{1/2}$ 与 $\tau_{m+1}=c_{m+1}\omega_{m+1}$;
9. 计算 $\eta_{m+1}=c_{m+1}^2\alpha_m$ 与 $s_{m+1}=-\omega_{m+1}/(\tau_m^2+\omega_{m+1}^2)^{1/2}$;
10. 计算 $x_{\mathrm{TFQ}}^{(m+1)}=x_{\mathrm{TFQ}}^{(m)}+\eta_{m+1}d^{(m+1)}$ 与 $r_{\mathrm{CGS}}^{(m+1)}=r_{\mathrm{CGS}}^{(m)}-\alpha_mAu^{(m)}$;
11. 如果 $x_{\mathrm{TFQ}}^{(m+1)}$ 满足精度要求即 τ_{m+1} 足够小，则停机;
12. If m 为奇数 then
13. 　计算 $\rho_{m+1}=(r_{\mathrm{CGS}}^{(m+1)},r_t^{(0)})$ 与 $\beta_{m-1}=\rho_{m+1}/\rho_{m-1}$;
14. 　计算 $u^{(m+1)}=r_{\mathrm{CGS}}^{(m+1)}+\beta_{m-1}u^{(m)}$;
15. 　计算 $v^{(m+1)}=Au^{(m+1)}+\beta_{m-1}(Au^{(m)}+\beta_{m-1}v^{(m-1)})$;
16. End if
17. 如果 m 小于最大允许迭代次数，则转第 4 步。

图 10.10 求解稀疏线性方程组的 TFQMR 算法

10.6　Krylov 子空间迭代法的并行计算

10.6.1　迭代法并行计算一般框架

图 10.2 ~ 图 10.10 虽然只描述了几种 Krylov 子空间算法，但对考虑 Krylov 子空间方法的并行计算而言，这些算法已经十分典型，对这些算法的并行化完全可以类似应用于其他 Krylov 子空间方法中。在这些算法中，所含基本操作可以分为这么几类：矩阵向量相乘、向量相加、向量乘以标量、向量内积、标量操作、低维上 Hessenberg 线性方程组或低维最小二乘问题的求解。因此，总体上可以采用下述数据分布策略。

(1) 对系数矩阵 A，将其逐行分布到各个处理器上，分布到同一个处理器上的行，可以是该矩阵中的连续多个行，也可以是不连续的多个行；

(2) 对所有 n 维向量，全部采用相同的方式进行存储，其与矩阵的行存储方式一一对应，即如果矩阵 A 第 k 行存储在某个处理器上，则每个 n 维向量的第 k 个分量也存储在该处理器上；

(3) 对所有标量，以及维数与阶数远小于 n 的低维数组、低阶矩阵，在每个处理器上重复存储。

在采用上述方式进行数据分布之后，向量相加、向量乘以标量、标量操作以及低维问题求解等，要么是理想并行计算问题，要么是在每个处理器上都重复进行，因此，没有任何通信。涉及通信的只有两类操作，其一是稀疏矩阵与稠密向量相乘，其二是稠密向量内积。在进行具体并行算法设计时，可以根据具体算法中内积个数多少及其在计算过程中的分布情况，以及矩阵向量乘法之间计算量的相对大小关系，来确定具体数据分布规则。例如，当稀疏矩阵中非零元个数很多，导致矩阵向量乘法计算量远大于算法中内积的计算量时，可以以矩阵向量乘法为基准，确定具体分布到每个处理器上的矩阵行数、具体哪些行，使得在进行矩阵向量乘法时，能够最大限度满足负载均衡，而对 n 维向量，则根据矩阵行的分布来进行其分量的分布。当矩阵向量乘法的计算量远小于内积时，可以要求将矩阵中大致相同的行数分布到每个处理器，以使得内积计算最大限度满足负载平衡。

10.6.2　稀疏矩阵的结构与图的基本概念

图是指由一组顶点的集合 $V=\{v_1, v_2, \cdots, v_n\}$ 与一组边的集合 $E \subset V\times V$ 构成的实体，记为 $G=(V,E)$。当有从顶点 v_i 到 v_j 的边时，通常记之为 $(v_i, v_j)\in E$。如果对任意的边 $(v_i, v_j)\in E$，都有 $(v_j, v_i)\in E$，则称 G 为无向图，否则称为有向图[2,3]。无向图可以看成有向图的特殊情形。

对于一个 n 阶稀疏矩阵 A，存在一个与之对应的图 G，其顶点为 $V=\{1,2,\cdots,n\}$，同时，每个使得 $a_{ij}\neq 0$ 的顶点对 (i,j) 对应于 G 中一条边 $(i,j)\in E$，

这种图 G 称为 A 的邻接图。对具有对称结构的稀疏矩阵 A，如果 $a_{ij} \neq 0$，则 $a_{ji} \neq 0$，所以 A 的邻接图可以看成无向图。图 10.11 即对称结构稀疏矩阵所对应无向图的一个实例，其中左子图给出的是一个具有对称非零元结构的稀疏矩阵，右子图为其对应的无向图。

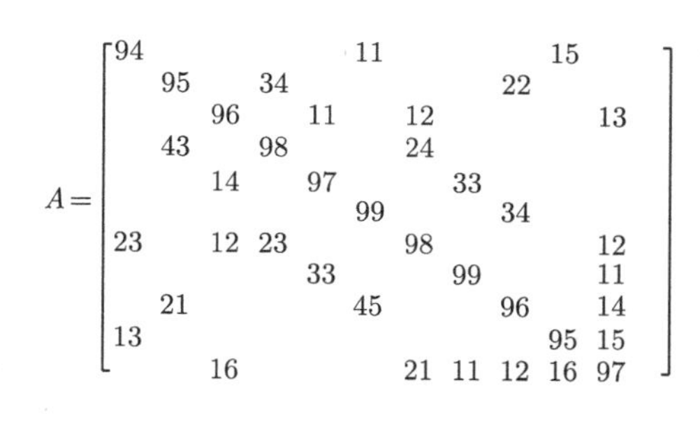

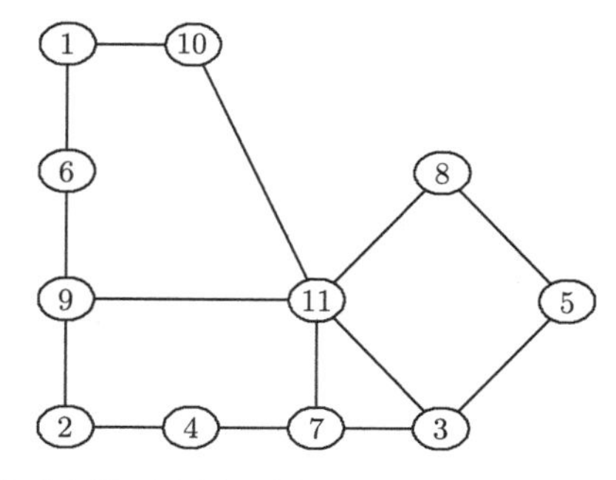

图 10.11 对称结构稀疏矩阵及其对应的无向图示例

如果 $G=(V,E)$ 为一个图，且 $V' \subseteq V, E' \subseteq E$，则称 $G'=(V',E')$ 为 G 的一个子图。当 (u,v) 为 G 的边时，称顶点 u 与 v 相邻，称边 (u,v) 邻接于顶点 u 与 v，并称 (u,v) 为顶点 u 的出边、顶点 v 的入边。从顶点 u 出发的出边总数称为其出度，到达 u 的入边总数称为其入度，对无向图而言，边没有方向之分，连接 u 的总边数称为 u 的度。在将无向图看成有向图特例的情况下，连接顶点 u 的每条边，都既是其出边，也是其入边，且一个顶点的度既等于其出度，也等于其入度。如果顶点子集 $W \subseteq V$，则 W 的相邻顶点集是指不在 W 中而且与 W 中顶点相邻的所有顶点组成的集合，记为

$$\mathrm{Adj}(W)=\{u \in V-W : \exists v \in W \ni (u,v) \in E\}$$

在图 10.11 中，顶点 1 与顶点 6 相邻，而且这两个顶点的度都是 2，如果 $W=\{1,6\}$，则此时 $\mathrm{Adj}(W)=\{9,10\}$。

此外，对稀疏矩阵的对称置换，等价于对图中顶点的重排。例如，对如图 10.11 中所示稀疏矩阵，当置换矩阵 P 为图 10.12 中左子图所示时，所得置换后的矩阵 $P^{\mathrm{T}}AP$ 如图 10.12 中右子图所示。显然，$P^{\mathrm{T}}AP$ 的非零元结构与图 10.11 中一致，只是将顶点 1 与顶点 11 进行了调换而已。

10.6.3 稀疏矩阵分布与图的分割

考虑 n 阶稀疏矩阵 A 与一个 n 维稠密向量 x 的乘积，并记 $y=Ax$，则

$$y_i=\sum_{j=1}^{n} a_{ij}x_j=\sum_{j=1,a_{ij}\neq 0}^{n} a_{ij}x_j \tag{10.82}$$

$$
P=\begin{bmatrix}
 & & & & & & & & & & 1\\
 & 1 & & & & & & & & & \\
 & & 1 & & & & & & & & \\
 & & & 1 & & & & & & & \\
 & & & & 1 & & & & & & \\
 & & & & & 1 & & & & & \\
 & & & & & & 1 & & & & \\
 & & & & & & & 1 & & & \\
 & & & & & & & & 1 & & \\
 & & & & & & & & & 1 & \\
1 & & & & & & & & & &
\end{bmatrix}
\qquad
A=\begin{bmatrix}
97 & & 16 & & & & 21 & 11 & 12 & 16 & \\
 & 95 & & 34 & & & & & 22 & & \\
13 & & 96 & & 11 & & 12 & & & & \\
 & 43 & & 98 & & & 24 & & & & \\
 & & 14 & & 97 & & & 33 & & & \\
 & & & & & 99 & & & 34 & & \\
12 & & 12 & 23 & & & 98 & & & & 23\\
11 & & & & 33 & & & 99 & & & \\
14 & 21 & & & & 45 & & & 96 & & \\
15 & & & & & & & & & 95 & 13\\
 & & & & & 11 & & & & 15 & 94
\end{bmatrix}
$$

图 10.12　稀疏矩阵的对称置换示意图

因此，对某一个分量 y_i 的计算，实际上只需要先置 $y_i=0$，之后考虑矩阵 A 第 i 行中的元素，并逐一判断，看其是否等于 0，只需要对不等于 0 的 a_{ij}，计算 $a_{ij}x_j$，并将其加到 y_i 上即可。而对那些等于 0 的 a_{ij}，根本不需要进行计算。同时，可以看出，如果采用式 (10.82) 中第二个公式进行计算，即对 $a_{ij}=0$ 的 a_{ij}，不计算 $a_{ij}x_j$，则 y_i 的计算量与矩阵 A 第 i 行中的非零元个数 N_i 成正比，为约 $2N_i$ 个浮点操作数。

现在，再来回顾稀疏矩阵非零元结构与图的对应关系，发现矩阵 A 第 i 行中的每个非零元对应于顶点 i 的一条出边，因此，y_i 的计算量与顶点 i 的出边总数成正比。图 10.11 为无向图，顶点 9 的度为 3，因此，y_9 的计算需要约 6 个浮点操作数；顶点 11 的度为 5，因此，y_{11} 的计算需要约 10 个浮点操作数。在 10.6.1 节中已经提到，为进行稀疏矩阵与稠密向量的并行乘法，需要将稀疏矩阵 A 按行分布到各个处理器上去，与之相对应，同时，将向量 x 与 y 的分量进行对应分布，即如果 A 的第 i 行分布到某个处理器，则将 x_i 与 y_i 也分布到该处理器上。因此，这就相当于是对图中每个顶点的分布，即每个顶点应该分到哪个处理器。

在将图中顶点分布到各个处理器时，相当于将图中顶点分为多个部分，各个部分之间互不相交，且每个部分分布到了一个处理器。这种将把图中顶点分为互不相交子集的操作，就称为图的分割[2,3]。当将一个图分成两部分时，称之为二分，而当分成 p 部分时，称之为 p 路分割。如图 10.13 所示，假设现在共有 3 个处理器 p_0, p_1, p_2，并将 (0,4,5,8), (1,2,3,7), (6,9,10,11) 分别分布到一个子图，并可以将对应的子图分别分布到 p_0, p_1, p_2。

这样，对于稀疏矩阵与稠密向量相乘，自然有两个问题需要考虑。其一是每个处理器上的计算量应该大致相等，即需要尽量满足负载平衡。由于每个顶点对应的计算量与其出边总数成正比，由此，不难发现，对一个子图，其对应的计算量与从该子图中每个顶点出发的出边总数之和成正比。因此，在进行图的分割时，我们自然希望使得每个子图中的出边总数之和基本相等。其二是由于一个子图分布到一个处理器，所以，子图之间的连接边对应的是在处理器之间的数据依赖关系，也即通信关系，且两个子图之间的通信量与其间的总边数成正比。因此，希望子图之间的连接边数在某种形式下达到最小。这就是图的分割问题。

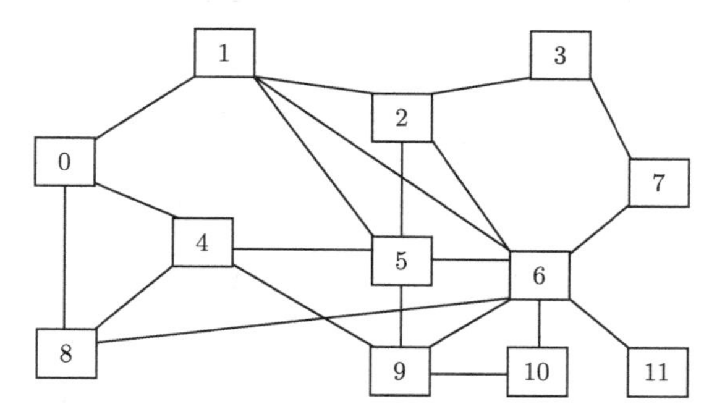

图 10.13 图分割与稀疏矩阵稠密向量并行乘法示意图

进行图分割时，我们在满足各子图出边总数基本相等的约束下，来使得各子图之间连接边数满足某种极小性质，例如，使得各子图之间连接边总数最少，或使得各子图的出边总数的最大值最小等。虽然图的分割应用非常广泛，也是非结构数据进行并行算法设计的基础，但其是一个 NP 完全问题[14]，所以在实际应用中，只能寻求启发式算法。目前已有少数软件可以用来进行图的分割，如 MeTIS[15], ParMeTIS[16], Chaco[17], SCOTCH[18] 等。

图分割算法对稀疏矩阵与稠密向量乘的并行算法设计很重要，这从图 10.13 可以看到。如果按前述分布方式，将 $(0,4,5,8),(1,2,3,7),(6,9,10,11)$ 分别分到子图 p_0,p_1,p_2，则此时 p_0,p_1,p_2 上的计算所依赖非本地 x 分量的指标分别为 $\mathrm{C0}=(1,2,6,9),\mathrm{C1}\ (0,5,6),\mathrm{C2}=(1,2,4,5,7,8)$，即 p_0,p_1,p_2 所需通信量分别为 4, 3, 6 个浮点数，总共 13 个浮点数。而如果采用另一种分割，将 $(0,1,2,3),(4,5,6,7),(8,9,10,11)$ 分别分到子图 p_0,p_1,p_2，则此时 p_0,p_1,p_2 上的计算所依赖 x 分量的指标分别为 $\mathrm{C0}=(4,5,6,7,8),\mathrm{C1}\ (0,1,2,3,8,9,10,11),\mathrm{C2}=(0,4,5,6)$，即 p_0,p_1,p_2 所需通信量分别为 5, 8, 4 个浮点数，总共 17 个浮点数，远大于前一种分割。

10.6.4 稀疏矩阵稠密向量并行乘法的具体实现

稀疏矩阵与稠密向量相乘在稀疏线性方程组的迭代解法中很重要，按前文所述数据分布规则，在进行稀疏矩阵 A 与稠密向量 x 的乘法，以得到结果 y 的过程中，每个处理器上都只具有 A 的部分行，且存储 x, y 的局部分量，文献 [1] 中给出了与之对应的矩阵向量乘并行算法，其基本做法是将 A 分为 p 个行块，x, y 也都分成 p 块，其第 k 块分别记为 A_k, x_k 与 $y_k(k=0,1,\cdots,p-1)$，其分配到处理器 k 上。这样，在处理器 k 上计算 y_k 的数据相关性如图 10.14 所示。

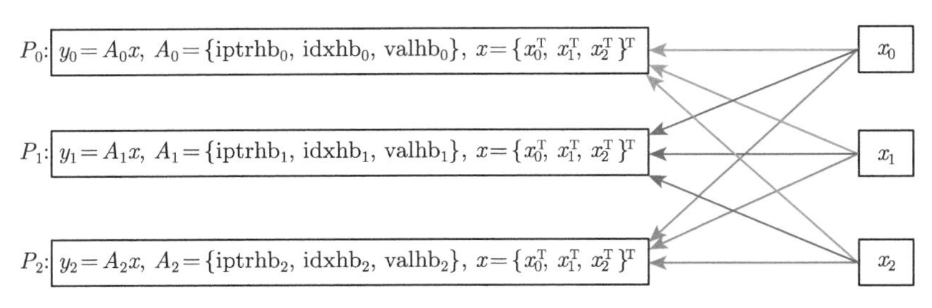

图 10.14 3 个处理器时的稀疏矩阵与稠密向量并行乘法示意图

显然，进行 y_k 的计算时，似乎需要用到其他所有处理器上的 x 分量。但事实上，按 10.6.3 节的分析可知，只需要计算该行中每个非零元与 x 中相应分量(标号等于非零元列号者) 的乘积之和。对处理器 k，只需要统计所存储 A_k 中所有非零元素的列号，再分析哪些列号对应的 x 分量不在处理器 k 上，再获取这些分量，这就是 $y = Ax$ 的通信结构。

具体地，先分析 y_k 依赖于 x 中的哪些分量，这些分量又处于哪些处理器上。这些数据可以采用类似于稀疏矩阵的存储方法存储在 idxr 中，利用 iptrr(j) 记录依赖于第 j 个处理器上的首分量在 idxr 中的位置，并利用 lengr(j) 记录所依赖的处理器 j 上的分量个数，其值等于 $\text{iptrr}(j+1)-\text{iptrr}(j)$。如图 10.15 所示，图中上部 idxr 与 lengr 的两个下标中，第一个为其所在处理器的标号，第二个为需接收分量对应的源处理器号。图中下部 idxs 与 lengs 的两个下标中，第一个为其所在处理器号，第二个为需发送分量对应的目的处理器号，且括号中所列参数为其上参数的对应数据，即 $\text{lengs}_{j,k} = \text{lengr}_{j,k}$ 且 $\text{idxs}_{j,k} = \text{idxr}_{j,k}$。因此，idxs 与 lengs 信息可以利用 MPI_Alltoall 来获取。之后，利用 lengs 即可计算出需要发送给其他每个处理器的分量在 idxs 中的首地址 iptrs。

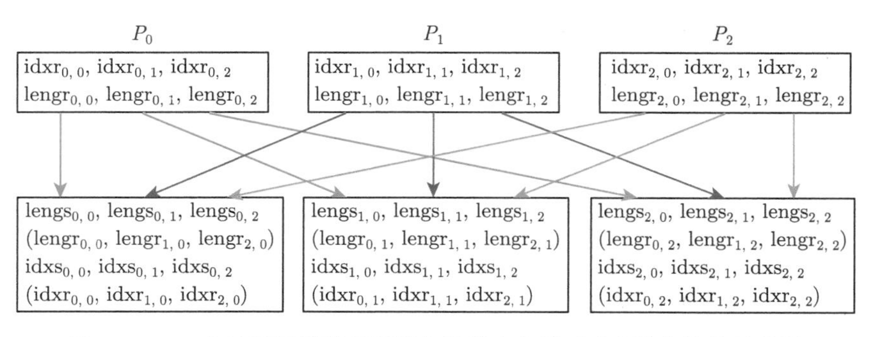

图 10.15 3 个处理器时稀疏矩阵向量乘中分量对应参数交换的示意图

在计算 $y = Ax$ 之前，需先收集本处理器要用到的 x 分量，这可以先在每个处理器上利用 idxs 逐一提取需发送出去的分量并存储到 vals 中，之后通过

MPI_Alltoallv 操作，在每个处理器上将接收到的数据存储到 valr，再将 valr 中的元素存储到临时数组 w 中，使得 $w(\mathrm{idxr}(j)) = \mathrm{wr}(j)$。这样，就可以直接计算 $y_i = A_i w$ 了。

与 9.4.2 节所述刚度矩阵的装配类似，在进行 $y = Ax$ 的实际计算时，这里也可以采用局部非阻塞式通信操作替代 MPI_Alltoallv。对处理器 k，依次判断其上 $\mathrm{lengs}_{k,j}(j = 0, 1, \cdots, p-1)$ 是否等于 0，当其不等于 0 且 j 不等于 k 时，才启动到处理器 j 的发送操作；之后，再依次判断其上的 $\mathrm{lengr}_{j,k}(j = 0, 1, \cdots, p-1)$，当其不等于 0 且 j 不等于 k 时，才启动到从处理器 j 接收数据的操作。这些操作分别采用非阻塞式函数 MPI_Isend 与 MPI_Irecv 来实现。

此外，采用文献 [19] 对矩阵向量乘中分量进行分类的方法，将每个处理器上 y_k 的分量分为内部分量和边界分量两类。内部分量的计算不依赖于其他处理器上的 x 分量，仅依赖于本处理器局部分配到的 x 分量，无需通信即可进行计算。边界分量至少依赖于其他处理器上的一个 x 分量，需要在接收到所有依赖的 x 分量之后，才能完成计算。这样，可以将这种对分量分类的方法与局部非阻塞式通信相结合，进行计算与通信重叠，减少通信开销的影响。基本思想是，在处理器 k 上，先对所有 $\mathrm{lengs}_{k,j}$ 不为 0 且不等于 k 的 j，启动到处理器 j 的非阻塞式发送操作。对所有 $\mathrm{lengr}_{k,j}$ 不为 0 且不等于 k 的 j，启动从处理器 j 的非阻塞式接收操作。其次，进行 y_k 中内部分量的计算。在非阻塞式接收操作完成之后，再进行边界分量的计算。这样，内部分量的计算就能与通信相互重叠，从而在一定程度上实现对通信开销的隐藏。

对 9.7 节所述实验，在与之采用同样的计算环境下，稀疏矩阵与稠密向量并行相乘所用的时间如表 10.1 所示，其中 nopt 是采用文献 [1] 中算法所需要的时间，opt 是采用此处所描述算法的时间。从表中可见，无论对哪种划分、哪种试件、哪种处理器规模，采用优化技术时，稀疏矩阵稠密向量并行乘所用时间均得以显著减少。同时，随着总处理器个数的增加，优化后并行乘所用时间与优化前相比，总体上有不断减小的趋势，这说明总体上优化效果在处理器个数较多

表 10.1 混凝土试件静载实验中稀疏矩阵稠密向量乘所用总时间 (单位：s)

		$p = 16$		$p = 32$		$p = 64$		$p = 128$	
		nopt	opt	nopt	opt	nopt	opt	nopt	opt
model 1	PARTCONT	375.28	347.48	246.12	232.27	237.35	220.72	331.36	296.49
	PARTMETIS	273.69	254.80	220.17	198.39	232.27	208.50	350.58	292.49
	PARTMESH	275.71	253.20	235.73	212.83	278.05	254.69	320.47	279.94
model 2	PARTCONT	180.53	174.74	134.68	125.46	130.03	121.98	143.36	136.57
	PARTMETIS	142.85	137.62	89.75	82.17	82.34	74.17	101.32	90.38
	PARTMESH	145.54	140.91	96.85	91.17	88.37	80.05	118.68	105.89

时更明显。同时，对相同试件在相同处理器个数时的模拟，相对其他两种划分算法，采用 PARTCONT 算法所用时间较长。

10.6.5 内积的并行计算

设要在 p 个处理器上并行计算 n 维向量 x 与 y 的内积，且对处理器从 0 到 $p-1$ 进行标号。现将 x 与 y 分别分段成 p 个子向量 u_k 与 v_k，$k=0\sim p-1$，则有

$$(x,y)=y^{\mathrm{T}}x=\sum_{k=1}^{p}v_k^{\mathrm{T}}u_k=\sum_{k=1}^{p}(u_k,v_k) \tag{10.83}$$

因此，$(x,\ y)$ 的计算可通过先在第 $k=0\sim p-1$ 个处理器上计算局部内积 $\alpha_i=(u_{i+1},v_{i+1})$，再通过多处理器归约在所有处理器上得到 $(x,\ y)$。

值得注意的是，内积属于需要全局通信与同步的操作，而在 Krylov 子空间方法的每次迭代中，通常需要不止一次的内积操作，当在分布存储并行计算机上进行并行计算且处理器个数比较多时，内积对应的同步点的数量对并行效率影响很大，内积操作是影响整体并行效率的关键因素之一。所以，对迭代法进行重新组织，使得内积尽可能集中在一起，可以有效减少通信起步时间与同步次数，从而提高并行计算的效率。

10.7 本章小结

稀疏线性方程组求解是混凝土等结构材料隐式有限元分析中计算量最大的部分，在实际的大规模三维问题中，迭代法是唯一可行、能满足实时性要求的求解算法，而其中 Krylov 子空间迭代法是应用最广泛者。本章主要介绍 Krylov 子空间的基本概念与基本性质，并在此基础上，按基于正交化与双正交化的误差投影型和残量投影型四大类，分别介绍了 FOM, CG, GMRES, BiCG, CGS, BiCGSTAB, QMR, TFQMR 等典型 Krylov 子空间迭代法。之后，在分析这些迭代法的共有特征的基础上，介绍了迭代法进行并行计算时的一般框架设计，并针对其中的稀疏矩阵稠密向量乘以及内积计算，进行了并行计算时的专门介绍。

参考文献

[1] 吴建平, 王正华, 朱星明, 等. 混凝土细观力学分析程序中的快速算法与并行算法设计 [J]. 计算力学学报, 2008, 25(3): 352-358.

[2] 吴建平, 王正华, 李晓梅. 稀疏线性方程组的高效求解与并行计算 [M]. 长沙: 湖南科学技术出版社, 2004.

[3] Saad Y. Iterative Methods for Sparse Linear Systems[M]. Boston: PWS Pub. Co., 1996.

[4] Arnoldi W E. The principle of minimized iteration in the solution of the matrix eigenvalue problem[J]. Quart. Appl. Math., 1951, 9:17-29.

[5] Saad Y, Schultz M H. GMRES: a generalized minimal residual algorithm for solving nonsymmetric linear systems[J]. SIAM J. Sci. Stat. Comput., 1986, 7: 856-869.

[6] Freund R W. Conjugate gradient methods for indefinite systems[C]. Watson G A(Ed). Proceedings of the Dundee Biennal Conference on Numerical Analysis. New York: Springer Verlag, 1975: 73-79.

[7] Abe K, Zhang S L. A variant algorithm of the orthomin(m) method for solving linear systems[J]. Applied Mathematics & Computation, 2008, 206(1): 42-49.

[8] Sonneveld P. CGS: a fast Lanczos-type solver for non-symmetric linear systems[J]. SIAM J. Sci. Stat. Comput., 1989, 10(1): 36-52.

[9] van der Vorst H A. Bi-CGSTAB: a fast and smoothly converging variant of Bi-CG for the solution of non-symmetric linear systems[J]. SIAM J. Sci. Stat. Comput., 1992, 12: 631-644.

[10] Freund R W, Nachtigal N M. QMR : a quasi-minimal residual method for non-Hermitian linear systems[J]. Numerische Mathematik, 1991, 60(1): 315-339.

[11] Paige C C, Saunders M A. Solution of sparse indefinite systems of linear equations[J]. SIAM J. Numer. Anal., 1975, 12(4): 617-629.

[12] Paige C C, Parlett B N, van der Vorst H. Approximate solutions and eigenvalue bounds from Krylov subspaces[J]. Numer. Lin. Alg. Appl., 1995, 29: 115-134.

[13] Freund R W. A transpose-free quasi-minimal residual algorithm for non-Hermitian linear systems[J]. SIAM J. Sci. Comp., 1993, 14(2): 470-482.

[14] Garey M R, Johnson D S, Stockmeyer L. Some simplified NP-complete graph problems[J]. Theoretical Computer Science, 1976, 1(3): 237-367.

[15] Karypis G, Kumar V. MeTiS - a software package for partitioning unstructured graphs, partitioning meshes, and computing fill-reducing orderings of sparse matrices - version 4.0[R]. Technical Report, University of Minnesota, September 1998.

[16] Karypis G, Schloegel K, Kumar V. PARMETIS: parallel graph partitioning and sparse matrix ordering library, version 3.1[R]. Technical Report, University of Minnesota, August 2003.

[17] Hendrickson B, Leland R. The chaco user's guide - version 2.0[R]. Technical Report SAND94-2692, Sandia National Laboratories, 1995.

[18] Pellegrini F, Roman J. Scotch: a software package for static mapping by dual recursive bipartitioning of process and rchitecture graphs[C]. Proc. HPCN'96, Brussels, April 1996: 493-498.

[19] Tuminaro R S, Heroux M, Hutchinson S A, et al. Offical aztec user's guide, version 2.1[R]. Technical Report SAND99-8801J, Sandia National Laboratories, Albuquerque NM, 87185, November 1999.

第 11 章 大规模稀疏线性方程组的高效并行预条件技术

11.1 Krylov 子空间迭代的预条件技术

从 10.2.2 节的分析可知，共轭梯度 (CG) 法的收敛性依赖于系数矩阵的特征值分布，分布越集中，收敛速度越快。事实上，不只是对 CG 法，对所有其他 Krylov 子空间迭代法，也都具有这样的特性[1,2]。对稀疏线性方程组 (10.1)，当系数矩阵 A 的特征值分布相对比较分散时，即使采用 Krylov 子空间迭代法，也可能存在收敛速度慢，甚至不收敛的问题。那此时，是否有办法改善特征值分布情况，使之更集中，从而加速对应的收敛过程？答案是肯定的，这就是预条件技术。

11.1.1 预条件技术的基本概念

预条件技术是指通过在线性方程组 (10.1) 两边同时乘以相应的矩阵，将其化为一个与之等价，但系数矩阵特征值分布更集中的线性方程组的技术。假设 $B = B_1B_2$ 是矩阵 A^{-1} 的某种近似，预条件按其作用到系数矩阵的位置可以分为左预条件、右预条件与分裂型预条件三种类型，分别对应于将方程 (10.1) 化为

$$BAx = Bb \tag{11.1}$$

$$ABu = b, x = Bu \tag{11.2}$$

$$B_2AB_1u = B_2b, x = B_1u \tag{11.3}$$

这三类预条件在实现时是相似的，所以下面将以左预条件为例进行描述，此时 B 也常称为预条件子。

在具体应用中，矩阵 A 可以是稀疏矩阵，也可以不以矩阵形式显式给出，而仅给出矩阵向量乘操作的算子形式，后者称为无矩阵形式。对预条件子 B，其可以按稀疏矩阵，也可以按稀疏矩阵的逆，或者某几个稀疏矩阵的乘积形式，甚至也可以按隐式方式给出，只要是求解稀疏线性方程组 (10.1)，能得到其某种程度的近似解即可。线性方程组 (11.1) 中的 BA 一般也不会直接计算出来，而是在每次迭代中按 $u = BAs$ 的方式计算，先进行 $t = As$ 的计算，再进行 $u = Bt$ 的计算。

在采用预条件后，对所得到的新线性方程组采用 Krylov 子空间迭代法时，期望比直接对方程 (10.1) 采用时，迭代次数能够得到大幅减少。但是，必须注意，采用预条件的根本目的并不是为减少迭代次数，而是为了减少线性方程组的求解时间。一个特殊情形是选取 $B = A^{-1}$，这时理论上只需要一次迭代，但又需要求解系数矩阵为 A 的线性方程组。所以，预条件 B 的构造很有讲究，高效的预条件必须同时满足以下两个条件：

(1) 构造的预条件必须使得 BA 的特征值分布比 A 更集中，这样才能减少迭代次数；

(2) 预条件的构造时间不能太长，且预条件 B 作用到向量上的计算时间不能太长，否则可能导致总时间比直接求解 (10.1) 时更长，得不偿失。

就像前面刚刚提及的，以上两个条件通常相互矛盾，因此，有效的预条件通常是在这两者之间的某种折中。注意，当需要求解系数矩阵相同的多个线性方程组时，预条件构造时间允许适当长一点。为了构造高效的预条件，目前已经提出了许多方法，包括基于经典迭代的方法、不完全分解、稀疏近似逆、多重网格型预条件等类型，每种类型又有许多构造方法[1−3]。

11.1.2 预条件技术的发展回顾

预条件的构造方法很多，有基于经典迭代的预条件、多项式预条件、不完全分解型预条件、稀疏近似逆预条件、多层型预条件等多种类型。对从混凝土材料与结构中得到的稀疏线性方程组，利用经典迭代法构造的预条件与多项式预条件，由于有效性或健壮性相对较差，而较少采用，所以这里主要介绍后三类，且对多层型预条件，这里只关注代数多重网格型。

1. 不完全分解预条件的研究

自从 Meijerink 和 van der Vorst[4] 将不完全 Cholesky 分解作为预条件引入 CG 法中以来，已经发展起来了很多不完全分解型预条件算法，其各自之间的差异主要表现在对不完全分解因子中元素的舍弃规则上。无填充不完全分解即 ILU(0), 是最简单的不完全分解[1,2]，该方法要求分解因子的稀疏结构与原系数矩阵相同。ILU(0) 的实现代价低廉，且对 M 矩阵或具有对角占优性的矩阵，其相当有效且很健壮。但是，对更复杂的矩阵与在实际应用问题中遇到的稀疏线性方程组，ILU(0) 分解太过粗糙，这就激发起人们在允许更多填充元的方式下来设计更高效的不完全分解。ILU(k) 就是其中之一[1,2]，其可以看成是 ILU(0) 的推广，当填充元所在层次值大于 k 时就置为 0。一般而言，ILU(1) 就可以给出相当有效的预条件，层次更高时改进通常十分微小，但随层次的增加，计算量却增加很快，所以通常不会考虑。

无填充不完全分解、ILU(k) 都是在给定稀疏矩阵结构的前提下，构造得到的不完全分解预条件子。这类不完全分解预条件子还包括 Axelsson[5] 提出的针对块三对角矩阵的块不完全分解预条件、Wang 等[6] 提出的 CIMGS(compressed incomplete modified Gram Schmidt，压缩式不完全修正型格拉姆-施密特正交化) 预条件、雷光耀和张石峰[7] 针对对角优势矩阵提出的基于阶矩阵思想构造的预条件技术等。当系数矩阵的对角占优性很差时，ILU(k) 可能舍弃许多绝对值相对较大的元素，而保留许多绝对值很小的元素，导致对一般的稀疏矩阵的有效性大受影响，这是由于不完全分解时完全从非零元结构出发，而未考虑分解因子中的元素大小。基于这种考虑，研究人员提出了另外一种以对分解因子中非零元素大小判断为基础进行舍弃的不完全分解预条件，但单纯基于元素大小判断进行舍弃很难控制分解因子中的非零元总数，从而难以控制存储需求和计算量的潜在问题。Saad[8] 基于对分解因子中元素相对大小的判断，提出了双门槛不完全分解 ILUT，通过采用两个参数 σ 与 p，来保留幅度最大的某些元素，有效解决了这个问题。在分解到第 k 步时，首先按门槛值 σ 将分解因子第 k 行中绝对值相对较小的元素舍弃，再在分解因子每行非对角元中保留最多 p 个绝对值最大的元素。

针对 Markov 链数值模拟中需要求解的稀疏线性方程组，文献 [9] 中引入了一种不完全 WZ 分解，且实验结果表明，该方法快于不完全 LU 分解预条件[9,10]。Vannieuwenhoven 和 Meerbergen[11] 对基于有限元结构的稀疏线性方程组，实现了一种不完全多波前 LU 分解预条件，该方法以基于超节点的多波前 LU 分解为基础，进行舍弃得到，通过充分利用单元刚度矩阵的稠密性与局部高效主元的选取，来提高计算性能和分解的健壮性。

为改善不完全分解的健壮性，通常在分解时采用分块技术[12−15]，或主元策略[16,17]。对某些从椭圆型偏微分方程离散得到的稀疏线性方程组，为提高有效性，常对不完全分解采用对角元修正[1,2,18]。在许多有效的不完全分解预条件中，需要提供参数，这些参数的选取对预条件的质量起至关重要的作用。但是，对于一般的稀疏线性方程组，如何选取参数又是十分头痛的问题，很难事先选取很好的参数。参数个数越多，选择难度也越大。为了缓解参数选取难的问题，已经出现了黑盒式技术[19]。但是，已有实验表明，这种预条件技术的有效性不高。如何在减少参数个数与维持预条件的有效性之间进行平衡, 是一个很有挑战性的问题。

为对不完全分解预条件进行高效并行化，有多种方法可以采用。对块三对角线性方程组，Axelsson[20] 基于展开序列给出了一种并行预条件，在该方案中，在给出串行不完全分解后，并行预条件是上三角因子与下三角因子的乘积，前者从不完全分解上三角因子之逆的牛顿 (Newton) 序列来近似，后者也类似构造。但进行并行化最主流的技术是采用排序[21,22] 或各种区域分解策略。利用排序进行并行计算的思想是对对应于系数矩阵的图进行着色，使任何相连点的颜色不同，这样, 在做 ILU(0) 分解时，同颜色点所对应的矩阵行可并行计算，但已有理论分析与实验表明，此时预条件的有效性大大降低，从而限制了该方法的应用[21]。

采用区域分解策略对不完全分解进行并行化是研究最多的并行化方法之一[23]，该方法包括基于非重叠区域分解的并行预条件、基于重叠区域分解的并行预条件，以及某些称为多分裂[24] 的加型 Schwarz 变种。在非重叠区域分解中，可以简单地舍弃不同子区域之间连接边所对应系数矩阵中的非对角元，来构造预条件，得到的预条件子为块对角矩阵，每个对角块对应于一个子区域。为进一步节省计算开销，对每个块可以采用不完全分解或其他方法来近似[25]。为改进收敛性，一种方法是采用 Schur 补，将对对角块的近似与 Schur 补的近似分开，例如，可以利用满足某种测试条件的窄带宽矩阵来近似 Schur 补矩阵[23]。在该方案中，将邻接图划分为 p 个部分与一个分割子，其中任何两部分之间都不相连，而只能与分割子相连，该方案可以利用多层技术进行进一步改进[26]。Hysom 和 Pothen[27] 提出了另一种称为伪重叠区域分解的方法来进行改进，将每个部分看成一个复合节点，其对得到的商图应用多色排序。以商图为基础，来控制不完全 LU 分解中引入的非零元个数。以这种方法，对应于 Schur 补的计算也可以并行执行。对 ILU(k) 预条件，基于伪重叠区域分解的并行化预条件[28,29] 已证明相当有效，并且可扩性好，但应用到更有效的预条件时，其效果有待进一步验证。

在重叠区域分解中，与每个子区域对应的解可以直接近似计算，之后对这些局部解简单地相加，并在累加时乘以一定的阻尼因子，来得到全局解[30,31]。为改善收敛性，可以采用权重来对重叠节点所对应的局部解进行平均。典型的方法是, 如果某个节点同时属于 k 个子区域，则将权重取为 $1/k$。还可以进一步采用分裂权来改进预条件的质量[32]。对加性 Schwarz[33]，限制算子与延拓算子到向量上的操作都需要与其他处理器进行通信。Cai 和 Sarkis[34] 给出了一种简单的改进方法，称之为限制加性 Schwarz，其要么将所有的限制算子限制为非重叠版本，要么将所有的延拓算子限制为非重叠版本。在限制加性 Schwarz 中，通信频率与通信量都减少了一半，数值结果表明，其收敛速度也常快于经典加性 Schwarz。Li 和 Saad[35] 进一步对其进行了改进，将该思想应用于 Schur 补分解中，通信频率与通信次数，以及并行度都保持不变，但通常迭代次数更少，从而计算时间也更少。

除了上面的并行化方法外，还有许多其他方法。Saad[36] 提出的多层不完全 LU 分解是针对一般稀疏线性方程组的一种方法，其递推地利用独立集，并进行仔细的舍弃。Saad 和 Zhang[12] 进一步将其推广到块版本，增强了健壮性，提高了计算效率。吴建平等[37] 针对块三对角线性方程组，基于区域分解以及对子区域扩展的仔细考虑与三角因子的构建，提出了一种并行局部块分解预条件子，并通过理论分析与数值实验，证明了该方法优于国内外经典并行化方法。Diosady[38]

提出了一种基于受限平衡区域分解的最小重叠加性 Schwarz 预条件，以在保证并行预条件质量的同时，减少通信量与提高并行计算效率。

2. 稀疏近似逆预条件的研究

与不完全分解不同，稀疏近似逆[1,2] 是一类在应用时具有天然并行性的预条件技术，只涉及矩阵向量乘的并行计算，所以算法的可扩展性主要受预条件构造过程的影响。在构造稀疏近似逆时，与不完全分解类似，需要舍弃预条件子中的某些元素，以提高效率，这有两种策略，其一为事先给定预条件子的非零元结构[39,40]，如对对角占优矩阵，常可选其某个幂次的稀疏结构作为预条件的稀疏结构；其二为在构造过程中自适应地确定稀疏结构，这通常需要在构造开始前给定初始结构与某些限制门槛，该方法对一般的稀疏线性方程组更有效，但往往开销也相对更高。

稀疏近似逆预条件的构造有三种基本类型。一种是利用对矩阵方程进行近似求解[1,2]，直接计算。第二种是逐列或逐行计算稀疏近似逆，该方法更便于并行计算，此类方法中最成功的是由 Huckle 和 Grote 等[41,42] 提出的 SPAI(sparse approximate inverse，稀疏近似逆)，利用一维优化动态改进非零元结构，并在此过程中进行对应非零元素的计算。Gould 和 Scott[43] 给出了一种计算全局优化的简便方法，使得与一维优化相比，计算量增加不大。这两类方法中不仅预条件构造时间较长，而且对对称正定矩阵，计算得到的稀疏近似逆并不一定对称正定，从而不能利用 CG 法高效计算，为解决这个问题，可以采用第三种，即分解型稀疏近似逆。

在给定稀疏近似逆非零元结构的情况下，也可以在最小化残矩阵 F 范数的意义下计算近似逆的非零元素，但即使原矩阵对称正定，这样计算得到的近似逆一般也将是非对称矩阵。为解决这个问题，可以采用最小二乘来计算分解型稀疏近似逆 (FSAI)[44]。该方法对对称正定矩阵，能得到健壮高效的预条件子，但推广到一般线性方程组时，不一定可靠。Benzi[45,46] 提出了分解型近似逆的另一个构造方法，即双正交化构造 (AINV)，该方法的健壮性与 ILU 相当，但串行计算时比 ILU 稍慢。AINV 在应用时便于并行，但其构造过程本质上是串行的，为对其进行并行化，现常采用图划分方法先将系数矩阵化为块箭状形式，再进行计算。但当图中各部分间相关性很强时，由于既要对图划分方法进行并行实现，又要对比较大的 Schur 补矩阵进行并行不完全分解，所以其并行计算的有效性将受到很大影响。北京应用物理与计算数学研究所 Gu 等[47] 将 AINV 与 BILUM(分块型多层不完全 LU 分解) 相结合，构造了一类比较有效的并行预条件。当然，稀疏近似逆也可以采用 Krylov 子空间迭代法来构造，构造的预条件又用于加快 Krylov 子空间迭代的收敛速度，这种方法称为自预条件方法[2]。

3. 代数多重网格预条件技术的研究

另一类预条件构造法来源于对多层方法的应用，当线性方程组来源于椭圆型偏微分方程，且离散网格已知时，几何多重网格预条件方法非常有效。这种算法的最大吸引力在于其具有最优收敛性的潜力，即如果设计得当，收敛速度将与问题规模几乎无关，从而可以高效求解超大规模问题。这种最优性通过两个基本过程来取得：光滑和粗网格校正，光滑之后余下的误差传递到粗网格，利用粗网格校正求出增量后，传回细网格进行解的校正。

对混凝土结构材料的模拟计算，材料通常不规则，或基于高精度模拟与缩减计算量间进行折中的考虑，导致离散网格经常不规则，此时采用几何多重网格往往不方便，而代数多重网格法 (AMG)[48] 是更可行的选择。这种方法从纯代数角度，而不采用所求解问题的几何信息，来构造多重网格型算法，早在 20 世纪 80 年代就已开始研究[49,50]。代数多重网格与几何多重网格一样，其性能取决于光滑过程和粗网格校正间的互补性，即光滑误差必须能由粗网格校正有效消除。代数多重网格算法中粗网格校正的设计基于连接的强弱与两个基本假设[50−52]，其一是代数光滑误差沿强连接方向上变化缓慢；其二是代数光滑误差 e 对应的残量 Ae 很小。代数多重网格算法按构造方式的不同，可分为 5 类[53]：经典代数多重网格、基于 F 松弛的代数多重网格、聚集型代数多重网格、ILU 型代数多重网格与基于块消去的代数多重网格。

经典代数多重网格技术起源于 20 世纪 80 年代早期，针对一些具有一定对角占优性的矩阵，如对角占优矩阵与 M 矩阵，从理论上已经证明了该技术的有效性。在该技术中，核心问题是粗网格与插值公式的构造[48−50]。在经典算法中，插值算子采用两次移除法来构造[50]，但连接强度采用由系数矩阵中元素的相对大小来判定，较适用于 M 矩阵情形。为准确处理矩阵近零空间分量并非局部定常的情形，Brezina 等[51] 给出了一种自适应插值算法。Sterck 等[52] 针对利用并行修正型最大独立集构建粗网格时收敛性和数值稳定性下降的问题，研究了改进整体可扩展性的插值算子修正方法。Brannick 等[54] 通过引入基于能量范数的强度定义，将网格粗化有效推广到了对称正定矩阵情形。在粗网格并行构造方面，Henson 和 Yang[55] 基于经典代数多重网格，对多种并行粗网格点选取方法进行了比较研究，Sterck 等[56] 提出了仅依赖于强化最大独立集性质的两种粗网格并行构造方法，即并行最大独立集算法和混合最大独立集算法。Cleary 等[57] 对粗网格的多种并行构造算法进行了研究。在这些算法中，粗网格校正过程都仅与系数矩阵 A 有关，且粗网格的构造研究主要在于高质量的并行化方法。为减弱对光滑误差的隐含假定，Chartier 等[58] 针对有限元离散，基于单元刚度矩阵和局部聚合刚度矩阵的特征分解来构建插值，并由 Henson 和 Vassilevski[59] 推广到无单元刚度矩阵情形。为更健壮地定义插值算子，Manteuffel 等[60] 基于对奇次方程组迭代产生的测试误差向量，引入了最小二乘拟合来定义插值权重的方法。相容松弛[61,62] 利用细网格点对应子块之逆来度量变量间的耦合程度，并基于光滑过程以渐近方式来构建粗网格，但基于两次移除法和能量最小化来构造插值算子。

基于 F 松弛的代数多重网格技术是基于对细网格点进行松弛[50]，以强行减小投影误差的一种方法，该方法的研究已不多见。为了保证经典代数多重网格法具有较好的收敛性，必须尽量从多个粗网格点进行插值来计算细网格点的值，但从单一粗网格点进行插值实现起来更为简单，聚集型代数多重网格[53,63] 就是在这种思想下提出来的。聚集型代数多重网格的关键是聚集的构造方法，以及改进收敛性的技术。目前，已经提出了多类改进收敛性的方法，包括对 Galerkin 算子的调节技术[64]、对校正过程进行光滑的技术[50]、对插值算子进行光滑的技术[63,65]，以及利用测试向量构造光滑的插值算子的方法[66] 等。

ILU 型代数多重网格是以不完全分解技术为基础，并以多重网格的形式构造得到[53,67−69]。在这种技术中，经常采用基于父顶点的不完全分解，即只允许在分解因子中当前顶点对应的行 (列) 上，父顶点对应的列 (行) 位置上的元素非零。在这类方法中，核心问题是粗网格点以及细网格点的父顶点的确定，以及不完全分解的选取与构造。对基于块消去的代数多重网格技术[70−72]，核心问题是粗网格点的确定。一旦确定了粗网格点，就可以对矩阵进行对称置换，使得细网格点对应的对角元排在左上角，粗网格点对应的对角元排在右下角，并利用左上角的对角块近似地消去其下方的非零元素，之后继续对右下角的对角块进行类似处理。

在光滑算子的研究上，代数多重网格中一般采用 Jacobi、阻尼 Jacobi、Gauss-Seidel、Richardson 等简单的点松弛[50,73]。在文献 [74] 中，Broker 与 Grote 提出了基于稀疏近似逆的光滑算子，允许通过更改稀疏结构和填入元来继续改进。与之不同，Philip 等[75] 利用敏感性分析来识别变量间的强耦合性，并以此为基础提出了一类自适应光滑算子。Adams 等[76] 将 Chebyshev 多项式和多层多项式光滑算子与 Gauss-Seidel 迭代松弛进行比较，发现很多情况下特别是对非结构网格，多项式松弛不仅便于并行计算，而且收敛效果也很好。Yang[77] 针对混合光滑算子，给出了一种松弛参数选取方法。Baker 等针对大规模并行计算，在文献 [78] 中对各种适合于并行计算的光滑算子在代数多重网格算法中进行了综合比较，发现 Chebyshev 多项式光滑效果一般很好，当每个处理器上问题规模较大时，处理器内采用传统 Gauss-Seidel，而在处理器间进行延迟，所得到的混合 Gauss-Seidel 迭代给出了与问题规模无关的收敛性。

正如文献 [76] 中表 1 所列，在二维长方形结构网格情形下，对 Laplace 方程 Dirichlet 边值问题的代数多重网格实验中，基于红黑排序的 Gauss-Seidel 松弛最为有效。如果仅从光滑算子本身来看，字典序 Gauss-Seidel 应当优于红黑排序 Gauss-Seidel，这是因为红黑排序 Gauss-Seidel 对应光滑算子，粗网格点对应行的非零元结构及其元素值，都与系数矩阵 A 吻合得很好，而目前插值算子的构造也直接从 A 出发，这使得光滑算子和粗网格校正互补性良好。同时，如果采用 Jacobi 或阻尼 Jacobi 松弛，虽然本身的收敛速度稍差，但也具有类似互补性。

在代数多重网格算法的收敛性理论研究上，Huang 和 Shi[79] 利用对系数矩阵的粗细网格分块形式，利用系数矩阵能量范数的上下界假定，给出了一个普适性的收敛性定理。Vassilevski[80] 对从有限元离散得到的对称正定线性方程组，研究了代数多重网格算法的收敛性，着重考虑了能确保两层收敛性的粗网格空间所构造层次的性质。Seynaeve 等[81] 采用傅里叶模式分析方法，对求解离散随机系数偏微分方程的单层与多层迭代法的收敛性进行了研究。总体上，对代数多重网格的收敛性理论，已经发展起矩阵分析和傅里叶分析两种方法。

11.1.3 一般稀疏矩阵的多行不完全 LDU 分解预条件

Saad[2,8] 提出的 ILUT 一直是应用最多的不完全分解预条件之一，其有效性来源于两方面。其一，通过舍弃相对幅度小于 σ 的元素，与在分解因子每行中最多保留 p 个非零元，使得分解因子中的非零元个数较少，这不仅减少了不完全分解所用的时间，同时也大大减少了预条件迭代的时间。其二，当矩阵对角占优性较差时，可以通过增大参数 p 与减小参数 σ 来提高不完全分解因子的质量，特别地，如果取 $\sigma=0$ 且 p 等于矩阵阶数，则对应的不完全分解就是 LU 分解。ILUT 具体描述如图 11.1 所示。

```
1.   For i = 1,··· ,n do
2.     w := a_{i*}
3.     For k = 1,··· ,i − 1 and when w_k ≠ 0 do
4.       w_k := w_k/u_{kk}
5.       If |w_k| < σ then w_k := 0
6.       If w_k ≠ 0 then
7.         w := w − w_k * u_{k*}
8.       Endif
9.     Enddo
10.    If |w_j| < σ_i then w_j := 0 for j = i + 1,··· ,n
11.    Extract the maximum p elements from l_{i,1:i−1}
12.    Extract the maximum p elements from u_{i,i+1:n}
13.    l_{ij} := w_j for j = 1,··· ,i − 1
14.    u_{ij} := w_j for j = i,··· ,n
15.    w := 0
16. Enddo
```

图 11.1 算法 ILUT(p,σ)

在如图 11.1 所示 ILUT 算法中，采用三个舍弃策略。其一，在算法描述的第 5 行，如果某元素的绝对值小于门槛 σ，则将该元素舍弃，即替换为 0。其二，在第 10 行，采用另一种舍弃规则，舍弃那些绝对值小于 σ_i 的元素，这里 σ_i 取为 σ/t_i，其中 t_i 等于原系数矩阵第 i 行的 1 范数与该行中非零元个数之商。其三，在第 11 与第 12 行，对第 i 行的 L 即严格下三角部分，只保留其中最大的至多 p 个元素。同时，对该行 U 中的严格上三角部分，也只保留其中最大的至多 p 个元素。此外，对角元始终保留。

ILUT 虽然有效，但在实际应用时依然存在不足。其一，很难为 ILUT 中的参数指定最佳值。如果 p 太小，或 σ 太大，将使得预条件有效性很差。但如果 p 很大，且 σ 很小，得到的预条件虽然有效性好，但预条件构造的代价与每次迭代的开销却很大，难以忍受。其二，当矩阵各行中的元素幅度相差很大时，分解因子 L 与 U 各行中元素幅度相差可能也很大，但 ILUT 几乎平均地在每行中保留同样个数的非零元，这可能舍弃某些相对较大的元素，而保留了相对较小的元素。虽然保留相对较大的元素并不总是优于保留相对较小的元素，但已有实验表明，一般保留相对较大的元素更有优势，对对角占优矩阵，更是如此。

基于以上考虑，这里提出 ILUT 的一个改进方法，称为多行不完全 LDU 分解 (MRILDU)[82]。其基本思想是，对矩阵进行不完全 LDU 分解，且每次先连续计算因子 L 与 U 的多个行，之后将所得 L 的行一起考虑采用舍弃策略，将所得 U 的行一起考虑采用舍弃策略。这里采用不完全 LDU 分解取代不完全 LU 分解，有两方面的优势。其一，进行 LDU 分解时，L 中的元素与 U 中元素分别相对同列或同行中的对角元进行过比例化，从而在 L 与 U 中采用同样的舍弃策略时更为公平。其二，由于 L 中的元素已经都进行过比例化，从而在将算出的多行一起采用舍弃策略时，对各行更为公平。此外，采用一次算出多行再进行舍弃，可以对多行中的非零元素采用统一的标准进行舍弃，相对于一次计算一行并同时采用舍弃策略而言，更有利于保留下分解因子中幅度相对较大的元素。假设每次同时分解出矩阵的 b 个行并就此采用舍弃策略，则可将算法具体描述如图 11.2 所示。

在具体实现时，要想使得算法 MRILDU(b, p, σ) 高效，需要解决三个问题。一是第 7 步上稀疏向量的线性组合，二是第 19 步与 20 步上从给定向量中选取若干个幅度最大的元素，三是第 3 步上必须以升序访问 A 第 i 行中的元素。将图 11.2 与图 11.1 中的步骤进行比较可以发现，算法 MRILDU(b, p, σ) 中所遇到的第一个问题与 ILUT(p, σ) 一样，所以可以采用与之同样的技术来实现，具体实现细节可以参见 9.3.2 节。

对第二个问题，我们采用与 ILUT(p, σ) 中稍微不同的快速排序法。在 MRILDU (b, p, σ) 中第 19 步与第 20 步进行排序时，不对实际的元素及其列号进行交换操作，而用另一个整型数组跟踪排序过程，最终用其前 bp 个元素记录下浮点数数组中按模最大的 bp 个元素所处该数组中的位置。在排序结束后，将列号数组中其他位置上的元素置为 0，对应于舍弃的这些元素。这样，就可以直接将余下的元素保存下来，而不必为确定非零元的行号耗费太多时间。

```
1.  For i = 1, ··· , n do
2.    w := a_{i*}
3.    For k = 1, ··· , i − 1 and when w_k ≠ 0 do
4.      α := w_k and w_k := α/d_k
5.      If |w_k| < σ then w_k := 0
6.      If w_k ≠ 0 then
7.        w := w − α * u_{k*}
8.      Endif
9.    Enddo
10.   For j = i + 1, ··· , n do
11.     w_j := w_j/w_i
12.     If |w_j| < σ then w_j := 0
13.   Endfor
14.   l_{ij} := w_j for j = 1, ··· , i − 1
15.   d_i := w_i
16.   u_{ij} := w_j for j = i + 1, ··· , n
17.   w := 0
18.   If mod(i, b) = 0 then
19.     Extract the maximum bp elements from l_{i−b+1:i,*}
20.     Extract the maximum bp elements from u_{i−b+1:i,*}
21.   Endif
22. Enddo
```

图 11.2 算法 MRILDU(b,p,σ)

对第三个问题，表面上看在 MRILDU 中与 ILUT 中应完全相同，但需要注意到，在 MRILDU 中是一次将 b 行作为一个整体来采用舍弃策略的。不妨假设对第 k 到第 $k+b-1$ 行一起采用舍弃策略，在计算第 k 行时，与 ILUT 是相同的，用到的也是最终不完全分解因子 U 中的元素。但是，在算其中第 $k+1$ 至第 $k+b-1$ 行时，需要用到的 U 第 $k-1$ 行以及之前行中的元素都是最终不完全分解因子中的元素。但当用到的是第 k 到第 $k+b-2$ 行中的元素时，这些元素都只是临时值，尚未采用舍弃策略。为计算方便起见，在开始分配分解因子的存储空间时，预先多分配 bn 个存储单元，计算中将这连续 b 行的元素按与不完全分解因子第 $k-1$ 行之前相同的格式进行存储，这样便于算法实现。在采用舍弃策略时，再对这 b 行中的元素直接操作，只要将被舍弃的元素置为 0，之后再将这些零元素全部舍弃，并将其所在位置填充为后续非零元素即可。

下面来分析 MRILDU 相对于 ILUT 的存储需求与计算量变化情况。在 ILUT 中，每次计算一行，并从分解因子一行中选取 p 个幅度最大的非零元素加以保留。分解因子每行中的非零元素在未舍弃之前最多只可能为 n 个，则未舍弃前，需要存储该行中的所有非零元素，所以可以认为需要额外增加临时空间复杂性 $O(n)$。在 MRILDU 中，未舍弃之前，需要存储 b 行中的非零元素，因此需要额外增加的临时空间复杂性最多可能为 $O(bn)$，如前文所述，该存储空间已经预先分配。对最终的不完全分解因子而言，由于 MRILDU(b, p, σ) 与 ILUT(p, σ) 的存储量都以 $(2p+1)n$ 为上界，所以两者的存储量都不会超过这个上界，因而基本相当，特别是当 p 较小或 σ 较大时，更是如此。进而，在预条件迭代中，每次迭代的计算时间也将基本相当。另一方面，MRILDU 的质量一般更高，即采用 MRILDU 时，迭代次数一般会少于采用 ILUT，因此，如果不考虑预条件的构造，则采用 MRILDU 时迭代本身所耗费的时间一般会少于采用 ILUT。

再来看预条件构造上的时间复杂性差异，时间有差异主要是两个原因。其一，ILUT 中每次对一行进行舍弃，舍弃完成后即存储到不完全分解因子中，在进行后续行的计算时需要用到分解因子 U 中该行之前的元素，这就是最终不完全分解因子中的元素。在 MRILDU 中，连续计算出因子的 b 行，不妨设这 b 行为第 k 到第 $k+b-1$ 行，之后再将这 b 行作为一个整体进行舍弃，计算过程如前文所述。因此，计算过程中需要用到的临时存储空间一般大于采用 ILUT，同时计算量也会比 ILUT 稍大。

其二，在于对现有数组进行快速分裂时的数组长度以及需要从中提取出的元素个数互不相同。对 ILUT，如果第 k 到第 $k+b-1$ 行中未舍弃前均各有 q 个非零元，则在采用快速排序从分解因子中提取所需的 p 个元素时，对每行的时间复杂性大约为 $O(q/p\log q)$。因此，对 b 行进行操作的时间复杂性共为 $O(bq/p\log q)$。对 MRILDU，由于是将 bp 行一起采用舍弃策略，所以，对这 b 行的操作相当于是从 bq 个元素中提取出 bp 个元素，所以，分裂所用时间复杂性应为 $O\{bq/(bp)\log(bq)\}$ 即 $O\{q/p\log(bq)\}$。由此可见，单就提取幅度最大元素的角度来看，似乎 MRILDU 会更快。但需要注意，在计算第 $k+1$ 至第 $k+b-1$ 行时，每行中临时保存的元素个数很可能会比 ILUT 时要多，因此，即使会稍快，也不会十分显著。特别是当 b 较大时，更是如此。

此外，可以证明与其他不完全 LU 分解一样，当矩阵 A 是 M 矩阵或者对角占优矩阵时，MRILDU 可以一直进行下去，且在分解过程中得到的右下角待分解矩阵也一直会维持为 M 矩阵或对角占优矩阵。这两种情况下，在将矩阵 A 分裂为 LDU 与 $A-$LDU 两部分后，以 LDU 作为迭代矩阵的迭代法必然收敛，与之对应，预条件后系数矩阵的条件数必定优于未采用预条件时的原始系数矩阵。

下面针对 9.7 节中的试件 2 所得稀疏线性方程组，对所提出的 MRILDU 与 ILUT 进行对比实验。实验在 CPU 为 Intel(R) Xeon(R) CPU E5-2670 0 @ 2.60GHz，cache 为 20480KB，内存为 48G 的高性能服务器上进行。操作系统采用 Red Hat 4.4.5-6 Linux version 2.6.32-220.el6.x86_64，编译时采用 Intel 的 Fortran 编译器 ifort 11.1.059，并采用 –O3 优化。在所有迭代中，均选取全零向量为初始解向量。虽然得到的稀疏线性方程组是对称正定的，但这里测试的 ILUT

和 MRILDU 均不具有对称性，因此，迭代法选用 BiCGSTAB，初始解向量取为全 0 向量，且迭代停机准则选为残量 2 范数下降 6 个数量级。

在表 11.1 中，列出了分别采用 ILUT 和 MRILDU 预条件嵌入 BiCGSTAB 时平均每个稀疏线性方程组的迭代次数与迭代时间，其中时间单位为 s，参数 p 取为 25，且参数 σ 取为 10^{-3}。在单元未出现损伤时，总刚度矩阵即稀疏线性方程组的系数矩阵维持不变，且即使出现单元损伤，在每个加载步上进行校正计算时的系数矩阵也不变，只要系数矩阵不变，预条件就可以不重新构造，因此，预条件的构造所耗费的时间相对很少，从而在表中未列出预条件构造的耗时情况，而只列出了预条件迭代的结果。

表 11.1 混凝土试件静载迭代结果

	b	Avg. #iters	Avg. time
ILUT		142.6517	13.7294
MRILDU	1	144.1124	12.9234
MRILDU	10	143.1742	12.2766
MRILDU	20	142.6517	10.9980

从表 11.1 可见，对混凝土细观数值模拟中需要求解的稀疏线性方程组，采用 MRILDU 相对于 ILUT 在迭代次数上并没有优势，但出现了平均每个线性方程组的迭代时间稍有改善的现象，这可能是采用 MRILDU 时 cache 利用率更好引起的。

11.1.4 对称稀疏矩阵的不完全 Cholesky 分解预条件

1. 基本的不完全 Cholesky 分解预条件

Saad 提出的 ILUT 以及 11.1.3 节提出的 MRILDU 虽然很有效，但针对的是一般稀疏线性方程组。这里针对对称正定稀疏线性方程组的特殊情形，考虑对 ILUT 的修正与改进。对对称正定矩阵，为保持预条件子的对称正定性，自然选择是基于 Cholesky 分解来进行。设要对实对称正定矩阵 $A=(a_{ij})$ 做 ICT 分解，即不完全 Cholesky 分解[83]。类似于 ILUT，这可从 IKJ 形式的 Cholesky 分解得到，如图 11.3 所示，其中 $U=(u_{ij})$ 为上三角分解因子。

```
1. For i = 1 to n do
2.   w(i : n) = a(i, i : n)
3.   For k = 1 to i − 1 do
4.     t = u(k, i)
5.     If t ≠ 0 then w(i : n) = w(i : n) − t ∗ u(k, i : n)
6.   Enddo
7.   w(i) = sqrt(w(i))
8.   w(i + 1 : n) = w(i + 1 : n)/w(i)
9.   Apply drop strategy to w
10.  u(i, i : n) = w(i : n)
11.  w(i : n) = 0
12. Enddo
```

图 11.3 ICT(p,τ)

在图 11.3 第 9 步，利用两个门槛值 p 与 τ 进行舍弃，先计算 w 的 2 范数 w_2，当某个元素 $w(j)$ 满足 $|w(j)|<\tau w_2$ 时，则将 $w(j)$ 舍弃，然后取 w 中幅度最

大的 p 个元素，保存到分解因子 U 中。此处第一次舍弃时与 ILUT 不同，原因是无须计算下三角分解因子，从而不用原矩阵行的 2 范数作为衡量标准。况且即使在 ILUT 中，该衡量标准也没有理论解释。采用门槛值 τ 进行舍弃，是为了在一定的误差允许范围内，减少下一舍弃中抽取 p 个幅度最大元素时的排序与查找时间。

对对称 M 矩阵，由文献 [4] 中定理 2.4 可知，对任何为因子给定的对称非零元结构，存在唯一的不完全分解因子 U，而显然算法 1 针对的是一对称非零元结构，所以存在唯一的 U。在文献 [4] 中，针对具体的规则结构问题，考虑了几种具体实现技术，但难以推广到一般的对称正定矩阵。算法 1 适用于一般对称正定矩阵，是从 ILUT 限制到对称正定矩阵得到的，从而其实现难点亦与 ILUT 类似，但具体实现时，由于只用 CSR 格式存放矩阵的上三角部分，从而比 ILUT 更复杂。难点有三个，其一与 ILUT 一样，是从给定向量中抽取 p 个幅度最大的元素，再对抽出的元素按列号递增的顺序排列，对此可用堆选排序实现。

其二是算法第 3 步要求按列访问分解因子中的元素，对此，文中引入 4 个整型数组 cbpos, cpos, cptr, rl，cbpos 与 cpos 的长度为矩阵阶数，cptr 与 rl 的长度为分解因子中的非零元个数。设分解因子 U 按 CSR 格式存放，元素值及其对应的列号分别在 u 与 ju 中，各行在 u 中的起始位置存放在 ibu 中，则 cbpos(i) 指向 ju 中列号 i 出现的第一个位置，cpos(i) 指向 ju 中列号 i 出现的当前位置，cptr(k) 指向 ju 中与位置 k 同列号的下一个位置，rl(k) 记下 u 中位置 k 上元素的行号。这样在第 3 步，需要从小到大访问 U 的第 i 列中的元素时，先确定位置 k =cbpos(i)，再按 cptr(k) 指定的位置继续搜索，每找到一个元素，则由 rl(k) 指出其在 U 中的行号。每计算出 U 的一行，就在第 10 步中更新这些数组。

其三是第 5 步中线性组合的生成。这时，可用一长度为矩阵阶数的浮点型数组 w 记录分解因子当前行中非零元的值，初始时置其元素均为 0。用一整型数组 Nz 记录非零元的列号，其长度为该行中非零元个数。在计算第 i 行时，按如上规则找出已算出行中列号为 i 的元素在 u 中的位置 k，记 m =rl(k)，则第 5 步中从 i 到 n 的循环简化为从位置 k 到 ibu(m+1)−1 的循环。对每个 ju 中这种位置上记录的列号 j，如 $w(j)$ 不为 0，则说明已记下该列号，从而只更新 $w(j)$。否则再在 Nz 中查找 j，以确认是否已被记录，如已被记录，则仅更新 $w(j)$，如尚未被记录，则追加到 Nz 中，同时更新 $w(j)$。此时，第 11 步也可简化为只对 Nz 中的元素进行。

2. 对角元修正型不完全 Cholesky 分解预条件

设现要对实对称正定矩阵 $A=(a_{ij})$ 做修正型 ICT(MICT) 分解 $A\approx U^{\mathrm{T}}U$，则知 $Ae_n=U^{\mathrm{T}}Ue_n$，其中，$e_k=(1,1,\cdots,1)^{\mathrm{T}}$ 为 k 维向量。假设分解不会中断，

且设 $Y = Ae_n$，$Y = (y, Y^{\mathrm{T}}(2))^{\mathrm{T}}$，

$$U = \begin{bmatrix} d & \alpha \\ & U(2) \end{bmatrix} \tag{11.4}$$

其中，d 为正数；α 与 $Y(2)$ 分别为 $n-1$ 维行与列向量；$U(2)$ 为 $n-1$ 阶上三角矩阵，则得

$$\begin{cases} d^2 + d\alpha e_{n-1} = y \\ d\alpha^{\mathrm{T}} + (\alpha^{\mathrm{T}}\alpha + U^{\mathrm{T}}(2)U(2))e_{n-1} = Y(2) \end{cases} \tag{11.5}$$

记 $\beta = d\alpha$ 由 $a(1, 2:n)$ 采用 ICT 的舍弃策略舍弃某些元素得到，则上式可化简为

$$\begin{cases} d = (y - \beta e_{n-1})^{1/2}, \alpha = \beta/d \\ U^{\mathrm{T}}(2)U(2)e_{n-1} = Y(2) - (y/d)\alpha^{\mathrm{T}} \end{cases} \tag{11.6}$$

类似地，$U(2)$ 为 $A(2) = A(2:n, 2:n) - \alpha^{\mathrm{T}}\alpha$ 满足式 (11.6) 中后一半的修正型 ICT 的分解因子。由此可得 ICT 的修正型算法，如图 11.4 所示。显然，如上策略适于任何舍弃策略的 IC 分解，同时也可做适当修改用于对 ILU 进行修正。

```
1. comput Y = Ae_n
2. For i = 1 to n do
3.   w(i+1:n) = a(i,i+1:n)
4.     For k = 1 to i-1 do
5.       t = u(k,i)
6.       If t≠0 then w(i+1:n)=w(i+1:n)
           -t*u(k,i+1:n)
7.   Enddo
8.   Apply drop strategy to w
9.   w(i) = Y(i) - ∑_{j=i+1~n} w(j)
10.  w(i) = sqrt(w(i))
11.  w(i+1:n) = w(i+1:n)/w(i)
12.  t = Y(i)/w(i)
13.  Y(i+1:n) = Y(i+1:n) - t*w(i+1:n)
14.  u(i,i:n) = w(i:n)
15.  w(i:n) = 0
16. Enddo
```

图 11.4 MICT(p,τ)

作为修正型不完全分解的对称型变种，当 A 为对称 M 矩阵时，ICT 生成的不完全因子 U，使 $(U^{\mathrm{T}}U)^{-1}A$ 的最小特征值为 1[7]，故矩阵特征值更集中，从而使得迭代次数更少。

3. 不完全 Cholesky 分解预条件的多行舍弃策略型变种

在算法 ICT 中，每次计算分解因子的一行。当原矩阵的实际分解因子每行中非零元个数差异很大时，在不完全分解因子每行中都只保留同样个数的元素，可能导致有的行中幅度相当大的元素被舍去，而有的行中却保留下了很小的元素，甚至可能没有保留指定个数的元素。尽管保留分解因子中幅度相对较大元素时得到

的预条件子质量并不总是优于保留较小元素，但已有实验表明，一般保留幅度相对较大的元素更为有利[8]。

基于如上考虑，以做到在各行中较公正地进行舍弃，可以将算法 1 推广到一次计算多行，算出之后再对这些行中的元素进行舍弃，保留幅度较大的元素，称之为多行 ICT，相应地，称原来的 ICT 为单行 ICT。对对称 M 矩阵做多行 ICT，并不总是优于单行 ICT，但一般会较好，即有如下定理。

定理 11.1　设 A 为对称 M 矩阵，真实分解其前 b 行时，得到局部因子 U_1，设用单行 ICT 与多行 ICT 时，所得局部不完全因子分别记为 U_2 与 U_3，$U_2(1:b,1:b)=U_3(1:b,1:b)=U_1(1:b,1:b)$，$U_2(1:b,1+b:n)$ 每行有 p 个非零元，$U_3(1:b,1+b:n)$ 共有 bp 个非零元，记 $A_1=U_1^{-\mathrm{T}}AU_1^{-1}$，$A_2=U_2^{-\mathrm{T}}AU_2^{-1}$，$A_3=U_3^{-\mathrm{T}}AU_3^{-1}$，则

$$\sum_{i=b+1}^{n}a_2(i,i)-\sum_{i=b+1}^{n}a_1(i,i)\geqslant\sum_{i=b+1}^{n}a_3(i,i)-\sum_{i=b+1}^{n}a_1(i,i)\geqslant 0$$

其中，$a_2(i,j)$，$a_3(i,j)$ 分别为 A_2，A_3 的元素。

证明　首先，由于 U_3 为对 U_1 中舍弃某些元素得到，所以 $U_3(1:b,1+b:n)$ 中任意一列上的元素 $u_3(i,j)$ 满足 $u_3^2(i,j)\leqslant u_1^2(i,j)$，从而对 $i\geqslant 1+b$，有

$$a_3(i,i)=a(i,i)-\sum_{k=1}^{b}u_3^2(k,i)\geqslant a(i,i)-\sum_{k=1}^{b}u_1^2(k,i)=a_1(i,i)$$

即定理的后半部分成立。

其次，直接计算可得

$$\sum_{i=b+1}^{n}a_2(i,i)-\sum_{i=b+1}^{n}a_3(i,i)=\sum_{i=b+1}^{n}\sum_{k=1}^{b}u_3^2(k,i)-\sum_{i=b+1}^{n}\sum_{k=1}^{b}u_2^2(k,i)$$

按舍弃规则，上式等号右边第一个和式是 $U_1(1:b,1+b:n)$ 中 bp 个幅度最大的元素之平方和，而第二个和式为 $U_1(1:b,1+b:n)$ 中某 bp 个元素之平方和，故上式大于等于 0，所以定理成立。

定理 11.1 说明，对对称 M 矩阵，多行 ICT 不仅对当前在计算的若干行，其近似程度优于单行 ICT，而且得到的待分解的主子式的对角元也有更好的近似程度，而这又从一定程度折射出整个主子式具有更优良的近似精度。

实际计算时，不可能完全按定理 11.1 的条件计算不完全因子，因为 $U_3(1:b,1:b)$ 可能含有幅度较小的元素，从而影响效率，同时利用单行 ICT 时，$U_2(1:b,1:b)=U_1(1:b,1:b)$ 也不一定成立。为此，这里考虑该策略的近似法，即假设一次计算 b 行，则与 ICT(p,τ) 相对应，先计算这 b 行每行的 2 范数，当某个元

素幅度小于 τ 与该范数乘积时，则将其舍弃，然后从这 b 行剩下的元素中提取幅度最大的 bp 个元素，保存到不完全分解因子 U 中。

假设经过第一步舍弃，使得这 b 行每行中非对角线元素均为 m 个，并设采用算法 ICT 计算时，每行中经第一次舍弃后非对角线元素也均为 m 个。在对角线元素全部保留，采用堆选排序进行抽取的情况下，算法 ICT 计算这 b 行时排序时间约为 $b\{m+(p-1)\log m\}$，在用此处的改进算法计算时约为 $b\{m+(bp-b)\log(bm)\}$，从而后者比前者多 $b(p-1)\log b$。所以，在 b 与 p 较小的情况下，一次计算多行时的计算时间增加不会太大。由于每 b 行中只保留 bp 个元素，所以此时的存储量最多不超过 pn。

在每次求解预处理系统时，改进算法的计算量与算法 ICT 基本相同。由于可以预计，一般这时预条件子的质量会得到改善，所以为达到给定精度，迭代次数与总体计算时间一般均会比采用算法 ICT 时少。

4. 不完全 Cholesky 分解预条件中的主元策略

算法 ICT 尽管高效地实现了对称正定矩阵带门槛的不完全分解，但并不能保证在计算所有第 $1 \leqslant i \leqslant n$ 行时，主元 $w(i)$ 均不会幅度很小或为负数，前述其他算法也是如此。可以想见，当出现主元幅度很小时，必然引起舍入误差的增大，从而极大地影响分解因子的质量。同样，当主元为负数时，尽管可以将算法 ICT 进行修改，采用不完全 $U^{\mathrm{T}}DU$ 分解，但此时 $U^{\mathrm{T}}DU$ 是非定的，其对 A 的近似程度必然很差，而且此时也不能利用预条件 CG 法进行求解。

但是，当出现如上所述情况时，却无法像 ILU 中那样采用选列主元的策略，因为这会破坏对称性，从而不可能继续利用不完全 Cholesky 分解。另外一种选择是针对对称矩阵的对称置换，在每计算一行时，先按对角元的大小确定要计算哪行，而把当前较小的对角元与找到的最大对角元交换，并同时交换对应的行与列，该策略将在一定程度上起到改进作用，但应该注意到，在分解过程中对角元不会增大，而只会逐渐变小，所以当主元出现负数时，分解必然不能进行到底。出现幅度较小的对角元时，对分解因子质量的改进程度也不得而知。

这里提供三个解决该问题的策略。一个是在计算过程中动态判断主元的大小，如小于某个很小正数 δ，则将使其变小的非对角元舍弃，再继续计算。此时，算法图 11.3 中第 3 至 6 步修改为算法图 11.5，其他步骤不变。该策略有几个优点：① 分解始终可以进行；② 没有引入额外的计算开销；③ 不单一地改变主元的值，而

```
1. For k = 1 to i − 1 do
2.   if u(k,i) ≠ 0 then
3.     if w(i) − u(k,i)^2 < δ then goto 6
4.       w(i:n) = w(i:n) − u(k,i) * u(k,i:n)
5.   Endif
6. Enddo
```

图 11.5 对角元修正的门槛不完全 Cholesky 分解 DICT(p,τ)

是同时改变当前行中的所有元素，从而将非对角元改变所带来的影响分散到更多的元素中，有利于改善分解因子的质量。但当门槛 p 较大时，该策略舍弃的元素将很多，并毫无规律，从而将影响分解因子的质量。

第二个策略在前 6 步与图 11.3 一样，在第 6 步后，判断对角元 $w(i)$ 的值，若不小于 δ，则按图 11.3 继续进行，否则直接将 $a(i:n)$ 赋给 $w(i:n)$，再继续计算。该策略具有与第一个策略同样的优点，同时避免了舍弃过多元素的问题，但某些行的计算不依赖于其他行的值，所以这种情况很多时，也会对分解因子的质量产生较大影响。

第三个策略是基于对角预条件有效时的考虑，此时当算法图 11.3 第 6 步后 $w(i)$ 不小于 δ 时，按算法图 11.3 进行，否则直接取为 $w(i,i)=a(i,i)$，且对 $j\neq i$ 取 $w(i,j)=0$。该策略在对角预条件有效性小时，有效性也将下降。

5. 不完全 Cholesky 分解预条件的有效性验证

下面将这里的预条件方法与已有方法进行比较，其中 CG 是指无预条件 CG 法，DCG 为对角预条件 CG 法，IC0 是指采用无填充不完全分解时的预条件 CG 法，MIC0 为 IC0 的修正型预条件，ICT 与 MICT 分别指图 11.3 和图 11.4 的方法，GICT 与 DICT 分别指一次计算多行的 ICT 变种与如图 11.5 所示的算法，所有实验结果均在处理器为 C633 且内存为 128M 的计算机上得到，操作系统为 Red Hat 7.2，迭代中调用安装于系统上的 BLAS 子程序。迭代中终止条件为残量范数小于初始时的 ε 倍，其中右端项 r 第 i 个分量为 $r(i)=(i/n)^2$，n 为矩阵阶数。

这里的实验针对五点差分阵 POINT5 与 Harwell-Boeing 矩阵 BCSSTRUC[①] 类中的部分对称正定阵，后者的具体矩阵与特征参数见表 11.2，其中 Nz 表示矩阵上三角部分中的非零元个数。

表 11.2　BCSSTRUC 类中部分对称正定矩阵的特征参数

名称	阶数 n	Nz	半带宽	名称	阶数 n	Nz	半带宽
BCSSTK08	1074	7017	591	BCSSTK10	1086	11578	38
BCSSTK11	1473	17857	651	BCSSTK13	2003	42943	1251
BCSSTK14	1806	32630	162	BCSSTK15	3948	60882	438
BCSSTK16	4884	147631	141	BCSSTK17	10974	219812	522
BCSSTK18	11948	80519	1244	BCSSTK27	1224	28675	57

实验 1 以 $n=500\times500$ 阶自然排序时的 POINT5 为对象，测试 ICT，GICT 与 MICT 的性能，实验结果见表 11.3，其中，mthod 为方法，iters 表示迭代次数，ptime，itime 与 time 分别指以秒为单位的预处理、迭代与总计算时间，下文沿

① http://math.nist.gov/MatrixMarket/

用这些记号。实验 1 的结果说明文中实现技术是高效的，使得 ICT 比 IC0 更好，而且正如前文所分析的那样，GICT(b,p,τ) 的迭代次数与计算时间都比 ICT(p,τ) 少，但一次计算多行的 MICT(b,p,τ) 即 GMICT(b,p,τ) 一般并不比 MICT(p,τ) 优越，所以，对不能利用修正型算法改进不完全分解因子的矩阵，一次计算多行的方法更有意义。

表 11.3 $n=250000$ 阶 POINT5 对应方程组的预条件 CG 法 ($\tau=10^{-4}$, $\varepsilon=10^{-6}$)

mthod	iters	ptime	itime	time	mthod	iters	ptime	itime	time
IC0	405	0.391	172.43	172.82	MIC0	100	0.525	43.140	43.665
GICT(1,5,τ)	209	1.608	103.35	104.96	GMICT(1,5,τ)	63	1.959	31.620	33.578
GICT(2,5,τ)	205	2.063	102.20	104.26	GMICT(2,5,τ)	63	2.364	31.499	33.864
GICT(3,5,τ)	203	2.281	100.91	103.19	GMICT(3,5,τ)	63	2.580	31.832	34.413
GICT(4,5,τ)	200	2.491	99.199	101.69	GMICT(4,5,τ)	63	2.776	31.500	34.276
GICT(5,5,τ)	199	2.668	100.08	102.75	GMICT(5,5,τ)	63	2.925	31.987	34.912
GICT(1,10,τ)	112	3.692	77.123	80.816	GMICT(1,10,τ)	43	4.167	30.509	34.676
GICT(2,10,τ)	110	4.606	76.157	80.764	GMICT(2,10,τ)	43	5.164	30.356	35.521
GICT(3,10,τ)	109	4.990	75.487	80.478	GMICT(3,10,τ)	44	5.519	31.269	36.788
GICT(4,10,τ)	108	5.206	75.098	80.305	GMICT(4,10,τ)	44	5.794	31.027	36.821
GICT(5,10,τ)	106	5.430	74.051	79.481	GMICT(5,10,τ)	44	6.048	30.951	36.999

实验 2 针对 BCSSTRUC 类矩阵，主要测试 ICT 实现方法的效果，并与 IC0 及 DCG 进行比较，实验针对 p 从 2 以步长 1 变化到 10，再从 15 以步长 5 变化到 100 进行，结果表明，在 p 足够大且 τ 适当的情况下，ICT(p,τ) 会优于 IC0 与 DCG，但如何确定恰当的 p 与 τ 是个严峻的问题，部分实验结果如表 11.4 所示，其中，“—”代表主元出现负数或在迭代 9999 次后尚不能达到给定精度。

表 11.4 对 BCSSTRUC 类矩阵应用 ICT(p,τ) 预条件时的效果 ($\tau=10^{-4}$, $\varepsilon=10^{-6}$)

矩阵	CG		DCG		IC0		ICT(p, τ)					
	iters	time	iters	time	iters	time	参数 p	iters	time	参数 p	iters	time
BCSSTK08	6198	3.680	159	0.128	29	0.066	35	20	0.1416	35	20	0.1416
BCSSTK10	4029	4.217	823	1.053	169	0.506	20	19	0.1048	25	5	0.0492
BCSSTK11	—	—	5384	11.81	495	2.314	—	—	—	—	—	—
BCSSTK13	—	—	1453	7.130	—	—	—	—	—	—	—	—
BCSSTK14	—	—	448	1.736	254	2.171	30	25	0.3735	40	17	0.3491
BCSSTK15	—	—	579	4.522	506	8.619	15	82	1.4773	25	44	1.1595
BCSSTK16	465	7.285	172	2.882	36	1.779	10	56	1.4918	25	29	1.2640
BCSSTK17	—	—	2812	80.49	6915	404.4	100	22	5.9200	100	22	5.9200
BCSSTK18	—	—	1629	27.28	468	14.44	40	36	2.6110	60	21	2.1495
BCSSTK27	921	2.673	222	0.694	20	0.206	40	10	0.1839	55	4	0.1206

表 11.4 中所列 ICT(p,τ) 预条件的结果中，当列出迭代次数与计算时间时，

前一个 p 为所作实验中第一个使得能在 9999 次迭代内达到给定精度的 p 值，后一个为在所有实验结果中使得计算时间最少的 p 值。

实验 3 与 4 也以 BCSSTRUC 类矩阵为对象，其中实验 3 测试 DICT(p,τ) 对 ICT(p,τ) 的改进效果，如表 11.5 所示，所列结果均为 ICT(p,τ) 中出现负主元，从而导致无法进行的情况。可以看出，此时预条件的健壮性大大增强，而且对策略 1，一般在取 p 较小时，改进尤为明显，对策略 2 与 3，当 p 较大时改进较为明显。表中未列出 p 大到进行不完全分解时，不出现小主元或负主元的情况，此时 ICT(p,τ) 可以进行，且分解因子与 DICT(p,τ) 相同。

表 11.5　应用 DICT(p,τ) 预条件时的效果 ($\tau=10^{-4}$，$\varepsilon=10^{-6}$，$\delta=10^{-12}$)

矩阵	参数 p	策略 1		策略 2		策略 3		参数 p	策略 1		策略 2		策略 3	
		iters	time	iters	time	iters	time		iters	time	iters	time	iters	time
BCSSTK08	2	62	0.065	62	0.066	62	0.063	20	959	2.975	124	0.378	132	0.381
BCSSTK10	2	996	1.506	1393	2.208	872	1.317	3	3951	6.757	—	—	3169	5.192
BCSSTK11	2	7883	20.30	—	—	—	—	—	—	—	—	—	—	—
BCSSTK13	2	4637	24.85	—	—	—	—	85	—	—	541	11.91	1117	23.58
BCSSTK14	2	534	2.285	594	2.525	561	2.439	20	—	—	73	0.696	71	0.689
BCSSTK15	2	700	6.660	667	6.066	634	5.895	9	718	10.06	339	4.669	340	4.742
BCSSTK16	2	144	2.767	135	2.536	134	2.541	9	60	1.562	60	1.544	60	1.542
BCSSTK18	2	3139	67.15	2485	54.13	2446	52.16	25	50	2.753	64	3.367	64	3.553
BCSSTK27	2	621	2.093	—	—	306	1.065	5	—	—	2697	10.19	904	3.417

实验 4 测试 GICT 的改进效果，表 11.6 列出了此时的部分结果，其他大多实验结果与此类似，说明 GICT 在 b 略大于 1 时，效果比 ICT 好。当 p 很大时，随 p 的增加，内存占用量与预条件子的计算时间大大增加，此时尽管可能迭代次数仍有降低潜力，但由于预条件生成时间的增长量大于迭代时间的减少量，使得总计算时间逐渐增加，故 b 一般不能太大。

表 11.6　应用 GICT(b,p,τ) 预条件时的效果 ($\tau=10^{-5}$，$\varepsilon=10^{-6}$)

矩阵	参数 p	$b=1$		$b=2$		$b=3$		$b=4$		$b=5$	
		iters	time	iters	time	iters	time	iters	time	iters	time
BCSSTK08	50	15	0.2161	13	0.2610	12	0.2600	11	0.2855	10	0.3150
BCSSTK10	20	19	0.1048	11	0.0759	6	0.0609	6	0.0594	2	0.0383
BCSSTK11	75	12	0.2494	11	0.2389	11	0.2401	11	0.2386	9	0.2201
BCSSTK14	30	25	0.3843	—	—	24	0.4121	—	—	21	0.4087
BCSSTK15	15	82	1.4773	76	1.4432	76	1.4567	71	1.3788	63	1.2560
BCSSTK16	20	34	1.2709	32	1.3102	33	1.3801	31	1.3389	31	1.3583
BCSSTK17	100	21	6.5549	24	7.3865	18	6.5538	—	—	19	7.0162
BCSSTK18	55	20	2.4673	19	2.9583	17	3.0772	19	3.3685	16	3.2573
BCSSTK27	40	10	0.1899	6	0.1644	8	0.1887	6	0.1723	6	0.1748

11.2 大规模稀疏线性方程组的因子组合型并行预条件

考虑稀疏线性方程组 (10.1)，其中，A 是 n 乘 n 的稀疏矩阵，b 是 n 维已知向量。为描述一般稀疏线性方程组的加性 Schwarz 预条件，定义有向图为 $G=(W,E)$，其中，$W=\{1,2,\cdots,n\}$ 是节点集合，每一个表示一个未知量，边集合为 $E=\{(i,j):a_{i,j}\neq 0\}$，表示对应于系数矩阵 A 非零元素的有向边。如 10.6.2 小节所述，如果矩阵 A 具有对称的非零元结构，G 可以描述为一个无向图，两条有向边 $(i\to j)$ 与 $(j\to i)$ 合并为一条无向边 (i,j)。对多分量问题，每个节点表示几个未知量，例如, 对本节后续混凝土试件的模拟问题，每个节点对应于 3 个未知量，即 x,y,z 方向的 3 个位移。这里只描述一个分量与无向边的情形，到多分量与有向边的情形可以直接进行推广。

为方便起见，假设将邻接图划分为 p 个互不重叠的子图，第 k 个子图记为 $G_i=(W_i,E_i)$，其中，$0\leqslant k<p$ 且所有 W_i 的并等于 W。现在按下列方式将这些非重叠子图扩展为重叠子图[84]：

(1) 对子图进行重排，使得标号最小的节点处于第 0 个子图，之后从图 G 中删除第 0 个子图，将拥有余下节点中标号最小节点的子图选为第 1 个子图，所选子图再从图 G 中删除，该过程一直重复进行直到选出第 $p-1$ 个子图为止。为简单起见，这里假设子图已经按这种方式进行了排序。

(2) 将非重叠子图扩展为重叠度为 1 的子图。对子图 G_i，记扩展后所得子图为 $G_i^{(1)}=(W_i^{(1)},E_i^{(1)})$，其中，

$$W_i^{(1)}=\cup\{\mathrm{ext}_i^{(1)}(v):v\in W_i\},\quad \mathrm{ext}_i^{(1)}(v)=v\cup\{w<v:w\in \mathrm{adj}(v)\backslash W_i\}$$

且 $\mathrm{adj}(v)$ 表示图 G 中与 v 相邻的节点。由 $W_i^{(1)}$ 导出的边集 $E_i^{(1)}$ 为

$$E_i^{(1)}=E\cup(W_i^{(1)}\times W_i^{(1)})$$

(3) 类似地，可以对重叠度为 k 的重叠子区域进行嵌套地定义。对子图 G_i，其对应的度为 k 的重叠子图表示为 $G_i^{(k)}=(W_i^{(k)},E_i^{(k)})$，其中，

$$W_i^{(k)}=\cup\{\mathrm{ext}_i^{(k)}(v):v\in W_i^{(k-1)}\},\quad \mathrm{ext}_i^{(k)}(v)=v\cup\{w<v:w\in \mathrm{adj}(v)\backslash W_i^{(k-1)}\}$$

$$E_i^{(k)}=E\cup(W_i^{(k)}\times W_i^{(k)})$$

注意，这里的定义与传统定义稍有不同，传统定义实际对应于

$$\mathrm{ext}_i^{(k)}(v)=v\cup\{w:w\in \mathrm{adj}(v)\backslash W_i^{(k-1)}\}$$

这种修改对减少通信很有用，且在引入这里所提出的新方案时更为直接。此外，如果节点随机标号，标号为 k 的子区域在扩展时可能会既扩展到标号小于 k 的子区域，又扩展到标号大于 k 的子区域。但当对节点进行标号，使得标号较小子区域中节点的标号都比标号较大的子区域中节点的标号小时，任何子区域在扩展时都只会扩展到标号小于其本身标号的子区域。

11.2.1 加性 Schwarz 型预条件

为描述经典加性 Schwarz[33] 与后面的方法，定义 $n_i^{(k)} \times n$ 的限制算子，其中 $n_i^{(k)}$ 是 $W_i^{(k)}$ 中节点的个数。如果节点 v 属于 $W_i^{(k)}$，且在 $G_i^{(k)}$ 中的局部标号为 w，则其第 w 行第 v 列中的元素等于 1，这里 w 可以从 1 变到 $n_i^{(k)}$。所有其他未赋为 1 的元素都等于 0。当算子 $R_i^{(k)}$ 应用到 n 维向量时，对应于 $W_i^{(k)}$ 中节点的分量取出来，将其存储在长为 $n_i^{(k)}$ 的局部向量中，存储时按节点局部标号顺序进行。之后，就可以得到子图 $G_i^{(k)}$ 对应的局部系数矩阵

$$A_i^{(k)} = R_i^{(k)} A (R_i^{(k)})^{\mathrm{T}} \tag{11.7}$$

经典加性 Schwarz 预条件构建为

$$M_{\mathrm{as}}^{-1} = \sum (R_i^{(k)})^{\mathrm{T}} (M_i^{(k)})^{-1} R_i^{(k)} \tag{11.8}$$

其中，$M_i^{(k)}$ 是 $A_i^{(k)}$ 的某种近似。对不完全分解，有

$$M_i^{(k)} = L_i^{(k)} U_i^{(k)} \approx A_i^{(k)} \tag{11.9}$$

显然，即使 $M_i^{(k)} x_i^{(k)} = R_i^{(k)} b$ 的解向量的分量与线性方程组 (10.1) 的解分量对应相等，从经典加性 Schwarz 得到的解为

$$y = M_{\mathrm{as}}^{-1} b = \sum (R_i^{(k)})^{\mathrm{T}} (M_i^{(k)})^{-1} R_i^{(k)} b = \sum (R_i^{(k)})^{\mathrm{T}} x_i^{(k)}$$

由于具有重叠，所以这并不等于对应的真实解 x。这表明，用 M_{as}^{-1} 来近似 A 的逆矩阵不精确。为改进预条件，一种常用的方法是采用权重。这样，预条件式 (11.8) 可修改为

$$M_{\mathrm{as}}^{-1} = \sum D_i^{(k)} \left(R_i^{(k)}\right)^{\mathrm{T}} \left(M_i^{(k)}\right)^{-1} R_i^{(k)} \tag{11.10}$$

其中，$D_i^{(k)}$ 是对角矩阵。如果一个节点 v 不在 $G_i^{(k)}$ 中，则第 v 个对角元置为 0。如果 $G_i^{(k)}$ 的一个节点 v 仅属于这一个子区域，则第 v 个对角元等于 1。如果 $G_i^{(k)}$ 的一个节点 v 同时处于 $k>1$ 个子区域，则第 v 个对角元等于 $1/k$。

尽管预条件式 (11.10) 比式 (11.8) 更精确，在 A 与所有 $M_i^{(k)}$ 都对称正定时，所得到的预条件子却不能保证具有对称正定性。为能够保持这种对称正定性，可

利用分裂权将其改写为

$$M_{\mathrm{as}}^{-1}=\sum\left(D_i^{(k)}\right)^{1/2}\left(R_i^{(k)}\right)^{\mathrm{T}}\left(M_i^{(k)}\right)^{-1}R_i^{(k)}\left(D_i^{(k)}\right)^{1/2} \tag{11.11}$$

在并行计算中，第 i 个处理器存储第 k 个非重叠子区域 $W_i^{(0)}$ 中节点对应的向量分量、对应的局部矩阵 $A_i^{(k)}$，以及其预条件信息。所有与其相关的计算都在该处理器上进行。与局部预条件对应的辅助解向量按临时向量进行处理。

现在，我们从代数观点来分析加性 Schwarz 预条件在重叠度增加时的趋势，为节省篇幅，这里仅分析 M_{was}，且只考虑如下述实例所示的具体情形。

实例 预条件子 $(M_i^{(k)})^{-1}$ 的元素都与 A^{-1} 的相应元素对应相等，且除了对应于 $W_i^{(k)}(i=0,1,\cdots,p-1)$ 的对角块外，A^{-1} 的所有元素都等于 0。任意一个 $W_i^{(k)}$ 只与 $W_{i-1}^{(k)}$ 和 $W_{i+1}^{(k)}$ 相交，且当且仅当 $i<j$ 时，$W_i^{(k)}$ 中的所有节点标号都比 $W_j^{(k)}$ 中的小。此外，重叠子区域的个数 p 等于 3。

由于 $(M_i^{(k)})^{-1}$ 是一个 $n_i^{(k)}\times n_i^{(k)}$ 的矩阵，所以对本节所给实例，A^{-1} 具有下列形式:

$$A^{-1}=\begin{bmatrix} B_{11} & B_{12} & & & \\ B_{21} & B_{22} & B_{23} & B_{24} & \\ & B_{32} & B_{33} & B_{34} & \\ & B_{42} & B_{43} & B_{44} & B_{45} \\ & & & B_{54} & B_{55} \end{bmatrix} \tag{11.12}$$

且

$$\left(M_1^{(k)}\right)^{-1}=\begin{bmatrix} B_{11} & B_{12} \\ B_{21} & B_{22} \end{bmatrix},\quad \left(M_2^{(k)}\right)^{-1}=\begin{bmatrix} B_{22} & B_{23} & B_{24} \\ B_{32} & B_{33} & B_{34} \\ B_{42} & B_{43} & B_{44} \end{bmatrix}$$

$$\left(M_3^{(k)}\right)^{-1}=\begin{bmatrix} B_{44} & B_{45} \\ B_{54} & B_{55} \end{bmatrix} \tag{11.13}$$

其中，B_{22},B_{44} 分别对应于 $W_1^{(k)}\cap W_2^{(k)},W_2^{(k)}\cap W_3^{(k)}$ 中的节点，且 B_{11},B_{33},B_{55} 分别对应于 $W_1^{(0)}\backslash W_2^{(k)},W_2^{(0)}\backslash W_3^{(k)},W_3^{(0)}$ 中的节点。在分别按方程 (11.8), (11.10) 和 (11.11) 进行装配后，就得到

$$M_{\mathrm{as}}^{-1}=\begin{bmatrix} B_{11} & B_{12} & & & \\ B_{21} & 2B_{22} & B_{23} & B_{24} & \\ & B_{32} & B_{33} & B_{34} & \\ & B_{42} & B_{43} & 2B_{44} & B_{45} \\ & & & B_{54} & B_{55} \end{bmatrix} \tag{11.14}$$

$$M_{\text{as}}^{-1}=\begin{bmatrix} B_{11} & B_{12} & & & \\ B_{21}/2 & B_{22} & B_{23}/2 & B_{24}/2 & \\ & B_{32} & B_{33} & B_{34} & \\ & B_{42}/2 & B_{43}/2 & B_{44} & B_{45}/2 \\ & & & B_{54} & B_{55} \end{bmatrix} \tag{11.15}$$

$$M_{\text{as}}^{-1}=\begin{bmatrix} B_{11} & B_{12}/\sqrt{2} & & & \\ B_{21}/\sqrt{2} & B_{22} & B_{23}/\sqrt{2} & B_{24}/\sqrt{2} & \\ & B_{32}/\sqrt{2} & B_{33} & B_{34}/\sqrt{2} & \\ & B_{42}/\sqrt{2} & B_{43}/\sqrt{2} & B_{44} & B_{45}/\sqrt{2} \\ & & & B_{54}/\sqrt{2} & B_{55} \end{bmatrix} \tag{11.16}$$

显然，所得到的预条件式 (11.14)~(11.16) 都不等于式 (11.12)，且无论重叠度取多大，结论都是如此。此外，随着子区域个数的增加，所得预条件与式 (11.12) 的差异也会增加。

在实际应用中，所给理想实例中的条件通常得不到满足。但是，当矩阵 A 对角占优时，可以期望 $(M_i^{(k)})^{-1}$ 的元素在随重叠度增加时，比较接近 A^{-1} 的相应元素，且 A^{-1} 内对应于式 (11.14) ~ 式 (11.16) 中 0 的非零元素都会很小，因此，可以期望所得到的预条件应会趋向于串行预条件式 (11.12)，但对上面所述的加性 Schwarz 预条件，显然不可能。

限制加性 Schwarz 预条件[34] 定义为

$$M_{\text{ras}}^{-1}=\sum (R_i^{(0,k)})^{\mathrm{T}}(M_i^{(k)})^{-1}R_i^{(k)} \tag{11.17}$$

其中，$R_i^{(0,k)}$ 是 $n_i^{(k)}\times n$ 的矩阵，对应于 $W_i^{(0)}$ 中节点的行等于 $R_i^{(0)}$ 中的行，且其他行填充为 0。与经典加性 Schwarz 类似，对本节所给实例，可以得到限制加性 Schwarz 预条件。由于

$$(R_1^{(0,k)})^{\mathrm{T}}(M_1^{(k)})^{-1}R_1^{(k)}=\begin{bmatrix} B_{11} & B_{12} & 0 & 0 & 0 \\ B_{21} & B_{22} & 0 & 0 & 0 \\ 0 & 0 & 0 & 0 & 0 \\ 0 & 0 & 0 & 0 & 0 \\ 0 & 0 & 0 & 0 & 0 \end{bmatrix}$$

$$(R_2^{(0,k)})^{\mathrm{T}}(M_2^{(k)})^{-1}R_2^{(k)}=\begin{bmatrix} 0 & 0 & 0 & 0 & 0 \\ 0 & 0 & 0 & 0 & 0 \\ 0 & B_{32} & B_{33} & B_{34} & 0 \\ 0 & B_{42} & B_{43} & B_{44} & 0 \\ 0 & 0 & 0 & 0 & 0 \end{bmatrix}$$

$$(R_3^{(0,k)})^{\mathrm{T}}(M_3^{(k)})^{-1}R_3^{(k)} = \begin{bmatrix} 0 & 0 & 0 & 0 & 0 \\ 0 & 0 & 0 & 0 & 0 \\ 0 & 0 & 0 & 0 & 0 \\ 0 & 0 & 0 & 0 & 0 \\ 0 & 0 & 0 & B_{54} & B_{55} \end{bmatrix}$$

所以所得到的预条件可以给出为

$$M_{\mathrm{ras}}^{-1} = \begin{bmatrix} B_{11} & B_{12} & 0 & 0 & 0 \\ B_{21} & B_{22} & 0 & 0 & 0 \\ 0 & B_{32} & B_{33} & B_{34} & 0 \\ 0 & B_{42} & B_{43} & B_{44} & 0 \\ 0 & 0 & 0 & B_{54} & B_{55} \end{bmatrix} \tag{11.18}$$

限制加性 Schwarz 的另一个版本，即所谓和谐扩展加性 Schwarz(ASH)，可定义为

$$M_{\mathrm{ash}}^{-1} = \sum (R_i^{(k)})^{\mathrm{T}}(M_i^{(k)})^{-1}R_i^{(0,k)} \tag{11.19}$$

类似地，对本节所给实例，所得到的并行预条件为

$$M_{\mathrm{ash}}^{-1} = \begin{bmatrix} B_{11} & B_{12} & 0 & 0 & 0 \\ B_{21} & B_{22} & B_{23} & B_{24} & 0 \\ 0 & 0 & B_{33} & B_{34} & 0 \\ 0 & 0 & B_{43} & B_{44} & B_{45} \\ 0 & 0 & 0 & 0 & B_{55} \end{bmatrix} \tag{11.20}$$

从式 (11.18) 与式 (11.20) 可以发现，所得到的并行预条件也与式 (11.12) 并不相同，在系数矩阵对角占优的情况下，可以得到与经典加性 Schwarz 类似的结论。

注意，即使系数矩阵对称，所得到的限制加性 Schwarz 预条件也可能非对称，这可以从式 (11.18) 与式 (11.20) 明显看到。

11.2.2 基于因子组合的并行预条件

假设每个子区域上的局部预条件从不完全分解获得

$$M_i^{(k)} = L_i^{(k)}U_i^{(k)} \tag{11.21}$$

基于因子组合的并行不完全分解预条件构造为

$$(M_{\mathrm{fc}})^{-1} = U_{\mathrm{fc}}L_{\mathrm{fc}} \tag{11.22}$$

其中，因子 $U_{\rm fc}$ 与 $L_{\rm fc}$ 均利用限制加性 Schwarz 的思想来构造[84]：

$$U_{\rm fc}=\sum\left(R_i^{(k)}\right)^{\rm T}\left(U_i^{(k)}\right)^{-1}R_i^{(0,k)} \tag{11.23}$$

$$L_{\rm fc}=\sum\left(R_i^{(0,k)}\right)^{\rm T}\left(L_i^{(k)}\right)^{-1}R_i^{(k)} \tag{11.24}$$

对 11.2.1 节中实例，假设 $A^{-1}=U^{-1}L^{-1}$，这里，

$$U^{-1}=\begin{bmatrix} U_{11} & U_{12} & & & \\ & U_{22} & U_{23} & U_{24} & \\ & & U_{33} & U_{34} & \\ & & & U_{44} & U_{45} \\ & & & & U_{55} \end{bmatrix},\quad L^{-1}=\begin{bmatrix} L_{11} & & & & \\ L_{21} & L_{22} & & & \\ & L_{32} & L_{33} & & \\ & L_{42} & L_{43} & L_{44} & \\ & & & L_{54} & L_{55} \end{bmatrix} \tag{11.25}$$

且

$$(U_1^{(k)})^{-1}=\begin{bmatrix} U_{11} & U_{12} \\ & U_{22} \end{bmatrix},\quad (U_2^{(k)})^{-1}=\begin{bmatrix} U_{22} & U_{23} & U_{24} \\ & U_{33} & U_{34} \\ & & U_{44} \end{bmatrix}$$

$$(U_3^{(k)})^{-1}=\begin{bmatrix} U_{44} & U_{45} \\ & U_{55} \end{bmatrix}$$

$$(L_1^{(k)})^{-1}=\begin{bmatrix} L_{11} & \\ L_{21} & L_{22} \end{bmatrix},\quad (L_2^{(k)})^{-1}=\begin{bmatrix} L_{22} & & \\ L_{32} & L_{33} & \\ L_{42} & L_{43} & L_{44} \end{bmatrix}$$

$$(L_3^{(k)})^{-1}=\begin{bmatrix} L_{44} & \\ L_{54} & L_{55} \end{bmatrix}$$

则

$$U_{\rm fc}=\begin{bmatrix} U_{11} & U_{12} & & & \\ 0 & U_{22} & U_{23} & U_{24} & \\ & & U_{33} & U_{34} & \\ & & 0 & U_{44} & U_{45} \\ & & & & U_{55} \end{bmatrix}=U^{-1}$$

$$L_{\mathrm{fc}}=\begin{bmatrix} L_{11} & 0 & & & \\ L_{21} & L_{22} & & & \\ & L_{32} & L_{33} & 0 & \\ & L_{42} & L_{43} & L_{44} & \\ & & & L_{54} & L_{55} \end{bmatrix}=L^{-1}$$

因此，

$$(M_{\mathrm{fc}})^{-1}=U_{\mathrm{fc}}L_{\mathrm{fc}}=U^{-1}L^{-1}=A^{-1}$$

上面的关系式表明，对 11.2.1 节所给实例，基于因子组合所得到的预条件与式 (11.12) 相同，这恰是我们在进行并行计算时所希望的。值得注意的是，当每个重叠子区域上对应的上、下三角因子均非奇异时，所得到的全局因子 U_{fc} 与 L_{fc} 也都非奇异。

事实上，如果 $L_{\mathrm{fc}}x=0$，则有

$$\sum\left(R_i^{(0,k)}\right)^{\mathrm{T}}\left(L_i^{(k)}\right)^{-1}R_i^{(k)}x=0 \tag{11.26}$$

而 $(R_i^{(0,k)})^{\mathrm{T}}y$ 表示向量 y 的延拓，且对任意 $i\neq j, W_i^{(0)}$ 与 $W_j^{(0)}$ 都不相交，因此，从方程 (11.26) 可知

$$\left(L_i^{(k)}\right)^{-1}R_i^{(k)}x=0,\quad i=0,1,\cdots,p-1$$

从而 $R_i^{(k)}x=0(i=0,1,\cdots,p-1)$。另一方面，$\cup W_i^{(k)}=W$，所以 $x=0$。这说明，L_{fc} 必定是非奇异矩阵。可以从对矩阵 $(U_{\mathrm{fc}})^{\mathrm{T}}$ 的类似非奇异性验证，证明 U_{fc} 也非奇异。

需要注意两种情况，其一是当所有的局部不完全分解式 (11.21) 都是 Cholesky 型分解时，所得到的并行预条件式 (11.22) 是对称的，这从式 (11.23) 和式 (11.24) 可以容易证明，对预条件 CG 法的采用，这是很关键的；其二是当所有的局部不完全分解式 (11.21) 都是不完全 Cholesky 型分解，且由重叠子区域导出的下三角因子都非奇异时，所得到的并行预条件也对称正定。

11.2.3 并行预条件的实现

在预条件 Krylov 子空间迭代中，与预条件有关的操作是对应于下述已知向量 r 的相应向量 s 的计算：

$$s=(M_{\mathrm{fc}})^{-1}r$$

即

$$s=U_{\mathrm{fc}}L_{\mathrm{fc}}r \tag{11.27}$$

为计算式 (11.27) 中的 s，可以先计算 $t = L_{\text{fc}}r$，之后再计算 $s = U_{\text{fc}}t$。利用式 (11.23) 和式 (11.24) 中的表达式，这两个关系式可以分别展开为[84]

$$t = \sum (R_i^{(0,k)})^{\mathrm{T}} (L_i^{(k)})^{-1} R_i^{(k)} r \tag{11.28}$$

$$s = \sum (R_i^{(k)})^{\mathrm{T}} (U_i^{(k)})^{-1} R_i^{(0,k)} t \tag{11.29}$$

在关系式 (11.28) 中，$R_i^{(k)}r$ 是限制算子 $R_i^{(k)}$ 应用到向量 r 上的结果，当 k 不等于 0 时，这需要在第 i 个处理器与其邻处理器之间进行通信。之后，计算结果 $u_i^{(k)} = (L_i^{(k)})^{-1} R_i^{(k)} r$ 可以通过在第 i 个处理器上求解辅助方程组 $L_i^{(k)} u_i^{(k)} = R_i^{(k)} r$ 来获得，而不需要显式计算与存储 $(L_i^{(k)})^{-1}$。最后，通过对所有处理器上的 $(R_i^{(0,k)})^{\mathrm{T}} u_i^{(k)}$ 累加就可以得到最终结果 t，这只不过是从 $u_i^{(k)}$ 中提取对应于 $W_i^{(0)}$ 中节点的分量而已。这些分量全部存储在第 i 个处理器上，不需要进行通信。

在关系式 (11.29) 中，$R_i^{(0,k)}t$ 可以通过从向量 t 中提出对应于 $W_i^{(0)}$ 中节点的分量，并在合适位置上插入 0 元素来得到，这不需要通信。关系式 $(U_i^{(k)})^{-1}(R_i^{(0,k)}t)$ 的计算结果可以通过在第 i 个处理器上求解辅助线性方程组 $U_i^{(k)} v_i^{(k)} = (R_i^{(0,k)}t)$ 来获得，不需对 $(U_i^{(k)})^{-1}$ 进行显式计算与存储。最终结果 s 可通过对所有处理器上的 $(R_i^{(k)})^{\mathrm{T}} v_i^{(k)}$ 进行累加得到，这需要进行通信。在每个处理器上，从邻处理器接收分量，并将其累加到重叠节点的对应分量上。

这里要注意两个问题：其一是在基于因子组合的并行预条件中，通信频率和通信量都与经典加性 Schwarz 预条件相同，并都是限制加性 Schwarz 预条件的两倍；其二是因子组合型预条件的计算复杂性与经典加性 Schwarz 预条件式 (11.8) 相同，且稍小于预条件式 (11.10) 和预条件式 (11.11)。

11.2.4　混凝土细观数值模拟中的应用

这里针对非结构网格上混凝土细观数值模拟所得稀疏线性方程组，给出所提出预条件的一些数值实验结果，所有计算结果在一机群系统上得到，该机群系统采用 32 位的 Intel(R) Xeon(R) CPUE5345@2.33GHz (cache 4096KB)，并采用 infiniband 进行互连。操作系统为 Red Hat 3.4.5-2 版的 Linux。消息传递接口采用 mvapich2，所用编译器为 Intel Fortran 10.0.023。对从这里应用中所得到的线性方程组，都是对称正定的，所以仅将经典加性 Schwarz 预条件 (11.11) 与新预条件 (11.21) 进行比较。经典加性 Schwarz 预条件 (11.8) 没有进行测试。另一种经典加性 Schwarz 预条件 (11.10) 与限制加性 Schwarz 预条件式 (11.17) 和式 (11.19) 也没有进行测试，因为其都没有对称性，从而不适合于与 CG 法结合使用。为进行区域分解，采用了一种最简单的实现方案，即将系数矩阵中连续大致相同数量的行分给每个处理器，且重叠度总是选为 1。下面将利用混凝土细观数值模拟分析考察所设计并行算法的效率，这里针对 9.7 节中所述试件进行实验。

先进行静态加载实验，加载方式如 9.7 节中所述。下面首先给出试件 1 数值模拟中线性方程组求解的一些结果。在图 11.6 中，列出了在 32 个处理器上利用多种预条件时预条件 CG 迭代的次数。显然，无论是对 ILU(0), SSOR(1.0)，还是 ILUT 在对称正定情形下的变种 ICT(25, 10^{-3})，采用因子组合 (FC) 并行化时的迭代次数总是少于采用加性 Schwarz(AS)，其中迭代终止准则选为残量 2 范数减少为初始时的 10^{-4} 倍。在图 11.7 中，进一步可以看到，因子组合型并行预

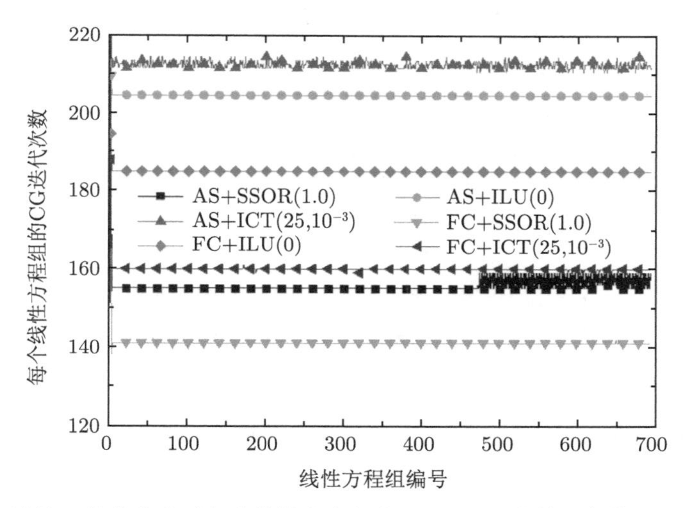

图 11.6 试件 1 静载实验时每个线性方程组在 32 处理器上的预条件 CG 迭代次数

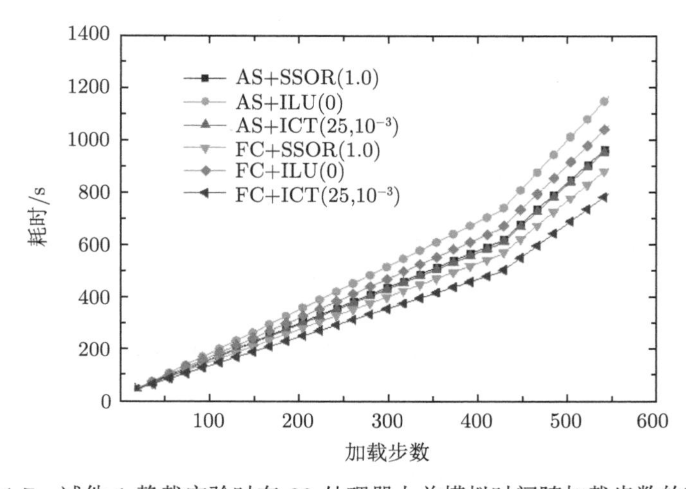

图 11.7 试件 1 静载实验时在 32 处理器上总模拟时间随加载步数的变化

条件随加载步增加时，到各个加载步为止，模拟所经历的总时间也总是小于加性 Schwarz。为在处理器 (子区域) 个数增加时，对新方法和加性 Schwarz 进行比较，在图 11.8 和图 11.9 中分别列出了 ICT$(25,10^{-3})$ 预条件[83] 下每个线性方程组的 CG 迭代次数和以秒为单位的求解时间。对试件 2 的类似结果列于图 11.10 和图 11.11 中。从这些图中可见，当子区域个数增加时，新方法相对于加性 Schwarz 的性能优势也扩大了。

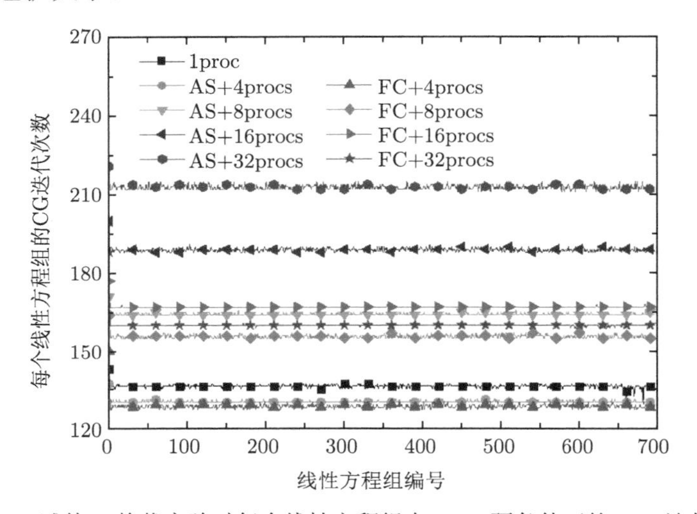

图 11.8 试件 1 静载实验时每个线性方程组在 ICT 预条件下的 CG 迭代次数

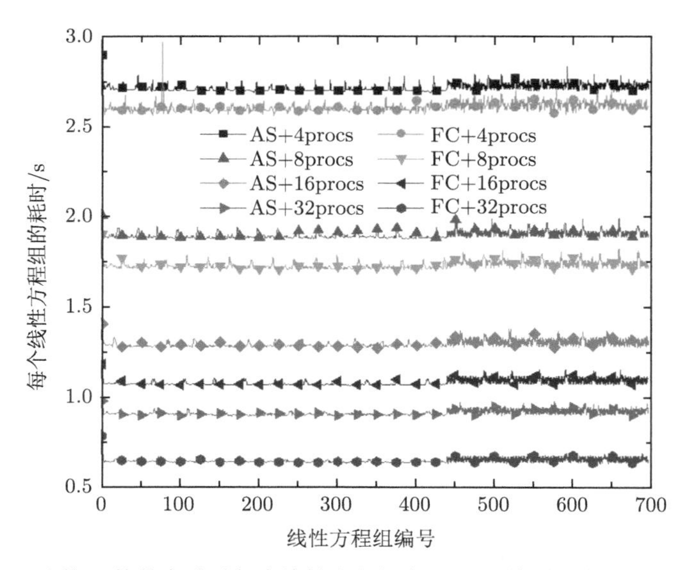

图 11.9 试件 1 静载实验时每个线性方程组在 ICT 预条件下的 CG 迭代时间

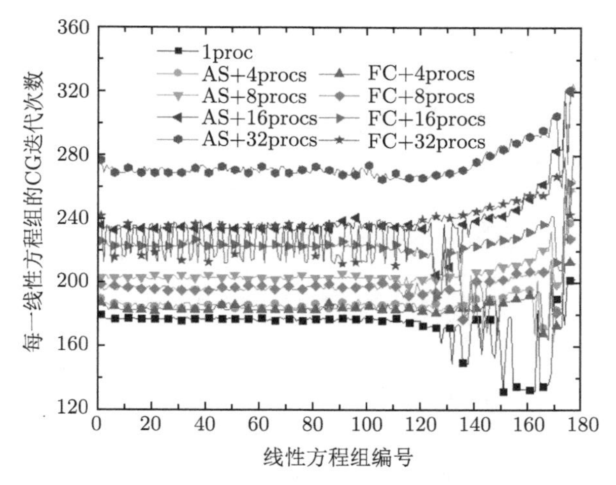

图 11.10 试件 2 静载实验时每个线性方程组在 ICT 预条件下的 CG 迭代次数

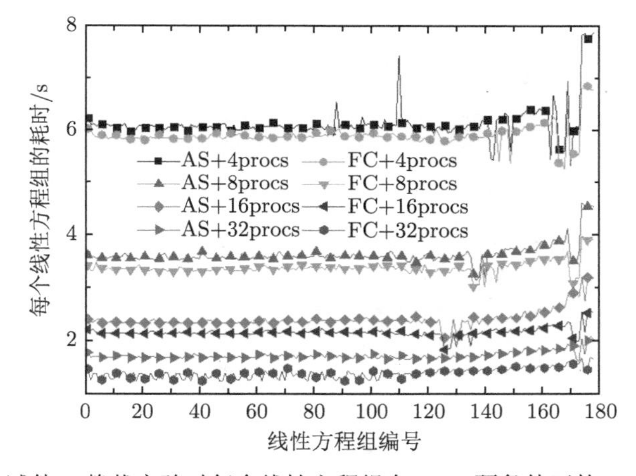

图 11.11 试件 2 静载实验时每个线性方程组在 ICT 预条件下的 CG 迭代时间

下面进行试件 2 的动载实验[85]，此时，除了需要求解加载过程中的线性方程组外，还需要在加载之前事先计算总刚度矩阵的某些特征值，这也需要求解相应的线性方程组。加载时，时间步长取为 0.001s，且荷载线性地以增量 0.8kN 的方式增加，每个线性方程组在 ICT$(25,10^{-3})$ 预条件下的 CG 迭代次数，以及以秒为单位的迭代时间分别如图 11.12 和图 11.13 所示，从图中可见，新方法明显优于加性 Schwarz。在图 11.14 中，进一步列出了在采用 ICT$(25,10^{-3})$, ILU(0), SSOR(1.0) 预条件与两种并行化方法相结合时，总模拟时间随加载步增加的变化情况。显然，相对于加性 Schwarz 并行化方法，新方法所用的模拟时间大为减少，其中在加载之前，初始化计算中包含的某些特征值与特征向量计算，占了初始化中的大部分时间。

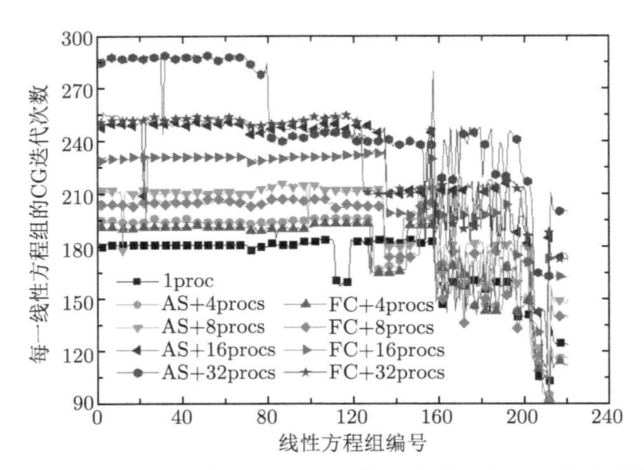

图 11.12　动态加载时 ICT(25, 10^{-3}) 预条件件下的 CG 迭代次数

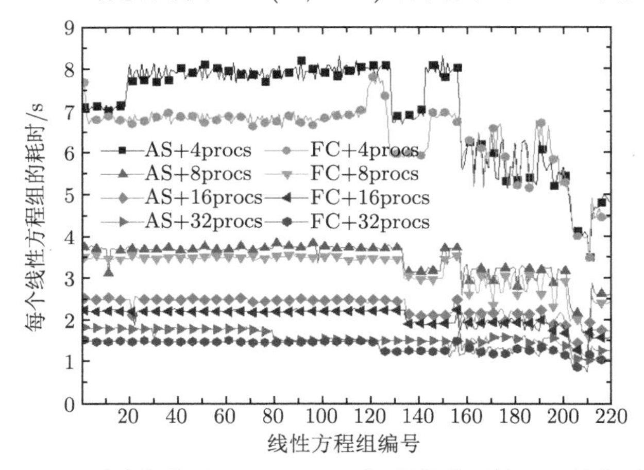

图 11.13　动态加载时 ICT(25, 10^{-3}) 预条件件下的 CG 迭代时间

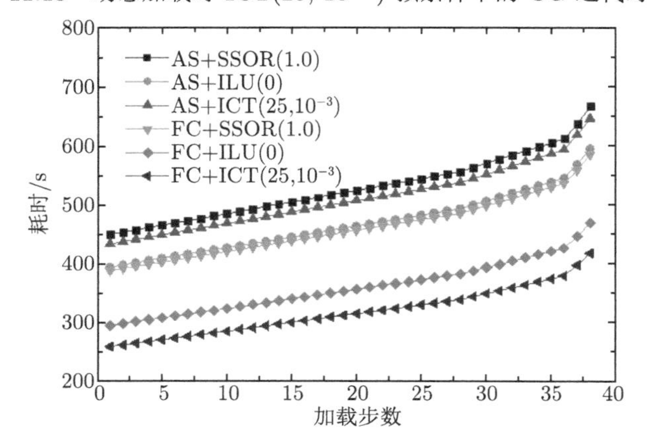

图 11.14　在 32 处理器上动态加载的总模拟时间随加载步数的变化

11.3 重叠区域分解型并行预条件的影响因子分析

这里的数值结果均在由 64 个 Intel(R) Xeon(R) CPUE5450@3.00GHz(cache 6144KB) 处理器组成的集群系统上得到，各处理器通过 infiniband 进行互连。采用的操作系统为 Red Hat 4.1.2-42 版 Linux，采用的消息传递接口为 mvapich2，且所用的编译器为 Intel Fortran 10.1.018。用来求解线性方程组的迭代法为 CG 法，所有测试结果中的时间单位都是 s，长度单位是 m。

11.3.1 图分割方法对并行预条件的影响

最简单的分割方法是为每个块分配连续大致相等的矩阵行，记该分割为 P000。对 METIS 图分割软件包，采用了其中的两种分割算法，其分别对应于 METIS 中的接口函数 metis_PartGraphRecursive 与 metis_PartGraphKWay，这里分别记为 P001 与 P002。

另外，总共对 Chaco 软件包中的 30 种分割进行了测试，但由于篇幅所限，这里只列出其中有代表性的 8 种分割，分别记为 P011, P021, P031, P041, P111, P121, P131, P141。P011 为采用二分法的多层 KL 算法，P021 为采用多层 RQI/Symmlq 与二分的谱分割，P031 为采用二分法的惯性分割，P041 采用二分并简单地将节点线性地分配给各个部分。P111, P121, P131, P141 分别是 P011, P021, P031, P041 带权重的版本，这里权重取为节点的自由度。还有一种分割是坐标分割，记为 P888，其利用节点的三个坐标对图进行分割，以使得每个块对应的 8 个截面都尽量接近正方形[86]。

尽管从混凝土细观数值模拟中得到的待求解线性方程组的系数矩阵中，元素会随加载步与试件损伤的变化而变化，但离散网格与有限元在整个模拟过程中并无变化，所以一旦分割给定，通信结构将始终维持不变。这里的试验针对 9.7 节中的试件 2 进行。

在表 11.7 中，对每种分割，列出了一次通信中所有子图要从其他子图接收的元素个数总和 (#TotEles)，每部分要从其他部分接收的元素个数的最大 (#MaxEles)、最小值 (#MinEles)，以及每个部分连接到的其他部分个数的最大值 (#MaxParts)。

在表 11.8 中，对每种分割，列出了以秒为单位的 CG 迭代总时间、总 CG 迭代次数，其中求解了 94 次加载步的总共 178 个线性方程组。这里采用的不完全分解为 ILUT 在对称正定情形下的变种 ICT(25,10^{-3})，线性迭代的终止准则选为残向量欧几里得范数下降 4 个数量级。表中 BJ, AS, FC 分别表示块 Jacobi 型、带分裂权的加性 Schwarz、因子组合型并行不完全分解预条件。

从表 11.7 与表 11.8 可见，通信量较少与相连部分较少的分割一般效率比较高，这主要是因为通信代价相对较低。但这也并非总是如此，例如，P001 优于

P002，但 P001 中的通信量和相连部分数都大于 P002。在所有测试的分割中，发现 P001 最好。

表 11.7 采用 64 处理器时每种分割对应的通信信息

分割	与通信有关的几个信息			
	#TotEles	#MaxEles	#MinEles	#MaxParts
P000	10803056	178994	37616	22
P001	2398716	50922	24552	22
P002	2356502	48393	22275	16
P011	2626158	50832	28431	23
P021	2699904	51858	31878	21
P031	3020292	76680	32787	22
P041	4613250	97560	30186	15
P111	2628675	51444	28770	22
P121	2700394	50868	31257	22
P131	2932747	76707	31788	23
P141	4518108	97110	28908	15
P888	2364750	48564	22684	27

表 11.8 采用 64 处理器时每种分割对应的求解器信息

分割	总 CG 迭代次数			所有 CG 迭代所用总时间/s		
	BJ	AS	FC	BJ	AS	FC
P001	48440	36725	34593	119.88	150.58	140.84
P002	44614	36470	34043	113.70	153.97	143.51
P011	50016	38373	35677	127.15	163.07	149.25
P021	47936	42299	37979	117.22	178.65	159.73
P031	54493	36886	36101	139.52	160.76	155.52
P041	53094	43043	39886	152.73	228.19	208.88
P111	49248	38194	35318	127.59	159.85	147.01
P121	54323	40277	37648	135.64	173.28	161.89
P131	54058	39557	35511	140.47	168.56	149.76
P141	55302	42773	39738	148.78	219.30	199.21
P888	56864	44381	39960	160.00	186.53	167.13

此外，在 64 个处理器时，显然 FC 比 AS 要好，但比 BJ 差，这是问题规模相对较小所致。此时，每个子图中的格点数只有 $71013/64 \approx 1110$ 个，而每个节点每求解一个线性方程组时对应的计算量为 $3 \times 4 \times 81 = 972$ 个浮点操作，但即使是对 P002，其每求解一个线性方程组，必须从其他处理器接收 $4 \times 2356502/64$，即大约 147281 个元素，相对而言，计算量很小。当处理器个数较少，或问题规模相对增大时，FC 相对于 BJ 的优势才能得以体现。在表 11.9 中，列出了针对分割算法 P001，在 8，16，32，64 个处理器上进行模拟时的求解信息，从中可以明显看出，当问题规模相对较大，计算通信比相对更高时，FC 对 BJ 具有优势。

表 11.9 在 4 种典型分割下平均每个线性方程组的计算效果比较

分割	处理器个数	平均每线性方程组迭代次数			平均每线性方程组求解时间/s		
		BJ	AS(1)	FC(1)	BJ	AS(1)	FC(1)
P000	8	229.20	229.20	205.75	2.0980	2.0980	2.1899
	16	282.17	282.17	239.48	1.3618	1.3618	1.3669
	32	363.11	363.11	274.28	0.9633	0.9633	1.0838
	64	419.97	419.97	299.59	0.7357	0.7357	0.9676
P001	8	229.83	229.83	202.59	2.1305	2.1305	2.1126
	16	244.24	244.24	205.23	1.1703	1.1703	1.1520
	32	252.64	252.64	195.10	0.7012	0.7012	0.7141
	64	272.13	272.13	206.32	0.5716	0.5716	0.6476
P021	8	255.66	255.66	203.03	2.3444	2.3444	2.1256
	16	271.35	271.35	208.98	1.3332	1.3332	1.1748
	32	290.21	290.21	227.21	0.8775	0.8775	0.8508
	64	269.30	269.30	237.63	0.5923	0.5923	0.7164
P888	8	234.03	234.03	200.69	2.2475	2.2475	2.0995
	16	247.56	247.56	212.26	1.5800	1.5800	1.2378
	32	280.34	280.34	230.97	0.8616	0.8616	0.8836
	64	319.46	319.46	249.33	0.5603	0.5603	0.7783

11.3.2 重叠度对并行预条件的影响

重叠度 k 将会影响预条件的效率，在表 11.10 中列出了在不同 k 时总的 CG 求解时间与总 CG 迭代次数，这里只对分割 P001 进行测试。由于前述湿筛试件的规模太小，这里给出针对另一试件的测试结果，该试件纯粹由砂浆构成，离散网格点处于 $[-0.46, 0.64] \times [0, 0.3] \times [0, 0.3]$ 上。离散网格点总数为 1030301，采用的有限元总个数为 1000000。这里采用的是一致六面体有限元。两支撑轴所处的位置分别为 $(x, z) = (-0.36, 0)$ 与 $(x, z) = (0.54, 0)$，而两加载轴分别处于位置 $(x, z) = (-0.06, 0.3)$ 与 $(x, z) = (0.24, 0.3)$。

表 11.10 采用 64 处理器时不同重叠度下的求解信息

求解所有线性方程组总的 CG 迭代次数					求解所有线性方程组总的 CG 迭代时间/s				
BJ ($k=0$)	AS		FC		BJ ($k=0$)	AS		FC	
	$k=1$	$k=2$	$k=1$	$k=2$		$k=1$	$k=2$	$k=1$	$k=2$
36730	30105	29090	29007	27985	1567	1446	1499	1393	1443

从表 11.10 中可以看到，对 $k=1$ 或者 $k=2$，采用 AS 或者 FC 时的总迭代次数与迭代时间都比采用 BJ 时要少，再次说明，当问题规模相对较大时，采用 BJ 不如采用 FC 和 AS。同时，采用 $k=1$ 时比采用 $k=2$ 时更为有效，这可能主要是由系数矩阵没有对角占优性引起的，也可能部分是由问题规模还不够大引起的。

11.3.3 排序算法对并行预条件的影响

外形缩减算法针对无向图进行，通过对系数矩阵的邻接图进行顶点重排，即对系数矩阵进行对称转置，来缩减外形，比较常用的算法有 RCM(reverse cuthill-mckee) 排序、谱排序等[1]。

在 CM(cuthill-mckee 排序) 算法中，首先选取度最小的顶点进行标号，以其为起点构筑层次结构，并按所处层次的顺序对其中的顶点依次进行标号。在对同一层中的顶点进行标号时，按与之相邻的上层顶点编号从小到大的顺序进行，而如果多个未标号顶点与上层中同一顶点相邻，则再按度从小到大的顺序进行标号。当层次结构构筑完成，且尚有顶点未标号时，从余下顶点中选取度最小的顶点，继续层次结构的构筑与标号过程，直到所有顶点全部标号完成为止。RCM 排序对由 CM 算法得到的排序再按逆序进行编号，在保持带宽不变时，进一步缩减外形。

谱排序算法利用矩阵外形与每行局部带宽平方和间的近似等价关系，每行局部带宽平方和到非零元素行列指标差的平方和的近似等价性，以及用连续最优化问题来近似离散最优化问题，将邻接图中顶点排序以缩减外形的问题转化为计算 Laplace 矩阵的次小特征值和相应的特征向量 (即 Fielder 向量) 问题，最终按 Fiedler 向量中分量的大小顺序来确定顶点的排序[87]。

形成整体稀疏线性方程组时，对结构网格，未知量采用先 x、再 y、后 z 的坐标排序方式；对非结构网格，按三个坐标进行顶点排序，z 坐标最小的顶点先排，z 坐标相同的顶点先排 y 坐标最小的顶点，y 坐标相同的顶点先排 x 坐标最小的顶点。这里所述自然排序，即尽量维持该排序方式不变的排序，对商图而言，是指按子区域编号顺序进行排序；对每个子区域而言，是指按顶点所属非重叠子区域的编号从小到大的顺序进行排序，对属于同一个非重叠子区域的顶点，维持原来顺序不变。

随机排序是指先连续依次调用 Fortran 内部函数 rand(1.0D0) 共 n 次，形成随机双精度型数组，再按其分量从小到大的顺序排序，排序时分量的指标对应于系数矩阵邻接图的顶点。

此外，对每个子区域，这里引入一种将自然排序和 RCM 排序相结合的新排序方式，先按顶点所属非重叠子区域的编号从小到大的顺序进行排序。由于这里采用的重叠方式将使得每个非重叠子区域只会向编号更小的其他非重叠子区域扩展，所以每个子区域中的顶点要么属于未扩展前的非重叠子区域，要么属于小于当前子区域编号的其他非重叠子区域。对属于小于当前编号的同一个非重叠子区域的顶点，维持原来排序顺序不变。对属于未扩展前非重叠子区域的顶点，利用层次结构和 RCM 的思想进行排序，即将小于当前子区域编号的其他非重叠子区域中的所有顶点作为第一层，从第一层出发按 RCM 的思想继续构建层次结构并进行顶点排序。

这里就排序对重叠区域分解型并行不完全分解预条件的影响进行实验[88]，所有计算结果在一机群系统上得到，该机群系统采用 64 位的 Intel(R) Xeon(R) CPUE5540@2.53GHz (cache 8192KB)，并采用 infiniband 进行互连。操作系统为 Red Hat 4.1.2-44 版的 Linux。消息传递接口采用 MVAPICH2 1.4.0，所用编译器为 Intel Fortran 10.1.018。

由于这里的线性方程组全部对称正定，所以迭代法总选为共轭斜量法，且只实验带分裂权的加性 Schwarz、基于因子组合的并行预条件、块 Jacobi 型预条件，这三种并行化方法分别记为 AS, FC 和 BJ。实验中采用的自然排序、RCM 排序、谱排序、随机排序和新排序算法分别记为 NAT, RCM, SPC, RAN 和 NEW。实验中采用的串行预条件包括 ILU(0) 与 ICT。在所有实验中，初始猜测都选为 0 向量。

在模型偏微分方程的实验中，停机准则选为残向量的欧几里得范数下降为原来的 10^{-10} 倍，在混凝土细观数值模拟实验中选为下降 10^{-4} 倍，由于对相同串行不完全分解和并行化技术，各排序只在预条件构造阶段所费时间有所不同，在预条件应用阶段每次迭代所费时间差异非常小，同时，迭代次数的可重现性更好，随机性因素的影响不明显，所以这里仅列出迭代次数结果，而具体迭代求解时间不再列出。

下面先进行模型偏微分方程的求解实验，考虑下述 Dirichlet 边值问题：

$$\frac{\partial^2 u}{\partial x^2}+\frac{\partial^2 u}{\partial y^2}+\frac{\partial^2 u}{\partial z^2}=0$$

定义域为 $(0,1)\times(0,1)\times(0,1)$，真解取为 $u=\mathrm{e}^x\{\sin(y)+\sin(z)\}$ 。采用有限差分离散求解，边界条件通过事先假设的真解得到。离散时，在 x,y 和 z 三个方向上的离散步长都选为 1/101，从而需要求解的是一个 1000000 阶的对称正定线性方程组。

在并行计算时，采用沿坐标方向的区域分解，使每个方向上的网格点数大致相等。下面分别列出了针对 ILU(0) 与 ICT(10,10^{-10}) 预条件[83]，在不同处理器个数时，各种排序对预条件效果的影响。在每个表中，依次列出了各种排序下，采用 3 种不同并行化方法时各自所需的迭代次数。

从表 11.11 和表 11.12 可见，对模型偏微分方程问题的离散求解，商图排序对预条件质量的影响不明显。对局部排序而言，其对预条件质量的影响很明显，当采用随机排序时，迭代次数明显多于其他能有效缩减外形的算法。对所测试的自然排序以及 RCM 排序、谱排序、新排序算法，其对加性 Schwarz 预条件的影响甚微，但对块 Jacobi 型预条件影响显著。对因子组合型并行预条件，局部采用自

表 11.11 各种排序下用并行 ILU(0) 预条件 CG 求解三维模型问题的迭代次数

商图排序	节点排序	NPROCS=32			NPROCS=64			NPROCS=128		
		AS	FC	BJ	AS	FC	BJ	AS	FC	BJ
NAT	NAT	157	146	178	151	142	172	153	143	176
	RCM	157	170	178	152	167	172	154	168	176
	SPC	157	173	178	160	178	172	154	173	176
	RAN	193	206	211	186	199	193	195	206	198
	NEW	157	146	178	151	142	172	153	143	176
RCM	NAT	157	146	178	151	142	172	153	143	176
	RCM	158	169	178	152	169	172	154	171	176
	SPC	158	171	178	152	174	172	155	172	176
	RAN	191	202	211	191	204	193	194	206	198
	NEW	157	149	178	152	145	172	154	146	176
SPC	NAT	157	147	178	151	142	172	153	143	176
	RCM	157	170	178	153	170	172	154	168	176
	SPC	158	173	178	160	180	172	156	171	176
	RAN	192	206	211	187	200	193	195	208	198
	NEW	157	147	178	151	142	172	153	143	176
RAN	NAT	158	148	178	157	144	172	160	145	176
	RCM	158	182	178	156	178	172	161	180	176
	SPC	167	186	178	159	177	172	162	174	176
	RAN	193	205	212	188	200	195	188	204	198
	NEW	158	147	178	157	144	172	160	145	176

表 11.12 各种排序下用并行 ICT$(10,10^{-10})$ 预条件 CG 求解三维模型问题的迭代次数

商图排序	节点排序	NPROCS=32			NPROCS=64			NPROCS=128		
		AS	FC	BJ	AS	FC	BJ	AS	FC	BJ
NAT	NAT	97	95	123	100	96	125	103	98	132
	RCM	99	110	123	96	107	119	100	110	126
	SPC	97	107	123	100	108	116	103	111	130
	RAN	117	127	140	114	121	128	114	125	133
	NEW	104	100	123	98	94	119	102	95	126
RCM	NAT	96	95	123	99	96	125	103	98	132
	RCM	97	107	123	96	107	119	100	110	126
	SPC	98	113	123	99	107	116	104	111	130
	RAN	117	126	140	113	123	128	120	130	133
	NEW	104	100	123	98	94	119	102	96	126
SPC	NAT	98	96	123	100	96	125	103	98	132
	RCM	97	111	123	97	114	119	97	110	126
	SPC	102	112	123	101	110	116	103	108	130
	RAN	117	127	140	118	127	128	115	131	133
	NEW	104	100	123	98	94	119	101	95	126
RAN	NAT	104	100	123	100	96	125	103	98	132
	RCM	100	115	123	96	115	119	100	118	126
	SPC	105	116	123	100	116	116	104	119	130
	RAN	117	127	140	114	127	128	120	131	133
	NEW	100	96	123	99	95	119	107	102	126

然排序和新排序才能确保局部不完全分解时消元顺序与串行计算时最为接近，所以此时效果最好，但自然排序和新排序之间没有显著的优劣之分，有时自然排序更好，有时新排序更好。在局部采用自然排序或新排序的情况下，因子组合型并行不完全分解预条件优于加性 Schwarz 和块 Jacobi 型并行不完全分解预条件。

接下来进行混凝土试件的实验，这里针对 9.7 节中的试件 2 进行静载实验。在并行计算时，采用软件包 METIS-4.0 中的接口子程序 metis_PartGraphRecursive 进行图的分割。在表 11.13 与表 11.14 中，分别列出了针对 SSOR, ILU(0), ICT(25, 10^{-3}) 预条件，在不同处理器个数时，各种排序对预条件效果的影响。从表 11.13 和表 11.14 可见，对混凝土细观数值模拟中的稀疏线性方程组求解，具有与模型问题求解时类似的结论。

表 11.13 并行 ILU(0)-CG 平均求解混凝土细观数值模拟中每个线性方程组的迭代次数

商图排序	节点排序	NPROCS=16			NPROCS=32			NPROCS=64		
		AS	FC	BJ	AS	FC	BJ	AS	FC	BJ
NAT	NAT	202.03	192.81	239.39	203.19	192.38	243.21	211.62	197.44	255.66
	RCM	200.79	206.60	239.03	195.89	204.71	234.11	179.90	206.07	250.76
	SPC	197.44	209.12	234.11	202.40	211.98	245.76	213.53	227.20	260.57
	RAN	224.88	232.10	250.56	256.46	260.64	287.80	244.72	249.11	293.58
	NEW	201.19	193.49	235.10	205.33	195.39	234.37	208.63	194.65	231.93
RCM	NAT	203.42	193.93	239.39	201.51	191.67	243.21	209.01	194.67	255.66
	RCM	201.71	207.31	239.00	180.67	203.26	234.12	200.60	204.98	250.75
	SPC	199.18	210.70	234.33	204.08	212.60	245.80	214.92	224.09	260.57
	RAN	246.19	240.01	250.74	258.06	259.89	287.83	233.83	240.34	293.33
	NEW	204.93	193.99	235.16	202.91	192.78	234.35	217.57	203.70	231.92
SPC	NAT	201.50	191.96	239.40	204.20	191.92	243.21	211.39	196.59	255.65
	RCM	201.22	209.94	239.00	175.83	203.38	234.11	182.06	211.96	250.75
	SPC	196.72	202.95	234.44	205.63	216.24	245.78	213.89	222.61	260.57
	RAN	230.92	237.06	250.54	259.67	260.90	287.87	240.37	260.72	293.36
	NEW	204.53	196.05	234.99	208.06	197.19	234.37	212.11	197.97	231.93
RAN	NAT	202.64	192.67	239.39	202.24	191.21	243.22	243.22	195.67	255.65
	RCM	201.08	211.03	239.00	175.30	201.62	234.11	180.87	216.03	250.76
	SPC	202.33	212.61	234.82	203.55	216.51	245.80	212.92	225.62	260.58
	RAN	234.38	238.66	251.24	257.83	259.98	288.65	259.08	263.31	293.28
	NEW	176.70	169.27	235.30	206.43	195.47	235.30	212.85	198.73	231.92

表 11.14 并行 ICT(25,10^{-3})-CG 平均求解混凝土细观数值模拟中每个线性方程组的迭代次数

商图排序	节点排序	NPROCS=16			NPROCS=32			NPROCS=64		
		AS	FC	BJ	AS	FC	BJ	AS	FC	BJ
NAT	NAT	205.23	193.54	244.24	195.10	187.03	252.64	206.44	194.47	272.52
	RCM	204.20	204.27	239.05	175.79	202.22	239.78	186.78	204.88	258.40
	SPC	204.49	208.13	242.67	222.95	221.08	257.75	235.64	235.11	284.12
	RAN	232.84	238.25	235.90	248.16	248.98	269.34	254.70	254.35	252.16
	NEW	208.28	198.14	272.30	197.76	190.64	266.23	192.99	179.58	258.80

续表

商图排序	节点排序	NPROCS=16			NPROCS=32			NPROCS=64		
		AS	FC	BJ	AS	FC	BJ	AS	FC	BJ
RCM	NAT	189.40	180.71	244.53	193.86	182.16	252.17	205.11	189.74	272.13
	RCM	214.83	215.56	238.97	203.28	201.97	239.76	205.66	214.93	258.38
	SPC	195.63	197.65	242.79	214.45	213.13	258.01	208.82	216.48	284.28
	RAN	232.66	229.10	234.92	246.39	246.34	269.47	225.44	248.77	251.00
	NEW	201.58	190.90	272.20	200.93	190.65	266.72	214.87	199.02	258.88
SPC	NAT	191.93	185.03	244.40	193.93	185.95	252.34	207.43	198.10	272.35
	RCM	200.15	203.16	238.90	208.16	185.92	239.54	179.34	205.84	258.21
	SPC	191.35	190.69	243.05	216.06	210.87	257.85	218.93	222.17	284.16
	RAN	239.13	241.52	235.26	248.58	247.55	269.04	256.38	258.69	251.89
	NEW	194.02	187.70	272.12	192.37	188.72	266.06	212.71	201.62	258.92
RAN	NAT	208.53	198.26	244.01	195.30	187.61	252.19	207.94	197.25	272.68
	RCM	210.22	212.35	239.11	214.85	208.07	239.77	195.47	219.15	258.38
	SPC	214.19	220.21	242.72	224.92	226.75	258.03	230.18	229.37	284.29
	RAN	228.33	234.85	233.98	246.80	247.30	269.33	257.29	255.80	251.86
	NEW	196.05	187.79	272.15	181.29	173.79	265.64	218.85	208.12	258.74

11.4 基于非重叠子区域浓缩的粗网格校正算法

对不完全分解预条件采用区域分解型算法进行并行化时，必然存在误差，这种误差来源于在进行每个子区域对应的不完全分解时，没有用到串行不完全分解中那样的全局信息。于是，即使是对采用随重叠度增加有逼近串行预条件趋势的因子组合型不完全分解而言，其实际对相应串行预条件的近似也存在比较大的偏差。为此，可以采用粗网格校正的思想，将全局信息对预条件的影响考虑进来。但由于采用了区域分解，所以，采用聚集型粗网格校正是一种很自然的选择[89]。

11.4.1 算法的基本思想

假设将邻接图划分为 p 个互不重叠的子图，第 k 个子图记为 $G_i=(W_i,E_i)$，其中 $0\leqslant k<p$ 且所有 W_i 的并集等于 W。同时，将 W_i 中的节点个数记为 n_i，记 $1_{m\times n}$ 是每个元素都是 1 的 $m\times n$ 矩阵。定义限制算子 R:

$$R=\begin{bmatrix}1_{1\times n_0} & & & \\ & 1_{1\times n_1} & & \\ & & \ddots & \\ & & & 1_{1\times n_{p-1}}\end{bmatrix}\tag{11.30}$$

则从线性方程组 $Ax = r$ 可以得到一个粗网格线性方程组：

$$A_c x_c = r_c \tag{11.31}$$

其中，

$$A_c = RAR^{\mathrm{T}}, \quad r_c = Rr$$

这样，$R^{\mathrm{T}} x_c$ 就可以作为 x 的一个近似解。

假设对 $Ax = r$ 在迭代求解时，采用了另一个矩阵 M 作为 A 的近似，则在每次迭代过程中，都需要求解类似于 $Mv = u$ 的辅助线性方程组。假设从 $Mv = u$ 精确地计算出了 v，则可以采用两种方法利用粗网格近似来对 v 进行校正。

第一种方法是，先计算 $w = u - Av$，这是采用 M 近似 A 时对应的残向量，再从该残向量出发，将 Rw 作为式 (11.31) 的右端项，记求出的解为 v_c，则可以将 $v + R^{\mathrm{T}} v_c$ 看成 $Av = u$ 之解的更好近似。这里称此方法为乘性校正算法，简记为 MCOR，显然，此时的近似解为 $v + R^{\mathrm{T}} A_c^{-1} R(u - Av)$，相当于将预条件 M^{-1} 校正为

$$M^{-1} + R^{\mathrm{T}} A_c^{-1} R(I - AM^{-1}) \tag{11.32}$$

第二种方法是，直接以 Ru 作为式 (11.31) 的右端项，即对应的解为 v_c，则 $R^{\mathrm{T}} v_c$ 也是 $Av = u$ 的一个近似解，故可以将 $(R^{\mathrm{T}} v_c + v)/2$ 看成 $Av = u$ 之解的更好近似。这种方法在这里称为加性校正算法，简记为 ACOR，此时近似解为 $(v + R^{\mathrm{T}} A_c^{-1} Ru)/2$。值得注意的是，由于是用作预条件，每个分量均相差一个倍数不会影响求解结果，所以在加性校正算法下，实际上可以只计算 $v + R^{\mathrm{T}} A_c^{-1} Ru$，这相当于将预条件 M^{-1} 校正为

$$M^{-1} + R^{\mathrm{T}} A_c^{-1} R \tag{11.33}$$

可以证明，当矩阵 A 和 M 都对称正定时，式 (11.33) 有定义且也对称正定。注意，式 (11.32) 不一定对称。

11.4.2 实现途径

无论是乘性校正式 (11.32) 还是加性校正式 (11.33)，在进行预条件迭代计算时，核心问题包括这几个方面：① A_c 的计算，② 从 u 计算 Ru，③ 求解 $A_c v_c = Ru$，④ 计算 $v + R^{\mathrm{T}} v_c$。下面结合对 $Ax = b$ 采用按矩阵行、向量分量分块分布的并行计算方式，以及在每个处理器上均重复求解粗网格方程的总体思想来进行设计。

对 A_c 的计算，先对 A 在每个子区域上的所有行进行求和，之后再对得到的这一行按子区域上的点标号范围将列分成 p 部分，每部分对应于一个子区域，对

每部分中的元素分别进行求和，就得到了 A_c 的相应一行。每个子区域上的行通过全收集操作，就可以在每个处理器上均得到整个粗网格对应的系数矩阵 A_c。由于 A_c 只与系数矩阵有关，所以只在进行系数矩阵生成或装配时才需要进行形成 A_c 的相应操作。

对 Ru 的计算，相应于先分别对 u 在每个子区域上的所有分量求和，每个子区域得到一个数，之后采用全收集在每个处理器上得到整个 Ru。在每个处理器上各自求解 $A_cv_c = Ru$ 一次，均各自得到 v_c。保留对应于该处理器的那个分量，将该分量值分别累加到近似解 v 在该处理器上的每一个分量上，即求出了 $v+R^{\mathrm{T}}v_c$。

11.4.3　数值实验

本节就粗网格校正对重叠区域分解型并行不完全分解预条件的改进效果进行实验，所有计算结果在一机群系统上得到，其采用 Intel(R) Xeon(R) CPUX7350@ 2.93GHz (cache 4096KB)，并采用 infiniband 进行互连。操作系统为 Red Hat 4.1.2-44 版的 Linux。消息传递接口采用 MVAPICH2 1.4.0，所用编译器为 Intel Fortran 10.1.018。由于这里的线性方程组全部对称正定，所以迭代法总选为 CG 法，且只实验带分裂权的加性 Schwarz、基于因子组合的并行预条件，分别记之为 AS 和 FC。实验针对 9.7 节中的混凝土试件进行，采用的串行预条件包括 ILU0 与 ICT(25, 10^{-3})[83]。在所有实验中，初始猜测都选为 0 向量，且迭代的停机准则选为残量 2 范数下降 10^{-4} 倍，动载实验中的参数设置与 11.2.4 节相同。

由表 11.15～表 11.20 可见，加性校正过程对因子组合型不完全分解预条件质量具有良好的改进效果。但是，对加性 Schwarz，并没有一致性的改进，有时有正效果，但有时却是负效果。乘性校正由于需要额外的矩阵向量乘，所以虽然改善了预条件的质量，但此时每个线性方程组的迭代时间反而比未校正时要长。同时，对串行计算时越有效的预条件如 ICT，校正算法的改进效果比有效性较差的预条件如 ILU(0) 更显著。此外，还可以看到，校正后因子组合型并行不完全分解预条件依然优于加性 Schwarz 并行化预条件。

表 11.15　采用 ILU0 对试件 1 进行静载模拟时平均每个线性方程组的迭代次数和求解时间

		NPROC=8		NPROC=16		NPROC=32		NPROC=64	
		AS	FC	AS	FC	AS	FC	AS	FC
迭代次数	无校正	143.00	139.01	137.06	142.01	143.24	146.01	162.01	152.01
	ACOR	140.02	136.01	148.07	143.34	150.93	148.01	163.01	153.01
	MCOR	127.01	124.01	131.01	126.01	134.01	127.01	137.01	130.01
计算时间	无校正	2.7001	2.6529	1.3408	1.3775	0.8128	0.8262	0.5423	0.5238
	ACOR	2.6479	2.6011	1.4436	1.3879	0.8715	0.8391	0.5474	0.5288
	MCOR	3.2670	3.1789	1.7762	1.6812	0.9534	0.8849	0.5865	0.5559

表 11.16 采用 ICT 对试件 1 进行静载模拟时平均每个线性方程组的迭代次数和求解时间

		NPROC=8		NPROC=16		NPROC=32		NPROC=64	
		AS	FC	AS	FC	AS	FC	AS	FC
迭代次数	无校正	137.28	138.85	151.66	148.01	158.61	150.27	163.96	158.05
	ACOR	132.98	129.01	129.79	135.65	127.04	139.03	155.01	143.01
	MCOR	125.02	118.20	129.01	128.01	131.02	126.01	139.89	133.01
计算时间	无校正	1.5232	1.5228	0.9429	0.9166	0.5481	0.5137	0.4690	0.4363
	ACOR	1.4725	1.4149	0.8030	0.8298	0.4316	0.4839	0.4356	0.4181
	MCOR	2.2020	2.0715	1.2539	1.2367	0.6299	0.5959	0.4901	0.4800

表 11.17 采用 ILU0 对试件 2 进行静载模拟时平均每个线性方程组的迭代次数和求解时间

		NPROC=8		NPROC=16		NPROC=32		NPROC=64	
		AS	FC	AS	FC	AS	FC	AS	FC
迭代次数	无校正	195.67	188.68	202.03	192.81	203.19	192.38	211.48	197.44
	ACOR	192.12	184.33	194.83	191.54	201.03	191.98	209.82	197.59
	MCOR	177.42	169.53	177.17	170.75	175.82	167.31	179.71	168.66
计算时间	无校正	6.1681	5.9385	3.4522	3.2721	1.8525	1.7675	1.2640	1.1744
	ACOR	6.0676	5.7914	3.3296	3.2472	1.8455	1.7408	1.2287	1.1921
	MCOR	7.4774	7.1208	4.0487	3.9057	2.1937	2.0689	1.8852	1.2873

表 11.18 采用 ICT 对试件 2 进行静载模拟时平均每个线性方程组的迭代次数和求解时间

		NPROC=8		NPROC=16		NPROC=32		NPROC=64	
		AS	FC	AS	FC	AS	FC	AS	FC
迭代次数	无校正	202.59	193.31	205.23	193.5	195.10	187.03	206.32	194.34
	ACOR	191.56	184.19	198.76	189.74	193.10	184.54	202.21	189.66
	MCOR	183.35	176.42	187.16	178.25	174.61	167.29	180.59	170.21
计算时间	无校正	3.7095	3.5167	2.0567	1.9170	1.1797	1.1253	0.8679	0.8101
	ACOR	3.5130	3.3425	1.9933	1.8774	1.1670	1.1083	0.8551	0.7864
	MCOR	5.2878	5.0569	2.9804	2.8331	1.6359	1.5711	1.0341	1.0012

表 11.19 采用 ILU0 对试件 2 进行动载模拟时平均每个线性方程组的迭代次数和求解时间

		NPROC=8		NPROC=16		NPROC=32		NPROC=64	
		AS	FC	AS	FC	AS	FC	AS	FC
迭代次数	无校正	189.07	181.90	191.94	184.48	192.34	182.79	200.21	186.93
	ACOR	187.50	180.91	194.38	187.00	197.40	188.57	205.50	193.40
	MCOR	172.68	166.81	172.75	166.71	171.99	164.18	175.88	164.76
计算时间	无校正	5.9643	5.7146	3.2943	3.1302	1.7498	1.6517	1.1615	1.0958
	ACOR	5.9543	5.6869	3.3145	3.1666	1.8033	1.7189	1.2144	1.1800
	MCOR	7.2731	7.0004	3.9611	3.8035	2.1905	2.0299	1.3545	1.4597

表 11.20　采用 ICT 对试件 2 进行动载模拟时平均每个线性方程组的迭代次数和求解时间

		NPROC=8		NPROC=16		NPROC=32		NPROC=64	
		AS	FC	AS	FC	AS	FC	AS	FC
迭代次数	无校正	195.86	188.46	202.55	193.03	193.94	184.61	203.48	191.69
	ACOR	186.91	179.98	193.91	185.57	190.48	181.10	198.05	187.19
	MCOR	180.00	172.81	183.55	175.14	171.03	165.20	178.21	167.27
计算时间	无校正	3.5803	3.4178	2.0306	1.9103	1.1708	1.1212	0.8438	0.7976
	ACOR	3.4082	3.2652	1.9408	1.8518	1.1526	1.0825	0.8367	0.7771
	MCOR	5.1889	4.9522	2.9325	2.7617	1.6142	1.5764	1.0268	0.9698

11.5　自顶向下的聚集型代数多重网格预条件

多重网格是求解稀疏线性方程组最有效的方法之一，其在收敛速度上具有潜在的渐近最优性。该方法可以单独使用，但更常用于 Krylov 子空间方法的预条件子，因为这样具有更好的健壮性。

多重网格方法的高效性由光滑与校正的互补性决定，光滑可以减小频率相对较高的误差分量，而对其他对应于频率较低的误差分量的减小非常慢，这些分量限制到一个较粗的网格上，并在其上计算出校正值[90]。当给定光滑过程后，多重网格的效率取决于两个因素，即校正的准确性与传递算子的准确性。

11.5.1　多重网格的基本概念

记 $G_h^{\nu}(x^{(h)}, b^{(h)})$ 是以 $x^{(h)}$ 为初始值，并采用某种迭代法对 $A^{(h)}x^{(h)} = b^{(h)}$ 迭代 ν 次后得到的近似解。假设对嵌套网格 $\Omega_0 \supset \Omega_1 \supset \cdots \supset \Omega_m$，已经得到从 Ω_{i+1} 到 Ω_i 的插值算子 $P_{i,i+1}$，从 Ω_i 到 Ω_{i+1} 的限制算子 $R_{i+1,i}$，以及第 $i = 1, 2, \cdots, m$ 层上对应于 $A = A_0$ 的矩阵 A_i，则多重网格法[1,53] 可以嵌套地描述，如图 11.15 所示。

```
1.  If l = m then
2.    计算 x^(l) = A_l^{-1} b^(l);
3.  Else
4.    计算 x^(l) = G_l^{ν1}(x^(l), b^(l)) 与计算 d^(l+1) = R_{l+1,l}(b^(l) − A_l x^(l));
5.    置 v^(l+1) = 0;
6.    For j = 1 to γ do v^(l+1) = MG(v^(l+1), d^(l+1), l + 1);
7.    计算 x^(l) = x^(l) + P_{l,l+1} v^(l+1);
8.    计算 x^(l) = G_l^{ν2}(x^(l), b^(l));
9.  Endif
```

图 11.15　多重网格法 $x^{(l)} = \mathrm{MG}(x^{(l)}, b^{(l)}, l)$

在图 11.15 所示多重网格法算法中，G_l 为光滑算子，即某种简单迭代，在实际应用中，经常取为 Jacobi 迭代、Gauss-Seidel 迭代或其变种。因此，实际上多重网格算法的基本思想可以简述为：在细网格层上进行 1 次或少量几次简单迭代，之后可能再迭代时收敛速度很慢，此时，将其对应残向量转换为粗网格上的残向量，并在粗网格上进行求解，再将求得的误差向量扩展到细网格层，并对细网格层上的近似解进行校正。在校正后，可以再利用简单迭代进行光滑。

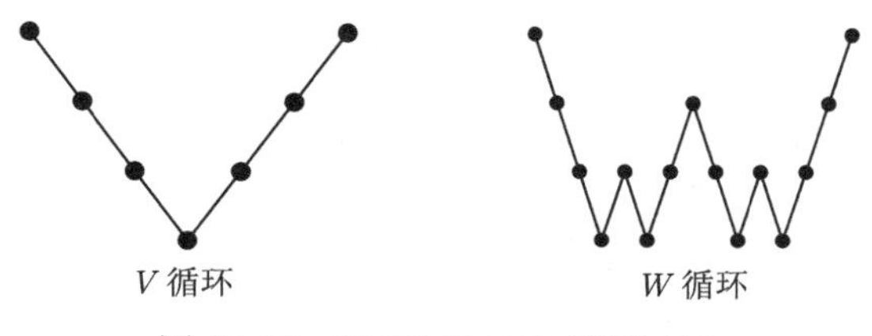

图 11.16　V 循环与 W 循环示例

多重网格具有潜在的最优收敛性，是求解稀疏线性代数方程组的有效手段之一，既可以单独用于迭代求解，也可以用作预条件与 Krylov 子空间迭代法结合使用，实际应用表明，后者具有更好的健壮性，因此，使用更为普遍。多重网格算法中的 ν_1, ν_2 与 γ 为整型参数，其大小直接关系到算法的精度与效率，这些参数越大，计算量越大，计算精度一般也越高。当 $\gamma = 1$ 时，称为 V 循环，简记为 $V(\nu_1, \nu_2)$，当 $\gamma = 2$ 时，称为 W 循环，简记为 $W(\nu_1, \nu_2)$。图 11.16 给出了当 $m = 3$ 时，V 循环与 W 循环的计算过程，其中圆点表示光滑过程，实线表示传递算子。此外，还可以采用更复杂、与 Krylov 子空间迭代法相结合的 K 循环，具体细节可以参阅文献 [91]，此处不再赘述。

多重网格法的有效性来源于光滑过程与校正过程的协调，其有效性主要受光滑过程对高频误差的减小程度，以及所传递误差对低频误差的近似程度所影响。光滑过程对高频误差的减小程度主要通过光滑算子的收敛速度来表征，因此，给定的光滑算子收敛越快，其有效性一般越高。在低频误差的传递上，其准确性主要受粗网格算子对相应误差的表征程度，以及网格传递算子的准确性所影响。粗网格算子越能准确表征细网格上的低频误差，网格传递算子越准确，多重网格算法越有效。

11.5.2　经典聚集型代数多重网格算法

代数多重网格主要依赖于系数矩阵的代数信息，并尽可能地少用几何信息。聚集型代数多重网格就是这样一种算法，并受到广泛关注，因为其设置代价低廉[92]。在这些方法中，每个粗网格点对应于几个细网格点，称之为一个聚集。当给定线性方程组之后，插值算子、限制算子与粗网格算子都只取决于聚集的选择，因此，聚集是这种方法中的核心。

聚集可以纯粹从邻接图来进行构造。对对流扩散方程，Kim 等[93] 提出了一种基于强连接的两点聚集型方案。在这种方法中，每个聚集含有最多两个点，因此一般层次较多，从而导致性能下降。为减少层次数量，可以将两点聚集算法应用两次或多次来确定聚集[94,95]。出于维持单元结构的考虑，Dendy 等[96] 提出了一种因子为 3 的网格粗化算法，且通过数值实验验证了该算法的健壮性。

Vanek 等[66] 提出了另外一种基于强耦合的方案，在这种方案中，孤立点尽可能快地加入某个已有聚集中，以改进网格结构的质量。Kumar[97] 对高度不连续的对流扩散问题，提出了一种基于图分割的算法，每个子图对应于一个聚集。采用 ILU(0) 作为光滑算子，并采用 ILUT 来求解较粗网格上的问题，得到了一种两层网格方法，该方法比基于强连接的经典代数多重网格更健壮。

最近，Chen 等[98] 对多种聚集进行了实验，发现那些能够与各向异性保持一致的聚集算法是最好的。从此观点出发，并考虑到粗化的自动化，其建议按最小特征值对应的特征向量来进行聚集，或者按照迭代矩阵谱半径一个相关量的最小化来进行粗化。

当已知所得稀疏线性方程组的来源几何信息时，这种信息也可以尽可能地用于进行聚集的选取。对二维二阶椭圆型偏微分方程，Braess[64] 提出了两种聚集算法，第一种是根据 7 种已知的几何结构来进行聚集，在第二种聚集算法中，根据边权大小对节点进行分组，之后基于组间连接边数的大小对组进行两两配对，从而形成聚集。算法结束时，每个聚集含有不超过 4 个节点。

Okamoto 等[99] 针对从有限体积法得到的问题，就聚集的选取，基于对边着色的思想，提出了一种全局粗化算法。在该算法中，选取相互独立的边，并形成子集。利用体积对面积的比率作为限制条件，对对应于子集中每个元素的体积进行融合。之后，聚集就自动形成，并具有全局次优形状。

一般而言，随着问题规模的增加，进行聚集所需要的时间也会显著增加。对从九点有限差分格式得到的线性方程组，Deng 等[100] 针对各种网格点数的问题，提出了一种计算配置参数的经济方法。

在文献 [101] 中，对几种聚集算法基于稀疏数据结构进行了具体实现与实验比较，包括基于强连接的两点聚集算法以及对其循环 2 次与 3 次的变种形式、Vanek 算法、Braess 所提出的第二种算法，以及一种基于完全子图的算法。实验结果表明，两点算法及其变种在大多数情况下最为有效，最佳聚集算法总是其中之一。

在多重网格算法中，特别是对对称稀疏线性组的求解，限制算子通常取为插值算子的转置，或其常数倍，因此，在聚集构造好后，经典聚集型代数多重网格算法中，插值算子一般直接从其得到。假设粗网格共有 n_{l+1} 个点，细网格共有 n_l 个点，则粗网格到细网格的插值算子 $P_{l,l+1}$ 是一个 $n_l \times n_{l+1}$ 的矩阵，如果细网格中标号为 i 的某个点，在构造粗网格时，属于第 j 个聚集，即对应于粗网格中标号为 j 的点，则 $P_{l,l+1}$ 中第 i 行第 j 列上的元素为 1，所有不为 1 的元素全部为 0。当然，为了加快聚集型代数多重网格算法的收敛性，可以从经典插值算子出发，基于一定程度上的最优性，以及稀疏性的综合考虑，来构建光滑插值等更复杂的插值算子[66]。

11.5.3 基于坐标分割的自顶向下聚集型代数多重网格预条件

熟知，对结构网格上的各向同性问题，几何多重网格比代数多重网格高效，这在很大程度上归功于粗化过程中对网格形状的保持。因此，如果线性方程组 (10.1) 对应的离散网格的坐标信息已知，我们是否可以利用这种性质来构建代数多重网格？在本节，我们将给出这样一种聚集算法。

对线性方程组 (10.1)，将矩阵 A 的邻接图表示为 $G_1^{(0)}$，且记 $G_1^{(0)}$ 中节点 i 的 x, y, z 坐标分别为 x_i, y_i 与 z_i。由于矩阵 A 对称，因此 $G_1^{(0)}$ 是一个无向图。我们将 $G_1^{(0)}$ 分割为 m_0 个子图 $G_i^{(1)}(i=1,2,\cdots,m_0)$，其中 m_0 可以作为输入参数事先给定。现在，每个 $G_i^{(1)}$ 中的所有点可以聚集为粗网格中的一个点，且总共在最粗网格层中具有 m_0 个节点。

对每个 $G_i^{(1)}$，又可以将其分割为 p 个子图。在第 1 层具有 m_0 个子图，因此可以将其按这种方式总共分割为 pm_0 个子图，每个对应于第 2 层中的一个节点。分割过程嵌套地进行下去，直到某个层次 l 中最小子图的节点数足够小为止。第 l 层中的每个子图可以看成是原图 $G_1^{(0)}$ 中相应节点的聚集。算法细节[102] 可以描述如图 11.17 所示。

用 $V_i^{(j)}$ 表示 $G_i^{(j)}$ 的节点集，则对 $i=1,2,\cdots,p$，有 $V_{i+(k-1)p}^{(j+1)}$ 属于 $V_k^{(j)}$，这意味着网格层次可以自然地生成。在第 1 层上含有 m 个节点，对第 $2<j<l-1$ 层，含有 m_0p^{j-1} 个节点，第 j 层上的每个节点对应于第 $j-1$ 层上的 p 个节点。而对第 l 层，子图 $G_i^{(l)}$ 含有 $|G_i^{(l)}|$ 个节点，即 $n=|G_1^{(0)}|$ 个节点。

为记录网格层次，算法 AGGCRP 提供 3 个输出参数，即网格层数 l、数组 f 与数组 g。数组 f 含有每个节点对应粗网格层中的父节点。如果所有之前层次上的节点总数为 γ，且当前层号为 j，则 $f_{\gamma+(k-1)p+i}$ 表示子图 $G_k^{(j)}$ 第 i 部分的父节点。此外，用 g_j 记录第 j 层中节点在 f 中存储的第一个位置。

现在我们对图 11.17 所得网格层次结构进行翻转，来对多重网格进行设置。多重网格中的第 k 层可以看作是图 11.17 中的第 $l+1-k$ 层。在多重网格中，第 1 层有 n 个节点，最粗层是第 l 层，第 l 层有 m_0 个节点。第 1 层中的节点数和相应的系数矩阵已经预先知道，即分别为 $m_l=n$ 和 A。对于 $k>1$ 时第 $k-1$ 层中的每个节点，其在第 k 层中对应的节点由 $f_{i+\gamma}(i=1,2,\cdots,m_{l-k};\gamma=g_{l+1-k}-1)$ 给出。具有相同 $f_{i+\gamma}$ 的节点聚合为第 k 层中节点。这样，整个设置过程如图 10.18 所示，其中 ibJ_k 和 jJ_k 用于以 CSR 格式存储聚集。在图 11.18 中，第 8 步用于计算 ILU(0) 分解，作为 l 层上稀疏线性方程组的预条件。

1. 将 $G_1^{(0)}$ 分割为 m_0 个子图 $G_i^{(1)}$, $i=1,2,\cdots,m_0$;
2. For $i=1,2,\cdots,m_0$ 置 $f_i=1$;
3. 置 $\alpha^{(1)}=\min\{|G_i^{(1)}|:i=1,2,\cdots,m_0\}$;
4. 置 $l=1$、$g_1=1$ 且 $g_2=m_0+1$;
5. While($\alpha^{(l)}>p$) do
6. 　置 $l=l+1$ 且 $m_{l-1}=pm_{l-2}$;
7. 　置 $g_{l+1}=g_l+m_{l-1}$ 且 $\gamma=g_{l+1}-1$;
8. 　For $k=1$ to m_{l-2} do
9. 　　将 $G_k^{(l-1)}$ 分割为 p 个子图 $G_{(k-1)p+i}^{(l)}$, $i=1,2,\cdots,p$;
10. 　　For $i=1,2,\cdots,p$ 置 $f_{(k-1)p+i+\gamma}=k$;
11. 　Enddo
12. 　置 $\alpha^{(l)}=\min\{|G_i^{(l)}|:i=1,2,\cdots,m_{l-1}\}$;
13. Enddo
14. 置 $l=l+1$、$g_{l+1}=g_l+n$ 且 $\gamma=g_{l+1}-1$;
15. For $k=1$ to m_{l-2} do
16. 　For $i\in G_k^{(l-1)}$ 置 $f_{i+\gamma}=k$;
17. Enddo

图 11.17　基于坐标嵌套分割的聚集算法 (算法 AGGCRP)

输入：$G_1^{(0)}$, m_0, p, x_i, y_i, z_i, $i=1,2,\cdots,n$。输出：l、数组 f 与 g

1. 以 m_0, p 与矩阵 A 为输入调用如图 11.17 所示算法，得到 l, f 与 g;
2. For $k=1$ to $l-1$ do 计算 $m_k=g_{k+2}-g_{k+1}$;
3. For $k=1$ to $l-1$ do
4. 　利用 m_{l-k}, m_{l-k+1} 与 $f(g_{l-k+1}:g_{l-k+1}+m_{l-k})$ 计算 ibJ_k 与 jJ_k;
5. 　计算 $B_k=(P_{k,k+1})^{\mathrm{T}}A_k$;
6. 　计算 $A_{k+1}=B_kP_{k,k+1}$;
7. Endfor
8. 计算 A_l 的某种预条件如 ILU(0);

图 11.18　AGGCRP 算法的设置过程

在算法 AGGCRP 中，分割是一个核心过程。这里采用一种基于坐标的算法，具体描述如图 11.19 所示。在该算法中，每个子图分割为 p 个部分，使得每个部分尽可能维持为立方体形状。

下面验证基于坐标分割自顶向下聚集型代数多重网格预条件的有效性，所有实验结果均在处理器为 Intel(R) Xeon(R) CPU E5-2670 0 @ 2.60GHz (cache 20480 KB) 的机器上获得，操作系统为 Red Hat Linux 2.6.32-279-aftms-TH，编译器为 Intel Fortran 11.1。由于所有实验中所得线性方程组的系数矩阵都对称正定，所以，在所有测试用例中都采用预条件 CG 法。初始近似解采用全 0 向量，迭代停止准则为残向量的 2 范数下降 $\varepsilon=10^{-10}$ 倍。当采用多重网格作为预条件时，最粗层上的线性方程组采用 ILU(0) 预条件 CG 法进行求解，且停止准则也采用残向量的 2 范数下降 $\varepsilon=10^{-10}$ 倍。

实验针对 7 个线性方程组来进行，分别为 LinSys21, LinSys22, LinSys23, LinSys24, LinSys31, LinSys32 与 LinSys33，均采用有限差分得到，其中 LinSys21,

LinSys22, LinSys23, LinSys24 来自于下述二维 PDE 的 Dirichlet 边值问题：

```
1. 确定不同 x 坐标的个数 n_x;
2. 确定不同 y 坐标的个数 n_y;
3. 确定不同 z 坐标的个数 n_z;
4. For p_x = [{p n_x n_x/(n_y n_z)}^{1/3} + 1/2] to 1 step -1 do
5.   置 p_t = [p/p_x];
6.   If(p_x p_t = p) break;
7. Enddo
8. For p_y = [(n_y p_t/n_z)^{1/2} + 1/2] to 1 step -1 do
9.   置 p_z = [p_t/p_y];
10.    If( p_z p_y = p_t) break;
11. Enddo
12. 将 x, y, z 分别分为 p_x, p_y, p_z 块;
13. 对每个 x(i) 确定块号 u_i ∈ [0, p_x - 1];
14. 对每个 y(i) 确定块号 v_i ∈ [0, p_y - 1];
15. 对每个 z(i) 确定块号 w_i ∈ [0, p_z - 1];
16. For i = 1, 2, ··· , |G| 置 h_i = (w_i - 1)p_x p_y + (v_i - 1)p_x + u_i。
```

图 11.19 按坐标进行图分割的算法

输入：p, x_i, y_i, z_i, $i=1,2,\cdots,|G|$。输出：数组 h，其中 h_i 节点 i 所属的子图标号

$$-a_1\frac{\partial}{\partial x}\left(\rho\frac{\partial u}{\partial x}\right)-a_2\frac{\partial}{\partial y}\left(\rho\frac{\partial u}{\partial y}\right)+\delta u=f \tag{11.34}$$

定义域为 $(0,c)\times(0,c)$，且函数 f 与边界条件由已知真解 $u=1$ 计算得到，除 LinSys22 外，所有其他线性方程组对应的 $c=1$。在每个方向上各含有 $n+2$ 个点，且对任意连续函数 u，将 $u(x_i,y_j)$ 定义为 $u_{i,j}$，这里，

$$x_i=ih,\quad y_j=jh,\quad i,j=0,1,\cdots,n+1$$

对线性方程组 LinSys21，$a_1=a_2=\rho=1,\sigma=0$，且采用下述离散形式：

$$-u_{i,j-1}-u_{i-1,j}+4u_{i,j}-u_{i+1,j}-u_{i,j+1}=h^2f_{i,j}$$

对线性方程组 LinSys22，$a_1=a_2=1$ 且采用下述离散形式：

$$-\rho_{i,j-1/2}u_{i,j-1}-\rho_{i-1/2,j}u_{i-1,j}+\lambda_{i,j}u_{i,j}-\rho_{i+1/2,j}u_{i+1,j}-\rho_{i,j+1/2}u_{i,j+1}=h^2f_{i,j}$$

这里，

$$\lambda_{i,j}=\sigma_{i,j}h^2+\rho_{i,j+1/2}+\rho_{i+1/2,j}+\rho_{i,j-1/2}+\rho_{i-1/2,j}$$

对 k 分别取 1,2,3 且 (x,y) 属于 R_k 时，$\rho=\rho_k$ 且 $\sigma=\sigma_k$，

$$R_1=\{(2,2.1]\times(1,2.1]\}\cup\{(2,2.1]\times(1,2.1]\}$$

$$R_2=(1,2)\times(1,2)$$

$$R_3=\{[0,2.1]\times[0,1)\}\cup\{[0,1)\times[0,2.1]\}$$

且 $\rho_1=1,\rho_2=2\times10^3,\rho_3=3\times10^5,\sigma_1=0.02,\sigma_2=3,\sigma_3=500$。

对线性方程组 LinSys23，$\rho=1,\sigma=0,a_1=a_2=1$，且离散形式为

$$\begin{aligned}&-u_{i-1,j-1}-4u_{i,j-1}-u_{i+1,j-1}-4u_{i-1,j}+20u_{i,j}\\&-4u_{i+1,j}-u_{i-1,j+1}-4u_{i,j+1}-u_{i+1,j+1}=h^2f_{i,j}\end{aligned}$$

对线性方程组 LinSys24，$\rho=1,\sigma=0,a_1=1,a_2=100$，且离散形式为

$$100u_{i,j-1}+u_{i-1,j}+202u_{i,j}+u_{i+1,j}+100u_{i,j+1}=h^2f_{i,j}$$

线性方程组 LinSys31~LinSys33 来自于下述三维 PDE 的 Dirichlet 边值问题：

$$-b_1\frac{\partial^2u}{\partial x^2}-b_2\frac{\partial^2u}{\partial y^2}-b_3\frac{\partial^2u}{\partial z^2}=f \tag{11.35}$$

定义域为 $(0,1)\times(0,1)\times(0,1)$，且函数 f 与边界条件由已知真解 $u=1$ 给定。在每个方向上各有 $n+2$ 个点，且对任意函数 u，记 $u(x_i,y_j,z_k)$ 为 $u_{i,j,k}$，这里 $x_i=ih,y_j=jh,z_k=kh(i,j,k=0,1,\cdots,n+1)$，且 $h=1/(n+1)$。

对 LinSys31，$b_1=b_2=b_3=1$，且采用下述离散形式：

$$-u_{i-1,j,k}-u_{i,j-1,k}-u_{i,j,k-1}+6u_{i,j,k}-u_{i+1,j,k}-u_{i,j+1,k}-u_{i,j,k+1}=h^2f_{i,j,k}$$

对 LinSys32，$b_1=1,b_2=10,b_3=100$，且采用下述离散形式：

$$\begin{aligned}&-u_{i-1,j,k}-10u_{i,j-1,k}-100u_{i,j,k-1}+222u_{i,j,k}-u_{i+1,j,k}\\&-10u_{i,j+1,k}-100u_{i,j,k+1}=h^2f_{i,j,k}\end{aligned}$$

对 LinSys33，$b_1=b_2=b_3=1$，且采用下述离散形式：

$$-\sum_{i'=i-1}^{i+1}\sum_{j'=j-1}^{j+1}\sum_{k'=k-1}^{k+1}u_{i',j',k'}+27u_{i,j,k}=h^2f_{i,j,k}$$

实验结果如表 11.21~表 11.27 所示，表中，Mthd 表示所用的聚集算法，这里考虑了 AGGCRP 的 3 种不同版本，ACRPp 表示每次将每个子图分割为 p 个部分的 AGGCRP。对基于强连接的算法，本节表示为 AGGSTR，我们也考虑 3 种版本 AGG2P, AGG4P 与 AGG8P，分别是基于两点聚集的基本算法、循环 2 次的算法与循环 3 次的算法。AGGBR 表示文献 [64] 中所描述的第二种算法。Nlev 表示多重网格的层数，Cgrd 表示网格复杂性，即每层上网格点数的总和与最细层网格上的网格点数之比。Cops 表示算子复杂性，即每层上系数矩阵中非零元个数的总和与最细层上系数矩阵的非零元个数之比。Its 表示所用的 PCG 迭代次数，Stm 与 Itm 分别表示以秒为单位的设置与迭代时间，Ttm 表示总的计算时间，即 Stm 与 Itm 之和。

表 11.21 LinSys21 的结果

n	Mthd	Cgrd	Cops	Nlev	Stm	Jacobi			Gauss-Seidel		
						Its	Itm	Ttm	Its	Itm	Ttm
512	ACRP2	1.7809	1.8197	12	1.28	66	4.49	5.77	60	5.08	6.36
	ASTR2	1.9998	1.9975	13	0.51	319	23.8	24.3	61	5.70	6.21
	ACRP4	1.5207	1.5196	7	0.94	69	4.10	5.04	63	4.53	5.47
	ASTR4	1.3333	1.3322	7	0.50	354	19.0	19.5	66	4.18	4.68
	ACRP8	1.2232	1.2299	5	0.76	75	3.76	4.52	69	4.21	4.97
	ASTR8	1.1428	1.1422	5	0.48	355	17.3	17.8	71	4.13	4.61
	AGGBR	1.3333	1.3322	7	16.6	354	15.0	31.6	66	3.50	20.1
1024	ACRP2	1.7812	1.8214	14	6.88	92	25.2	32.1	83	28.1	35.0
	ASTR2	1.9999	1.9988	15	1.99	578	173	175	85	31.9	33.9
	ACRP4	1.5208	1.5202	8	5.15	94	22.3	27.5	86	25.0	30.2
	ASTR4	1.3333	1.3328	8	1.96	655	141	143	92	23.2	25.2
	ACRP8	1.4464	1.4510	6	4.65	103	23.5	28.2	94	26.3	31.0
	ASTR8	1.1429	1.1425	6	1.89	658	128	130	110	26.1	28.0
	AGGBR	1.3333	1.3328	8	263	655	115	378	92	19.8	283

表 11.22 LinSys22 的结果 ($n\times n$ 为线性方程组的阶数)

参数 n	Mthd	Cgrd	Cops	Nlev	Stm	Jacobi			Gauss-Seidel		
						Its	Itm	Ttm	Its	Itm	Ttm
512	ACRP2	1.7809	1.8197	12	1.28	66	4.53	5.81	57	4.86	6.15
	ASTR2	1.9998	2.0257	13	0.51	282	21.1	21.6	64	5.95	6.46
	ACRP4	1.5207	1.5196	7	0.94	68	4.01	4.95	60	4.34	5.28
	ASTR4	1.3333	1.3418	7	0.50	470	25.6	26.1	75	4.78	5.28
	ACRP8	1.2232	1.2299	5	0.75	78	3.91	4.67	70	4.25	5.00
	ASTR8	1.1429	1.1580	5	0.48	498	24.0	24.5	85	5.06	5.54
	AGGBR	1.3334	1.3362	7	16.6	386	16.5	33.1	76	3.95	20.6
1024	ACRP2	1.7812	1.8214	14	6.87	90	24.6	31.5	79	26.9	33.7
	ASTR2	2.0000	2.0270	15	2.03	463	141	143	92	34.9	36.9
	ACRP4	1.5208	1.5202	8	5.15	94	22.3	27.5	83	24.2	29.3
	ASTR4	1.3334	1.3424	8	1.97	794	170	172	117	29.5	31.5
	ACRP8	1.4464	1.4510	6	4.67	106	24.3	28.9	95	26.6	31.3
	ASTR8	1.1429	1.1583	6	1.89	772	151	153	137	32.8	34.7
	AGGBR	1.3334	1.3355	8	263	705	123	386	106	22.7	285

表 11.23 LinSys23 的结果 ($n \times n$ 为线性方程组的阶数)

参数 n	Mthd	Cgrd	Cops	Nlev	Stm	Jacobi			Gauss-Seidel		
						Its	Itm	Ttm	Its	Itm	Ttm
512	ACRP2	1.7809	3.1536	12	1.65	65	6.86	8.51	60	7.98	9.62
	ASTR2	1.9998	3.5890	13	0.85	62	7.50	8.35	61	8.56	9.41
	ACRP4	1.5207	2.7311	7	1.22	68	6.34	7.56	63	7.34	8.56
	ASTR4	1.3333	2.3943	7	0.81	65	5.53	6.34	66	6.92	7.73
	ACRP8	1.2232	2.1897	5	0.95	73	5.50	6.45	68	6.35	7.30
	ASTR8	1.1428	2.0530	5	0.76	77	5.66	6.41	71	6.06	6.82
	AGGBR	1.3333	2.3943	7	21.5	65	4.42	25.9	66	5.26	26.7

续表

参数 n	Mthd	Cgrd	Cops	Nlev	Stm	Jacobi			Gauss-Seidel		
						Its	Itm	Ttm	Its	Itm	Ttm
1024	ACRP2	1.7812	3.1592	14	8.50	91	38.8	47.3	82	43.6	52.1
	ASTR2	1.9999	3.5946	15	3.40	86	41.5	44.9	84	47.7	51.1
	ACRP4	1.5208	2.7343	8	6.37	92	34.3	40.7	86	39.8	46.1
	ASTR4	1.3333	2.3972	8	3.18	91	31.1	34.3	91	38.3	41.5
	ACRP8	1.4464	2.5960	6	5.71	101	35.9	41.6	93	41.1	46.8
	ASTR8	1.1429	2.0551	6	3.02	116	35.1	38.2	109	38.2	41.3
	AGGBR	1.3333	2.3972	8	284	91	25.1	309	91	29.2	313

表 11.24　LinSys24 的结果 ($n\times n$ 为线性方程组的阶数)

参数 n	Mthd	Cgrd	Cops	Nlev	Stm	Jacobi			Gauss-Seidel		
						Its	Itm	Ttm	Its	Itm	Ttm
512	ACRP2	1.7809	1.8197	12	1.27	182	12.6	13.9	133	11.1	12.5
	ASTR2	1.9998	1.9975	13	0.42	319	18.7	19.1	61	4.41	4.83
	ACRP4	1.5207	1.5196	7	0.94	171	10.0	10.9	125	8.85	9.79
	ASTR4	1.3333	1.3322	7	0.39	354	15.0	15.4	66	3.29	3.68
	ACRP8	1.2232	1.2299	5	0.75	196	9.79	10.5	139	8.56	9.31
	ASTR8	1.1428	1.1422	5	0.38	355	13.7	14.0	71	3.31	3.69
	AGGBR	1.3333	1.3322	7	16.6	549	23.6	40.3	127	6.71	23.4
1024	ACRP2	1.7812	1.8214	14	6.87	243	66.4	73.3	179	60.9	67.7
	ASTR2	1.9999	1.9988	15	1.60	578	139	140	85	25.5	27.1
	ACRP4	1.5208	1.5202	8	5.15	234	55.3	60.5	171	49.5	54.7
	ASTR4	1.3333	1.3328	8	1.56	655	113	114	92	18.6	20.2
	ACRP8	1.4464	1.4510	6	4.65	258	58.7	63.3	187	52.2	56.8
	ASTR8	1.1429	1.1425	6	1.49	658	102	104	110	20.8	22.3
	AGGBR	1.3333	1.3328	8	263	930	163	426	175	37.5	300

表 11.25　LinSys31 的结果 ($n\times n\times n$ 为线性方程组的阶数)

参数 n	Mthd	Cgrd	Cops	Nlev	Stm	Jacobi			Gauss-Seidel		
						Its	Itm	Ttm	Its	Itm	Ttm
64	ACRP2	1.3902	1.9205	11	0.86	76	4.44	5.30	24	1.66	2.52
	ASTR2	1.9998	2.7520	13	0.70	52	5.04	5.74	24	2.96	3.66
	ACRP4	1.5207	2.1373	7	0.74	44	2.78	3.52	27	2.06	2.80
	ASTR4	1.3333	1.8378	7	0.70	57	3.96	4.66	28	2.30	3.00
	ACRP8	1.2232	1.6879	5	0.54	77	3.95	4.49	29	1.82	2.35
	ASTR8	1.1428	1.5774	5	0.68	60	3.73	4.41	29	2.27	2.96
	AGGBR	1.3333	1.8374	7	16.73	58	3.26	20.0	30	2.07	18.8
128	ACRP2	1.3906	1.9372	14	8.58	108	50.4	59.0	32	17.9	26.5
	ASTR2	2.0000	2.7755	16	5.65	81	63.8	69.4	32	31.9	37.6
	ACRP4	1.2604	1.7544	8	5.96	117	50.3	56.3	37	19.0	24.9
	ASTR4	1.3333	1.8519	9	5.54	91	51.2	56.7	38	25.2	30.7
	ACRP8	1.2232	1.6998	6	5.07	114	47.9	52.9	41	20.5	25.5
	ASTR8	1.1429	1.5884	6	5.23	105	52.2	57.4	39	24.1	29.3
	AGGBR	1.3333	1.8516	9	1049	94	42.4	1091	45	25.7	1075

表 11.26 LinSys32 的结果 ($n\times n\times n$ 为线性方程组的阶数)

参数 n	Mthd	Cgrd	Cops	Nlev	Stm	Jacobi			Gauss-Seidel		
						Its	Itm	Ttm	Its	Itm	Ttm
64	ACRP2	1.3902	1.9205	11	0.86	85	4.92	5.77	50	3.60	4.45
	ASTR2	1.9998	2.7361	13	0.55	60	4.63	5.17	31	2.85	3.40
	ACRP4	1.5207	2.1373	7	0.74	88	5.58	6.33	51	4.03	4.78
	ASTR4	1.3333	1.8285	7	0.56	62	3.43	3.99	38	2.56	3.12
	ACRP8	1.2232	1.6879	5	0.54	85	4.52	5.05	54	3.44	3.98
	ASTR8	1.1428	1.5714	5	0.54	65	3.18	3.73	44	2.51	3.05
	AGGBR	1.3333	1.8364	7	16.7	85	4.71	21.4	56	3.63	20.4
128	ACRP2	1.3906	1.9372	14	8.64	131	61.5	70.1	58	33.5	42.1
	ASTR2	2.0000	2.7671	16	4.51	89	55.3	59.8	42	31.2	35.7
	ACRP4	1.2604	1.7544	8	5.98	137	59.2	65.2	66	34.9	40.9
	ASTR4	1.3333	1.8470	9	4.55	92	41.3	45.8	52	28.7	33.2
	ACRP8	1.2232	1.6998	6	5.07	126	53.3	58.3	69	35.6	40.7
	ASTR8	1.1429	1.5853	6	4.36	99	39.3	43.6	57	26.6	31.0
	AGGBR	1.3333	1.8511	9	1050	126	57.0	1107	77	40.9	1091

表 11.27 LinSys33 的结果 ($n\times n\times n$ 为线性方程组的阶数)

参数 n	Mthd	Cgrd	Cops	Nlev	Stm	Jacobi			Gauss-Seidel		
						Its	Itm	Ttm	Its	Itm	Ttm
64	ACRP2	1.3902	7.1861	11	2.14	25	4.35	6.48	22	4.89	7.03
	ASTR2	1.9998	10.356	13	2.51	23	7.02	9.53	21	7.66	10.2
	ACRP4	1.5207	7.8151	7	2.01	28	5.26	7.28	24	5.79	7.80
	ASTR4	1.3333	6.9305	7	2.33	28	5.87	8.20	26	6.99	9.31
	ACRP8	1.2232	6.3740	5	1.42	30	4.67	6.09	27	5.35	6.76
	ASTR8	1.1428	5.9591	5	2.13	26	4.81	6.94	26	5.69	7.83
	AGGBR	1.3333	6.9270	7	17.6	30	4.96	22.6	27	5.34	23.0
128	ACRP2	1.3906	7.3338	14	20.7	34	49.1	69.7	30	55.1	75.8
	ASTR2	2.0000	10.574	16	20.8	33	81.3	102.0	30	89.0	110.0
	ACRP4	1.2604	6.6726	8	14.8	40	52.9	67.7	35	58.7	73.5
	ASTR4	1.3333	7.0626	9	19.0	39	67.2	86.2	36	79.1	98.1
	ACRP8	1.2232	6.4874	6	13.0	43	55.4	68.4	38	62.0	75.0
	ASTR8	1.1429	6.0631	6	17.7	38	57.8	75.6	37	66.6	84.3
	AGGBR	1.3333	7.0607	9	1059	46	62.9	1122	40	65.3	1124

从表 11.21 可见，显然对 LinSys21 这样一个同构问题，当采用 Jacobi 光滑时，新算法 ACRPp 的迭代与整体性能都原比经典算法 ASTRp 要优。当采用 Gauss-Seidel 光滑算子时，ACRPp 的迭代性能与 ASTRp 相当。由于设置时间很长，因此 ACRPp 所需要的总计算时间稍大于 ASTRp。

从表 11.22，我们可以看到，对 LinSys22 这样一个不连续问题，当采用 Jacobi 光滑算子时，新算法 ACRPp 还是远优于 ASTRp。当采用 Gauss-Seidel 光滑算子时，新方案 ACRPp 的迭代与整体性能都稍优于 ASTRp。对 LinSys23，其沿坐标轴方向具有更强的连接性，从表 11.23 可以看到，对这种问题，新方案 ACRPp

的迭代性能与 ASTRp 相比拟，但需要的总计算时间稍长。

从表 11.24 可见，对 LinSys24，其是一个在不同坐标轴方向具有强异构性的问题，当采用 Jacobi 光滑时，新方案还是好得多。但当采用 Gauss-Seidel 光滑算子时，经典算法 ASTRp 更好。从表 11.26 可以清楚地看到，对 LinSys32，其是一个沿不同坐标轴具有强异构性的三维问题，经典方案 ASTRp 还是更好，但其相对于 ACRPp 的优势变弱。

从表 11.25 可以清楚地看到，对 LinSys31 这样一个三维同构问题，当采用 Jacobi 光滑算子时，新方案 ACRPp 的性能稍好。当采用 Gauss-Seidel 光滑算子时，新方案稍好。从表 11.27 我们可以看到，对 LinSys33，其是一个每节点具有更多连接边的三维问题，新方案的性能稍好。

从以上实验结果可见，对同构问题以及在大多数其他情况下，新算法具有显著优势。仅对沿不同坐标轴具有强异构性的问题，新方案可能会不如经典基于强连接的算法。此外，从所列结果也可以看到，Braess 算法可以取得很好的迭代性能，但其设置时间太长，导致整体性能一般较差。

11.5.4 基于图分割的聚集型代数多重网格预条件

为利用全局信息来控制网格构建的质量,并改进所得多重网格算法的效率,可以采用图分割算法。事实上，这种方法已经用于两层网格算法中。在文献 [97] 中，Kumar 提出了这样一种方法，并通过数值实验对其健壮性与有效性进行了验证。在 11.4 节也给出了一种两层网格算法，用来对基于图分割的并行不完全分解进行校正。来自于粗网格的校正加到利用不完全分解所得的近似解上，来定义并行预条件过程。但这些方法局限于两层网格，没有考虑多重网格情形。

这里我们给出一种基于图分割的新方案[103]。该方案从最粗网格层开始，按照逐步到最细网格层的顺序进行网格构建。考虑线性方程组 (10.1)，将矩阵 A 的邻接图表示为 G。这里考虑对称矩阵 A，因此 G 是一个无向图。现在，我们将邻接图 G 分割为 m_0 个子图 $G_i^{(1)}(i=1,2,\cdots,m_0)$，其中 m_0 事先给定。现在，每个子图 $G_i^{(1)}$ 中的节点可以聚集为第 1 层中的一个节点，因此，在这一层上有 m_0 个节点。此时，我们有

$$\cup\{G_i^{(1)}:i=1,2,\cdots,m_0\}=G$$

且

$$G_i^{(1)}\cap G_j^{(1)}=\varnothing,\quad i,j=1,2,\cdots,m_0$$

对每个 $G_i^{(1)}$，又可以再次分割为 p 个子图。由于在第 1 层共有 m_0 个部分，因此，总共可以得到 pm_0 个子图，每一个对应于第 2 层中的一个点。分割过程可以继续按嵌套的方式进行，直到某第 l 层上某个子图足够小为止。第 l 层上每

个子图都是原始邻接图中相应节点的一个聚集。网格构建的具体过程可以描述如图 11.20 所示，其中，$p=2, m_0=3$ 且 $l=3$。

将 $G_i^{(j)}$ 的顶点集表示为 $V_i^{(j)}$，则

$$V_{i+(k-1)p}^{(j+1)} \subset V_k^{(j)}, \quad i=1,2,\cdots,p$$

这意味着网格层次结构可以很自然地生成。在第 1 层共有 m_0 个节点，对第 $j(2\leqslant j\leqslant l-1)$ 层，共有 m_0p^{j-1} 个节点，每个节点对应于第 $j+1$ 层中的 p 个节点。对第 l 层，$G_i^{(l)}$ 中含有 $|G_i^{(l)}|$ 个节点，每个 $G_i^{(l)}$ 含有 G 中的部分点。

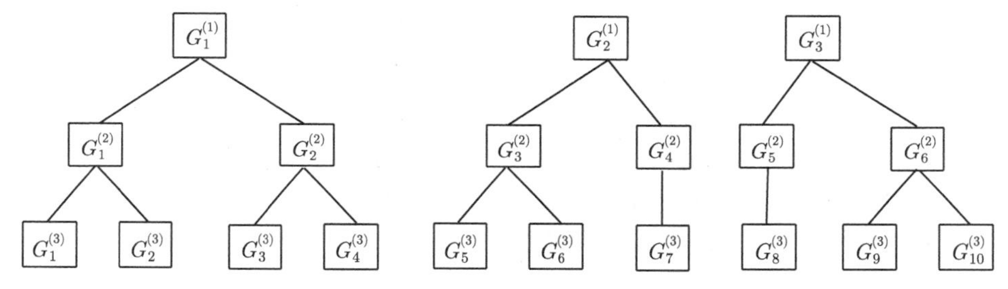

图 11.20 自顶向下聚集算法的示意图

当将每个图分割为子图时，我们可以要求在每个子图中的节点数尽量相同的情况下，来最小化子图之间的总连接边数。通过这种方式，当给定参数 m_0 与 p 时，层数可以最少。另外，子图之间的边数可以衡量连接性。最小化意味着子图之间的连接性最小，具有强连接的边移到了子图的内部，这与经典聚集算法中的强连接概念具有相似性，但必须注意到，这种方法并不是以节点之间的连接性这样一种局部信息为基础，而是以子图之间的连接性这样一种全局信息为基础。

在进行分割时，另外一个问题是对分割算法的选取，显然可以采用任意一种分割算法。如果线性方程组 (10.1) 的物理离散网格已知，则可以获得相应的坐标信息。这种特殊情形就是在 11.5.3 节所述基于坐标分割的自顶向下聚集型代数多重网格。显然，这种分割非常低廉，对减少设置时间是有利的。此外，这种方法在保形方面也具有优势，在一个子图中所含有的每个节点都处于物理上相对较小的区域之内，这对确保嵌套分割的质量是有利的。

在许多情形下，隐藏在线性方程组 (10.1) 之后的坐标信息并不知道，甚至根本就不存在。此时，我们可以采用 MEITS 这样的图分割软件包来进行分割。但必须提及的是，每个子图对应于一个聚集，因此，每个子图都必须是连通图，否则所得多重网格算法的质量必然下降。基于这个目的，当采用 METIS 来将一个图分割为多于 3 个部分时，建议采用 metis_PartGraphRecursive 这个接口，该接口是基于嵌套分割的。此时对应的自顶向下聚集算法形式上与图 11.17、图 11.18 相同，只是采用的分割算法不同而已。

下面对本节的算法进行实验验证，这里所有实验都在一个 Intel(R) Xeon(R) CPU E5-2670 0@2.60GHz (cache 20480 KB) 处理器上得到，操作系统为 Red Hat Linux 2.6.32-279-aftms-TH，而所用编译器为 Intel Fortran Version 11.1。由于所得到的线性方程组都是对称正定的，因此总是采用 PCG 迭代。初始迭代向量选为全 0 向量，并当当前残向量的欧几里得范数与初始残向量的欧几里得范数之比小于 10^{-10} 时，迭代终止。对基于聚集的多重网格方法，最粗层上的线性方程组利用无填充的不完全 LU 分解预条件 PCG 迭代进行求解，且终止条件与外迭代相同。

实验针对 4 个稀疏线性方程组进行，包括 11.5.3 小节中的 LinSys21, LinSys22, LinSys23, LinSys24，其中 $n = 1024$，且实验结果如表 11.28～表 11.30 所示。表中 strg 表示基于强连接的方案，后缀表示每次进行聚集时的点数。符号 coor 表示基于坐标信息进行分割的新方法，而 mtis 表示基于 METIS 接口 metis_PartGraphRecursive 的新方法。对新聚集方法，当某层上某个子图中的点数少于 p 时，网格构造过程停止。参数 p 在 coor 与 mtis 这两种方法中都用作后缀，表示在进行分割时所采用的分割数。

表 11.28 不同方法下的 Cgrd 与 Cops

分割方法	Cgrd				Cops			
	LinSys21	LinSys22	LinSys23	LinSys24	LinSys21	LinSys22	LinSys23	LinSys24
coor2	1.781	1.781	1.781	1.781	1.821	1.821	1.756	1.821
mtis2	1.781	1.781	1.781	1.781	2.053	2.053	1.696	2.053
strg2	2.000	2.000	2.000	2.000	1.999	2.027	1.998	2.027
coor4	1.521	1.521	1.521	1.521	1.520	1.520	1.520	1.520
mtis4	1.521	1.521	1.521	1.521	1.691	1.691	1.482	1.691
strg4	1.333	1.333	1.333	1.333	1.333	1.342	1.333	1.342
coor8	1.446	1.446	1.446	1.446	1.451	1.451	1.443	1.451
mtis8	1.446	1.446	1.446	1.446	1.580	1.580	1.418	1.580
strg8	1.143	1.143	1.143	1.143	1.143	1.158	1.142	1.158

表 11.29 采用 Jacobi 光滑时所需的迭代次数、迭代时间与总时间

分割方法	迭代次数				迭代时间					总时间		
	LinSys 21	LinSys 22	LinSys 23	LinSys 24	LinSys 21	LinSys 22	LinSys 23	LinSys 24	LinSys 21	LinSys 22	LinSys 23	LinSys 24
coor2	92	90	91	90	25.23	24.63	38.79	24.59	32.11	31.51	47.29	31.46
mtis2	110	106	102	100	36.81	35.57	46.37	33.42	55.11	53.87	70.18	51.76
strg2	578	463	86	461	173.4	140.6	41.54	139.8	175.4	142.6	44.94	141.9
coor4	94	94	92	94	22.34	22.34	34.29	22.19	27.48	27.49	40.66	27.34
mtis4	121	115	112	114	34.33	32.70	43.82	32.23	50.39	48.87	64.87	48.43
strg4	655	794	91	795	141.3	170.0	31.10	171.0	143.3	172.0	34.28	173.0
coor8	103	106	101	105	23.45	24.26	35.92	23.85	28.11	28.92	41.64	28.50
mtis8	130	128	121	128	34.21	33.66	45.33	33.40	50.22	49.68	66.51	49.41
strg8	658	772	116	796	127.7	151.3	35.14	155.9	129.6	153.2	38.16	157.8

表 11.30 采用 Gauss-Seidel 光滑时所需的迭代次数、迭代时间与总时间

分割方法	迭代次数				迭代时间				总时间			
	LinSys 21	LinSys 22	LinSys 23	LinSys 24	LinSys 21	LinSys 22	LinSys 23	LinSys 24	LinSys 21	LinSys 22	LinSys 23	LinSys 24
coor2	83	79	82	79	28.13	26.84	43.62	25.77	35.01	33.71	52.12	32.64
mtis2	96	91	91	90	39.39	37.26	52.58	38.88	57.69	55.56	76.38	57.22
strg2	85	92	84	93	31.93	34.87	47.71	33.61	33.93	36.90	51.11	35.64
coor4	86	83	86	82	24.96	24.15	39.76	22.92	30.11	29.30	46.13	28.07
mtis4	109	102	104	101	37.21	34.87	51.92	36.34	53.27	51.04	72.97	52.54
strg4	92	117	91	110	23.27	29.52	38.32	29.12	25.23	31.49	41.50	31.09
coor8	94	95	93	95	26.26	26.60	41.08	25.52	30.91	31.27	46.80	30.17
mtis8	118	112	112	112	37.32	35.49	53.39	37.37	53.33	51.51	74.56	53.38
strg8	110	137	109	131	26.11	32.82	38.24	29.92	28.00	34.71	41.25	31.82

在表 11.28 中，给出了不同方法与不同线性方程组时的网格复杂度和算子复杂度，其中网格复杂度表示为 Cgrd，其值定义为每层上网格点数的总和与最细网格层上的点数之比。算子复杂度表示为 Cops，其值定义为每层上系数矩阵中的非零元个数之和与最细层上系数矩阵中的非零元个数之比。显然，当 $p=2$，采用新算法时，该参数比采用 strg 算法时要小。而当 p 大于 2 时，结论正好相反。因此，不同算法对该参数的影响为中性。Cops 的结果与 Cgrd 类似，即新算法对该参数的影响也是中性的。此外，对从五点差分离散得到的线性方程组，基于坐标信息进行分割时，比基于 METIS 进行分割时要好。对基于九点差分得到的线性方程组，则基于 METIS 进行分割时更好。

参数 Cgrd 与 Cops 并不是相应多重网格算法性能的决定性因素，只能作为参考，表 11.29 给出了一个更重要的参数，即采用 Jacobi 迭代时所需要的 PCG 迭代次数。从结果可见，对从九点差分离散得到的线性方程组，coor 方法优于 mtis 方法，且与 strg 方法相比拟。对从五点差分离散得到的线性方程组，coor 方法也优于 mtis 方法，且这两者都优于 strg 方法。在表 11.29 中，还给出了所需要的迭代时间与总求解时间 (即迭代时间与设置时间之和)，时间单位均为秒。可以看到，对从五点差分离散得到的线性方程组，新方法好得多，特别是 coor 方法。对从九点差分离散得到的线性方程组，coor 方法与 strg 方法相比拟，且其优于 mtis 方法。由于新方法的设置时间长得多，所以对九点差分离散得到的线性方程组，从总求解时间来看，coor 方法比 strg 方法稍差。

表 11.30 给出了采用 Gauss-Seidel 光滑时的 PCG 迭代次数、迭代时间与总求解时间，可以看到，从迭代次数看，一般 coor 方法最优，其次是 strg 方法，mtis 方法最差。从迭代时间看，对同构系统，当采用五点差分离散时，coor 方法稍好，当采用九点差分离散时，strg 方法稍好。对异构系统，strg 方法好得多。就总执

行时间而言，对同构系统，当采用五点差分离散时，coor 方法与 strg 方法相比拟，且这两者都优于 mtis 方法。当采用九点差分离散，或者求解异构系统时，strg 方法一般优于新方法。

11.5.5 自顶向下聚集型代数多重网格预条件的并行实现

对一个给定算法，尽管有好几种方式可以进行并行化，但这里仅考虑消息传递的方式。这里采用的是消息传递接口 MPI，且并行算法的设计以区域分解为基础。假设线性方程组 (10.1) 分布到 P 个处理器，每个处理器上分配到系数矩阵 A 近似相等的行数。为简单起见，假设分配给每个处理器的行具有连续的行号，每层上所有向量的分量也按照系数矩阵的行进行类似分配。

为对基于图分割的自顶向下聚集型代数多重网格算法进行并行化，可以通过在图 11.17 中将 $G_1^{(0)}$ 替换为局部子图来实现[104]。需要注意的是，我们仅知道矩阵 A 分配给本处理器的行，这可以看成是一个子矩阵，描述如图 11.21 所示。不失一般性，我们假设分配给本处理器的行是第 iB 到第 iB+iL−1 行，其中 iB 是第一行的标号，iL 是行数。但列号可以从 1 变到 n。为得到 $G_1^{(0)}$ 在本处理器的局部子图，我们可以保留列号处于 iB 到 iB+iL−1 的那些列，并从每个标号中减去 iB−1。这样，就可以在每个处理器上，从所得到的局部子图出发，来并行地应用如图 11.17 所示的算法了。只有 $\alpha^{(l)}$ 的计算需要进行通信，即图 11.17 中只有第 3 步与第 12 步需要进行通信，使得在所有处理器上，层数 l 都相同。此外，对前面的几层，可能根本就不需要进行通信。只有当每个子图中的节点个数足够少时，才需要进行通信。为简单起见，这里并没有采用这种减少通信的方式，而是在每层上都采用了 MPI 函数 MPI_Allreduce。

对描述如图 11.18 的设置过程，在并行计算时，必须考虑第 5, 6, 8 步的并行算法设计。第 8 步是进行 A_l 的 ILU(0) 分解。由于矩阵 A_l 的阶数远小于 n，当采用 PCG 迭代来求解以 A_l 为系数矩阵的线性方程组时，即使采用很廉价的预条件，也可以期望其具有非常快的收敛速度。因此，在并行计算中，这里只采用分块对角矩阵形式的预条件，先将 A_l 近似为块对角矩阵，每个处理器上一个对角块，之后每个对角块在局部采用 ILU(0) 来近似。第 5 步意味着对对应于每个聚集的所有行进行求和，粗网格上的行对应于一个聚集，这些行与粗网格上相应行处于同一个处理器上。因此，不需要进行任何通信。第 6 步意味着对列进行求和，这也不需要进行通信。但列指标是全局的，对第 k 层，从 1 到 m_{k-1} 进行变化，因此，对同一个聚集对应的所有行进行累加，得到粗网格上相应列时，所得到的列也需要有其全局列指标，这由向量 f 中的对应分量给出。在进行求和之前，对每个列，我们必须知道其处于哪一个聚集之中。因此，在每个处理器上，需要获知所有处理器上全部聚集的快照。

$a_{\mathrm{iB},1}$	$\cdots$	$a_{\mathrm{iB},\mathrm{iB}-1}$	$a_{\mathrm{iB},\mathrm{iB}}$	$a_{\mathrm{iB},\mathrm{iB}+1}$	$\cdots$	$a_{\mathrm{iB},\mathrm{iB}+\mathrm{iL}-1}$	$a_{\mathrm{iB},\mathrm{iB}+\mathrm{iL}}$	$\cdots$	$a_{\mathrm{iB},n}$
$a_{\mathrm{iB}+1,1}$	$\cdots$	$a_{\mathrm{iB}+1,\mathrm{iB}-1}$	$a_{\mathrm{iB}+1,\mathrm{iB}}$	$a_{\mathrm{iB}+1,\mathrm{iB}+1}$	$\cdots$	$a_{\mathrm{iB}+1,\mathrm{iB}+\mathrm{iL}-1}$	$a_{\mathrm{iB}+1,\mathrm{iB}+\mathrm{iL}}$	$\cdots$	$a_{\mathrm{iB}+1,n}$
$\vdots$		$\vdots$	$\vdots$	$\vdots$		$\vdots$	$\vdots$		$\vdots$
$a_{\mathrm{iB}+\mathrm{iL}-1,1}$	$\cdots$	$a_{\mathrm{iB}+\mathrm{iL}-1,\mathrm{iB}-1}$	$a_{\mathrm{iB}+\mathrm{iL}-1,\mathrm{iB}}$	$a_{\mathrm{iB}+\mathrm{iL}-1,\mathrm{iB}+1}$	$\cdots$	$a_{\mathrm{iB}+\mathrm{iL}-1,\mathrm{iB}+\mathrm{iL}-1}$	$a_{\mathrm{iB}+\mathrm{iL}-1,\mathrm{iB}+\mathrm{iL}}$	$\cdots$	$a_{\mathrm{iB}+\mathrm{iL}-1,n}$

图 11.21 矩阵元素分配到一个处理器的系统结构图

为获取所有聚集的全局快照，需要采用 3 个步骤。首先，需要得到每层上每个处理器中的点数。如果在多重网格中，第 k 层上第 i 个处理器中的点数记为 $n_{i,k}$，则对第 1 层，$n_{i,1}$ 对不同的 i 而言，彼此之间可能互不相同，因此，其必须传给所有处理器，这可以通过采用 MPI 函数 MPI_Allgather 来实现。对第 $k>1$ 层，每个处理器上的点数必定等于 m_0p^{l-k}，因此，不需要进行通信。其次，在每个处理器上，必须获知每个聚集中的点数。在进行多重网格的构建时，对第 1 层，其随聚集的不同而不同。但对第 $k>1$ 层，其总是等于 p。因此，只有第一层需要进行通信，并且可以采用 MPI_Allgatherv 来进行实现。最后，必须获知所有聚集中各点的标号。基于与每个聚集中点数统计相同的原因，此时，也只有第一层需要进行通信，且可以采用另一个 MPI_Allgatherv 来进行实现。对第 $k>1$ 层，每个处理器含有 m_0p^{l-k} 个点，且每个聚集含有 p 个点，因此，对本层上的每个点，聚集的标号可以直接计算得到。

下面对前述并行化方法进行实验验证，所有数值实验都在一台工作站机群上得到，其含有 32 个节点，每个节点含有两个 Intel(R) Xeon(R) CPU E5-4640 0 @ 2.40GHz (cache 20480 KB) 处理器。操作系统为 Rehat Linux 2.6.32-431.el6.x86_64，而采用的编译器为 Intel Fortran 15.0.0.090，采用的处理器间通信接口为 MPICH 3.1.3。对初始稀疏线性方程组，按照前述方式，将其分布到各个处理器。在进行分割之后，分配给同一个处理器的行可能行标号并不连续。因此，对这些行进行了重排，使得对 $k=0$ 到 $P-1$，每个处理器上的行具有连续标号，且处理器 k 上行的行号总是小于处理器 $k+1$ 上行的行号。对列号也进行相应的重新标号。当利用多重网格预条件 CG 法来求解一个线性方程组时，对外层的 PCG 迭代，初始近似解向量总是选为全 0 向量，且停机准则选为残向量的 2 范数下降到初始时的 10^{-10} 倍。对最粗网格层上的内 PCG 迭代，线性方程组也采用预条件共轭斜量法进行求解，但迭代终止条件选为残向量的 2 范数下降为初始时的 1/10。在粗化过程中，每个处理器上最粗层的节点数选为 $m_0=1024/P$，其中 P 为处理器个数。这种选取方法可以确保最粗网格层上线性方程组的阶数始终等于 m_0，与处理器个数无关。因此，对不同处理器个数，层数也几乎总是保持不变。

这里针对采用不同差分方案离散模型偏微分方程所得到的离散线性方程组，进行两个数值实验，这两个稀疏线性方程组分别为 LinSys21 与 LinSys25，其中 LinSys21 的具体描述见 11.5.3 节，LinSys25 为

$$\begin{aligned}&-u_{i-1,j-1}-u_{i,j-1}-u_{i+1,j-1}-u_{i-1,j}+8u_{i,j}-u_{i+1,j}-u_{i-1,j+1}\\&-u_{i,j+1}-u_{i+1,j+1}=h^2f_{i,j},\quad i,j=1,2,\cdots,n\end{aligned}$$

在实验中，两个线性方程组中的 n 都选为 2048。对线性方程组 LinSys21，不

同 p 即每次选取 p 个点进行聚集时，所得到的结果分别如表 11.31～表 11.33 所示。对线性方程组 LinSys25，所得到的结果分别如表 11.34～表 11.36 所示。在所有列出的表中，Vcyc, Wcyc 分别表示 V 循环、W 循环多重网格，且 K001, K025, K035 分别表示 $t=0.01, t=0.25, t=0.35$ 时的 K 循环多重网格。所有时间结果的单位为秒。并行计算加速比按照同一循环多重网格在一个处理器上的执行时间与并行执行时间之比计算得到。

表 11.31 不同处理器个数下求解线性方程组 LinSys21 的结果 ($p=2$)

处理器个数			$P=1$	$P=2$	$P=4$	$P=8$	$P=16$	$P=32$	$P=64$
设置	时间		15.8	6.88	2.91	1.67	0.95	0.81	1.02
	加速比		1.00	2.30	5.43	9.46	16.6	19.5	15.5
迭代	次数	Vcyc	81	80	80	81	81	81	81
		Wcyc	16	16	16	16	16	16	16
		K001	14	14	14	14	14	14	14
		K025	15	15	15	15	15	15	15
		K035	25	25	25	25	25	25	23
	时间	Vcyc	59.0	31.0	16.3	12.9	9.07	5.82	5.15
		Wcyc	69.2	40.3	26.5	23.6	22.4	27.1	37.0
		K001	67.3	39.2	25.9	22.9	21.9	25.9	35.3
		K025	40.0	22.2	12.8	9.15	8.01	8.22	9.83
		K035	41.6	22.5	12.4	9.64	6.72	6.33	7.99
	加速比	Vcyc	1.00	1.90	3.62	4.57	6.50	10.1	11.5
		Wcyc	1.00	1.72	2.61	2.93	3.09	2.55	1.87
		K001	1.00	1.72	2.60	2.94	3.07	2.60	1.91
		K025	1.00	1.80	3.13	4.37	4.99	4.87	4.07
		K035	1.00	1.85	3.35	4.32	6.19	6.57	5.21

从表 11.31 显然可见，对线性方程组 LinSys21，当每次聚集的点数为 2 时，对每种循环而言，设置阶段的时间直到 32 个处理器时都一直在减小。当采用 64 个处理器时，设置阶段的时间比采用 32 个处理器时还大。当处理器个数不断增加时，迭代次数几乎不变。对 V 循环，迭代时间直到 64 个处理器都不断减少。对 $t=0.35$ 时的 K 循环，在处理器个数为 32 时，达到最小迭代时间。对其他循环，在处理器个数等于 16 时，迭代时间一般最小。当采用 32 个处理器时，对设置阶段，大约可以取得 20 倍的加速比。就迭代时间而言，对 V 循环，最大加速比在处理器个数为 64 时达到，大约为 11.5。

从表 11.32 可以看到，当采用每次聚集 4 个点的方式来求解线性方程组 LinSys21 时，还是当处理器个数为 32 时，设置阶段所用时间达到最小。此外，对每种循环，都是处理器个数为 64 时，迭代时间达到最小。设置阶段可以取得大约 22 倍的加速，对 V 循环，迭代过程可以取得大约 11.4 倍的加速，这是所有循环中的最大值。

表 11.32　不同处理器个数下求解线性方程组 LinSys21 的结果 ($p=4$)

处理器个数			$P=1$	$P=2$	$P=4$	$P=8$	$P=16$	$P=32$	$P=64$
设置	时间	All	12.8	5.22	2.19	1.19	0.66	0.58	0.75
	加速比	All	1.00	2.45	5.84	10.8	19.4	22.1	17.1
迭代	次数	Vcyc	83	84	84	84	84	84	84
		Wcyc	23	23	23	23	23	23	23
		K001	14	14	14	14	14	14	14
		K025	23	23	23	23	23	23	23
		K035	33	33	33	33	32	33	33
	时间	Vcyc	45.7	24.5	13.3	9.70	6.91	4.59	4.00
		Wcyc	17.9	9.80	5.44	4.19	3.19	2.36	2.27
		K001	12.4	6.53	3.66	2.72	2.03	1.56	1.51
		K025	17.5	9.30	5.10	3.87	2.42	2.12	2.00
		K035	22.2	12.2	6.43	4.58	2.78	2.29	2.02
	加速比	Vcyc	1.00	1.87	3.44	4.71	6.61	9.96	11.4
		Wcyc	1.00	1.83	3.29	4.27	5.61	7.58	7.89
		K001	1.00	1.90	3.39	4.56	6.11	7.95	8.21
		K025	1.00	1.88	3.43	4.52	7.23	8.25	8.75
		K035	1.00	1.82	3.45	4.85	7.99	9.69	11.0

从表 11.33 可见，对线性方程组 LinSys21，当每次聚集 8 个点时，设置阶段还是在处理器个数为 32 时取得最大加速比，加速比达到了 21.9。迭代过程也是对 V 循环取得最大加速比，达到了 11.9 倍的加速。

表 11.33　不同处理器个数下求解线性方程组 LinSys21 的结果 ($p=8$)

处理器个数			$P=1$	$P=2$	$P=4$	$P=8$	$P=16$	$P=32$	$P=64$
设置	时间	All	11.4	4.87	1.92	1.08	0.62	0.52	0.64
	加速比	All	1.00	2.34	5.94	10.6	18.4	21.9	17.8
迭代	次数	Vcyc	87	86	86	86	86	86	86
		Wcyc	38	38	38	38	38	38	38
		K001	23	23	23	23	23	23	23
		K025	27	27	27	27	27	27	27
		K035	43	60	60	59	60	60	61
	时间	Vcyc	43.2	23.3	12.3	8.20	6.12	4.10	3.63
		Wcyc	20.9	12.8	6.44	4.55	3.24	2.30	2.11
		K001	13.4	7.67	4.00	2.91	2.01	1.47	1.33
		K025	15.7	8.76	4.61	3.37	2.01	1.65	1.50
		K035	23.9	18.1	9.56	6.88	4.01	3.34	3.01
	加速比	Vcyc	1.00	1.85	3.51	5.27	7.06	10.5	11.9
		Wcyc	1.00	1.63	3.25	4.59	6.45	9.09	9.91
		K001	1.00	1.75	3.35	4.60	6.67	9.12	10.1
		K025	1.00	1.79	3.41	4.66	7.81	9.52	10.5
		K035	1.00	1.32	2.50	3.48	5.97	7.17	7.95

对线性方程组 LinSys21，系数矩阵每行中只有约 5 个非零元素，现在让我们

来看求解线性方程组 LinSys25 时的情形。此时，系数矩阵每行中大约有 9 个非零元素。从表 11.34～表 11.36 可以看到，对设置阶段，加速比总是在处理器个数为 32 时取得最大值，当 $p=2,4,8$ 时，加速比分别达到 18.8, 19.8 与 21.1。对迭代过程，采用 V 循环时，加速比总是最高，最大加速比为 14.7。

表 11.34 不同处理器个数下求解线性方程组 LinSys25 的结果 ($p=2$)

处理器个数			$P=1$	$P=2$	$P=4$	$P=8$	$P=16$	$P=32$	$P=64$
设置	时间		16.5	7.57	3.35	1.74	1.06	0.88	1.04
	加速比		1.00	2.18	4.93	9.48	15.6	18.8	15.9
迭代	次数	Vcyc	80	80	80	80	81	80	81
		Wcyc	17	17	17	17	17	17	17
		K001	14	14	14	14	14	14	14
		K025	19	19	19	19	19	19	19
		K035	19	19	19	19	19	19	19
	时间	Vcyc	77.2	41.8	22.1	15.6	8.77	6.45	5.58
		Wcyc	99.0	56.3	35.6	28.2	28.6	33.9	43.6
		K001	87.3	51.5	31.6	25.7	24.5	27.9	37.1
		K025	56.4	31.4	18.0	11.8	10.5	9.65	13.1
		K035	39.3	21.5	11.1	8.05	5.30	4.30	5.40
	加速比	Vcyc	1.00	1.85	3.49	4.95	8.80	12.0	13.8
		Wcyc	1.00	1.76	2.78	3.51	3.46	2.92	2.27
		K001	1.00	1.70	2.76	3.40	3.56	3.13	2.35
		K025	1.00	1.80	3.13	4.78	5.37	5.84	4.31
		K035	1.00	1.83	3.54	4.88	7.42	9.14	7.28

表 11.35 不同处理器个数下求解线性方程组 LinSys25 的结果 ($p=4$)

处理器个数			$P=1$	$P=2$	$P=4$	$P=8$	$P=16$	$P=32$	$P=64$
设置	时间		12.9	5.8	2.35	1.28	0.72	0.65	0.78
	加速比		1.00	2.22	5.49	10.1	17.9	19.8	16.5
迭代	次数	Vcyc	85	83	83	82	83	83	83
		Wcyc	23	23	23	23	23	23	23
		K001	15	15	15	15	15	15	15
		K025	21	21	21	21	21	21	21
		K035	28	27	27	27	27	27	27
	时间	Vcyc	58.9	31.4	16.8	9.65	6.55	5.05	4.23
		Wcyc	24.6	12.9	7.03	4.27	3.13	2.62	2.47
		K001	16.7	9.35	5.02	3.45	2.18	1.86	1.77
		K025	23.1	12.0	6.51	3.86	2.89	2.22	2.40
		K035	25.0	13.1	6.97	4.92	2.84	2.26	2.37
	加速比	Vcyc	1.00	1.88	3.51	6.10	8.99	11.7	13.9
		Wcyc	1.00	1.91	3.50	5.76	7.86	9.39	9.96
		K001	1.00	1.79	3.33	4.84	7.66	8.98	9.44
		K025	1.00	1.93	3.55	5.98	7.99	10.4	9.63
		K035	1.00	1.91	3.59	5.08	8.80	11.1	10.5

表 11.36　不同处理器个数下求解线性方程组 LinSys25 的结果 ($p = 8$)

处理器个数			$P=1$	$P=2$	$P=4$	$P=8$	$P=16$	$P=32$	$P=64$
设置	时间		12	5.11	2.05	1.09	0.62	0.57	0.65
	加速比		1.00	2.35	5.85	11.0	19.4	21.1	18.5
迭代	次数	Vcyc	87	86	85	86	85	86	85
		Wcyc	38	38	38	38	38	38	38
		K001	23	23	23	23	23	23	23
		K025	27	27	27	27	27	26	27
		K035	44	37	37	37	34	35	35
	时间	Vcyc	55.7	29.6	15.0	9.36	5.92	4.57	3.79
		Wcyc	28.0	15.2	7.97	4.91	3.28	2.44	2.17
		K001	17.5	9.64	5.05	3.59	2.01	1.59	1.40
		K025	20.7	10.9	5.78	3.52	2.47	1.74	1.91
		K035	31.6	14.7	7.70	5.52	2.87	2.26	2.41
	加速比	Vcyc	1.00	1.88	3.71	5.95	9.41	12.2	14.7
		Wcyc	1.00	1.84	3.51	5.70	8.54	11.5	12.9
		K001	1.00	1.82	3.47	4.87	8.71	11.0	12.5
		K025	1.00	1.90	3.58	5.88	8.38	11.9	10.8
		K035	1.00	2.15	4.10	5.72	11.0	14.0	13.1

从以上分析可见，这里给出的并行算法是比较令人满意的，设置阶段可以有效扩展到 32 个处理器，迭代过程在大多数情形下，可以扩展到 64 个处理器，特别是对 V 循环多重网格预条件。对系数矩阵每行中非零元个数更多的情形，如线性方程组 LinSys25，加速比也总是更高。对线性方程组 LinSys25，加速比可以达到 14.7 左右，而对线性方程组 LinSys21，加速比最大只能达到 12 左右。此外，需要注意，就迭代时间而言，采用合适参数 t 的 K 循环比其他循环时的多重网格预条件更有优势。

11.5.6　聚集型代数多重网格预条件的参数敏感性

本节通过实验来进行聚集型代数多重网格预条件的敏感性研究，所有实验都在一个 Intel(R) Xeon(R) CPU E5-2670 0@2.60GHz(cache 20480 KB) 处理器上得到，操作系统为 Red Hat Linux 2.6.32-279-aftms-TH，而所用编译器为 Intel Fortran Version 11.1。由于所得到的线性方程组都是对称正定的，所以总是采用 PCG 迭代。初始迭代向量选为全 0 向量，并在当前残向量的欧几里得范数与初始残向量的欧几里得范数之比小于 10^{-10} 时，迭代终止。对基于聚集的多重网格方法，最粗层上的线性方程组利用无填充的不完全 LU 分解预条件的 PCG 迭代进行求解，且终止条件与外迭代相同。

实验针对 6 个稀疏线性方程组进行，包括 11.5.3 节中的 LinSys21, LinSys22, LinSys23, LinSys24，以及 11.5.5 节中的 LinSys25。此外，还包含另一个线性方程组 LinSys26，其离散形式与 LinSys22 相同，但当 (x,y) 处于 $R_k(k=1,2,3)$ 中

时，$\rho = x\rho_k$ 且 $\delta = x\delta_k$。

首先来研究自顶向下聚集型代数多重网格预条件对问题规模变化的敏感性[105]，并与基于强连接的聚集型代数多重网格预条件进行比较，采用 Jacobi 光滑与 Gauss-Seidel 光滑时，求解各个线性方程组所需要的迭代次数，分别如图 11.22 与图 11.23 所示，其中自顶向下聚集算法中参数 m_0 选为 100，基于强连接的聚集算法中当某层上的节点个数不大于 100 时终止聚集过程，且该层即为最粗网格层。图中 strg 表示基于强连接的聚集方案，后缀表示每次进行聚集时的点数；coor 表示基于坐标信息进行分割的自顶向下聚集方案，后缀表示在进行分割时对每个子图所采用的分割数。

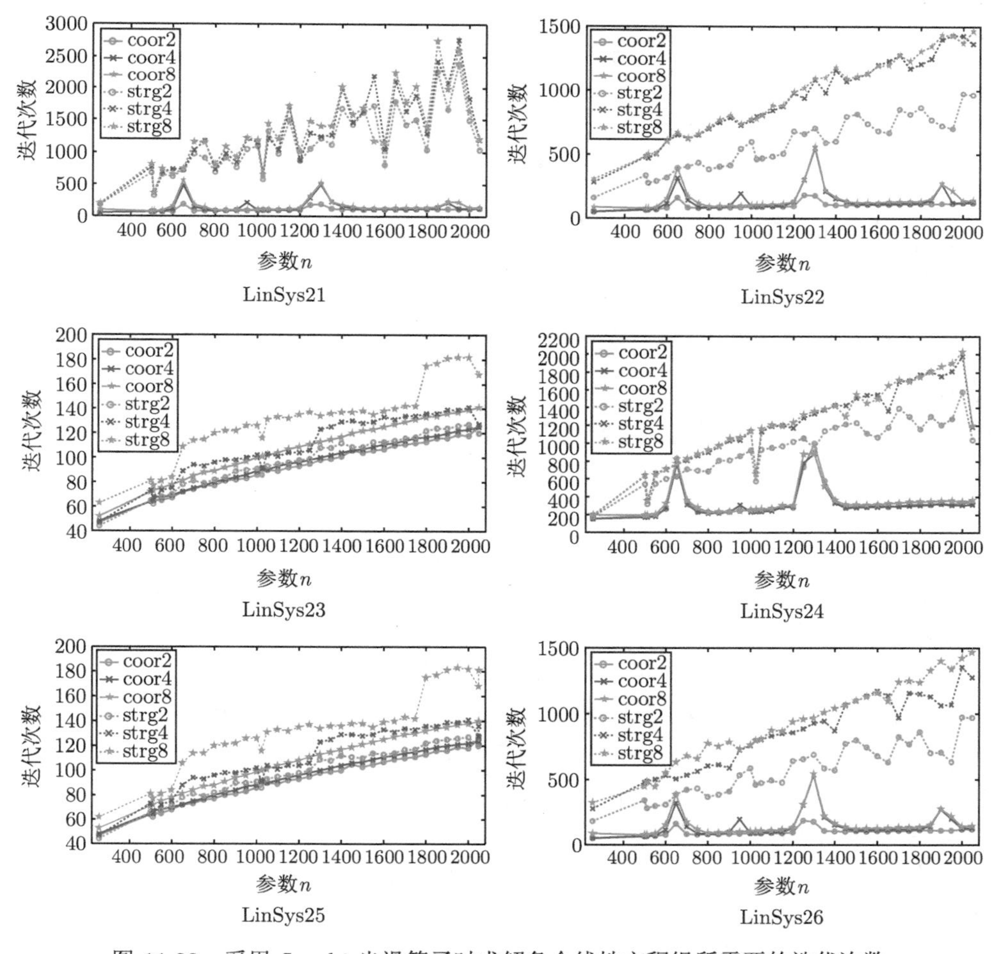

图 11.22 采用 Jacobi 光滑算子时求解各个线性方程组所需要的迭代次数

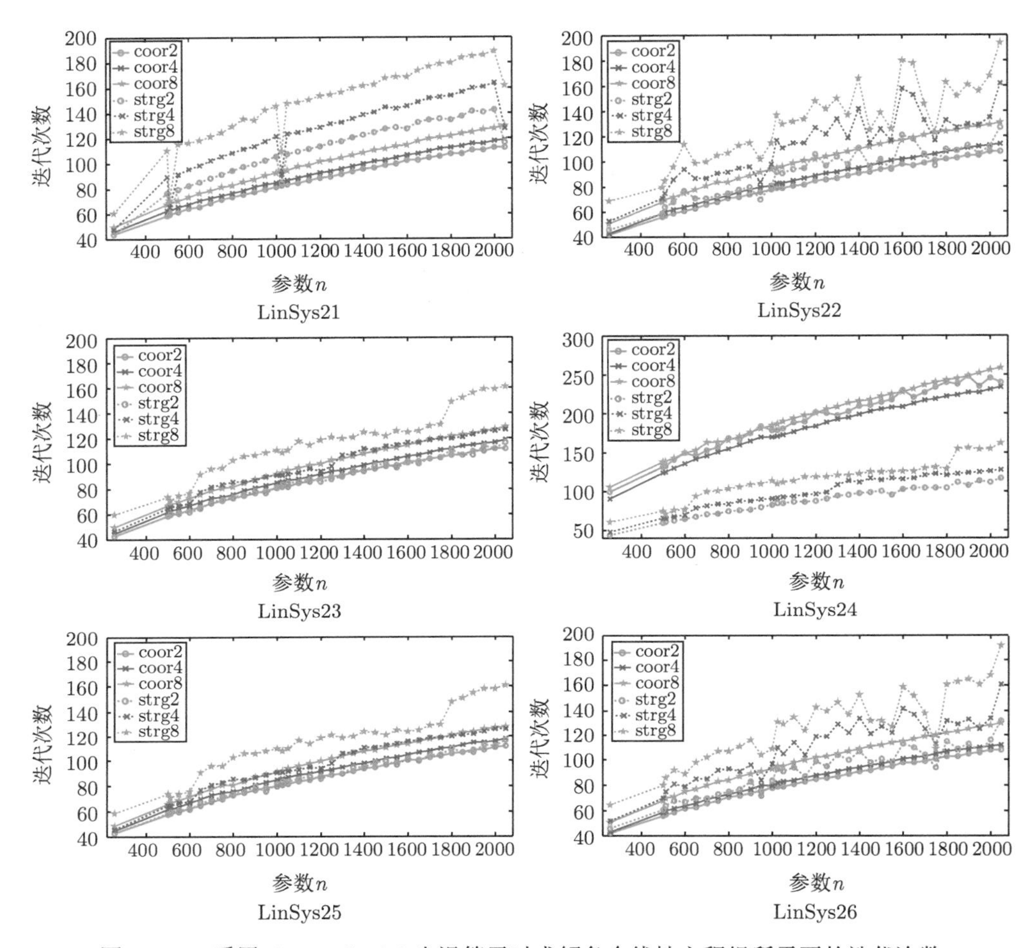

图 11.23　采用 Gauss-Seidel 光滑算子时求解各个线性方程组所需要的迭代次数

由图 11.22 可见，在采用 Jacobi 迭代进行光滑时，当每次进行聚集的点数与进行子图分割时的分割数相等时，自顶向下聚集算法总是优于强连接聚集算法，由于每次迭代所用时间对两种聚集算法而言几乎相同，所以从迭代时间来看，自顶向下聚集算法的优势也必然很明显。此外，自顶向下聚集算法的设置时间比强连接算法要长，但测试结果表明，对这里待求解的线性方程组而言，设置时间在求解线性方程组的总时间中所占比重很小，因此迭代次数的优劣也基本上反映了总求解时间上的优劣。

从图 11.22 还可以看到，基于强连接的聚集算法随着待求解问题规模的变化，所需要的求解次数波动相对比较剧烈，当 n 等于 2 的幂次时，相对于相邻的 n 而言，迭代次数一般会出现一定程度的减少。对自顶向下型聚集算法，除了对采用五点差分离散所得的线性方程组，在 n 等于 650, 950, 1300, 1900 附近出现了较大波动外，在其他情形下所需要的迭代次数非常稳定，这充分说明自顶向下聚集型代数多重网格预条件具有相对较好的健壮性。此外，对采用五点差分离散得到的线性方程组，自顶向下聚集算法的优势更显著，迭代次数随问题规模的增长也远没有强连接聚集算法那样迅速。表 11.37 所列数据从迭代次数与迭代时间上对结论进行了进一步印证。

表 11.37 采用 Jacobi 光滑算子时求解不同规模的 LinSys21 所需迭代次数与迭代时间

参数 n	所需迭代次数						所需迭代时间/s					
	coor2	strg2	coor4	strg4	coor8	strg8	coor2	strg2	coor4	strg4	coor8	strg8
256	48	176	49	189	97	192	0.810	3.209	0.702	2.427	1.073	2.193
500	65	681	64	775	74	820	4.391	47.81	3.610	39.03	3.528	37.03
512	66	319	69	354	75	355	4.487	23.80	4.095	19.00	3.756	17.26
550	67	656	68	695	83	743	4.954	55.34	4.402	42.35	4.638	40.92
600	68	624	106	740	155	657	5.541	62.37	7.794	53.61	10.11	43.12
650	185	726	484	738	567	750	20.83	84.99	40.15	62.66	42.26	57.72
700	78	975	144	1032	182	1157	9.868	133.1	13.63	101.6	15.56	102.5
750	80	916	102	1168	135	1149	11.06	143.1	10.76	131.1	13.12	117.5
800	78	694	81	735	90	805	11.71	123.4	9.547	93.33	14.31	93.56
850	83	919	83	979	94	1082	13.52	185.3	10.87	140.6	16.12	140.3
900	83	770	92	850	97	924	14.65	174.22	13.33	137.3	17.99	134.6
950	84	1043	211	1200	98	1215	16.02	262.9	33.39	216.7	19.60	197.4
1000	88	1089	89	1146	101	1180	23.00	304.6	19.95	229.3	21.79	213.0
1024	92	578	94	655	103	658	25.23	173.4	22.34	141.3	23.45	127.7

从图 11.23 可见，当采用 Gauss-Seidel 光滑时，对沿不同坐标轴具有强各向异性的问题 LinSys24，自顶向下聚集算法所需要的迭代次数多于基于强连接的聚集算法。对其他稀疏线性方程组，包括具有间断系数的问题 LinSys22, LinSys26，自顶向下聚集算法都具有明显优势。同时，虽然此时两类算法所需要的迭代次数随问题规模的增长，相对于采用 Jacobi 光滑而言，变化都更为平缓，但此时自顶向下聚集算法所需要迭代次数随问题规模的变化也比基于强连接算法更为平缓，表明其健壮性依然更好。

现在来看自顶向下聚集型代数多重网格预条件对最粗层网格上点数选取的敏感性，图 11.24 给出了 $n = 1024$ 时迭代次数随 m_0 的变化情况。由图可见，当采用 Jacobi 光滑时，对从五点差分离散得到的稀疏线性方程组，所需要的迭代次数对参数 m_0 比较敏感。当 p 固定时，对所有这 4 个从五点差分离散得到的线性方程组，都具有完全类似的结果，因此，很可能是算法在与离散方式相结合时存在的固有问题，具体原因有待未来进行进一步的研究。对从九点差分离散得到的稀疏线性方程组，或者在采用 Gauss-Seidel 光滑时，所需迭代次数随 m_0 的增加稳定地减少。

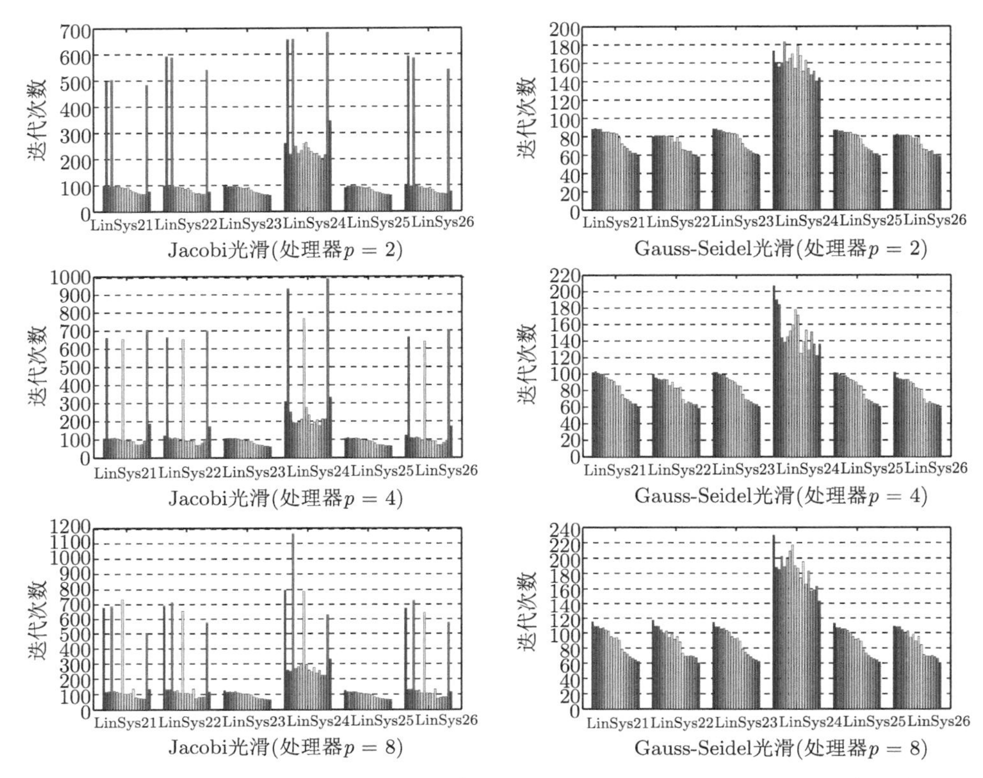

图 11.24 自顶向下聚集型多重网格预条件件 CG 所需要的迭代次数随 m_0 的变化情况

对每个子图中的每个线性方程组，柱状图中自左至右依次给出了当 m_0 取 10～90(间距 10) 与 100～900(间距为 100) 时所需要的迭代次数

最后来看自顶向下聚集型代数多重网格预条件对子图分割时分割数选取的敏感性，图 11.25 给出了在 $m_0=100$ 与 $n=1024$ 时迭代次数随 p 的变化情况。由图可见，当采用 Jacobi 光滑时，对从五点差分离散得到的稀疏线性方程组，所需要的迭代次数对参数 p 比较敏感，在 p 分别取 6, 10 与 18 时，所需迭代次数远大于其他情形。这同样很可能是算法在与离散方式相结合时存在的固有问题，具体原因有待进一步研究。对从九点差分离散得到的稀疏线性方程组，或者在采用 Gauss-Seidel 光滑时，所需迭代次数随 p 的增加具有逐渐增加的趋势，但波动幅度不大。同时，可以看到，一般 p 取 2, 4, 8 时所需要的迭代次数相对比较少。

综上所述，除对沿坐标轴具有强各向异性的问题离散所得稀疏线性方程组，在采用 Gauss-Seidel 光滑时，该算法的有效性不如经典强连接聚集算法之外，对其他情形，该算法均优于经典强连接聚集算法。同时，该算法随问题规模的变化，求解所需要的迭代次数变化更为平缓，具有更好的健壮性。此外，对利用五点差分离散得到的稀疏线性方程组，当采用 Jacobi 光滑时，该算法所需要的迭代次数对最粗层网格中的网格点数与每次对子图进行分割时的分割数比较敏感，而当切换为 Gauss-Seidel 光滑时，敏感性大大降低，健壮性更好。对采用九点差分离散得到的稀疏线性方程组，算法具有更弱的参数敏感性与更强的健壮性。

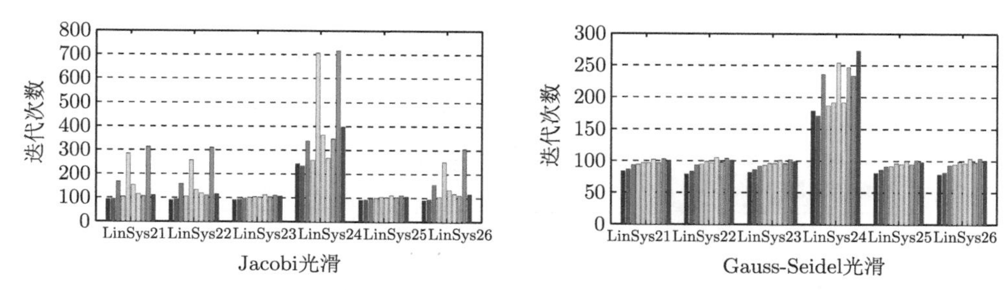

图 11.25　自顶向下聚集型多重网格预条件 CG 在 m_0 =100 时所需要的迭代次数随 p 的变化情况

对每个子图中的每个线性方程组，柱状图中自左至右依次给出了当 p 取 2～20(间距 2) 时所需要的迭代次数

11.6　通用并行预条件子空间迭代软件 GPPS

11.6.1　GPPS 软件概览

GPPS 是用于求解一般稀疏线性方程组的一个通用并行预条件子空间迭代软件[106]，目前发展到 2.0 版本，其中的预条件选项包括无预条件，以及 Jacobi 预条件、SSOR 预条件、ILU(0) 预条件、ILU(k) 预条件、ILUT 预条件、MRILUT 预条件、ICT 预条件等，除无预条件和 Jacobi 预条件外，其他每种预条件均提供加性 Schwarz(AS)、限制加性 Schwarz(RAS)、加性 Schwarz 和谐版 (ASH)、基于因子组合的并行版本 (FC)、块对角近似型 (BJ) 等 5 种并行化版本。采用的子空间迭代法包括 CG、GMRES、BiCGSTAB、CGS 和 TFQMR 等共 5 种。后续版本中还将加入代数多重网格预条件技术。GPPS 的程序代码采用 Fortran90 编写，并行计算时通过用户指定进行矩阵行和向量分量的分割，采用 MPI 消息传递编程接口来实现。

GPPS 的总体结构如图 11.26 所示，其中线性求解器通过调用环境初始化接口子程序、预条件构造接口子程序和子空间迭代接口子程序来实现，环境初始化接口子程序为求解器从名表文件读入并设置各种求解参数，即进行环境参数初始化，之后，进行与分布存储并行计算相关的数据分布初始化，最后进行矩阵向量乘过程中的相关设置与数组结构构造。预条件构造接口为 Jacobi 预条件，以及其他各种并行化预条件的构造提供统一的调用接口，包括进行预条件相关数据设置，预条件构造中所需要的实型与整型工作空间计算和分配，以及实际的并行预条件构造。子空间迭代接口为 Krylov 子空间迭代提供统一接口，该接口导向具体的各种子空间迭代，在每种子空间迭代中，需要进行相应的初始解向量设置，并调用矩阵向量乘和预条件件应用子程序，以及基本线性代数子程序和异常处理等支撑子程序。

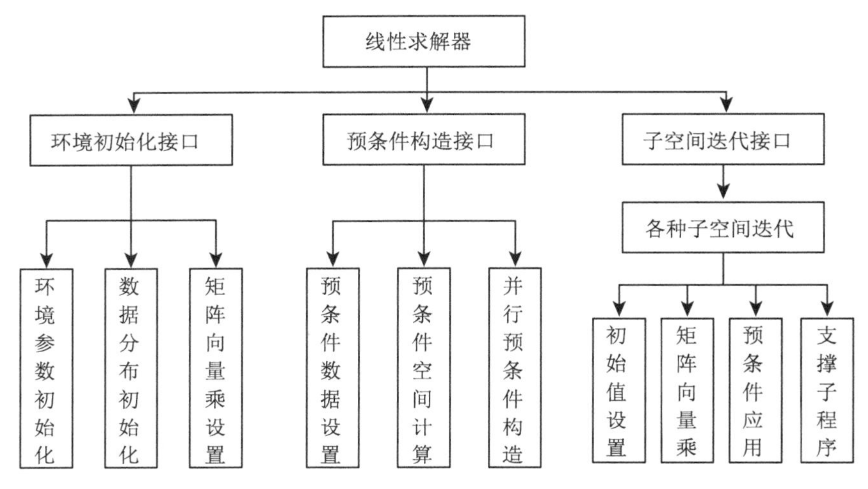

图 11.26　GPPS 软件架构图

GPPS 的具体使用方式有两种。其一是直接利用编译生成的主程序直接进行求解，要求将待求解稀疏线性方程组的阶数、CSR 格式的系数矩阵、右端向量、准备采用的 MPI 处理器个数，以及每个变量所分配到的处理器号等信息，以给定格式存储在指定输入文件中。其二是可以通过 GPPS 提供的环境初始化、预条件件构造、子空间迭代这 3 个二次开发接口实现对给定稀疏线性方程组的求解，此时，必须使用 GPPS_mod 模块，并要求稀疏矩阵以分布式 CSR 格式输入，且每个处理器上分配连续若干行，右端向量和解向量按对应方式进行存储。调用时，还必须为 GPPS_mod 模块中的参数 locLenN 与 locBegN 给定具体数值，其中 locLenN 应为本处理器上的矩阵行数，locBegN 应为本处理器上起始行的全局标号。当采用图分割软件等使得输入的稀疏线性方程组相应数据不连续时，可以通过引入节点排序数组转化为连续方式再调用 GPPS 的主接口。

GPPS 的功能参数由名表 preconParameter 和名表 solverParameter 给定，名表 preconParameter 含有 omega, droptol, nr, lfil, idprec 共 5 个参数，分别用于设置预条件件构造中的各种参数与预条件件类型，不同串行预条件件与各种并行化方法的组合形成各种不同的并行预条件件。名表 solverParameter 含有 rstep, maxit, maxeps, imthd 等 4 个参数，分别用于设置 GMRES 中的重启步长、最大允许迭代次数、残量 2 范数相对初始残量的精度要求，以及具体迭代法的选择。

11.6.2 混凝土细观数值模拟的并行分析

本节针对非结构网格上混凝土细观数值模拟中的稀疏线性方程组，给出某高性能并行计算机系统上利用 GPPS 进行求解的部分实验结果，该系统采用 Intel(R) Xeon(R) CPU 5150@2.66GHz(cache 4096KB)，并采用 infiniband 进行互连。操作系统为 Red Hat 4.1.2-52 版的 Linux。消息传递接口采用 mvapich2，所用编译器为 Intel Fortran 11.1.059。由于这里的线性方程组均对称正定，所以仅试验 CG 法，且仅针对具有对称性的预条件进行试验，迭代时的终止准则均选为残量 2 范数减少为初始时的 10^{-4} 倍。区域分解时，基于 METIS 进行系数矩阵邻接图分割，具体调用其中基于嵌套二分来进行图分割的子程序接口来实现，之后对节点进行重排，使得属于同一分割的节点连续标号，并分配给同一个处理器。这里对 9.7 节与 11.2.4 节中的混凝土试件 2 进行静载和动载试验。

在表 11.38 中，列出了采用 AZTEC 中最佳预条件选项即非重叠区域分解并行化 ILU(0)，与 GPPS 中多种具有对称性的并行预条件时，进行预条件 CG 迭代的计算结果，其中 SSOR 中的参数选为 1.0，ICT 分解因子每行中所保留非零元个数的门槛值为 25，舍弃门槛选为 10^{-3}。表 11.38 中，NP 表示所用处理器个数，AVGITS 表示平均迭代次数，AVGTME 表示平均计算时间。由此可见，采用因子组合 (FC) 并行化时的迭代次数总是少于采用加性 Schwarz(AS) 和块对角近似 (BJ)，采用因子组合型并行预条件时线性方程组的求解时间也总是小于加性 Schwarz 和块对角近似 (BJ)。同时，GPPS 在采用并行化 ILU(0) 时，迭代次数均小于 AZTEC，但求解时间仅在 64 个处理器时具有优势。GPPS 在采用 ICT 预条件时，一致地优于 AZTEC 中的最优预条件。

表 11.38 进行静载模拟时平均每个线性方程组的迭代次数和求解时间 (时间单位为秒)

		AZTEC	并行化 SSOR(1.0)			并行化 ILU(0)			并行化 ICT(25,10^{-3})		
			AS	FC	BJ	AS	FC	BJ	AS	FC	BJ
AVGITS	NP=8	254.65	244.67	226.38	284.58	195.86	188.73	227.96	202.08	193.41	229.93
	NP=16	267.44	246.76	231.99	295.26	202.08	192.79	239.41	205.26	194.14	244.44
	NP=32	274.09	250.52	229.75	301.99	203.17	192.40	243.22	195.28	187.16	251.92
	NP=64	290.60	258.06	236.17	312.95	211.48	197.42	255.65	206.61	194.33	272.44
AVGTME	NP=8	2.5967	3.4986	3.1709	3.7979	2.8101	2.6475	3.0432	1.9415	1.8019	2.0486
	NP=16	1.8372	2.8507	2.6425	3.0922	2.3411	2.1995	2.5088	1.5961	1.4758	1.7341
	NP=32	1.1718	1.9206	1.7486	2.0183	1.5638	1.4771	1.6256	1.0780	0.9975	1.2117
	NP=64	1.1080	1.2469	1.1389	1.2474	1.0302	0.9669	1.0250	0.7478	0.6990	0.8686

动载实验结果如表 11.39 所示，显然，虽然对 ILU(0) 在采用因子组合并行化技术时，64 处理器上的计算时间小于 AZTEC，但除采用 ICT 预条件外，采用其他预条件时，一般所用计算时间均长于 AZTEC。当采用 ICT 预条件时，GPPS

的计算效率明显优于 AZTEC，特别是在采用因子组合并行化技术时，更是大大减少了计算时间。同时，可以看到，对 GPPS 本身，因子组合并行化技术优于加性 Schwarz 和块对角近似并行化方法。

表 11.39　进行动载模拟时平均每个线性方程组的迭代次数和求解时间 (时间单位为秒)

		AZTEC	并行化 SSOR(1.0)			并行化 ILU(0)			并行化 ICT($25,10^{-3}$)		
			AS	FC	BJ	AS	FC	BJ	AS	FC	BJ
AVGITS	NP=8	248.89	224.19	210.20	261.80	189.30	182.03	217.10	195.85	188.90	222.35
	NP=16	261.70	226.05	211.40	271.85	192.22	184.72	227.96	202.68	193.39	239.11
	NP=32	266.66	230.34	211.97	276.76	192.66	183.09	229.61	193.89	185.04	249.30
	NP=64	283.48	237.36	217.18	290.11	200.53	187.22	244.07	203.75	192.04	267.57
AVGTME	NP=8	2.5353	3.8864	2.9584	3.4958	2.7048	2.5508	2.9011	1.8848	1.7549	1.9815
	NP=16	1.8011	2.6254	2.5483	3.0127	2.2478	2.1068	2.5175	1.7254	1.5004	1.7831
	NP=32	1.1400	1.7659	1.6057	1.8497	1.4803	1.4056	1.5392	1.0703	0.9835	1.1991
	NP=64	0.9295	1.1516	1.0497	1.1603	0.9802	0.9135	0.9854	0.7423	0.6938	0.8567

11.6.3　混凝土损伤非线性并行计算分析

本节的实验平台与 11.6.2 节中相同，且针对实际坝体进行模拟。所模拟的坝体采用有限元离散，离散节点数为 82059，有限单元个数为 134787。原非线性分析程序采用 AZTEC 软件包进行稀疏线性方程组的求解，求解时采用的迭代法为 BiCGSTAB，预条件选为 3 次对称 GS 迭代，迭代收敛门槛选为残向量的欧几里得范数下降 10 个数量级。采用 GPPS 软件包进行实验时，直接调用 GPPS 中用于针对该非线性分析程序研制的专用接口进行稀疏线性方程组求解，在该接口中先将原用于 AZTEC 的数据结构转化为 GPPS 的内部数据结构，并将原数据分布方式映射到 GPPS 中的数据分布方式，之后调用 GPPS 内部的预条件构造接口、求解器接口进行求解，再将求出的近似解向量从 GPPS 内部数据结构映射回原非线性分析中的数据结构进行结果返回。调用 GPPS 时，预条件与迭代相关参数从名表文件 namelist 中读取，选用的迭代法为 CG 迭代，选用的串行预条件为 ICT($25,10^{-10}$)，对预条件的并行化方法为块对角近似。

实验在 33 个处理器核上进行，数值模拟中总共需要进行 94 次外迭代，总共需要求解 229 个线性方程组，采用 AZTEC 求解时，模拟总共耗时 9491.53s，用于求解稀疏线性方程组的时间总共为 1240.76s，平均每个线性方程组求解所用的时间为 5.4182s。采用 GPPS 进行求解时，模拟总共耗时 8607.66s，用于求解稀疏线性方程组的时间总共为 459.26s，平均每个线性方程组求解所用的时间为 2.0055s。由此可见，在 33 个处理器核上进行并行求解时，采用 GPPS 比采用原 AZTEC 加速了 5.4182/2.0055，约 2.7 倍。但是，采用 GPPS 时，相对于采用 AZTEC，总模拟时间减少并不多，从 9491.53s 减少到 8607.66s，这是因为刚度矩阵装配等其他非稀疏线性方程组求解的许多计算在一个主处理器上进行，从而这些处理与计算所耗费的时间随处理器个数的增加，越来越占主要地位，单纯寻求稀疏线性方程组的高效并行算法所带来的整体加速效果非常有限，特别是处理器核数越大时，问题更为严重。

下面再来看按三分点加载方法对全级配混凝土试件进行的数值试验，此时，混凝土试件的尺寸为 450mm× 450mm× 1700mm，离散为 5472000 个单元，节点数为 5578221，求解自由度约为 16734663 个。测试平台为 Intel(R) Xeon(R) CPU 5150@2.66GHz(4096KB)、infiniband、Red Hat 4.1.2-52 Linux、mvapich2，采用 17 个节点共 129 个 CPU 核 (处理器)。由 AZTEC 求解器求解一次上述大型线性方程组耗时 655.21s，GPPS 耗时 391.55s，GPPS 比 AZTEC 加速了 655.21/391.55，约 1.7 倍。在采用 65, 97, 129 和 153 个处理器时，由 AZTEC 和 GPPS 求解一次线性方程组的耗时以及 GPPS 相对 AZTEC 的加速比于表 11.40 列出。GPPS 相对 AZTEC 的最小加速比约为 1.56，显然，GPPS 较 AZTEC 求解器具有显著的加速效果。

表 11.40 GPPS 相对 AZTEC 的加速比

处理器核数	NP=65	NP=97	NP=129	NP=153
AZTEC 耗时/s	1000.5	758.67	655.21	440.33
GPPS 耗时/s	619.12	418.95	391.55	282.68
AZTEC/GPPS	1.6160	1.8109	1.6734	1.5577

11.7 本 章 小 结

虽然 Krylov 子空间迭代属于投影型迭代法，以收敛速度较快著称，但其实际收敛速度依赖于系数矩阵的特征值分布，分布越集中，收敛速度越快。为此，本章先介绍了改进系数矩阵特征值分布的预条件技术基本概念，并从使用最广泛的不完全分解预条件、稀疏近似逆预条件与代数多重网格预条件等方面，对其发展历史进行了简要回顾。在此基础上，介绍了针对一般稀疏线性方程组的多行不完全 LDU 分解、针对对称稀疏线性方程组的不完全 Cholesky 分解、与自顶向下聚集型代数多重网格预条件技术，以及对不完全分解预条件进行改进的两层网格校正算法与对其进行并行化的因子组合型并行算法，并对影响预条件有效性与健壮性的多种因素进行了分析。最后，对这些研究成果与 Krylov 子空间迭代集成研发的通用并行预条件子空间迭代软件包 GPPS 进行了介绍，并通过实际数值模拟实验验证了其有效性。

参 考 文 献

[1] 吴建平, 王正华, 李晓梅. 稀疏线性方程组的高效求解与并行计算 [M]. 长沙: 湖南科学技术出版社, 2004.

[2] Saad Y. Iterative Methods for Sparse Linear Systems[M]. Boston: PWS Pub. Co., 1996.

[3] Benzi M. Preconditioning techniques for large linear systems: a survey[J]. J. Phys. Comput., 2002, 182(2): 418-477.

[4] Meijerink J A, van der Vorst H. An iterative solution method for linear systems of which the coefficient matrix is a symmetric M-matrix[J]. Math. Comp., 1977, 31(37): 148-162.

[5] Axelsson O, Brinkkemper S, Iln V P. On some versions of incomplete block matrix factorization iterative methods[J]. Lin. Alg. Appl., 1984, 58: 3-15.

[6] Wang X, Gallivan K, Bramley R. CIMGS: an incomplete orthogonal factorization preconditioner[J]. SIAM J. Sci. Comp., 1993, 18(2): 516-536.

[7] 雷光耀, 张石峰. 阶矩阵及其在传统预处理方法中的应用 [J]. 计算物理, 1991, 8(2): 197-202.

[8] Saad Y. ILUT: a dual threshold incomplete ILU preconditioner[J]. Numer. Lin. Alg. Appl., 1994, 1(4): 387-402.

[9] Bylina B, Bylina J. Incomplete WZ Factorization as an Alternative Method of Preconditioning for Solving Markov Chains][M]//Wyrzykowski R et al. PPAM2007, LNCS4967, 2008: 99-107.

[10] Bylina B, Bylina J. The incomplete factorization preconditioners applied to the GMRES(m) method for solving Markov chains[C]. Proceedings of the Federated Conference on Computer Science and Information Systems, 2011, 423-430.

[11] Vannieuwenhoven N, Meerbergen K. IMF: an incomplete multifrontal LU-factorization for element- structured sparse linear systems[J]. SIAM J. Sci. Comput., 2013, 35(1): A270-A293.

[12] Saad Y, Zhang J. BILUM: block versions of multi-elimination and multi-level ILU preconditioners for general sparse linear systems[J]. SIAM J. Sci. Comput., 1999, 20(6): 2103-2121.

[13] Axelsson O. A general incomplete block-matrix factorization method[J]. Linear Algebra and Its Applications, 1986, 74: 179-190.

[14] Axelsson O. Incomplete block matrix factorization preconditioning methods. The ultimate answer[J]. Journal of Computational & Applied Mathematics, 1985, 12-13: 3-18.

[15] Yun J H. Block incomplete factorization preconditioners for a symmetric block-tridiagonal M-matrix[J]. Journal of Computational & Applied Mathematics, 1998, 94(2): 133-152.

[16] Demmel J W, Eisentat S C, Gilbert J R, et al. A supernodal approach to sparse partial pivoting[J]. SIAM J. Matrix Anal. Appl., 1999, 20(3): 720-755.

[17] Bollhöfer M. A robust ILU with pivoting based on monitoring the growth of the inverse factors[J]. Lin. Alg. Appl., 2001, 338(1-3): 201-218.

[18] Yun J H, Han Y D. Modified incomplete Cholesky factorization preconditioners for a symmetric positive definite matrix[J]. Bulletin of the Korean Mathematical Society, 2002, 39(3): 495-509.

[19] Jones M T, Plassmann P E. An improved incomplete Cholesky factorization[J]. Acm Transactions on Mathematical Software, 1995, 21(1): 5-17.

[20] Axelsson O, Polman B. On approximate factorization methods for block matrices suitable for vector and parallel processors[J]. Lin. Alg. Appl., 1986, 77: 3-26.

[21] Doi S, Washio T. Ordering strategies and related techniques to overcome the trade-off between parallism and convergence in incomplete factorizations[J]. Parallel Computing, 1999, 25(13-14): 1995-2014.

[22] Zhang J. A multilevel dual reordering strategy for robust incomplete LU factorization of indefinite matrices[J]. SIAM J. Matrix Anal. Appl., 2001, 22(3): 925-947.

[23] Chan T F, Goovaerts D. A note on the efficiency of domain decomposed incomplete factorizations[J]. SIAM J Sci. Stat. Comput., 1990, 11(4): 794-803.

[24] Yun J H, Kim S W. Parallel relaxed multisplitting methods for a symmetric positive definite matrix[J]. Applied Mathematics and Computation, 2006, 176(1): 150-165.

[25] Nakajima K, Okuda H. Parallel iterative solvers with localized ILU preconditioning for unstructured grids on workstation clusters[J]. International Journal of Computational Fluid Dynamics, 1999, 12(3/4): 315-322. (http://www.informaworld.com/smpp/title~db=all~content= t713455064~tab=issueslist~branches=12 - v12)

[26] Zhang J. On preconditioning Schur complement and Schur complement preconditioning[J]. Electronic Transactions on Numerical Analysis, 2000, 10: 115-130.

[27] Hysom D, Pothen A. A scalable parallel algorithm for incomplete factor preconditioning[J]. SIAM J Sci. Comput., 2001, 22(6): 2194-2215.

[28] Monga Made M M, van der Vorst H A. Parallel incomplete factorizations with pseudo-overlapped subdomains[J]. Parallel Computing, 2001, 27(4): 989-1008.

[29] Monga Made M M, van der Vorst H A. A generalized domain decomposition paradigm for parallel incomplete LU factorization preconditionings[J]. Future Generation Computer Systems, 2001, 17(8): 925-932.

[30] Bru R, Pedroche F, Szyld D B. Overlapping additive and multiplicative Schwarz iterations for H-matrices[J]. Linear Algebra and its Applications, 2004, 393(1): 91-105.

[31] Nabben R, Szyld D B. Schwarz iterations for symmetric positive semidefinite problems[J]. SIAM J. Matrix Anal. Appl., 2006, 29(1): 98-116.

[32] White R E. Multisplitting with different weighting schemes[J]. SIAM J. Matrix Anal. Appl., 1989, 10(4): 481-493.

[33] Cai X C, Saad Y. Overlapping domain decomposition algorithms for general sparse matrices[J]. Numer. Lin. Alg. Appl., 1996, 3(3): 221-237.

[34] Cai X C, Sarkis M. A restricted additive Schwarz preconditioner for general sparse linear systems[J]. SIAM J. Sci. Comput., 1999, 21(2): 792-797.

[35] Li Z Z, Saad Y. SchurRAS: A Restricted Version of the Overlapping Schur Complement

Preconditioner[M]. Society for Industrial and Applied Mathematics, 2005.

[36] Saad Y. ILUM: a multi-elimination ILU preconditioner for general sparse matrices[J]. SIAM J. Sci. Comput., 1996, 17(4): 830-847.

[37] 吴建平, 王正华, 李晓梅. 块三对角矩阵的并行局部块分解预条件 [J]. 计算机学报, 2005, 28(3): 126-131.

[38] Diosady L T. Domain decomposition preconditioners for higher-order discontinuous Galerkin discretizations[D]. Boston: Massachusetts Institute of Technology, 2011.

[39] Chow E. A priori sparsity patterns for parallel sparse approximate inverse preconditioners[J]. SIAM J. Sci. Comput., 2000, 21(5): 1804-1822.

[40] Huckle T. Approximate sparsity patterns for the inverse of a matrix and preconditioning[J]. Appl. Numer. Math., 1999, 30(2-3): 291-303.

[41] Grote M J, Huckle T. Parallel preconditioning with sparse approximate inverses[J]. SIAM J. Sci. Comput., 1997, 18: 838-853.

[42] Huckle T, Grote M. A new approach to parallel preconditioning with sparse approximate inverses[R]. Technical Report SCCM-94-03. School of Engineering, Stanford University, Stanford, CA, 1994.

[43] Gould N I M, Scott J A. Sparse approximate-inverse preconditioner using norm-minimization techniques[J]. SIAM J. Sci. Comput., 1998, 19(2): 605-625.

[44] Kolotilina L Y, Yeremin A Y. Factorized sparse approximate inverse preconditionings I: theory[J]. SIAM J. Matrix Anal. Appl., 1993, 14(1): 45-58.

[45] Benzi M, Cullum J K, Tüma M. Robust approximate inverse preconditioning for the conjugate gradient method[J]. SIAM J. Sci. Comput., 2000, 22(4): 1318-1332.

[46] Benzi M, Tüma M. A sparse approximate inverse preconditioner for nonsymmetric linear systems. SIAM J. Sci. Comput., 1998, 19(3): 968-994.

[47] Gu T X, Chi X B, Liu X P. AINV and BILUM preconditioning techniques[J]. Applied Mathematics & Mechanics, 2004, 25(9): 1012-1021.

[48] Ruge J W, Stüben K. Algebraic Multigrid[M]// McCormick S F. Multigrid Methods. SIAM, Philadelphia, 1987.

[49] Stüben K. Algebraic multigrid (AMG): experiences and comparisons[J]. Appl. Math. Comput., 1983, 13(3): 419-452.

[50] Stüben K. A review of algebraic multigrid[J]. J. Comput. Appl. Math., 2001, 128(1-2): 281-309.

[51] Brezina M, Falgout R, MacLachlan S, et al. Adaptive algebraic multigrid[J]. SIAM J. Sci. Comput., 2006, 27(4): 1261-1286.

[52] Sterck H D, Falgout R D, Nolting J W, et al. Distance-two interpolation for parallel algebraic multigrid[J]. Journal of Physics: Conference Series, 2007, 78: 1-5.

[53] Wagner C. Introduction to algebraic multigrid[A]. Course Notes. University of Heidelberg, 1998/1999. http://www.iwr.uni-heidelberg. de/~Christian.Wagner/.

[54] Brannick J, Brezina M, MacLachlan S, et al. An energy-based AMG coarsening strategy[J]. Numer. Linear Algebra Appl., 2006, 13(2-3): 133-148.

[55] Henson V E, Yang U M. BoomerAMG: a parallel algebraic multigrid solver and preconditioner[J]. Applied Numerical Mathematics, 2002, 41(1): 155-177.

[56] Sterck H D, Yang U M, Heys J J. Reducing complexity in parallel algebraic multigrid preconditioners[J]. SIAM J. Matrix Anal. Appl., 2006, 27(4): 1019-1039.

[57] Cleary A J, Falgout R D, Henson V E, et al. Coarse-grid selection for parallel algebraic multigrid[J]. Office of Scientific & Technical Information Technical Reports, 1998, 1457: 104-115.

[58] Chartier T, Falgout R, Henson V E, et al. Spectral AMGe (AMGe)[J]. SIAM J. Sci. Comp., 2003, 25: 1-26.

[59] Henson V E, Vassilevski P S. Element-Free AMGe: general algorithms for computing interpolation weights in AMG[J]. SIAM J. Sci. Comput., 2006, 23(2): 629-650.

[60] Manteuffel T, McCormick S, Park M, et al. Operator-based interpolation for bootstrap algebraic multigrid[J]. J. Num. Lin. Alg. Appl., 2010, 17(2-3): 519-537.

[61] Brannick J, Zikatanov L. Algebraic multigrid methods based on compatible relaxation and energy minimization[J]. Lecture Notes in Computational Science and Engineering, 2007, 55: 15-26.

[62] Brannick J J, Falgout R D. Compatible relaxation and coarsening in algebraic multigrid[J]. SIAM J. Sci. Comput., 2010, 32(3): 1393-1416.

[63] Vaněk P, Mandel J, Brezina M. Algebraic multigrid by smoothed aggregation for second and fourth order elliptic problems[J]. Computing, 1996, 56(3): 179-196.

[64] Braess D. Towards algebraic multigrid for elliptic problems of second order[J]. Computing, 1995, 55(4): 379-393.

[65] Xiang H. A note on the upper bound in SA AMG convergence analysis[J]. Numerical Linear Algebra with Applications, 2014, 21(3): 399-402.

[66] Vanek P, Brezina M, Mandel J. Convergence of algebraic multigrid based on smoothed aggregation[J]. Numer. Math., 2001, 88(3): 559-579.

[67] Bank R E, Smith R K. The incomplete factorization multigraph algorithm[J]. SIAM J. Sci. Comput, 1999, 20(4): 1349-1364.

[68] Bank R E, Wagner C. Multilevel ILU decomposition[J]. Math., 1999, 82(4): 543-576.

[69] van der Ploeg A, Botta E, Wubs F. Nested grids ILU-decomposition(NGILU)[J]. J. Comput. Appl. Math., 1996, 66(1): 515-526.

[70] Axelsson O, Vassilevski P. Algebraic multilevel preconditioning methods; Part I[J]. Numer. Math., 1989, 56: 157-177.

[71] Axelsson O, Vassilevski P. Algebraic multilevel preconditioning methods; Part II[J]. SIAM J. Numer. Anal., 1990, 27: 1569-1590.

[72] Reusken A. On the approximate cyclic reduction preconditioner[J]. SIAM J. Sci. Comput., 1999, 21(2): 565-590.

[73] Falgout R D. An Introduction to algebraic multigrid[J]. Computing in Science and Engineering - C in S&E, 2006, 8(6): 24-33.

[74] Broker O, Grote M J. Sparse approximate inverse smoothers for geometric and algebraic multigrid[J]. Applied Numerical Mathematics, 2002, 41(1): 61-80.

[75] Philip B, Chartier T P. Adaptive algebraic smoothers[J]. Journal of Computational and Applied Mathematics, 2012, 236(9): 2277-2297.

[76] Adams M, Brezina M, Hu J, et al. Parallel multigrid smoothing: polynomial versus Gauss-Seidel[J]. J. Comput. Phys., 2003, 188(2): 593-610.

[77] Yang U M. On the use of relaxation parameters in hybrid smoothers[J]. Numer. Linear Algebra Appl., 2004, 11(2-3): 155-172.

[78] Baker A H, Falgout R D, Kolev T V, et al. Multigrid smoothers for ultra-parallel computing[J]. SIAM J. Sci. Comput., 2011, 33(5): 2864-2887.

[79] Huang Z, Shi P. Notes on convergence of an algebraic multigrid method[J]. Applied Mathematics Letters, 2007, 20(3): 335-340.

[80] Vassilevski P S. Coarse spaces by algebraic multigrid: multigrid convergence and upscaling error estimates[J]. Advances in Adaptive Data Analysis, 2011, 3: 229-249.

[81] Seynaeve B, Rosseel E, Nicolai B, et al. Fourier mode analysis of multigrid methods for partial differential equations with random coefficients[J]. J. Comput. Physics, 2007, 224(1): 132-149.

[82] Wu J P, Ma H F. MRILDU: an Improvement to ILUT based on incomplete LDU factorization and dropping in multiple rows[J]. Journal of Applied Mathematics, 2014, 137: 1-9.

[83] 吴建平, 王正华, 李晓梅. 带门槛不完全 Cholesky 分解存在的问题与改进 [J]. 数值计算与计算机应用, 2003, 24(3): 207-214.

[84] Wu J P, Zhao J, Song J Q, et al. A parallelization technique based on factors combination and graph partitioning for general incomplete factorization[J]. SIAM Journal on Scientific Computing, 2012, 34(4): A2247-A2266.

[85] 马怀发, 陈厚群. 全级配大坝混凝土动态损伤破坏机理研究及其细观力学分析方法 [M]. 北京: 中国水利水电出版社, 2008.

[86] Wu J P, Zhao J, Song J Q, et al. Impact of two factors on several domain decomposition based parallel incomplete factorizations for the meso-scale simulation of concrete[C]. Proceeding of Third International Conference on Information and Computing Science, IEEE Computer Society (CPS), 2010.

[87] Wu J P, Song J Q, Zhang W M. An efficient and accurate method to compute the Fiedler vector based on Householder deflation and inverse power iteration[J]. Journal of Computational & Applied Mathematics, 2014, 269: 101-108.

[88] 吴建平, 张理论, 马怀发, 等. 排序对重叠区域分解型并行 ILU 的影响分析 [J]. 计算机工程与应用, 2012, 48(33): 49-55.

[89] Wu J P, Song J Q, Zhang W M, et al. A coarse grid correction to domain decomposition based preconditioners for meso-scale simulation of concrete[J]. Applied Mechanics and Materials, 2012, 204-208: 4683-4687.

[90] Wienands R, Joppich W. Practical Fourier Analysis for Multigrid Methods[M]. London:

Taylor and Francis Inc., 2004.

[91] Notay Y. An aggregation-based algrbraic multigrid method[J]. Electronic Transactions On Numerical Analysis, 2010, 37: 123-146.

[92] Notay Y. Aggregation-based algebraic multilevel preconditioning[J]. SIAM Journal On Matrix Analysis And Applications, 2006, 27(4): 998-1018.

[93] Kim H, Xu J, Zikatanov L. A multigrid method based on graph matching for convection-diffusion equations[J]. Numer. Linear Algebra Appl., 2003, 10(1-2): 181-195.

[94] D'ambra P, Buttari A, Di Serafino D, et al. A novel aggregation method based on graph matching for algebraic multigrid preconditioning of sparse linear systems[C]. International Conference on Preconditioning Techniques for Scientific & Industrial Applications, 2011.

[95] Notay Y. Aggregation-based algebraic multigrid for convection-diffusion equations[J]. SIAM J. Sci. Comput., 2012, 34(4): A2288-A2316.

[96] Dendy J E, Jr, Moulton J D. Black box multigrid with coarsening by a factor of three[J]. Numerical Linear Algebra With Applications, 2010, 17(2-3): 577-598.

[97] Kumar P. Aggregation based on graph matching and inexact coarse grid solve for algebraic two grid[J]. International Journal of Computer Mathematics, 2014, 91(5): 1061-1081.

[98] Chen M H, Greenbaum A. Analysis of an aggregation-based algebraic two-grid method for a rotated anisotropic diffusion problem[J]. Numerical Linear Algebra With Applications, 2015, 22(4): 681-701.

[99] Okamoto N, Nakahashi K, Obayashi S. A coarse grid generation algorithm for agglomeration multigrid method on unstructured grids[C]. Proceedings of 36th Aerospace Sciences Meeting and Exhibit, 1998, 98-0615.

[100] Deng L J, Huang T Z, Zhao X L, et al. An economical aggregation algorithm for algebraic multigrid. (AMG)[J]. Journal of Computational Analysis And Applications, 2014, 16(1): 181-198.

[101] Wu J P, Yin F K, Peng J, et al. Research on aggregations for algebraic multigrid preconditioning methods[C]. 2017 2nd International Conference on Computer Science and Technology [CST2017], 2017.

[102] Wu J P, Guo P M, Yin F K, et al. A new aggregation algorithm based on coordinates partitioning recursively for algebraic multigrid method[J]. Journal of Computational and Applied Mathematics, 2019, 1(345): 184-195.

[103] Wu J P, Peng J, Yang J H, et al. An algebraic multigrid preconditioner based on aggregation from top to bottom[C]//Yuan H, Geng J, Liu C, et al. Geo-Spatial Knowledge and Intelligence. GSKI 2017. Communications in Computer and Information Science, 2018: 849.

[104] Wu J P. Parallel implementation of the coordinates-partitioning based aggregation-type algebraic multigrid preconditioners[C]. Advanced Science and Industry Research Center.Proceedings of 2017 International Conference on Mathematics, Modelling and

Simulation Technologies and Applications(MMSTA 2017). Advanced Science and Industry Research Center: Science and Engineering Research Center, 2017: 442-450.

[105] 吴建平. 自顶向下聚集型代数多重网格预条件的健壮性与参数敏感性研究 [J]. 计算机应用研究, 2018(9): 2617-2620.

[106] Wu J P, Ma H F, Zhao J, et al. Preliminary application of software package GPPS to spare linear systems from meso scale simulation of concrete specimen[J]. Applied Mechanics & Materials, 2014, 580-583: 2907-2911.

第 12 章 高混凝土坝系统非线性地震响应的并行计算

12.1 引 言

混凝土高坝系统的极限抗震能力分析涉及坝体–地基的材料非线性、接触非线性，以及远场辐射阻尼模拟等复合非线性问题。由于混凝土坝存在各种接缝，包括横缝、底缝、纵缝、周边缝，在地震作用下，缝会发生张开、滑移或黏结等情形，造成混凝土坝体的动力响应呈现出明显的非线性。混凝土坝的接触问题主要包括缝间接触、坝体与坝基接触、坝体与坝肩接触等。常用的数值方法有拉格朗日乘子法、罚函数法、线性补偿法、接触单元法、动接触力方法等。其中，拉格朗日乘子法可以精确满足接触约束条件，在动接触分析中广泛应用，其思想是将约束极值问题转化为无约束极值问题。

本章从动力学基本方程出发，导出了动力方程显式离散格式的递推公式；结合拉格朗日乘子法，基于点点接触模型，给出了显式算法中接触判断条件在整体坐标系和局部坐标系转换方法，以及非对角附加质量阵乘子的求解方案。

混凝土坝地震响应接触非线性分析计算程序 (concrete dam seismic response analysis, CDSRA) 是基于 FEPG 平台开发的，因此，所开发程序具有 FEPG 平台的结构特征和技术特点，具有较强的可扩展性和可移植性。按照 FEPG 的开发流程，首先要开发串行和并行元件程序，编写相应的脚本文件，从而生成源文件程序。在 CDSRA 中，高拱坝动力响应分析的三个步骤相对应于三个程序模块，依次实现地基软弱夹层初始接触接触力计算、坝体系统的静力计算和地震动响应分析，三个模块既相互衔接又可有选择地完成某一项计算工作。本章开发的 CDSRA 不仅适用于拱坝结构，也适合于混凝重力坝系统的静力计算和动力计算，以及岩体边坡静态和动态稳定性分析。

本章通过典型工程实例介绍了 CDSRA 的功能和并行程序的计算效率。最后给出了弹性损伤模型，并将 CDSRA 扩展到解决混凝土坝 (岩体) 弹性损伤非线性分析问题并行计算。

12.2 动力方程有限元显式离散格式

有限元是动力计算中非常重要的数值模拟方法，一般根据对问题求解方式的不同，有限元分为显式有限元与隐式有限元。隐式算法可以取得较大的时间步长，但是几乎每一增量步都需要迭代求解，并且每次迭代都需要求解大型的线性方程组，这一过程需要占用相当数量的计算资源、磁盘空间和内存。显式算法占用内存少，计算速度快，只要时间步长取得足够小，一般不存在收敛性问题，并且数值计算过程可以很容易地进行并行计算，程序编制也相对简单。

动力学有限元方程的显式离散格式：将 t 时刻的动力学微分方程写成如下降阶的形式，即

$$\begin{cases} \{v\}_t = \{\dot{u}\}_t \\ [M]\{\dot{v}\}_t + [C]\{v\}_t + [K]\{u\}_t = \{Q\}_t \end{cases} \tag{12.1}$$

对加速度采用向前差分

$$\{\dot{v}\}_t = (\{v\}_{t+\Delta t} - \{v\}_t)/\Delta t \tag{12.2}$$

将式 (12.2) 代入式 (12.1)，得

$$[M]\{v\}_{t+\Delta t} - [M]\{v\}_t + [C]\{v\}_t\Delta t + [K]\{u\}_t\Delta t = \{Q\}_t\Delta t \tag{12.3}$$

对速度采用向后差分，即

$$\{v\}_{t+\Delta t} = \left(\{u\}_{t+\Delta t} - \{u\}_t\right)/\Delta t \tag{12.4}$$

将式 (12.4) 代入式 (12.3)，得

$$[M]\left(\{u\}_{t+\Delta t} - \{u\}_t\right) - [M]\{v\}_t\Delta t + [C]\{v\}_t\Delta t^2 + [K]\{u\}_t\Delta t^2 = \{Q\}_t\Delta t^2$$

采用瑞利阻尼 $[C] = \alpha[M] + \beta[K]$，代入上式可得

$$[M]\{u\}_{t+\Delta t} = \{Q\}_t\Delta t^2 - [K](\{u\}_t + \beta\{v\}_t)\Delta t^2 + [M]\{u\}_t + [M]\{v\}_t(\Delta t - \alpha\Delta t^2) \tag{12.5}$$

令 $[A] = [M]$，

$$\{F\}_t = \{Q\}_t\Delta t^2 - [K]\left(\{u^t\} + \beta\{\dot{u}^t\}\right)\Delta t^2 + [M]\{u^t\} + [M]\{\dot{u}^t\}(\Delta t - \alpha\Delta t^2)$$

其中，$[M] = \begin{bmatrix} m_1 I & & & \\ & m_2 I & & \\ & & \ddots & \\ & & & m_k I \end{bmatrix}$ 为对角块矩阵，I 为单位矩阵。从而式 (12.5) 成为

$$[A]\{u\}_{t+\Delta t} = \{F\}_t \quad 或 \quad Au = F \tag{12.6}$$

式 (12.6) 就是对结构进行有限元动态分析时显式计算的递推公式。

混凝土坝及地基系统的有限元模型的全部内节点构成一个封闭的有限自由度系统。对应于式 (12.6) 的离散格式的单自由度的形式为 $u_{n+1}=(2-2\xi\omega\Delta t-\omega^2\Delta t^2)u_n+(2\xi\omega\Delta t-1)u^{n-1}$，可获得其稳定条件为 $\Delta t\leqslant\left(2\sqrt{1+\xi^2}-2\xi\right)/\omega$，其中，$\xi$ 为阻尼比，ω 为圆频率。

12.3 求解接触力的拉格朗日乘子法

接触问题的特点和难点是接触边界和接触力的未知性。接触界面的区域大小、位置以及接触状态都是未知的，并且是随时间变化的，因此，接触问题表现出显著的非线性特征。接触问题的非线性决定了接触分析过程中需要经常插入接触界面的搜寻判定。采用有限元求解接触问题时，相互接触物体接触界面的搜寻判定转化为接触体离散单元或节点的接触判定。但对于以沿接触面法向变形为主、相对滑移较小的接触问题，可以采用点对 (或称点点) 单元接触模型用于模拟单点和另一个确定点之间的接触，这样可以避免接触点位置的判定，只需判断点对之间是否有接触、滑移和脱离过程，并根据接触条件求解接触力即可。

采用点对接触模型[1]，引入了拉格朗日乘子 λ 表示接触力后，在动力学基本方程 (12.6) 中摩擦接触问题转换为求如下鞍点问题，其能量泛函为

$$\begin{cases}\max\limits_{\lambda}\min\limits_{u}J(u,\lambda)=\max\limits_{\lambda}\min\limits_{u}\left[\dfrac{1}{2}U^{\mathrm{T}}AU-U^{\mathrm{T}}F+\lambda^{\mathrm{T}}(U_1-U_2+g)\right]\\ \lambda_n^1+N\geqslant 0,\ |\lambda_\tau^1|\leqslant\mu(\lambda_n^1+N)+ca,\quad \text{这里},\ |\lambda_\tau^1|=\sqrt{\left(\lambda_{\tau1}^1\right)^2+\left(\lambda_{\tau2}^1\right)^2}\end{cases}\tag{12.7}$$

其中，g 为点对间的位移约束值；U_1,U_2 分别为主从节点的位移列阵；$\lambda_i=[\lambda_n,\lambda_\tau]$；$\lambda^1$ 表示局部坐标系下的乘子，其下标 n 表示法向乘子，下标 τ 表示切向乘子，总的拉格朗日乘子数为接触点对个数与节点自由度的乘积；μ 为摩擦系数；N 为接触面上的初始压力；c 为凝聚力，a 为节点的等效面积，当接触面出现滑动后，$ca=0$。对每个接触点对有 $B=[I,-I],U^{\mathrm{T}}B=U_1-U_2$，式 (12.7) 表示为

$$\begin{cases}\max\limits_{\lambda}\min\limits_{u}J(u,\lambda)=\max\limits_{\lambda}\min\limits_{u}\left(\dfrac{1}{2}U^{\mathrm{T}}AU+U^{\mathrm{T}}B\lambda+\lambda^{\mathrm{T}}g-U^{\mathrm{T}}F\right)\\ \lambda_n^1+N\geqslant 0,\ |\lambda_\tau^1|\leqslant\mu(\lambda_n^1+N)+ca,\quad \text{这里},\ |\lambda_\tau^1|=\sqrt{\left(\lambda_{\tau1}^1\right)^2+\left(\lambda_{\tau2}^1\right)^2}\end{cases}$$

由 $\min\limits_{u}J(u,\lambda)$，得到

$$AU+B\lambda-F=0,\quad \text{即}\ U=A^{-1}(F-B\lambda)\tag{12.8}$$

$$\max_{\lambda}J(u,\lambda)=\max_{\lambda}\left(\frac{1}{2}U^{\mathrm{T}}AU+U^{\mathrm{T}}B\lambda+\lambda^{\mathrm{T}}g-U^{\mathrm{T}}F\right)\tag{12.9}$$

将式 (12.8) 代入式 (12.9) 得 $\max\limits_{\lambda} J(u,\lambda) = \max\limits_{\lambda}\left[-\frac{1}{2}(F-B\lambda)^{\mathrm{T}}A^{-1}(F-B\lambda)\right.$ $\left.+\lambda^{\mathrm{T}}g\right]$，等价于

$$\max_{\lambda} J(u,\lambda) = \min_{\lambda}\left[\frac{1}{2}(F-B\lambda)^{\mathrm{T}}A^{-1}(F-B\lambda)-\lambda^{\mathrm{T}}g\right]$$

通过整体坐标与局部坐标之间的转换矩阵 T，将乘子转到局部坐标系下：$\lambda^{\mathrm{l}} = T\lambda$，即 $\lambda = T^{\mathrm{T}}\lambda^{\mathrm{l}}$，求解问题 (12.7) 等价于求解：

$$\left\{\begin{array}{l}\min\limits_{\lambda^{l}}\left(\frac{1}{2}\lambda^{\mathrm{lT}}B^{\mathrm{T}}A^{-1}B\lambda^{\mathrm{l}}-\lambda^{\mathrm{lT}}TB^{\mathrm{T}}A^{-1}F-\lambda^{\mathrm{lT}}Tg\right)\\ \lambda_{n}^{\mathrm{l}}+N\geqslant 0,\ \left|\lambda_{\tau}^{l}\right|\leqslant\mu(\lambda_{n}^{\mathrm{l}}+N)+ca\end{array}\right. \tag{12.10}$$

$$\left\{\begin{array}{l}B^{\mathrm{T}}A^{-1}B\lambda^{\mathrm{l}}-TB^{\mathrm{T}}A^{-1}F-Tg=0\\ \lambda_{n}^{\mathrm{l}}+N\geqslant 0,\ |\lambda_{\tau}^{\mathrm{l}}|\leqslant\mu(\lambda_{n}^{\mathrm{l}}+N)+ca\end{array}\right. \tag{12.11}$$

因此，先转换到局部坐标系下之后再求乘子与先求整体坐标系下的乘子之后再转到局部坐标系下是等价的。从而显式算法可以先直接在整体坐标系下求解，然后再转到局部坐标系下进行接触条件的判断，并作相应的修正。对每一节点对有

$$B^{\mathrm{T}}A^{-1}B=(I,-I)\begin{pmatrix}m_1^{-1}I & \\ & m_2^{-1}I\end{pmatrix}\begin{pmatrix}I\\ -I\end{pmatrix}=\frac{m_1+m_2}{m_1m_2}I$$

$$B^{\mathrm{T}}A^{-1}F=(I,-I)\begin{pmatrix}m_1^{-1}I & \\ & m_2^{-1}I\end{pmatrix}\begin{pmatrix}f_1\\ f_2\end{pmatrix}=\frac{f_1}{m_1}-\frac{f_2}{m_2}$$

$$B^{\mathrm{T}}A^{-1}B\lambda^{\mathrm{l}}=TB^{\mathrm{T}}A^{-1}F+Tg$$

故

$$\lambda^{\mathrm{l}}=T\left(\frac{m_2f_1-m_1f_2}{m_1+m_2}+\frac{m_1m_2}{m_1+m_2}g\right)=T\frac{m_2f_1-m_1f_2}{m_1+m_2}+\frac{m_1m_2}{m_1+m_2}Tg$$

法向间距 $g_N=Tg$，

$$\lambda^{\mathrm{l}}=T\frac{m_2f_1-m_1f_2}{m_1+m_2}+\frac{m_1m_2}{m_1+m_2}g_N$$

通过以下方式修正后使其满足不等式约束条件：

(a) 若

$$\lambda_{n}^{\mathrm{l}}+N\leqslant 0,\quad \lambda^{\mathrm{l}}=0 \tag{12.12}$$

(b) 若

$$\lambda_n^{\mathrm{l}}+N>0,\quad \begin{cases} \left|\lambda_\tau^{\mathrm{l}}\right| \leqslant \mu\left(\lambda_n^{\mathrm{l}}+N\right)+ca,\ \text{令}\lambda_\tau^{\mathrm{l}}=\lambda_\tau^{\mathrm{l}} \\ \left|\lambda_\tau^{\mathrm{l}}\right| > \mu\left(\lambda_n^{\mathrm{l}}+N\right)+ca,\ \lambda_\tau^{\mathrm{l}}=\dfrac{\lambda_\tau^{\mathrm{l}}[\mu(\lambda_n^{\mathrm{l}}+N)+ca]}{\left|\lambda_\tau^{\mathrm{l}}\right|} \end{cases} \tag{12.13}$$

然后再由 $\lambda=T^{\mathrm{T}}\lambda^{\mathrm{l}}$ 转换为整体坐标系下的 λ，通过 $AU=F-B\lambda$ 求出 U 值。这样通过对式 (12.9) 的求解就可以得到节点位移以及接触面上的接触力。显式算法格式充分利用了集中质量矩阵的特殊性，使得每一时间步不必进行迭代即可直接显式求得拉格朗日乘子。

12.4　具有附加质量非对角阵时乘子力的求解

动水压力以及泥沙动态荷载的作用按照 Westergaard 模型以附加质量近似考虑其作用。由于附加质量的存在，迎水面单元质量矩阵不再是对角阵，所以不能用上面推导的算法直接得到节点接触力，但是没有附加质量的节点，质量矩阵仍然满足质量阵对角的条件，可以采用上面的方法直接求得位移与接触力，对有附加质量的节点可以采用逐点计算的方法进行求解。

逐点求乘子法就是对有附加质量的每个点对采用迭代方法依次求出其接触力，避免了求大型矩阵的逆阵。

将式 (12.8) $AU+B\lambda=F$ 写成分量形式：

$$a_{ii}u_i+b_{ii}\lambda_i=f_i-\sum_{j\neq i}a_{ij}u_j-\sum_{k\neq i}b_{ik}\lambda_k \tag{12.14}$$

下标 i 表示第 i 个点对，在三维情况下 a_{ii} 为 6×6 方阵。

用类似 Gauss-Seidel 迭代法对式 (12.14) 求解[2]：

$$a_{ii}\bar{u}_l+b_{ii}\bar{\lambda}_l=f_i-\sum_j a_{ij}u_j-\sum_k b_{ik}\lambda_k+a_{ii}u_i+b_{ii}\lambda_i \tag{12.15}$$

令 $\sum\limits_j a_{ij}u_j+\sum\limits_k b_{ik}\lambda_k-f_i=r_i$，式 (11.13) 可以简化为

$$a_{ii}\bar{u}_l+b_{ii}\bar{\lambda}_l=a_{ii}u_i+b_{ii}\lambda_i-r_i \tag{12.16}$$

将式 (12.16) 结合节点对的摩擦接触约束条件，可将摩擦接触问题转化为求解以下方程：

$$\begin{cases} \min\limits_{\bar{\lambda}_l^{\mathrm{l}}}\left(\dfrac{1}{2}\bar{\lambda}_l^{\mathrm{lT}}T_iB_{ii}^{\mathrm{T}}A_{ii}^{-1}B_{ii}T_i^{\mathrm{T}}\bar{\lambda}_l^{\mathrm{l}}-\bar{\lambda}_l^{\mathrm{lT}}T_iB_{ii}^{\mathrm{T}}A_{ii}^{-1}f_i\right) \\ \bar{\lambda}_{l_n}^{\mathrm{l}}+N\geqslant 0,\quad \left|\bar{\lambda}_{l_s}^{\mathrm{l}}\right|\leqslant \mu_i(\bar{\lambda}_{l_n}^{\mathrm{l}}+N)+ca \end{cases} \tag{12.17}$$

利用 Gauss-Seidel 迭代法依次求解点对接触力 $\bar{\lambda}_l^{\rm l}$，并在求解的过程中加上类似不等式约束条件式 (12.13) 和式 (12.14) 的乘子修正。然后由 $\bar{\lambda}_l = T_l^{\rm T}\bar{\lambda}_l^{\rm l}$ 转换为整体坐标系下的接触力 $\bar{\lambda}_l$，再将乘子全部求解更新后代入方程 $AU + B\lambda = F$ 中求解 U。

12.5　高拱坝地震响应计算及程序实现

12.5.1　高拱坝动力响应系统及计算步骤

高拱坝系统是包括坝体、地基、库水及其相互作用的综合体系。其地震响应分析主要研究在地震作用下拱坝的变形及应力分布、坝体与地基相互作用，以及坝体与库水相互作用等问题。在地震作用下的拱坝–地基体系内缝界面的动接触，基本属于低速碰撞和线弹性小变形范畴，是不计冲量引起碰撞前后速度改变的准静态接触。在接触条件中其接触面间的法向相对位移接触条件保证不发生接触面间相互嵌入现象，切向接触力采用摩尔–库仑定律描述其滑动前后的静、动滑动摩擦状态。

在 CDSRA 中，动力学方程采用式 (12.6) 的显式求解格式，坝体伸缩横缝的接触问题采用点对接触模型，并用 12.3 节介绍的拉格朗日乘子法求解接触力；用第 2 章介绍的人工黏弹性边界模拟坝基的远域能量逸散，并采用式 (12.15) 输入地震波的位移和速度时程。程序仍采用 Westergaard 附加质量考虑库水动压力，忽略其可压缩性。荷载形式包括地震、水压 (包括静水压力与动水压力)、土压、泥沙压力、渗流压力、温度应力等。

在进行坝体系统动力分析时, 首先考虑坝体系统承受的坝体自重、静水压力、淤砂压力等静力荷载的作用，并在此基础上再考虑地震的动力作用。对于线性结构，静、动力可以分别计算，而后直接进行线性叠加。但对于具有接触非线性问题的高拱坝结构系统，叠加原理不再成立，因此必须在静力分析完成之后，在静力位移和应力、应变场的基础上，考虑静力荷载与地震波输入的共同作用，进行动力阶段的计算。在评价拱坝抗震安全性时需要综合静载和地震作用效应，计算先将静力荷载以阶跃函数的形式施加于坝体–地基系统，在获取稳定的静态位移值后，再由基岩输入地震波，对体系进行波动反应分析的计算模式。在进行混凝土坝动力响应分析时一般采用三个步骤。

(1) 获取地基软弱夹层接触面的接触力信息：首先进行坝体地基 (山体) 初始沉降，并由此计算出地基软弱接触面的初始压紧力。在这个计算过程中，认为无坝体结构存在，只考虑由山体重力引起的地基沉降和地基软弱接触面的滑动。如果地基软弱接触面出现滑动，就将点对的凝聚力赋值为零。通过本步计算修改地基软弱接触面的接触力点对信息中的初始压紧力，但注意在本步计算完成后将点对的凝聚力重新赋回原始值。如果当前计算模型无地基软弱接触面，本步计算工作可以跳过。

(2) 坝体系统的静力分析：静力荷载包括坝体自重、静水压力、土压力、泥沙压力、渗流压力、温度应力等。计算模型包括近域地基及坝体结构，本步和下一步不再考虑地基的自重。水和泥沙荷载通过面单元来添加，基础的渗透压力通过节点力来添加，在计算中当接触面出现滑动后，将点对的凝聚力赋值为零。CDSRA 将坝体和基岩的接触面 (建基面) 当作潜在的接触面，与坝上的横缝和地基软弱夹层接触面不同，建基面有强度，因此在本步计算过程中判断坝基交界面是否被拉开。

当坝基交界面的接触力大于坝基交界面强度的时候，对于没有拉开过的坝基交界面的点对 (第一次被拉开)，则将坝基交界面的初始压紧力减去坝基交界面的强度 ($N=N-Q$，这里，N 为坝基交界面的压紧力，Q 为坝基交界面强度)，如果坝基交界面上初始的点对信息 $N=Q$，可直接将坝基交界面点对的初始压紧力赋值为零，同时将点对的等效面积改为负值，作为已经拉开的标识；对于拉开过的坝基交界面的点对，即点对等效面积为负值的，则不对此点对的初始压紧力进行处理。在本步计算结束时，对于坝基交界面，由于考虑拉开以及为动力计算做准备，所以坝基交界面上的拉开点对压紧力赋值为零，将未拉开点对所对应的初始压紧力乘以动态增强因子数，即将坝基交界面 (静态) 强度变为动态强度，实质是原始未拉开的基交界面的初始压紧力设置为基交界面的动态强度。

(3) 坝体系统的动力响应分析：坝体系统是在承受静载同时遭遇地震荷载的。在本步计算动力响应时的荷载包括上一步静力计算的结构所承受的静力荷载和地震波荷载。在动力计算时采用材料的动态弹性模量，同样地，凝聚力也乘以动态增强因子。

在计算过程中建基面未拉开的点对信息采用与上一步相同的方式处理。即当建基面上的点第一次被拉开时，交界面的点对的初始压紧力要减去坝基交界面动态强度 ($N=N-Q\times\mathrm{DIF}$，DIF 为动态增强因子)，点对等效面积改为负值，以标识交界面已被拉开。

12.5.2 接触非线性分析的 CDSRA 串行程序

为了实现混凝土坝动力响应分析的三个步骤，CDSRA 软件包与之对应有三个程序模块，如图 12.1 所示。

执行第一个模块程序 (FOUNDATION_MODULE) 更新地基软弱夹层接触面的接触力信息，作为下一步的输入数据；第二步执行第二个模块程序 (STATIC_MODULE) 进行坝体系统的静力计算，计算静态位移场和应力场，接触信息数据作为动力分析的输入数据；第三步执行第三个动力分析模块程序 (DYNAMIC_

MODULE)，输入地震波进行坝体系统的地震动响应分析，计算坝体系统的动态位移场和应力场，最大主应力、最小主应力包络场。

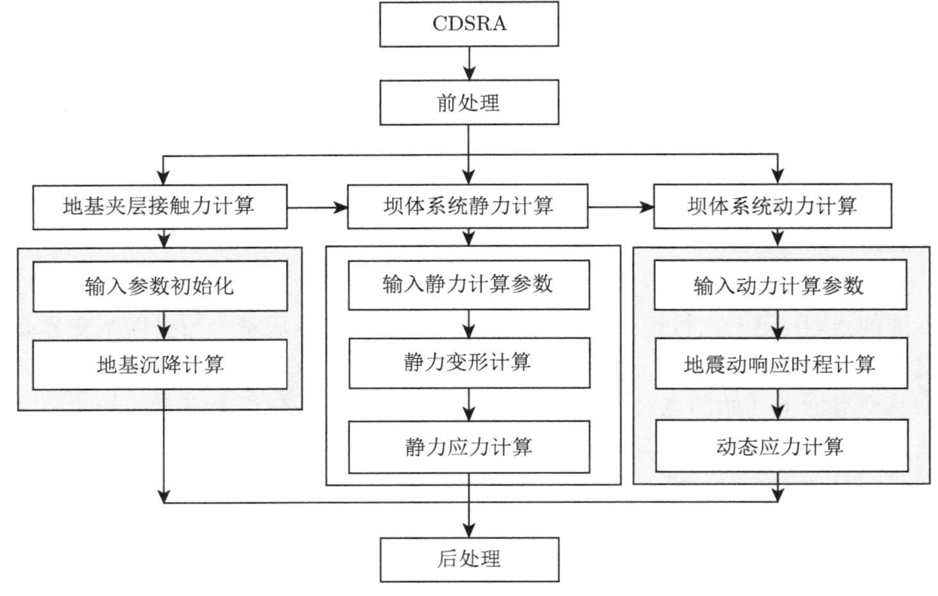

图 12.1　CDSRA 程序结构

采用动力学方程求解地基初始接触力和坝体系统静力场，并采用人工黏弹性边界，计算持续时间至位移趋于稳定，即得到静态问题的解。这样得到的静力问题的位移场和应力场可直接作为动力问题的初值。

在 CDSRA 中，程序的调用关系如图 12.2 所示。图 12.2 (a) 为获得地基软弱夹层接触面的接触力信息的计算程序，图 12.2 (b) 为静力计算和动力计算模块。

在图 12.2 中，各个程序具有如下功能。

starta.for——初始化程序；

elwsa.for——位移场计算程序；

elwsb.for——应力场计算程序；

aec8.for——位移场六面体单元 (c8) 子程序；

aew6.for——位移场五面体单元 (w6) 子程序；

bec8.for——应力场六面体单元 (c8) 子程序；

bew6.for——应力场五面体单元 (w6) 子程序；

alq4.for——位移场四边形单元 (q4) 子程序；

alt3.for——位移场三角形单元 (t3) 子程序；

⋯⋯。

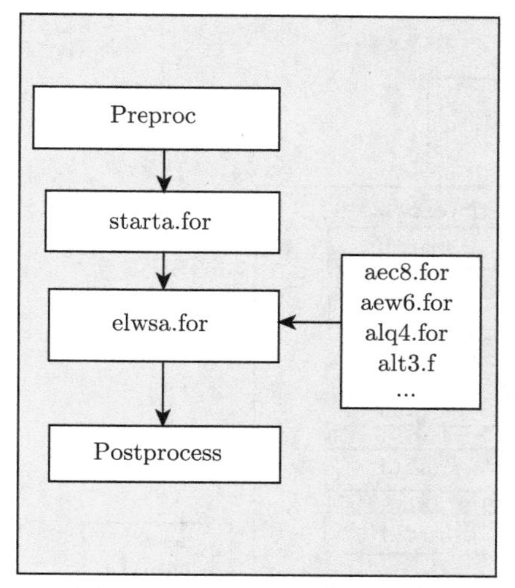

(a) FOUNDATION_MODULE

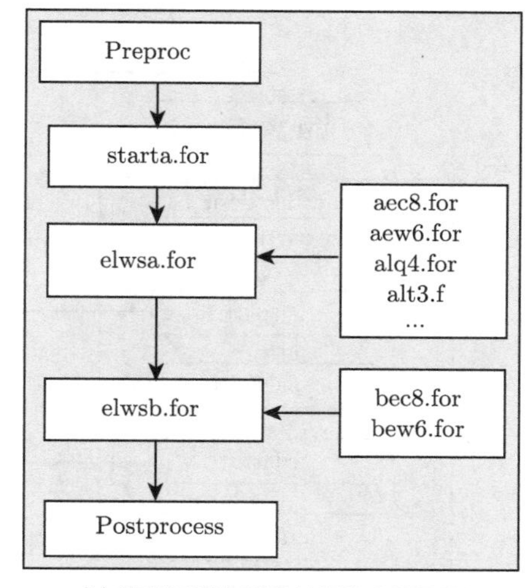

(b) STATIC/DYNAMIC_MODULE

图 12.2 CDSRA 程序调用关系

CDSRA 并行程序的开发运行硬件环境为：CPU Pentium Ⅲ 以上，硬盘空间 >1G，1024×768 真彩显示器，内存 >256M；软件开发运行软件环境为：Fortran 编译器，GID7.0 以上版本，编程语言及版本号为 Fortran 77。

12.5.3 接触非线性分析的 PCDSRA 并行程序

1. 主从架构并行计算程序

混凝土坝地震响应接触非线性分析的并行计算 (parallel computation for concrete dam seismic response analysis, PCDSRA) 程序也分为三个模块的并行程序。接触非线性分析的主从程序架构，如图 12.3 所示，其中各个程序具有如下功能。

mpimain.f：主控程序，在主节点运行，规定整个并行程序的执行过程。

partition.f，getpart.f：由 lwsm.f 调用，在主节点执行，按用户要求划分并行进程的个数，确定分块数据与各从节点的对应关系，把初始信息 (包括单元信息、节点约束信息、初始位移等数据) 向从节点发送。

lwsm.f：在主节点运行的主程序，控制调度主节点的程序流程，协调主从节点间的通信关系。

lwss.f：在从节点运行的主程序，与主节点上的 lwsm.f 程序对应，接收主节点传递来的数据并规定从节点执行程序的顺序。

sgetpart.f：由 lwss.f 调用，接收主节点传递来的初始信息。

partlm.f：在主节点运行，根据划分的进程数量以及各从节点处理的节点信息，对接触信息进行分块并向各从节点发送。

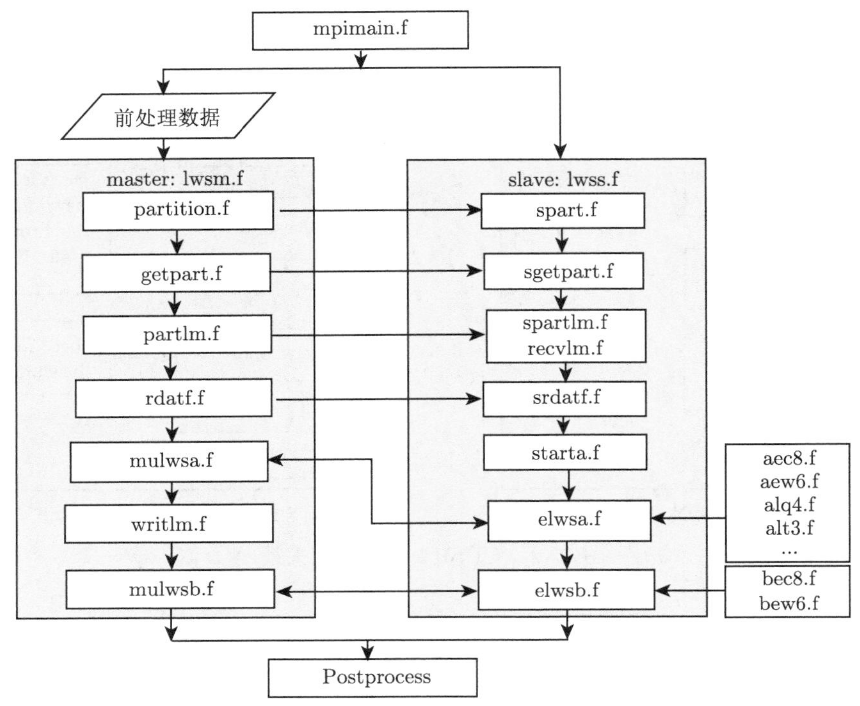

图 12.3　PCDSRA 并行程序的计算流程

spartlm.f，recvlm.f：在从节点运行，接收主节点 partlm.f 传递来的接触信息数据。

rdatf.f：在主节点执行，由 lwsm.f 调用，与从进程运行的节点信息对应，对渗压数据、附加质量数据、温度数据进行分块，并向相应从节点发送数据。

srdatf.f：在从节点执行，由 lwss.f 调用，与主节点运行的 rdatf.f 对应，接收来自主节点的渗压数据、附加质量数据、温度数据。

位移场计算主程序 mulwsa.f：在主节点运行，与从节点上运行的 elwsa.f 对应，对计算数据进行写磁盘的操作，判断时间是否结束，如果结束则执行 writlm.f，统计运行状态，如果没有结束，则更新时间信息使从节点的 elwsa.f 继续执行；

elwsa.f：在从节点运行，主要计算程序，根据传递来的数据进行有限元计算，调用单元子程序 aec8.f，aew6.f，alq4.f，alt3.f 等，形成线性方程组并以显式方式求解，把计算结果发送回主节点，由 mulwsa.f 接收并处理。结构自重、渗流压力、附加质量、温度、地震波、坝面的水及泥沙压力等荷载，以及接触问题的具体运算都包含于这个程序当中。

writlm.f：在主节点运行，用于程序运行结束后记录更新的接触信息。

完成位移场计算后即可进行应力场计算流程。

应力场计算主程序 mulwsb.f：在主节点运行，与从节点上运行的 elwsb.f 对应。对于动力分析，可计算输出位移时程的每一时步所对应的应力分量，同时计算输出应力包络。

elwsb.f：在从节点运行，主要计算应力程序，调用单元 (c8) 应力子程序 bec8.f 和单元 (w6) 应力子程序 bew6.f，注意只调用体单元，把计算结果发送回主节点，由 mulwsb.f 接收并处理。

FOUNDATION_MODULE 可跳过应力计算。其他程序如下。

starta.f——初始化程序；

aec8.f——位移场六面单元 (c8) 子程序；

aew6.f——位移场五面体单元 (w6) 子程序；

bec8.f——应力场六面单元 (c8) 子程序；

bew6.f——应力场五面体单元 (w6) 子程序；

alq4.f——位移场四边形单元 (q4) 子程序；

alt3.f——位移场三角形单元 (t3) 子程序；

······。

PCDSRA 软件开发运行硬件环境为：并行计算机机群或多核工作站；软件开发运行软件环境为：Linux/Unix 系统、Fortran 编译器和 GID7.0 以上版本。安装并行有限元程序自动生成系统 (PFEPG)[3,4] 的以下 4 个库文件：libfepg.a，libblas.a，libmetis.a，blas_linux.a；编程语言及版本号：Fortran 77。

PCDSRA 作为并行程序，在运行过程中根据用户的需要，系统启动多个进程来运行一套程序代码的多个副本，程序代码根据进程号的不同而执行不同的程序功能，PCDSRA 的零号进程为主进程，其他进程称为从进程。主进程进行数据发送接收，协调主从节点间的通信关系，不做数值计算，数值求解由从进程完成。PCDSRA 是以 MPI 作为消息传递环境，并且规定并行程序的从进程不参与磁盘文件的输入输出，所有磁盘文件的输入输出操作均由其主进程完成。

2. 对等架构并行计算程序

主从架构需要所有子区域都和主进程进行通信，而对等架构程序结构简单，易于维护，通信量相对较少，只有相邻子区域间进行通信。对大规模问题，对等架构采用并行分区，可考虑前处理数据的分块输入，其计算结果也方便分块存储，并进行分块后处理。对等架构并行计算程序的各子程序实现如下功能。

(1) parmetis，模型分区程序，其库文件存放于 libs 文件夹。

(2) partmesh0-网格分区，根据 parmetis 的需求，每个进程读取一部分单元信息，形成各自的图，输入 parmetis 进行分区，得到整体分区信息 (ipart 数组，存储节点所在的子区域编号与进程号相同，ipart_all 存储所有节点的子区域编号，并保存到二进制文件 part0.idx)，然后整理得到各子区域节点对应的整体节点编号，存储在数组 nodg，并保存文件为 nodg_ 进程号，以供后面数据分区使用。

(3) partcoor-节点及坐标分区 (同原来的 partpost_lm)，首先读取各子区域的 nodg 文件，根据整体网格图分区信息和体单元信息，进行一层重叠单元的网格分区，得到分区节点，并将各分区节点的坐标信息保存文件 coor0_ 进程号，另外根据重叠单元整理相邻子区域间需要通信的节点关联信息如下 (按一维压缩存储格式)：

Num_ipe_belong：与本子区域相关的子区域个数；

Idx_neigh：相邻子区域编号；

Xadj_neigh_s：需要发送数据到相邻子区域的节点个数；

Adjncy_neigh_s：需要发送数据的节点编号；

Xadj_neigh_r：需要从相邻子区域接收数据的节点个数；

Adjncy_neigh_r：需要接收数据的节点编号。

(4) partdata-物理场数据分区，功能同原来的 getpart，将分区数据按子区域进行存文件处理。

(5) partlm-乘子分区，同主从架构的 partlm，将分区乘子信息按子区域 (进程号) 进行存文件处理。

(6) spart，sgetpart，spartlm，功能均与原来主从模式相同，只是将数据通信修改为读取各自子区域的数据。

(7) starta，修改 nzdmbsorder 和 dmbsgetdiag 子程序的输入参数，修正数组定义不匹配的 Bug。

(8) elwsa，将一些数据通信改为读取文件，将更新解和保存解的主从模式通信改为各进程间相互通信，最后由 0 号进程进行保存文件操作。

与混凝土坝动力响应分析步骤对应, 对等架构并行计算程序也分 3 个模块：① 地基夹层的初始接触力计算 (A 场) 程序架构，如图 12.4 所示；② 静力场计算 (B 场) 程序架构，如图 12.5 所示；③ 地震动响应分析 (C 场) 程序架构，如图 12.6 所示。

3. 程序功能及技术特点

(1) 主要功能：PCDSRA 是用于进行混凝土坝结构系统地震响应高性能并行计算的专用软件。PCDSRA 考虑了坝体伸缩横缝的接触问题；坝基远域能量逸散效应；坝体–库水动力相互作用；其荷载包括地震、水压 (包括静水压力与动水压力)、土压、泥沙压力、渗流压力、温度应力等，可以并行求解分析一般大体积混凝土水工结构和岩石边坡的静力和动力稳定问题。计算模型包括近域地基及坝体结构。软件可输出位移场、应力场、最大和最小主应力包络。

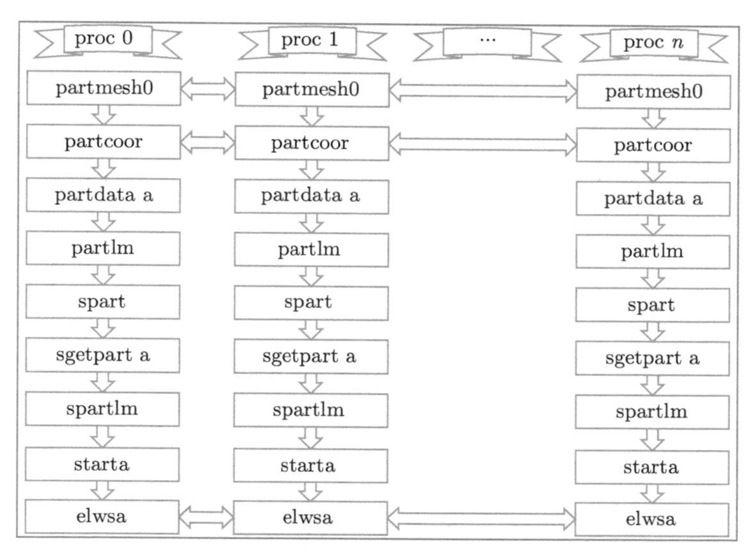

图 12.4 地基夹层的初始接触力 (A 场) 计算

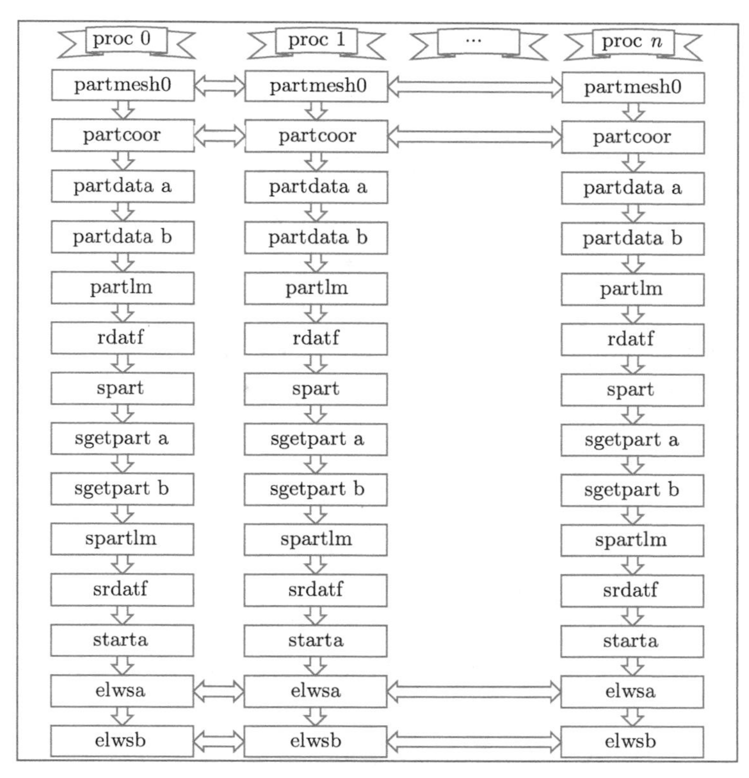

图 12.5 静力场 (B 场) 计算

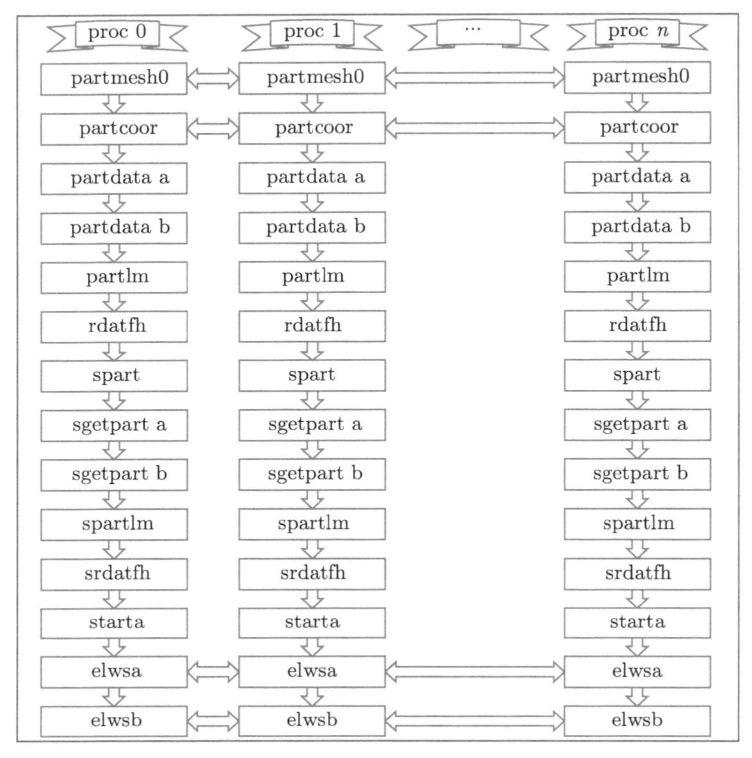

图 12.6　地震动响应 (C 场) 分析

(2) 技术特点：人工边界采用黏弹性边界模拟远场的辐射阻尼，并通过引入拉格朗日乘子，将接触力和摩擦接触问题转换为鞍点问题。动力学方程采用显式求解。PCDSRA 并行程序是基于 MPI 消息传递机制和 PFEPG 平台上开发的。通过物理区域分解将大规模数值模型小型化。类似于 CDSRA 串行程序，按照一般混凝土坝动力响应分析所考虑的因素和步骤，程序分三个模块：即初始地基沉降计算程序模块 (FOUNDATION_MODULE)、坝体系统的静力计算程序模块 (STATIC_MODULE) 和坝体系统的地震动响应分析程序模块 (DYNAMIC_MODULE)。三个模块分别为独立的并行计算程序，并有各自的主程序和从程序。并且，程序本身具有模块化特点，如大型方程组求解器和核心的静、动力计算部分，从而使本软件具有扩展性、通用性和灵活性。

PCDSRA 并行计算软件，是针对高拱坝抗震安全前沿性基础科学问题和高混凝土坝抗震安全评价关键技术问题开发的并行计算系统，已被广泛应用于我国重要大坝工程，其中包括小湾、溪洛渡、大岗山、白鹤滩、龙滩等高拱坝工程的抗震安全评价。PCDSRA 同样可以用于混凝土重力坝接触非线性地震响应，以及岩体高边坡的稳定计算。

12.6 计算实例

12.6.1 典型高拱坝系统的动力响应分析

1. 小湾拱坝计算模型

小湾坝底高程 953m，坝顶高程 1245m，顶拱弧长 935m，坝顶厚度 12m，坝底厚度 73m。坝体混凝土弹性模量 21GPa, 密度为 2400kg/m^3，泊松比 0.189，地基岩体分为 23 种材料，材料参数取值见表 12.1。

表 12.1 拱坝计算模型地基岩体材料参数

材料号	弹性模量/GPa	泊松比	密度/(kg/m^3)
1	25.00	0.220	2630.0
2	20.00	0.250	2630.0
3	3.50	0.300	1900.0
4	1.40	0.310	1900.0
5	3.90	0.300	2000.0
6	9.00	0.265	2630.0
7	2.00	0.300	1900.0
8	1.02	0.310	1900.0
9	3.00	0.350	1900.0
10	5.50	0.300	1900.0
11	8.00	0.290	1900.0
12	17.00	0.260	2630.0
13	5.50	0.300	2630.0
14	23.00	0.230	2630.0
15	25.00	0.220	2630.0
16	20.00	0.250	2630.0
17	22.00	0.240	2630.0
18	26.00	0.210	2630.0
19	21.00	0.250	2630.0
20	19.00	0.250	2630.0
21	18.00	0.250	2630.0
22	21.00	0.180	2400.0
23	10.00	0.250	2400.0

大坝上游正常蓄水水位 1240m，低水位 1181m；淤砂高程 1097m，淤砂浮重 0.4t/m^3；横缝间最小间距 5m，共设置横缝 17 条，坝体的横缝分布情况如图 12.7 所示。按照《水电工程水工建筑物抗震设计规范》(NB 35047—2015) 的要求，对于基本烈度为 VI 度以及 VI 度以上的地区，库容达到 100 亿 m^3 的大型水库，对壅水建筑物，其设计地震加速度取 100 年内超越概率为 0.02 的地震加速度代表值。按照 IX 度设防，基岩水平向设计地震加速度为 0.308g，竖向设计地震加速度取水平向的 2/3，为 0.205g。

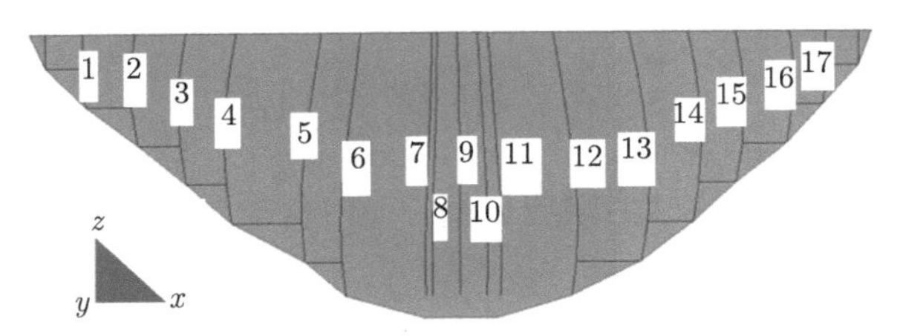

图 12.7　坝体横缝分布

如图 12.8 所示，将坝体–地基系统划分为 23 个区域，按 24 个进程进行并行计算。

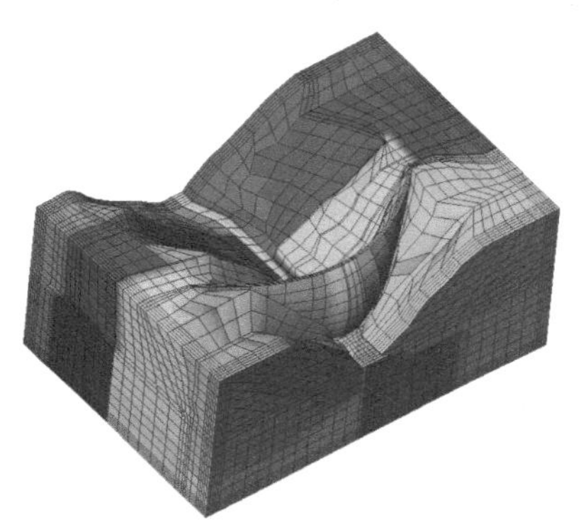

图 12.8　并行计算的区域分解

图 12.9 所示的坝体–地基系统有限元模型，共有 28285 个节点，1075 个接触点对，23022 个六面体单元，746 个三棱柱单元。

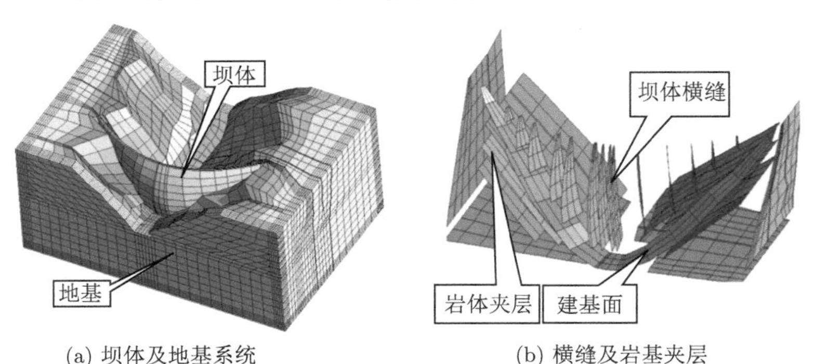

(a) 坝体及地基系统　　(b) 横缝及岩基夹层

图 12.9　小湾拱坝计算模型

鉴于传播过程中计算模型对弹性波的放大作用，将输入波幅值折半作为输入地震波，所用人工地震波的三个方向的位移时程如图 12.10 所示。假设在正常蓄水位与温降组合遭遇地震荷载。

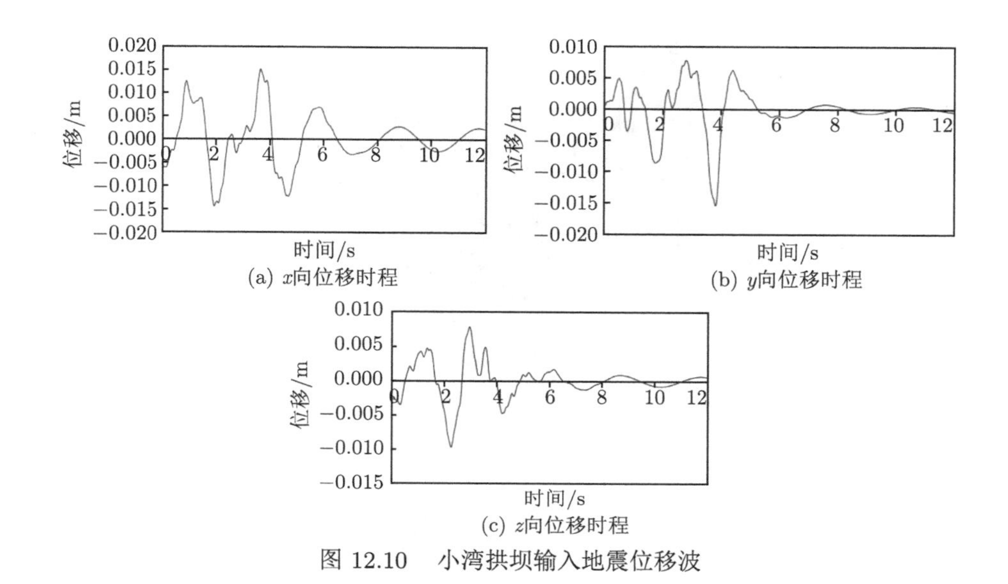

(a) x向位移时程

(b) y向位移时程

(c) z向位移时程

图 12.10 小湾拱坝输入地震位移波

2. 计算结果的输出

按照高拱坝一般的三个加载过程计算。① 进行坝体地基 (山体) 初始沉降，并由此计算出地基软弱接触面的初始压紧力。在这个计算过程中，认为无坝体结构存在，只考虑由山体重力引起的地基沉降和地基软弱接触面的滑动。② 坝体系统的静力分析。静力荷载包括坝体自重、静水压力、土压力、泥沙压力、渗流压力、温度应力等。本步和下一步不再考虑地基的自重。③ 坝体系统的动力响应分析。输入地震波，考虑坝体重力、水和泥沙荷载、温度的影响，以及水对坝面的附加质量。三个计算过程时程取为 6s，时间增量步为 0.0001s，各计算 6 万步。

图 12.11 和图 12.12 分别为山体自重作用下的地基变形，静载作用下坝体和地基变形。图 12.13 为静载作用下坝体主应力场云图；图 12.14 为静动载联合作用下坝体全时程主应力包络云图；图 12.15 给出了坝体典型横缝在拱冠处的开度时程。

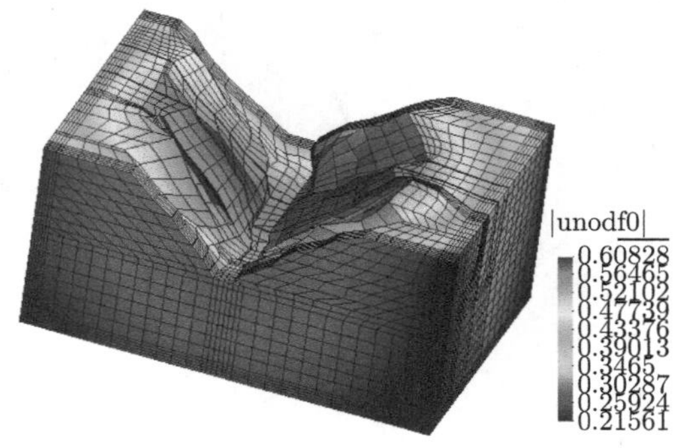

图 12.11 山体自重作用下的地基变形 (单位：m)

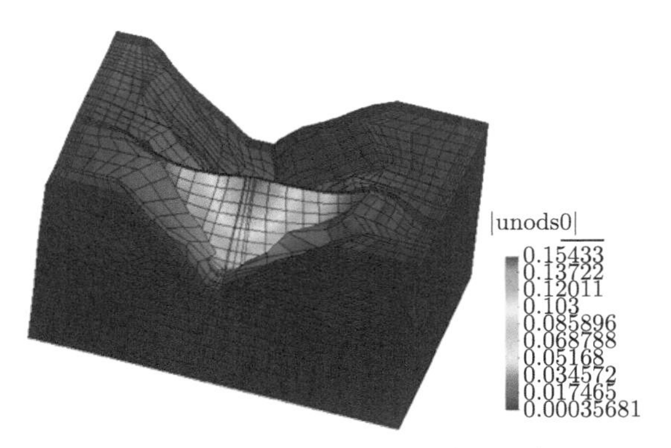

图 12.12　静载作用下坝体和地基变形 (单位：m)

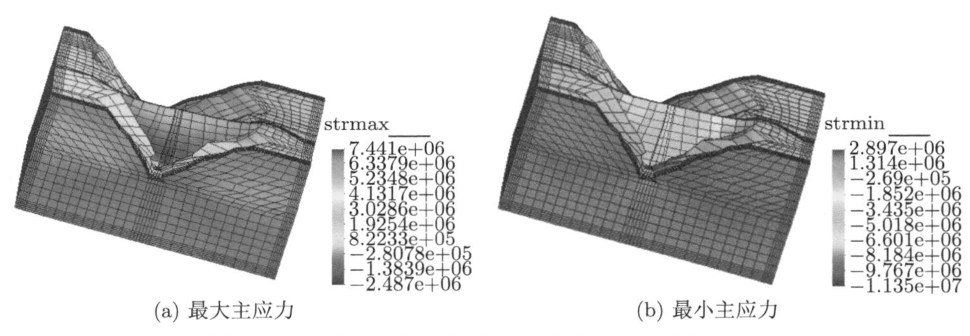

(a) 最大主应力　　(b) 最小主应力

图 12.13　静载作用下坝体主应力场云图 (单位: Pa)

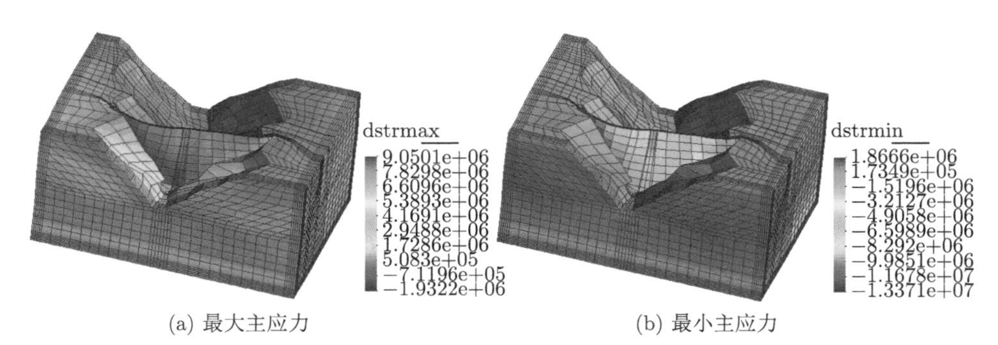

(a) 最大主应力　　(b) 最小主应力

图 12.14　静动载联合作用下坝体全时程主应力包络云图 (单位: Pa)

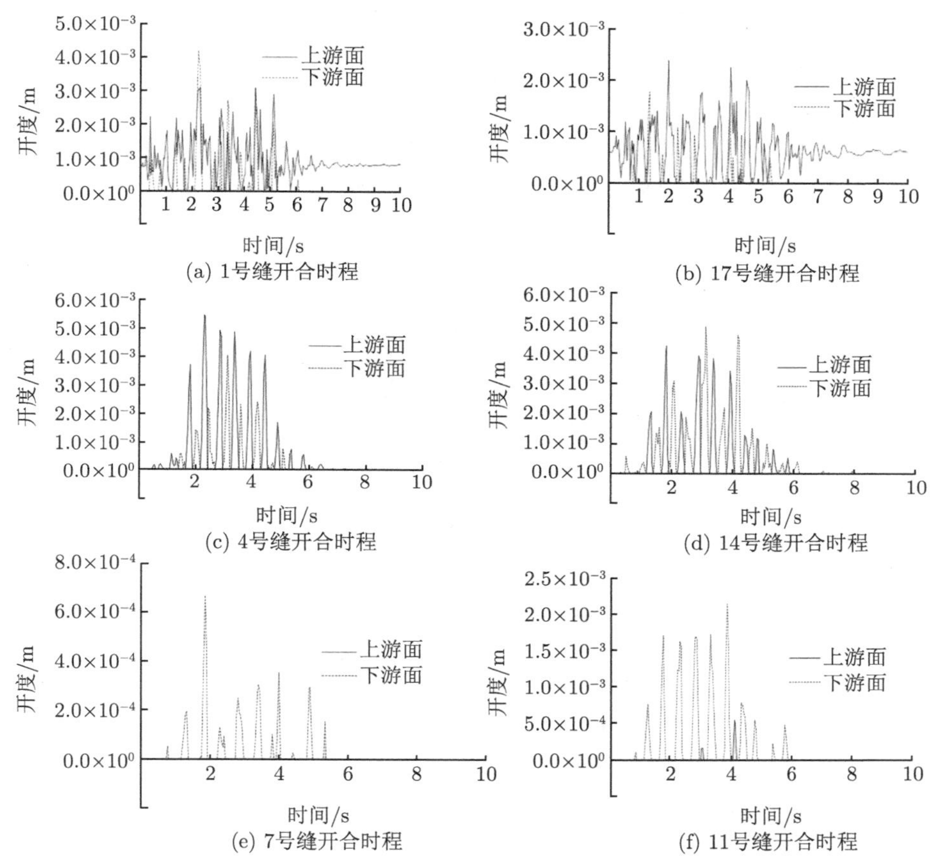

(a) 1号缝开合时程

(b) 17号缝开合时程

(c) 4号缝开合时程

(d) 14号缝开合时程

(e) 7号缝开合时程

(f) 11号缝开合时程

图 12.15 坝体典型横缝在拱冠处的开度时程

12.6.2 边坡滑块稳定性分析

边坡稳定性分析常用的方法有极限平衡法[5]、数值分析方法[6] 和概率法[7,8]等，其中极限平衡法属经典的方法。极限平衡法就是利用静力学理论对边坡进行稳定性分析，不考虑边坡的变形和破坏过程。针对动力有限元强度折减法[9]，一般是将边坡处于临界稳定状态时的强度折减系数定义为动力稳定安全系数[10]。该方法中失稳判别的准则有：① 以关键点位移或者速度发散为失稳判据，这时计算是不收敛的；② 由折减系数和永久位移关系曲线的拐点所对应的折减系数定义为边坡动力安全系数。下面介绍应用 PCDSRA/CDSRA 分析白鹤滩左岸边坡滑块稳定性的示例[11]。

白鹤滩水电站坝址左岸边坡岩层倾向上游及河床，断层及层间、层内错动带发育较为充分，边坡容易产生松弛卸荷现象，左岸边坡稳定，称为坝线选择的控制因素。这里主要分析了所有滑块中最危险滑块的稳定性，如图 12.16 所示，选取 I 和 II 为计算考虑的两个主要滑块。其左岸边坡滑块以及模型区域的有限元网格六面体单元总数为 24906，节点总数为 28787，总自由度数为 86361，接触点对数为 316，用于模拟断层。计算中共分为 5 种材料，各材料的参数如表 12.2 所示。由白鹤滩水电站左岸边坡设计地震动参数生成的人工地震波的三个方向的位移时程如图 12.17 所示。

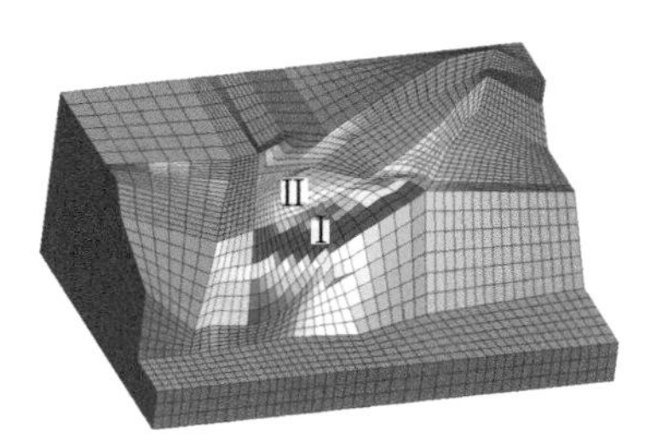

图 12.16　白鹤滩水电站左岸边坡计算模型及有限元网格

表 12.2　计算模型材料参数

材料号	弹性模量/GPa	泊松比	密度/(kg/m^3)
1	4.00	0.310	2551.0
2	2.00	0.330	2551.0
3	8.00	0.270	2653.0
4	11.50	0.250	2806.0
5	14.50	0.230	2857.0

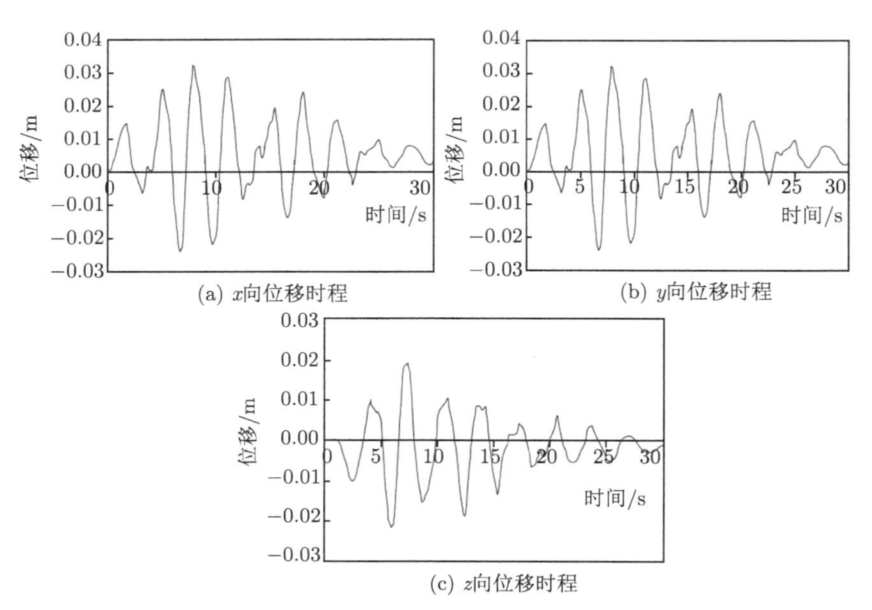

图 12.17　白鹤滩左岸边坡的人工地震波时程

采用强度折减法，在坡体真实抗剪强度的基础上，逐渐降低其抗剪强度 (通过将坡体的真实抗剪强度除以一个系数，即强度折减系数，以达到强度折减的目的)，直到坡体达到临界平衡状态，此时的折减系数可视为边坡的安全系数。

静态计算的强度折减系数共计算五种工况，分别为 1.2，1.1，1.15，1.17，1.19。根据不同强度折减系数控制点的位移曲线，通过试算，边坡的静力安全系数应该处于 1.17 ~ 1.20，得到如图 12.18 所示的不同折减系数下边坡的滑移变形量，在折减系数为 1.19 时，滑移变形量出现了突变，因此确定边坡的静力安全系数为 1.19。

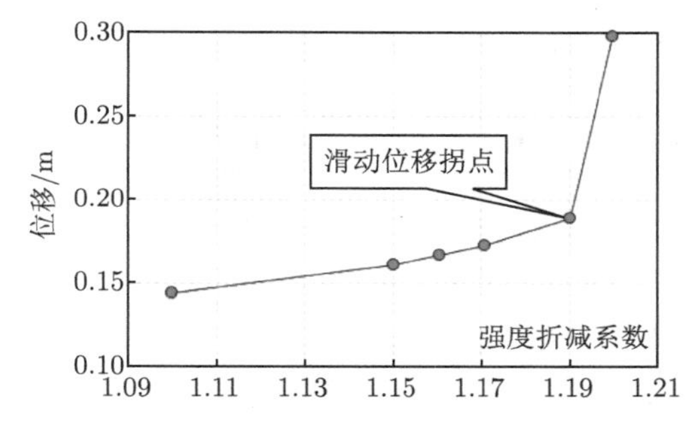

图 12.18 静态稳定计算位移与强度折减系数曲线

类似于静态稳定性分析，在地震荷载作用下结构上各点的位移响应比较难以判断其是否处于稳定状态，不能根据滑块上点的绝对位移值确定滑块是否滑落，采用滑块下部接触点对相对位移的增长情况来判断滑块的滑移状态。强度折减系数分别取为 1.0，1.12，1.06，1.08，1.07，输入历时 30s 地震波位移时程，初步确定边坡的动态安全系数应在 1.06 ~ 1.12，再取强度折减系数为 1.08 和 1.07 进行试算，得到如图 12.19 所示的不同折减系数下边坡的滑移变形量。由动态稳定计算位移与强度折减系数曲线看出，在折减系数为 1.07 时，滑移变形量出现了突变，最后确定边坡的安全系数为 1.06。

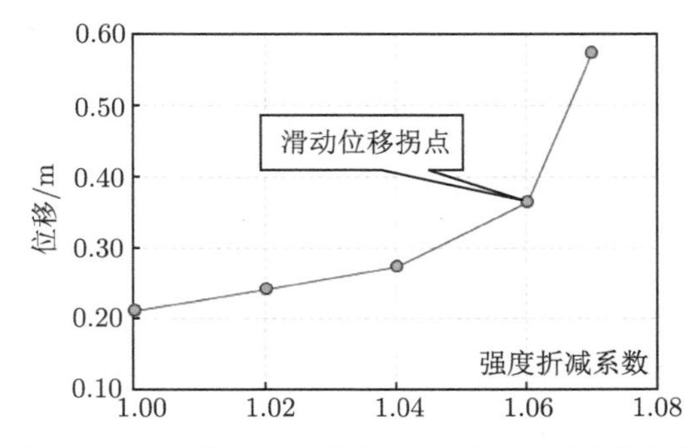

图 12.19 动态稳定计算位移与强度折减系数曲线

12.6.3　并行计算效率分析

1. 小湾数值模型并行计算效率

小湾模型是比较典型的算例，需要计算地基软弱夹层接触面的初始接触力，并求解坝体系统静力场，然后输入地震波进行坝体系统的地震动响应分析，需要用到所开发程序的三个模块。

求解小湾数值模型的三个计算步骤的计算时间步长均取 0.0001s，持时 6s，即 6 万步。串行计算所用电脑配置为双核主频 3.4G，内存 2G，并行计算采用联想深腾 1800 机群系统，单节点 2 个单核 CPU，3.0G 主频，2G 内存，采用千兆以太网交换机通信。选用 11 个计算进程得到每个模块计算耗时，列在表 12.3 中。

表 12.3　小湾拱坝串行计算与并行计算总耗时对比

计算工况	串行计算	并行计算	并行计算效率
地基初始沉降计算	1h28min	1891s (31.5min)	25%
静力计算	1h30min	1896s (31.6min)	26%
动力计算	6h36min	3216s (53.6min)	67%

地基初始沉降和静力串行计算差耗时相差不大，串行计算耗时分别为 1h28min 和 1h30min；并行计算耗时分别为 31.5min 和 31.6min，并行效率接近串行的 3 倍。但动力计算相对串行效率提高较大，串行耗时 6h36min，而并行计算仅用 53.6min，并行计算效率是串行计算的 7.4 倍，并行效率约为 67%。

为了考察本章并行程序的计算效率，对上述动态计算过程，分别采用 2 个计算进程、4 个计算进程，直至 11 个计算进程对并行计算程序进行了测试。测试结果如表 12.4 所示。由表 12.4 可看出，随着计算节点的增加，计算时间和效率降低，随着节点的增加，通信时间延长，计算效率降低，11 个计算进程的并行计算效率最低，为 67%。

表 12.4　并行计算效率

进程数	总耗时/s	通信时间/s	并行计算效率/%
PC 机串行计算	23760	—	100
2	10227	10000	116
4	6045	5900	98
6	4388	4200	90
8	3845	3600	77
10	3348	3100	71
11	3216	3000	67

由于方程的求解采用显式格式，计算耗时很小，大部分时间用于各个节点相互交换信息，通信几乎占用了整个计算时间。如果采用更先进的通信系统，计算效率可能会大幅提高。

2. 溪洛渡拱坝模型的并行计算效率

溪洛渡拱坝进行地震动态响应分析的三维有限元离散网格，共有 146769 个节点，9298 个接触点对全部是坝体横缝上的接触点，117002 个六面体单元，1826 个三棱柱单元，求解自由度约为 44 万，如图 12.20 所示，由于此造型是带有孔口的详细造型，所以坝体划分得很细，所计算的大部分节点集中于坝体上，坝体上单元的尺寸较小，单元最小边长仅为 0.48m。与小湾拱坝的动力计算不同，溪洛渡拱坝坝基岩体上没有滑移带，不用修正坝基岩体上接触点对的接触信息，整个动力计算分为 2 个步骤，即为静力计算和动力计算两部分。

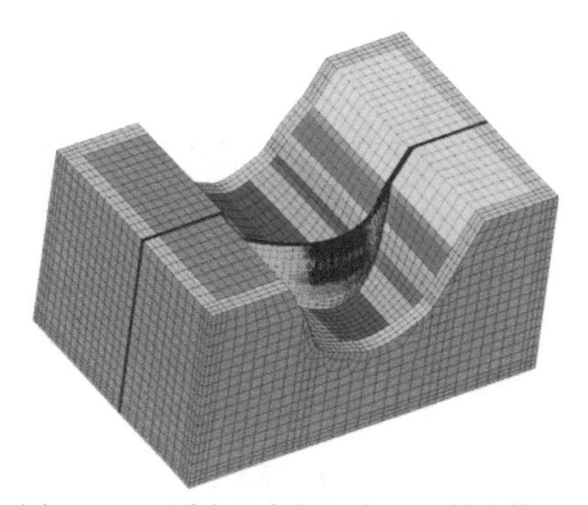

图 12.20 溪洛渡高拱坝有限元数值模型

(1) 坝体静力计算：计算时程均为 6s，时间步长为 0.00005s，(1) 和 (2) 两过程的计算步骤及条件相近，所耗费的时间差别不大。单机串行程序计算时间约为 111h40min，而并行计算花费时间为 4h54min。

(2) 地震荷载作用下结构响应计算：静力计算结果作为输入初始条件，同时输入地震波，如图 12.21 所示，计算 10s 的地震响应，时间步长为 0.00005s，在中国水利水电科学研究院抗震中心联想深腾 1800 并行机上计算花费的时间为 10h50min，采用人工透射边界单机串行程序计算了 9.5s 的结构响应，耗费时间为 505h12min，并行计算节省了大量时间。

表 12.5 列出了溪洛渡拱坝串行计算与并行计算的条件及耗时：静力串行计算耗时 111h40min，并行计算耗时 4h54min；动力串行计算耗时 505h12min，并行计算耗时 10h48min。

分别在联想深腾 1800 机群系统和联想深腾 7000 并行计算机系统上运行了 PCDSRA。联想深腾 1800 机群有 6 个节点，12 个计算单元。深腾 7000 系列并行计算机群系统硬件条件为单节点 2 个 CPU，每个 CPU 分布 4 个核，CPU 时钟频率 2.67GHz，单节点共用 32G 内存，节点间采用 Infiniband 的信息传递方式。为考察本程序在增加计算节点时计算效率的下降情况，使用不同的计算节点数分别运行了该程序，计算速度及计算效率如表 12.6 所示。

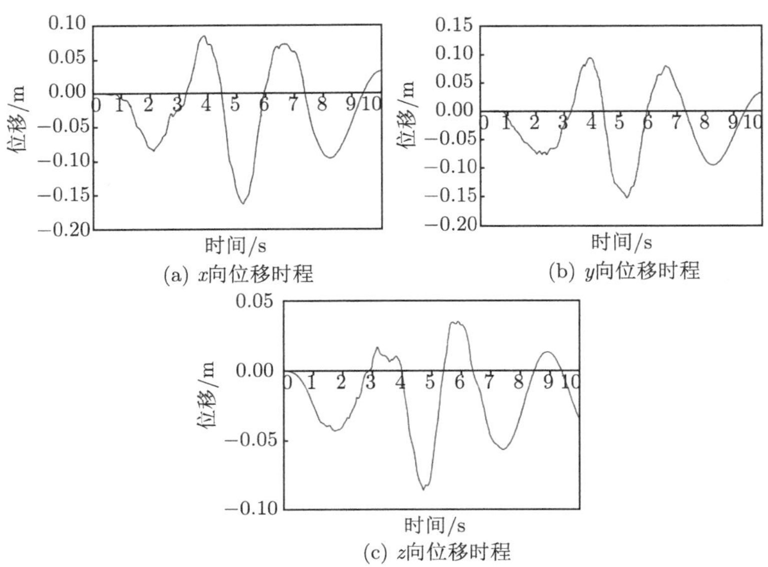

(a) x向位移时程 (b) y向位移时程

(c) z向位移时程

图 12.21 溪洛渡拱坝计算输入的人工地震波时程

表 12.5 溪洛渡拱坝串行计算与并行计算的条件及耗时

计算条件		串行计算	并行计算
基本配置		3.4G 主频，2G 内存	单节点 2 个单核 CPU，3.0G 主频，2G 内存，11 个进程
静力计算	计算参数	黏弹性边界 计算 6s 时间 时间步长 0.00005s	黏弹性边界 计算 6s 时间 时间步长 0.00005s
	计算耗时	111h40min	4h54min
动力计算	计算参数	透射边界 计算 10s 时间 时间步长 0.00005s	黏弹性边界 计算 10s 时间 时间步长 0.00005s
	花费时间	505h12min	10h48min

表 12.6 联想深腾 7000 并行计算效率及花费时间

参加运算的计算节点数	单步运算耗费时间/s	总计算步数	总耗时/h	并行计算效率/%
1	0.0627	200000	3.49	100
2	0.0303	200000	1.68	104
3	0.0195	200000	1.09	107
4	0.0162	200000	0.90	97

这里需要指出，以单个节点计算本问题耗费的时间 (而不是串行程序在与并行同构个人计算机上计算耗费的时间，主要原因在于并行计算机群的节点计算单元都是单独设计的，难以找到同样配置的普通计算机来考核该程序，而对于不同

配置的单机，用其运行相应程序花费时间来定义并行效率又不能找到相应的依据)为基准来定义并行计算的效率。从表 12.6 可以看出，溪洛渡拱坝地震动态响应并行计算在联想深腾 7000 上单节点花费的时间就已经大大低于联想深腾 1800 上 6 节点需要的时间，当使用 4 节点时，原本在联想深腾 1800 上需要 10h48min 才能完成的计算，耗时仅用 54min。从表中还可看出，开发的并行程序的并行效率还是比较高的，随着节点的增多，各个节点的平均效用下降并不显著，因此，如果继续增加计算节点，提高计算速度的潜能还很高，只要有足够的硬件资源，还是有很大的缩短计算时间潜力的。

溪洛渡拱坝地震响应分析模型分别在联想深腾 1800、联想深腾 7000、曙光 5000A、“天河一号”和北京计算中心云计算平台的计算效率如表 12.7 所示。步长取 0.0001s，计算时程为 12s，即计算 12 万步：在联想深腾 1800 采用 12 个进程，耗时 4.83h；在联想深腾 7000 采用 16 个进程，耗时 1.22h；在曙光 5000A 采用 32 个进程，耗时 0.95h；在“天河一号”和北京计算中心云计算平台，采用 64 个进程，分别耗时 0.75h 和 0.77h。

表 12.7　在不同并行计算平台下溪洛渡拱坝地震响应分析并行计算效率

计算平台	联想深腾 1800	联想深腾 7000	曙光 5000A	“天河一号”	北京计算中心云计算平台
进程数	12	16	32	64	64
耗时/h	4.83	1.22	0.95	0.75	0.77

3. 白鹤滩左岸边坡稳定性并行计算效率

白鹤滩左岸边坡滑块计算模型的自由度数为 86361。应用本书开发的软件 PCDSRA 进行边坡静、动态稳定性分析。静态稳定性并行计算 (联想深腾 1800 机群系统，6 个计算节点，12 个 CPU，CPU 主频 3.0G，2G 内存)5s 响应时程达到稳定，时间步长 0.000025s，计算 20 万步，耗费时间 62min，同样的计算条件，单机 (联想开天 B6650，3.4G 主频，2G 内存) 耗费时间 12h24min。

动态稳定性计算 30s 的响应时程，时间步长 0.000025s，并行计算 (与静力计算采用机群系统相同)120 万步，耗费时间 13h28min，同样计算条件，单机 (与静力计算时采用的计算机相同) 计算耗费时间 156h24min。

确定边坡滑块的安全系数需要进行大量的计算工作，一个安全系数的确定就需要计算至少 5，6 个强度折减系数，对于复杂的自由度数目非常大的边坡安全复核，仍然采用单机串行程序进行计算，时间成本将是难以承受的。对于白鹤滩左岸边坡滑块的稳定性分析，采用并行计算，将会节省大量的时间。

表 12.8 列举了在联想深腾 1800 机群系统并行计算的耗费时间。如果确定全部静动力安全系数，采用并行计算方案，一周时间已经足够了，而传统的串行方

案，即使只确定动力安全系数也需要超过一个月的时间，在此，并行计算的高效性得以充分体现。

以上分析说明，所开发的动力并行计算程序可以应用于解决边坡静、动态稳定性问题。对于需要对大量方案进行比较分析的工程实例，并行计算能极大地节省时间的优势体现得更为充分。采用并行计算，除了能提高解决问题的速度以外，还能极大地加大求解规模，使得单机串行程序不能解决的问题得以实现。

表 12.8　白鹤滩左岸边坡滑块稳定性分析并行串行时间比较

	并行方案		串行方案	
系统配置	联想深腾 1800 机群系统 6 个计算节点，12 个 CPU CPU 主频 3.0G，单节点 2G 内存		联想开天 B6650 3.4G 主频 2G 内存	
单折减系数耗时	静力计算 62min	动力计算 13h28min	静力计算 12h24min	动力计算 156h24min
五个折减系数耗时	5h10min	67h20min	62h	782h

12.7　PCDSRA 功能扩展——弹性损伤材料非线性分析

12.7.1　弹性损伤模型

一般认为，混凝土材料的破坏主要源于两种基本的机制：受拉破坏机制与剪切破坏机制。尽管轴向受压试验是简单试验过程，但是其细观变形形态却很复杂，沿受压力方向的受压破坏过程反映为其垂直方向的受拉损伤过程和与其成一定角度的剪切破坏过程。除了混凝土细观界面黏结强度对混凝土宏观抗压强度和宏观抗拉强度起控制作用外，细观黏结面泊松比对混凝土宏观抗压强度也起控制作用，但对抗拉强度的影响很小，同时认为混凝土材料受拉破坏机制与剪切破坏机制可统一为受拉破坏机制，即混凝土破坏总是由拉伸破坏机制控制。这个结论可解释受压混凝土试件破坏过程，即无论是初始裂缝还是极限破坏，其走向都是基本平行于压力作用方向。混凝土单轴受压破坏过程在本质上由与压力作用垂直方向的受拉损伤所控制[12,13]。

因此，假定超过极限抗拉强度材料开始产生损伤，受压时损伤恢复，并且在恢复后残余变形很小，同时，考虑到高混凝土坝材料非线性地震响应的计算成本，故这里用弹性损伤模型描述混凝土材料损伤破坏。采用双折线弹性损伤模型，引入断裂能消除尺寸效应。如图 12.22 所示，f_t 为混凝土及其细观各相材料的抗拉强度；f_{tr} 为破坏单元的抗拉残余强度，ε_0 为单元应力达到抗拉强度时的主拉应变，ε_{r} 为与抗拉残余强度相对应的应变，ε_{u} 为极限拉应变。在软化曲线上的应力和应变设为以下线性关系，即

$$\sigma_{\max} = A + B\left(\varepsilon_{\max} - \varepsilon_0\right) \tag{12.18}$$

如果已知 $f_t, G_f, f_{tr}, \varepsilon_r$ 和极限拉应变 ε_u 不独立，由 $\varepsilon_u h = [2G_f - f_t(\varepsilon_r - f_{tr}/E_0)h]/f_{tr}$ 确定。由图 12.22 各个变量的关系，得到式 (12.18) 中的常数：

$$\begin{cases} A = f_t, \quad B = f_t/\varepsilon_0, & \varepsilon_{\max} \leqslant \varepsilon_0 \\ A = f_t, \quad B = (f_t - f_{tr})/(\varepsilon_0 - \varepsilon_r), & \varepsilon_0 < \varepsilon_{\max} \leqslant \varepsilon_r \\ A = f_{tr}(\varepsilon_u - \varepsilon_0)/(\varepsilon_u - \varepsilon_r), \quad B = -f_{tr}/(\varepsilon_u - \varepsilon_r), & \varepsilon_r < \varepsilon_{\max} \leqslant \varepsilon_u \\ A = 0, \quad B = 0, & \varepsilon_u < \varepsilon_{\max} \end{cases} \tag{12.19}$$

式中，h 为断裂区 (或钝断裂带) 的宽度。

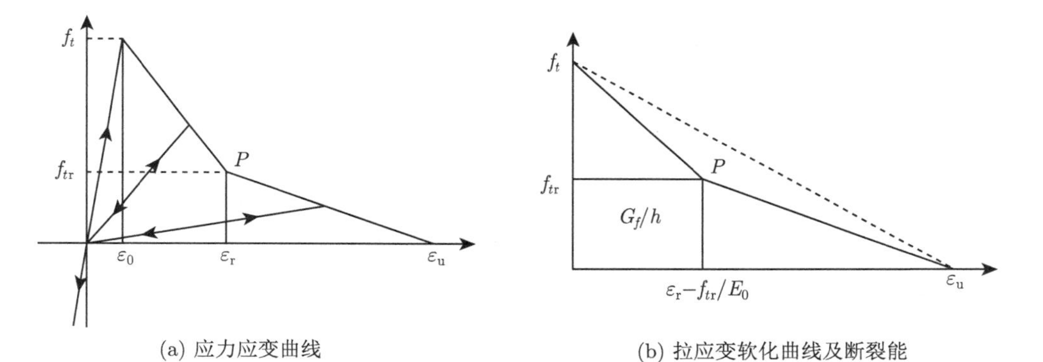

(a) 应力应变曲线　　(b) 拉应变软化曲线及断裂能

图 12.22　损伤变量场

在图 12.22(b) 中，P 点应在虚线与 x 坐标和 y 坐标所围成的区域内，残余强度系数应满足 $\lambda = f_{tr}/f_t \leqslant (1 - \varepsilon_r/\varepsilon_u)$ 条件。令残余应变系数 $\eta = \varepsilon_r/\varepsilon_0$，极限应变系数 $\xi = \varepsilon_u/\varepsilon_0, \lambda = f_{tr}/f_t \leqslant (1 - \eta/\xi)$，有

$$\begin{cases} A = f_t, \quad B = \dfrac{f_t}{\varepsilon_0}, & \varepsilon_{\max} \leqslant \varepsilon_0 \\ A = f_t, \quad B = \dfrac{(1-\lambda)f_t}{1 - \eta\varepsilon_0}, & \varepsilon_0 < \varepsilon_{\max} \leqslant \varepsilon_r \\ A = \dfrac{\lambda(\xi - 1)f_t}{(\xi - \eta)}, \quad B = \dfrac{-\lambda f_t}{(\xi - \eta)\varepsilon_0}, & \varepsilon_r < \varepsilon_{\max} \leqslant \varepsilon_u \\ A = 0, \quad B = 0, & \varepsilon_u < \varepsilon_{\max} \end{cases} \tag{12.20}$$

认为当某一单元的最大拉应力达到其给定的极限值时，该单元开始发生拉伸损伤。其损伤参数表示为

$$\omega=\begin{cases}0, & \varepsilon_{\max}\leqslant\varepsilon_0\\ 1+\dfrac{1-\lambda}{\eta-1}-\dfrac{\eta-\lambda}{\eta-1}\dfrac{\varepsilon_0}{\varepsilon_{\max}}, & \varepsilon_0<\varepsilon_{\max}\leqslant\varepsilon_{\mathrm{r}}\\ 1+\dfrac{\lambda}{\xi-\eta}-\dfrac{\lambda\xi}{\xi-\eta}\dfrac{\varepsilon_0}{\varepsilon_{\max}}, & \varepsilon_{\mathrm{r}}<\varepsilon_{\max}\leqslant\varepsilon_{\mathrm{u}}\\ 1, & \varepsilon_{\max}>\varepsilon_{\mathrm{u}}\end{cases}\tag{12.21}$$

在每条折线上，应满足 $\varepsilon_{\max}=(\sigma_{\max}-A)/B+\varepsilon_0$。

极限拉应变有关系式:

$$\varepsilon_{\mathrm{u}}=\left[2G_f-f_t\left(\varepsilon_{\mathrm{r}}-\frac{f_{t\mathrm{r}}}{E_0}\right)h\right]\Big/f_{t\mathrm{r}}h\tag{12.22}$$

残余强度系数满足关系式:

$$\lambda\leqslant1-\frac{\eta}{\xi}\tag{12.23}$$

式 (12.22) 可以写为

$$\varepsilon_{\mathrm{u}}h=[2G_f-f_t(\eta-\lambda)\varepsilon_0h]/\lambda f_t\quad 或\quad \varepsilon_{\mathrm{u}}=[2G_f/f_th-(\eta-\lambda)\varepsilon_0]/\lambda\tag{12.24}$$

极限应变系数:

$$\xi=\frac{\varepsilon_{\mathrm{u}}}{\varepsilon_0}=\left[\frac{2G_f}{f_t\varepsilon_0h}-(\eta-\lambda)\right]\Big/\lambda\quad 或\quad \xi\lambda=\frac{2G_f}{f_t\varepsilon_0h}-(\eta-\lambda)\tag{12.25}$$

由式 (12.25) 得

$$\eta=\frac{2G_f}{f_t\varepsilon_0h}-(\xi-1)\lambda\quad 或\quad \eta=\frac{2G_f}{f_t\varepsilon_0h}-\xi\lambda+\lambda\tag{12.26}$$

由不等式 (12.23) 式得

$$\xi\geqslant\eta+\xi\lambda$$

将式 (12.26) 代入得

$$\xi\geqslant\frac{2E_0G_f}{f_t^2h}+\lambda\tag{12.27}$$

令极限应变系数

$$\xi=\theta\left(\frac{2E_0G_f}{f_t^2h}+\lambda\right),\quad \theta\geqslant1\tag{12.28}$$

残余应变系数

$$\eta = \frac{2E_0G_f}{f_t^2 h} - \xi\lambda + \lambda \tag{12.29}$$

式中，$\varepsilon_{\max}$ 为单元在加载历史上主拉应变的最大值。在复杂应力状态下，拉应变由等效拉应变 $\bar{\varepsilon}$ 代替，即 $\bar{\varepsilon} = \sqrt{\sum_{i=1}^{3}\langle\varepsilon_i\rangle^2}$，按照拉应力，用等效拉应力 $\bar{\sigma} = \sqrt{\sum_{i=1}^{3}\langle\sigma_i\rangle^2}$，判断是否达到极限抗拉强度，其中，$\langle\varepsilon_i\rangle = \frac{1}{2}(\varepsilon_i + |\varepsilon_i|)$，$\langle\sigma_i\rangle = \frac{1}{2}(\sigma_i + |\sigma_i|)$，$\varepsilon_i$ 和 σ_i 分别为主应变和主应力。考虑到混凝土损伤的单边效应，将复杂应力状态下的损伤变量表示为 $\tilde{\omega} = \alpha_t\omega$，其中，$\omega$ 为单调加载时的损伤，$\alpha_t = \dfrac{\sum_{i=1}^{3}\langle\sigma_i\rangle}{\sum_{i=1}^{3}|\sigma_i|}$。

如果 $G_f = 500\text{N/m}$，$f_t = 3.5\text{MPa}$，$E_0 = 36\text{GPa}$，令残余强度系数 $\lambda = f_{\text{tr}}/f_t = 0.5$，极限应变系数 $\xi = \dfrac{\varepsilon_{\text{u}}}{\varepsilon_0} \geqslant \dfrac{2E_0G_f}{f_t^2h} + \lambda$，令 $\xi = \theta\left(\dfrac{2E_0G_f}{f_t^2h} + \lambda\right)$，$\theta \geqslant 1$，如取 $\theta = 1.5$，$h = 1.0\text{m}$，$\xi = \dfrac{\varepsilon_{\text{u}}}{\varepsilon_0} = 1.5\left(\dfrac{2\times 36\times 10^9\times 500}{3.5\times 3.5\times 10^{12}\times 1.0} + 0.5\right) = 1.5\left(\dfrac{36}{3.5\times 3.5} + 0.5\right) = 5.1$，取 $\xi = 5.1$，$\eta = \dfrac{2G_f}{f_t\varepsilon_0h} - \xi\lambda + \lambda = 2.55$，残余应变系数 $\eta = \varepsilon_{\text{r}}/\varepsilon_0 = 2.55$。

12.7.2 弹性损伤非线性分析计算

由于采用弹性损伤模型，忽略了损伤恢复后的残余变形，所以，可以在 PCDSRA 引入上述材料非线性，在每一时间步可按全量法求解动力平衡方程，得到当前时刻总位移和总应力。引入材料弹性损伤模型后的程序结构与已开发的地震响应接触非线性问题的没有太大区别，只是在每一时间步要更新刚度矩阵。

同时考虑弹性损伤材料和接触复合非线性分析的 PCDSRA 程序也分三个模块。第一个模块没有变化，即地基软弱夹层接触力计算不考虑材料损伤，按线弹性计算，不但要计算接触力还要计算初始地应力作为静力计算的输入数据信息；第二个模块程序坝体系统的静力计算，在一开始的时间段先不考虑坝体和岩基材料的损伤，按线弹性计算，直至稳定到静力解后最后几个时间步计算损伤变量，并更新刚度计算静态位移场和应力场，接触信息数据作为动力分析的输入数据；第三个模块程序输入地震波，在每个时间步计算损伤变量，更新刚度计算坝体系统的动态位移场和应力场、最大主应力和最小主应力包络场。

同样地，每个模块有各自的主程序和从程序。程序与上述接触非线性问题基本相同，但在地基–坝体系统静力计算中，在本构关系中引入损伤模型，要调用单元子程序计算损伤变量、更新刚度矩阵。考虑损伤后计算程序除输出位移场、应力场、最大和最小主应力包络，同时还输出损伤变量场，如图 12.23 所示。

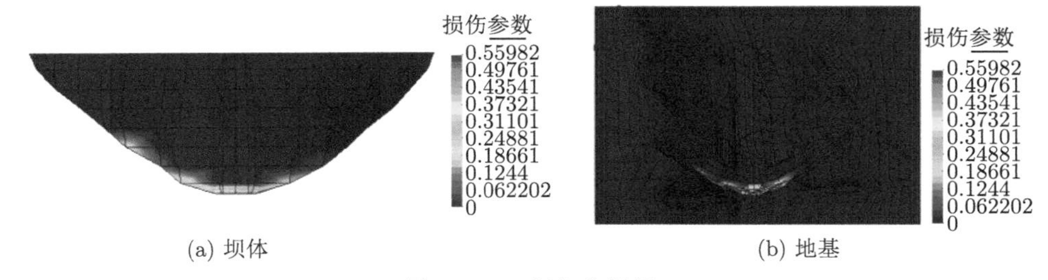

(a) 坝体 (b) 地基

图 12.23 损伤变量场

12.8 本章小结

CDSRA/PCDSRA 是用于进行混凝土坝结构系统地震响应计算的专用软件。CDSRA/PCDSRA 软件考虑了坝体伸缩横缝的接触问题，坝基远域能量逸散效应，坝体–库水动力相互作用；其荷载包括地震、水压 (包括静水压力与动水压力)、土压、泥沙压力、渗流压力、温度应力等，可以并行求解分析一般大体积混凝土水工结构和岩石边坡的静力和动力稳定问题。计算模型包括近域地基及坝体结构。软件可输出位移场、应力场、最大和最小主应力包络。

CDSRA/PCDSRA 采用黏弹性边界模拟远场的辐射阻尼，并通过引入拉格朗日乘子，将接触力和摩擦接触问题转换为鞍点问题。动力学方程采用显式求解。地震响应计算程序与混凝土坝动力响应分析的三个步骤对应三个程序模块：即初始地基沉降计算程序模块 (FOUNDATION_MODULE)，坝体系统的静力计算程序模块 (STATIC_MODULE) 和坝体系统的地震动响应分析程序模块 (DYNAMIC_MODULE)，依次实现地基软弱夹层初始接触接触力计算、坝体系统的静力计算和地震动响应分析。三个模块既相互衔接又可有选择地完成某一项计算工作。PCDSRA 采用了 MPI 消息传递机制，物理区域分解法以及大型方程组求解器，其核心的静动力计算代码具有模块化特点。三个模块分别为独立的并行计算程序，并有各自的主程序和从程序。

本章通过典型工程实例介绍了 CDSRA 的功能和并行程序的计算效率。最后给出了弹性损伤模型，并将 CDSRA 扩展到解决混凝土坝 (岩体) 弹性损伤非线性分析问题并行计算。

参 考 文 献

[1] Chen H Q, Ma H F, Tu J, et al. Parallel computation of seismic analysis of high arch dam[J]. Earthquake Engineering and Engineering Vibration, 2008, 7(1): 1-11.

[2] 唐菊珍. 基于 FEPG 的组合网格法与接触问题的 Lagrange 乘子法 [D]. 桂林: 桂林电子科技大学, 2006.

[3] 梁国平. 有限元程序自动生成系统与有限元语言 [J]. 力学进展，1990，20(2):199-204.

[4] 梁国平, 周永发. 有限元语言 [M]. 北京: 科学出版社, 2012.

[5] 陈祖煜. 土质边坡稳定分析——原理 · 方法 · 程序 [M]. 北京: 中国水利水电出版社, 2003.

[6] 朱伯芳. 有限单元法原理与应用 [M]. 2 版. 北京：中国水利水电出版社,1998.

[7] 郑颖人, 赵尚毅. 有限元强度折减法在土坡与岩坡中的应用 [J]. 岩石力学与工程学报, 2004, 23(19): 3381-3388.

[8] 杨海菲, 杨仕教, 曾晟. 岩土工程可靠度计算方法研究 [J]. 水利与建筑工程学报, 2008, 6(2): 28-32.

[9] 陈华, 房锐, 赵有明, 等. 基于有限元强度折减法的岩石高边坡稳定性分析 [J]. 公路, 2009, (10): 83-86.

[10] 张伯艳, 王璨, 李德玉, 等. 地震作用下水利水电工程边坡稳定分析研究进展 [J]. 中国水利水电科学研究院学报, 2018, 16(3): 168-178.

[11] 王立涛. 复杂水工结构地震响应并行计算研究 [D]. 北京: 中国水利水电科学研究院, 2010.

[12] 马怀发, 陈厚群. 全级配大坝混凝土动态损伤破坏机理研究及其细观力学分析方法 [M]. 北京: 中国水利水电出版社, 2008.

[13] 马怀发, 陈厚群, 阳昌陆. 复杂动荷载作用下全级配混凝土损伤机理细观数值试验 [J]. 土木工程学报, 2012, 45(7): 175-182.

第 13 章　大规模有限元数值计算前后处理技术

13.1　引　　言

目前，前后处理软件已经趋于专用化、定制化。国外通用有限元分析程序如 ANSYS，ABAQUS 等，基本上集成有前后处理软件，此类软件的前后处理数据多存储为特定格式的数据库内，通用程序本身的有限元分析程序可以快速方便地读取这些数据进行计算，但外部程序很难与其共享数据。此外，目前国内外还有大量专用的建模及网格剖分程序，如 Patran、HyperMesh、GID (Group Identification)、Femap 等，这些软件均是专门针对有限元分析的前后处理建模剖分网格而开发的，具有数据格式开放，可读入 CAD 模型，可自动化剖分网格，后处理可以显示云图、等值线、矢量图等功能，但也同时存在着数据输出格式固定、界面可定制化功能不强、与第三方分析软件衔接松散的问题，特别是前面所说的这些目前常见的商用软件，均为多年前开发，随着并行程序越来越普及、分析模型越来越复杂，以及网格剖分越来越密、数据量越来越大的趋势，这些程序在复杂模型、大规模网格自动剖分和计算结果后处理显示方面，存在着显示速度慢、网格规模小以及操作不方便等弊端。

面向对象的设计模式是目前解决软件性能与模块化设计之间矛盾的最有效、最先进的方法。采用多态、虚拟继承与模板程序开发技术，可以在最大限度地降低程序模块耦合性的同时，达到快速开发的目的。而基于快速索引的链表式数据结构，可以对数百万至数千万的有限元网格进行前后处理的操作与显示，该技术有针对性地解决了地质结构模型规模庞大、结构复杂等难题。同时，在程序底层，设计了独特的内存池和数据结构，可在提高内存使用效率的同时高速处理大量数据。在显示上，借鉴了当前三维 (3D) 游戏引擎开发的最新技术，基于 OpenGL (Open Graphics Library) 专业图形库开发了高速显示模块，能流畅处理具有千万级自由度的超大模型。在网格划分上，吸收国际上计算几何领域的前沿成果开发了全新的网格剖分器，可高速全自动生成复杂拓扑结构的四面体网格，高效划分复杂结构的六面体网格。这些都是大型水利工程领域进行工程建模和图形显示可以利用的技术和工具。

在过去十几年间，作者开展了混凝土坝地震响应分析软件前后处理模块程序开发方面的工作。根据有限元分析软件的应用特点，采用了先进的面向对象的设计模式，使用多态、虚拟继承与模板技术，在保证程序性能的前提下最大限度地降低了程序模块之间的耦合性，具有非常高的可扩展性且易维护，并且在内存管理技术与三维渲染技术方面做了大量的优化工作；为了处理大规模模型，程序采用了质数哈希数据结构对海量数据进行索引，可以在常数时间定位任意节点与单元；运用 OpenGL 图形引擎的 VBO (顶点缓存对象)、帧缓存对象 (frame buffer object，FBO) 以及 GLSL (OpenGL shading language，OpenGL 着色语言) 技术直接对硬件编程，充分利用 GPU (graphic processor unit，图形处理单元) 的能力完成大模型的三维渲染；面对求解大规模高混凝土坝地震响应得到的大文件结果数据，后处理模块创新地采用了预排序文件缓存技术，对结果数据排序之后存放到磁盘上避免了大量占用内存，从而解决了处理大规模模型的瓶颈问题。在此基础上，还定制开发出了包括接触面自动适配、远程提交等一系列高度专业化的应用功能模块。下面将介绍与第 12 章混凝土坝地震响应分析并行分析软件相配套的前后处理软件技术[1,2]。

13.2 前后处理软件开发思路及程序框架

本套系统架构采用 MVC (model view controller) 模式，即模型视图控制器模式。系统结构主要分为四个层次：用户界面 (user interface，UI) 层、应用层、领域层和内核层。其中 UI 层主要面向与用户的交互操作；应用层主要用来将用户的操作分配给领域层对应的对象，是 UI 层与领域层中间的一个任务转发器；领域层主要完成各种功能的逻辑实现，它不与 UI 层发生直接关系；而内核层对领域层提供必要的基础数据结构和算法的支持。程序框架如图 13.1 所示。

界面子系统提供软件与外界的交互响应功能，主要包括界面框架系统，其中图形用户界面 (graphical user interface，GUI，又称图形用户接口) 又包括主框架、菜单、工具条、三维渲染窗口、对象树、消息窗口和命令窗口。

UI 子系统通过继承 Qt 库来实现。主框架提供窗口系统支持以及事件消息回路的映射支持，其他的所有 GUI 单元都作为主框架的组件存在。三维渲染窗口使用 OpenGL 对模型以及相关实体进行渲染。

应用子系统负责管理持久性数据以及用于显示的临时数据和状态数据，系统内部的数据与系统外部的转换也在这一层次完成，除此之外应用子系统也负责具体应用功能的调用以对来自 UI 层的功能调用进行响应；同时也控制着所有的全局参数，负责程序的显示配置。该子系统包含命令管理器、配置模块、数据文档和渲染数据，以及接口。其中，命令管理器负责注册、创建和销毁命令；配置模块负责记录程序的配置以及各种相关全局变量的存储和获取；数据文档负责存取和维护持久性数据；渲染数据负责为 UI 的三维渲染准备数据；接口负责外部数据的导入和导出。

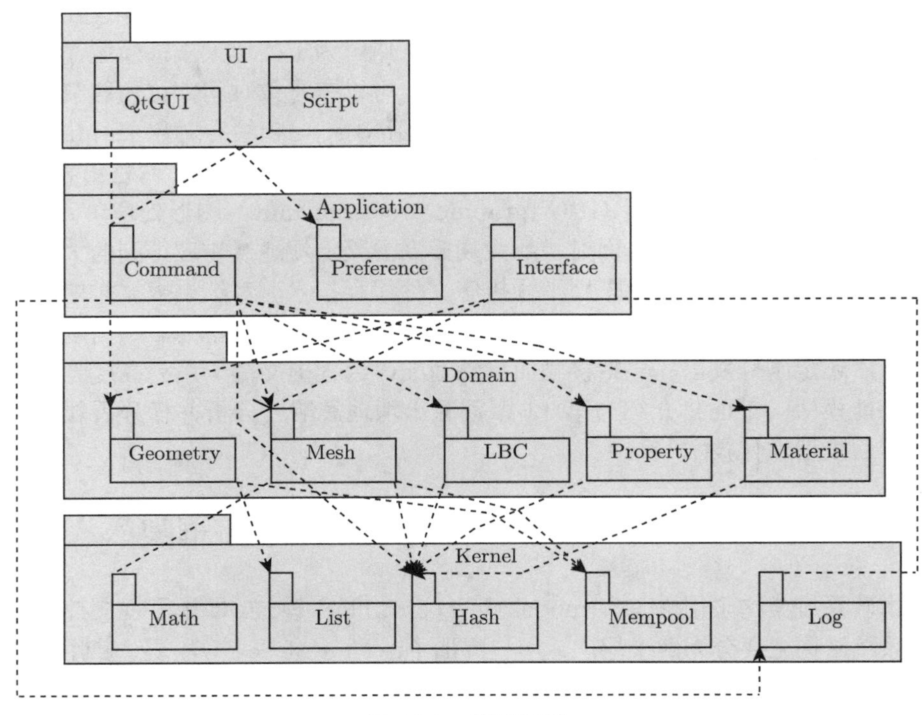

图 13.1 程序框架

领域子系统是对真实物理世界的数据抽象，包括几何模型、网格模型、边界条件和荷载、材料、特征属性以及结果。

内核子系统需要提供适合计算机辅助工程 (computer aided engineering, CAE) 的算法和数据结构的支持，此外，内存管理也是它的重要任务。它包含了数据结构、数学算法、哈希表以及内存池等几个部分，对前述几个层次提供底层支持。

13.3 前处理模块的设计及功能实现

13.3.1 设计语言及图形算法

前处理使用面向对象程序设计语言 C++ 编写，使用继承和多态等特性，增加了软件的扩展性、代码的可重用性等，用户界面采用跨平台的 Qt 图形框架库，便于开发不同平台下的应用程序。为了便于命令窗口界面的编程，采用解析 XML (extensible markup language，可扩展标记语言) 格式的窗口界面描述文件来动态地生成窗口，增加了灵活性。在内存管理方面，采用内存池来管理内存，有效地避免了内存碎片的产生，提升了内存的使用效率。在图形渲染方面，采用了VBO 技术，将要渲染的图元的信息直接上传，存储到 GPU 的显存中，充分利用了显卡性能，提升了图形渲染速度。用颜色来对实体进行编码，通过拾取实体的编码颜色来获取实体，简化了实体的选择处理过程。软件界面如图 13.2 所示。前处理主要由模型导入、网格划分、荷载边界、材料定义、导出求解文件等几部分组成。

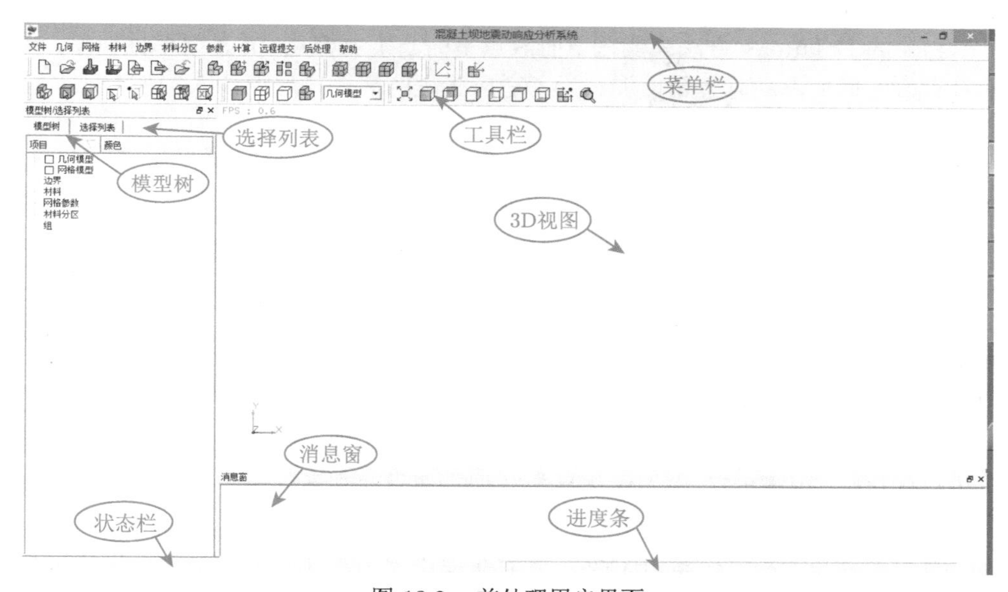

图 13.2 前处理用户界面

网格划分是前处理最重要而且最基础的功能单元，在四面体划分上，程序采用的是被普遍接受和广泛采用的用于分析研究区域离散数据的 Delaunay 方法[3,4]。

三角剖分中 V 是二维实数域上的有限点集，E 为点集 V 中点形成的封闭线段的集合。若边满足空圆特性，该边被称为 Delaunay 边，若 T 中所有的边都是 Delaunay 边，则该三角剖分 T 可被称为 Delaunay 剖分。Delaunay 剖分是诸多三角剖分 T 中的具备独特优良性质的一种。

Delaunay 三角剖分具有下列性质。

(1) Delaunay 三角剖分所形成的三角形中，最小的内角是所有三角剖分中最大的。故 Delaunay 三角剖分所形成的三角形最接近于等边三角形，在很多应用中具有最优的性质。此性质等价于 Delaunay 三角剖分所形成的三角形的外接圆内不包含其他点。

(2) 如果任意四点不共圆，则该四点只能形成唯一的 Delaunay 三角网，否则不唯一。故可推知，若任意局部满足 Delaunay 三角剖分准则，可以确定整体的三角剖分得到的网格也必定属于 Delaunay 三角网。

(3) 在已 Delaunay 三角化的网格中加入一点 P，只需要删除所有外接圆包含此点的三角形，并连接 P 与所有可见的点 (即连接后不会与其他边相交)，则形成的网格仍然满足 Delaunay 三角剖分的条件。

由于上述性质，决定了 D-三角网具有极大的应用价值。同时，它也是二维平面三角网中唯一的、最好的。

经典的 Delaunay 方法只能在平面散点集的凸集上构建，并且效率性态差，即随着点数的增加，耗时急剧增加。为了适应工程的需要，逐点插入法被引入，它适应各种边界，包括多岛、多连通域、凹边界等复杂情况。

当添加一个新点时，找出包含此点的三角形 (包括在三角形的边上)。如果落在三角形内，将此点与三角形的三个定点连接，并将三角形的三条边送入优化队列，按照 D-三角网的两个性质进行优化；如果落在三角形的边上，则删除此边，重新建立两条新边，并将其余两边或四边 (有公边的相邻三角形) 送入优化队列优化。优化时从优化队列中取出一条边，开始优化此边。如果此边属于边界边，则此边不用优化。如果此边所在的正在被优化的三角形的外接圆包含了公用此边的三角形的除此边外的另一个顶点，将当前的优化边从优化队列中删除，则将当前被优化的三角形删除，同时将该三角形的另外的两边加入优化队列中；否则，将此边从优化队列中删除后送入优化后的队列，便于建立新的三角形单元。重复前面的步骤，直到优化队列为空。

对六面体与三棱柱的混合网格，目前在理论上仍未能保证完全自动化的划分方法，针对混凝土坝模型的特点，程序采用了代数法。结构化网格生成方法主要分为两类：代数法和 PDE (partial differential equation，偏微分方程) 方法。代数法包括超限插值法、等参映射法和保角映射法；PDE 方法包括椭圆系统方程、泊松 (Poisson) 系统方程、抛物线系统方程和双曲线系统方程。应用最多的是等参映射法。结构化网格的优点是易于实现，在每个子区域内网格可以得到很好的控制，生成规则的结构化网格，而且能生成曲面网格。缺点是，对不规则的形体有时生成的网格质量很差，需要事先根据所要产生的网格类型将目标区域分割为一系列可映射的子区域。

代数法网格生成技术是通过插值函数将理想的直角坐标系表示的计算区域变换为实际物理区域来实现的。它的具体做法是，将计算区域的直角坐标用均匀的间隔划分为计算区域的网格，通过变换，计算区域上均匀分布的坐标被映射为物理区域上的坐标。网格点数目的多寡并不影响变换的特性。从计算区域到物理区域的变换通过一个向量函数使用无限插值 (transfinite interpolation) 完成：

$$F(\xi,\eta,\zeta)=\begin{bmatrix} x(\xi,\eta,\zeta) \\ y(\xi,\eta,\zeta) \\ z(\xi,\eta,\zeta) \end{bmatrix} \quad (0\leqslant\xi\leqslant1, 0\leqslant\eta\leqslant1, 0\leqslant\zeta\leqslant1)$$

在三维情况下，使用混合函数和与之相联系的参数 (特定点的位置及偏导数) 来显式地决定上述公式，然后通过对每个单变量的循环完成无限插值。一般来说，这些混合函数和参数都选取为区域边界处的函数和参数。

代数法无限插值网格生成法的特点是计算简单，可以采用中间变量的方法方便地控制网格的密度，对边界简单的区域，可以生成质量较高的网格，但缺点是不适应复杂边界的划分，边界不规则时生成网格的质量很差，并可能产生奇异性。可以通过将划分区域分解为子区域的方法，在子区域上应用，在一定程度上克服这些缺点，但不易实现自动划分。

13.3.2 前处理模块的主要功能

所开发的前处理模块具有如下主要功能。

(1) 支持读入几何混凝土坝模型数据 (iges 或 msh 格式)。

六面体几何体自动剖分六面体单元，三棱柱几何体自动剖分三棱柱五面体单元，以及对单元质量进行查看。

(2) 位移约束、节点力、面力及温度的加载、修改及删除。

(3) 线弹性材料的创建、修改和删除。

(4) 接触面的分离。

(5) 支持分组功能。

(6) 输出 CDSRA/PCDSRA 有限元分析程序的输入文件。

(7) 远程提交功能。

13.3.3 前处理模块主要流程

前处理的主要流程如下。

(1) 导入所需的几何模型文件，如图 13.3 所示，输入所需的文件路径。

图 13.3 导入文件

(2) 选择几何边并设置划分数，然后划分网格，如图 13.4 所示。

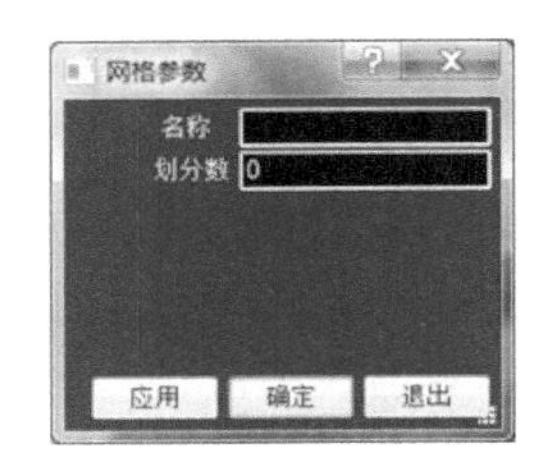

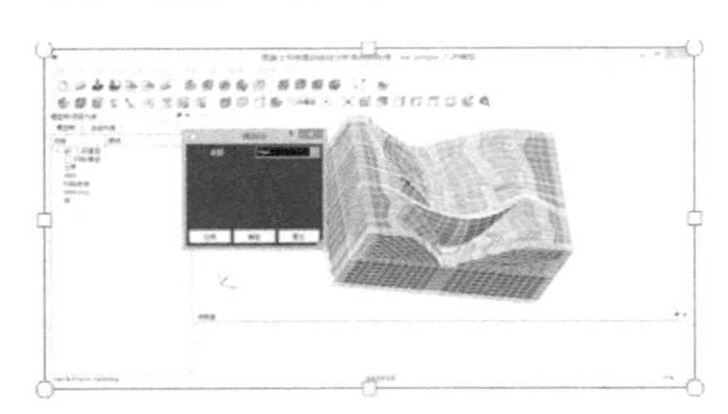

图 13.4　划分网格

(3) 定义组。首先需选取几何体，输入组名称，然后确定即可。组是同类型几何体的集合，需选择同类型的几何体才能创建组，如图 13.5 所示。

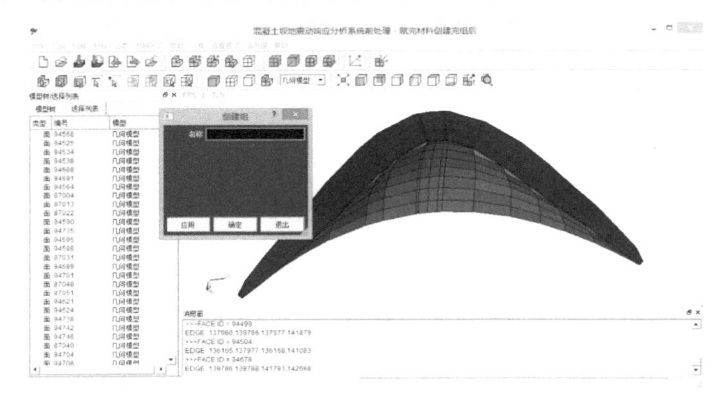

图 13.5　创建组

(4) 定义材料。定义材料需选择所需材料项，并输入相应参数，如图 13.6 所示。

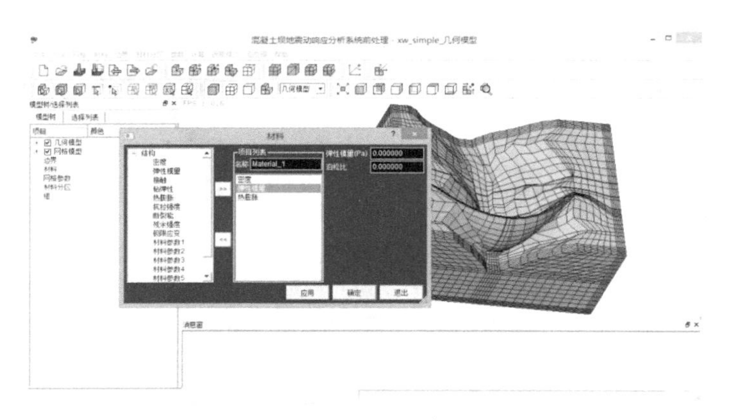

图 13.6　定义材料

(5) 将材料赋给部件。将材料赋给部件时，选择部件并选择所需材料就可以关联材料到部件，如图 13.7 所示。

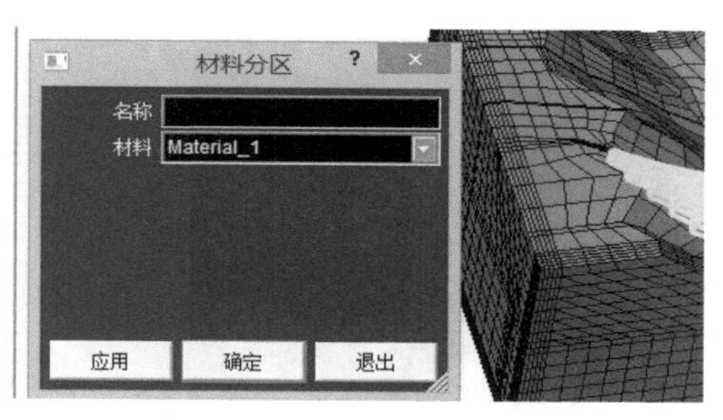

图 13.7 材料关联部件

(6) 定义边界条件。如图 13.8 ~ 图 13.11 所示。

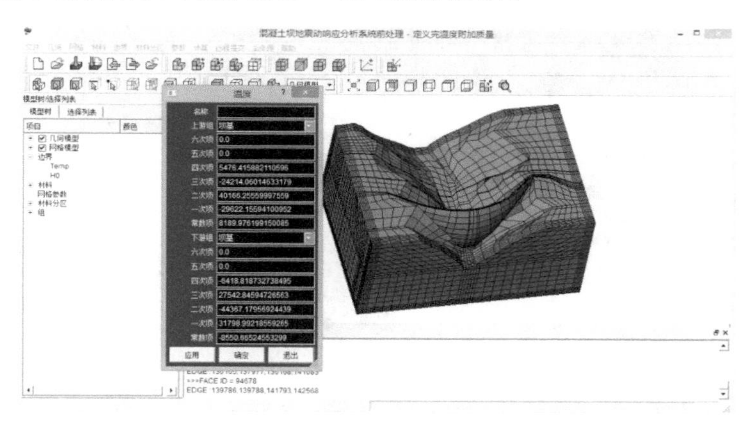

图 13.8 创建温度边界

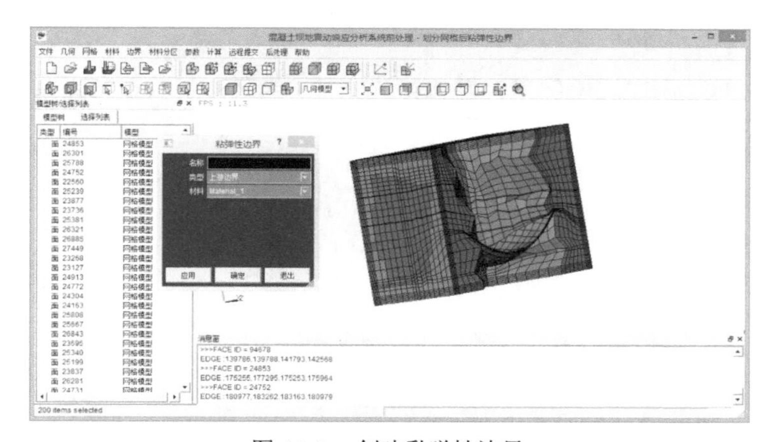

图 13.9 创建黏弹性边界

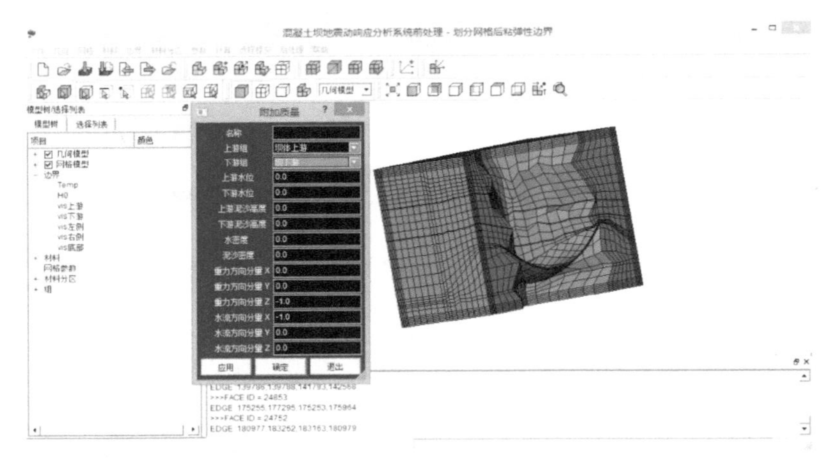

图 13.10　定义附加质量

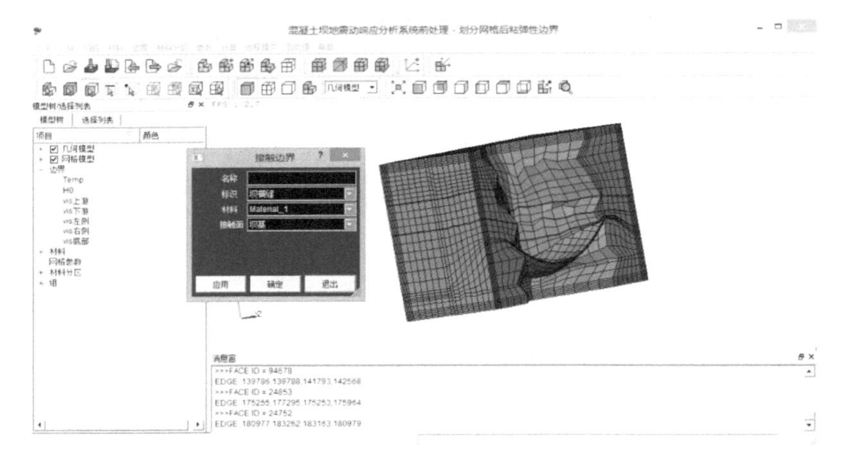

图 13.11　创建接触边界

(7) 输出 CDSRA/PCDSRA 输入格式文件。当所有参数都定义完成后，选择导出命令导出文件，如图 13.12 所示。

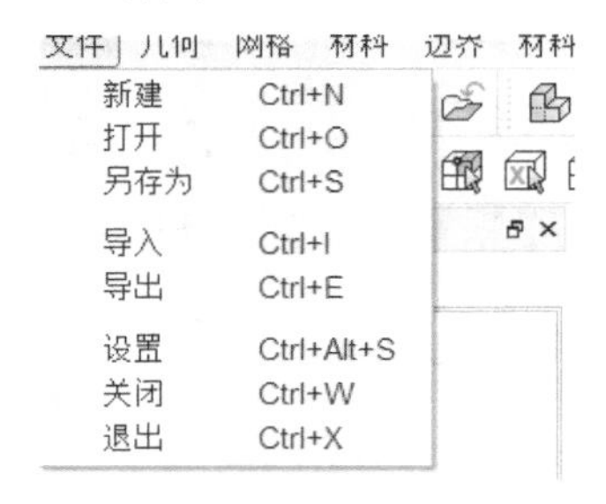

图 13.12　导出 CDSRA/PCDSRA 求解文件

(8) 调用求解器求解。求解程序会提取程序工作目录下的求解文件求解，并将结果文件保存到工作目录下，如图 13.13 所示。

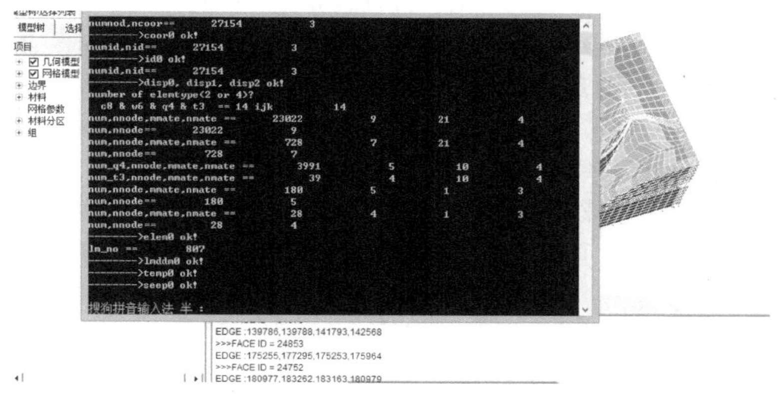

图 13.13 求解界面

13.4 后处理模块的设计及功能实现

13.4.1 设计语言及图形库

后处理代码采用面向对象程序设计语言 C++ 编写。由于 C++ 语言具有可继承性和多态性等特性，从而增加了后处理软件的扩展性，代码的可重用性。用户界面采用跨平台的 Qt 图形框架库，便于开发不同平台下的应用程序。后处理采用预排序文件缓存技术，对结果数据排序之后存放到磁盘上，当需要相应的结果数据时就分配内存从磁盘上读取结果并释放之前结果数据所占内存，大大减少了内存的使用。在图形渲染上，除了使用 VBO 技术外，在云图显示方面还使用了 GLSL 编写在 GPU 上执行的程序，即顶点着色器和片元着色器，大大提升了云图的渲染速度。

OpenGL 用于三维图像 (二维的亦可)。OpenGL 是个专业的图形程序接口，是一个功能强大、调用方便的底层图形库。OpenGL 是行业领域中最为广泛接纳的 2D/3D 图形的应用程序编程接口 (API)，其自诞生至今已催生了各种计算机平台及设备上的数千优秀应用程序。OpenGL™ 是独立于视窗 (Windows) 操作系统或其他操作系统的，亦是网络透明的。在包含 CAD、内容创作、能源、娱乐、游戏开发、制造业、制药业及虚拟现实等行业领域中，OpenGL™ 帮助程序员实现在 PC、工作站、超级计算机等硬件设备上的高性能、极具冲击力的高视觉表现力图形处理软件的开发。OpenGL 是一个与硬件无关的软件接口，可以在不同的平台，如 Windows 95、Windows NT、Unix、Linux、MacOS、OS/2 之间进行移植。因此，支持 OpenGL 的软件具有很好的移植性，可以获得非常广泛的应用。

GLSL 是用来在 OpenGL 中着色编程的语言，其是在图形卡的 GPU 上执行的，代替了固定的渲染管线的一部分，使渲染管线中的不同层次具有可编程性，如视图转换、投影转换等。GLSL 的着色器代码分成 2 个部分：顶点着色器 (vertex shader) 和片断着色器 (fragment)，有时还会有几何着色器 (geometry shader)。负责运行顶点着色的是顶点着色器。它可以得到当前 OpenGL 中的状态，GLSL 内置变量进行传递。GLSL 使用 C 语言作为基础高阶着色语言，避免了使用汇编语言或硬件规格语言的复杂性。

顶点着色器主要用来对顶点进行处理，如顶点变换、法线变换、纹理坐标变换以及光照处理等。图 13.14 和图 13.15 分别是通过着色器得到的位移云图和变形显示。

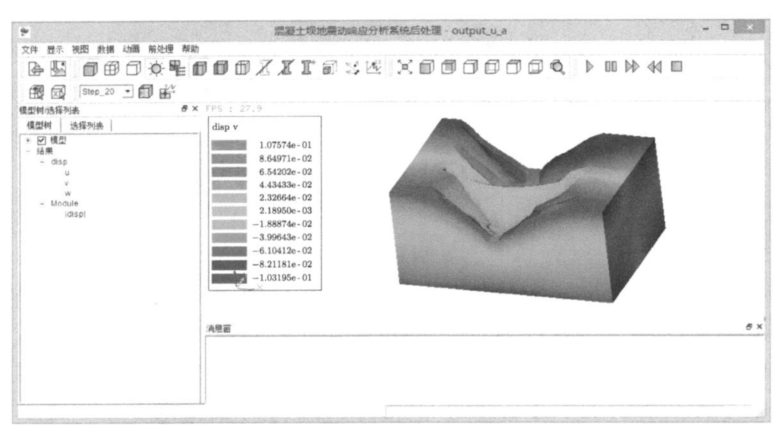

图 13.14　位移云图

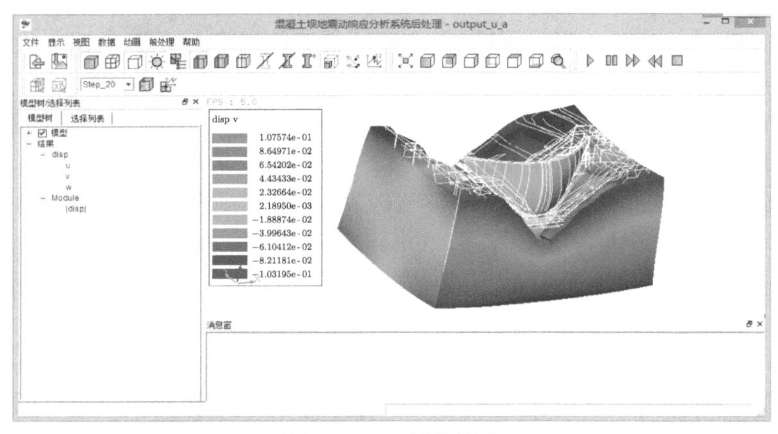

图 13.15　变形显示

13.4.2 后处理主要功能

读入 CDSRA/PCDSRA 有限元分析程序的计算结果文件。

(1) 模型变形显示。

(2) 矢量图显示。

(3) 位移和应力场的云图、等势面、等势线显示。

(4) 三维截面显示。

(5) 显示多步结果的动画。

(6) 指定节点多步结果曲线绘制。

(7) 保存结果图片。

13.5 远程提交

远程提交模块的功能是将用户准备好的求解输入文件，自动提交到远程计算服务器，自动调用远程命令进行求解，并自动取回计算结果。

如图 13.16 所示，用户在 Windows 客户端准备好求解输入文件后，提供服务器 IP 地址、用户名和密码，以及求解输入文件的完整路径，即可实现远程登录与命令提交，并在计算结束后自动下载结果文件到输入文件所在目录。

图 13.16 远程提交

如图 13.17 所示，客户端通过 SSH 协议与计算服务器进行数据传输，SSH 远程操作的功能，如上传、下载、在服务器端执行命令等，由第三方库提供。

```
C:\Windows\system32\cmd.exe
hostname = 192.168.137.3
user = mahf
passwd = ******
protocol = SSH2
port = 22
model_dir = "F:/Download"
file_name = Exam3A
file_type = inp
analysis_type = A
num_processor = 12
remote_dir = Exam3A_201401180034
solver = ~/solver/run.bat
sol_options = Exam3A_201401180034 A 12

Creating the remote folder [Exam3A_201401180034] ...
```

图 13.17　远程操作界面

13.6　软件运行环境

本软件运行推荐如下硬件配置。

内存：2G。

显卡：

(1) OpenGL1.5 或以上；

(2) 支持 FBO；

(3) 支持 VBO；

(4) 256M 显存以上。

系统配置：Windows Xp 及以上系统。

13.7　前处理系统 (IWHRPRE) 与 CDSRA 输入数据接口设计

13.7.1　CDSRA 程序输入数据

混凝土坝地震响应分析平台是由有限元模型前处理、混凝土坝体系统地震响应并行 (串行) 计算专用程序 (PCDSRA/ CDSRA) 及其后处理组成的系统，实现了有限元建模、计算，到输出结果的一体化。由前处理系统 (IWHRPRE) 建模并定义材料参数、单元属性、网格属性等模型信息，并生成单元数据、节点数据、约束数据、荷载数据、求解信息等数据。

通常将 CDSRA 的三大计算模块命名为 A 场–地基初始地应力场 (接触力) 计算、B 场–静力场计算和 C 场–动力场 (地震响应) 计算。与三个物理场对应，

CDSRA 需要前处理输出三套计算数据。各个场所需数据文件分别列入表 13.1~表 13.3 (说明：文件名中带有 a，b，c 的表示数据内容跟场相关联)，数据文件格式见 CDSRA 用户手册。

表 13.1 A 场所需文件

序号	文件功能	文件名称	说明
1	节点坐标	coor0.dat	
2	单元信息	elem0.dat	
3	节点自由度信息	ida0.dat	
4	点对信息	lmp.dat	
5	附加质量信息	mass0.dat	
6	节点集中力信息	seep0.dat	
7	节点温度信息	temp0.dat	
8	时间步长及结果保存信息	time0	
9	计算参数信息	prmta.dat	
10	数据转换程序	rlinuxa.for	转换文本到 Linux 下二进制格式

表 13.2 B 场所需文件

序号	文件功能	文件名称	说明
1	节点坐标	coor0.dat	
2	单元信息	elem0b.dat	
3	节点自由度信息	Idbc0.dat	
4	点对信息	lmp_to_b.dat	由 A 场生成
5	附加质量信息	mass0.dat	
6	节点集中力信息	seep0.dat	
7	节点温度信息	temp0.dat	
8	时间步长及结果保存信息	time0b	
9	计算参数信息	prmtb.dat	
10	数据转换程序	rlinuxb.for	转换文本到 Linux 下二进制格式

表 13.3 C 场所需文件

序号	文件功能	文件名称	说明
1	节点坐标	coor0.dat	
2	单元信息	elem0c.dat	
3	节点自由度信息	Idbc0.dat	
4	点对信息	lmp_to_c.dat	由 B 场生成
5	附加质量信息	mass0.dat	
6	节点集中力信息	seep0.dat	
7	节点温度信息	temp0.dat	
8	时间步长及结果保存信息	time0c	
9	计算参数信息	prmtc.dat	
10	数据转换程序	rlinuxc.for	转换文本到 Linux 下二进制格式
11	地震位移时程分量	xn.dat；yn.dat；zn.dat	
12	初始位移文件	unodb	由 B 场计算而得

三个场所需的数据文件大多具有相同的内容和形式，根据其特点归列到表 13.4 中。

表 13.4　三个场输入数据特点

序号	文件	说明	来源
1	coor0.dat	A，B，C 三场相同	由前处理数据并通过格式转换给出 (elem0 中材料参数和边界压力值由界面输入给出)
2	elem0.dat	A 场 (只有体单元)	
3	elem0.dat	B，C 场相同 (体单元、面单元)	
4	ida0.dat	A 场 (−1 有位移约束)，改为人工黏弹性边界后，与 B，C 场相同	
5	idbc0.dat	B，C 场相同	
6	time0	A，B 场相同	界面输入给出
7	time0	C 场	
8	prmt.dat	A 场	
9	prmt.dat	B 场	
10	prmt.dat	C 场	
11	poststep	A，B 场相同	
12	poststep	C 场	
13	itstr	只有 C 场，A，B 场没有	
14	mass0.dat	只有 C 场，A，B 场没有	界面计算给出
15	seep0.dat	B，C 场相同，A 场没有	
16	temp0	B，C 场相同，A 场没有	
17	lmp.dat	只有 A 场，B，C 场没有	
18	xn.dat	地震位移时程信息文件，只有 C 场，A，B 场没有	
19	yn.dat		
20	zn.dat		
21	lwsa.io	A 场	内容固定给出
22	lwsa.io	B，C 场内容相同	

三个场的 prmta.dat、prmtb.dat 和 prmtc.dat 给出计算参数信息文件，其默认取值见表 13.5。

表 13.5　计算参数信息文件

序号	参数名	物理意义	默认值	说明
1	a0	瑞利阻尼系数 (质量相关项)	0.628	取动力阻尼系数的 10 倍 (填写时按照动力阻尼系数即可，程序内部自动变为 10 倍)
2	b0	瑞利阻尼系数 (刚度相关项)	00015	取与动力阻尼系数相同
3	Nblm	接触点对性质界限	9299	接触点对编号小于 nblm 的是坝体横缝上的点对，接触点对编号大于等于 nblm 的是山体上的接触点对
4	Stct	静态稳定时间	2.5	以动态算法模拟静力作用时，为防止重力造成冲击，需要在重力作用一段时间后再判断接触点对的接触情况，这个时间就是静力稳定时间，一般取为默认值 2.5s

续表

序号	参数名	物理意义	默认值	说明
5	Emtly	动态弹模系数	1.5	弹性模量的动态放大系数，根据水工抗震规范，一般取 1.5
6	Xlb	初始抗拉强度	3.6×10^6	缝间的初始抗拉强度，对于水泥灌浆一般取默认值
7	xh	波的反射高度	500	波的反射高度，一般指计算模型从顶部到底部的高度，需要根据模型的不同选择不同的高度值
8	deltat	输入地震波的每一数据间的时间间隔	0.002	输入地震波的时间间隔，取用时根据不同时刻需要插值
9	Num-dam	坝体材料编号	1	坝体材料编号，用以区分是否有重力作用
10	No-writ	控制节点编号	1	在 U 程序中打印出来的控制节点编号
11	High-botm	造型底面高程	500.0	根据溪洛渡拱坝工程取值

13.7.2 前处理输出数据格式

为了便于阅读和维护，由前处理模块输出的数据按照通用有限元软件普遍采用的数据模式，按照一定数据结构输出一个统一的数据文件。这种格式独立于应用程序，可按照 CDSRA 三个场计算程序输入内容和格式提取出来。这个数据文件固定为 input.inp，为文本编辑格式，如表 13.6 所示。通过关键字来标识数据内容，关键字是唯一的，规定均为六个字符长 (便于 Fortran 编程处理)。

在 input.inp 文件中所设计的数据格式有如下特点：

(1) 关键字段顺序不固定，可以任意；

(2) 关键字段内的数据行顺序不固定，也可以任意；

(3) 如果没有对应的数据内容，关键字可以不写；

(4) 输入结束关键字 “ENDIPT” 必须有；

(5)“FORCEN”“INITLD”“INITLU”“INITLA” 这四个关键字后按需给出对应节点号的数据值，程序对于没有给出的节点号对应的值以充零处理，换句话说，不需要给出全部节点对应的数据，只给非零的数据即可；

(6) 不管是 A，B，C 哪个场计算，在场计算前加一点转换程序，从该数据文件中提取本场计算所需要的信息并且转换成该场计算所需要的信息格式，这样的好处是可以在同一目录下计算三个场，任何一个场的计算都能保证独立；

(7) 本文件只需要给出非零的数据，这样可以大大简化输入的数据量，阅读起来清晰明了。

COOR3D：节点坐标对于所有场都是一样的，所以各场计算不需要单做处理。

DAMEC8：坝体单元要单独列出来，在做温度计算的时候可以只计算坝体单元，基岩单元不计算，这样就能够区分出来，在全部都计算的时候，可以把坝体材料号排在基岩材料号后面，程序可以自动处理。

表 13.6　input.inp 文件格式和内容

关键字	作用	数据内容
COOR3D	节点坐标关键字	点号，X 坐标值，Y 坐标值，Z 坐标值
DAMEC8	坝体 C8 单元关键字	单元 8 个节点编号
DAMEW6	坝体 W6 单元关键字	单元 6 个节点编号
DAMMAT	坝体材料关键字	弹模，泊松比，密度，热膨胀系数, 抗拉强度，断裂能，残余强度系数，极限应变参数 (线弹性问题仅用前 4 个参数)
BASEC8	基岩 C8 单元关键字	单元 8 个节点编码，单元材料号
BASEW6	基岩 W6 单元关键字	单元 6 个节点编码，单元材料号
BASMAT	基岩材料关键字	材料编号，弹模，泊松比，密度，热膨胀系数, 抗拉强度，断裂能，残余强度系数，极限应变参数 (线弹性问题仅用前 5 个参数)
UDZNQ4	上下游边界 Q4 单元关键字	单元 4 个节点编码
LRZNQ4	左右边界 Q4 单元关键字	单元 4 个节点编码
UDZNT3	上下游边界 T3 单元关键字	单元 3 个节点编码
LRZNT3	左右边界 T3 单元关键字	单元 3 个节点编码
BNDMAT	边界黏弹性关键字	黏弹性边界 4 个参数值
BOTTQ4	底部边界 Q4 单元关键字	单元 4 个节点编码
BOTTT3	底部边界 T3 单元关键字	单元 3 个节点编码
UPSTQ4	基岩上游面 Q4 单元关键字	单元 4 个节点编码
UPSTT3	基岩上游面 T3 单元关键字	单元 3 个节点编码
DNSTQ4	基岩下游面 Q4 单元关键字	单元 4 个节点编码
DNSTT3	基岩下游面 T3 单元关键字	单元 3 个节点编码
UDAMQ4	坝体上游面 Q4 单元关键字	单元 4 个节点编码
UDAMT3	坝体上游面 T3 单元关键字	单元 3 个节点编码
DDAMQ4	坝体下游面 Q4 单元关键字	单元 4 个节点编码
DDAMT3	坝体下游面 T3 单元关键字	单元 3 个节点编码
ZWATER	上下游水位关键字	上游水位，下游水位，水密度
ZSENDS	上下游泥沙高程关键字	上游泥沙高程，下游泥沙高程，泥沙密度
TEMPER	温度关键字	坝体上游面温度，坝体下游面温度
FORCEN	节点荷载关键字	节点号，X 向节点力，Y 向节点力，Z 向节点力
RESTRN	施加约束点号关键字	节点号 (只给出受约束的节点号)
TIMCTR	时间控制参数关键字	总计算时间，时间步长，保存结果的中间间隔
PRMTER	计算参数关键字	a0,b0,nblm,stct,Emtly,xlb,xh,delta_t,num_dam no_wr,H_b，x0，y0，z0
CONTDD	坝和坝接触信息点对关键字	点对和 9 个参数 (位置符 1，三个方向矢量，静摩擦系数，动摩擦系数，凝聚力，面积，初始压紧力)
CONTDR	坝与岩基接触信息点对关键字	点对和 9 个参数 (位置符 3，三个方向矢量，静摩擦系数，动摩擦系数，凝聚力，面积，初始压紧力)
CONTRR	岩基与岩基接触信息点对关键字	点对和 9 个参数 (位置符 2，三个方向矢量，静摩擦系数，动摩擦系数，凝聚力，面积，初始压紧力)
XNYNZN	时程曲线关键字	地震位移时程曲线 xn，yn，zn
INITLD	初始位移关键字	节点号，X 向位移，Y 向位移，Z 向位移
INITLU	初始速度关键字	节点号，X 向速度，Y 向速度，Z 向速度
INITLA	初始加速度关键字	节点号，X 向加速度，Y 向加速度，Z 向加速度
MASSH0	附加质量计算点 H0 参数	—
ENDIPT	输入结束关键字	—

DAMMAT：表示坝体材料，可按不同混凝土标号分区，通过材料号标识区别。

BASEC8：基岩可以分多种材料，需要由材料号标识，材料号中间也可以不连续，程序会找到最大的材料号，不连续的材料号会自动填充。

BASMAT：基岩材料不管是 C8 还是 W6，统一对应唯一的材料号。

UDZNQ4：计算范围的边界可以加透射边界也可以只加位移约束边界，如果加的是透射边界，那么计算范围上下游、左右边界，以及底部需要提供面单元信息，在面单元上作用透射边界条件。如果只是加位移约束边界，则计算范围的外边界可以不需要给出，因为程序可以根据网格自动搜索得到前后、左右以及底部的节点，位移约束只需要节点号而不需要单元编码。

LRZNQ4：左右边界单元。

BNDMAT：透射边界参数，这里假定所有边界上参数一样，如果不一样，可以再进一步设计。

BOTTQ4：底部边界单元。

UPSTQ4：上游基岩表面面单元，用于计算渗流压力和水压力，因为压力作用在面单元上，而且渗流计算的时候也可以根据面单元信息确定表面节点的水头值。

DNSTQ4：下游基岩表面面单元。

UDAMQ4：坝体上游面面单元，用于温度计算或者渗流计算，温度计算的时候，根据面单元信息给定坝体上游面节点温度值。

DDAMQ4：坝体下游面面单元。重要的是根据此面单元可以找到坝体和基础的交界线，计算附加质量的时候需要。

ZWATER：上下游水位。

ZSENDS：上下游泥沙淤积高程。

TEMPER：上下游温度。

FORCEN：节点集中荷载，可以任意指定某节点上承受集中荷载，例如，在坝体顶部设备的重量可以模拟成集中荷载。同时，因为前面小湾计算中渗流作用力 seep0 文件中给定的是节点力，所以此处也可以给出渗透作用力而不需要做渗流计算。

RESTRN：约束，前面说到，如果只加外围位移边界条件，那么程序可以自动搜索得到外围节点并施加位移约束，对于某些需要特殊指定约束的点，在这里可以特殊给出。

TIMCTR：时间控制参数。

XNYNZN：地震时程曲线。

INITLD：位移。

INITLU：速度。

INITLA：加速度。

ENDIPT：输入结束。

三个场的自由度规格数可以根据以上数据由程序自动定义。

input.inp 数据文件数定义的数据结构具备较强的通用性，可以涵盖针对大坝计算的全部模型数据信息。

13.7.3　CDSRA 计算程序调用方式设计

CDSRA 计算程序是基于 FEPG 平台开发的，其程序调用方式设计，采用通用商用软件的调用模式，把所有的程序放在同一 BIN 目录下，为了便于程序维护，同名的文件要差异化处理，沿用了 FEPG 通过 BAT 组织计算流程的模式，保留了 FEPG 程序结构特点，使得各个程序模块能容易地集成到系统里，同时在 BIN 目录下用 EXE 和 BAT 的混合程序组织调用所有程序，在更新程序时只需要更新相应的 EXE 即可。

在用户界面上调用不同的批处理程序 (runa.bat、runb.bat 和 runc.bat) 来实现不同物理场的计算。批处理程序与计算程序由所编制的数据接口程序衔接，而接口程序 (Pre_A.for、Pre_B.for 和 Pre_C.for) 从通用 input.inp 数据文件中提取相应的数据，再由 rlinuxa.for、rlinuxb.for 和 rlinuxc.for 转换为 CDSRA 各个输入数据块数据形式之后，进行 CDSRA 各对应物理场的计算。这些过程都是由对应的批处理程序宏命令通过用户界面自动完成的。

13.8　CDSRA 与后处理系统 (IWHRPOST) 数据接口设计

13.8.1　数据接口设计

CDSRA 计算出的计算结果，如位移、应力、速度、破坏单元等信息需要转换为后处理程序所需的数据格式等，这些工作将由编写专用后处理接口程序 (postgida.for、postgidb.for 和 postgidc.for) 实现。

CDSRA 计算输出结果文件如表 13.7 所示。

表 13.7　CDSRA 计算输出结果文件

计算模块	文件功能	文件名称	说明
地基夹层接触力计算	节点位移	unodf.*	* 为正整数，从 1 开始，表示计算步数。如 unodf.2 表示第二步结果
静力计算	节点位移	unods.*	unods.1，unods.2，unods.3，···
	节点应力	stressj; mnstrsj	稳定后的静态应力分量和主应力
动力计算	节点位移	unodd.*	unodd.1，unidd.2，unodd.3，···
	节点应力	stressd; mnstrsd	stressd.1，stressd.2，stressd.3，···；mnstrsd 为全时程的主应力包络

对于线弹性问题，地基初始接触信息计算仅输出节点位移和接触点初始挤压力信息，静力计算输出最后稳定静力解的位移场和应力场，动力计算输出一定时间间隔的位移、应力和全时程的主应力包络。

unod*.* 为无格式文件，按自由度存储。先写完第一个自由度的全部节点结果值，接着写第二个自由度的全部节点结果值，······，直到所有自由度写完，中间不换行。

在后处理界面上分别执行 postgida.exe、postgidb.exe 和 postgidc.exe，将输出文本编辑格式结果文件。

(1) 固定位移格式文件：output_u_*.msh(节点坐标及单元编码，output_u_a.msh，output_u_b.msh，output_u_c.msh) 和 output_u_*.res(位移计算结果，output_u_a.res，output_u_b.res，output_u_c.res);

(2) 应力格式文件：output_s_*.msh(节点坐标及单元编码，output_s_a.msh，output_s_b.msh output_s_c.msh) 和 output_s_*.res(应力计算结果，output_s_a.res, output_s_b.res, output_s_c.res)。

这些结果文件由所开发的后处理系统 (IWHRPOST) 直接输出，不需要用户运行后处理命令。另外，这些结果文件也可以通过商用 FEPG.GID 软件来可视化查看，保证后处理结果的文件格式具备通用性。

13.8.2 后处理系统显示功能

IWHRPOST 后处理系统支持 8 节点六面体 / 6 节点五面体 / 4 节点四面体单元的结果处理。能够显示模型变形、云图、等势面、等势线、空间截面、动画、绘制结果曲线，并能输出 JPG 格式图形文件等。

为了处理大规模模型，程序在数据结构设计和内存管理方面根据有限元分析的数据特点进行了开创性的设计，采用质数哈希数据结构对海量数据进行索引，可以在常数时间定位任意节点与单元的存储位置，实现了在 PC 上流畅操作节点数达到 500 万规模的模型；为了处理 PCDSRA 求解得到的大文件结果数据，后处理程序创新地采用了预排序文件缓存技术，对需要的结果数据排序之后存放到磁盘，避免了过高的内存消耗；上述设计创造性地解决了处理大规模模型的瓶颈问题。

图 13.18(a) 为小湾拱坝网格加密模型。加密后共有 3017910 个节点，9053730 个自由度，利用北京计算中心云计算平台计算系统，地基初始应力计算 60000 时步，60 个进程，耗时 11.5 小时 (41367s)。该计算结果文件为 8.7G 大小，利用本章开发的后处理系统，可以在一般 32 位或 64 位内存为 2G 的台式机或笔记本电脑上进行后处理显示操作，图 13.18(b) 给出了地基变形示例。另外，还给出了 500 万节点长方体测试示例 (图 13.18(c))。

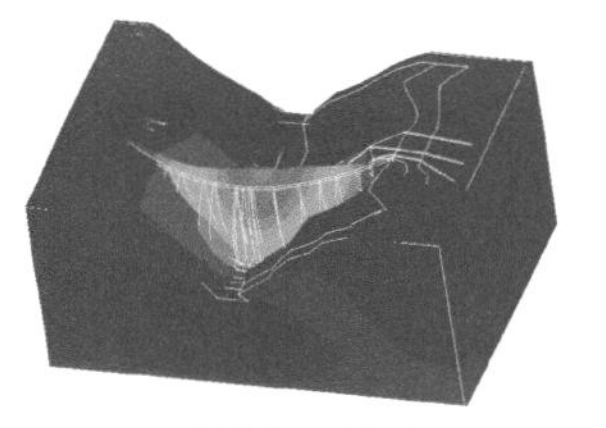

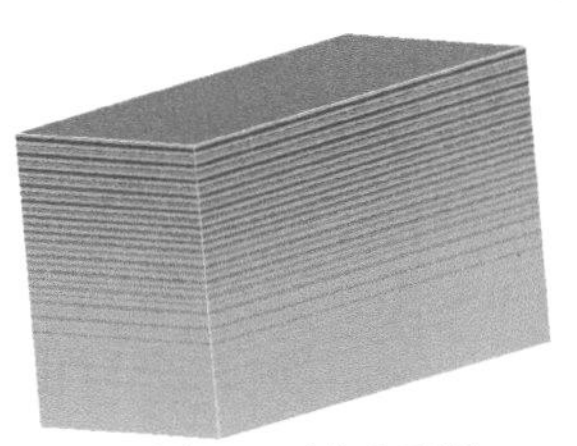

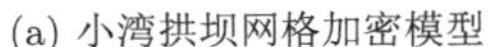

(a) 小湾拱坝网格加密模型　　(b) 地基变形显示　　(c) 500万节点示例

图 13.18　大规模数据模型后处理显示

13.9 本章小结

对于混凝土坝抗震安全评价计算分析来说，模型规模较大而网格剖分较小，往往会达到数千万自由度，此时大规模的数据处理以及后处理计算结果的显示成为制约计算的瓶颈问题。开发一款适合复杂水工结构建模及超大规模计算的前后处理软件非常重要。本章基于面向对象的设计模式，开发了可处理大规模数据模型的前、后处理程序。其中，前处理采用了质数哈希数据结构对海量数据进行索引，实现了接触面的自动适配、渗流压力场的计算、温度场的自动插值处理，并且能够进行千万级别的四面体和六面体网格剖分，具有很好的扩展性；后处理采用了预排序文件缓存技术和 OpenGL 专业图形库，避免了过高的内存消耗，能够快速完成模型云图的三维渲染。此外，还可以通过远程提交模块，将作业提交到远端服务器进行并行求解，并从服务器下载计算结果，在客户端采用 IWHRPOST 界面进行大规模计算结果可视化处理。

参考文献

[1] 马怀发, 王立涛. 混凝土坝抗震安全评价并行计算软件开发研究报告 [R]. 北京: 中国水利水电科学研究院, 2014. 1.

[2] 马怀发, 陈厚群, 王立涛等. 混凝土坝体非线性动力分析并行计算方法及软件开发研究报告 [R]. 北京: 中国水利水电科学研究院, 2016.

[3] 马怀发, 陈厚群. 全级配大坝混凝土动态损伤破坏机理研究及其细观力学分析方法 [M]. 北京: 中国水利水电出版社, 2008.

[4] 关振群, 宋超, 顾元宪, 等. 有限元网格生成方法研究的新进展 [J]. 计算机辅助设计与图形学学报, 2003, 15(1): 1-14.

第 14 章 混凝土坝抗震安全评价指标及方法

本章分析研究了美国陆军工程兵团 (USACE) 工程手册所介绍的美国水工结构抗震设计和评估定量化指标，以及分级设防评价方法，并与我国现行规范对混凝土重力坝和混凝土拱坝的抗震安全评价指标和评价方法进行了对比分析。结合典型工程实例介绍按照我国现行规范的基本规定和要求，采用有限元方法和动力法对重力坝和拱坝进行抗震安全评价的基本内容、参数选取、计算方法和一般步骤。最后总结分析了目前高混凝土坝的失效模式、破坏等级量化指标、失稳判据，以及极限抗震能力评价方法的最新研究成果。

14.1 国内混凝土坝抗震安全评价的基本规定

在强震区，地震作用工况成为高坝设计的控制工况。高坝工程的地震响应分析和抗震安全评价是抗震设计的核心内容。在我国的现行抗震规范《水电工程防震抗震设计规范》(NB 35057—2015)[1] 和《水工建筑物抗震设计标准》(GB 51247-2018)[2] (以下统称“现行《规范》”) 中，根据工程的库容或装机将工程分为不同的等别和规模。根据水工建筑物在其所属工程的等别、作用，确定建筑物的等级，按建筑物的等级和场址地震基本烈度，确定建筑物的抗震设防类别。抗震设计的功能目标是，经过抗震设计的水工建筑物，应能抗御设计烈度的地震作用，如有局部损坏，经修复后仍可正常运行。

现行《规范》规定，地震基本烈度为 Ⅵ 度及 Ⅵ 度以上地区的坝高超过 200m 或库容大于 100 亿立方米的大 (1) 型工程，以及地震基本烈度为 Ⅶ 度及 Ⅶ 度以上地区的坝高超过 150m 的大 (1) 型工程，其场地设计地震动峰值加速度和其对应的设计烈度应依据专门的场地地震安全性评价确定。

对于一般工程，其场地设计地震动峰值加速度和对应的设计烈度应依据《中国地震动参数区划图》(GB 18306—2015) 确定，应取区划图中工程场址所在地区的地震动峰值加速度的分区值作为水平向设计地震动峰值加速度代表值，将与之对应的地震基本烈度作为设计烈度。对于工程抗震设防类别为甲类的水工建筑物，应在基本烈度基础上提高 1 度作为设计烈度，水平向设计地震动峰值加速度代表值相应增加 1 倍。

现行《规范》规定，对设计烈度高于 Ⅸ 度的水工建筑物、高度大于 200m 或有特殊问题的壅水建筑物，其抗震安全性应进行专门研究论证评价。根据其场地地震安全性评价确定，其基岩水平向设计地震动峰值加速度代表值的概率水准，对工程抗震设防类别为甲类的壅水和重要泄水建筑物应取 100 年内超越概率 P_{100} 为 0.02；对 1 级非壅水建筑物应取 50 年内超越概率 P_{50} 为 0.05；对于工程抗震设防类别非甲类的水工建筑物应取 50 年内超越概率 P_{50} 为 0.10，但不应低于区划图相应的地震动水平加速度分区值。

现行《规范》规定对应作专门场地地震安全性评价的工程抗震设防类别为甲类的水工建筑物，除按设计地震动峰值加速度进行抗震设计外，应对其在遭受场址最大可信地震 (MCE) 时不发生库水失控下泄的灾变安全裕度，进行专门论证。其“最大可信地震”的水平向峰值加速度代表值应根据场址地震地质条件，按确定性方法或 100 年内超越概率 P_{100} 为 0.01 的概率法的结果确定。

现行《规范》规定，在设计地震作用下，重力坝和拱坝的抗震计算分别以材料力学法和拱梁分载法为基本方法。对于坝高大于 70m 的高坝，还同时应采用动力法计算。对工程抗震设防类别为甲类，或结构复杂，或地质条件复杂的重力坝和拱坝，在进行有限元方法分析时应考虑材料等非线性影响。在计算分析中，应计入坝体横缝以及构成坝基内控制性滑裂面的接触非线性、近域地基岩体中主要软弱带的材料非线性，以及远域地基的辐射阻尼效应的影响。并建议在高坝抗震安全评价中应考虑其在强震作用下产生的，包括坝体和地基局部损伤、开裂和滑移在内的整体位移响应的突变，作为由量变到质变的整体失稳的极限状态等。对于结构的抗震性能目标总体要求中震不坏、大震可修、极震不倒，但没有明确对应两类设防水准的结构稳定性定量指标和判别准则，显然这种状态可能导致不同研究者对相同工程会给出不同的评价。明确合理的评价指标及其判别准则对确定在最为经济合理的条件下结构承载能力的理想状态非常重要。

14.2 USACE 混凝土抗震设计指标及其评价方法

14.2.1 抗震设防标准及其性能目标

USACE (美国陆军工程兵团工程手册)[3,4] 采用基于性能的设计思想，采用两级地震设防标准，即运行基准地震 (OBE，100 年超越概率为 50%，重现期为 145 年) 和最大设计地震 (MDE)，其性能目标控制与结构材料的力学性能相联系，根据混凝土材料的抗拉性能的三个阶段，即线弹性变形阶段、非线性应变硬化阶段和非线性应变软化阶段 (图 14.1)，与正常使用性能、抗损伤性能和抗溃坝性能相对应[4]。按照混凝土材料的变形性质和损伤控制指标，采用相适应的抗震评价分析方法 (表 14.1)。

国际大坝委员会 (ICOLD)[5] 1989 年规定采用 MDE 和 OBE 两级设防，2010 年改为采用安全评价地震 (safety evaluation earthquake, SEE) 和设计基准

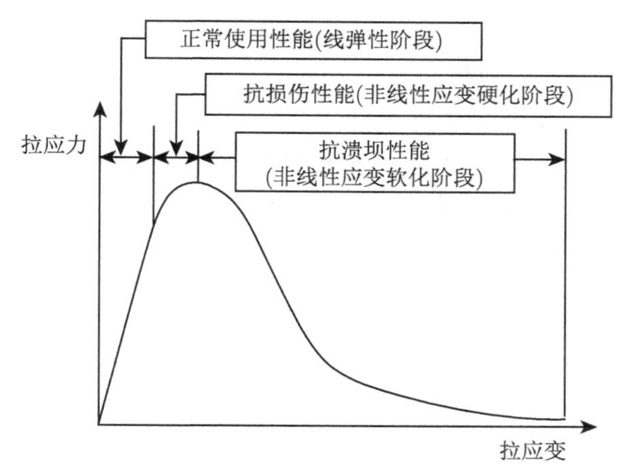

图 14.1 性能控制曲线

表 14.1 USACE 设防标准及其性能目标

正常使用性能	当遭受 OBE 地震动时，结构材料处于弹性变形阶段，经历 OBE 后结构依然可以正常使用和运行
抗损伤性能	当结构遭受极端地震 (MDE 小于 MCE) 时，可以允许一些结构单元变形超过弹性极限，潜在损伤区域在一定范围，荷载处于非线性强化阶段，虽有一定损伤但修复后仍可承受地震荷载
抗溃坝性能	结构在遭受极端地震 (MDE 等于 MCE) 时，其破坏的情况下不发生倒塌，不危及人的生命。结构材料的延性要求要比前两个等级的性能高，需要进行非线性静态和非线性动态分析

地震 (design basis earthquake, DBE) 两级设防，与 USACE[3,4] 两级设防标准基本一致。

14.2.2 抗震评价分析方法及指标

USACE(EM1110-2-6053)[4] 对水工结构的抗震评价是按照不同的性能目标、设计的不同阶段，由线性 (静力、动力) 计算到非线性 (静力、动力) 计算，由简单方法到复杂方法，以渐进式步骤进行的。这些方法有地震系数法 (极限平衡法)、等价横向力法、反应谱–模态分析法、时程–模态分析法以及非线性时程–直接积分法等。USACE[6] 以反应谱–模态分析法作为混凝土坝抗震评价的初步计算方法，根据结构的承载能力判断是否进一步采用线性时程法[7] (时程–模态分析法)，然后通过时程–模态分析进一步判断非线性指标，决定是否进行非线性时程分析。文献 [4] 给出了一系列结构运行性能控制和结构损伤控制指标，其中包括结构需求能力比、超线弹性累积时间及抗震性能曲线。

(1) 结构需求能力比 (DCR): 荷载产生的计算拉应力 (需求) 与混凝土抗拉强

度的比值。对于重力坝，计算拉应力即为坝体中的主拉应力；对于拱坝，高应力通常沿拱或者梁的方向，取拱向或者梁向的拉应力计算 DCR。USACE 采用了 Raphael 建议[8,9]，混凝土的静态抗拉强度采用劈拉强度 (弹性极限强度)，或取 $f_t = 0.325f_c'^{2/3}$ (MPa)，考虑混凝土的非线性变形的静态抗拉强度采用劈拉强度，或取 $f_{rt} = 0.44f_c'^{2/3}$ (MPa)，其中，f_c' 为混凝土的抗压强度，如图 14.2 所示，认为名义动态抗拉强度取劈拉强度的两倍，或取 $f_d = 0.65f_c'^{2/3}$ (MPa)。

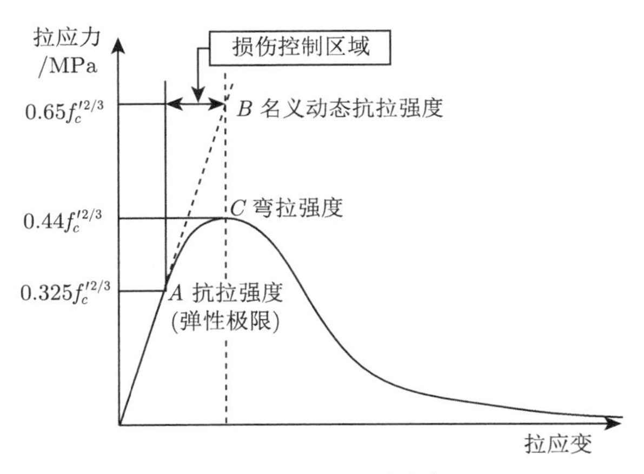

图 14.2　极限强度指标

f_t 为轴向抗拉强度；f_c' 为抗压强度；f_{rt} 为弯拉强度；f_d 为名义动态抗拉强度。应力单位取 psi 时，

$f_t = 1.7f_c'^{2/3}$；$f_{rt} = 2.3f_c'^{2/3}$；$f_d = 3.4f_t$

(2) 超线弹性累积时间 (CID): CID 是指荷载超过结构材料抗拉强度的总持续时间。Ghanaat[10] 认为传统的应力判据仅仅采用超幅应力循环的数量不足以评估损伤，建议采用累积的非弹性或超弹性应力持续时间作为损伤准则，该时间是能量的量度，并能反映应力的大小和超弹性应力持续时间。如图 14.3(a) 所示，基本周期为 0.25s，有 5 次应力谐波幅值超过了 1.0，累积非线性总时间都是 0.4s。只是通过应力循环的次数不能很好地表征结构破坏等级，应该将 CID 和 DCR 相结合，才能更准确地确定结构破坏程度，显然，累积持续时间越长，造成更大破坏的可能性就越大。水工混凝土结构的动态特性、承载机制和结构冗余，允许超应力累积持时取值也不同。

(3) 抗震性能曲线: 性能曲线是不同时 CID 或者超应力面积比与 DCR 的关系曲线，能够反映结构非线性或损伤的程度。如图 14.3(b) 和 (c) 所示，按照损伤判别准则，结构损伤程度限定在一个小的区域内 (三角形区域内)，基于线性分析评价还是有效的。对于不同类型的结构，非线性响应或损伤的空间分布是不相同的。

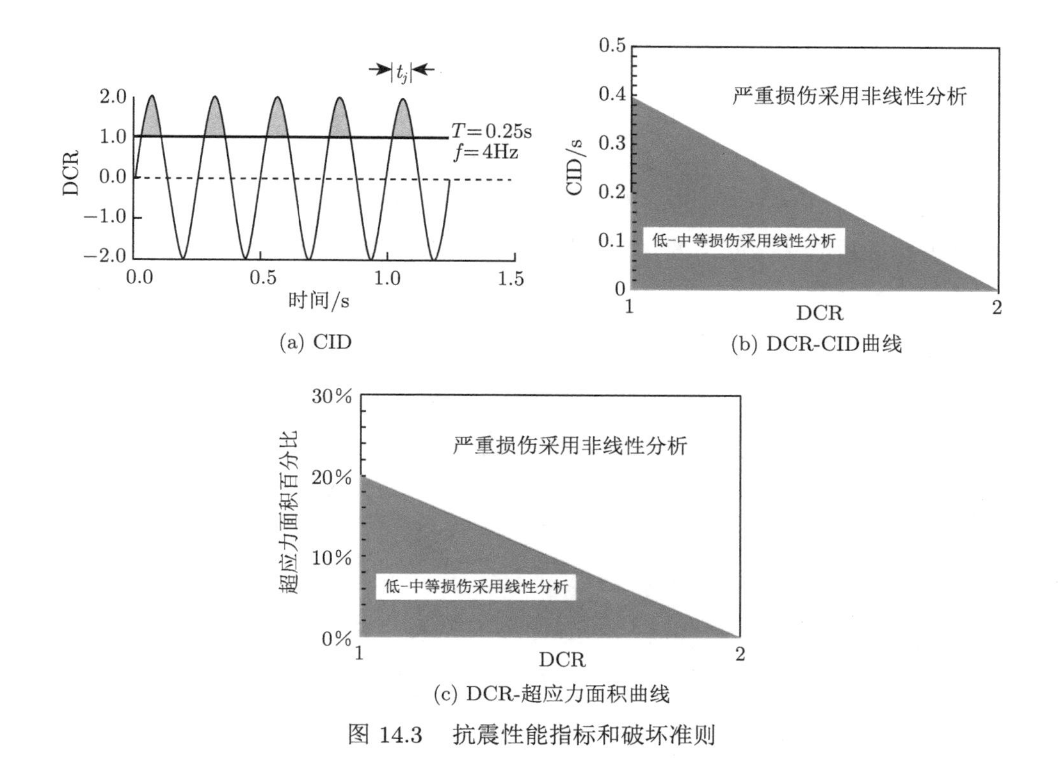

(a) CID

(b) DCR-CID曲线

(c) DCR-超应力面积曲线

图 14.3 抗震性能指标和破坏准则

14.3 USACE 混凝土坝设计地震评估框架

14.3.1 评价程序和判别准则

重力坝和拱坝的评价程序和判别准则基本相同。其评价的基本思路是先进行线弹性评价预测，再进行非线性响应分析修正。首先采用反应谱–模态分析法，判断 DCR 是否超过允许值，如不满足则进行线性时程法分析。采用线性时程法系统分析和评估 DCR、CID、超应力的空间分布和结构可能的失效形态，以评估结构的损伤程度和可以接受的非线性响应的水平。特别是在 MDE 作用下所计算出的结构应力可能超出允许值，坝体结构会产生某种程度的损伤，在极端情况下坝体结构还会承受严重损伤，但要控制不会导致溃坝和库水下泄，如果超出指标临界值，再进行非线时程分析评价。USACE 的 DCR 指标取值如表 14.2 所示。

按照 Ghanaat 建议[10]，坝体线弹性分析的 DCR 最大允许值，以地震荷载作用下名义抗拉强度即 DCR = 2.0 为分界点，将地震荷载下坝体破坏程度分为轻微–中等与严重损伤两个区域，如图 14.3(b)，(c) 所示。对于混凝土坝允许超应力累积持时按如下条件确定：以周期为 0.25s 的应力谐波幅值达到 2 倍静态抗拉强度时 (其中 DCR = 1.0) 5 个简谐应力的累积持时。对于 DCR = 1.0，混凝土坝损伤破坏等级分类：I 级，未出现损伤破坏或轻微损伤，坝体处于线弹性范围，DCR ⩽ 1.0；Ⅱ 级，轻微至中等损伤破坏，坝体出现局部开裂，DCR 和超应力累积持时处于图 14.3(b)，(c) 的阴影部分内，大于抗拉强度的应力区，并小于拱坝横截面的 20%、或小于重力坝横截面的 15%；Ⅲ 级，严重损伤破坏，DCR > 2.0 或超应力累积持时处于图 14.3(b)，(c) 阴影部分以外。破损分类 I，Ⅱ 级建议采用线弹性分析即可满足工程需要，若处于破损分类 Ⅲ 级则应进行非线性或弹塑性损伤断裂分析。

在 DCR = 2 时，允许累积持续时间为零。对于拱坝，允许的累积持续时间等于 5 个谐波应力循环的持续时间，其应力大小为抗拉强度的两倍，其振动周期等于 0.2s，因此，DCR = 1.0 时的累积持续时间为 0.4s。对于重力坝，不是同时依赖拱和悬臂作用的拱坝，考虑到仅通过悬臂梁抵抗荷载，假定累积持续时间较低[10]，为 0.3s。下面将分别详细地介绍重力坝和拱坝的定量化指标及典型评价实例。

14.3.2　混凝土重力坝评价指标及判别方法

重力坝线性弹性时程分析的 USACE 评价指标是基于 EM 1110-2-6051 中描述的 DCR 和 CID。计算应力需求与混凝土静态抗拉强度之比，对时程分析结果进行解释和评价。其内容包括需求能力比，CID，超应力区域的空间范围以及可能的破坏模式，评估可能的破坏或可接受的非线性响应水平。与表 14.2 中的 DCR 指标控制相对应，对混凝土重力坝的性能评价包括以下三个目标等级：

表 14.2　DCR 指标控制

结构失效状态	DCR	超应力面积		评价要求
		拱坝	重力坝	
微小或无损伤 (I 级)	DCR ⩽ 1.0	0.0	0.0	对于 MDE 的结构响应处于弹性状态，认为没有损伤或没有损伤的可能性，结构安全
中等损伤 (Ⅱ 级)	1.0 < DCR ⩽ 2.0	⩽ 20%	⩽ 15%	有非线性响应，比如混凝土开裂、结构缝张开等，非线性行为可以接受
严重损伤 (Ⅲ 级)	DCR > 2.0	>20%	>15%	需要进行非线性时程分析

(1) 如果计算得出 DCR ⩽ 1.0，对于 MDE 的坝体结构响应被认为处于行为的线弹性范围内，几乎没有损坏或没有损坏的可能性。

(2) 如果 DCR > 1.0，则大坝将出现混凝土开裂或结构缝张开，或二者兼而有之的非线性响应。如果 DCR < 2，但在大坝横截面面积的 15%之内，并且超过混凝土抗拉强度的应力累积持续时间处于如图 14.4 所示损伤可控区域，则认为非线性响应或裂缝的水平是可接受的[4]。

(3) 当 DCR > 2.0 时，或者 DCR 在 1.0 ~ 2.0 范围的超应力累积持时在图 14.4 给出的基于线性分析评价的阴影区域以上，坝体结构损坏被认为是严重的。

另外，还应考虑大坝基本周期与地震反应谱峰值之间的关系。如果坝的非线性响应导致自振周期延长，偏离地震反应谱的峰值周期，则坝体受到的地震荷载将减小，计算得到的应力值将小于线弹性时程分析的应力值，可以不再进行进一步非线性计算。若不是这种情况，则需要进行非线性时程分析以更准确地估算损伤。

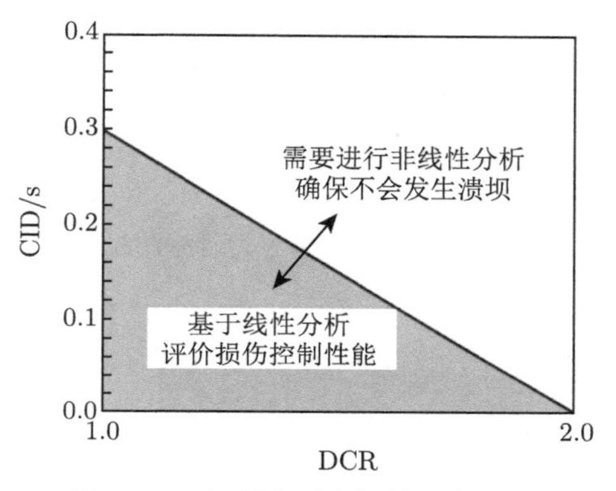

图 14.4 混凝土重力坝的性能评估

文献 [11] 将 USACE 定量化评价准则引入重力坝的抗震安全评价中，模拟了印度柯依那 (Koyna) 重力坝，如图 14.5 所示。对于近场和远场地震的响应，首先输入 1967 年 Koyna 地震波进行线性分析，得到最大主应力时程曲线和 DCR-CID 曲线 (图 14.6 和图 14.7)，两种曲线都超过了临界值，进而利用塑性损伤模型进行非线性分析，并得到了不同时间段的开裂分布，这与其他学者[12,13] 的数值模型研究结果能够很好地吻合。第二步对比了大坝在近场和远场地震作用下的量化指标，结果如图 14.8 和图 14.9 所示，近场地震对大坝的应力、位移影响更大，并且相同条件下的超应力分布与非线性损伤开裂分布基本一致。

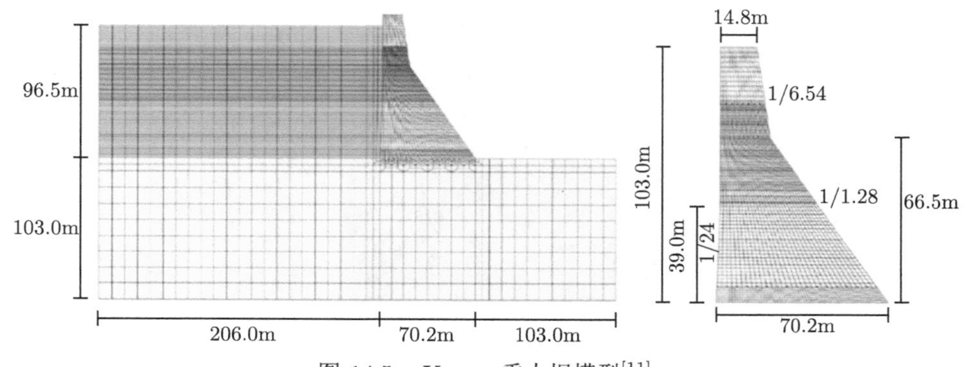

图 14.5 Koyna 重力坝模型[11]

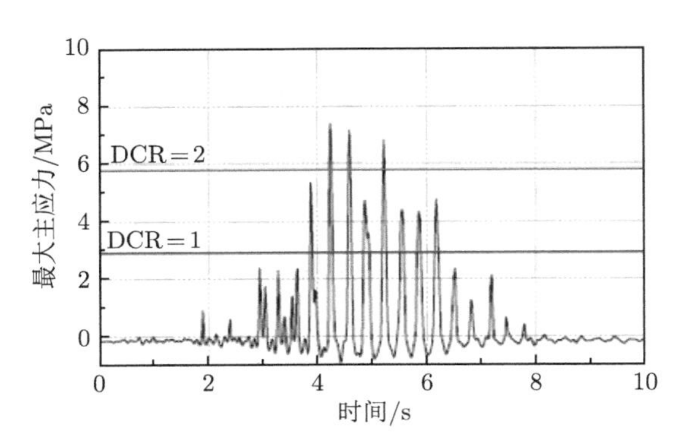

图 14.6　最大主应力时程曲线

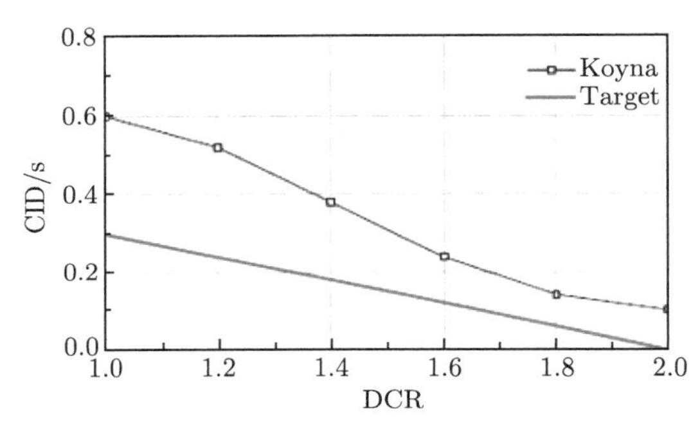

图 14.7　DCR-CID 指标曲线

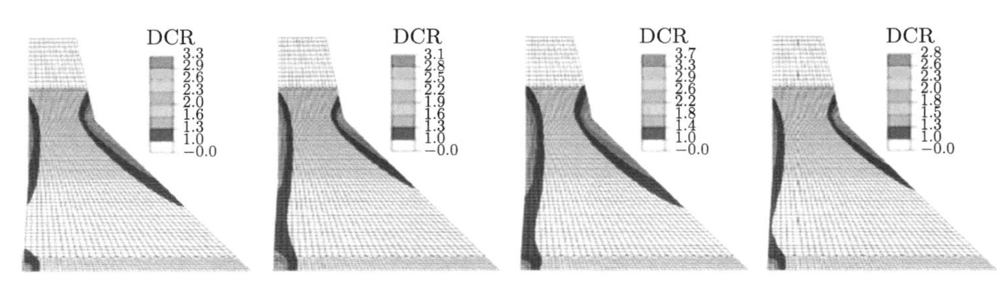

图 14.8　DCR-CID 超应力面积分布图

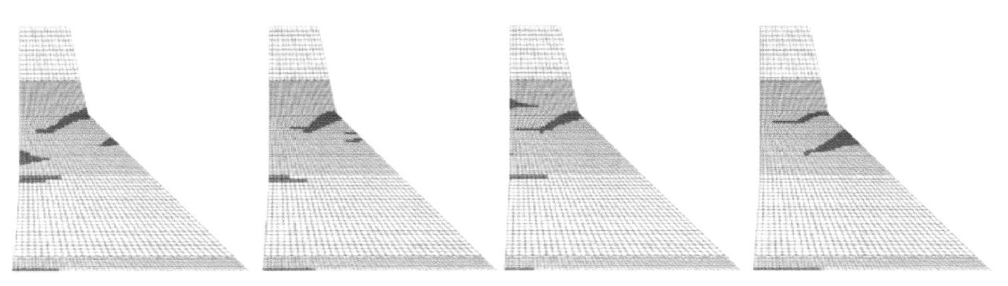

图 14.9　非线性开裂分布图

14.3.3 混凝土高拱坝指标及判别方法

类似于混凝土重力坝，拱坝线性弹性时程分析的评价标准基于 EM 1110-2-6051 中所述的程序和荷载组合情况。它涉及对时程分析计算结果的系统解释和评估，包括 PCR、CID、超应力面积比以及可能发生的破坏模式，基于这些评价指标，判断坝体损伤或可接受的非线性响应水平。对混凝土拱坝的性能评价包括以下三个目标等级。

(1) 如果计算出 DCR $\leqslant$ 1.0，则认为大坝对 MDE 的响应处于线性弹性范围内，几乎不会发生破坏。考虑到伸缩缝抵抗拉能力较低，即使 DCR $\leqslant$ 1.0，伸缩缝仍可能打开。但是，在 DCR $\leqslant$ 1.0 时，伸缩缝的开度很小，对坝的整体刚度影响很小或没有影响。如果 DCR $>$ 1.0，则认为该大坝表现为以伸缩缝的张合形式呈现非线性响应。

(2) 如果 DCR $<$ 2.0，则超应力区域限制在小于 20%的大坝表面积，并且非线性累积响应时间低于图 14.10 中给出的性能曲线。另外，在考虑到大坝基本周期与响应谱峰值之间的关系后，非线性响应还降低了抗震需求，则认为非线性响应或接缝开裂程度是可以接受的。

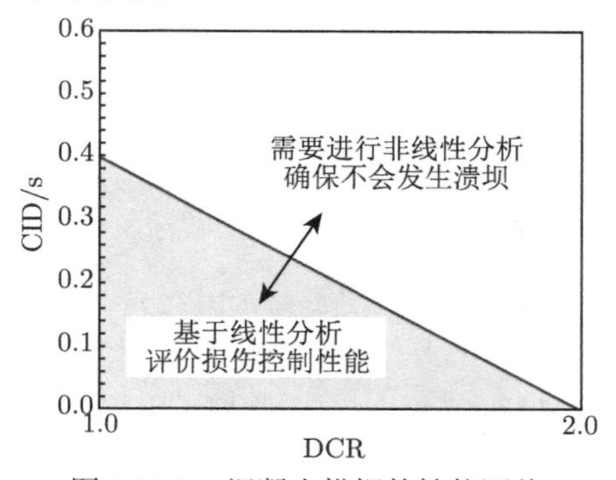

图 14.10 混凝土拱坝的性能评估

(3) 如果不满足上述性能标准，特别是在考虑了非线性后，大坝的基本周期落在响应谱的上升区域，则需要进行进一步的非线性分析，以更好地估计破坏程度和可能的破坏模式。

文献 [10] 对拱坝 Pacoima 大坝和 Morrow Point 大坝进行了数值模拟，模型考虑了横缝和大坝–地基接触的非线性，得到大坝在六条不同地震波下的响应，首先进行了线性时程分析，得到一系列的大坝应力时程曲线 (图 14.11) 和 DCR 指标曲线 (图 14.12 和图 14.13)，Pacoima 大坝的应力时程曲线的 DCR<2，DCR-CID 性能曲线在临界值以下，并且超应力面积小于 20%，Pacoima 大坝的抗震性能良好，破坏损伤在合理范围内，不需要进行非线性分析，这与大坝经历 San Fernando 和 Northridge 地震时的行为一致。相反，Morrow Point 大坝的 DCR-CID 性能

曲线超过了临界值，这表明大坝在地震作用下存在明显的非线性行为 (横缝的开裂和拉伸破坏)，对大坝进行非线性分析后，结果表明没有严重损伤破坏。

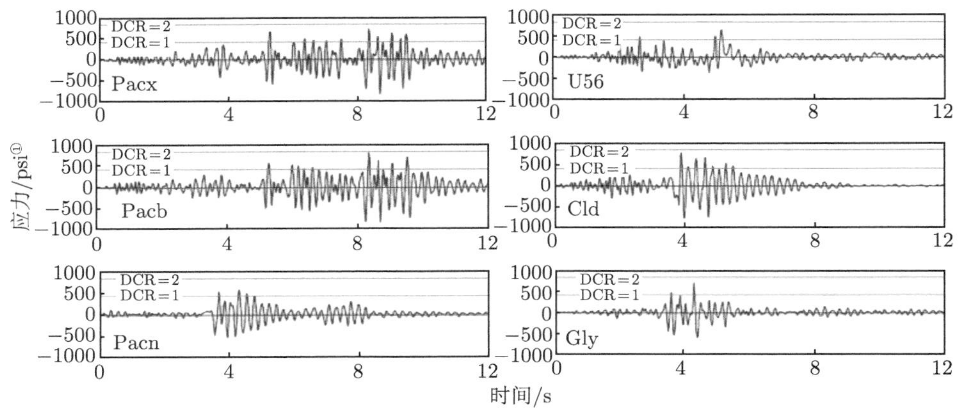

图 14.11　Pacoima 大坝最大应力时程

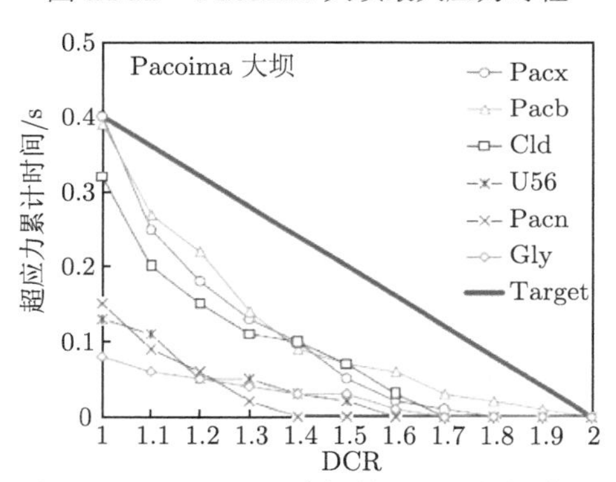

图 14.12　Pacoima 大坝的 DCR 指标曲线

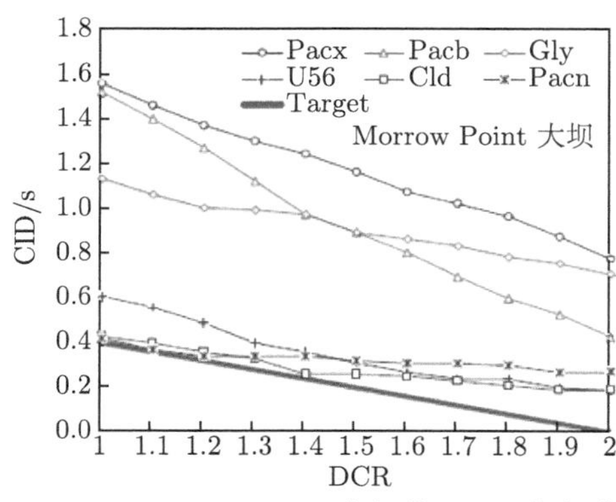

图 14.13　Morrow Point 大坝的 DCR 指标曲线

① $1\text{psi} = 6.89476 \times 10^3\text{Pa}$。

14.4 国内混凝土坝抗震设计标准及抗震安全评价方法

14.4.1 抗震设防标准及其性能目标

我国大坝抗震设防体现“分类设防”和“分级设防”相结合的大坝抗震设防理念。对于一般工程采用设计地震一级设防[14,15]，规定大坝抗震设防烈度按《中国地震动参数区划图》(GB 18306—2015) 确定；对于重要工程，则规定采用 100 年超越概率 2%(重现期 4950 年) 的地震动。

水工建筑物抗震设防目标是要确保在遭遇设计烈度的地震时，不发生严重破坏导致次生灾害，但容许有轻微损坏，经一般处理后仍可正常运用。根据水工建筑物的级别和场地地震基本烈度，确定各类建筑物的设计地震动峰值加速度和设计烈度，并选择相应的地震作用效应计算方法。在设计地震作用下，重力坝和拱坝的强度校核分别以材料力学法、拱梁分载法为基本方法。对于坝高大于 70m 的高坝，还应同时采用有限元方法分析。现行《规范》还规定，对于工程抗震设防类别为甲类的拱坝或重力坝，要求采用非线性数值计算分析评价拱坝与地基整体系统在设计地震作用下的整体稳定安全性。在有限元方法分析计算时，要求高混凝土坝数值模型应考虑半无限大体地基远域辐射阻尼、高混凝土坝体横缝及地基夹层的接触非线性、坝体–地基材料的非线性和库水的作用等因素，根据计算分析和模型试验结果，结合工程类比，按不发生库水失控下泄的灾变的设防要求，进行综合评价。

14.4.2 大坝混凝土动态性能及承载能力极限状态设计式

我国现行《规范》规定，在混凝土坝的设计中，一般工程采用基于抗折试验得出的弯拉强度作为大坝混凝土的抗拉强度的标准值，或取其立方体湿筛试件抗压强度标准值的 10%；对于重要的混凝土高坝，要求进行全级配试件的抗折试验以确定其弯拉强度标准值；动态强度都较静态强度增长约 20%，动态弹性模量可较其静态值提高 50%。

在传统的确定性方法设计中，将作用荷载和结构抗力看作确定的定值，采用主要依靠工程经验确定的单一安全系数作为判断结构安全与否的依据。事实上，工程结构承受的各类作用以及结构本身的抗力都是随机的，而地震作用随机性更大。现行《规范》(5.7.1 款)，根据《水利水电工程结构可靠性设计统一标准》(GB 50199—2013) 的要求，基于概率极限状态设计原则，原则上实现了抗震验算从确定性设计向基于概率理论的可靠度设计转轨，采用作用、抗力的分项系数和结构系数表达的承载能力极限状态设计式：

$$\gamma_0 \psi S\left(\gamma_G G_k, \gamma_Q Q_k, \gamma_E E_k, a_k\right) \leqslant \frac{1}{\gamma_d} R\left(\frac{f_k}{\gamma_m}, a_k\right) \tag{14.1}$$

为了使用方便，这里定义 $\eta = \dfrac{R(*)/\gamma_d}{\gamma_0\psi S(*)}$ 为抗力作用比值，因此如果 $\eta \geqslant 1$，则满足极限承载力要求。式中，γ_0 为结构的重要性系数；ψ 为设计状况系数，按《水利水电工程结构可靠度设计统一标准》(GB 50199—2013) 的规定取值，地震时取 0.85；$S(*)$ 为作用效应函数；γ_G 为永久作用的分项系数；G_k 为永久作用的标准值；γ_Q 为可变作用的分项系数；Q_k 为可变作用的标准值；γ_E 为地震作用的分项系数，取 1.0；E_k 为地震作用的代表值；a_k 为几何参数的标准值；γ_d 为承载能力极限状态结构系数；$R(*)$ 为结构抗力函数；f_k 为材料性能的标准值；γ_m 为材料性能的分项系数。

现行《规范》对各类水工建筑物采用分项系数极限状态设计方法，统一给出其强度和稳定验算公式。但各类水工建筑物的分项系数取值需根据其自身变异特性，依据专家的工程经验确定。引入反映属于未认知性和模糊性等非随机性不确定性的结构系数 γ_d，根据与确定性的单一安全系数分析方法结果保持连续性的原则，进行“套改”确定结构系数 γ_d 的取值。

结构系数 γ_d 可根据式 $\gamma_d = \dfrac{K}{\gamma_0\psi\gamma_m\gamma_f}$ 求得，其中，K 为通常意义上的安全系数，γ_f 为作用效应分项系数。

结构重要性系数的引入是为了体现不同重要性的水工建筑物有不同的安全水准。在《水利水电工程结构可靠度设计统一标准》(GB 50199—2013) 中，对安全级别为 Ⅰ，Ⅱ，Ⅲ 级的水工建筑物，γ_0 分别取为 1.1，1.0，0.9。现行《规范》在根据安全系数套改求得结构系数时，按中等安全级别的水工建筑物的重要性系数 $\gamma_0 = 1.0$ 进行。设计状况系数是考虑在不同设计状况下有不同的可靠性水准，对地震作用的偶然工况，其设计状况系数 ψ 也取为 0.85。

作用分项系数为作用 (如水压力) 的设计值与其标准值的比值，体现随机变异性对作用增加的“超载”效应。在水工建筑物设计中，作为主要作用的水荷载，其在不同工况下的相应设计水位，已经考虑了相应的洪水发生概率，视为定值。另一个主要作用是结构的自重荷载，对大体积坝体而言，其尺寸和容重的随机变异性也是很小的，同样可以视为定值。其余的具有一定随机变异性的作用 (渗透压力、温度作用等)，很难用统计理论进行分析而提出准确的统计参数。因此，水工建筑物的静态作用基本上可以不计其随机变异性而作为定值处理。至于地震作用，是随机变异性最大的作用。实际上，地震作用应当视为随时间变化的非平稳随机过程，其失效概率的表征所涉及的对作用效应的动态超越概率分析，十分复杂，目前尚难在工程中实际应用。因而通常把地震动输入的峰值加速度作为与时间无关的随机变量处理。现行《规范》依据的地震动输入的设防准则是基于概率理论的地震危险性分析的结果，因此其随机变异性在地震作用的代表值中已经得到了反映，可作为定值处理。因此，对于水工建筑物的抗震设计，其静、动态作用效应分项系数 γ_f 可取为 1.0。

14.4.3 混凝土重力坝抗震安全评价方法

1. 重力坝承载能力分项系数

现行《规范》7.1.7 款规定了进行坝体强度验算时的抗压、抗拉结构系数和沿坝基面及碾压层面的抗滑稳定结构系数，要求按照 5.7.1 款条文说明中的原则、方法和分项系数取值。

现行《规范》规定抗压安全系数为 2.3，在考虑了全级配试件与湿筛试件的强度差异后，套改得到以混凝土全级配试件强度表征结构抗力的抗压结构系数为 1.30。由于在地震作用下重力坝头部放大效应明显，往往出现较大的拉应力。考虑到设计地震下大坝允许出现可修复损伤的功能目标和地震作用的瞬时短暂性，现行《规范》规定抗拉安全系数为 1.0，套改后抗拉结构系数取为 0.70。

坝基面抗滑稳定结构系数根据一些经历强震的工程所出现的震害现象，例如，我国新丰江、印度 Koyna 等重力坝，虽然坝体顶部都出现了贯穿性裂缝，但大坝并未发生沿坝基面的整体滑移损坏，同时考虑到地震作用瞬时、往复和短暂的特点，按动力法计算时的坝基面的抗滑稳定安全系数取为 1.0。按照鲁地拉、龙开口、官地、功果桥、向家坝 5 个工程 10 个坝段的建基面抗力比的统计结果，其摩擦抗力与凝聚力抗力的比值大多介于 $0.5 \sim 1.0$。取抗力比为 1.0。在安全系数计算中的标准值取均值，套改求得的结构系数为 0.64，出于安全考虑，规定为 0.65。采用有限元方法时的抗滑稳定的结构系数仍为 0.65。

考虑到重力坝深层滑动与拱坝拱座稳定同属坝体带动部分基岩的滑动失稳问题，重力坝深层抗滑稳定指标的确定与拱坝拱座潜在滑动岩块稳定的抗滑稳定指标相同，结构系数按照安全系数取 1.2 套改得到，坝深层滑动结构系数 γ_d 为 1.4。

重力坝按大体积混凝土结构，动力有限元方法反应谱法和时程法进行抗震计算和安全校核时，地震作用不折减，即折减系数取 1.0，荷载作用分项系数、材料分项系数和动力作用分项系数分别如表 14.3 和表 14.4 所列。

表 14.3 荷载作用分项系数

坝体容重	静水压力	浮托力	渗透压力	地震作用折减系数
1.0	1.0	1.0	1.2	1.0

表 14.4 材料性能和结构分项系数

抗力分项系数 γ_m				结构系数 γ_d				
岩体滑动面		重力坝坝基		混凝土强度	抗压	抗拉	抗滑	
摩擦系数	凝聚力	摩擦系数	凝聚力				坝基及碾压层面	深层滑动面
1.0	1.0	1.7	2.0	1.5	1.3	0.7	0.65	1.4

2. 地震作用及荷载组合

一般情况下，在进行重力坝抗震计算时采用上游水位正常蓄水位，并按表 14.5 与其他荷载进行组合计算。

表 14.5　重力坝地震动分析评价的荷载组合

工况	计算工况	荷载名称					
		结构自重及设备重	静水和淤砂压力	动水压力	扬压力		地震作用力
					浮托力	渗透压力	
特殊工况	正常蓄水位 + 设计地震	√	√	√	√	√	√
极端工况	正常蓄水位 + 校核地震	√	√	√	√	√	√

3. 计算模型和计算方法

通常采用振型分解反应谱法和时程分析法作为混凝土坝动力分析和抗震评价的基本方法。在进行静力计算后进行动力计算，动力计算同时采用反应谱法和时程分析法，确定一系列结构运行性能控制指标。在静动力成果叠加的基础上，分析大坝沿建基面和碾压层面的抗滑稳定及坝基深层滑动面的抗滑稳定性，对大坝沿建基面或碾压层面、坝基深层滑动面的抗震稳定性进行综合评价。

1) 有限元建模

对于重力坝一般选取典型坝段为研究对象，建立反映大坝–地基–库水作用的有限元模型，地基模拟范围：上下游、深度方向均取 1 ~ 2 倍坝体高度。施加顺河向和竖向地震作用。静力及振型分解反应谱法 (无质量地基，动水压力采用附加质量法模拟) 分析时沿地基法向施加约束。对不同工况下的大坝及坝基进行振型分解反应谱法，研究大坝的应力大小和规律，进行强度和稳定校核，并根据反应谱的评价结果，决定是否采用时程法进行进一步验证。

2) 动力计算方法

(1) 振型分解反应谱法，按照现行《规范》[1]，在设计地震作用下，重力坝和拱坝的动力分析方法。如果只计地基弹性影响，在动力分析时，一般采用振型分解反应谱可较好地给出重力坝和拱坝的动力反应。将坝体和地基均作为弹性材料考虑，不计地基质量，首先计算考虑坝–库水–地基动力相互作用下的结构自振特性，得到结构的各阶自振频率和振型，分析其振动特性和频率分布；然后根据给定的地震加速度反应谱计算坝体的动应力，按最不利的方式与静力成果进行叠加，得到静动力荷载作用下的坝体响应。

(2) 动力时程法，对重要的工程，还需补充进行时程分析法计算。对于抗震设防类别为甲类的重力坝和拱坝，还规定应进行非线性有限元分析。一般采用有限单元法，考虑结构–地基–库水体系的动力相互作用，以及近场地基的质量、岩性和各类地质构造，远域地基的辐射阻尼及沿坝基地震动输入的不均匀性影响。输入不同概率水平的基岩峰值加速度时程，按不同地震加速度时程计算的结果进行综合分析，以确定设计采用的地震作用效应。

(3) 刚体极限平衡法，目前仍然用于坝体的抗滑稳定分析。抗滑稳定分沿建基面、碾压层面抗滑稳定和深层抗滑稳定两种。沿建基面、碾压层面抗滑稳定分析按刚体极限平衡法中的抗剪断强度公式计算抗滑稳定抗力作用比值。深层抗滑稳定分析首先确定坝基最危险的深层滑动，以基于等安全系数法的刚体极限平衡法进行分析，计算抗滑稳定安全系数。计算荷载均包括自重、不同运行工况下的上下游静水压力、扬压力和地震作用等。

14.4.4 重力坝反应谱法计算分析实例

1. 地震动参数的选取

某工程为一等大 (1) 型工程，为 1 级挡水、泄水建筑物，其工程抗震设防类别为甲类。按现行《规范》[1]，对甲类的壅水和重要泄水建筑物，设计地震对应基准期 100 年超越概率 2%的地震动参数，相应性能目标为，容许局部损坏，经一般处理后仍可正常运行，并要求进行最大可信地震 (或基准期 100 年超越概率 1%地震) 校核不发生库水失控下泄的灾变安全裕度。重力坝的阻尼比取 10%，因此该工程场地基岩人工地震波取 10%阻尼比的反应谱用于反应谱法分析。图 14.14 和图 14.15 分别给出了 100 年超越概率 2%和 1%的 10%阻尼比的场地设计和校核地震反应谱。

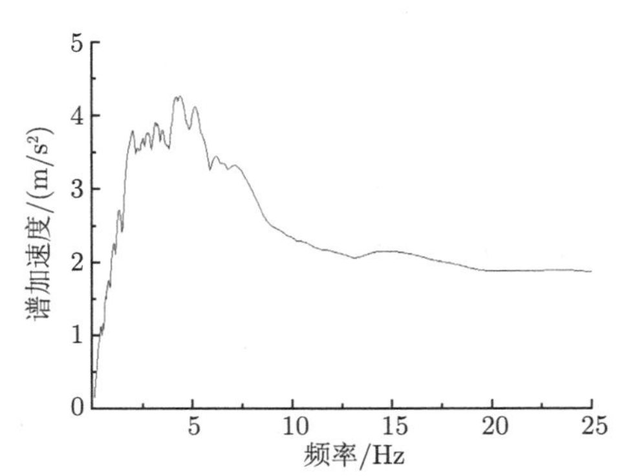

图 14.14 场地设计地震反应谱 (100 年超越概率 2%，阻尼比 10%)

根据《水工建筑物抗震设计标准》(GB 51247—2018)[2]，工程抗震设防类别为甲类的大体积混凝土水工建筑物，应通过专门的试验确定其混凝土材料的动态性能。对不进行专门的试验确定其混凝土材料动态性能的大体积水工混凝土建筑物，其混凝土动态强度的标准值可取现行《规范》[1,2] 规定值①，相应的材料性能

① 现行《规范》给出的常规大坝混凝土为 90 天龄期 80%保证率的强度标准值；碾压混凝土为 180 天龄期 80%保证率的强度标准值。

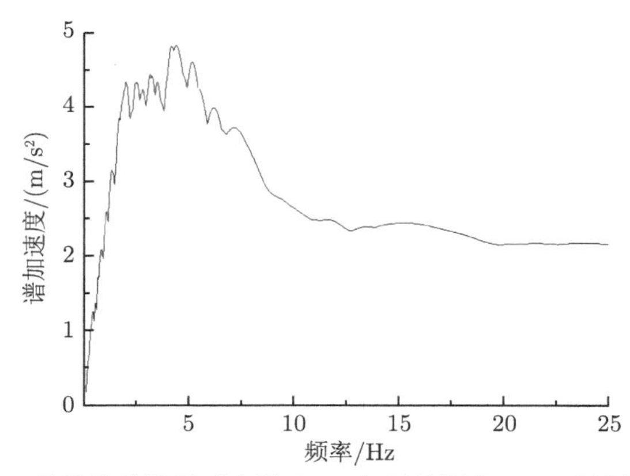

图 14.15　场地校核地震反应谱 (100 年超越概率 1%，阻尼比 10%)

分项系数可取为 1.5；其动态弹性模量标准值可较其静态标准值提高 50%；其动态抗拉强度的标准值可取为其动态抗压强度标准值的 10%。

在下面的算例中，大坝混凝土物理及力学性能指标, 按《水工建筑物抗震设计标准》(GB 51247—2018)[2] 给定值，取与其标号对应的参数，如表 14.6 所列。

表 14.6　混凝土物理及力学特性参数

混凝土标号	RCC C10	RCC C15	RCC C20	C15	C20	C25
静抗压强度标准值/MPa	13.50	19.58	25.03	14.33	18.50	22.42
静抗拉强度标准值/MPa	1.35	1.96	2.53	1.43	1.85	2.24
动抗压强度标准值/MPa	16.2	23.5	30.04	17.2	22.2	26.9
动抗拉强度标准值/MPa	1.62	2.35	3.04	1.72	2.22	2.69
质量密度/(kg/m^3)	2350	2350	2350	2350	2350	2350
静态弹性模量/GPa	17.5	22.0	25.5	22.0	25.5	28.0
动态弹性模量/GPa	26.25	33.0	38.25	33.0	38.25	42.0
泊松比	0.167	0.167	0.167	0.167	0.167	0.167

2. 计算模型

算例选取了某工程的碾压混凝土挡水坝某一典型坝段。典型坝段如图 14.16 所示，宽度为 20m。坝顶高程 610.0m，坝基面高程 568.0m，坝高 42.0m，如图 14.16(b) 所示。模型自坝基面线下延伸 63.0m，至高程 505.0m；地基自坝踵向上游约为 45.0m, 自坝址下游延伸 43.0m。有限元网格剖分后共有 9096 个六面体单元，96 个三棱柱单元，共有 11025 个节点，大约 33075 个自由度。共有 9 种材料，包括常态大坝混凝土 C15、C20、C25，碾压混凝土 RCC C10、RCC C15 和 RCC C20 等；地基包括 Ⅱ 微风化带、Ⅲ 弱风化带，以及 Ⅴ 全风化带。坝基周边及其底界面均采用法向位移约束。

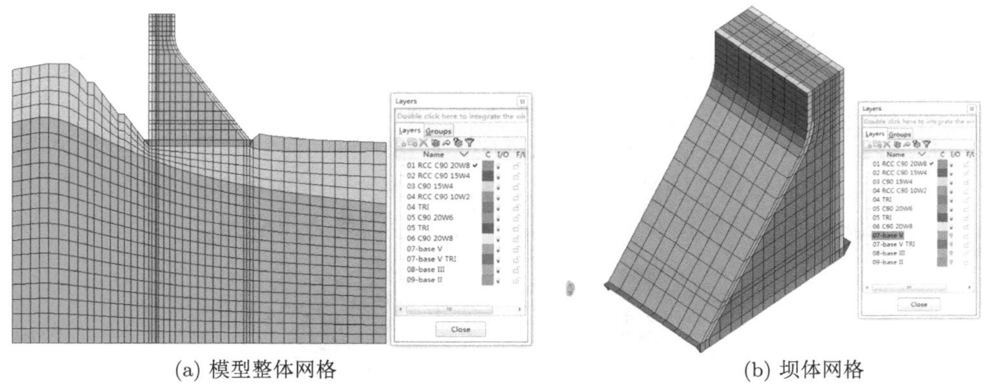

(a) 模型整体网格　　(b) 坝体网格

图 14.16　典型坝段计算模型

3. 静态应力计算

在进行动态安全评价前，首先要进行静态分析。作用在溢流重力坝的静态荷载包括坝体自重、上游正常蓄水位时水压力 (图 14.17) 和坝底扬压力 (图 14.18)。正常蓄水位 608m：坝底面上游 (坝踵) 处的扬压力作用水头为 38m，如图 14.18 所示，横河向宽度为 20m，浮托力为 0，渗透压力为 134064kN。

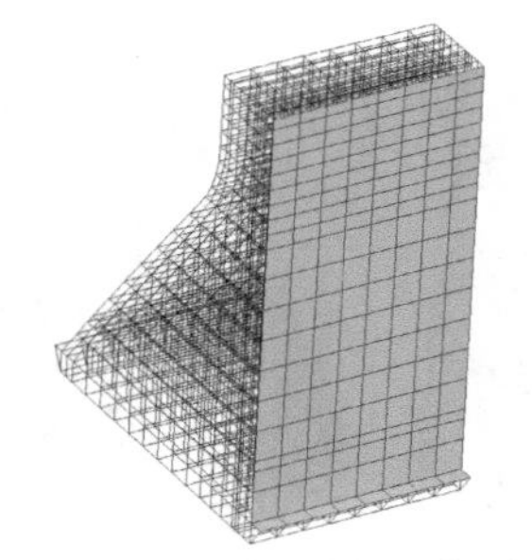

图 14.17　坝面水压力面

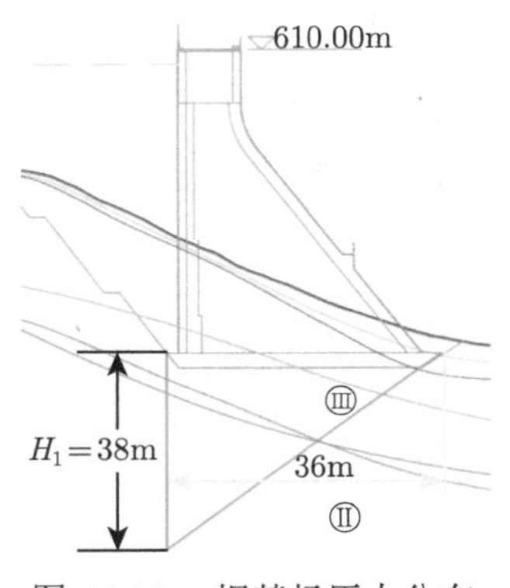

图 14.18　坝基扬压力分布

在正常蓄水位 608m 时的静水压力、坝体自重作用，计算得到静态最大拉主应力约为 0.916MPa，如图 14.19 所示，在上游坝踵上部边缘附近。最大静态压应力约为 −0.936MPa，如图 14.20 所示，位于下游坝趾上部局部区域。坝的垂直应力 (正应力) 为按材料力学法将有限元方法计算结果转化得到的等效正应力，如图 14.21 所示，静态荷载在坝基面的最大垂直应力约为 −0.380MPa，最小垂直应力约为 −0.568MPa，建基面在静力作用下的垂直应力均为压应力。

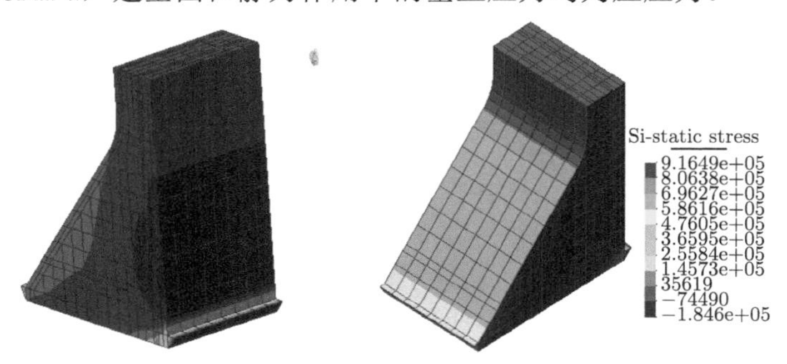

图 14.19　正常蓄水位时的静态最大主应力分布

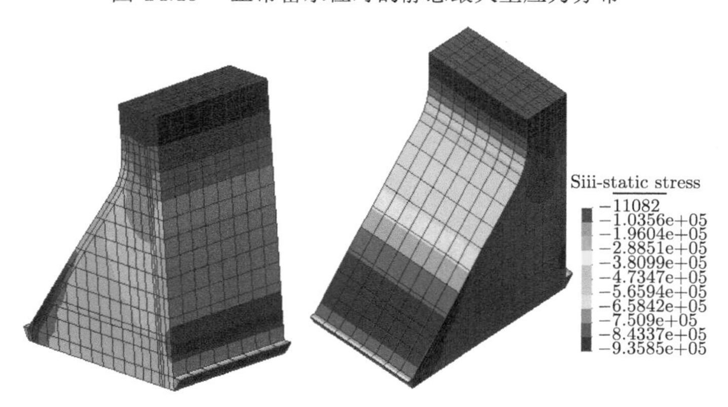

图 14.20　正常蓄水位时的静态最小主应力分布

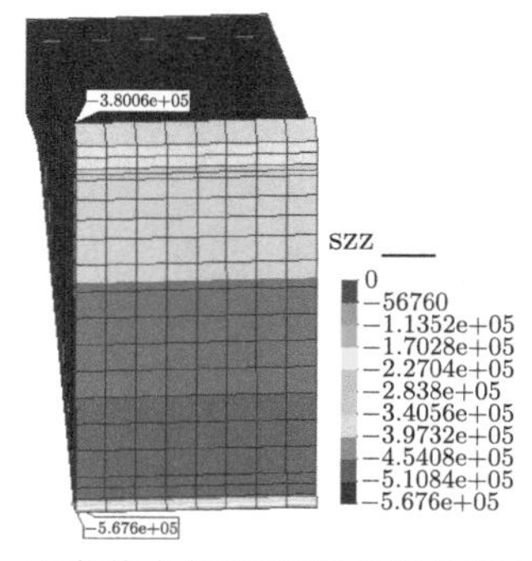

图 14.21　正常蓄水位时建基面静态垂直应力分布

4. 主要振型和模态参数计算

1) 主要振型选取及振型分解反应谱法

按照现行《规范》5.5.6 款，对水工建筑物进行线弹性分析时，其地震作用效应的计算可采用只计地基弹性影响的振型分解反应谱法或振型分解时程分析法。采用振型分解反应谱法计算地震作用效应时，可由各阶振型的地震作用效应按平方和方根法组合。当两个振型的频率差的绝对值与其中一个较小的频率之比小于 0.1 时，地震作用效应宜采用完全二次型方根法组合。

$$S_{\mathrm{E}}=\sqrt{\sum_{i}^{m}\sum_{j}^{m}\rho_{ij}S_iS_j} \tag{14.2}$$

$$\rho_{ij}=\frac{8\sqrt{\xi_i\xi_j}\left(\xi_i+\gamma_\omega\xi_j\right)\gamma_\omega^{3/2}}{\left(1-\gamma_\omega^2\right)^2+4\xi_i\xi_j\gamma_\omega\left(1-\gamma_\omega^2\right)+4\left(\xi_i^2+\xi_j^2\right)\gamma_\omega^2} \tag{14.3}$$

式中，S_{E} 为地震作用效应；S_i，S_j 分别为第 i 阶和第 j 阶振型的地震作用效应；m 为计算采用的振型数；ρ_{ij} 为第 i 阶和第 j 阶的振型相关系数；ξ_i，ξ_j 分别为第 i 阶和第 j 阶振型的阻尼比；γ_ω 为圆频率比，$\gamma_\omega=\omega_j/\omega_i$，$\omega_{\mathrm{i}}$，$\omega_j$ 分别为第 i 阶和第 j 阶振型的圆频率。

采用振型分解反应谱法计算前若干阶主要振型，影响不超过 5%的高阶振型以及局部振型略去不计，对前若干阶主要振型的惯性力，可求得地震惯性力，有计算公式 (14.4)：

$$F_j=\sum_{i=1}^{K}F_{ji}=\gamma_jS_{aj}\sum_{i=1}^{K}m_i\phi_{ji} \tag{14.4}$$

式中，K 为所考虑的主要阵型阶数；F_j 为第 j 阶振型下的地震惯性力；F_{ji} 为作用在质点 i 上的第 j 阶振型地震惯性力；ϕ_{ji} 为质点 i 的第 j 阶振型位移；γ_j 为第 j 阶振型的振型参与系数；m_i 为质点 i 的质量；S_{aj} 为第 j 阶振型地震反应谱加速度。

2) 主要振型和模态参数计算

采用分块兰索斯法 (Lanczos) 进行结构模态分析，振型取前 15 阶，X 向和 Z 向振型有效质量分别达到总质量的 97.6%和 96.3%，略去不计的高阶振型 X 向和 Z 向的有效质量均不超过总质量的 5%，满足《规范》要求。限于篇幅，下面仅给出其中 4 阶主要振型信息，其 X 向和 Z 向振型有效质量分别达到总质量的 97.6%，96.3%，计算结果列在表 14.7，其中参与系数对应的最大振型位移为 1。典型坝段第 1 阶主要频率为 4.860Hz；第 2 阶主要频率为 11.873Hz，主振方向是顺水流 (X) 向；第 3 阶主要频率为 13.273Hz，主振方向为垂直 (Z) 向。在正常蓄水位下，得到以下 4 阶主要振型 (图 14.22)。

表 14.7 正常水位典型坝段的自振特性

主要模态阶数	频率/Hz	周期/s	X 向振型参与系数	Y 向振型参与系数	Z 向振型参与系数	X 向有效质量	Y 向有效质量	Z 向有效质量
1	4.860	0.206	1.966	0.000	0.221	61.2%	0.0%	1.2%
2	11.873	0.084	−1.553	0.000	0.194	29.1%	0.0%	0.7%
3	13.273	0.075	−0.140	0.000	1.400	0.6%	0.0%	92.7%
4	21.799	0.046	0.728	0.000	0.299	6.7%	0.0%	1.7%

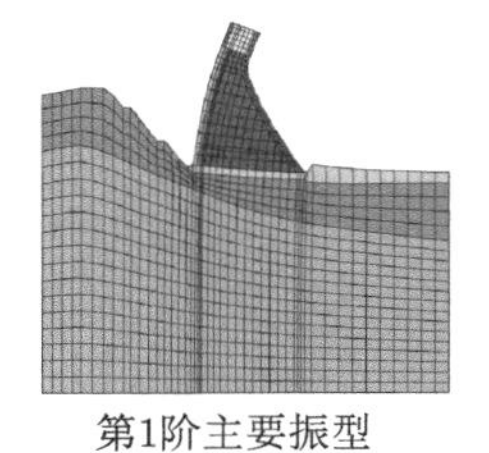
第1阶主要振型

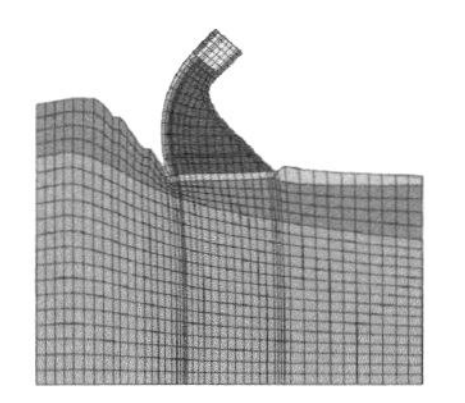
第2阶主要振型

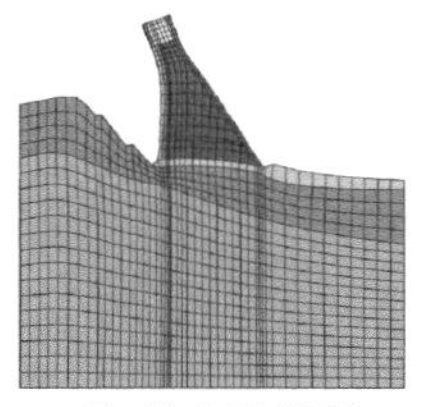
第3阶主要振型

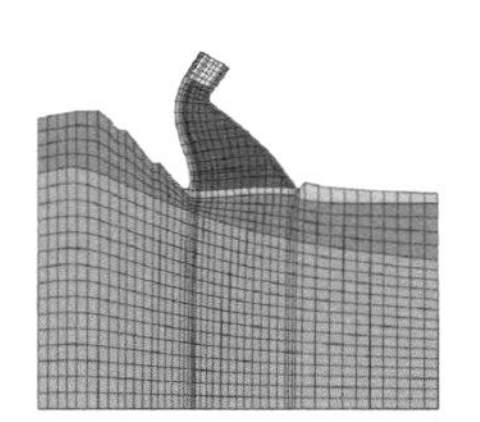
第4阶主要振型

图 14.22 正常蓄水位典型坝段的主要振型

5. 设计地震工况

1) 静动应力组合应力分析及强度安全评价

静动应力组合应力为静态应力与动态应力的叠加。如图 14.23 所示，最大静动组合主拉应力约为 2.742MPa，位于上游面坝踵部位；图 14.24 给出了最大静动组合主压应力约为 −2.554MPa，分别位于上游面坝踵上部区域和下游坝趾上部坝坡局部区域；在坝基面上按材料力学法将有限元方法计算结果转化得到的最大垂直应力约为 0.346MPa，最小垂直应力约为 −1.309MPa。建基面的垂直拉应力区域在距上游基底边缘 6m 的范围内 (图 14.25)。

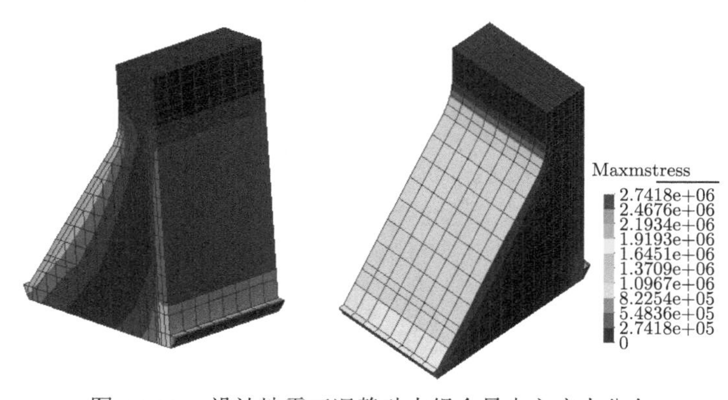

图 14.23 设计地震工况静动态组合最大主应力分布

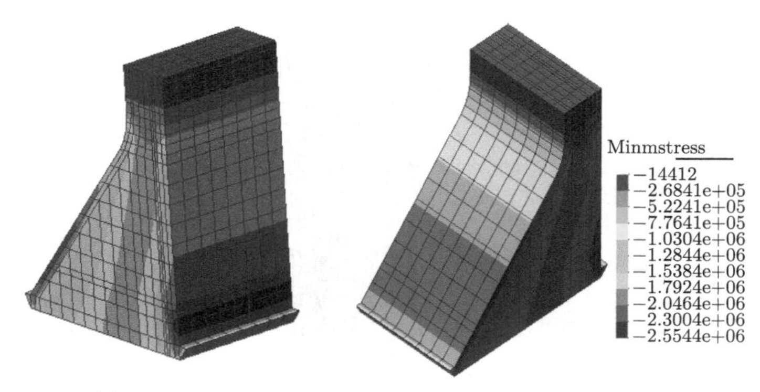

图 14.24 设计地震工况静动态组合最小主应力分布

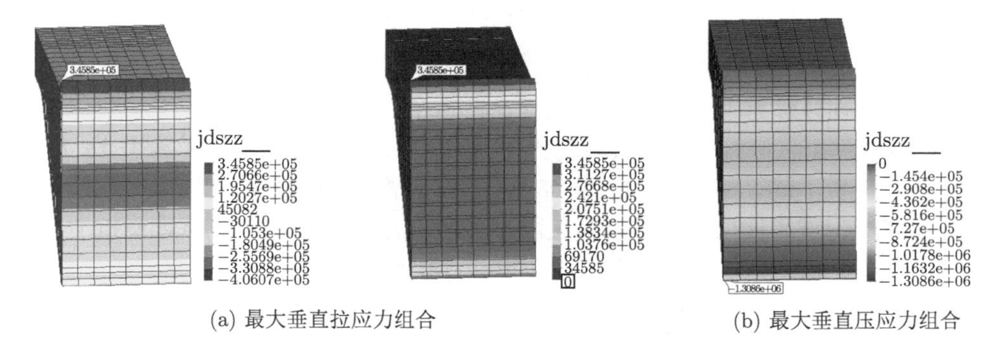

(a) 最大垂直拉应力组合 (b) 最大垂直压应力组合

图 14.25 设计地震工况建基面静动态组合垂直应力分布

混凝土强度抗力分项系数 γ_m 取 1.5；结构系数 γ_d；抗压取 1.3，抗拉取 0.7；γ_0 取 1.1；ψ 取 0.85。强度校核计算列在表 14.8 中。典型坝段最大静主拉应力、主压应力，最大静动组合主拉应力、主压应力满足强度要求。

表 14.8 设计地震作用下典型坝段抗震强度校核

强度校核	$S(*)$/MPa	$R(*)$/MPa	$\gamma_0\psi S(*)$	$R(*)/\gamma_d$	抗力作用比值 η
最大静主拉应力	0.916	1.23	0.86	1.76	2.06
最大静主压应力	0.936	12.33	0.88	9.49	10.84
最大静动组合主拉应力	2.742	1.48	2.56	2.11	0.82
最大静动组合主压应力	2.554	14.80	2.39	11.38	4.77

最大静动组合主拉应力为 2.742MPa，抗力作用比值为 0.82。如图 14.26 所示，抗力作用比值小于 1，即主拉应力超过 2.26MPa 的拉应力分布位于上游坝踵边缘 (应力集中的踵角缘在造型时可以去掉，不会影响坝体稳定性评价)，前后深度 1.5m 的区域，其他区域抗力作用比值大于 1，可认为典型坝段满足设计地震强度安全要求。

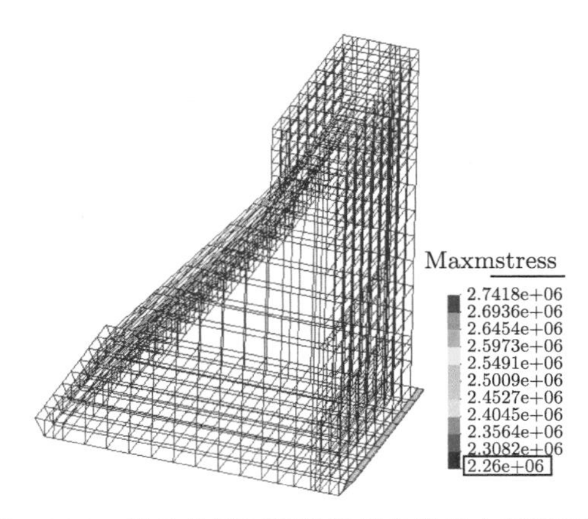

图 14.26　设计地震工况静动组合拉应力超标区域

2) 滑动面抗滑稳定校核及评价

取典型坝段坝基及其碾压层面如图 14.27 所示的橘红色标记的滑动面包括建基面。荷载作用、材料分项系数和动力作用分项系数取值见表 14.3 和表 14.4。计算结果列在表 14.9，建基面、573m 高程、585m 高程和 600m 高程碾压界面静态抗滑稳定抗力作用比值大于 1，满足静态抗滑稳定安全要求；校核地震抗滑震稳定抗力作用比值均大于 1，典型坝段在设计地震作用下满足安全要求。

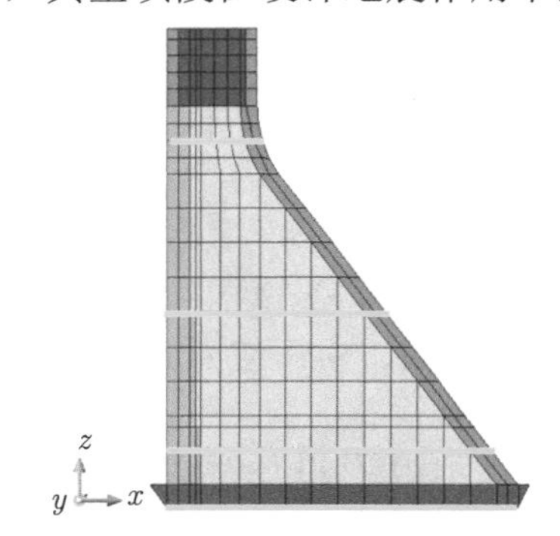

图 14.27　典型坝段坝基及其碾压层面

表 14.9　设计地震作用下坝建基面及碾压面抗滑稳定性校核

抗滑稳定性校核		效应 $S(*)$/kN	抗力 $R(*)$/kN	$\gamma_0\psi S(*)$	$R(*)/\gamma_d$	抗力作用比值 η
建基面	静力稳定校核	141600.00	296815.61	132396.00	456639.39	3.45
	地震稳定校核	271435.92	274700.44	253792.58	422616.05	1.67
573m 高程碾压面	静力稳定校核	113400.00	967968.15	106029.00	1489181.76	14.05
	地震稳定校核	238854.50	928596.62	223328.96	1428610.18	6.40
585m 高程碾压面	静力稳定校核	45400.00	603982.06	42449.00	929203.17	21.89
	地震稳定校核	140265.39	581116.00	131148.14	894024.61	6.82
600m 高程碾压面	静力稳定校核	5150.00	248094.73	4815.25	381684.20	79.27
	地震稳定校核	44179.26	241217.65	41307.61	371104.08	8.98

6. 校核地震工况

1) 静动应力组合应力分析及强度安全评价

如图 14.28 所示，最大静动组合主拉应力约为 2.976MPa。如图 14.29 所示，最大静动组合主压应力约为 −2.780MPa，二者均位于上游坝踵部位。坝基面上存在的最大垂直应力约为 0.455MPa，最小垂直应力约为 −1.420MPa，垂直拉应力区域边缘向下游延伸约 6.5m (图 14.30)。

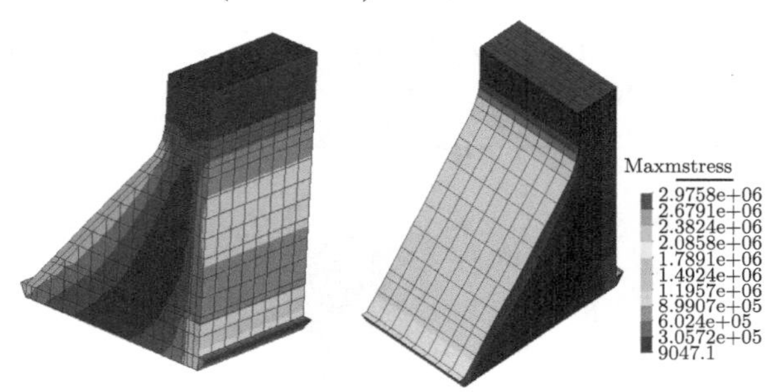

图 14.28 校核地震作用静动态组合最大主应力分布

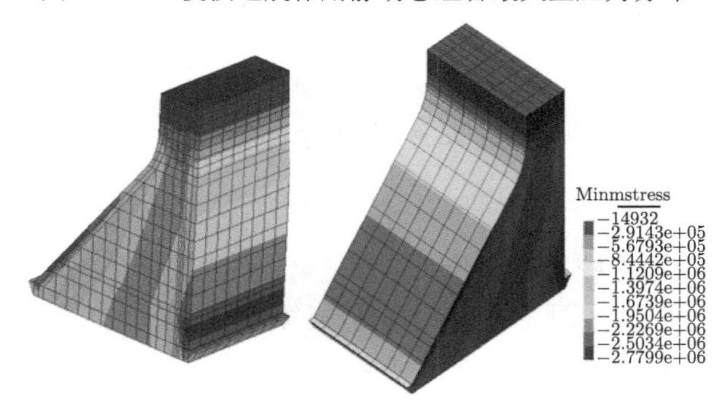

图 14.29 校核地震作用静动态组合最小主应力分布

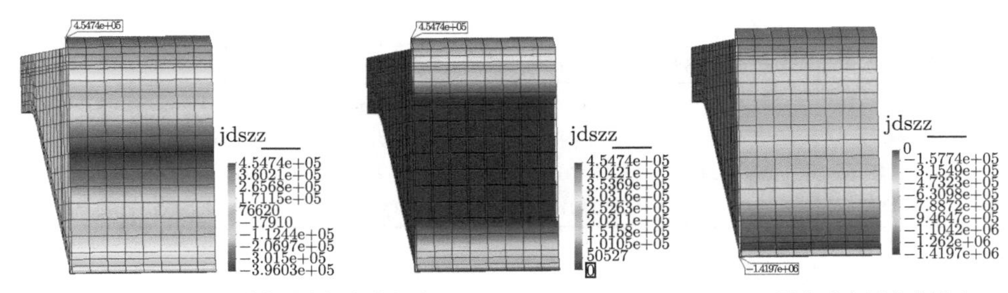

(a) 最大垂直拉应力组合 (b) 最大垂直压应力组合

图 14.30 校核地震工况建基面静动态组合垂直应力分布

混凝土强度抗力分项系数 γ_m 取 1.5；结构系数 γ_d：抗压取 1.3，抗拉取 0.7；γ_0 取 1.1；ψ 取 0.85。强度校核计算列在表 14.10 中。典型坝段最大静主拉应力、最大静主压应力、最大静动组合主压应力满足强度要求。最大静动组合主拉应力约为 2.976MPa，抗力作用比值为 0.76。如图 14.31 所示，与设计地震工况类似，抗力作用比值小于 1，即主拉应力超过 2.26MPa 的拉应力分布位于上游坝踵的三角区域，尽管范围有所扩大，但前后深度仍在 1.5m 的区域，其他区域抗力作用比值大于 1，坝段满足校核地震的抗震能力要求。

表 14.10 校核地震作用下典型坝段抗震强度校核

强度校核	$S(*)$/MPa	$R(*)$/MPa	$\gamma_0\psi S(*)$	$R(*)/\gamma_d$	抗力作用比值 η
最大静动组合主拉应力	2.976	1.48	2.78	2.11	0.76
最大静动组合主压应力	2.78	14.80	2.60	11.38	4.38

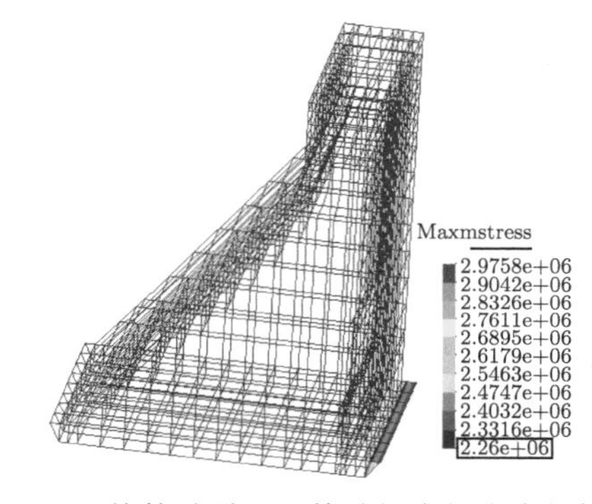

图 14.31 校核地震工况静动组合拉应力超标区域

2) 建基面抗滑稳定校核及评价

校核地震作用下建基面及碾压面的抗滑稳定性校核，仍取图 14.27 典型坝段坝基及其碾压层面中橘黄线标注的滑动面。在校核地震作用下沿建基面抗滑稳定性抗力作用比值如表 14.11 所列。

表 14.11 校核地震作用下建基面及碾压面抗滑稳定性校核

抗地震稳定校核	效应 $S(*)$/kN	抗力 $R(*)$/kN	$\gamma_0\psi S(*)$	$R(*)/\gamma_d$	抗力作用比值 η
建基面	1372194.06	1533560.17	1283001.45	2359323.34	1.84
573m 高程碾压面	257837.75	922639.08	241078.30	1419444.74	5.89
585m 高程碾压面	154620.02	577656.00	144569.72	888701.54	6.15
600m 高程碾压面	50085.00	240177.04	46829.47	369503.14	7.89

计算结果显示，校核地震作用下抗震稳定抗力作用比值大于 1，坝体在校核地震作用下，满足抗滑稳定性安全要求。

由以上反应谱法计算显示，在设计地震和校核地震两种工况，典型坝段整体静动组合压应力均满足抗压强度安全要求，建基面以及碾压混凝土层面也均满足动态抗滑稳定性安全要求，由于坝体边角处产生的局部应力集中，动态抗拉强度均存在小范围的超标局部区域，应该不会影响坝体整体抗震安全，但要关注在坝基面上均存在不同范围的垂直拉应力。

14.4.5 重力坝动力时程法计算分析实例

针对反应谱法不满足抗拉强度的局部区域和建基面存在较大垂直拉应力的情况，将坝体结构–地基视为整体系统，采用人工黏弹性边界模拟远域辐射阻尼，采用时程法进行了进一步分析和安全校核。设计地震波采用了某工程坝基岩 100 年超越概率 2%的地震波，校核地震波采用了 100 年超越概率 1%的地震波。

时程分析采用第 12 章的混凝土地震响应的并行计算 PCDSRA 系统，对图 14.16 的模型进行时程分析和抗震安全性评价。

1. 输入场地震波时程

当需进行重力坝在最大可信地震作用下抗震安全性论证时，应建立反映大坝–地基–库水系统的有限元模型，按 2.4 节介绍的黏弹性边界方法考虑远域地基辐射阻尼效应、坝体混凝土和近域地基岩体的材料特性等因素的影响，适当确定计算参数，进行计算分析。计算分析分别采用如图 14.32 所示的由库坝基岩 100 年超越概率 2%，阻尼比为 5%的反应谱，生成的 3 套设计地震波，如图 14.33 所示，

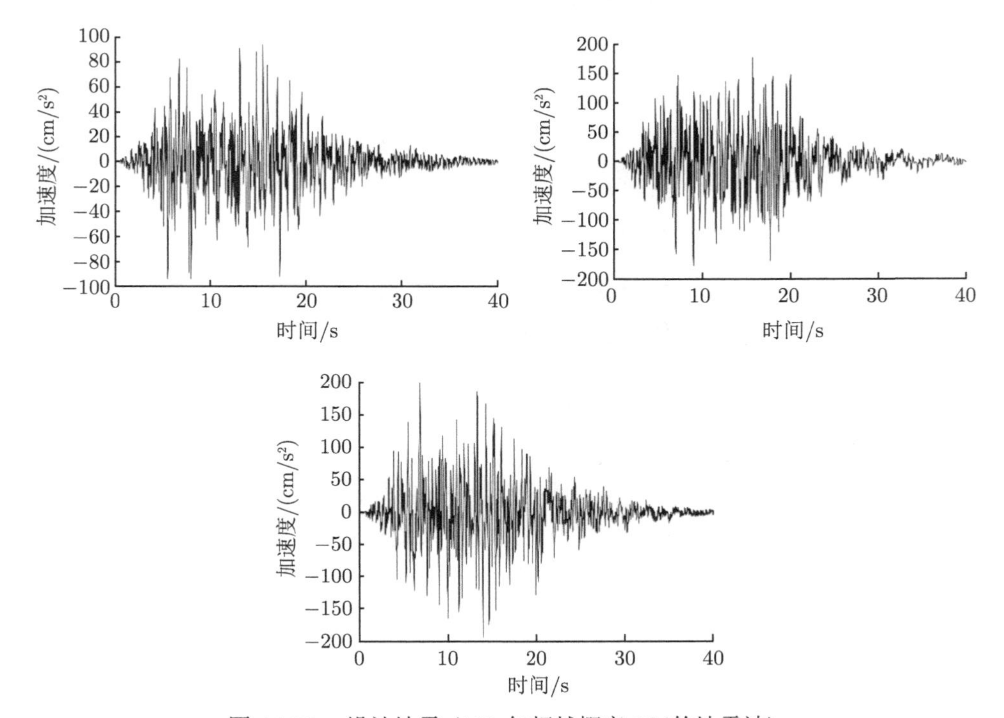

图 14.32 设计地震 (100 年超越概率 2%的地震波)

由 100 年超越概率 1%，阻尼比为 5%的反应谱，生成的 3 套校核地震波，进行地震动时程分析，并进行坝体结构抗震安全评价。取相应地震波幅值的 1/2 作为入射地震动输入人工边界。

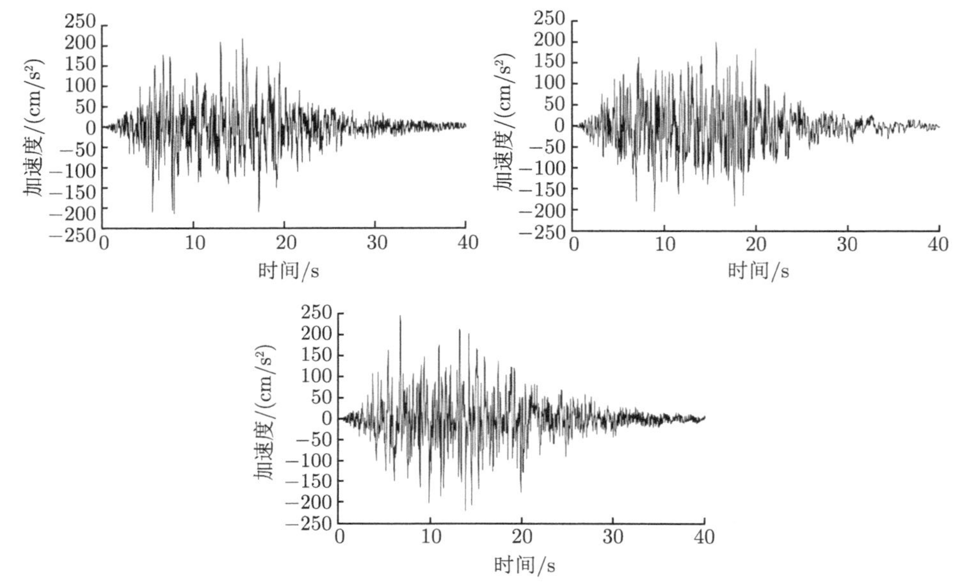

图 14.33 校核地震 (100 年超越概率 1%的场地地震波)

计算模型为图 14.16 典型坝段计算模型，坝基上下游人工界面及其底界面采用人工黏弹性边界，两侧采用法向位移约束。

2. 设计地震工况的强度评价

设计地震的加速波从图 14.32 中任取一条，再从另两条中取一条并将其幅值减缩到 2/3，进行积分得到位移波，分别在人工边界输入沿顺河 (X) 向和垂直 (Z) 向双向地震波，下面的计算分别取了第一和第三条波。如图 14.34 所示，为由时程法计算得到的坝体各点主拉应力时程中的最大值，即最大主拉应力分布，整个坝体最大主拉应力分布中的最大值约为 1.572PMa，位于上游面坝踵部位，较反应谱法得到的最大静动组合主拉应力约为 2.742MPa，降低约 43%；如图 14.35 所示，为坝体各点主压应力时程中的最大值 (代数最小值)，即最大主压应力分布，整个坝体最大动主压应力分布中的最大压力值约为 −1.823MPa，比反应谱法得到的最大静动组合主压应力约为 −2.554MPa，数值上降低约 29%，分别位于上游面坝踵上部区域和下游坝趾上部坝坡局部区域；在坝基面上产生的最大垂直应力约为 −0.621MPa，最小垂直应力约为 −0.637MPa，与反应谱法相比，如图 14.36 所示，建基面已不存在垂直拉应力的情况。这些计算结果表明，反应谱法计算得到的动力响应相对时程法最大高出 40%左右，显然用反应谱法进行抗震安全评价保守得多。

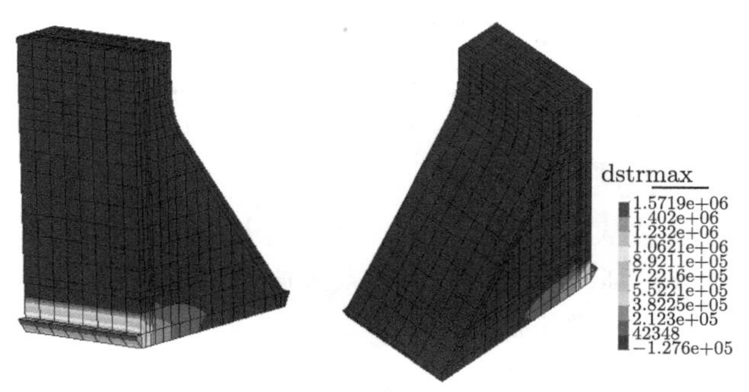

图 14.34 典型坝段设计地震工况的最大主拉应力分布

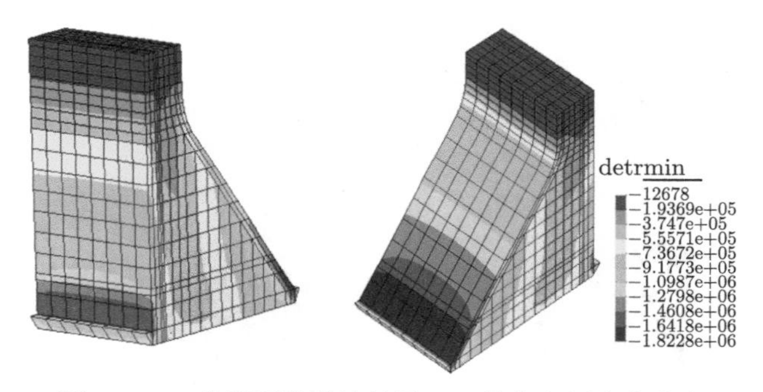

图 14.35 典型坝段设计地震工况最大主压应力分布

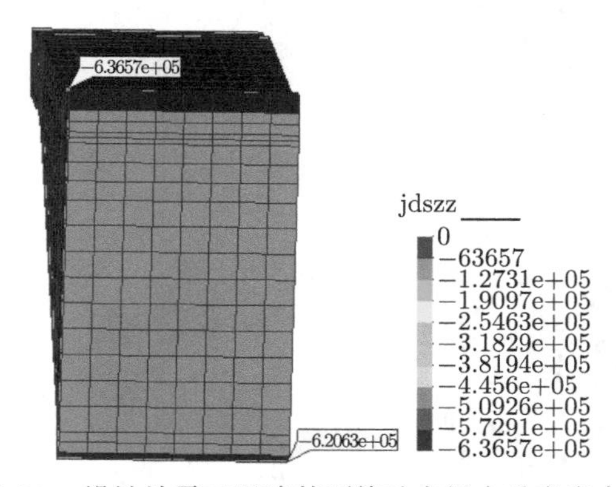

图 14.36 设计地震工况建基面静动态组合垂直应力分布

混凝土强度抗力分项系数 γ_m 取 1.5；结构系数：抗压取 1.3，抗拉取 0.7；γ_0 取 1.1，ψ 取 0.85。强度校核计算列在表 14.12 中。时程法得到的典型坝段最大主压、主拉应力满足强度要求。

表 14.12　设计地震作用下坝体时程计算应力的抗震强度校核

强度校核	$S(*)$/MPa	$R(*)$/MPa	$\gamma_0\psi S(*)$	$R(*)/\gamma_d$	抗力作用比值 η
最大主拉应力	1.572	1.48	1.47	2.11	1.44
最大主压应力	1.8228	14.80	1.70	11.38	6.68

3. 校核地震工况的强度评价

校核地震的加速波从图 14.33 任取一条，再从另两条中取一条并将其幅值减缩到 2/3，进行积分得到位移波，分别在人工边界输入沿顺河 (X) 向和垂直 (Z) 向双向地震波，这里取了第一和第三条波。如图 14.37 所示，最大主拉应力约为 1.865MPa,较反应谱法得到的最大静动组合主拉应力约为 2.976MPa,降低约 37%；如图 14.38 所示，最大主压应力约为 −1.841MPa，较反应谱法得到的最大静动组合主压应力约为 −2.780MPa，数值上降低约 34%，最大主拉应力和最大主压应力均位于上游坝踵部位。坝基面上存在的最大垂直应力约为 −0.668MPa，最小垂直应力约为 −0.745MPa，与反应谱法计算结果不同，在建基面上已不存在垂直拉应力的区域 (图 14.39)。

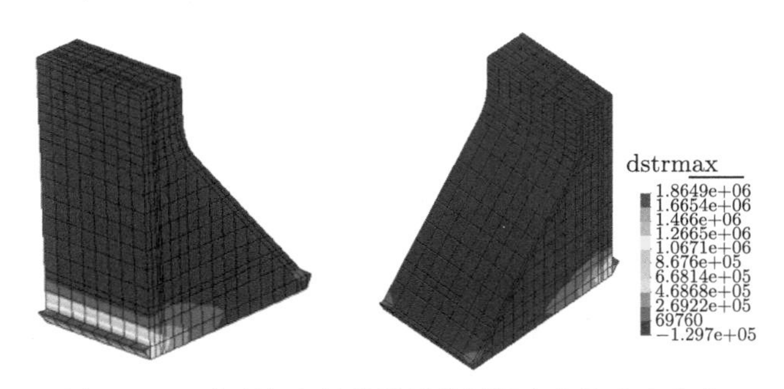

图 14.37　典型坝段校核地震作用最大主拉应力分布

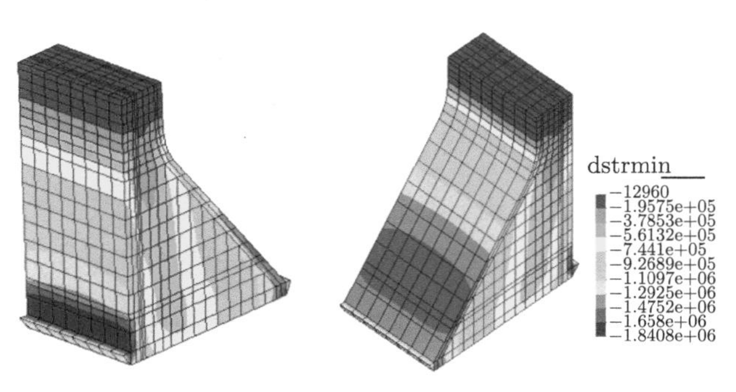

图 14.38　典型坝段校核地震作用最大主压应力分布

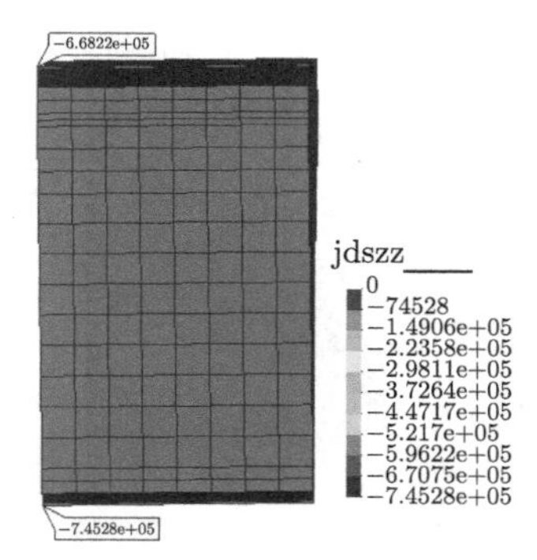

图 14.39 校核地震工况建基面静动态组合垂直应力分布

采用时程法计算强度校核结果列在表 14.13 中。由时程法计算得到的典型坝段最大动态主压应力和主拉应力满足强度要求。

表 14.13 校核地震作用下时程计算应力的抗震强度校核

强度校核	$S(*)$/MPa	$R(*)$/MPa	$\gamma_0\psi S(*)$	$R(*)/\gamma_d$	抗力作用比值 η
最大主拉应力	1.865	1.48	1.74	2.11	1.21
最大主压应力	1.841	14.80	1.72	11.38	6.61

采用时程法针对由反应谱法计算结果不满足抗拉强度的局部区域和建基面存在较大垂直拉应力的情况，采用时程法的进一步计算分析表明，由时程法得到的最大主拉应力，较反应谱法得到的结果降低 40%左右，主压应力降幅在 30%左右。由于时程法计算得出的主拉应力有大幅度的降低，相比反应谱法的计算结果，在建基面上已不存在垂直拉应力的区域。这也说明反应谱法计算结果在很大程度上夸大了动力效应。

4. 坝基深层抗滑稳定性的时程分析

1) 计算模型

陡坡坝基深层抗滑稳定性分析模型如图 14.40 所示，宽度为 20m，坝高 41.0m。模型自坝基面线下延伸 41.0m，地基自坝踵向上游约为 41.0m，自坝址下游延伸 41.0m。如图 14.40 (a) 所示，有限元网格剖分后共有 8552 个六面体单元，416 个三棱柱单元，共有 10881 个节点，大约 32643 个自由度。模型共有 10 个材料分区，混凝土包括大坝混凝土 C15，C20；碾压混凝土 RCC C10，RCC C15 和 RCC C20 等；地基包括 Ⅱ 微风化带、Ⅲ 弱风化带、Ⅳ 强风化带，以及 V 全风化带。位于 Ⅲ 弱风化带的潜在深层滑动面起点位于坝踵向下 0.5m，与水平建基面成 10° 倾角向下游基岩延伸，如图 14.40(b) 所示的红线标识。

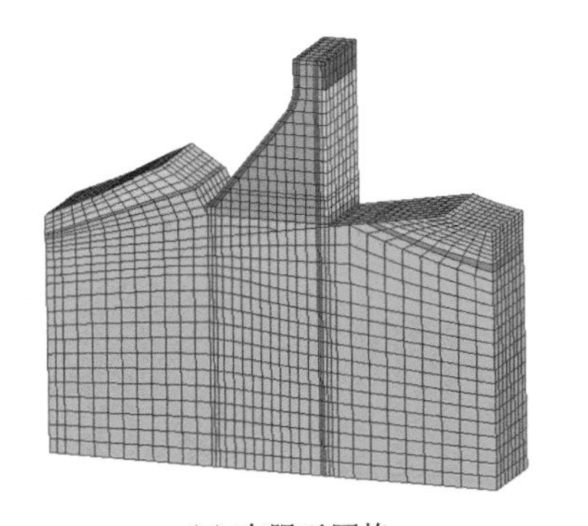

(a) 有限元网格

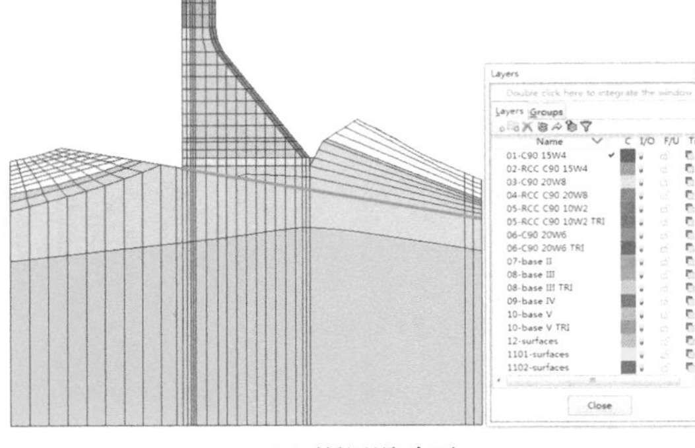

(b) 深层滑动面

图 14.40　陡坡坝基深层抗滑稳定性分析模型

类似地，在坝基上下游人工界面及其底界面采用人工黏弹性边界，两侧采用法向位移约束。同样地，从图 14.33 选取一条地震波之后，再从另两条中取一条将其幅值减缩到 2/3，在人工边界沿顺河 (X) 向和垂直 (Z) 向双向校核地震波。

坝前正常蓄水位为 608m。作用荷载包括坝体自重、上游正常蓄水位时静动水压力。浮托力为 0，渗透压力为 251869.8kN。深层岩体滑动面抗剪断摩擦系数和凝聚力参数按表 14.14 取值。在计算时，岩体滑动面摩擦系数抗力分项系数 γ_m 取 1.0，深层抗滑结构系数 γ_d 取 1.4，静动态作用效应分项系数 γ_f 可取为 1.0，γ_0 取 1.0，ψ 取 0.85。

表 14.14　深层滑动面的抗剪断参数

	参数	采用值	参数值范围
Ⅲ 弱风化带	抗剪断摩擦系数 f'	0.8	0.8 ~ 1.1
	抗剪断凝聚力 C'/MPa	0.7	0.7 ~ 1.3

2) 陡坡滑动面稳定分析

在校核地震工况下分析深层滑动面的稳定性。摩擦系数和凝聚力的分项系数 γ_m 取 1.0，γ_0 取 1.1，ψ 取 0.85，采用时程法分析结构系数分析坝基内深层滑动面的抗滑稳定。深层抗滑稳定的结构系数不应小于 1.4，对应安全系数为 1.2。抗剪断摩擦系数 f' 取 0.8，抗剪断 C' 取 0.7MPa，图 14.41 给出了滑动面的结构系数时程，结构系数 $\gamma_d(t)=\dfrac{K}{\gamma_0\psi\gamma_m\gamma_f}$，最大结构系数达到 11.0，最小结构系数为 3.680，结构系数最小值也大于 1.4 的安全要求。因此，在校核地震工况下滑动面是稳定的。

上文陡坡深层抗滑稳定性分析时，抗剪断摩擦系数 f' 和抗剪断 C' 取值为 Ⅲ

弱风化带岩体常态的抗剪断参数。下面将抗剪断参数折半，f' 取 0.4，黏结强度 C' 取 0.35MPa，得到校核地震工况下如图 14.42 所示的结构系数时程曲线。最大结构系数达到为 5.522，最小结构系数为 1.840，结构系数最小值也大于 1.4，满足抗滑稳定的安全要求。

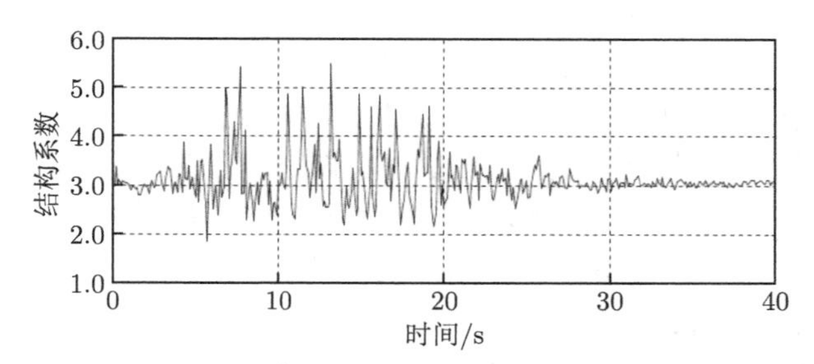

图 14.41 摩擦系数 f' 取 0.4 和黏结强度取 0.35MPa 时的结构系数时程

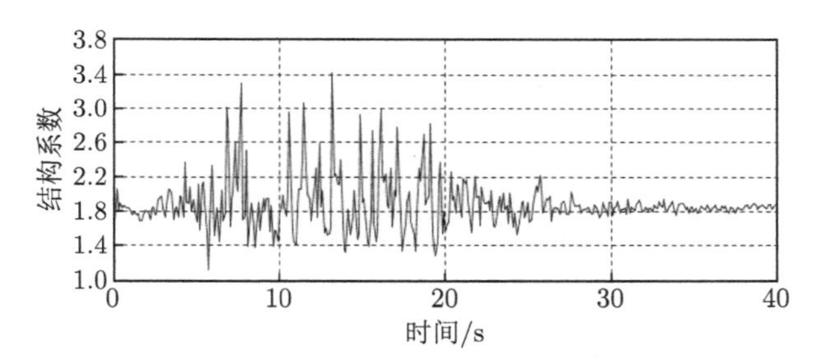

图 14.42 摩擦系数 f' 取 0.4 和黏结强度取 0.21MPa 时的结构系数时程

当抗剪断摩擦系数 f' 取 0.4，凝聚力 C' 取 0.21MPa 时，有如图 14.43 所示的结构系数时程曲线。由此可见，陡坡抗滑稳定的结构系数已到满足动态抗滑稳性要求的临界状态。

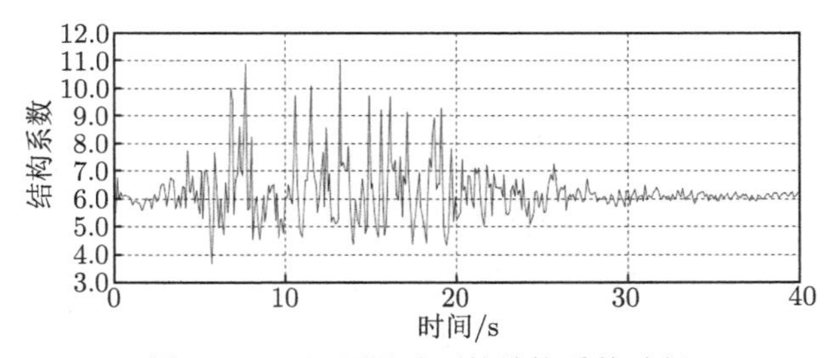

图 14.43 深层滑动面的结构系数时程

由以上分析可以看出，如果具有表 14.14 所列的抗剪断特性，即陡坡深层滑动面的抗剪断摩擦系数和凝聚力在表 14.14 给定的范围内取值，则陡坡坝基深层结构面在校核地震工况下具有很好的抗滑稳定性。由抗剪断特性参数的敏感性分析可知，滑动面抗滑稳定的结构时程曲线的幅值变化对黏结强度具有较高的敏感性。

14.4.6 混凝土拱坝抗震安全评价

现行《规范》规定，拱坝抗震计算应包括设计地震作用下的坝体强度和拱座稳定分析。基于考虑地基弹性影响的振型分解法是现阶段结构动力分析的基本方法。采用振型分解反应谱法一般可较好地给出拱坝的动力反应，对于重要拱坝应同时按时间历程法进行比较验算。对工程抗震设防类别为甲类的拱坝，或结构复杂、地基条件复杂的拱坝，还应增加非线性有限元方法的分析评价。这里主要介绍工程抗震设防类别为甲类的拱坝，采用非线性数值计算对拱坝与地基整体系统整体稳定安全性的分析评价方法，包括拱坝的建模、地震荷载输入、荷载组合工况、数值计算方法和评价指标等，其流程如图 14.44 所示。

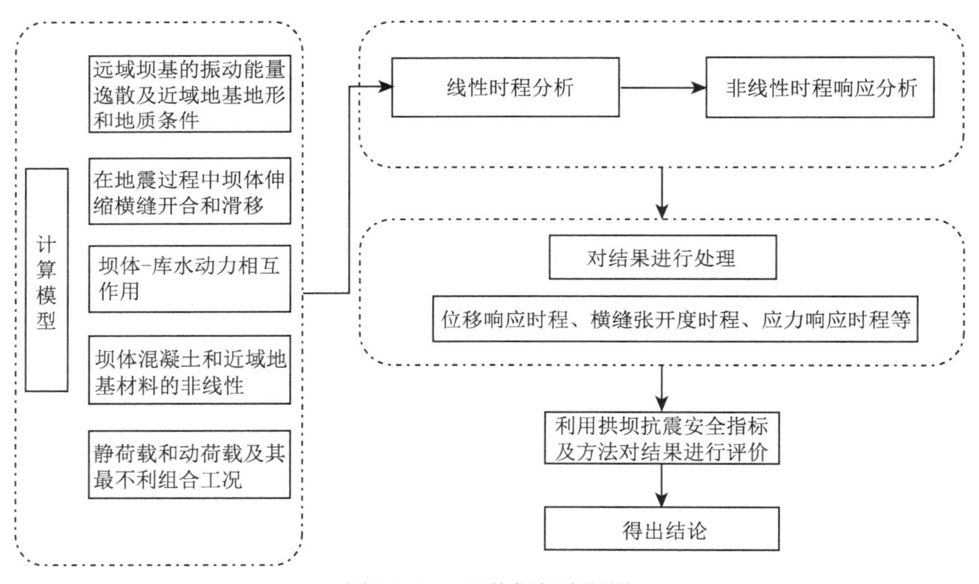

图 14.44 评价框架流程图

(1) 计算模型的选取：典型拱坝几何模型如图 12.9 所示，将坝体、地基、库水作为整体分析，荷载按照现行《规范》进行选择等。按照现行《规范》忽略库水的可压缩性，库水的动水压力作为附加质量考虑，不计地震作用下岩体内渗透压力变化的影响。由于构造人工黏弹性边界工作量相对较少，在计算精度上完全可以满足工程要求，并且可方便地嵌入各大通用软件中，所以，在拱坝的抗震分析中也一般采用人工黏弹性边界，在坝基底部输入地震动速度时程和位移时程[16]。

(2) 地震响应时程分析：首先不考虑坝体及地基的材料非线性，进行拱坝地震响应接触非线性计算分析。由于拱坝存在横缝，并考虑到软弱夹层，即使不考虑坝体和岩基的材料非线性问题也是一种接触非线性问题。典型的混凝土拱坝动力响应分析应有三个计算步骤：① 计算出地基软弱接触面的初始压紧力，如果当前计算模型无地基软弱接触面可以忽略本步的计算工作；② 坝体系统的静力分析，静力荷载包括坝体自重、静水压力、土压力、泥沙压力、渗流压力、温度应力等；③ 坝体系统的动力响应分析，坝体系统是在承受静载的同时遭遇地震荷载的，上一步静力计算的结果作为动力计算的输入条件。

计算分析给出坝体系统的位移响应时程、横缝张开度时程、应力响应时程，以及相应的最大值包络图和最大主应力，特别是最大拉应力包络，并与其强度比较，判断超应力区域，特别是建基面 (坝基与地基的交接面) 超应力区域的分布等，判断是否需要进行材料非线性时程分析。材料的非线性时程分析考虑坝体和岩基材料损伤特性。几何模型中的建基面不再作为具有一定强度的潜在的接触面，认为坝和岩基实体连接。材料本构关系采用混凝土损伤模型，分析计算建基面的损伤破坏区域范围[17,18]。

(3) 评价内容和指标：拱坝的主要震害现象表现为坝肩等关键部位的突变、坝体横缝张开、建基面的变形和失稳等。

(a) 坝肩稳定性、安全性评价：目前现行《规范》建议在拱坝设计中仍采用刚体极限平衡法分析拱座稳定，将近域地基中两岸坝肩按地质构造确定的各可能滑动岩块的各个滑动面，以及作为抗震薄弱部位的坝基面，都作为具有摩尔–库仑摩擦特性的接触面处理，可能滑动岩块滑动面和坝基面上的抗滑强度指标根据岩体类别确定，而坝基面的初始抗拉和抗剪强度则按坝体混凝土等级取值。在设计地震作用下坝肩岩体各部位的位移响应时，通过关键部位的位移响应直观地反映出突变点，如图 14.45 所示，可以将突变点状态相应的地震动输入与“最大可信地震”的比值[19] 作为评价在“最大可信地震”作用下工程不“溃坝”的定量准则，并判别工程潜在的“超载”抗震安全裕度的大小。同时可以计算出将由地震加载引起的接触面 (滑移面) 受力时程。在每一个时间步中，将静态和动态节点力相结合并分解为切向和法向的分量；利用摩尔–库仑准则可以从合力法向部分中得到抗力，相应的主动力可以从合力的切向部分得到。安全系数的时程即为抗力与主动力的比值 (图 14.46)，若安全系数小于 1，则不会发生滑动，判定结构会维持稳定状态。在地震往复荷载作用下，有时安全系数小于 1 的持时很短并不能引起坝体失稳，可以将超载累积时间作为一项评价指标，综合评判拱座潜在滑动岩块的抗滑稳定性及其对大坝整体安全性的影响。

(b) 横缝分开度指标：高拱坝在强震作用下，坝顶部，特别是拱冠处，动力放大效应显著，可能会导致伸缩横缝张开。时程分析可给出如图 12.15 所示的坝体横缝的开度时程。这样可以根据时程并判断横缝止水带是否拉开，缝的张开度应小于止水带的厚度。静水压力作用下各坝段间伸缩横缝被压紧，因而在低水位时遭遇地震可能产生较大拱向拉应力，因此对于重要拱坝，宜补充验算地震作用与常遇低水位组合的工况。

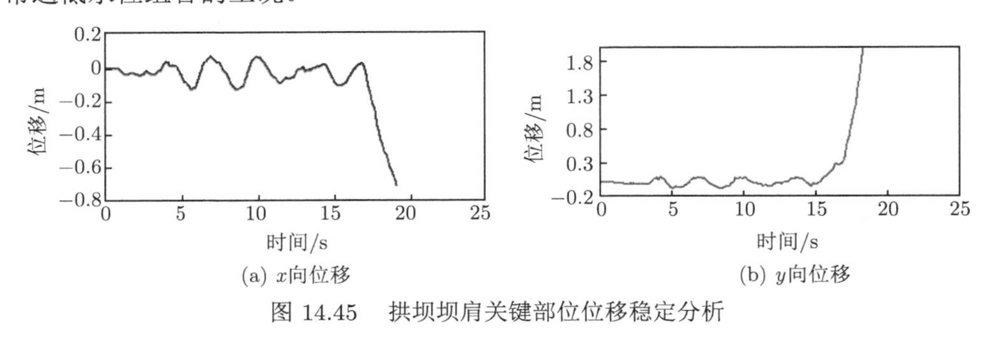

图 14.45　拱坝坝肩关键部位位移稳定分析

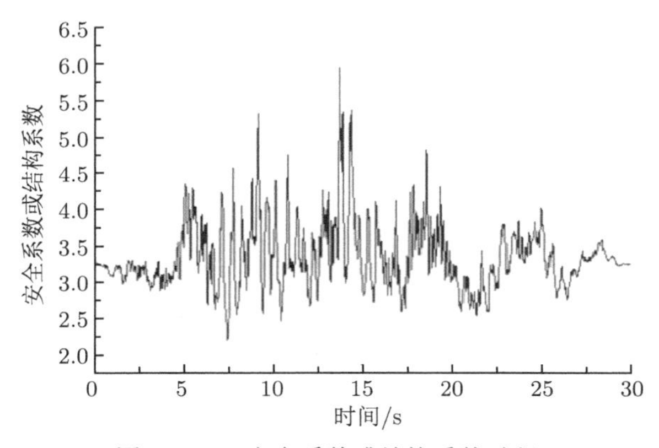

图 14.46　安全系数或结构系数时程

(c) 坝基交界面 (建基面) 的开裂度和分布范围：考虑到地基岩体的抗拉强度较小，假定坝基交界面 (建基面) 在未开裂时具有一定抗拉强度的潜在接触界面，在超过抗拉强度时，建基面变为实际的接触面，这是一种间接考虑建基面的材料非线性的权宜方法。但实际上，坝基交界处的开裂有可能向地基内开展。如果经以上 (材料) 线性时程分析，建基面开裂度较大，已贯穿上下游坝基面，并且分布范围较广，就有必要进行材料非线性分析，确定建基面的实际损伤程度。

现行抗震规范并没有明确的定量化指标规定拱坝结构的破坏等级。由于拱坝结构及其影响因素复杂，拱坝对应力极为敏感，对于相同的应力容许值，在地震作用下不同的拱坝可能会得到不同的响应。针对这些问题，国内学者提出了多种定量化指标判据，如位移突变判据[19]、塑性屈服区面积突变判据[20]、能量突变判据[21]，以及损伤面积比和体积比指标判据[22,23] 等。

在超强地震作用下高拱坝会发生超极限的非线性变形，进而引起坝体和地基损伤，损伤的积累最终导致坝体失稳破坏。人们认为拱坝失稳的极限状态同拱坝坝体或坝肩岩体的所谓关键测点位移变化量值和速率有关，因此，提出了位移突变判据。在实际监测与数值计算中，用关键点的位移演变判断和评价坝体的安全稳定状况。文献 [19] 建议将坝体主要部位节点的位移时程的突变作为大坝稳定的判别指标之一，并采用这种方法对白鹤滩拱坝坝址左岸岩体边坡[24] 和大岗山拱坝[25] 抗震稳定性进行了分析评价。其缺点是难以确定在坝体系统中哪些部位的变形最先发生突变失稳。在有限元分析时，采用哪个节点的位移进行失稳判别没有统一的认识，失稳控制点的选择对稳定安全储备系数的计算结果有较大影响[20,26]，其分析结果具有不确定性。

在坝体非线性分析的过程中，其坝体结构及地基在超极限应力的部位发生屈服，屈服区扩展、联结，形成一个连通的屈服区域，最终使结构丧失承载能力。拱坝失稳过程将伴随塑性区应变能逐渐增大直到突变的过程，其系统总塑性应变能[21] 突变可以作为拱坝失稳判据。采用突变理论[27,28]，将坝体和坝基工程影响区作为一个整体系统，以坝体和坝基单元的应变能作为状态变量，用系统的应变能变化来考察拱坝整体安全的稳定性[26]，更具有客观确定性。

文献 [22，23] 基于塑性损伤模型的超载分析研究发现，损伤面积比的突增表明坝体损伤开始加剧，损伤面积比对于坝体损伤破坏的变化比位移更为敏感，认为损伤面积比和体积比更适合于作为坝体抗震性能和极限抗震能力的评判指标。在基于性能抗震设计中，通过损伤指数可以定量划分坝体地震破坏等级[29]，确定坝体基本完好与轻微损伤之间、轻微破坏与中等破坏之间、中等破坏与严重破坏之间的临界值，并以坝体严重破坏的上限值作为大坝严重破坏与溃坝的界限值，便于建立坝体–地基系统地震破损分析与风险评价的量化性能指标。

当前，工程抗震设计由传统设计方法向安全风险设计方法发展[30]。在给定地震加速度作用下发生某种破损状态的概率，通过易损性分析预测大坝–地基系统在不同等级地震荷载作用下发生各级破损的概率，以评价其系统的安全性，为基于性能的抗震设计和大坝–地基系统易损性分析提供了理论基础[31,32]。

高拱坝及地基系统有多种失效模式，如坝肩的失稳变形破坏导致坝体失稳、坝踵损伤开裂导致的渗漏破坏，以及坝体中上部损伤破坏导致的挡水功能失效等。高拱坝的极限抗震能力与坝体失效模式或性能指标相关，如何更全面准确地评价其极限抗震能力或抗震裕度，还需要建立多层次多目标的指标体系[33]。

14.5 本章小结

美国 (USACE 为代表) 和国际大坝委员会采用两级地震设防标准。即运行基准地震 (OBE) (取 100 年超越概率为 50%，重现期为 145 年的地震动) 和最大设

计地震 (MDE) (取 100 年超越概率为 10%，重现期为 950 年的地震动)。当遭受 OBE 地震动时，结构材料处于弹性变形阶段，经历 OBE 后结构依然可以正常使用和运行。当结构遭受小于 MCE 的 MDE 时，可以允许一些结构单元变形超过弹性极限，潜在损伤区域在一定范围，荷载处于非线性强化阶段，虽有一定损伤但修复后仍可承受地震荷载；在遭受 MCE 时，结构破坏但不发生倒塌，以不危及人的生命为目标。

与美国大坝抗震设防标准相比，我国没有运行基准地震 OBE 设防。对一般设计地震，其抗震设计目标要求，如有局部损坏，经修复后仍可正常运行。对一般工程，采用设计地震一级设防，其设防水准高于欧美国家的 OBE；对重要工程，采用 100 年超越概率 2%，重现期为 4950 年的地震动。对重大工程、特殊工程，除能够抵御设计地震外，还要求对其进行场址最大可信地震校核，以保证工程有足够的安全裕度, 避免溃坝致使库水失控下泄。

我国的抗震安全评价与 USACE 规定的抗震计算方法和思路基本相同，即先进行线弹性评价预测，再进行非线性响应分析修正。首先采用反应谱–模态分析法，判断结构应力和变形情况，再采用线性时程法分析和评估在设计地震作用下所计算出的结构应力可能超出允许值和坝体结构损伤程度，以确定是否需要再进行非线性时程分析评价。在抗震分析时强调了坝体、地基和库水的相互作用，深入评价坝体–地基–库水的整体效应，应力和变形响应的累积效应。

但 USACE 定义了结构需求能力比 (DCR)、超线弹性累积时间指标 (CID)、DCR-CID 曲线和 DCR-超应力面积曲线。根据 DCR 将混凝土坝损伤破坏分为 3 个等级，其中 I, Ⅱ 级建议采用线弹性分析即可满足工程需要，若处于破损分类 Ⅲ 级，则应进行非线性或弹塑性损伤分析评价。3 个损伤分级与混凝土材料抗拉性能的三个阶段，即线弹性变形阶段、抗非线性应变硬化阶段和非线性应变软化阶段，分别采用混凝土的静态抗拉强度、弯折拉强度和名义动态抗拉强度界定，定量指标明确。

我国现行抗震设计规范对各类水工建筑物采用分项系数极限状态设计方法，引入反映属于未认知性和模糊性等非随机性不确定性的结构系数，统一给出了其抗震强度和稳定验算公式，但对动力累积效应还缺乏明确的阈值指标。现行抗震规范并没有明确的定量化损伤指标规定结构的破坏等级和损伤整体判别指标。

另外，按照现行《规范》的规定评价内容、指标和计算方法，本章结合典型工程，介绍了在设计地震工况和校核地震工况下，混凝土重力坝和混凝土拱坝抗震安全评价的一般步骤，材料参数的取值、计算方法以及评价标准。由本章重力坝动力分析实例表明，由时程法得到的最大主拉应力，较反应谱法得到的结果降低 40%左右，主压应力降幅在 30%左右。这些计算过程和计算结果可供读者在进行混凝土坝抗震安全评价时参考。

参考文献

[1] 中华人民共和国能源行业标准. 水电工程水工建筑物抗震设计规范: NB 35047-2015[S]. 北京: 中国电力出版社, 2015.

[2] 中华人民共和国国家标准. 水工建筑物抗震设计标准: GB 51247-2018[S]. 北京: 中国计划出版社, 2018.

[3] USACE. Earthquake design & evaluation of civil works projects: ER-1110-2-1806[S]. Washington, D. C., 1995.

[4] USACE. Engineering and design: earthquake design and evaluation of concrete hydraulic structures: EM1110-2-6053[S]. 2007.

[5] ICOLD. Guidelines for selecting seismic parameters for large dams[S]. 2016.

[6] USACE. Engineering and design: response spectra and seismic analysis for concrete hydraulic structures: EM 1110-2-6050[S]. 1999.

[7] USACE. Engineering and design: time-history dynamic analysis of concrete hydraulic structures: EM1110-2-6051[S]. 2003.

[8] Raphael J M. Tensile Strength of Concrete[J]. ACI Journal, 1984, 81(2): 158-165.

[9] 沈怀至, 张楚汉, 寇立夯. 基于功能的混凝土重力坝地震破坏评价模型 [J]. 清华大学学报 (自然科学版), 2007, 47(12): 2114-2118.

[10] Ghanaat Y. Failure modes approach to safety evaluation of dams[C]. 13th World Conference on Earthquake Engineering,Vancouver, B. C., 2004.

[11] Wang G, Zhang S, Wang C, et al. Seismic performance evaluation of dam-reservoir-foundation systems to near-fault ground motions[J]. Natural Hazards, 2014, 72(2): 651-674.

[12] Pan J, Zhang C, Xu Y. A comparative study of the different procedures for seismic cracking analysis of concrete dams[J]. Soil Dynamics & Earthquake Engineering, 2011, 31(11): 1594-1606.

[13] Omidi O, Valliappan S, Lotfi V. Seismic cracking of concrete gravity dams by plastic-damage model using different damping mechanisms[J]. Finite Elements in Analysis & Design, 2013, 63(1): 80-97.

[14] 陈厚群. 水工建筑物抗震设计规范修编的若干问题研究 [J]. 水力发电学报, 2011, 30(6): 4-10.

[15] 陈厚群. 水工建筑物抗震设防标准研究 [J]. 中国水利, 2010(20): 4-6.

[16] 马怀发, 王立涛, 陈厚群. 人工黏弹性边界的虚位移原理 [J]. 工程力学, 2013, 30(1): 168-174.

[17] 马怀发, 王立涛. 混凝土坝抗震安全评价并行计算软件开发研究报告 [R]. 北京: 中国水利水电科学研究院, 2014.

[18] 马怀发, 陈厚群, 周勇发, 等. 混凝土坝体非线性动力分析并行计算方法及软件开发研究报告 [R]. 北京: 中国水利水电科学研究院, 2016.

[19] 陈厚群, 吴胜兴, 党发宁, 等. 高拱坝抗震安全 [M]. 北京: 中国电力出版社, 2012.

[20] 付成华, 陈胜宏. 基于突变理论的地下工程洞室围岩失稳判据研究 [J]. 岩土力学, 2008, 29(1): 167-172.

[21] 蔡美峰, 孔广亚, 贾立宏. 岩体工程系统失稳的能量突变判断准则及其应用 [J]. 北京科技大学学报, 1997, 19(4): 325-328.
[22] 李静, 陈健云, 徐强, 等. 高拱坝抗震性能评价指标研究 [J]. 水利学报, 2015, 46(1): 118-124.
[23] 李静, 陈健云, 徐强. 高拱坝抗震安全性能评价指标探讨 [J]. 人民长江, 2019, 50(9): 129-136.
[24] 王立涛. 复杂水工结构地震动响应并行计算研究 [D]. 北京: 中国水利水电科学研究院, 2010.
[25] 涂劲, 李德玉, 陈厚群, 等. 大岗山拱坝–地基体系整体抗震安全性研究 [J]. 水利学报, 2011, 42(2): 152-159.
[26] 郑东健, 雷霆. 基于突变理论的高拱坝失稳判据研究 [J]. 岩土工程学报, 2011, 33(1): 23-27.
[27] 任青文. 灾变条件下高拱坝整体失效分析的理论与方法 [J]. 工程力学, 2011, 28(S2): 85-96.
[28] 李强, 任青文, 刘爽. 基于突变理论的重力坝沿建基面失稳判据研究 [J]. 力学季刊, 2011, 32(2): 225-230.
[29] 王超, 张社荣, 黎曼, 等. 基于损伤指数模型的重力坝地震破坏等级划分 [J]. 地震工程与工程振动, 2014, 34(6): 216-218.
[30] 张楚汉, 金峰, 王进廷, 等. 高混凝土坝抗震安全评价的关键问题与研究进展 [J]. 水利学报, 2016, 47(3): 253-264.
[31] 沈怀至. 基于性能的混凝土坝–地基系统地震破损分析与风险评价 [D]. 北京: 清华大学, 2007.
[32] 沈怀至, 金峰, 张楚汉. 基于性能的重力坝–地基系统地震易损性分析 [J]. 工程力学, 2008, 25(12): 86-91.
[33] 潘坚文, 王进廷, 张楚汉. 超强地震作用下拱坝的损伤开裂分析 [J]. 水利学报, 2007, 38(2): 143-149.